리눅스 커맨드라인 쉘 스크립트 바이블

3rd Edition

Linux Command Line and Shell Scripting BIBLE

리눅스 커맨드라인
쉘 스크립트 바이블

3rd Edition

Linux Command Line
and Shell Scripting
BIBLE

리처드 블룸, 크리스틴 브레스 지음

트랜지스터팩토리 옮김

스포트라잇북
SPOTLIGHT BOOK

WILEY

머리말

〈리눅스 커맨드라인 쉘 스크립트 바이블〉(제3판)의 첫 장을 넘기신 것을 환영한다. 바이블 시리즈의 다른 모든 책들처럼 실습 예제와 실제 상황에서 도움이 되는 정보, 당신이 배우고자 하는 내용의 맥을 짚는 데 도움이 될 참고 사항과 배경 지식을 찾을 수 있을 것이다. 이 책은 리눅스 커맨드라인과 쉘 명령에 관한 상당히 광범위한 내용을 담고 있다. 〈리눅스 커맨드라인 쉘 스크립트 바이블〉을 다 읽을 때쯤이면 리눅스 시스템에서 사실상 어떤 작업이든 자동화할 수 있도록 쉘 스크립트를 직접 작성할 수 있는 만반의 준비를 갖추게 될 것이다.

이 책이 필요한 사람들

리눅스 환경의 시스템 관리자라면 쉘 스크립트를 작성하는 방법을 익힘으로써 큰 이점을 얻을 수 있을 것이다. 이 책은 리눅스 시스템을 설정하는 과정을 자세하게 안내하지는 않지만, 현재 구동되는 시스템이 있다면 반복되는 관리 작업 가운데 몇 가지를 자동화하고 싶은 마음이 들 것이다. 바로 그런 일에 쉘 스크립트가 어울린다. 이 책은 그 문제에 도움을 줄 것이다. 시스템 통계 및 데이터 파일 모니터링에서부터 상사에게 제출할 보고서를 만드는 작업에 이르기까지 쉘 스크립트를 사용하여 관리 작업을 자동화하는 방법을 보여줄 것이다.

만약 집에서 리눅스를 쓰는 열광적인 팬이라고 해도 〈리눅스 커맨드라인 쉘 스크립트 바이블〉을 통해서 얻을 수 있는 이점이 있다. 요즘은 미리 만들어진 위젯으로 가득차 있는 그래픽 인터페이스의 세계에서 길을 잃고 헤매기 쉽다. 대부분의 데스크톱 리눅스 배포판은 일반 사용자로부터 리눅스 시스템을 숨기기 위해 전력을 기울인다. 그러나 가끔은 숨겨진 내부에서 어떤 일이 일어나고 있는지 알아야 할 때가 있다. 이 책은 리눅스 커맨드라인 프롬프트를 어떻게 여는지, 그것으로 어떤 일을 할 수 있는지를 보여준다. 파일 관리와 같은 간단한 작업은 화려한 그래픽 인터페이스보다는 커맨드라인에서 더욱 빨리 끝낼 수 있다. 이 책은 커맨드라인에서 쓸 수 있는 수많은 명령어를 어떻게 사용하는지를 보여줄 것이다.

이 책의 구성

리눅스 커맨드라인의 기본 사항으로 시작해서 스스로 쉘 스크립트를 작성하는 것과 같은 더욱 복잡한 주제로 나아간다. 4부로 나뉘어 있으며 각 부는 그 앞의 부에서 배운 것을 바탕으로 진행된다.

제1부는 이미 구동되고 있는 리눅스 시스템이 있거나 리눅스 설치를 지켜보고 있다고 가정한다. 제1장 리눅스 쉘 시작하기에서는 전체 리눅스 시스템의 각 부분을 설명하고 그 구조 안에 쉘이 어떻게 들어가 있는지를 보여줄 것이다.

- 쉘에 접속하기 위해서 터미널 에뮬레이션 패키지를 사용한다(제2장)
- 기본 쉘 명령을 소개한다(제3장)
- 시스템 정보를 살펴보기 위한 고급 쉘 명령을 사용한다(제4장)
- 어떤 때에 쉘을 사용하는지를 이해한다(제5장)

- 데이터 조작을 위한 쉘 변수를 다룬다(제6장)
- 리눅스 파일시스템 및 보안을 이해한다(제7장)
- 커맨드라인에서 리눅스 파일시스템을 다룬다(제8장)
- 커맨드라인에서 소프트웨어를 설치 및 업데이트한다(제9장)
- 쉘 스크립트 사용을 시작하기 위해서 리눅스 편집기를 써본다(제10장)

제2부에서는 쉘 스크립트 작성을 시작한다. 다음과 같은 일들을 해볼 것이다.

- 쉘 스크립트를 작성하고 실행하는 방법을 배운다(제11장)
- 쉘 스크립트에서 프로그램의 흐름을 바꾼다(제12장)
- 코드 섹션을 통해 반복 작업을 한다(제13장)
- 스크립트에서 사용자의 데이터를 다룬다(제14장)
- 스크립트의 데이터를 저장하고 데이터를 표시하는 여러 가지 방법을 살펴본다(제15장)
- 시스템에서 쉘 스크립트가 어떻게 그리고 언제 실행될 지를 제어한다(제16장)

제3부에서는 쉘 스크립트 프로그램의 좀 더 심도 깊은 내용으로 들어간다.

- 모든 스크립트에서 사용될 수 있는 자신의 함수를 작성한다(제17장)
- 스크립트를 쓸 사용자와 상호작용을 하기 위해 리눅스 그래픽 데스크톱을 활용한다(제18장)
- 데이터 파일을 필터링 및 파싱하기 위해 고급 리눅스 명령을 활용한다(제19장)
- 데이터를 정의하기 위해 정규표현식을 사용한다(제20장)
- 스크립트에서 데이터를 조작하기 위한 고급 방법을 배운다(제21장)
- 원시 데이터로부터 보고서를 만든다(제22장)
- 다른 리눅스 쉘에서 실행시키기 위해 당신이 만든 쉘 스크립트를 수정한다(제23장)

책의 마지막 부분인 제4부는 실제 환경에서 쉘 스크립트를 사용하는 방법을 보여준다.

- 자신의 스크립트를 작성하기 위한 모든 스크립트 기능을 조합한다(제24장)
- 데이터베이스를 이용하여 데이터를 저장하거나 인터넷에 접속하고 이메일을 보낸다(제25장)
- 리눅스 시스템에서 상호작용을 위해 고급 기능을 가진 쉘 스크립트를 작성한다(제26장)

NOTE, TIP

이 책 전반에 걸쳐서 본문과 구별되는 형식으로 표시되는 내용들을 자주 보게 될 것이다. 특별한 아이콘과 함께 단락을 나누어서 표시된다. 단순히 불편을 일으키는 정도의 문제일 수도 있지만 잠재적으로 데이터 또는 시스템을 위험에 빠뜨릴 수 있는 문제에 대해서도 주의를 환기시키는 정보를 제공한다. 또한 작업을 보다 쉽고 효과적으로 할 수 있도록 돕는 조언들도 팁으로 제공된다. 문제에 대한 해결책이나 작업을 수행할 수 있는 더 좋은 방법을 제안할 수도 있다. 도움이 될 수 있지만 현재 다루고 있는 내용에서는 약간 벗어나 있는 추가 또는 보조 정보도 제공한다.

다운로드할 수 있는 코드

www.wiley.com/go/linuxcommandline에서 이 책에 나오는 코드 파일을 얻을 수 있다.

최소 요구 사항

〈리눅스 커맨드라인 쉘 스크립트 바이블〉은 특정 리눅스 배포판을 중심으로 하지 않으므로 당신이 쓸 수 있는 어떤 리눅스 시스템으로든 이 책을 따라 할 수 있다. 이 책의 대부분은 리눅스 시스템에서 대체로 기본 쉘로 채택하고 있는 bash shell을 사용한다.

이 책을 읽고 나서 할 일

〈리눅스 커맨드라인 쉘 스크립트 바이블〉을 다 읽고 나면 일상적인 리눅스 작업에서 리눅스 명령을 활용하는 방법을 잘 터득하게 될 것이다. 끊임없이 변화하는 리눅스 세상에는 항상 새로운 개발 소식을 잘 듣고 있는 것이 좋다. 종종 리눅스 배포판은 새로운 기능을 추가 또는 변경하고 예전 기능은 제거한다. 항상 최신의 리눅스 관련 지식을 유지하려면 항상 관련 정보에 귀 기울여야 한다. 좋은 리눅스 포럼 사이트를 찾아 리눅스 세계에서 무슨 일이 일어나고 있는지 항상 살펴볼 수 있다. Slashdot과 Distrowatch와 같은 여러 인기 있는 리눅스 뉴스 사이트는 시시각각으로 리눅스의 새로운 발전에 대한 최신 정보를 제공한다.

저자에 관하여

리처드 블룸은 20년 이상 IT업계에서 시스템 및 네트워크 관리자로 일해왔으며 수많은 리눅스와 오픈소스 관련 책을 냈다. 그는 유닉스, 리눅스, 노벨, 마이크로소프트 서버를 관리해오며 시스코 스위치와 라우터를 활용하고 있는 3,500명 규모의 사용자 네트워크를 설계하고 유지하는 데 도움을 주었다. 자동화된 네트워크 모니터링을 위해 리눅스 서버와 쉘 스크립트, 대부분의 일반적인 리눅스 쉘 환경에서 동작하는 쉘 스크립트 등을 작성해왔다. 또한 미국 전역의 대학에서 활용하는 '리눅스 입문' 온라인 과정의 강사다. 컴퓨터에 매달려 있지 않을 때에는 교회 예배 밴드 두 팀에서 일렉트릭 베이스를 연주하거나 아내 바바라와 두 딸 케이티 제인, 제시카와 함께 즐거운 시간을 보낸다.

크리스틴 브레스는 25년이 넘게 시스템 관리자로 IT업계에서 일을 하고 있다. 현재 인디애나 주 인디애나폴리스에 있는 아이비 테크 커뮤니티 칼리지 겸임 교수다. 크리스틴은 리눅스 시스템 관리, 리눅스 보안 및 윈도우 보안 강의를 진행하고 있다.

기술 편집자에 관하여

케빈 E. 라이언은 퍼듀 대학에서 전기공학 기술학사 학위를 취득했으며 HP-UX, 솔라리스 및 레드햇 리눅스를 포함한 여러 컴퓨팅 플랫폼의 시스템 관리자를 역임했다. 그는 또한 시스템 계획, 데이터베이스 관리 및 애플리케이션 프로그래밍에 참여하고 있다. 기술적인 일에 몰두하고 있지 않을 때에는 독서 또는 야구를 하거나 아내, 용감한 반려견 빠삐용을 데리고 함께 캠핑을 즐긴다.

감사의 글

우선 모든 영광과 찬사를 이 모든 일이 가능하게 만들어 주시고 우리에게 영원한 삶이라는 선물을 주시는 하나님과 아들 예수 그리스도에게 돌린다.

이 프로젝트에서 놀라운 일을 해낸 존 와일리 & 선즈의 뛰어난 팀에게 깊은 감사 말씀을 드린다. 이 책을 작업할 수 있도록 기회를 준 검토 편집자인 메리 제임스에게 감사드린다. 모든 일이 제 궤도를 유지하고 이 책을 남부끄럽지 않게 만들도록 도와준 마티 미너에게 또한 감사드린다. 마티의 모든 노력과 부지런함에 경의를 표한다. 기술 편집자인 케빈 E. 라이언은 책에 있는 모든 작업을 다시 한 번 확인하고 내용을 개선하기 위한 제안까지도 내놓는 훌륭한 일을 했다. 끝없는 인내와 부지런함으로 기여한 교열 담당자인 그웨니트 가디스에게 감사 말씀을 드린다. 지금까지 여러 권의 책을 써오는 동안 여러 모로 도움을 준 워터사이드 프로덕션의 캐롤 맥클레던에게 감사의 말씀을 전한다. 또한 이 책 여러 곳의 그림을 그려 준 H. L. 크래프에게 특별한 감사를 드린다.

무슨 얘기를 하는지 도무지 감이 안 잡힐 때에도 용기와 인내를 가지고 귀기울여주는 마음을 가진, 크리스틴의 남편 티모시에게도 감사를 전한다.

차례

Contents

Contents

Contents

Contents

Contents

제3부 고급 쉘 프로그래밍   491

17장: 함수 만들기 493

Contents

Contents

Contents

Contents

제1부

리눅스 커맨드라인

리눅스 쉘 시작하기

이 장의 내용

리눅스의 개요
리눅스 커널의 구성
여러 리눅스 데스크톱 살펴보기
여러 리눅스 배포판 알아보기

리눅스 커맨드라인 쉘 작업으로 들어가기에 앞서 먼저 리눅스란 무엇이고, 누가 만들었으며, 어떻게 동작하는지 이해할 필요가 있다. 이 장에서는 리눅스란 무엇인지를 안내하고 전체적인 리눅스의 구성에서 쉘과 커맨드라인은 어떤 위상을 가지고 있는지를 살펴본다.

리눅스란 무엇인가?

리눅스를 써 본 적이 없다면 왜 그렇게 많은 버전이 존재하는지 헷갈릴 것이다. 리눅스 패키지를 보면 배포판, 라이브 CD, GNU와 같은 여러 가지 용어 때문에 분명 혼란에 빠질 것이다. 리눅스의 세상에 첫 발을 들여놓을 때에는 난감한 경험을 겪게 마련이다. 커맨드라인과 스크립트 작업을 시작하기 전에 리눅스 시스템에서 잘 이해되지 않는 몇 가지를 이 장에서 알아보자.

리눅스 시스템은 다음의 네 가지 주요 부분으로 구성된다.

- 리눅스 커널

- GNU 유틸리티

- 그래픽 기반 데스크톱 환경

- 애플리케이션 소프트웨어

각각은 리눅스 시스템에서 특정한 분야를 담당하며 이중 어떤 부분도 단독으로는 큰 쓸모가 없다. [그림 1-1]은 각각의 부분들이 어떻게 결합되어 전체 리눅스 시스템을 구성하는지를 보여준다.

그림 1-1
리눅스 시스템

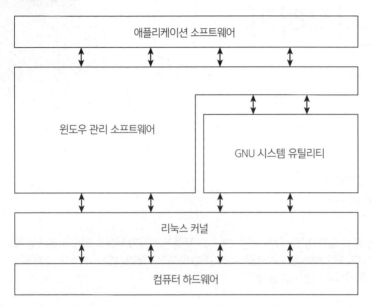

이 절에서는 리눅스 시스템을 구성하는 네 가지 주요 부분과 각 부분들이 완전한 리눅스 시스템을 이루기 위해서 서로 어떻게 협력하는지 그 개요를 설명한다.

리눅스 커널 들여다보기

리눅스 시스템의 핵심은 커널이다. 커널은 컴퓨터 시스템에 있는 모든 하드웨어 및 소프트웨어를 제어하고 필요할 때에는 하드웨어 자원을 배분하며 소프트웨어를 실행시킨다.

어떤 식으로든 리눅스에 관심이 있었다면 분명 리누스 토발즈(Linus Torvalds)라는 이름을 들어보았을 것이다. 리누스는 헬싱키 대학 학생이었을 때 처음으로 리눅스 커널 소프트웨어를 만든 주인공이다. 그는 당시 많은 대학에서 쓰였던 인기 있는 운영체제인 유닉스 시스템을 자기 나름대로 구현해 보려고 했다.

리눅스 커널을 개발한 후 리누스는 이를 인터넷 커뮤니티에 공개하고 개선하려는 제안을 요청했다. 이 일은 컴퓨터 운영체제 세계에서 벌어진 혁명의 시작이었다. 곧 리누스는 학생들뿐만 아니라 세계 각국의 전문 프로그래머로부터 여러 가지 제안을 받았다.

커널의 프로그램 코드를 아무나 바꿀 수 있다면 커널은 큰 혼란에 빠질 것이다. 문제를 단순화하기 위해 리누스는 모든 개선 제안에 관한 중심축으로 활동했다. 커널에 관련되어 제안된 코드를 포함할지 말지는 최종적으로는 오로지 리누스만이 결정한다. 이 같은 개념은 지금까지도 유효하며, 리누스 혼자 커널 코드를 통제하는 대신 한 팀의 개발자들이 작업을 수행하고 있다.

커널은 네 가지 주요 기능에 대하여 일차적인 책임이 있다.

- 시스템 메모리 관리
- 소프트웨어 프로그램 관리
- 하드웨어 관리
- 파일시스템 관리

다음 절에서는 이러한 기능 각각을 더욱 자세히 살펴본다.

시스템 메모리 관리

운영체제 커널의 주요 기능 중 하나는 메모리 관리다. 커널은 서버에서 쓸 수 있는 물리적 메모리 관리만이 아니라 실제로는 존재하지 않는 가상 메모리도 만들고 관리한다.

가상 메모리는 하드 디스크의 공간을 이용하며 이를 스왑 공간(swap space)이라고 한다. 커널은 가상 메모리의 내용이 스왑 공간과 실제 물리적 메모리를 오가도록 옮기는(스왑) 작업을 한다. [그림 1-2]에서 보이는 것처럼 시스템은 가상 메모리를 통해서 물리적으로 존재하는 양보다 더 많은 메모리가 있는 것처럼 생각하고 작업을 할 수 있다.

그림 1-2
리눅스 시스템 메모리 맵

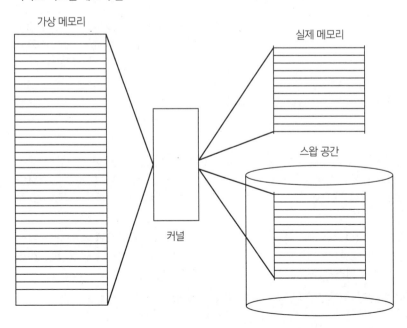

메모리의 장소는 페이지라고 하는 단위로 묶여 있다. 커널은 물리적 메모리 또는 스왑 공간에 메모리의 각 페이지를 배치한다. 커널은 어떤 페이지가 물리적 메모리에 있으며 어떤 페이지가 하드 디스크로 옮겨졌는지를 가리키는 메모리 페이지의 테이블을 가지고 있다.

커널은 어떤 메모리 페이지가 사용되었는지를 계속 추적하며 설령 사용할 수 있는 공간이 남아 있다고 해도 일정 시간 이상 쓰이지 않은 메모리 페이지를 스왑 공간으로 복사한다(이를 '스왑 아웃'이라고 한다). 어떤 프로그램이 스왑 아웃된 메모리 페이지에 접근하려고 하면 커널은 다른 메모리 페이지를 스왑 아웃해서 공간을 확보한 다음, 요청받은 페이지를 스왑 공간으로부터 물리적 메모리로 스왑 인 해야 한다. 물론 이 과정은 시간이 걸리며 실행되고 있는 프로세스가 느려질 수 있다. 리눅스 시스템이 구동되는 동안에는 실행되고 있는 애플리케이션을 위해서 메모리 페이지를 스왑 아웃하는 작업이 계속해서 이루어진다.

소프트웨어 프로그램 관리

리눅스 운영체제에서 실행 중인 프로그램을 프로세스라고 한다. 프로세스는 전면에서 동작할 수 있으며, 디스플레이 상에 출력 내용을 표시하거나, 보이지 않게 백그라운드에서 실행될 수도 있다. 커널은 실행되고 있는 모든 프로세스를 리눅스 시스템이 어떻게 관리할지를 제어한다.

커널은 시스템의 다른 모든 프로세스를 시작하기 위해 쓰이는 첫 번째 프로세스인 init 프로세스를 만든다. 커널이 시작될 때 가상 메모리에는 init 프로세스가 로드된다. 커널은 추가 프로세스를 하나하나 시작하면서 각 프로세스가 사용하는 데이터와 코드를 저장하기 위해서 가상 메모리에 고유한 영역을 제공한다.

일부 리눅스 구현체는 부팅 때 자동으로 시작될 프로세스의 테이블을 포함하고 있다. 리눅스 시스템에서 이 테이블은 보통 /etc/inittabs라는 특별한 파일 안에 있다.

다른 시스템(예를 들어 인기 있는 우분투 리눅스 배포판과 같은)은 /etc/init.d 폴더를 활용하며, 이 폴더는 부팅 때 각각의 애플리케이션을 시작 또는 중지시키기 위한 스크립트를 포함하고 있다. 스크립트는 /etc/rcX.d 폴더 아래에 있는 항목을 통해서 시작되며, 여기서 X는 실행 레벨을 뜻한다.

리눅스 운영체제 시스템은 실행 레벨을 활용하는 초기화 시스템(init system)을 사용한다. 실행 레벨은 /etc/inittabs 파일 또는 /etc/rcX.d 폴더에 정의되어 있는 대로 특정한 유형의 프로세스만을 실행시키도록 init 프로세스에 지시하는 데에 쓰일 수 있다. 리눅스 운영체제 시스템에는 다섯 가지의 init 실행 레벨이 있다.

실행 레벨 1에서는 하나의 콘솔 터미널 프로세스와 함께 기본 시스템 프로세스만이 시작된다. 이를 단일 사용자 모드라고 한다. 단일 사용자 모드는 뭔가 문제가 생겼을 때 긴급 파일시스템 유지 보수를 위해 종종 사용된다. 이 모드에서는 물론 한 사람(일반적으로 관리자)만이 데이터를 조작하는 시스템에 로그인 할 수 있다.

표준 초기화 실행 레벨은 3이다. 이 실행 레벨에서는 네트워크 지원 소프트웨어와 같은 대다수 애플리케이션이 시작된다. 리눅스에서 인기 있는 또 다른 실행 레벨은 5로, 그래픽 기반 X 윈도우 소프트웨어를 시작하고 그래픽 데스크톱 창을 사용하여 로그인할 수 있는 실행 레벨이다.

init 실행 레벨을 제어함으로써 리눅스 시스템 전체의 기능을 제어할 수 있다. 실행 레벨을 3에서 5

로 바꿈으로써 시스템은 콘솔 기반 시스템으로부터 더욱 진보된 그래픽 기반의 X 윈도우 시스템으로 탈바꿈할 수 있다.

제4장에서는 현재 리눅스 시스템에서 실행 중인 프로세스를 보기 위해서 ps 명령을 사용하는 방법을 배울 수 있다.

하드웨어 관리

커널의 또 다른 책임은 하드웨어 관리다. 리눅스 시스템과 연결된 어떤 장치든 커널 코드의 내부에 삽입된 드라이버 코드를 필요로 한다. 드라이버 코드는 애플리케이션과 하드웨어 사이의 중간 다리 구실을 하며 커널과 데이터가 데이터를 주고받을 수 있는 기능이 있다. 리눅스 커널에 디바이스 드라이버 코드를 삽입하기 위해서는 두 가지 방법이 사용된다.

- 커널에서 컴파일한 드라이버
- 커널에 추가된 드라이버 모듈

예전에는 디바이스 드라이버 코드를 삽입할 수 있는 유일한 방법은 커널을 다시 컴파일하는 것이었다. 시스템에 새 장치를 추가할 때마다 커널 코드를 다시 컴파일해야 했다. 리눅스 커널이 더 많은 하드웨어를 지원할수록 이 과정은 더욱 더 비효율적이 되었다. 다행스럽게도 리눅스 개발자는 실행 중인 커널에 드라이버 코드를 삽입할 수 있는 더 좋은 방법을 고안했다.

프로그래머는 커널을 다시 컴파일할 필요 없이 실행중인 커널에 드라이버 코드를 삽입할 수 있는 커널 모듈의 개념을 개발했다. 또한 장치 사용이 끝났을 때 커널 모듈은 커널로부터 제거될 수 있다. 리눅스로 하드웨어를 사용할 수 있는 매우 간단하고 확장적인 방법인 것이다.

리눅스 시스템은 디바이스 파일이라고 하는 특별한 파일로 하드웨어 장치를 식별한다. 장치 파일은 세 가지로 분류된다.

- 문자(Character)
- 블록(Block)
- 네트워크(Network)

문자 장치 파일은 한 번에 한 문자씩만 데이터를 처리할 수 있는 장치를 위한 파일이다. 대다수 모뎀과 터미널의 단말기는 문자 파일로 만든다. 블록 파일은 디스크 드라이브와 같이 한꺼번에 대규모의 데이터를 처리할 수 있는 장치를 위한 파일이다.

네트워크 파일 형식은 데이터를 송수신하기 위해 패킷을 사용하는 장치에 사용된다. 여기에는 네트워크 카드, 그리고 일반적인 네트워크 프로그래밍 프로토콜을 사용하여 리눅스 시스템이 자기 자신과 통신할 수 있는 특별한 루프백 장치를 포함한다.

리눅스는 시스템에 있는 각 장치마다 노드(node)라고 하는 특별한 파일을 만든다. 장치를 통해 이루어지는 모든 통신은 디바이스 노드를 통한다. 각 노드는 리눅스 커널이 식별할 수 있도록 고유한 숫자의 쌍을 가지고 있다. 이 숫자의 쌍은 메이저와 마이너 장치 번호로 구성되어 있다. 비슷한 장치는 같은 메이저 장치 번호로 그룹화된다. 마이너 장치 번호는 메이저 장치 그룹 안에서 특정한 장치를 식별하는 데 사용된다.

파일시스템 관리

다른 운영 시스템과 달리 리눅스 커널은 데이터를 하드 드라이브에서 읽거나 쓰기 위해서 여러 가지 유형의 파일시스템을 지원할 수 있다. 리눅스는 자체적으로 가지고 있는 수십 가지의 파일시스템은 물론이고 다른 운영체제, 이를테면 마이크로소프트 윈도우에서 사용하는 파일시스템으로도 읽기와 쓰기를 할 수 있다. 커널은 시스템이 사용할 모든 유형의 파일시스템을 위한 지원과 함께 컴파일되어야 한다. 리눅스 시스템이 데이터를 읽고 쓰는 데 사용할 수 있는 표준 파일시스템이 [표 1-1]에 나와 있다.

표 1-1 리눅스 파일시스템

파일시스템	설명
ext	리눅스 확장 파일시스템 – 원래의 리눅스 파일시스템
ext2	두 번째 확장 파일시스템, ext보다 더욱 고급 기능을 제공한다
ext3	세 번째 확장 파일시스템, 저널링을 지원한다
ext4	네 번째 확장 파일시스템, 고급 저널링을 지원한다
hpfs	고성능 OS/2 파일시스템
jfs	IBM의 저널링 파일시스템
iso9660	ISO 9660 파일시스템(CD-ROM 용)
minix	MINIX 파일시스템
msdos	마이크로소프트 FAT16
ncp	네트웨어 파일시스템
nfs	네트워크 파일시스템
ntfs	마이크로소프트 NT 파일시스템을 위한 지원
proc	시스템 정보에 접근한다
ReiserFS	더 나은 성능과 디스크 복구 기능을 제공하는 고급 리눅스 파일시스템
smb	네트워크 접근을 위한 삼바 SMB 파일시스템
sysv	이전 유닉스 파일시스템
ufs	BSD 파일시스템
umsdos	msdos를 기반으로 하는 유닉스와 비슷한 파일시스템
vfat	윈도우 95 파일시스템(FAT32)
XFS	고성능 64비트 저널링 파일시스템

리눅스 서버가 접속하는 모든 하드 드라이브는 [표 1-1]에 있는 파일시스템 유형 중 하나를 사용하여 포맷되어야 한다.

리눅스 커널은 가상 파일시스템(VFS)을 사용하여 각각의 파일시스템과 통신한다. VFS는 커널이 어떤 종류의 파일시스템과도 통신할 수 있도록 표준 인터페이스를 제공한다. VFS는 각 파일시스템이 마운트되고 사용될 때 메모리에 정보를 캐시한다.

GNU 유틸리티

하드웨어 장치를 제어하기 위한 커널 말고도 컴퓨터 운영체제는 파일과 프로그램을 제어하는 것과 같은 표준 기능을 수행하는 유틸리티를 필요로 한다. 리누스는 리눅스 시스템 커널을 만들었지만 그 위에서 실행되는 시스템 유틸리티는 없었다. 다행히도 리누스가 커널을 개발했을 때와 같은 시기에 어떤 개발자 그룹이 유닉스 운영 체계를 흉내낸 컴퓨터에 사용할 표준 시스템 유틸리티 세트를 개발하기 위해 인터넷에서 뭉쳐서 함께 작업을 진행하고 있었다.

GNU 조직(GNU는 GNU's Not Unix의 약자)은 유닉스 유틸리티의 전체 세트를 개발했지만 이를 실행할 커널 시스템이 없었다. 이 유틸리티는 오픈소스 소프트웨어(open source software, OSS)라는 소프트웨어 철학을 가지고 개발되었다.

OSS의 개념은 프로그래머가 소프트웨어를 개발하면 이에 어떤 라이선스도 붙이지 않고 세상에 공개하는 것이다. 라이선스 비용 없이 누구나 소프트웨어를 사용하고, 수정하고, 자신의 시스템에 통합시킬 수도 있다. 리눅스 커널과 GNU 운영체제 시스템 유틸리티를 합침으로써 리누스의 리눅스 커널은 완벽한 기능을 가진 무료 운영체제가 된 것이다.

리눅스 커널과 GNU 유틸리티를 묶은 것을 종종 그냥 리눅스라고 말하지만, 인터넷의 일부 리눅스 순수주의자들은 대의명분을 가지고 기여한 GNU 조직에 대한 공로를 명시하는 의미로 GNU/리눅스 시스템이라는 말을 쓴다.

핵심 GNU 유틸리티

GNU 프로젝트는 유닉스 시스템 관리자가 유닉스와 비슷한 환경을 쓸 수 있도록 만드는 것을 주 목적으로 설계되었다. 이러한 주요 목표의 결과로 유닉스 시스템의 수많은 공통 커맨드라인 유틸리티들이 이식되었다. 리눅스 시스템을 위해 제공된 핵심 유틸리티의 묶음을 핵심 번들을 코어유틸(coreutils) 패키지라고 한다.

GNU 코어유틸 패키지는 세 부분으로 구성되어 있다.

- 파일을 다루기 위한 유틸리티

- 텍스트를 조작하기 위한 유틸리티

- 프로세스를 관리하기 위한 유틸리티

유틸리티의 세 가지 주요 그룹은 각각 리눅스 시스템 관리자와 프로그래머에게 매우 중요한 여러 가지 유틸리티 프로그램을 포함하고 있다. 이 책은 GNU 코어유틸 패키지에 포함될 유틸리티들을 하나하나 자세히 다룰 것이다.

쉘

GNU/리눅스 쉘은 특별한 대화형 유틸리티다. 쉘은 사용자가 프로그램을 시작하고, 파일시스템에 있는 파일을 관리하고, 리눅스 시스템에서 실행되는 프로세스를 관리하는 방법을 제공한다. 쉘의 핵심은 커맨드 프롬프트다. 커맨드 프롬프트는 쉘에서 상호작용을 맡고 있다. 이를 통해 텍스트 명령을 입력하면 쉘은 이를 해석하고 커널에서 실행시킨다.

쉘은 파일을 복사하고, 옮기고, 이름을 바꾸고, 현재 시스템에서 실행 중인 프로그램을 표시하고, 시스템에서 실행 중인 프로그램을 중지시키는 것과 같은 일들을 제어하기 위해서 쓸 수 있는 내부 명령어 세트를 포함하고 있다. 내부 명령 말고도 쉘은 커맨드 프롬프트에서 프로그램의 이름을 입력할 수 있는 기능을 제공한다. 쉘은 커널에게 프로그램의 이름을 전달하여 이를 실행할 수 있게 한다.

쉘 명령들을 묶어서 파일에 넣음으로써 프로그램처럼 실행할 수도 있다. 이 파일을 쉘 스크립트라고 한다. 커맨드라인에서 실행할 수 있는 명령이라면 무엇이든 쉘 스크립트에 넣고 명령의 그룹으로 실행할 수 있다. 이는 일반적으로 실행하는 명령 또는 여러 명령을 필요로 하는 프로세스를 한데 묶은 유틸리티를 만들 수 있는 커다란 유연성을 제공한다.

리눅스 시스템에서 쓸 수 있는 여러 가지 리눅스 쉘이 있다. 이들 쉘은 각자 특징이 있으며, 어떤 것은 스크립트를 만들 때 더욱 쓸모가 있는가 하면 어떤 것은 프로세스 관리에 더욱 유용하다. 모든 리눅스 배포판에서 사용하는 기본 쉘은 bash 쉘이다. bash 쉘은 본(Bourne, 제작자의 이름) 쉘이라고 부르는 표준 UNIX 쉘을 대체하는 수단으로 GNU 프로젝트가 개발했으며 bash 쉘이라는 이름은 'Bourne again shell'이라는 말장난 같은 뜻도 있다.

이 책에서는 bash 쉘은 물론 인기 있는 다른 여러 가지 쉘도 다룰 것이다. [표 1-2]에 우리가 다뤄볼 다른 쉘들의 목록이 있다.

표 1-2   리눅스 쉘

쉘	설명
ash	간단하고 가벼운 쉘로 메모리가 작은 환경에서도 실행되지만 bash 쉘과 완벽한 호환성이 있음
korn	bash와 호환되나 연관 배열 및 부동소수점 연산과 같은 고급 프로그래밍 기능을 지원하는 프로그래밍 쉘
tcsh	C 프로그래밍 언어의 요소를 쉘 스크립트에 결합시킨 쉘
zsh	bash, tcsh, korn의 기능을 통합시킨 진보된 쉘로서 고급 프로그래밍 기능, 공유된 히스토리 파일, 테마를 입힌 프롬프트와 같은 기능을 제공

대부분의 리눅스 배포판은 하나 이상의 쉘을 포함하고 있지만 보통은 이 중 하나를 기본값으로 선택한다. 당신이 쓰고 있는 리눅스 배포판이 여러 쉘을 포함하고 있다면 여러 가지 쉘을 써보고 어떤

것이 자신에게 맞는지 살펴보아도 좋을 것이다.

리눅스 데스크톱 환경

리눅스 초기(1990년대 초)에 리눅스 운영체제에서 쓸 수 있는 것은 간단한 텍스트 인터페이스가 전부였다. 이 텍스트 인터페이스는 관리자가 프로그램을 시작하고, 프로그램 작동을 통제하고 시스템 안에서 파일을 다른 곳으로 옮길 수 있도록 해 주었다.

마이크로소프트 윈도우의 인기와 함께 컴퓨터 사용자들은 기존의 텍스트 인터페이스보다 더 나은 것을 기대했다. 이러한 요구는 OSS 커뮤니티가 더 많은 것들을 개발하는 추진력이 되었으며 그 결과로 리눅스 그래픽 데스크톱이 등장했다.

리눅스는 어떤 일을 할 때 여러 가지 방법 가운데 선택할 수 있는 것으로 유명하며 그래픽 데스크톱만큼 이에 걸맞은 사례도 없다. 리눅스에서 선택할 수 있는 그래픽 데스크톱은 너무 많은 게 탈이다시피 하다. 다음 절에서는 인기 있는 몇 가지를 살펴본다.

X 윈도우 시스템

두 가지 기본 요소가 비디오 환경을 제어한다. 바로 PC에 있는 비디오 카드, 모니터다. 컴퓨터에 멋진 그래픽을 표시하기 위해서 리눅스 소프트웨어는 이 두 가지 장치와 소통하는 방법을 알 필요가 있다. X 윈도우 소프트웨어는 그래픽을 표현하기 위한 핵심 요소다.

X 윈도우 소프트웨어는 PC의 비디오 카드 및 모니터를 직접 다루는 낮은 수준의 프로그램이며, 리눅스 애플리케이션이 컴퓨터에 화려한 윈도우와 그래픽을 제공하는 방법을 제어한다.

리눅스만이 X 윈도우를 사용하는 유일한 운영체제는 아니다. 수많은 다양한 운영체제를 위한 X 윈도우의 버전들이 만들어졌다. 리눅스 세계에서는 여러 가지 소프트웨어 패키지들을 구현할 수 있다.

가장 인기 있는 패키지는 X.org다. 이는 X 윈도우 시스템을 구현한 오픈소스 소프트웨어이며 오늘날 사용되는 최신 비디오 카드 대부분을 지원한다.

두 개의 다른 X 윈도우 패키지도 인기를 얻어가고 있는 중이다. 페도라 리눅스 배포판은 웨이랜드 소프트웨어(Wayland Software)와 함께 실험을 진행하고 있으며 우분투 리눅스 배포판은 데스크톱 환경에서 사용하기 위한 미르 디스플레이 서버를 개발했다.

이들은 리눅스 배포판을 처음 설치할 때 비디오 카드와 모니터를 찾으려 시도하고 필요한 정보를 포함하는 X 윈도우 구성 파일을 만든다. 설치 과정에서 설치 프로그램이 지원되는 비디오 모드를 찾기 위해서 모니터를 스캔하는 것을 볼 수 있다. 이 때문에 몇 초 동안 모니터에 아무 것도 표시되지 않을 때도 있다. 이러한 과정이 끝나기까지는 시간이 약간 걸릴 수 있다. 수많은 유형의 비디오 카드와 모니터가 있기 때문이다.

핵심 X 윈도우 소프트웨어는 그래픽 디스플레이 환경을 조성하지만 그게 전부다. 개별 애플리케이션을 실행시키는 데에는 문제가 없지만 일상으로 컴퓨터를 사용하는 데에는 그다지 쓰임새가 많지 않다. 어떠한 데스크톱 환경도 사용자가 파일을 조작하거나 프로그램을 실행하도록 편의를 제공하지 않는다. 이를 위해서는 X 윈도우 시스템 소프트웨어 위에서 돌아가는 데스크톱 환경이 필요하다.

KDE 데스크톱

K 데스크톱 환경(K Desktop Environment, KDE)은 마이크로소프트 윈도우 환경과 비슷한 그래픽 데스크톱을 제공하는 오픈소스 프로젝트로 1996년에 처음 출시되었다. KDE 데스크톱에는 윈도우 사용자라면 아마도 낯이 익을 모든 기능이 통합되어 있다. [그림 1-3]은 오픈 수세 리눅스 배포판에서 구동되는 KDE 4 바탕화면의 예를 보여준다.

그림 1-3

오픈 수세 리눅스 시스템에서 구동되는 KDE 4 데스크톱

KDE 데스크톱은 바탕화면의 특정 영역에 애플리케이션 및 파일 아이콘을 배치할 수 있다. 애플리케이션 아이콘을 클릭하면 리눅스 시스템은 그 애플리케이션을 시작한다. 파일 아이콘을 클릭하면 KDE 데스크톱은 이 파일을 사용하기 위해서 어떤 프로그램을 실행시켜야 할지 판단하려고 시도한다.

바탕화면의 맨 아래에 있는 줄을 패널이라고 한다. 패널은 네 부분으로 구성되어 있다.

- K 메뉴 : 윈도우 시작 메뉴와 매우 유사, 설치된 프로그램을 실행시킬 수 있는 링크를 포함

- 프로그램 바로가기 : 패널에서 직접 애플리케이션을 실행시킬 수 있는 빠른 링크

- 작업 표시줄 : 현재 데스크톱에서 실행되는 애플리케이션의 아이콘 표시

- 애플릿 : 패널에 아이콘을 가진 작은 애플리케이션, 애플릿이 어떤 정보를 보여주는가에 따라 패널이 종종 바뀔 수 있음

패널 기능은 윈도우에서 볼 수 있는 것과 비슷하다. 데스크톱 기능 말고도 KDE 프로젝트는 KDE 환경에서 실행되는 광범위한 애플리케이션들을 만들었다.

GNOME 데스크톱

또 다른 인기 있는 리눅스 데스크톱 환경은 GNU 네트워크 객체 모델 환경(GNU Network Object Model Environment, GNOME)이다. 1999년에 처음 출시된 GNOME은 많은 리눅스 배포판의 기본 데스크톱 환경이 되고 있다(하지만 가장 인기가 많은 배포판은 레드햇 리눅스다).

[그림 1-4]는 CentOS 리눅스 배포판에서 사용되는 표준 GNOME 데스크톱의 모습이다.

그림 1-4

CentOS 리눅스 시스템에서 구동되는 GNOME 데스크톱

GNOME은 표준 마이크로소프트 윈도우의 모습 및 느낌(룩앤필)과는 다르게 발전하는 방향을 선택했지만 대부분의 윈도우 사용자에 친숙한 다음과 같은 기능을 결합시켰다.

- 아이콘을 위한 바탕화면 영역

- 실행 중인 애플리케이션을 보여주는 패널 영역

- 드래그 앤 드롭 기능

KDE에 못지않게 GNOME 개발자들도 GNOME 데스크톱과 통합되는 수많은 그래픽 기반 애플리케이션을 만들었다.

유니티 데스크톱

우분투 리눅스 배포판을 사용하고 있다면 KDE 혹은 GNOME 데스크톱 환경과 뭔가 다르다는 것을 느낄 수 있을 것이다. 우분투 개발을 맡고 있는 회사인 캐노니컬에서는 독자적인 리눅스 데스크톱 환경인 유니티 개발에 착수하기로 결정했다.

유니티(통합) 데스크톱은 프로젝트의 목표에서 유래된 이름이다. 곧 워크스테이션, 태블릿 장치 및 모바일 장치를 막론하고 똑같은 데스크톱 환경을 제공하는 것이다. 유니티 데스크톱은 우분투를 워크스테이션에서 실행하든 휴대폰에서 실행하든 똑같이 작동한다! [그림 1-5]는 우분투 14.04 LTS에서 구동되는 유니티 데스크톱의 모습이다.

그림 1-5
우분투 리눅스 배포판에서 구동되는 유니티 데스크톱

1

다른 데스크톱

그래픽 데스크톱 환경의 단점은 올바르게 작동하기 위해서는 시스템 자원을 상당히 많이 필요로 한다는 것이다. 초기에 리눅스의 장점이나 상품성은 최신 마이크로소프트 데스크톱이 실행될 수 없는 오래되고 성능이 떨어지는 PC에서도 리눅스를 쓸 수 있다는 데에 있었다. 하지만 KDE와 GNOME 데스크톱의 인기가 높아지면서 상황이 달라졌다. KDE와 GNOME 데스크톱은 최신 마이크로소프트 데스크톱 환경만큼이나 많은 메모리를 필요로 하기 때문이다.

오래된 PC를 가지고 있다고 해서 실망할 필요는 없다. 리눅스 개발자들은 리눅스의 뿌리로 돌아가기 위해서 힘을 합쳤기 때문이다. 개발자들은 오래된 PC에서도 완벽하게 제구실을 하는 기본 기능을 제공하기 위해서 메모리를 적게 사용하는 여러 가지 그래픽 데스크톱 애플리케이션을 만들었다.

이러한 그래픽 데스크톱을 기반으로 한 애플리케이션이 아주 많지는 않지만 워드프로세서, 스프레드시트, 데이터베이스, 그림 그리기, 물론 멀티미디어 지원을 제공하는 여러 가지 기본 그래픽 기반 애플리케이션을 쓸 수 있다.

[표 1-3]은 낮은 성능의 PC와 노트북에서 사용할 수 있는 작은 리눅스 그래픽 데스크톱 환경 가운데 몇 가지를 소개하고 있다.

표 1-3   그밖의 리눅스 그래픽 데스크톱

데스크톱	설명
Fluxbox	패널이 없으며 애플리케이션을 실행하기 위한 팝업 메뉴만 있는 최소한의 데스크톱 환경
Xfce	KDE 데스크톱과 비슷하지만 메모리가 적은 환경을 위해서 그래픽을 덜 사용하는 데스크톱
JWM	조의 윈도우 관리자(Joe's Window Manager)라는 뜻으로, 적은 메모리와 적은 디스크 용량을 가진 환경을 위한 매우 가벼운 데스크톱
Fvwm	가상 데스크톱 및 패널과 같은 일부 고급 데스크톱 기능을 지원하지만 적은 메모리를 가진 환경에서도 실행된다
fvwm95	fvwm에서 유래되었지만 윈도우 95 바탕화면처럼 보이도록 개발했다

이들 그래픽 데스크톱 환경은 KDE와 GNOME 데스크톱만큼 멋진 것은 아니지만 잘 실행되는 기본 그래픽 기능을 제공한다. [그림 1-6]은 퍼피 리눅스 안티X 배포판에서 쓰이는 JWM 바탕화면의 모습이다.

그림 1-6

|||||||||||||||||||||||||||||||||||||||||||||||||||||||
퍼피 리눅스 배포판에서 볼 수 있는 JWM 바탕화면

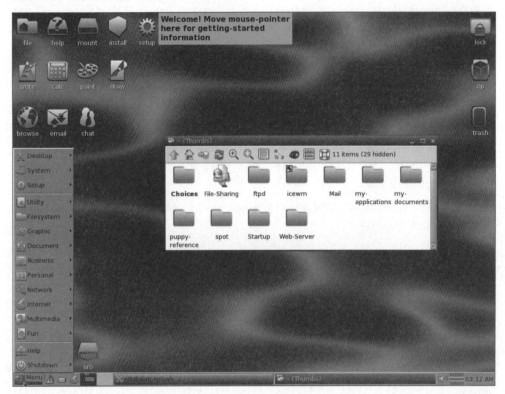

오래된 PC를 쓰고 있다면 이들 데스크톱 가운데 하나를 사용하는 리눅스 배포판을 써 보고 어떤 일이 일어나는지 살펴보자. 놀라우면서도 즐거울 것이다.

리눅스 배포판

완벽한 리눅스 시스템에 필요한 네 가지 주요 구성 요소를 살펴보았다. 이들 요소를 어떻게 결합시켜서 리눅스 시스템을 만들 수 있을지도 궁금할 것이다. 다행히도 다른 사람들이 이미 그와 같은 일을 했다.

완전한 리눅스 시스템 패키지를 배포판(distribution)이라고 한다. 사용할 수 있는 어떤 컴퓨터 환경에든 그에 알맞은 수많은 리눅스 배포판이 있다. 대부분의 배포판은 비즈니스 사용자, 멀티미디어 마니아, 소프트웨어 개발자, 일반 가정 사용자와 같은 특정한 사용자 집단에게 맞춰져 있다. 이러한 맞춤형 배포판은 특정한 기능을 지원하는 데 필요한 소프트웨어 패키지를 포함하고 있다. 이를테면 멀티미디어 마니아를 위한 배포판은 비디오 및 오디오 편집 소프트웨어를, 소프트웨어 개발자를 위한 배포판은 컴파일러와 통합 개발환경(IDE)을 포함한다.

리눅스 배포판은 크게 세 가지 범주로 구분된다.

- 완전한 코어 리눅스 배포판

- 전문화된 배포판

- LiveCD 테스트 배포판

다음 절에서는 리눅스 배포판의 이러한 유형들을 설명하고 각 범주에 속하는 리눅스 배포판의 몇 가지 예를 선보인다.

코어 리눅스 배포판

코어 리눅스 배포판은 커널, 하나 또는 그 이상의 그래픽 데스크톱 환경, 사용할 수 있는 거의 모든 리눅스 애플리케이션들을 그 커널에 맞게 컴파일하여 포함하고 있다. 완전한 리눅스 설치를 위한 원스톱 쇼핑인 셈이다. [표 1-4]는 인기 있는 코어 리눅스 배포판 중 몇 가지다.

표 1-4   코어 리눅스 배포판

배포판	설명
슬랙웨어(Slackware)	최초의 리눅스 배포판 가운데 하나로, 리눅스 광들에게 인기가 높다
레드햇(Red Hat)	상업 비즈니스용 배포판으로 인터넷 서버에 주로 사용된다
페도라(Fedora)	레드햇에서 파생되었지만 가정용으로 설계되었다
젠투(Gentoo)	고급 리눅스 사용자를 위한 배포판으로 리눅스 소스코드만 포함하고 있다
오픈수세(openSUSE)	비즈니스 및 가정용으로 다양한 배포판이 있다
데비안(Debian)	리눅스 전문가들에게 인기가 높으며 상용 리눅스 제품이다

리눅스 초창기에는 배포판이 몇 장의 플로피 디스크에 들어 있었다. 한 묶음의 파일들을 다운로드하여 디스크에 복사해야 했다. 전체 배포판을 저장하기 위해서는 20개 혹은 그보다 많은 디스크가 필요했다! 두말하면 잔소리겠지만 짜증나는 일이었다.

가정용 컴퓨터가 보통 CD 및 DVD 플레이어를 내장하고 있는 오늘날, 리눅스 배포판은 몇 장의 CD 또는 DVD 한 장으로 출시된다. 덕분에 리눅스 설치는 훨씬 쉬워졌다.

코어 리눅스 배포판 중 하나를 설치할 때에 초보자는 종종 어려움을 겪는다. 리눅스를 쓰고 싶어 하는 모든 사람들을 만족시키기 위해서는 하나의 배포판에 수많은 애플리케이션이 포함되어 있어야 한다. 고성능 인터넷 데이터베이스 엔진에서부터 일반적인 게임까지 모든 것이 포함된다. 리눅스에서 쓸 수 있는 애플리케이션이 워낙에 많다 보니 완전한 배포판은 보통 넉 장 또는 그 이상의 CD를 필요로 한다.

선택의 폭이 넓다는 것은 리눅스 마니아들에게는 좋겠지만 초보 리눅스 사용자에게는 악몽일 수도 있다. 대부분의 배포판은 어떤 애플리케이션을 기본으로 설치할 것인지, PC에 연결된 하드웨어가 무엇인지, 어떻게 하드웨어를 구성할지를 판단하기 위해서 설치 과정에서 여러 가지 질문을 한다. 초보자들에게는 이러한 질문을 꽤 혼란스러워 해 너무 많은 프로그램을 컴퓨터에 설치하거나 반대로 프로그램을 너무 적게 설치해서 나중에는 자신이 원하는 프로그램이 없는 경우도 있다.

초보자를 위한 훨씬 간단한 리눅스 설치 방법이 있다.

전문화된 리눅스 배포판

새로운 유형의 리눅스 배포판들이 나타나기 시작했다. 이들은 대체로 주요 배포판 중 하나를 기반으로 하고 있지만 특정한 사용 분야에 적절한 애플리케이션들만을 포함한다.

맞춤형 리눅스 배포판은 전문화된 소프트웨어(예를 들어 비즈니스 사용자를 위한 오피스 제품군)를 제공하는 것에 그치지 않고 널리 쓰이는 하드웨어 장치를 자동 감지하고 자동 구성함으로써 리눅스 초보자들을 돕기 위해서 노력한다. 이러한 기능은 리눅스 설치를 훨씬 즐거운 과정으로 만들어 준다.

[표 1-5]는 사용할 수 있는 전문화된 리눅스 배포판 가운데 몇 가지의 목록이다.

표 1-5　전문화된 리눅스 배포판

배포판	설명
센트OS(CentOS)	레드햇 엔터프라이즈 리눅스 소스코드로 만든 무료 배포판
우분투(Ubuntu)	학교와 가정 사용자들을 위한 배포판
PC리눅스OS(PCLinuxOS)	가정 및 사무실 사용을 위한 무료 배포판
민트(Mint)	홈 엔터테인먼트 사용자를 위한 무료 배포판
다인:볼릭(dyne:bolic)	오디오와 MIDI 애플리케이션을 위해 설계된 무료 배포판
퍼피 리눅스(Puppy Linux)	구형 PC에서 잘 실행되는 가벼운 무료 배포판

이들은 전문화된 리눅스 배포판의 몇 가지 예에 불과하다. 수백 개의 전문화된 리눅스 배포판이 있으며 인터넷에는 언제나 새로운 배포판이 등장하고 있다. 당신의 전문 분야가 무엇이든 관계없이 그에 적합하게 만들어진 리눅스 배포판을 찾을 수 있을 것이다.

전문화된 리눅스 배포판의 대부분은 데비안 리눅스 배포판을 기반으로 한다. 이들은 데비안과 같은 설치 파일을 사용하지만 전체 데비안 시스템 가운데 작은 부분만을 담고 있다.

리눅스 라이브CD

리눅스 세계에서 비교적 새로운 현상은 부팅 가능한 리눅스 CD 배포판이다. 이 배포판은 실제로 설치하지 않고도 리눅스 시스템이 어떤지를 살펴볼 수 있다. 현재 대부분의 PC는 표준 하드 드라이브 대신 CD로도 부팅을 할 수 있다. 이를 이용해서 일부 리눅스 배포판은 맛보기용 리눅스 시스템을 포함한 부팅 가능한 CD(리눅스 라이브CD라고도 한다)를 만든다. 한 장의 CD가 가진 용량 제한 때문에 이러한 맛보기 시스템은 완전한 리눅스 시스템을 포함할 수는 없으나 그래도 그 안에서 써 볼 수 있는 소프트웨어들을 보면 놀라게 될 것이다. 결과적으로 CD로 PC를 부팅하고 하드 드라이브에 아무 것도 설치하지 않고도 리눅스 배포판을 실행할 수 있다!

PC를 엉망으로 만들지 않고도 다양한 리눅스 배포판을 시험할 수 있는 좋은 방법인 것이다. 그냥 CD를 넣고 부팅하면 된다! 모든 리눅스 소프트웨어는 CD에서 직접 실행된다. 매우 다양한 리눅스 라이브CD를 인터넷으로부터 다운로드하여 CD로 구워 시험삼아 써볼 수 있다.

[표 1-6]은 사용할 수 있는 몇 가지 인기 있는 리눅스 라이브CD의 목록이다.

표 1-6 리눅스 라이브CD 배포판

배포판	설명
크노픽스(Knoppix)	독일에서 나온 것으로 최초로 개발된 리눅스 라이브CD
PC리눅스OS(PCLinuxOS)	전체 리눅스 배포판을 담은 라이브CD
우분투(Ubuntu)	전 세계적인 리눅스 프로젝트로 많은 언어를 지원하게 위해 설계되었다
슬랙스(Slax)	슬랙웨어 리눅스를 기반으로 한 리눅스 라이브CD
퍼피 리눅스(Puppy Linux)	구형 PC 용으로 설계된 완벽한 기능을 갖춘 리눅스

이 표가 아마도 낯익을 것이다. 전문화된 리눅스 배포판이 리눅스 라이브CD 버전을 많이 가지고 있다. 우분투와 같은 일부 리눅스 라이브CD 배포판은 라이브 CD에서 직접 리눅스 배포판을 설치할 수 있는 기능도 제공한다. 즉 CD로 부팅해서 리눅스 배포판을 시험해 본 다음 마음에 들면 하드 디스크에 설치하는 것이다. 매우 편리하고 사용하기 쉬운 기능이다.

리눅스 라이브CD에도 몇 가지 단점이 있다. 모든 것을 CD에서 읽어들이기 때문에 애플리케이션은 좀 느리게 돌아가며, 오래되고 속도가 느린 컴퓨터와 CD 드라이브를 사용하는 경우 특히 더 느려진다. CD에는 쓰기가 안 되기 때문에 리눅스 시스템에 적용한 모든 변경 내용은 다음 부팅 때에는 사라질 것이다.

그러나 리눅스 라이브 CD의 세계에서 이루어지고 있는 발전은 이러한 문제를 해결하는 데 도움이 되고 있다. 이러한 발전은 다음과 같은 기능을 포함한다.

- 리눅스 시스템 파일을 CD에서 메모리로 복사
- 하드 드라이브의 단일 파일로 시스템 파일을 복사

■ USB 메모리 스틱에 시스템 설정을 저장

■ USB 메모리 스틱에 사용자 설정을 저장

퍼피 리눅스와 같은 일부 리눅스 라이브CD는, 최소한의 리눅스 시스템 파일만 가지고 있도록 설계되었다. 라이브CD 부팅 스크립트는 CD로 부팅할 때 이들 파일을 메모리로 직접 복사한다. 이렇게 하면 리눅스가 부팅되자마자 컴퓨터에서 CD를 제거할 수 있다. 애플리케이션 실행 속도가 훨씬 빨라질 뿐만 아니라(애플리케이션이 빠른 메모리에서 실행되기 때문에) CD 드라이브를 비울 수 있으므로 퍼피 리눅스에 포함된 소프트웨어로 오디오 CD에서 음악을 추출하거나 비디오 DVD를 재생할 수 있다.

다른 리눅스 라이브CD는 부팅 후 드라이브에서 CD를 제거할 수 있는 다른 방법을 사용한다. 이 방법은 핵심 리눅스 파일들을 윈도우 운영체제 하드 드라이브의 단일 파일에 복사하는 방법과 관계가 있다. CD로 부팅한 다음에는 그 파일을 찾아서 시스템 파일을 읽어 들인다. 다인:볼릭 리눅스 라이브CD는 도킹이라는 이름으로 이러한 기술을 사용한다. 물론 CD로 부팅하기 전에 시스템 파일을 하드 드라이브에 복사해야 한다.

라이브 리눅스 CD에서 데이터를 저장하기 위해 쓰이는 매우 인기 있는 기술은 일반적인 USB 메모리 스틱(플래시 드라이브 또는 thumb 드라이브라고도 한다)을 쓰는 것이다. 거의 모든 리눅스 라이브 CD는 컴퓨터에 꽂혀 있는 USB 메모리 스틱을 인식하고(스틱이 윈도우용으로 포맷된 경우에도) 파일을 읽고 쓸 수 있다. 이렇게 하면 리눅스 라이브 CD로 부팅하고, 리눅스용 애플리케이션으로 파일을 만들어서 이를 메모리 스틱에 저장했다가 나중에 윈도우용 애플리케이션(또는 다른 컴퓨터)에서 사용할 수 있다. 멋지지 않은가?

요약

이 장에서는 리눅스 시스템과 작동 방법의 기초를 알아보았다. 리눅스 커널은 시스템의 핵심으로 메모리, 프로그램 및 하드웨어가 서로 어떻게 상호작용을 할지를 제어한다. GNU 유틸리티는 리눅스 시스템에서 중요한 부분이다. 이 책의 주요 초점인 리눅스 쉘은 GNU 핵심 유틸리티에 포함되어 있다. 이 장에서는 리눅스 시스템을 구성하는 마지막 요소인 리눅스 데스크톱 환경에 대해서도 알아보았다. 시간이 흐르고 상황이 바뀌면서 리눅스는 현재 여러 그래픽 데스크톱 환경을 지원한다.

이 장에서는 다양한 리눅스 배포판을 살펴보았다. 리눅스 배포판은 리눅스 시스템의 여러 구성 요소를 쉽게 PC에 설치할 수 있는 단순한 패키지로 묶은 것이다. 리눅스 배포판의 세계에는 상상할 수 있는 거의 모든 애플리케이션을 포함하고 있는 전체 리눅스 배포판은 물론 특별한 기능에 초점을 맞춘 애플리케이션을 중심으로 한 전문화된 리눅스 배포판도 있다. 리눅스 라이브CD 열풍은 하드 드라이브에 설치하지 않고도 쉽게 리눅스를 시험해 볼 수 있는 새로운 유형의 리눅스 배포판을 낳았다.

다음 장에서는 커맨드라인과 쉘 스크립팅을 시작하기 위해서 필요한 것이 무엇인지를 살펴본다. 멋진 그래픽 데스크톱 환경에서 리눅스 쉘 유틸리티를 실행하기 위해서 무엇이 필요한지도 볼 수 있겠지만 요즈음은 그렇게 쉬운 일만은 아니다.

쉘에 접속하기

이 장의 내용

리눅스 초창기에는 모든 작업을 오로지 쉘로만 해야 했다. 시스템 관리자, 프로그래머, 시스템 사용자는 모두 리눅스 콘솔 터미널이라는 녀석 앞에 앉아서 쉘 명령을 입력하고 텍스트로 출력되는 결과를 보았다. 오늘날에는 그래픽 데스크톱 환경 때문에 쉘 명령을 입력하기 위해 시스템 쉘 프롬프트를 찾기가 점점 힘들어지고 있다. 이 장에서는 커맨드라인 환경에 도달하기 위해 필요한 것이 무엇인지를 살펴볼 것이다. 다양한 리눅스 배포판에서 실행될 수 있는 터미널 에뮬레이션 패키지를 안내한다.

커맨드라인에 도달하기

그래픽 기반 데스크톱 이전에 유닉스 시스템과 상호작용할 수 있는 유일한 방법은 쉘이 제공하는 텍스트 커맨드라인 인터페이스(command line interface, CLI)뿐이었다. CLI는 오로지 텍스트 입력만 허용했으며 텍스트와 초보적인 그래픽 출력만을 표시할 수 있었다.

이러한 제한 때문에, 출력 장치는 그다지 화려하지 않았다. 유닉스 시스템과 상호작용을 하기 위해서는 단순 터미널(dumb terminal)이면 충분했다. 단순 터미널은 보통 유닉스 시스템에 통신 케이블(보통 다중 와이어 직렬 케이블)로 연결된 모니터와 키보드가 전부였다. 이러한 간단한 조합은 유닉스 시스템에 텍스트 데이터를 입력하고 텍스트 결과를 볼 수 있는 손쉬운 방법을 제공했다.

오늘날의 리눅스 환경은 그때와는 상당히 다르다. 거의 모든 리눅스 배포판은 여러 유형의 그래픽 데스크톱 환경을 사용한다. 그러나 쉘 명령어를 입력하기 위해서는 여전히 CLI에 접속할 수 있는 텍스트 디스플레이가 필요하다. 이제 문제는 어떻게 접속하느냐다. 어떤 리눅스 배포판은 CLI에 접속하는 방법을 찾기도 쉽지 않다.

콘솔 터미널

CLI에 도달하는 방법 중 하나는 리눅스 시스템을 그래픽 데스크톱 모드에서 텍스트 모드로 바꿔 놓는 것이다. 이 모드가 제공하는 기능은 그래픽 데스크톱 이전 시대처럼 모니터에 단순한 쉘 CLI를 표시하는 게 전부다. 이 모드는 고정된 통신 케이블로 연결된 콘솔 터미널을 모방하는 것이기 때문에 리눅스 콘솔이라고 하며 리눅스 시스템과 직접 통신할 수 있는 수단이다.

리눅스 시스템이 시작되면 자동으로 여러 개의 가상 콘솔이 만들어진다. 가상 콘솔은 리눅스 시스템 메모리에서 실행되는 터미널 세션이다. 대부분의 리눅스 배포판은 컴퓨터에 연결된 여러 개의 실제 단순 터미널을 가지는 옛날의 구조를 모방하여 하나의 컴퓨터 키보드와 모니터로 접속할 수 있는 가상 콘솔을 대여섯 개(때로는 그보다 많은) 실행한다.

그래픽 터미널

가상 콘솔 터미널을 사용하기 위한 대안은 리눅스 그래픽 데스크톱 환경 안에서 터미널 에뮬레이션 패키지를 사용하는 것이다. 터미널 에뮬레이션 패키지는 콘솔 터미널처럼 동작하지만 데스크톱의 그래픽 창 안에서 작동된다. [그림 2-1]은 리눅스 그래픽 데스크톱 환경에서 실행되는 에뮬레이터의 예를 나타낸다.

그림 2-1

리눅스 데스크톱에서 실행되는 간단한 터미널 에뮬레이터

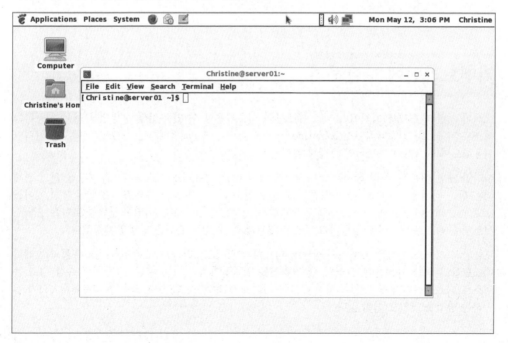

그래픽 터미널 에뮬레이션은 리눅스의 그래픽 기반 사용자 경험 가운데 적은 부분만을 사용한다. 이러한 경험은 대부분 그래픽 터미널 에뮬레이션 소프트웨어(클라이언트라고 한다)를 포함한 여러 구성 요소를 통해 수행된다. [표 2-1]은 리눅스 그래픽 데스크톱 환경에서 사용되는 여러 가지 구성 요소들이다.

표 2-1 그래픽 인터페이스 요소

이름	예	설명
클라이언트	그래픽 터미널 에뮬레이터, 데스크톱 환경, 네트워크 브라우저	그래픽 서비스를 요청하는 애플리케이션
디스플레이 서버	미르(Mir), 웨이랜드 컴포지터(Wayland Compositor), X서버	디스플레이(스크린)와 입력 장치(키보드, 마우스, 터치스크린)를 관리하는 구성 요소
윈도우 관리자	컴피즈(Compiz), 메타시티(Metacity), Kwin	창에 테두리를 추가하고 창을 옮기거나 관리하는 기능을 제공하는 구성 요소
위젯 라이브러리	아테나(Athena, Xaw), X 인트리식스(X Intrisics)	데스크톱 환경의 클라이언트에 메뉴와 외관을 추가하는 구성 요소

바탕화면에서 커맨드라인을 다루기 위한 중심축은 그래픽 터미널 에뮬레이터다. 그래픽 터미널 에뮬레이터를 'GUI 안에' 있는 CLI 터미널로, 가상 콘솔 터미널을 'GUI 바깥에 있는' CLI 터미널로 생각할 수 있다. 다양한 터미널과 그 특징을 이해하면 커맨드라인 경험을 향상시킬 수 있다.

리눅스 콘솔 터미널을 통해 CLI에 접속하기

리눅스 초창기에는 시스템을 부팅하면 모니터에 로그인 프롬프트가 보였고, 그게 전부였다. 이것을 리눅스 콘솔이라고 한다. 시스템 콘솔은 시스템에 명령을 내릴 수 있는 유일한 곳이었다.

많은 리눅스 배포판은 부팅 때에는 여러 개의 가상 콘솔을 만들지만 부팅이 끝나면 그래픽 환경으로 전환된다. 이 환경은 그래픽 기반 로그인 및 데스크톱 경험을 사용자에게 제공한다. 따라서 이 경우에는 가상 콘솔 접속은 수동으로 하게 된다.

대부분의 리눅스 배포판에서는 간단한 키 조합으로 리눅스 가상 콘솔 중 하나에 접속할 수 있다. 보통은 〈Ctrl〉 + 〈Alt〉 키 조합을 누른 다음에 기능 키(〈F1〉에서 〈F7〉)로 쓰고자 하는 가상 콘솔을 선택해야 한다. 기능 키 〈F2〉는 가상 콘솔 2를, 〈F3〉 키는 가상 콘솔 3, 〈F4〉 키는 가상 콘솔 4와 같은 식이다.

> **NOTE**
> 리눅스 배포판은 보통 <Ctrl> + <Alt> 키 조합과 함께 <F1> 또는 <F7>을 누름으로써 그래픽 인터페이스로 전환된다. 우분투는 <F7>을 사용하는 반면 RHEL은 <F1> 키를 사용한다. 사용하고 있는 배포판에서 그래픽 환경에 해당되는 키가 무엇이지 시험해 보는 것이 가장 좋다.

텍스트 모드 가상 콘솔은 화면 전체를 사용하며 텍스트 로그인 스크린을 표시하면서 시작된다. 가상 콘솔에서 텍스트 로그인 화면이 표시되는 예가 [그림 2-2]에 나와 있다.

그림 2-2
리눅스 가상 콘솔 로그인 화면

```
Ubuntu 14.04 LTS server01 tty2

server01 login: christine
Password:
Last login: Mon May 12 15:45:49 EDT 2014 on tty2
Welcome to Ubuntu 14.04 LTS (GNU/Linux 3.13.0-24-generic x86_64)

 * Documentation:  https://help.ubuntu.com/

christine@server01:~$
```

[그림 2-2]에서 눈여겨볼 것은 첫 번째 텍스트 줄 끝에 있는 tty2다. tty2의 2는 가상 콘솔 2를 뜻하며 〈Ctrl〉 + 〈Alt〉 + 〈F2〉키 조합을 눌러 도달했음을 나타낸다. tty는 텔레타이프라이터(teletypewriter)를 뜻한다. 텔레타이프라이터는 메시지를 보내는 데 사용되는 기계를 뜻하는 오래된 용어다.

> **NOTE**
> 모든 리눅스 배포판이 로그인 화면에서 가상 콘솔의 tty 번호를 표시하는 것은 아니다.

login: 프롬프트 다음에 ID를 입력하고 Password: 다음에 암호를 입력하면 로그인 된다. 이전에 이런 방법으로 로그인해 본 적이 없다면 암호 입력이 그래픽 환경과는 다른 경험이라는 것을 알게 될 것이다. 그래픽 환경에서는 암호 글자를 입력할 때마다 점 또는 별표 문자가 나타나는 것을 볼 수 있다. 가상 콘솔은 암호를 입력할 때 아무 것도 표시하지 않는다.

가상 콘솔에 로그인한 후에는 리눅스 CLI로 전환된다. 리눅스 가상 콘솔 안에서는 어떠한 그래픽 기반 프로그램도 실행할 수 없다는 점을 명심하자.

가상 콘솔에 로그인하고 나면 이 콘솔을 활성 상태로 유지하는 한편 활성 세션을 잃지 않고도 다른 가상 콘솔로 전환할 수 있다. 여러 개의 세션이 동작하는 상태에서 모든 가상 콘솔을 왔다 갔다 할 수 있다. 이러한 기능은 CLI로 작업하는 동안 커다란 유연성을 제공한다.

가상 콘솔의 외관에도 유연성이 있다. 텍스트 모드 콘솔 터미널이라고 해도 텍스트 및 배경 색상을 바꿀 수는 있다.

예를 들어 터미널의 배경을 흰색으로, 텍스트를 검은색으로 설정하면 눈이 좀 더 편할 수도 있다. 로그인한 후에는 두 가지 방법으로 이렇게 변경할 수 있다. 한 가지 방법은 [그림 2-3]에서와 같이 setterm -inversescreen 명령을 입력하고 〈Enter〉키를 누르는 것이다. on 옵션을 사용해서 inversescreen 기능을 켰다는 점에 유의하자. off 옵션으로 기능을 끌 수도 있다.

그림 2-3

리눅스 가상 콘솔에서 inversescreen 켜기

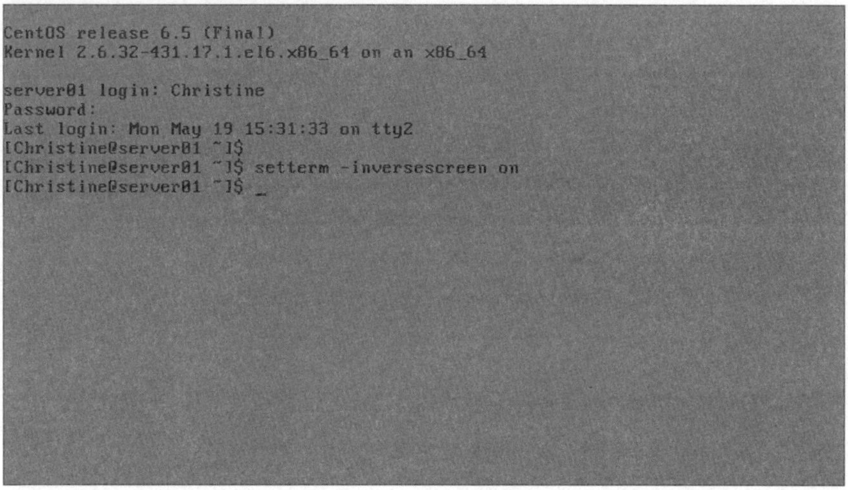

```
CentOS release 6.5 (Final)
Kernel 2.6.32-431.17.1.el6.x86_64 on an x86_64

server01 login: Christine
Password:
Last login: Mon May 19 15:31:33 on tty2
[Christine@server01 ~]$
[Christine@server01 ~]$ setterm -inversescreen on
[Christine@server01 ~]$ _
```

또 다른 방법은 두 가지 명령을 하나씩 차례대로 입력하는 것이다. setterm -background white를 입력하고 〈Enter〉키를 누른 뒤, type setterm -foreground black을 누르고 〈Enter〉키를 누른다. 주의해야 할 점이 있다. 터미널의 배경을 먼저 바꾸고 나면 입력하는 명령을 보기 어려울 수 있다.

앞에서 살펴본 명령은 inversescreen과 같은 on/off 기능이 없다. 대신 여덟 가지 색상을 선택할 수 있다. 노란색, 녹색, 빨간색, 검은색, 파란색, 자홍색, 청록색, 흰색(일부 배포판에서는 회색으로 보인다)을 선택할 수 있다. 밋밋한 텍스트 모드 콘솔 터미널에 좀 더 창의력을 불어넣을 수도 있다. [표 2-2]는 콘솔 터미널의 가독성이나 외관을 개선하는 데 도움이 되는 setterm 명령과 함께 사용할 수 있는 몇 가지 옵션들이다.

표 2-2 배경과 전경의 외관에 관련된 setterm 옵션

옵션	선택할 수 있는 매개변수	설명
-background	black, red, green, yellow, blue, magenta, cyan, white	터미널의 배경 색깔을 지정된 것으로 바꾼다
-foreground	black, red, green, yellow, blue, magenta, cyan, white	터미널의 전경 색깔, 특히 텍스트 색깔을 지정된 것으로 바꾼다
-inversescreen	on 또는 off	배경 색깔을 전경 색깔로, 전경 색깔을 배경 색깔로 바꾼다
-reset	없음	기본 설정으로 터미널 모양을 바꾸고 화면을 지운다
-store	없음	현재 터미널의 전경과 배경 색깔을 -reset 명령을 썼을 때의 기본 설정으로 지정한다

가상 콘솔 터미널은 GUI 외부에서 CLI에 접속할 때에는 매우 좋다. CLI에 접속하는 한편으로 그래픽 기반 프로그램도 실행해야 할 때도 있다. 터미널 에뮬레이션 패키지를 사용하면 이 문제를 해결할 수 있으며 GUI 안에서 쉘 CLI에 접속하는 인기 있는 방법이기도 하다. 다음 절에서는 그래픽 터미널 에뮬레이션을 제공하는 일반적인 소프트웨어 패키지를 설명한다.

그래픽 터미널 에뮬레이션으로 CLI에 접속하기

그래픽 데스크톱 환경은 가상 콘솔 터미널이보다 훨씬 다양하게 CLI에 접속할 수 있는 방법을 제공한다. 그래픽 기반 환경에서 수많은 그래픽 터미널 에뮬레이터 패키지를 사용할 수 있다. 각 패키지는 고유한 기능과 선택의 폭을 제공한다. [표 2-3]에 인기 있는 그래픽 터미널 에뮬레이터 패키지와 웹사이트가 함께 나와 있다.

표 2-3 인기 있는 그래픽 터미널 에뮬레이터 패키지

이름	웹사이트
E텀(Eterm)	http://www.eterm.org
파이널텀(FInal Term)	http://finalterm.org
GNOME 터미널	https://help.gnome.org/users/gnome-terminal/stable
궤이크(Guake)	https://github.com/Guake/guake
Konsole 터미널	http://konsole.kde.org
릴리텀(LillyTerm)	http://lilyterm.luna.com.tw/index.html
LX터미널(LXTerminal)	http://wiki.lxde.org/en/LXTerminal

Mrxvt	https://code.google.com/p/mrxvt
록스텀(ROXTerm)	http://roxterm.sourceforge.net
rxvt	http://sourceforge.net/projects/rxvt
rxvt-unicode	http://software.schmorp.de/pkg/rxvt-unicode
사쿠라(Sakura)	https://launchpad.net/sakura
st	http://st.suckless.org
터미네이터(Terminator)	https://launchpad.net/terminator
터미놀로지(Terminology)	http://www.enlightenment.org/p.php?p=about/terminology
틸다(tilda)	http://tilda.sourceforge.net/tildaabout.php
UX텀(UXterm)	http://manpages.ubuntu.com/manpages/gutsy/man1/uxterm.1.html
W텀(Wterm)	http://sourceforge.net/projects/wterm
x텀(xterm)	http://invisible-island.net/xterm
Xfce4 터미널	http://docs.xfce.org/apps/terminal/start
야쿠에이크(Yakuake)	http://extragear.kde.org/apps/yakuake

많은 그래픽 터미널 에뮬레이터 패키지를 사용할 수 있지만 이 장에서는 널리 쓰이는 세 가지를 중심으로 한다. 여러 리눅스 배포판에 기본 설치되어 있는 패키지에는 GNOME 터미널, Konsole 터미널 및 xterm이 있다.

GNOME 터미널 에뮬레이터 사용하기

GNOME 터미널은 GNOME 데스크톱 환경의 기본 터미널 에뮬레이터다. RHEL, 페도라, 센트OS와 같은 많은 배포판은 GNOME 데스크톱 환경을 사용하기 때문에 GNOME 터미널을 기본으로 사용한다. 우분투 유니티와 같은 다른 데스크톱 환경도 기본 터미널 에뮬레이터 패키지로 GNOME 터미널을 사용한다. GNOME 터미널은 사용하기 무척 쉬우므로 리눅스를 처음 사용하는 사람들에게는 좋은 터미널 에뮬레이터다. 이 절에서는 GNOME 터미널 에뮬레이터에 접속하고, 구성하고, 사용하기 위한 다양한 내용들을 부분들을 안내한다.

GNOME 터미널 접속

각 그래픽 데스크톱 환경은 저마다 GNOME 터미널 에뮬레이터에 접속하기 위한 방법을 제공한다. 이 절에서는 GNOME, 유니티, 그리고 KDE 데스크톱 환경에서 GNOME 터미널에 접속하는 방법을 설명한다.

> **NOTE**
> [표 2-3]에 나와 있는 것과는 다른 데스크톱 환경을 사용하고 있다면 GNOME 터미널 에뮬레이터를 찾을 수 있는 기능을 제공하는 여러 가지 메뉴를 찾아보아야 할 것이다. 보통은 메뉴에서 터미널(Terminal)이라는 이름으로 되어 있을 것이다.

GNOME 데스크톱 환경에서 GNOME 터미널에 접속하기는 매우 쉽다. 윈도우의 왼쪽 위 모서리에 있는 메뉴 시스템에서 애플리케이션(Applications)을 클릭하고 나서 드롭다운 메뉴에서 시스템 도구(System Tools)를, 마지막으로 터미널(Terminal)을 클릭한다. 요약하면 애플리케이션 ⇨ 시스템 도구 ⇨ 터미널 순이다.

[그림 2-1]에서 GNOME 터미널의 모습을 참조하라. 센트OS 배포판에 있는 GNOME 데스크톱 환경에서 접속한 결과다.

유니티 데스크톱 환경에서 GNOME 터미널에 접속하려면 좀 더 노력이 필요하다. 가장 간단한 접근 방법은 대시(Dash) ⇨ 찾기(Search)를 입력하는 것이다. GNOME 터미널은 터미널(Terminal)이라는 이름의 애플리케이션으로 대시 홈 영역에 표시된다. GNOME 터미널 에뮬레이터를 열고 해당 아이콘을 클릭한다.

> **TIP**
> 우분투의 유니티와 같은 일부 리눅스 배포판 데스크톱 환경에서는 <Ctrl> + <Alt> + <T> 단축키 조합을 사용하여 GNOME 터미널에 빠르게 접속할 수 있다.

KDE 데스크톱 환경에서는 Konsole 터미널 에뮬레이터가 기본 에뮬레이터다. GNOME 터미널에 접속하기 위한 메뉴를 찾으려면 좀 더 깊숙하게 파고 들어가야 한다. 화면의 왼쪽 아래에 있는 아이콘 킥오프 애플리케이션 런처(Kickoff Application Launcher) 라벨이 붙어 있는 아이콘을 실행시킨 다음 애플리케이션 ⇨ 유틸리티 ⇨ 터미널을 클릭한다.

대부분의 데스크톱 환경에서는 GNOME 터미널에 접속하기 위한 런처(launcher)를 만들 수 있다. 런처란 선택한 애플리케이션을 실행할 수 있도록 바탕화면에 만드는 아이콘이다. 그래픽 데스크톱에서 터미널 에뮬레이터에 빠르게 접속할 수 있는 좋은 기능이다. 단축키를 쓰고 싶지 않거나 단축키 기능이 지원되지 않는 데스크톱 환경을 선택했다면 특히 도움이 된다.

예를 들어 GNOME 데스크톱 환경에서 런처를 만들 때에는 바탕화면 영역의 가운데에서 마우스 오른쪽 단추를 클릭하면 나오는 메뉴에서 런처 만들기(Create Launcher...)를 선택한다. 런처 만들기 애플리케이션 창이 열린다. 유형(Type) 필드는 애플리케이션(Application)을 선택한다. 이름(Name) 필드에는 아이콘의 이름을 입력한다. 명령(Command) 필드에는 gnome-terminal을 입력한다. 새로운 런처를 저장하려면 〈확인(OK)〉을 클릭한다. 이제 런처에서 지정한 이름의 아이콘이 바탕화면에 나타날 것이다. GNOME 터미널 에뮬레이터를 열려면 이 아이콘을 두 번 클릭한다.

> **NOTE**
> 명령 필드에 gnome-terminal을 입력했다. 이는 GNOME 터미널 에뮬레이터를 시작하는 쉘 명령을 입력한 것이다. 제3장에서는 특정한 구성 옵션을 주기 위해서 gnome-terminal과 같은 명령에 특정한 옵션을 추가하는 방법, 그리고 사용할 수 있는 모든 옵션을 보는 방법을 배울 것이다.

GNOME 터미널 에뮬레이션이 시작되면 여러 가지 구성 옵션이 메뉴와 단축키로 제공된다. 이러한 옵션을 이해하면 GNOME 터미널의 CLI 경험을 향상시킬 수 있다.

메뉴 바

GNOME 터미널 메뉴 바는 GNOME 터미널을 원하는 방식으로 만드는 데 필요한 구성 및 사용자 지정 옵션이 포함되어 있다. 다음 표에 메뉴 바에 있는 여러 가지 구성 옵션과 단축키를 간략하게 설명했다.

> **NOTE**
> GNOME 터미널의 메뉴 옵션을 읽을 때 당신의 리눅스 배포판에 있는 GNOME 터미널은 약간 다른 메뉴 옵션을 사용할 수 있다는 점을 기억할 필요가 있다. 몇몇 리눅스 배포판은 이전 버전의 GNOME 터미널을 사용하기 때문이다.

[표 2-4]는 GNOME 터미널 파일 메뉴 시스템 안에서 사용할 수 있는 구성 옵션을 보여준다. 파일 메뉴 항목은 전체 CLI 터미널 세션을 만들고 관리할 수 있는 항목을 포함한다.

표 2-4 파일 메뉴

이름	단축키	설명
터미널 열기(Open Terminal)	\<Shift\>+\<Ctrl\>+\<N\>	새로운 GNOME 터미널 창에서 새로운 쉘 세션을 실행한다
탭 열기(Open Tab)	\<Shift\>+\<Ctrl\>+\<T\>	현재 GNOME 터미널 창의 탭에 새로운 쉘 세션을 실행한다
새 프로파일(New Profile)	없음	세션을 원하는 대로 바꾸고 프로파일로 저장하여 나중에 불러서 쓸 수 있게 한다.
저장(Save Contents)	없음	스크롤백 버퍼를 텍스트 파일에 저장한다
탭 닫기(Close Tab)	\<Shift\>+\<Ctrl\>+\<W\>	현재의 탭 세션을 닫는다
창 닫기(Close Window)	\<Shift\>+\<Ctrl\>+\<Q\>	현재의 GNOME 터미널 세션을 닫는다

네트워크 브라우저에서처럼 GNOME 터미널 세션 안에서 완전히 새로운 CLI 세션을 시작할 수 있다는 점에 주목하라. 각각의 탭 세션은 독립된 CLI 세션으로 간주된다.

> **TIP**
> 파일 메뉴에서 옵션에 도달하기 위해 메뉴를 클릭 애야 하는 것은 아니다. 대부분의 항목은 세션 영역에서 마우스 오른쪽 버튼을 클릭해서 불러올 수도 있다.

[표 2-5]에 나와 있듯이 편집(Edit) 메뉴는 탭 안에서 텍스트를 다루기 위한 항목들을 포함하고 있다. 세션 창에서 텍스트를 복사하고 붙여넣기 위해서 마우스를 사용할 수 있다.

표 2-5 편집 메뉴

이름	단축키	설명
복사(Copy)	\<Shift>+\<Ctrl>+\<C>	선택한 텍스트를 GNOME 클립보드에 복사한다
붙여넣기(Paste)	\<Shift>+\<Ctrl>+\<V>	GNOME 클립보드에서 텍스트를 세션으로 붙여 넣는다
파일 이름 붙여넣기 (Paste Filenames)		복사한 파일 이름과 그 경로를 정확하게 붙여 넣는다
모두 선택(Select All)	없음	전체 스크롤백 버퍼에 출력된 내용을 선택한다
프로파일(Profiles)	없음	GNOME 터미널 프로파일을 추가, 삭제, 또는 변경한다
바로 가기 키 (Keyboard Shortcuts)	없음	GNOME 터미널 기능을 빠르게 실행시키기 위한 키 조합을 만든다
프로파일 설정 (Profile Preferences)	없음	현재의 세션 프로파일을 편집한다

파일 이름 붙여넣기 메뉴 항목은 GNOME 터미널의 최근 버전에서 사용할 수 있다. 사용하고 있는 시스템에 이 메뉴 항목이 표시되지 않기도 한다.

[표 2-6]에 표시된 보기 메뉴에는 CLI 세션 창이 표시되는 방식을 제어하기 위한 항목이 포함되어 있다. 이 항목은 시각 장애를 가진 사람들에게 도움이 될 수 있다.

표 2-6 보기 메뉴

이름	단축키	설명
메뉴 모음 보기(Show Menubar)	없음	메뉴 바 표시를 켜거나 끈다
전체 화면(Full Screen)	\<F11>	터미널 창이 전체 바탕화면을 채우는 기능을 켜거나 끈다
확대(Zoom In)	\<Ctrl>+\<+>	윈도우의 글꼴 크기를 단계적으로 키운다

| 축소(Zoom Out) | <Ctrl>+<-> | 윈도우의 글꼴 크기를 단계적으로 줄인다 |
| 보통 크기(Normal Size) | <Ctrl>+<0> | 글꼴 크기를 기본으로 되돌린다 |

메뉴 바 표시를 끄면 세션의 메뉴 바가 사라진다는 점에 유의하라. 어떤 터미널 세션 창에서든 마우스 오른쪽 버튼을 클릭하고 메뉴 바 보기 옵션을 켜면 메뉴 바를 쉽게 되살릴 수 있다.

[표 2-7]에 있는 검색(Search) 메뉴에는 터미널 세션 안에서 간단한 검색을 수행하기 위한 항목이 포함되어 있다. 이 검색은 네트워크 브라우저나 워드 프로세서에서 쓸 수 있는 기능과 비슷하다.

표 2-7   검색 메뉴

이름	단축키	설명
찾기(Find)	<Shift>+<Ctrl>+<F>	텍스트 찾기 기능을 위해 제공되는 찾기 창을 연다
다음 찾기(Find Next)	<Shift>+<Ctrl>+<H>	현재 터미널 세션의 위치에서 앞으로 나아가면서 지정된 텍스트를 찾는다
이전 찾기(Find Previous)	<Shift>+<Ctrl>+<G>	현재 터미널 세션의 위치에서 뒤로 거슬러 올라가면서 지정된 텍스트를 찾는다

[표 2-8]에 표시된 터미널(Terminal) 메뉴에는 터미널 에뮬레이션 세션 기능을 제어하기 위한 옵션이 포함되어 있다. 이 항목들은 단축키가 없다.

표 2-8   터미널 메뉴

이름	설명
프로파일 바꾸기(Change Profile)	새로운 프로파일 구성으로 전환한다
제목 설정(Set Title)	세션 탭 제목 표시줄의 설정을 바꾼다
문자 인코딩 설정 (Set Character Encoding)	문자를 보내고 표시하는 데 필요한 문자 집합을 설정한다
리셋(Reset)	리셋 터미널 세션 제어 코드를 보낸다
리셋하고 비움(Reset and Clear)	리셋 터미널 세션 제어 코드를 보내고 터미널 세션 화면을 지운다
창 크기 목록(Window Size List)	현재 터미널 창의 크기를 조정하기 위해 창 크기의 목록을 보여준다

리셋 항목은 매우 유용하다. 실수를 하여 그 때문에 터미널 세션이 문자와 기호를 마구잡이로 표시하게 될 수도 있다. 이런 일이 벌어지면 텍스트를 읽을 수 없게 된다. 이는 보통 화면에 텍스트가 아닌 파일을 표시함으로써 생기는 문제다. '리셋' 또는 '리셋하고 비움'을 선택함으로써 터미널 세션

을 빨리 정상으로 되돌려놓을 수 있다.

[표 2-9]에 나타낸 '탭(Taps) 메뉴는 탭의 위치를 제어하고 어떤 탭을 활성화시킬 것인지 선택하기 위한 항목들을 제공한다. 이 메뉴는 두 개 이상의 탭 세션이 열려있을 때만 표시된다.

표 2-9 탭 메뉴

이름	단축키	설명
다음 탭(Next Tab)	<Ctrl>+<Page Down>	목록에 있는 다음 탭을 활성화 시킨다
이전 탭(Previous Tab)	<Ctrl>+<Page Up>	목록에 있는 이전 탭을 활성화 시킨다
탭 왼쪽으로 옮기기 (Move Tab Left)	<Shift>+<Ctrl>+<Page Up>	현재 탭을 이전 탭의 앞으로 옮긴다
탭 오른쪽으로 옮기기 (Move Tab Right)	<Shift>+<Ctrl>+<Page Down>	현재 탭을 다음 탭의 앞으로 옮긴다
탭 떼내기 (Detach Tab)	없음	탭을 떼어내고 이 탭 세션을 이용하여 새로운 GNOME 터미널 윈도우를 시작한다
탭 목록 (Tab List)	없음	현재 실행되고 있는 탭의 목록(탭을 선택하면 그 세션으로 옮겨간다)
터미널 목록 (Terminal List)	없음	현재 실행되고 있는 터미널의 목록(터미널을 선택하면 그 세션으로 옮겨간다. 이 항목은 윈도우 세션이 여러 개 열려 있을 때에만 표시된다)

도움말(Help) 메뉴는 두 개의 메뉴 항목을 포함하고 있다. 차례(Contents)는 전체 GNOME 터미널 설명서를 제공하여 각 GNOME 터미널 항목과 기능을 살펴볼 수 있도록 한다. 정보(About) 항목은 현재 실행되고 있는 GNOME 터미널의 버전을 보여준다.

GNOME 터미널 에뮬레이터 패키지 이외에 널리 사용되는 또 다른 패키지는 Konsole 터미널이다. 여러 가지 면에서 Konsole은 GNOME 터미널과 비슷하다. 둘 사이의 차이점은 Konsole을 위한 섹션을 따로 만들 필요가 있을 만큼 많다.

Konsole 터미널 에뮬레이터 사용하기

KDE 데스크톱 프로젝트는 자체 터미널 에뮬레이션 패키지인 Konsole 터미널을 만들었다. Konsole 패키지는 기본 터미널 에뮬레이션 기능에 그래픽 기반 애플리케이션에서 기대할 만한 더욱 발전된 기능이 결합되어 있다. 이 절에서는 Konsole 터미널의 기능을 설명하고 어떻게 사용하는지를 설명한다.

Konsole 터미널에 접속하기

Konsole 터미널은 KDE 데스크톱 환경의 기본 터미널 에뮬레이터다. KDE 환경의 메뉴 시스템을 통하면 쉽게 접속할 수 있다. 다른 데스크톱 환경에서는 Konsole 터미널 접속이 좀 더 어려울 수도 있다.

KDE 데스크톱 환경에서는 화면의 왼쪽 아래 모서리에 있는 킥오프 애플리케이션 런처(Kickoff Application Launcher)라는 이름이 붙은 아이콘을 클릭하여 Konsole 터미널에 접속할 수 있다. 그런 다음 애플리케이션(Applications) ⇨ 시스템(System) ⇨ 터미널(Terminal(Konsole))을 클릭한다.

> **NOTE**
> KDE 메뉴 환경 안에서는 두 개의 터미널 메뉴 항목을 볼 수도 있다. 이런 경우에 해당된다면 Konsole이 아래에 붙어 있는 터미널 메뉴 항목이 Konsole 터미널이다.

GNOME 데스크톱 환경에서 Konsole 터미널은 기본으로 설치되지 않는다. Konsole 터미널이 설치되었다면 GNOME 메뉴 시스템을 통해 접속할 수 있다. 윈도우의 왼쪽 위 모서리에서 애플리케이션(Applications) ⇨ 시스템 도구(System Tools) ⇨ Konsole을 클릭한다.

> **NOTE**
> 시스템에 설치된 Konsole 터미널 에뮬레이션 패키지가 없을 수도 있다. 설치하고 싶다면 커맨드라인을 통해 소프트웨어를 설치하는 방법을 배우기 위해서 제9장을 읽어 보라.

유니티 데스크톱 환경에서 Konsole을 설치한 경우 대시 ⇨ 찾기, Konsole을 입력해서 접속할 수 있다. 대시 홈 영역에 Konsole이라는 이름을 가진 애플리케이션으로 Konsole 터미널이 보일 것이다. Konsole 터미널 에뮬레이터를 열려면 아이콘을 클릭한다.

[그림 2-4]는 Konsole 터미널의 모습이다. 센트OS 리눅스 배포판의 KDE 데스크톱 환경에서 접속했다.

대부분의 데스크톱 환경에서 Konsole 터미널과 같은 애플리케이션을 실행할 수 있는 런처를 만들 수 있다는 점을 기억하자. Konsole 터미널 에뮬레이터를 시작하기 위해서 런처에 입력해야 할 명령어는 konsole이다. Konsole 터미널이 설치되어 있다면 다른 터미널 에뮬레이터에서 konsole을 입력하고 〈Enter〉키를 눌러서 시작할 수 있다.

Konsole 터미널은 GNOME 터미널과 비슷하게 메뉴 및 단축키로 여러 가지 구성의 옵션을 제공한다. 다음 절에서는 이러한 다양한 옵션을 설명한다.

그림 2-4

Konsole 터미널

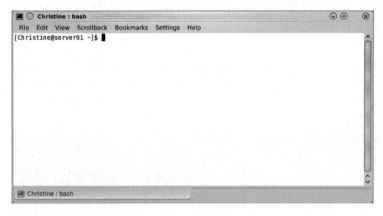

메뉴 바

Konsole 터미널 메뉴 바는 터미널 에뮬레이션 세션에서 기능을 쉽게 보고 변경하기 위해서 필요한 구성 및 사용자 지정 옵션이 포함되어 있다. 다음 표에 메뉴 바에 있는 구성 옵션 그리고 그에 배정된 단축키를 간략하게 설명해 두었다.

> **TIP**
> 활성 세션 영역을 마우스 오른쪽 버튼으로 클릭하면 Konsole 터미널이 간단한 메뉴를 제공한다. 이 즉석 메뉴에는 여러 가지 메뉴 항목들이 들어 있다.

[표 2-10]에 나와 있는 파일(File) 메뉴는 현재 창 또는 새 창에서 새 탭을 시작하기 위한 방법을 제공한다.

표 2-10 파일 메뉴

이름	단축키	설명
새 탭(New Tab)	\<Ctrl>+\<Shift>+\<N>	현재 Konsole 터미널 창의 새 탭에서 새로운 쉘 세션을 시작한다
새 창(New Window)	\<Ctrl>+\<Shift>+\<M>	새로운 Konsole 터미널 창에서 새로운 쉘 세션을 시작한다
쉘(Shell)	없음	기본 프로파일, 쉘(Shell)을 연다
여기에 브라우저 열기 (Open Browser Here)	없음	기본 파일 브라우저 애플리케이션을 연다

| 탭 닫기(Close Tab) | <Shift>+<Ctrl>+<W> | 현재의 탭 세션을 닫는다 |
| 끝내기(Quit) | <Ctrl>+<Shift>+<Q> | Konsole 터미널 에뮬레이션 애플리케이션을 끝낸다 |

처음 Konsole 터미널을 시작하면, 메뉴에 나와 있는 유일한 프로파일은 쉘이다. 더 많은 프로파일을 만들고 저장하면 그 이름들이 메뉴 항목에 나타난다.

NOTE

Konsole 터미널 메뉴 항목들을 읽을 때 당신이 쓰고 있는 리눅스 배포판의 Konsole 터미널은 아주 다른 메뉴 항목을 가지고 있을 수도 있다는 점에 유의하라. 일부 리눅스 배포판은 이전 버전의 Konsole 터미널 에뮬레이션 패키지를 유지하고 있기 때문이다.

[표 2-11]에 나와 있는 편집(Edit) 메뉴는 세션에서 텍스트를 처리하기 위한 방법을 제공한다. 탭 이름을 관리하는 방법도 이쪽 메뉴 항목에 있다.

표 2-11 편집 메뉴

이름	단축키	설명
복사(Copy)	<Ctrl>+<Shift>+<C>	선택한 텍스트를 Konsole 클립보드에 복사한다
붙여넣기(Paste)	<Ctrl>+<Shift>+<V>	Konsole 클립보드에서 텍스트를 세션으로 붙여 넣는다
탭 이름 바꾸기 (Rename Tab)	<Ctrl>+<Alt>+<S>	세션 탭 제목 표시줄의 설정을 바꾼다
입력을 복사하기 (Copy Input To)	없음	세션의 입력을 선택한 추가 세션으로 복사하는 작업을 시작/중단
화면 지우기 (Clear Display)	없음	터미널 세션 화면을 지운다
화면 지우기 및 리셋 (Clear & Reset)	없음	터미널 세션 화면을 지우고 리셋 터미널 세션 컨트롤 코드를 보낸다

Konsole은 각 탭 세션에서 실행되고 있는 어떤 기능을 추적하는 훌륭한 방법을 제공한다. 탭 이름 바꾸기 메뉴 항목을 사용하면 현재 작업에 맞게 탭의 이름을 지정할 수 있다. 이 기능은 열려 있는 탭 세션이 어떤 기능을 수행하는지 추적하는 데 도움이 된다.

[표 2-12]에 표시된 보기(View) 메뉴에는 Konsole 터미널 창에서 각각의 세션 뷰를 제어하는 항목이 포함되어 있다. 터미널 세션 활동을 감시하는 데 도움이 되는 항목들도 있다.

표 2-12 보기 메뉴

이름	단축키	설명
분할 보기(Split View)	없음	현재의 Konsole 터미널 창 안에서 여러 탭 세션이 표시되는 방법을 제어한다
탭 떼어내기(Detach Tab)	\<Ctrl>+\<Shift>+\<H>	탭을 떼어내고 이 탭 세션을 이용하여 새로운 Konsole 터미널 창을 시작한다
메뉴 바 보기(Show Menu Bar)	없음	메뉴 바 표시를 켜거나 끈다
전체 화면 모드(Full Screen Mode)	\<Ctrl>+\<Shift>+\<F11>	터미널 창 전체 바탕화면을 채우는 기능을 켜거나 끈다
휴면 상태 감시(Monitor for Silence)	\<Ctrl>+\<Shift>+\<I>	휴면 상태가 된 탭에 관한 특별한 메시지를 보여주는 기능을 켜거나 끈다
활성 상태 감시(Monitor for Activity)	\<Ctrl>+\<Shift>+\<A>	활성 상태가 된 탭에 관한 특별한 메시지를 보여주는 기능을 켜거나 끈다
문자 인코딩(Character Encoding)	없음	문자를 보내고 표시하는 데 필요한 문자 집합을 설정
텍스트 크기 증가(Increase Text Size)	\<Ctrl>+\<+>	창의 글꼴 크기를 단계적으로 키운다
텍스트 크기 감소(Decrease Text Size)	\<Ctrl>+\<->	창의 글꼴 크기를 단계적으로 줄인다

휴면 상태 감시 메뉴 항목은 탭이 휴면 상태가 되었음을 알릴 때 쓴다. 현재의 탭 세션에서 10초 동안 새로운 텍스트가 보이지 않으면 탭 휴면이 일어난다. 이 기능은 애플리케이션의 출력이 중지될 때까지 기다리는 동안 다른 탭으로 전환할 수 있도록 도움을 준다.

활성 상태 감시로 켜거나 끌 수 있는 탭 활성 상태는 탭 세션에서 새로운 텍스트가 나타날 때 특별한 메시지를 보여준다. 이 기능으로 애플리케이션에서 뭔가 출력이 발생했음을 알 수 있다.

Konsole은 각 탭에 대해서 정확히는 스크롤백 버퍼(scrollback buffer)라는 이름으로 이전 화면의 출력 내역을 유지한다. 이 내역은 터미널의 보기 영역 밖으로 스크롤 된 출력 텍스트를 포함하고 있다. 기본적으로 스크롤백 버퍼는 최근 1,000개의 행을 보관한다. [표 2-13]에서 설명하는 스크롤백 메뉴에는 이 버퍼를 볼 수 있는 기능이 포함되어 있다.

표 2-13 스크롤백 메뉴

이름	단축키	설명
검색 출력 (Search Output)	\<Ctrl+Shift+F>	스크롤 텍스트 검색 기능을 제공하기 위해 Konsole 터미널 창 아래에 찾기 윈도우를 연다
다음 찾기 (Find Next)	\<F3>	더욱 최근의 스크롤백 버퍼 내역에서 다음 일치하는 텍스트를 찾는다
이전 찾기 (Find Previous)	\<Shift+F3>	더욱 이전의 스크롤백 버퍼 내역에서 다음 일치하는 텍스트를 찾는다

출력 저장 (Save Output)	없음	스크롤백 버퍼의 내용을 텍스트나 HTML 파일로 저장한다
스크롤백 옵션 (Scrollback Options)	없음	스크롤백 버퍼 옵션을 구성하기 위하여 스크롤백 옵션 창을 연다
스크롤백 지우기 (Clear Scrollback)	없음	스크롤백 버퍼의 내용을 지운다
스크롤백 삭제 및 리셋 (Clear Scrollback & Reset)	\<Ctrl+Shift+X\>	스크롤백 버퍼의 내용을 지우고 터미널 윈도우를 리셋한다

보기 영역에서 스크롤바만 사용해도 스크롤백 버퍼를 스크롤해 볼 수 있다. 〈Shift + 위쪽 화살표〉
키를 눌러 한 행씩 위로 스크롤할 수 있으며, 〈Shift + Page Up〉키를 눌러 한 번에 한 페이지(24 행)
씩 위로 스크롤 할 수 있다.

[표 2-14]에 나와 있는 북마크(Bookmark) 메뉴 옵션은 Konsole 터미널 윈도우에 설정한 북마크를
관리하는 방법을 제공한다. 북마크는 활성 세션의 디렉토리 위치를 저장하고 같은 세션 또는 새로
운 세션에서 손쉽게 그 위치로 돌아갈 수 있도록 돕는다.

표 2-14 북마크 메뉴

이름	단축키	설명
북마크 추가 (Add Bookmark)	\<Ctrl+Shift+B\>	현재 디렉토리 위치에 새로운 북마크를 만든다
탭 북마크를 폴더로 만들기 (Bookmark Tabs as Folder)	없음	모든 현재 터미널 탭 세션에 대한 새로운 북마크를 만든다
새 북마크 폴더 (New Bookmark Folder)	없음	새로운 북마크 저장 폴더를 만든다
북마크 편집 (Edit Bookmarks)	없음	존재하는 북마크를 편집한다

[표 2-15]에 표시된 설정(Setting) 메뉴는 사용자 정의 프로필을 관리할 수 있다. 현재 탭 세션에 좀
더 많은 기능을 추가할 수도 있다. 이 항목들은 단축키가 없다.

표 2-15 설정 메뉴

이름	설명
프로파일 변경(Change Profile)	현재 탭에 선택한 프로파일을 적용한다
현재 프로파일 편집(Edit Current Profile)	프로파일 구성 옵션을 제공하는 프로파일 편집 창을 연다

프로파일 관리(Manage Profiles)	프로파일 관리 옵션을 제공하는 프로파일 관리 창을 연다
바로가기 설정(Configure Shortcuts)	Konsole 터미널 명령 키보드 바로가기를 만든다
알림 설정(Configure Notifications)	사용자 정의 Konsole 터미널 스키마와 세션을 만든다

알림 설정은 한 세션 안에서 발생할 수 있는 특정 이벤트를 여러 가지 동작과 연관시킬 수 있다. 지정된 이벤트 중 하나가 발생하면 정의된 동작(들)이 실행된다.

표 2-16에 나와 있는 도움말(Help) 메뉴는 전체 Konsole을 핸드북 (KDE 핸드북이 사용중인 리눅스 배포판에 설치되어 있는 경우) 그리고 일반적인 Konsole 정보 대화상자를 제공한다.

표 2-16 도움말 메뉴

이름	단축키	설명
Konsole 핸드북(Konsole Handbook)	없음	전체 Konsole 핸드북을 담고 있다
이것은 무엇입니까?(What's This?)	<Shift+F1>	터미널 위젯에 관한 도움말 메시지를 담고 있다
오류 보고(Report Bug)	없음	오류 보고 제출 서식을 연다
애플리케이션 언어 전환 (Switch Application Language)	없음	애플리케이션 언어 전환 서식을 연다
Konsole 정보(About Konsole)	없음	현재 Konsole 터미널 버전을 표시한다
KDE 정보(About KDE)		현재 KDE 데스크톱 환경 버전을 표시한다

Konsole 터미널 에뮬레이터 패키지를 사용하는 데 도움을 주기 위한 대단히 광범위한 문서가 제공된다. 도움말 항목에 더해서, 프로그램의 오류를 만났을 때 Konsole 터미널 개발자에게 제출할 오류 보고서 서식도 제공된다.

Konsole 터미널 에뮬레이터 패키지는 다른 인기 있는 패키지인 xterm이에 비하면 역사가 짧다. 다음 절에서는 '노장'급에 속하는 xterm을 살펴본다.

xterm 터미널 에뮬레이터 사용하기

터미널 에뮬레이션 패키지 가운데 가장 오래되고 가장 기본적인 것은 xterm이다. xterm 패키지는 인기 있는 디스플레이 서버인 X 윈도우가 나오기 이전부터 존재했으며 배포판에 기본으로 포함된다.

xterm은 완전한 터미널 에뮬레이션 패키지이지만, 실행에 많은 자원(메모리와 같은)을 필요로 하지는 않는다. 이 때문에, xterm 패키지는 구형 하드웨어에서 실행되도록 설계된 리눅스 배포판에서 여전히 인기가 있다. 일부 그래픽 데스크톱 환경은 xterm을 기본 터미널 에뮬레이션 패키지로 사용한다.

xterm은 DEC의 VT102, VT220, 텍트로닉스 4014 터미널과 같은 구형 터미널 지원 기능이 탁월하다. VT102 및 VT220 터미널은 xterm은 VT 스타일의 색깔 제어 코드를 지원하므로 스크립트에서 색깔을 사용할 수 있다.

> **NOTE**
> DEC VT102 및 VT220은 1980년대와 1990년대 초에 유닉스 시스템 연결에 쓰였던, 인기 있는 단순 텍스트 단말기였다. VT102/VT220은 텍스트를 표시하고 블록 모드 그래픽을 사용하여 기초적인 그래픽을 표시할 수 있었다. 이러한 방식의 터미널 접속은 지금도 많은 비즈니스 환경에서 쓰이고 있으므로 VT102/VT220 지원은 여전히 인기가 있다.

[그림 2-5]는 그래픽 리눅스 데스크톱에서 구동되는 기본 xterm이 어떤 모습인지 보여준다. 매우 기본적이라는 사실을 알 수 있다.

그림 2-5
xterm 터미널

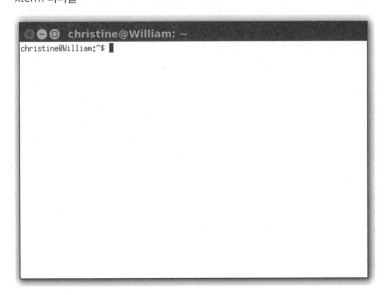

오늘날 xterm 터미널 에뮬레이터는 찾기 까다로울 수 있다. 데스크톱 환경 그래픽 메뉴 구성에 xterm이 포함되지 않는 경우가 많다.

xterm에 접속하기

우분투의 유니티 데스크톱에는 xterm이 기본으로 설치되어 있다. '대시 ⇨ 찾기'를 한 다음 xterm을 입력해서 접속할 수 있다. xterm은 XTterm이라는 이름의 애플리케이션으로 대시 홈 영역에 표시된다. xterm 터미널 에뮬레이터를 열기 위해서는 해당 아이콘을 클릭한다.

> **NOTE**
> 우분투에 xterm을 검색할 때 UXTerm이라는 다른 터미널을 볼 수 있다. UXTerm은 단순히 유니코드 지원 기능만 추가된 xterm 에뮬레이터 패키지다.

GNOME과 KDE 데스크톱 환경에는 xterm이 기본으로 설치되어 있지 않다. 써 보려면 먼저 설치해야 한다(소프트웨어 패키지를 설치하는 방법에 대한 도움말을 보려면 제9장을 참조하라). 설치되고 나면 다른 터미널 에뮬레이터에서 xterm을 실행해야 한다. CLI에 접속하기 위해 터미널 에뮬레이터를 열고 xterm을 입력한 뒤 〈Enter〉키를 누른다. 또한 xterm을 실행하기 위해 바탕화면에 런처를 만들 수 있다는 점도 기억하자.

xterm 패키지는 커맨드라인 매개변수를 사용하여 개별 기능을 설정할 수 있다. 다음 절에서는 이러한 기능과 변경하는 방법에 대해서 알아볼 것이다.

커맨드라인 매개변수

xterm 커맨드라인 매개변수의 목록은 광범위하다. 개별 VT 지원을 켜거나 끄는 것과 같이 터미널 에뮬레이션 기능을 나에게 맞게 바꾸기 위한 많은 기능을 제어할 수 있다.

> **NOTE**
> xterm의 구성 옵션은 어마어마하게 많아 여기서 모두 다룰 수는 없고 bash 설명서에서 광범위한 내용을 얻을 수 있다. bash 설명서를 보는 방법은 제3장에서 설명한다. xterm 개발 팀은 자체 웹 사이트인 http://invisible-island.net/xterm/에서 훌륭한 도움말을 제공한다.

xterm 명령에 매개변수를 추가하여 특정한 구성 옵션을 호출할 수 있다. 예를 들어 xterm이 DEC VT100 터미널을 지원하게 하려면 xterm -ti vt100을 입력하고 〈Enter〉키를 누른다. [표 2-17]은 xterm 터미널 에뮬레이터 소프트웨어를 실행할 때 포함할 수 있는 몇 가지 매개변수를 보여준다.

표 2-17   xterm 커맨드라인 매개변수

매개변수	설명
–bg color	터미널 배경에 쓸 색깔을 지정한다
–fb font	진한 텍스트에 쓸 글꼴을 지정한다
–fg color	터미널 전경에 쓸 색깔을 지정한다
–fn font	텍스트에 쓸 글꼴을 지정한다
–fw font	폭이 넓은 텍스트에 쓸 글꼴을 지정한다
–lf file	이름 스크린 로깅에 쓸 파일 이름을 지정한다
–ms color	텍스트 커서에 쓸 색깔을 지정한다
–name name	제목 표시줄에 표시되는 애플리케이션의 이름을 지정한다
–ti terminal	지원할 터미널의 유형을 지정한다

일부 xterm 커맨드라인 매개변수는 어떤 기능을 설정할지를 표시하기 위해 더하기 기호 (+) 또는 빼기 기호(-)를 사용한다. 더하기 기호는 기능을 켜며, 빼기 기호는 기능을 끈다는 뜻일 것이다. 그 반대인 경우도 있다. bc 매개변수에서는 더하기 기호는 기능을 쓰지 않는다는 것을, 빼기 기호는 기능을 쓴다는 것을 뜻한다. [표 2-18]은 커맨드라인 매개변수 중 +/-로 설정할 수 있는 일반적인 기능 중 일부다.

표 2-18   xterm +/- 커맨드라인 매개변수

매개변수	설명
ah	강조된 텍스트 커서를 활성화/비활성화 한다
aw	자동 줄 바꿈을 활성화/비활성화 한다
bc	깜박이는 텍스트 커서를 활성화/비활성화 한다
cm	ANSI 색상 변경 제어 코드 인식을 활성화/비활성화 한다
fullscreen	전체 화면 모드를 활성화/비활성화 한다
j	스크롤 이동을 활성화/비활성화 한다
l	화면 데이터를 로그 파일에 로깅하는 기능을 활성화/비활성화 한다
mb	마진 벨을 활성화/비활성화 한다
rv	반전된 화면 컬러를 활성화/비활성화 한다
t	텍트로닉스 모드를 활성화/비활성화 한다

모든 xterm 구현체가 이러한 커맨드라인 매개변수를 모두 지원하는 것은 아니라는 사실을 기억하라. 시스템에서 xterm을 시작할 때 -help 매개변수를 사용하여 xterm이 지원하는 매개변수를 판단할 수 있다.

이제 우리는 세 개의 터미널 에뮬레이터 패키지를 살펴보았다. 여기에서 중요한 의문이 한 가지 생긴다. 어떤 터미널 에뮬레이터가 가장 좋을까? 그 질문에 대한 명확한 답은 없다. 어떤 터미널 에뮬레이터 패키지를 쓸 것인가는 개인의 필요와 욕구에 따라 달라진다. 하지만 정말 많은 선택이 있다는 것은 좋은 일이다.

//////////
요약
//////////

리눅스 커맨드라인 명령을 실행하려면 CLI에 접속할 수 있어야 한다. 그래픽 인터페이스의 세계에서는 종종 이 일이 어려울 수 있다. 이 장에서는 리눅스 커맨드라인에 접속하기 위해서 고려해 볼수 있는 여러 가지 인터페이스를 살펴보았다.

이 장에서는 가상 콘솔 터미널 (GUI 외부 터미널) 및 그래픽 터미널 에뮬레이션 패키지 (GUI 내부 터미널)를 통해 CLI에 접속하는 방법의 차이를 알아보았다. 이 두 가지 접속 방법 사이의 기본적인 차이를 간단히 살펴보았다.

가상 콘솔 단말을 통해 CLI에 접속하는 방법을 자세히 살펴보았다. 여기에는 배경 색깔을 바꾸는 것과 같은 콘솔 터미널 구성 옵션을 변경하는 방법에 대한 세부 사항과 같은 내용들이 있었다.

가상 콘솔 터미널을 살펴본 뒤에는 그래픽 터미널 에뮬레이터를 통해 CLI에 접속하는 방법도 살펴보았다. 주로 우리는 세 가지 유형의 터미널 에뮬레이터, GNOME 터미널, Konsole 터미널 및 xterm을 알아보았다.

이 장에서는 GNOME 데스크톱 프로젝트의 GNOME 터미널 에뮬레이션 패키지를 살펴보았다. GNOME 터미널은 보통 GNOME 데스크톱 환경에 기본 설치된다. GNOME 터미널은 메뉴 항목 및 단축키를 통해 다양한 터미널 기능을 설정하는 편리한 방법을 제공한다.

KDE 데스크톱 프로젝트의 Konsole 터미널 에뮬레이션 패키지도 살펴보았다. Konsole 터미널은 보통 KDE 데스크톱 환경에 기본 설치된다. Konsole은 터미널의 휴면 상태를 감시하는 기능과 같은 여러 가지 좋은 기능을 제공한다.

리눅스에서 사용할 수 있는 첫 번째 터미널이었던 xterm 터미널 에뮬레이터 패키지를 살펴보았다. xterm은 VT와 텍트로닉스 터미널과 같은 구형 터미널의 하드웨어를 지원할 수 있다.

다음 장에서는 커맨드라인 명령을 살펴볼 것이다. 리눅스 파일시스템을 탐색하고, 파일을 생성, 삭제, 조작하는 데 필요한 명령을 다음 장에서 안내한다.

기본 bash 쉘 명령

이 장의 내용

쉘과 상호작용하기
bash 설명서 사용하기
파일시스템 둘러보기
파일 및 디렉토리 목록 보기
파일 및 디렉토리 관리하기
파일 내용 보기

많은 리눅스 배포판에서 사용하는 기본 쉘은 GNU의 bash 쉘이다. 이 장에서는 bash 설명서, 탭으로 자동 완성하기 및 파일 내용 표시와 같이 bash 쉘에서 사용할 수 있는 기본 기능을 설명한다. bash 쉘에서 제공하는 기본 명령을 사용하여 리눅스 파일 및 디렉토리로 작업하는 방법을 소개할 것이다. 이미 리눅스 환경의 기본적인 내용에 익숙하다면 이 장을 생략하고 좀 더 고급 명령들을 다루는 제4장으로 건너뛰어도 좋다.

쉘 시작하기

GNU bash 쉘은 대화형으로 리눅스 시스템에 접속할 수 있는 프로그램이다. bash 쉘은 정규 프로그램으로 실행되며 보통은 사용자가 단말기에 로그인할 때마다 실행된다. 시스템이 실행시키는 쉘은 사용자 ID의 구성에 따라 달라진다.

/etc/passwd 파일에는 모든 시스템 사용자 계정의 목록이 각 사용자에 대한 몇 가지 기본 구성 정보와 함께 포함되어 있다. 다음은 /etc/passwd 파일의 보기다.

```
christine:x:501:501:Christine Bresnahan:/home/christine:/bin/bash
```

각 항목은 일곱 개의 데이터 필드를 가지며, 필드는 콜론으로 구분된다. 시스템은 이 필드 데이터를 해당 사용자에 관련된 특정 기능에 활용한다. 이러한 항목 가운데 대부분은 제7장에서 자세하게 살펴볼 것이다. 일단은 사용자의 쉘 프로그램을 지정하는 마지막 필드에만 관심을 갖자.

> **NOTE**
> GNU bash 쉘을 중심으로 하고 있지만 다른 쉘도 이 책에서 검토한다. 제23장에는 dash 및 tcsh와 같은 다른 쉘로 작업하는 방법을 다룬다.

앞의 /etc/passwd 예제에서 사용자 christine은 기본 쉘 프로그램으로 /bin/bash를 설정했다. 이는 christine이 리눅스 시스템에 로그인할 때마다 bash 쉘 프로그램이 자동으로 실행된다는 것을 뜻한다.

로그인 때 bash 쉘 프로그램이 자동으로 시작되지만, 쉘 커맨드라인 인터페이스(CLI)가 뜰 것인지 여부는 사용하는 로그인 방법에 달려 있다. 로그인할 때 가상 콘솔 터미널을 썼다면 CLI 프롬프트가 자동으로 표시되며 쉘 명령 입력을 시작할 수 있다. 그러나 그래픽 데스크톱 환경을 통해 리눅스 시스템에 로그인했다면 쉘 CLI 프롬프트에 접속할 수 있는 그래픽 터미널 에뮬레이터를 실행시켜야 한다.

쉘 프롬프트 사용하기

터미널 에뮬레이션 패키지를 실행했거나 리눅스 가상 콘솔에 로그인 하면 쉘 CLI 프롬프트에 접속된다. 이 프롬프트는 쉘의 관문이자 쉘 명령을 입력하는 장소다.

bash 쉘의 기본 프롬프트 기호는 달러 기호($)다. 이 기호는 쉘 텍스트 입력을 기다리고 있다는 것을 뜻한다. 다른 리눅스 배포판은 다른 형식의 프롬프트를 사용한다. 우분투 리눅스 시스템에서 쉘 프롬프트는 다음과 같다.

```
christine@server01:~$
```

센트OS 리눅스 시스템에서는 다음과 같다.

```
[christine@server01 ~]$
```

쉘과의 연결 지점이라는 역할말고도 프롬프트는 추가로 도움이 되는 정보를 제공할 수 있다. 앞의 두 보기에서, 현재 사용자 ID인 christine이 프롬프트에 나타난다. 시스템의 이름인 server01도 보인다. 이 장 후반부에서 프롬프트에 표시되는 추가 항목을 살펴볼 것이다.

> **TIP**
> CLI를 처음 사용하는 경우 프롬프트에서 쉘 명령을 입력한 후에는 쉘이 명령에 따라 동작하기 위해서 <Enter> 키를 눌러야 한다는 점을 기억해야 한다.

쉘 프롬프트는 고정되어 있지 않으며 당신의 요구에 맞게 변경할 수 있다. 제6장 '리눅스 환경 변수 사용'에서는 셸 CLI 프롬프트 구성을 바꾸는 방법을 다룬다.

CLI 셸을 리눅스 시스템에서 당신을 돕고, 유용한 통찰을 제공하고, 새로운 명령을 받을 준비가 되었다는 것을 알려주는 조력자라고 생각하라. 다른 도움될 만한 것은 bash 설명서다.

bash 설명서와 상호작용하기

대부분의 리눅스 배포판은 셸 명령은 물론 배포판에 포함된 다른 GNU 유틸리티에 관한 정보를 찾을 수 있는 온라인 매뉴얼을 포함하고 있다. 명령으로 작업할 때. 특히 다양한 커맨드라인 매개변수를 파악하려고 할 때 아주 중요하므로 이 설명서와 친숙해지자.

man 명령으로 리눅스 시스템에 저장된 설명서 페이지에 접속할 수 있다. man 명령 다음에 특정한 명령 이름을 입력하면 그 유틸리티의 설명서 항목을 볼 수 있다. [그림 3-1]은 xterm 명령 설명서 페이지를 찾아보는 예다. man xterm 명령을 입력하여 이 페이지를 열었다.

그림 3-1

xterm 명령에 대한 설명서 페이지

```
XTERM(1)                        X Window System                        XTERM(1)

NAME
       xterm - terminal emulator for X

SYNOPSIS
       xterm [-toolkitoption ...] [-option ...] [shell]

DESCRIPTION
       The  xterm  program is a terminal emulator for the X Window System.  It
       provides DEC VT102/VT220 and selected features from higher-level termi-
       nals  such  as  VT320/VT420/VT520  (VTxxx).  It also provides Tektronix
       4014 emulation for programs that cannot use the window system directly.
       If the underlying operating system supports terminal resizing capabili-
       ties (for example, the SIGWINCH signal in systems derived from 4.3bsd),
       xterm  will use the facilities to notify programs running in the window
       whenever it is resized.

       The VTxxx and Tektronix 4014 terminals each have their  own  window  so
       that  you can edit text in one and look at graphics in the other at the
       same time.  To maintain the correct aspect ratio  (height/width),  Tek-
       tronix  graphics  will  be  restricted to the largest box with a 4014's
       aspect ratio that will fit in the window.  This box is located  in  the
       upper left area of the window.

       Although both windows may be displayed at the same time, one of them is
       considered the "active" window for receiving keyboard input and  termi-
       nal  output.   This  is  the window that contains the text cursor.  The
       active window can be chosen through escape sequences, the "VT Options"
Manual page xterm(1) line 1 (press h for help or q to quit)
```

[그림 3-1]은 xterm 명령 DESCRIPTION 부분에 관한 내용이다. 뭔가 산만하고 기술 용어로 도배가 되어 있는 듯하다. bash 설명서는 단계별 가이드가 아닌 빠른 참조용이다.

> **TIP**
> bash 셸을 처음 사용하는 경우라면 man 페이지가 처음에는 큰 도움이 되지 않는다고 생각할 수 있다. 이를 활용하는 습관을, 특히 명령의 DESCRIPTION 섹션에 있는 첫 문장을 읽는 습관을 들여라. 시간이 지나면 기술적 용어에 익숙해지고 man 페이지는 더 많은 도움을 줄 것이다.

명령의 설명서 페이지를 보기 위해 man 명령을 사용하면 페이저(pager)라는 것이 함께 표시될 것이다. 페이저는 표시된 텍스트를 페이지 단위로 탐색할 수 있는 유틸리티다. 따라서 스페이스 바를 눌러 man 페이지를 페이지 단위로 탐색하거나 〈Enter〉키로 한 줄씩 넘어갈 수 있다. 또한 man 페이지 텍스트를 앞뒤로 움직이려면 화살표 키를 사용할 수 있다(터미널 에뮬레이션 패키지가 화살표 키 기능을 지원한다고 가정하면).

man 페이지를 다 봤다면 〈q〉키를 눌러서 끝낸다. man 페이지를 종료하면 다음 명령을 기다린다는 것을 뜻하는 셸 CLI 프롬프트가 나타날 것이다.

> **TIP**
> bash 설명서는 자기 자신에 대한 정보도 가지고 있다. man 페이지에 대한 설명서 페이지를 보고 싶다면 man man 명령을 입력하라.

설명서 페이지는 하나의 명령에 대한 정보를 여러 섹션으로 나눈다. [표 3-1]에 나와 있는 바와 같이 각 섹션은 관례적인 명명 표준을 가지고 있다.

표 3-1 리눅스 man 페이지의 관례적인 명명 표준

섹션	설명
이름(Name)	명령의 이름과 간단한 설명을 보여준다
시놉시스(Synopsis)	명령의 구문을 보여준다
구성(Configuration)	구성 정보를 안내한다
설명(Description)	명령을 전반적으로 설명한다
옵션(Options)	명령의 옵션(들)을 설명한다
종료 상태(Exit Status)	명령의 종료 상태 지시값(들)을 정의한다
반환 값(Return Value)	명령의 반환값(들)을 설명한다
오류(Errors)	명령의 오류 메시지를 안내한다
환경(Environment)	사용되는 환경 변수(들)를 설명한다

파일(Files)	명령이 사용하는 파일을 정의한다
버전(Versions)	명령의 버전 정보를 설명한다
준수하는 표준(Conforming To)	준수하는 표준을 안내한다
참고(Notes)	추가로 명령에 대해 도움 될 만한 내용을 설명한다
버그(Bugs)	발견된 버그를 보고할 수 있는 곳을 안내한다
예제(Examples)	명령의 사용 예를 보여준다
저자(Authors)	명령의 개발자에 대한 정보를 안내한다
저작권(Copyright)	명령 코드의 저작권 상태를 정의한다
참조(See Also)	사용할 수 있는 비슷한 명령을 안내한다

모든 명령의 man 페이지가 [표 3-1]에 설명된 모든 섹션을 가지고 있는 것은 아니다. 일부 명령에는 기존의 관례에는 나와 있지 않은 섹션 이름이 있다.

> **TIP**
> 명령의 이름을 기억할 수 없을 때는 어떻게 해야 할까? 키워드를 사용하여 man 페이지를 검색할 수 있다. 구문은 man -k 키워드다. 예를 들어, 터미널을 다루는 명령을 찾으려면 man -k terminal을 입력한다.

man 페이지에서 관례적으로 이름이 붙은 섹션 말고도 man 페이지 섹션 영역도 있다. 각 섹션 영역은 1에서부터 시작해서 9까지 번호가 붙어 있으며, [표 3-2]에 설명되어 있다.

표 3-2   리눅스 설명서 페이지 섹션 영역

섹션 번호	영역 내용
1	실행 프로그램이나 셸 명령
2	시스템 호출
3	라이브러리 호출
4	특수 파일
5	파일 형식 및 규칙
6	게임
7	개요, 관례 및 그밖에
8	슈퍼 사용자 및 시스템 관리 명령
9	커널 루틴

3

일반적으로 man 유틸리티는 명령에 대한 가장 낮은 번호의 내용 영역을 제공한다. 예를 들어 man xterm 명령어를 입력했을 때의 상황인 [그림 3-1]로 돌아가 보면 왼쪽 위와 오른쪽 위 모서리에 XTERM이란 단어 다음에 괄호가 쳐진 숫자 (1)이 보일 것이다. 이는 표시된 man 페이지가 내용 영역 1(실행 프로그램이나 쉘 명령어)에서 나왔다는 뜻이다.

일부 명령은 여러 섹션 내용 영역에 걸친 설명서 페이지를 가지고 있다. hostname이라는 명령어에서 man 페이지는 명령에 대한 정보뿐만 아니라 시스템의 호스트 이름에 대한 개요 섹션을 포함하고 있다. 원하는 페이지를 참조하려면 man 섹션 번호 주제를 입력한다. hostname 명령어에 대한 섹션 1 man 페이지를 보려면 man 1 hostname을 입력한다. 섹션 7의 개요 man 페이지를 보려면 man 7 hostname을 입력한다.

섹션 내용 영역 그 자체에 관한 안내글도 읽어볼 수 있다. 섹션 1에 관해서는 man 1 intro를, 섹션 2에 대해서는 man 2 intro, 섹션 3에 대해서는 man 3 intro와 같은 식으로 입력한다.

참조를 위해서 활용할 수 있는 정보는 man 페이지만 있는 것은 아니다. 인포 페이지(info page)라는 정보 페이지도 있다. info info를 입력하면 info 페이지에 대한 정보를 얻을 수 있다.

대부분의 명령어는 -help 또는 --help 옵션을 받아들인다. 예를 들어 도움말 화면을 보기 위해서 hostname -help를 입력할 수 있다. 도움말을 사용하는 더 자세한 법을 보려면 help help을 입력하라(이쯤 되면 어떤 패턴이 보이지 않는가?).

분명 참조를 위한 몇 가지 유용한 것들이 있지만 쉘의 기본 개념 가운데 많은 부분은 아직 자세한 설명이 필요하다. 다음 절에서 우리는 리눅스 파일시스템을 탐색하는 방법을 살펴볼 것이다.

파일시스템 탐색하기

사용자가 시스템에 로그인하여 쉘 명령 프롬프트에 접속하면 보통은 자신의 홈 디렉토리 안에서 맴돌게 된다. 종종 홈 디렉토리 바깥으로 나가서 리눅스 시스템의 다른 영역을 탐험하고 싶을 것이다. 이 절에서는 쉘 명령을 사용하여 그와 같은 일을 하는 방법을 설명한다. 탐험을 시작하려면 먼저 리눅스 파일시스템이 어떤 모습인지를 둘러볼 필요가 있다. 그래야 어디로 갈지 감을 잡을 수 있을 것이다.

리눅스 파일시스템 들여다보기

리눅스 시스템이 처음이라면 파일과 디렉토리가 무엇인지 헷갈릴 수도 있다. 마이크로소프트 윈도우 운영체제에 익숙하다면 더더욱 그럴 것이다. 리눅스 시스템을 탐험하기 전에 이 문제부터 살펴보자.

눈에 보이는 첫 번째 차이점은 리눅스는 드라이브 문자와 패스 이름을 사용하지 않는다는 점이다. 윈도우 세계에서는 컴퓨터에 설치된 물리적인 드라이브가 파일의 경로 이름을 결정한다. 윈도우는 각 물리적 디스크 드라이브에 A, B, C...와 같은 문자를 배당하고, 각 드라이브는 그 안에 저장된 파일에 접근하기 위한 자체적인 디렉토리 구조를 포함하고 있다.

예를 들어 윈도우에서는 다음과 같은 파일 경로를 보게 된다.

    c:\Users\Rich\Documents\test.doc

윈도우 파일 경로는 정확히 어떤 물리적 디스크 파티션이 test.doc이라는 이름을 가진 파일을 가지고 있는지 보여준다. 예를 들어 test.doc 파일을 J라는 드라이브 문자가 붙은 USB 드라이브에 저장했다면 파일 경로는 J:\test.doc일 것이다. 이 경로는 J라는 문자가 배당된 드라이브의 루트에 파일이 있다는 것을 뜻한다.

리눅스에서는 이러한 방법을 사용하지 않는다. 리눅스는 가상 디렉토리(virtual directory)라고 하는 단일 디렉토리 구조 안에 파일을 저장한다. 가상 디렉토리는 컴퓨터에 설치된 모든 저장장치를 단일 디렉토리 구조로 병합한 파일 경로를 포함하고 있다.

리눅스 가상 디렉토리 구조는 루트(root)라는 단일 기본 디렉토리를 가지고 있다. 루트 디렉토리 아래의 디렉토리 및 파일 목록은 이에 도달하기 위해서 쓰이는 디렉토리 경로를 기반으로 표시되며, 이는 윈도우와 비슷한 방식이다.

3

> **TIP**
> 리눅스 파일 경로에서 디렉토리를 표시하기 위해 백슬래시(\) 대신 슬래시(/)를 사용한다는 것을 알 수 있다. 리눅스에서 백슬래시 문자는 이스케이프 문자를 뜻하며 이 문자를 파일 경로에 사용하면 여러 가지 문제가 생긴다. 윈도우 환경에서 넘어왔다면 익숙해지는 데 시간이 걸릴 수도 있다.

리눅스에서는 다음과 같이 파일 경로를 표시한다.

    /home/Rich/Documents/test.doc

이는 test.doc 파일이 home 디렉토리 아래의 Rich 디렉토리 아래의 Documents라는 디렉토리 안에 있음을 뜻한다. 이 경로는 파일이 저장되어 있는 물리적 디스크에 관한 어떠한 정보도 제공하지 않는다는 점에 유의하자.

리눅스 가상 디렉토리에서 까다로운 부분은 각각의 저장장치를 포함하는 방법이다. 리눅스 시스템에 설치된 첫 번째 하드 드라이브를 루트 드라이브라고 한다. 루트 드라이브에는 가상 디렉토리 코어가 포함되어 있다. 다른 모든 것들은 루트를 시작으로 구성된다.

루트 드라이브에서 리눅스는 마운트 포인트(mount points)라는 특수한 디렉토리를 사용할 수 있다. 마운트 포인트는 가상 디렉토리 안에서 추가 저장장치에 할당할 수 있는 디렉토리다. 리눅스는 물리적으로 다른 드라이브에 저장되어 있다고 하더라도 파일과 디렉토리를 마운드 포인트 디렉토리 안에 표시한다.

종종 시스템 파일은 루트 드라이브에 물리적으로 저장된다. [그림 3-2]에 나와 있는 것처럼 사용자 파일은 보통 별도의 드라이브(들)에 저장된다.

그림 3-2
리눅스 파일 구조

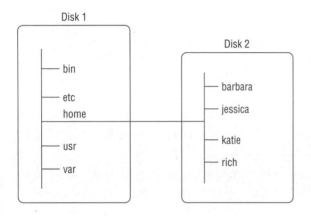

[그림 3-2]는 두 개의 하드 드라이브가 장착된 컴퓨터를 예로 들고 있다. 하드 드라이브 하나는 가상 디렉토리의 루트(한 개의 슬래시)에 연결되어 있다. 다른 하나의 하드 드라이브는 가상 디렉토리 구조 어딘가에 마운트될 수 있다. 이 예제에서 두 번째 하드 드라이브는 사용자 디렉토리의 위치인 /home에 마운트되어 있다.

리눅스 파일시스템 구조는 원래 유닉스 파일 구조에서 진화된 것이다. 리눅스 파일시스템에서 공통적인 기능을 위해 쓰이는 디렉토리에는 공통 디렉토리 이름이 붙어 있다. [표 3-3]은 일반적인 리눅스의 최상위 디렉토리 이름과 그 내용 가운데 일부다.

표 3-3　공통적인 리눅스 디렉토리 이름

디렉토리	용도
/	가상 디렉토리의 루트, 보통은 어떤 파일도 배치되지 않는다
/bin	바이너리 디렉토리, 많은 사용자 수준 GNU 유틸리티가 저장된다
/boot	부트 디렉토리, 부팅 파일이 저장된다
/dev	장치 디렉토리, 리눅스가 장치 노드를 생성한다
/etc	시스템 구성파일 디렉토리
/home	홈 디렉토리, 리눅스가 사용자 디렉토리를 만드는 장소
/lib	라이브러리 디렉토리, 시스템 및 애플리케이션 라이브러리 파일이 저장된다

/media	미디어 디렉토리, 이동식 미디어에 사용되는 마운트 포인트를 위한 공통적인 장소
/mnt	마운트 디렉토리, 이동식 미디어에 사용되는 마운트 포인트를 위한 또 다른 공통적인 장소
/opt	옵션 디렉토리, 타사 소프트웨어 패키지와 데이터 파일을 저장하기 위해 자주 쓰인다
/proc	프로세스 디렉토리, 현재의 하드웨어와 프로세스 정보가 저장된다
/root	루트 홈 디렉토리
/sbin	시스템 바이너리 디렉토리, 많은 관리자 수준 GNU 유틸리티가 저장되어 있다
/run	실행 디렉토리, 시스템이 구동되는 동안 런타임 데이터를 보유한다
/srv	서비스 디렉토리, 로컬 서비스가 파일을 저장한다
/sys	시스템 디렉토리, 시스템 하드웨어 정보 파일이 저장된다
/tmp	임시 디렉토리, 임시 작업 파일을 만들고 없앨 수 있다
/usr	사용자 바이너리 디렉토리, 수많은 사용자 수준 GNU 유틸리티 및 데이터 파일이 저장된다
/var	변수 디렉토리, 로그 파일과 같이 자주 변경되는 파일을 위한 장소

공통적인 리눅스 디렉토리의 이름은 파일시스템 계층 표준(ilesystem Hierarchy Standard, FHS)을 기반으로 하고 있다. 많은 리눅스 배포판은 FHS를 계속 준수하고 있다. 따라서 FHS 호환 리눅스 시스템에서는 파일을 쉽게 찾을 수 있을 것이다.

3

> **NOTE**
> FHS는 때때로 업데이트 된다. 몇몇 리눅스 배포판은 여전히 예전의 FHS 표준을 사용하는 반면 다른 배포판은 현재의 표준을 일부분만 지원하는 경우를 볼 수도 있을 것이다. FHS 표준을 최신 상태로 유지하고 싶다면 FHS의 공식 홈페이지인 http://www.pathname.com/fhs/를 참조하라.

시스템에 로그인하고 쉘 CLI 프롬프트에 도달하면 홈 디렉토리에서 세션이 시작된다. 홈 디렉토리는 사용자 계정에 배정된 고유한 디렉토리다. 사용자 계정이 만들어지면 보통 시스템은 통상적으로 계정(제7장 참조)에 대한 고유 디렉토리를 배정한다.

그래픽 인터페이스를 사용하여 가상 디렉토리 안을 돌아다닐 수도 있다. 그러나 CLI 프롬프트에서 가상 디렉토리 속을 돌아다니려면 cd 명령을 사용하는 방법을 알 필요가 있다.

디렉토리 둘러보기

리눅스 파일시스템에서 쉘 세션을 다른 디렉토리로 옮기려면 디렉토리 변경 명령(change directory, cd)을 사용한다. cd 명령의 구문은 매우 단순하다.

```
cd destination
```

cd 명령에는 가려는 디렉토리의 이름(destination)을 지정하는 단 한 개의 매개변수만이 있다. cd 명령에 목적지를 지정하지 않으면 자신의 홈 디렉토리로 가게 된다.

destination 매개변수는 두 가지 다른 방법으로 표현될 수 있다. 첫 번째 방법은 절대 디렉토리 참조법이며 또 한 가지 방법은 상대 디렉토리 참조법이다.

다음 절에서는 이 두 가지 방법을 설명한다. 파일시스템 내부를 돌아다닐 때 이 두 가지 방법의 차이점을 이해하는 것이 중요하다.

절대 디렉토리 참조법 사용하기

사용자는 절대 디렉토리 참조법을 사용하여 가상 디렉토리 시스템 안의 디렉토리 이름을 참조할 수 있다. 절대 디렉토리 참조법은 루트에서 시작하여 가상 디렉토리 구조 속에서 디렉토리가 정확하게 어디에 있는지를 정의한다. 디렉토리의 전체 이름을 절대 디렉토리 참조라고 생각하라.

절대 디렉토리 참조는 항상 가상 디렉토리 시스템의 루트를 뜻하는 슬래시(/)로 시작한다. 따라서 usr 디렉토리에 포함된 bin 디렉토리에 저장되어 있는 사용자 바이너리를 참조하려면 절대 디렉토리 참조법으로는 다음과 같이 된다.

```
/usr/bin
```

절대 디렉토리 참조법을 쓰면 가고 싶은 정확한 위치가 어디인지 명확하게 알 수 있다. 절대 디렉토리 참조를 사용하여 파일시스템의 특정 위치로 이동하려면 cd 명령에 전체 경로 이름을 지정하면 된다.

```
christine@server01:~$ cd /usr/bin
christine@server01:/usr/bin$
```

위의 예에서 원래의 프롬프트에는 물결표(~)만이 있었다. 디렉토리가 변경되면 물결표는 /usr/bin 으로 바뀐다. 이러한 표시는 CLI 프롬프트가 현재 가상 디렉토리 구조 속에서 어디에 있는지 계속해서 알 수 있도록 돕는다. 물결표는 쉘 세션이 홈 디렉토리에 있다는 것을 뜻한다. 홈 디렉토리에서 다른 곳으로 옮기고 나면 절대 디렉토리 참조가 프롬프트에 표시된다. 단, 프롬프트가 그와 같이 설정되어 있어야 한다.

> **NOTE**
> 쉘 CLI 프롬프트가 쉘 세션의 현재 위치를 표시하지 않는다면 그렇게 하도록 설정되어 있지 않기 때문이다. 제6 장에서는 CLI 프롬프트 설정을 바꾸는 방법을 설명한다.

프롬프트가 쉘 세션의 현재 절대 디렉토리 위치를 표시하도록 설정되어 있지 않으면 쉘 명령으로 위치를 표시할 수 있다. pwd 명령은 '현재 작업 디렉토리'라고 하는 쉘 세션의 현재 디렉토리 위치를 표시한다. 다음은 pwd 명령어를 사용하는 예다.

```
christine@server01:/usr/bin$ pwd
/usr/bin
christine@server01:/usr/bin$
```

> **TIP**
> 현재 작업 디렉토리를 바꿀 때마다 pwd 명령을 사용하도록 습관을 들여라. 많은 쉘 명령은 현재 작업 디렉토리
> 에서 동작하기 때문에 명령을 실행하기 전에는 항상 올바른 디렉토리에 있는지 확인할 필요가 있기 때문이다.

전체 리눅스 가상 디렉토리 구조 안에서 어느 계층에 있든 절대 디렉토리 참조를 사용하여 어느 계층으로나 옮겨갈 수 있다.

```
christine@server01:/usr/bin$ cd /var/log
christine@server01:/var/log$
christine@server01:/var/log$ pwd
/var/log
christine@server01:/var/log$
```

또한 리눅스 가상 디렉토리 구조 안에서 어느 계층에 있든 홈 디렉토리로 빠르게 옮겨갈 수 있다.

```
christine@server01:/var/log$ cd
christine@server01:~$
christine@server01:~$ pwd
/home/christine
christine@server01:~$
```

자신의 홈 디렉토리 안에서만 작업을 한다면 절대 디렉토리 참조법이 귀찮을 때가 많을 것이다. 예를 들어 이미 /home/christine 디렉토리에 있는 상태에서 단지 그 아래의 Document 디렉토리로 가기 위해서 다음과 같이 입력하려면 좀 번거롭게 느껴질 것이다.

```
cd /home/christine/Documents
```

간단한 해결책이 있다.

상대 디렉토리 참조법 사용하기

상대 디렉토리 참조법을 쓰면 현재 위치를 기준으로 대상 디렉토리를 지정할 수 있다. 상대 디렉토리 참조는 슬래시로 시작하지 않는다.

대신 상대 디렉토리 참조는 디렉토리 이름(현재 디렉토리 아래에 있는 디렉토리로 갈 경우) 또는 특수문자로 시작한다. 예를 들어 지금 홈 디렉토리에 있으며 Document 하위 디렉토리로 가려면 cd 명령을 상대 디렉토리 참조와 함께 쓸 수 있다.

```
christine@server01:~$ pwd
/home/christine
christine@server01:~$
christine@server01:~$ cd Documents
christine@server01:~/Documents$ pwd
/home/christine/Documents
christine@server01:~/Documents$
```

앞의 예에서 슬래시(/)를 쓰지 않은 것에 유의하라. 대신 상대 디렉토리 참조법이 사용되었고 입력한 양이 훨씬 줄어들었다. 현재 작업 디렉토리를 /home/christine에서 /home/christine/Documents로 바꾸는 과정에서 입력한 양이 훨씬 줄어들었다.

또한 이 예제에서 프롬프트가 현재 작업 디렉토리를 표시하도록 설정된 경우 물결표가 계속 표시되고 있다. 이는 현재 작업 디렉토리가 사용자의 홈 디렉토리 아래에 있는 디렉토리임을 나타낸다.

> **TIP**
> 커맨드라인과 리눅스 디렉토리 구조가 처음이라면 얼마 동안은 절대 디렉토리 참조법만 쓰는 것이 좋다. 디렉토리 구조에 익숙해지고 난 뒤에 상대 디렉토리 참조법을 사용하라.

하위 디렉토리를 포함하는 어떤 디렉토리로든 cd 명령과 상대 디렉토리 참조법을 쓸 수 있다. 또한 상대 디렉토리 위치를 뜻하는 특수 문자를 사용할 수도 있다.

상대 디렉토리 참조법에 사용되는 두 가지 특수 문자는 다음과 같다.

- 점 한 개(.)는 현재 디렉토리를 뜻한다.
- 점 두 개(..)는 부모 디렉토리를 뜻한다.

cd 명령과 함께 점 한 개를 입력할 수 있지만 그런 명령을 쓸 만한 이유는 없다. 이 장 후반부에 가면 상대 디렉토리 참조법에서 점 한 개를 효과적으로 사용할 수 있는 명령을 볼 수 있을 것이다.

점 두 개는 디렉토리를 계층적으로 오갈 때에 매우 편리하다. 예를 들어 지금 홈 디렉토리 아래에 있는 Documents 디렉토리에 있고 역시 홈 디렉토리 아래에 있는 Downloads 디렉토리로 옮겨 가야 한다면 다음과 같이 할 수 있다.

```
christine@server01:~/Documents$ pwd
/home/christine/Documents
christine@server01:~/Documents$ cd ../Downloads
christine@server01:~/Downloads$ pwd
/home/christine/Downloads
christine@server01:~/Downloads$
```

점 두 개를 쓰면 한 단계 위인 홈 디렉토리로 가며, 그 다음 /Downloads 부분 때문에 다시 그 아래 단계인 Downloads 디렉토리로 간다. 점 두 개를 필요한 만큼 여러 번 쓸 수도 있다. 지금 홈 디렉토리(/home/christine)에 있고 /etc 디렉토리로 가고 싶다면 다음과 같이 입력할 수 있다.

```
christine@server01:~$ cd ../../etc
christine@server01:/etc$ pwd
/etc
christine@server01:/etc$
```

물론 이 경우에는 절대 디렉토리 참조법보다 입력해야 하는 글자 수가 더 많다. 따라서 더 효율적일 때에만 상대 디렉토리 참조법을 사용하라.

> **NOTE**
> 쉘 CLI 프롬프트가 정보를 길게 표시하면 도움이 될 수는 있지만 이 책의 나머지 부분에서는 좀 더 간결한 표시를 위해서 단순히 $만 표시하는 프롬프트를 쓸 것이다.

이제 디렉토리 시스템 속을 둘러보고 현재 작업 디렉토리를 확인하는 방법을 알았으므로 여러 디렉토리에 무엇이 포함되어 있는지 들여다볼 수 있다. 다음 절에서는 디렉토리 구조 안에서 파일을 보는 과정을 알아본다.

파일 및 디렉토리 목록 보기

시스템에서 사용할 수 있는 파일을 보기 위해서는 목록 (list, ls) 명령을 사용하라. 이 절에서는 ls 명령 및 표시할 수 있는 정보의 형식을 정할 수 있는 옵션을 설명한다.

기본 목록 표시하기

가장 기본적인 형식의 ls 명령은 현재 디렉토리에 있는 파일과 디렉토리를 표시한다.

```
$ ls
Desktop      Downloads         Music       Pictures   Templates  Videos
Documents    examples.desktop  my_script   Public     test_file
$
```

ls 명령은 알파벳 순서로(세로가 아닌 가로 방향으로) 정렬해서 목록을 표시한다는 것을 알 수 있다. 색상을 지원하는 터미널 에뮬레이터를 사용하는 경우 ls 명령은 여러 유형의 항목을 각각 다른 색상으로 표시할 수도 있다. LS_COLORS 환경 변수로 이 기능을 제어할 수 있다(환경 변수는 제6장에서 설명한다). 여러 가지 리눅스 배포판은 터미널 에뮬레이터의 기능에 따라 이 환경 변수를 저마다 다르게 설정한다.

컬러 터미널 에뮬레이터가 없는 경우 파일과 디렉토리를 쉽게 구분하기 위해서 -F 매개변수를 사용할 수 있다. -F 매개변수를 사용하면 다음과 같이 출력한다.

```
$ ls -F
Desktop/    Downloads/      Music/      Pictures/ Templates/ Videos/
Documents/ examples.desktop my_script* Public/    test_file
$
```

-F 매개변수는 디렉토리에 슬래시(/)를 붙여서 목록에서 쉽게 식별할 수 있도록 돕는다. 마찬가지로 실행 가능한 파일(위 코드에서 my_script 파일과 같은 경우)에는 별표(*)를 붙여서 시스템에서 구동시킬 수 있는 파일을 쉽게 찾을 수 있도록 돕는다.

기본 ls 명령은 다소 오해될 여지가 있다. 이 명령은 현재 디렉토리에 포함되어 있는 파일과 디렉토리를 보여주지만 이것이 꼭 전부인 것은 아니다. 리눅스는 구성 정보를 저장하기 위해 종종 숨겨진 파일을 사용한다. 리눅스에서 숨겨진 파일은 마침표(.)로 시작하는 이름을 가진 파일이다. 이 파일은 기본 ls 목록에 표시되지 않는다. 따라서 이들은 숨겨진 파일이라고 한다.

일반 파일 및 디렉토리와 함께 숨겨진 파일을 표시하려면, -a 매개변수를 사용한다. 다음은 ls 명령에 -a 매개변수를 사용하는 보기다.

```
$ ls -a
.                .compiz    examples.desktop  Music        test_file
..               .config    .gconf            my_script    Videos
.bash_history    Desktop    .gstreamer-0.10   Pictures     .Xauthority
.bash_logout     .dmrc      .ICEauthority     .profile     .xsession-
errors
.bashrc          Documents  .local            Public       .xsession-
errors.old
.cache           Downloads  .mozilla          Templates
$
```

이제 마침표로 시작하는 모든 숨겨진 파일들이 목록에 나타난다. 세 개의 파일이 .bash로 시작하는 것을 알 수 있다. 이들은 bash 쉘 환경이 사용하는 숨겨진 파일이다. 이 파일의 기능은 제6장에 자세히 설명되어 있다.

-R 매개변수는 ls 명령이 사용할 수 있는 또 다른 옵션이다. 재귀 옵션이라고 하는 이 기능은 현재 디렉토리의 하위 디렉토리에 포함된 파일을 보여준다. 하위 디렉토리가 많이 있다면 이 목록은 상당히 길어질 수 있다. 다음 -R 매개변수가 어떤 목록을 만들어 내는지를 보여주는 간단한 예다. 사용자가 파일 형식을 볼 수 있도록 -F 옵션을 붙였다.

```
$ ls -F -R
.:
```

```
Desktop/    Downloads/      Music/     Pictures/ Templates/ Videos/
Documents/  examples.desktop my_script* Public/    test_file
./Desktop:
./Documents:
./Downloads:
./Music:
ILoveLinux.mp3*
./Pictures:
./Public:
./Templates:
./Videos:
$
```

-R 매개변수는 현재 디렉토리의 내용, 곧 이전의 예에서 보았던 사용자의 홈 디렉토리에 있는 파일들을 보여준다는 것을 알 수 있다. 이 명령은 또한 사용자의 홈 디렉토리에 있는 하위 디렉토리와 그 각각에 들어 있는 내용을 보여준다. 파일을 포함하는 하위 디렉토리는 Music 하위 디렉토리가 유일하며 여기에는 실행 가능한 파일인 ILoveLinux.mp3가 들어 있다.

> **TIP**
> 앞의 예제에 있는 ls -F -R 처럼 옵션 매개변수는 반드시 따로 써야 하는 것은 아니다. 종종 -FR처럼 한데 묶어서 쓰기도 한다.

앞의 예에서는 하위 디렉토리 안에 하위 디렉토리가 없었다. 하위 디렉토리 안에 하위 디렉토리가 또 있다면 -R 매개변수는 계속해서 하위 디렉토리를 내려가면서 목록을 표시한다. 디렉토리 구조의 규모가 크다면 상당히 많은 양의 목록이 표시될 것이다.

긴 목록을 표시하기

기본 목록에서 ls 명령은 각각의 파일에 대한 많은 정보를 보여주지는 않는다. 추가 정보를 표시하기 위해서는 또 다른 인기 있는 매개변수인 -l을 사용한다. -l 매개변수는 목록을 긴 형식으로 표시함으로써 디렉토리의 각 파일에 대한 자세한 정보를 제공한다.

```
$ ls -l
total 48
drwxr-xr-x 2 christine christine 4096 Apr 22 20:37 Desktop
drwxr-xr-x 2 christine christine 4096 Apr 22 20:37 Documents
drwxr-xr-x 2 christine christine 4096 Apr 22 20:37 Downloads
-rw-r--r-- 1 christine christine 8980 Apr 22 13:36 examples.desktop
-rw-rw-r-- 1 christine christine    0 May 21 13:44 fall
-rw-rw-r-- 1 christine christine    0 May 21 13:44 fell
```

```
-rw-rw-r-- 1 christine christine    0 May 21 13:44 fill
-rw-rw-r-- 1 christine christine    0 May 21 13:44 full
drwxr-xr-x 2 christine christine 4096 May 21 11:39 Music
-rw-rw-r-- 1 christine christine    0 May 21 13:25 my_file
-rw-rw-r-- 1 christine christine    0 May 21 13:25 my_scrapt
-rwxrw-r-- 1 christine christine   54 May 21 11:26 my_script
-rw-rw-r-- 1 christine christine    0 May 21 13:42 new_file
drwxr-xr-x 2 christine christine 4096 Apr 22 20:37 Pictures
drwxr-xr-x 2 christine christine 4096 Apr 22 20:37 Public
drwxr-xr-x 2 christine christine 4096 Apr 22 20:37 Templates
-rw-rw-r-- 1 christine christine    0 May 21 11:28 test_file
drwxr-xr-x 2 christine christine 4096 Apr 22 20:37 Videos
$
```

긴 형식 목록은 파일 및 하위 디렉토리를 한 줄에 하나씩 보여준다. 파일명 말고도 목록에는 유용한 추가 정보가 담겨 있다. 출력의 첫 번째 행은 디렉토리 안에 포함된 블록의 총 개수를 나타낸다. 그 다음부터 각 줄은 각 파일(또는 디렉토리)에 대한 다음과 같은 정보를 포함한다.

- 파일 유형 - 디렉토리 (d), 파일 (-), 링크된 파일 (l), 캐릭터 장치 (c), 또는 문자 장치 (b) 등

- 파일 권한(제6장 참조)

- 파일 하드 링크의 수(이 장의 후반부에 나오는 "파일 연결하기"를 참조하라)

- 파일 소유자의 사용자 이름

- 파일의 주 그룹 이름

- 파일의 바이트 단위 크기

- 파일을 마지막으로 수정한 시각

- 파일 이름이나 디렉토리 이름

-l 매개변수는 강력한 도구다. 이 매개변수를 활용하면 파일이나 디렉토리에 관련된 필요한 대부분의 정보를 볼 수 있다.

ls 명령에는 파일 관리를 할 때 편리하게 쓸 수 있는 매개변수가 많이 있다. 쉘 프롬프트에서 man ls라고 입력하면 ls 명령의 출력을 바꾸는 데 사용할 수 있는 매개변수가 여러 페이지에 걸쳐서 나온다.

많은 매개변수를 결합해서 쓸 수 있다는 점도 잊지 말자. 원하는 출력을 표시해줄 뿐만 아니라 기억하기도 쉬운 매개변수 조합을 종종 찾을 수 있을 것이다. ls -alF와 같은 것이 그 예다.

목록 출력 필터링하기

예제에서 보았듯이 ls는 기본적으로 숨겨지지 않은 모든 디렉토리 파일을 표시한다. 때로는 지나치게 길게 느껴질 수 있다. 특히 몇 개의 파일에 대한 정보만 찾을 때에는 더욱 그럴 것이다.

다행히 ls 명령은 커맨드라인에서 필터를 정의하는 방법을 제공한다. ls 명령은 어떤 파일 또는 디렉토리를 표시해야 할 것인지 결정하기 위해 필터를 사용한다.

이 필터는 간단한 텍스트 패턴 일치 문자열을 쓴다. 쓰려는 모든 매개변수를 쓴 뒤에 필터를 포함시킨다.

```
$ ls -l my_script
-rwxrw-r-- 1 christine christine 54 May 21 11:26 my_script
$
```

필터로 특정 파일의 이름을 지정한 경우 ls는 해당 파일의 정보를 보여준다. 때로는 찾고 있는 정확한 파일 이름을 모를 수도 있다. ls 명령은 표준 와일드카드 문자를 인식하고 필터 안에서 패턴에 일치하는 것을 찾아내는데 활용한다.

- 하나의 문자를 나타내기 위해서는 물음표(?)를 쓴다.
- 여러 개의 문자를 나타내기 이해서는 별표(*)를 쓴다.

물음표는 필터 문자열에서 어디에든 정확히 하나의 문자를 대체 할 수 있다. 예를 들어,

```
$ ls -l my_scr?pt
-rw-rw-r-- 1 christine christine  0 May 21 13:25 my_scrapt
-rwxrw-r-- 1 christine christine 54 May 21 11:26 my_script
$
```

필터 my_scr?pt는 디렉토리에 있는 두 개의 파일과 일치한다. 이와 비슷하게, 별표는 0개 또는 그보다 많은 문자와 일치한다.

```
$ ls -l my*
-rw-rw-r-- 1 christine christine  0 May 21 13:25 my_file
-rw-rw-r-- 1 christine christine  0 May 21 13:25 my_scrapt
-rwxrw-r-- 1 christine christine 54 May 21 11:26 my_script
$
```

별표를 사용하여 my로 시작하는 이름을 가진 세 개의 파일을 찾았다. 물음표와 마찬가지로 필터의 아무 곳에나 별표를 쓸 수 있다.

```
$ ls -l my_s*t
-rw-rw-r-- 1 christine christine  0 May 21 13:25 my_scrapt
-rwxrw-r-- 1 christine christine 54 May 21 11:26 my_script
$
```

필터에서 별표와 물음표를 사용하는 것을 파일 글로빙(file globbing)이라고 한다. 파일 글로빙은 와일드카드로 패턴 매칭을 처리하는 것이다. 와일드카드는 공식적으로는 메타 문자 와일드카드라고 한다. 당신은 별표와 물음표 말고도 파일 글로빙을 위한 더 많은 메타 문자 와일드카드를 사용할 수 있다. 대괄호([])를 사용할 수도 있다.

```
$ ls -l my_scr[ai]pt
-rw-rw-r-- 1 christine christine  0 May 21 13:25 my_scrapt
-rwxrw-r-- 1 christine christine 54 May 21 11:26 my_script
$
```

이 예에서, 우리는 대괄호를 사용하여 그 위치에 있는 한 글자가 a 또는 i 중에 하나이면 패턴이 일치되도록 지정했다. 대괄호는 하나의 문자 위치를 뜻하고 파일 글로빙에 관한 여러 가지 옵션을 제공한다. 앞의 예에서와 같이 여러 문자들을 나열할 수도 있고 문자의 범위를 지정할 수도 있다. 예를 들어서 알파벳 영역의 [a-i] 같은 방식으로 쓸 수 있다.

```
$ ls -l f[a-i]ll
-rw-rw-r-- 1 christine christine 0 May 21 13:44 fall
-rw-rw-r-- 1 christine christine 0 May 21 13:44 fell
-rw-rw-r-- 1 christine christine 0 May 21 13:44 fill
$
```

느낌표(!)를 사용하여 패턴 일치에 포함되어서는 안 되는 것들을 지정할 수 있다.

```
$ ls -l f[!a]ll
-rw-rw-r-- 1 christine christine 0 May 21 13:44 fell
-rw-rw-r-- 1 christine christine 0 May 21 13:44 fill
-rw-rw-r-- 1 christine christine 0 May 21 13:44 full
$
```

파일을 검색할 때 파일 글로빙은 강력한 기능이다. 또한 ls 이외에 다른 쉘 명령에도 사용될 수 있다. 이 장 후반에 더 많은 내용들을 볼 수 있을 것이다.

파일 다루기

쉘은 리눅스 파일시스템을 위한 수많은 파일 조작 명령을 제공한다. 이 절에서는 파일을 다루는 데 필요한 기본 쉘 명령을 안내한다.

파일 만들기

가끔은 빈 파일을 만들어야 할 상황이 있다. 어떤 애플리케이션은 로그 파일에 뭔가 쓰기 전에 이미 그 파일이 있다고 가정한다. 이럴 때 touch 명령으로 손쉽게 빈 파일을 만들 수 있다.

```
$ touch test_one
$ ls -l test_one
-rw-rw-r-- 1 christine christine 0 May 21 14:17 test_one
$
```

touch 명령은 사용자가 지정하는 새 파일을 만들고 당신의 계정 이름을 그 파일의 소유자로 지정한다. touch 명령은 단지 빈 파일을 만들기 때문에 위의 예에서 파일 크기는 0이라는 점에 유의하자.

touch 명령은 파일 수정 시각을 변경하기 위해 쓰일 수도 있다. 이는 파일 내용을 바꾸지 않는다.

```
$ ls -l test_one
-rw-rw-r-- 1 christine christine 0 May 21 14:17 test_one
$ touch test_one
$ ls -l test_one
-rw-rw-r-- 1 christine christine 0 May 21 14:35 test_one
$
```

test_one의 수정 시각은 원래 시각인 14시 17분에서 이제 14시 35분으로 갱신되었다. 사용 시각만 변경하려면 터치 명령에 -a 매개변수를 사용한다.

```
$ ls -l test_one
-rw-rw-r-- 1 christine christine 0 May 21 14:35 test_one
$ touch -a test_one
$ ls -l test_one
-rw-rw-r-- 1 christine christine 0 May 21 14:35 test_one
$ ls -l --time=atime test_one
-rw-rw-r-- 1 christine christine 0 May 21 14:55 test_one
$
```

앞의 예에서 단지 ls -l 명령을 사용하는 것만으로는 사용 시각이 표시되지 않는 것을 알 수 있다. 기본적으로는 파일 수정 시각이 표시되기 때문이다. 파일의 사용 시각을 확인하려면 추가 매개변수인 --time = atime을 추가해야 한다. 위의 예에서 이 매개변수를 덧붙이고 나면 파일의 변경된 사용 시각이 표시된다.

빈 파일을 만들고 파일의 타임스탬프를 변경하는 일을 날마다 리눅스 시스템에서 하지는 않을 것이다. 그러나 파일 복사는 쉘을 사용하는 동안 자주 하는 일 가운데 하나다.

파일 복사하기

파일시스템의 어떤 위치에서 파일과 디렉토리를 다른 곳으로 복사하는 일은 시스템 관리자들이 일 상적으로 하는 일이다. cp 명령이 이 기능을 제공한다.

가장 단순한 형식의 cp 명령은 두 개의 매개변수가 필요하다. 하나는 원본 개체(soruce), 다른 하나 는 대상 개체(destination)다. cp soruce destination 형식이 된다.

원본 및 대상 매개변수가 둘 다 파일 이름이라면 cp 명령은 소스 파일을 새로운 대상 파일로 복사 한다. 새 파일은 갱신된 수정 시각을 가진 완전히 새로운 파일처럼 만들어진다.

```
$ cp test_one test_two
$ ls -l test_*
-rw-rw-r-- 1 christine christine 0 May 21 14:35 test_one
-rw-rw-r-- 1 christine christine 0 May 21 15:15 test_two
$
```

새 파일 test_two는 test_one 파일과는 수정 시각이 다르게 나타난다. 대상 파일이 이미 존재하는 경우 cp 명령은 이 사실을 메시지로 표시하지 않을 수도 있다. 파일을 덮어 쓸 것인지 반드시 물어 보도록 -i 옵션을 붙이는 것이 좋다.

```
$ ls -l test_*
-rw-rw-r-- 1 christine christine 0 May 21 14:35 test_one
-rw-rw-r-- 1 christine christine 0 May 21 15:15 test_two
$
$ cp -i test_one   test_two
cp: overwrite 'test_two'? n
$
```

y라고 대답하지 않으면 파일 복사가 진행되지 않는다. 또한 이미 존재하는 디렉토리에 파일을 복사 할 수도 있다.

```
$ cp -i test_one   /home/christine/Documents/
$
$ ls -l /home/christine/Documents
total 0
-rw-rw-r-- 1 christine christine 0 May 21 15:25 test_one
$
```

이제 Documents 하위 디렉토리 안에 새로운 파일이 생겼다. 파일 이름은 원본과 같다.

바로 앞의 예에서는 절대 디렉토리 참조법을 사용했지만 상대 디렉토리 참조법도 쉽게 쓸 수 있다.

```
$ cp -i test_one  Documents/
cp: overwrite 'Documents/test_one'? y
$
$ ls -l Documents
total 0
-rw-rw-r-- 1 christine christine 0 May 21 15:28 test_one
$
```

이 장 앞쪽에서 상대 디렉토리 참조법에 사용할 수 있는 특수 기호를 알아보았다. 그 중 점 한 개(.)는 cp 명령과 함께 사용할 때 아주 쓸모가 있다. 점 한 개는 현재의 작업 디렉토리를 뜻한다는 것을 기억하자. 긴 원본 개체의 이름을 현재의 작업 디렉토리로 복사하려면 점 한 개는 일을 단순하게 만들어 준다.

```
$ cp -i /etc/NetworkManager/NetworkManager.conf  .
$
$ ls -l NetworkManager.conf
-rw-r--r-- 1 christine christine 76 May 21 15:55 NetworkManager.conf
$
```

점 한 개는 눈에 잘 안 띈다! 자세히 보면 예제 코드의 첫 번째 줄 마지막에 표시되어 있다. 긴 원본 개체의 이름이 길 때, 점 한 개 기호를 사용하면 대상 개체의 이름 전체를 입력하는 것보다 훨씬 쉽다.

-R 매개변수는 cp 명령의 강력한 옵션이다. 이 옵션을 쓰면 한 번의 명령으로 전체 디렉토리의 내용을 차례대로 복사할 수 있다.

```
$ ls -Fd *Scripts
Scripts/
```

```
$ ls -l Scripts/
total 25
-rwxrw-r-- 1 christine christine 929 Apr  2 08:23 file_mod.sh
-rwxrw-r-- 1 christine christine 254 Jan  2 14:18 SGID_search.sh
-rwxrw-r-- 1 christine christine 243 Jan  2 13:42 SUID_search.sh
$
$ cp -R Scripts/  Mod_Scripts
$ ls -Fd *Scripts
Mod_Scripts/  Scripts/
$ ls -l Mod_Scripts
total 25
-rwxrw-r-- 1 christine christine 929 May 21 16:16 file_mod.sh
-rwxrw-r-- 1 christine christine 254 May 21 16:16 SGID_search.sh
-rwxrw-r-- 1 christine christine 243 May 21 16:16 SUID_search.sh
$
```

Mod_Scripts 디렉토리는 cp -R 명령 이전에는 존재하지 않았다. 이 디렉토리는 cp -R 명령으로 만들어졌으며 전체 Scripts 디렉토리의 내용이 이곳으로 복사되었다. 새로운 Mod_Scripts 디렉토리에 있는 모든 파일에 새로운 날짜가 부여되었다는 점에 유의하라. 이제 Mod_Scripts는 Scripts 디렉토리 전체에 대한 복사본이다.

> **NOTE**
> 앞의 예에서는 ls 명령에 -Fd 옵션이 추가되었다. 우리는 이 장 앞부분에서 -F 옵션에 관한 내용을 살펴보았지만 -d 옵션은 낯설 수 있다. -d 옵션은 그 디렉토리의 정보는 보여주지만 그 내용은 보여주지 않는다.

cp 명령에서도 와일드카드 메타 문자를 사용할 수 있다.

```
$ cp *script  Mod_Scripts/
$ ls -l Mod_Scripts
total 26
-rwxrw-r-- 1 christine christine 929 May 21 16:16 file_mod.sh
-rwxrw-r-- 1 christine christine 54  May 21 16:27 my_script
-rwxrw-r-- 1 christine christine 254 May 21 16:16 SGID_search.sh
-rwxrw-r-- 1 christine christine 243 May 21 16:16 SUID_search.sh
$
```

이 명령은 script로 끝나는 모든 파일을 Mod_Scripts로 복사한다. 위의 경우에는 복사되는 파일은 my_script 하나뿐이다.

파일을 복사할 때 점 한 개와 와일드카드 메타 문자 말고도 또 한 가지 도움이 될 만한 쉘 기능이 있다. 바로 탭 자동 완성 기능이다.

탭 자동 완성 기능 활용하기

커맨드라인에서 작업을 하다 보면 명령, 디렉토리 이름 또는 파일 이름을 잘못 입력하기 쉽다. 사실 긴 디렉토리 참조 또는 파일 이름은 오타를 낼 확률이 높다.

바로 이럴 때가 탭 자동 완성이 아주 고마울 때다. 탭 자동 완성 기능을 사용하면 파일 이름이나 디렉토리 이름 입력을 시작한 다음 탭 키를 눌러 쉘이 입력을 완성하도록 할 수 있다.

```
$ ls really*
really_ridiculously_long_file_name
$
$ cp really_ridiculously_long_file_name  Mod_Scripts/
ls -l Mod_Scripts
total 26
-rwxrw-r-- 1 christine christine 929 May 21 16:16 file_mod.sh
-rwxrw-r-- 1 christine christine 54  May 21 16:27 my_script
-rw-rw-r-- 1 christine christine  0  May 21 17:08
really_ridiculously_long_file_name
-rwxrw-r-- 1 christine christine 254 May 21 16:16 SGID_search.sh
-rwxrw-r-- 1 christine christine 243 May 21 16:16 SUID_search.sh
$
```

앞의 예에서 우리는 cp really 까지만 입력하고 탭 키를 눌렀다. 쉘이 파일 이름의 나머지 부분을 자동으로 완성했다! 물론 대상 디렉토리는 입력해야 했지만 그래도 탭 자동 완성은 일어날 수 있는 여러 가지 오타를 예방할 수 있었다.

탭 자동 완성 기능을 더 잘 사용하려면 원하는 파일을 다른 파일과 구별할 수 있을 만큼 파일 이름의 앞부분 글자들을 입력해 준다. 예를 들어 really로 시작하는 다른 파일이 있다면 탭 키를 누른다고 해서 파일 이름이 자동 완성되지는 않는다. 대신 경고음이 들릴 것이다. 다시 탭 키를 누르면 쉘은 really로 시작하는 모든 파일 이름을 보여줄 것이다. 이 기능을 사용하면 탭 자동 완성 기능이 제대로 동작하기 위해서는 어디까지 입력해야 하는지를 알 수 있다.

파일 링크하기

파일 링크는 리눅스 파일시스템에서 사용할 수 있는 최고의 선택이 될 것이다. 시스템에서 같은 파일에 대한 두 개(또는 그 이상)의 사본을 유지해야 하는 경우 따로 물리적 사본을 만들 필요 없이 딱 하나의 물리적 원본과 여러 개의 가상 사본인 링크(link)를 쓸 수 있다. 링크는 어떤 디렉토리에 있으면서 파일의 실제 위치를 가리키는 표식이다. 두 가지 유형의 파일 링크를 리눅스에서 사용할 수 있다.

- 심볼릭 링크(symbolic link)
- 하드 링크 (hard link)

심볼릭 링크는 가상 디렉토리 구조에 어딘가에 있는 다른 파일을 가리키는 단순한 물리적 파일이다. 상징적(심볼릭)으로 서로 연결된 두 개의 파일은 똑같은 내용을 공유하지 않는다.

파일에 대한 심볼릭 링크를 만들려면 원본 파일이 미리 존재해야 한다. 심볼릭 링크를 만들기 위해서 ln 명령을 -s 옵션과 함께 사용할 수 있다.

```
$ ls -l data_file
-rw-rw-r-- 1 christine christine 1092 May 21 17:27 data_file
$
$ ln -s data_file  sl_data_file
$
$ ls -l *data_file
-rw-rw-r-- 1 christine christine 1092 May 21 17:27 data_file
lrwxrwxrwx 1 christine christine    9 May 21 17:29 sl_data_file ->
data_file
$
```

앞의 예에서 심볼릭 링크의 이름인 sl_data_file이 명령의 두 번째 매개변수로 나온다는 점에 유의하라. 심볼릭 링크 파일의 긴 목록 뒤에 표시된 -> 기호는 이 파일이 data_file에 심볼릭 링크로 연결되어 있음을 보여준다.

또한 data_file의 파일 크기와 심볼릭 링크의 파일 크기를 주목하라. data_file은 1092 바이트인 반면 심볼릭 링크인 sl_data_file은 9 바이트에 불과하다. sl_data_file은 data_file만 가리키면 되기 때문이다. 이 두 파일은 물리적으로 별개의 파일이며 내용을 공유하지 않는다.

이 두 개의 파일이 물리적으로 분리되어 있다는 사실을 알 수 있는 다른 방법은 이들의 inode 번호를 보는 것이다. 파일이나 디렉토리의 inode 번호는 커널이 파일시스템에 있는 각 개체에 할당되는 고유 식별 번호다. 파일이나 디렉토리의 inode 번호를 보려면 ls 명령에 -i 매개변수를 덧붙인다.

```
$ ls -i *data_file
296890 data_file  296891 sl_data_file
$
```

이 예에서 data_file의 inode 번호는 296890임을 알 수 있으며, sl_data_file의 inode 번호는 296891로 다르다. 따라서 둘은 다른 파일이다.

하드 링크는 원본 파일에 대한 정보 및 그 파일이 어디에 있는지를 포함하고 있는 별개의 가상 파일을 만든다. 그러나 이 둘은 물리적으로 같은 파일이다. 하드 링크 파일을 참조할 때에는 원래의 파일을 참조하는 것과도 같다. 하드 링크를 만들기 위해서는 역시 원본 파일이 미리 존재해야 하지만 이번에는 ln 명령에 매개변수를 필요로 하지 않는다.

```
$ ls -l code_file
-rw-rw-r-- 1 christine christine 189 May 21 17:56 code_file
$
```

```
$ ln code_file  hl_code_file
$
$ ls -li *code_file
296892 -rw-rw-r-- 2 christine christine 189 May 21 17:56
code_file
296892 -rw-rw-r-- 2 christine christine 189 May 21 17:56
hl_code_file
$
```

앞의 예에서 우리는 inode 번호와 *code_files의 긴 목록을 모두 보기 위해서 ls -li 명령을 사용했다. 하드 링크로 연결된 두 파일은 이름과 inode 번호를 공유한다. 물리적으로 같은 파일이기 때문이다. 또한 링크 횟수(목록에서 세 번째 항목)는 이제 두 파일은 두 개의 링크를 가지고 있다는 것을 보여주고 있다. 또한 두 파일의 크기도 정확하게 동일하다.

> **NOTE**
> 파일 사이의 하드 링크는 같은 물리적 매체 안에서만 만들 수 있다. 서로 다른 물리적 매체 있는 파일 사이에 링크를 만들려면 심볼릭 링크를 사용해야 한다.

링크된 파일을 복사할 때에는 주의해야 한다. 다른 원본 파일에 링크된 파일을 cp 명령으로 복사했다면 원본 파일의 또 다른 사본을 만드는 결과가 된다. 이 결과는 금방 혼란을 일으킬 수 있다. 링크된 파일을 복사하는 대신 원래 파일의 또 다른 링크를 만들 수 있다. 아무런 문제없이 똑같은 파일을 가리키는 여러 개의 링크를 만들 수 있다. 소프트 링크(심볼릭 링크)된 파일에 대한 소프트 링크를 만들고 싶지는 않을 것이다. 꼬리에 꼬리를 무는 링크를 만들면 헷갈릴 수도 있으며 쉽게 깨지므로 여러 가지 문제를 일으킬 수 있다.

심볼릭과 하드 링크가 까다로운 개념이라고 생각할 수 있다. 다행히 다음 절에서 파일 이름을 바꾸는 방법을 다루는 과정에서 이 문제를 훨씬 더 이해하기 쉬워질 것이다.

파일 이름 바꾸기

리눅스의 세계에서는 파일 이름을 바꾸는 일을 '파일 옮기기'라고 한다. mv 명령은 파일 및 디렉토리를 다른 위치로 옮기거나 이름을 바꾸는 일에 모두 쓸 수 있다.

```
$ ls -li f?ll
296730 -rw-rw-r-- 1 christine christine 0 May 21 13:44 fall
296717 -rw-rw-r-- 1 christine christine 0 May 21 13:44 fell
294561 -rw-rw-r-- 1 christine christine 0 May 21 13:44 fill
296742 -rw-rw-r-- 1 christine christine 0 May 21 13:44 full
$
$ mv fall  fzll
```

```
$
$ ls -li f?ll
296717 -rw-rw-r-- 1 christine christine 0 May 21 13:44 fell
294561 -rw-rw-r-- 1 christine christine 0 May 21 13:44 fill
296742 -rw-rw-r-- 1 christine christine 0 May 21 13:44 full
296730 -rw-rw-r-- 1 christine christine 0 May 21 13:44 fzll
$
```

파일 옮기기 기능으로 파일 이름을 fall에서 fzll로 바꾸었지만 inode 번호와 시각은 변하지 않았다. mv 명령은 단지 파일 이름에만 영향을 미치기 때문이다.

또한 파일의 위치를 바꿀 때에도 mv 명령을 쓸 수 있다.

```
$ ls -li /home/christine/fzll
296730 -rw-rw-r-- 1 christine christine 0 May 21 13:44
/home/christine/fzll
$
$ ls -li /home/christine/Pictures/
total 0
$ mv fzll Pictures/
$
$ ls -li /home/christine/Pictures/
total 0
296730 -rw-rw-r-- 1 christine christine 0 May 21 13:44 fzll
$
$ ls -li /home/christine/fzll
ls: cannot access /home/christine/fzll: No such file or directory
$
```

앞의 예에서 우리는 mv 명령을 이용하여 fzll 파일을 /home/christine에서 /home/christine/Pictures로 옮겼다. 이번에도 파일의 inode 값이나 시각 값은 변화가 없었다.

> **TIP**
> cp 명령과 마찬가지로 mv 명령에 -i 옵션을 사용할 수 있다. 이렇게 하면 이미 존재하는 파일에 덮어쓰려고 하기 전에 그렇게 할 것인지 질문을 받게 된다.

바뀐 것은 파월 위치뿐이다. fzll 파일은 더 이상 /home/christine에 있지 않다. mv 명령은 cp 명령처럼 원래 위치에 사본을 남기지 않기 때문이다.

mv 명령으로 파일의 위치를 바꾸는 동시에 이름도 바꾸려면, 한 번에 간단히 해결할 수 있다.

```
$ ls -li Pictures/fzll
```

```
296730 -rw-rw-r-- 1 christine christine 0 May 21 13:44
Pictures/fzll
$
$ mv /home/christine/Pictures/fzll  /home/christine/fall
$
$ ls -li /home/christine/fall
296730 -rw-rw-r-- 1 christine christine 0 May 21 13:44
/home/christine/fall
$
$ ls -li /home/christine/Pictures/fzll
ls: cannot access /home/christine/Pictures/fzll:
No such file or directory
```

이 예에서 우리는 fzll 파일을 Pictures 하위 디렉토리에서 홈 디렉토리인 /home/christine으로 옮기면서 이름을 fall로 바꾸었다. 시각 값과 inode 값 모두 바뀌지 않았다. 단지 위치와 이름만이 바뀌었다.

전체 디렉토리와 그 내용을 옮길 때에도 mv 명령을 사용할 수 있다.

```
$ ls -li Mod_Scripts
total 26
296886 -rwxrw-r-- 1 christine christine 929 May 21 16:16
file_mod.sh
296887 -rwxrw-r-- 1 christine christine  54 May 21 16:27
my_script
296885 -rwxrw-r-- 1 christine christine 254 May 21 16:16
SGID_search.sh
296884 -rwxrw-r-- 1 christine christine 243 May 21 16:16
SUID_search.sh
$
$ mv Mod_Scripts  Old_Scripts
$
$ ls -li Mod_Scripts
ls: cannot access Mod_Scripts: No such file or directory
$
$ ls -li Old_Scripts
total 26
296886 -rwxrw-r-- 1 christine christine 929 May 21 16:16
file_mod.sh
296887 -rwxrw-r-- 1 christine christine  54 May 21 16:27
my_script
296885 -rwxrw-r-- 1 christine christine 254 May 21 16:16
SGID_search.sh
296884 -rwxrw-r-- 1 christine christine 243 May 21 16:16
```

```
SUID_search.sh
$
```

디렉토리의 전체 내용은 바뀌지 않았다. 디렉토리의 이름만이 바뀌었을 뿐이다.

이제 mv 명령으로 어떻게 이름을 바꾸는지, 파일을 옮기는지를 알았다면 이 일이 얼마나 쉬운지 깨달았을 것이다. 또 한 가지 쉽지만 이번에는 잠재적으로 위험성을 가진 작업은 파일을 지우는 일이다.

파일 지우기

분명 언젠가는 존재하는 파일을 지우고 싶을 때가 있을 것이다. 파일시스템을 정리하기 위해서든 소프트웨어 패키지를 제거하기 위해서든, 언제든 파일을 지워야 할 때가 오는 법이다.

리눅스 세상에서 파일 지우기는 제거(removing)라고 한다. bash 쉘에서 파일을 제거하는 명령은 rm이다. rm 명령의 기본 형식은 간단하다.

```
$ rm -i fall
rm: remove regular empty file 'fall'? y
$
$ ls -l fall
ls: cannot access fall: No such file or directory
$
```

-i 매개변수는 정말로 파일을 제거할 것인지 확인하는 메시지를 내보낸다. 쉘은 휴지통이 없다. 파일을 제거하고 나면 영원히 사라진다. 따라서 rm 명령에 항상 -i 매개변수를 붙이는 것이 좋은 습관이다.

여러 개의 파일을 한꺼번에 제거하기 위해 와일드카드 메타 문자를 사용할 수도 있다. 이때에도 실수를 막기 위해서 -i 옵션을 붙이도록 하자.

```
$ rm -i f?ll
rm: remove regular empty file 'fell'? y
rm: remove regular empty file 'fill'? y
rm: remove regular empty file 'full'? y
$
$ ls -l f?ll
ls: cannot access f?ll: No such file or directory
$
```

rm 명령에는 많은 파일을 제거하면서 귀찮은 확인 질문을 받고 싶지 않을 때 쓸 수 있는 기능도 있다. 강제로 제거하려면 -f 매개변수를 사용한다. 정말 조심해서 써야 한다!

디렉토리 관리하기

리눅스에는 파일과 디렉토리 모두에 쓸 수 있는 명령(이를테면 cp 명령)들도 있는 반면 어떤 명령들은 디렉토리에만 쓸 수 있다. 새로운 디렉토리를 만들려면 이 절에 포함되는 특정한 명령을 사용해야 한다. 디렉토리를 지우는 것도 흥미로울 수 있을 텐데 이 절에서는 그 내용도 다룬다.

디렉토리 만들기

리눅스에서 새로운 디렉토리를 만드는 방법은 간단하다. mkdir 명령을 사용하면 된다.

```
$ mkdir New_Dir
$ ls -ld New_Dir
drwxrwxr-x 2 christine christine 4096 May 22 09:48 New_Dir
$
```

시스템은 New_Dir이라는 새 디렉토리를 만든다. 새 디렉토리의 긴 목록을 살펴보면 이 디렉토리의 항목이 d로 시작하는 것을 알 수 있다. 이 New_Dir은 파일이 아닌 파일 디렉토리임을 뜻한다.

필요하다면 디렉토리 및 하위 디렉토리를 '대량'으로 만들 수 있다. 그러나 mkdir 명령만으로 이를 시도하면 다음과 같은 오류 메시지가 나타난다.

```
$ mkdir New_Dir/Sub_Dir/Under_Dir
mkdir: cannot create directory 'New_Dir/Sub_Dir/Under_Dir':
No such file or directory
$
```

여러 디렉토리 및 하위 디렉토리를 동시에 만들려면 -p 매개변수를 추가해야 한다.

```
$ mkdir -p New_Dir/Sub_Dir/Under_Dir
$
$ ls -R New_Dir
New_Dir:
Sub_Dir
New_Dir/Sub_Dir:
Under_Dir
New_Dir/Sub_Dir/Under_Dir:
$
```

mkdir 명령에 -p 옵션을 붙이면 필요에 따라 아직 만들어지지 않은 상위 디렉토리를 만든다. 상위 디렉토리는 디렉토리 트리에서 한 단계 아래 수준의 다른 디렉토리들을 포함하는 디렉토리다.

3

물론 뭔가를 만들었다면 만든 것을 지우는 방법도 알아야 할 것이다. 잘못된 위치에 디렉토리를 만들었다면 특히 쓸모가 있다.

디렉토리 지우기

디렉토리를 지우는 일은 약간 까다로울 수 있으며 그럴 만한 이유가 있다. 디렉토리를 지워버리면 좋지 않은 결과를 겪게 될 가능성이 많다. 쉘은 뜻하지 않게 벌어지는 비극으로부터 최대한 우리를 보호하려고 노력한다. 디렉토리를 제거하기 위한 기본 명령은 rmdir이다.

```
$ touch New_Dir/my_file
$ ls -li New_Dir/
total 0
294561 -rw-rw-r-- 1 christine christine 0 May 22 09:52 my_file
$
$ rmdir New_Dir
rmdir: failed to remove 'New_Dir': Directory not empty
$
```

기본적으로 rmdir 명령은 빈 디렉토리를 제거하기 위해서만 쓰일 수 있다. 우리가 New_Dir 디렉토리 안에 my_file 파일을 만들었기 때문에 rmdir 명령은 디렉토리 제거를 거부한다.

이 문제를 해결하려면 먼저 파일을 제거해야 한다. 그리고 나서 빈 디렉토리에 rmdir 명령을 내릴 수 있다.

```
$ rm -i New_Dir/my_file
rm: remove regular empty file 'New_Dir/my_file'? y
$
$ rmdir New_Dir
$
$ ls -ld New_Dir
ls: cannot access New_Dir: No such file or directory
```

rmdir 명령에는 디렉토리를 제거할 것인지를 묻는 -i 옵션이 없다. 그 이유가 될 만한 한 가지 근거는 rmdir은 빈 디렉토리만 제거하기 때문이다.

비어 있지 않은 디렉토리 전체에 rm 명령을 사용할 수도 있다. -r 옵션을 사용하면 디렉토리로 내려가서 파일들을 제거하고 나서 마지막으로 디렉토리를 제거한다.

```
$ ls -l My_Dir
total 0
-rw-rw-r-- 1 christine christine 0 May 22 10:02 another_file
$
$ rm -ri My_Dir
```

```
rm: descend into directory 'My_Dir'? y
rm: remove regular empty file 'My_Dir/another_file'? y
rm: remove directory 'My_Dir'? y
$
$ ls -l My_Dir
ls: cannot access My_Dir: No such file or directory
$
```

이 옵션은 또한 여러 개의 하위 디렉토리도 제거하기 때문에 지워야 할 파일과 디렉토리가 많을 때 특히 쓸모가 있다.

```
$ ls -FR Small_Dir
Small_Dir:
a_file  b_file  c_file  Teeny_Dir/  Tiny_Dir/
Small_Dir/Teeny_Dir:
e_file
Small_Dir/Tiny_Dir:
d_file
$
$ rm -ir Small_Dir
rm: descend into directory 'Small_Dir'? y
rm: remove regular empty file 'Small_Dir/a_file'? y
rm: descend into directory 'Small_Dir/Tiny_Dir'? y
rm: remove regular empty file 'Small_Dir/Tiny_Dir/d_file'? y
rm: remove directory 'Small_Dir/Tiny_Dir'? y
rm: descend into directory 'Small_Dir/Teeny_Dir'? y
rm: remove regular empty file 'Small_Dir/Teeny_Dir/e_file'? y
rm: remove directory 'Small_Dir/Teeny_Dir'? y
rm: remove regular empty file 'Small_Dir/c_file'? y
rm: remove regular empty file 'Small_Dir/b_file'? y
rm: remove directory 'Small_Dir'? y
$
$ ls -FR Small_Dir
ls: cannot access Small_Dir: No such file or directory
$
```

이는 제대로 동작하지만 어딘가 어색하다. 지워야 할 각각의 모든 파일을 확인해야 하기 때문이다. 많은 파일과 하위 디렉토리를 가진 디렉토리라면 이러한 일은 성가시다.

> **NOTE**
> rm 명령에서 -r 매개변수와 -R 매개변수는 정확히 같은 작용을 한다. 또한 -R 매개변수는 rm 명령과 함께 사용하면 디렉토리들을 돌아다니면서 파일을 지운다. 대소문자가 다른데도 똑같은 기능을 하는 매개변수가 있는 쉘 명령은 드문 일이다.

잘못 지웠을 경우에 생길 문제는 신경 끄고 전체 디렉토리와 그 안의 내용 모두를 날려버리는 궁극의 방법은 rm 명령과 함께 -r 및 -f 매개변수를 같이 쓰는 것이다.

```
$ tree Small_Dir
Small_Dir
├ a_file
├ b_file
├ c_file
├ Teeny_Dir
│      └ e_file
└ Tiny_Dir
     └ d_file
2 directories, 5 files
$
$ rm -rf Small_Dir
$
$ tree Small_Dir
Small_Dir [error opening dir]

0 directories, 0 files
$
```

rm -rf 명령은 어떤 경고도 대단한 알림도 없어 위험한 도구이며 특히 슈퍼유저 권한의 상태라면 더욱 위험하다. 하려는 일이 정확히 무엇인지 분명히 확인하여 사용하자!

> **NOTE**
> 앞의 예에서 우리는 tree 유틸리티를 사용했다. 디렉토리, 하위 디렉토리, 그리고 그 안의 파일들을 멋지게 보여준다. 디렉토리 구조에 대한 이해가 필요할 때 쓸모 있는 유틸리티이며 특히 이들을 지워야 할 때 도움이 된다. 이 유틸리티는 리눅스 배포판이 기본적으로 설치하지 않을 수도 있다. 소프트웨어를 설치하는 방법을 배우려면 제9장을 참조하라.

몇 절에 걸쳐 파일 및 디렉토리를 관리하는 방법을 살펴보았다. 지금까지 우리는 파일의 내부를 들여다보는 방법을 제외하고는 파일에 관해 알아야 할 모든 내용을 다루었다.

파일 내용 보기

텍스트 편집기 유틸리티(제10장 참조)까지 끌어들이지 않아도 파일의 내부를 들여다볼 수 있는 몇 가지 명령을 사용할 수 있다. 이 절에서는 파일을 검사하는 데 사용할 수 있는 몇 가지 명령을 살펴본다.

파일 유형 보기

파일의 내용을 보겠다고 무작정 덤벼들기 전에 먼저 파일의 유형이 무엇인지를 이해해보자. 바이너리 파일을 화면에 표시하려고 하면 뭐가 뭔지 모를 것들이 모니터 화면을 뒤덮을 수도 있고 심지어는 터미널 에뮬레이터가 먹통이 될 수도 있다.

file 명령은 이 문제를 풀기 위해 편리하게 활용할 수 있는 작은 유틸리티다. 이 명령은 파일의 내부를 살펴보고 어떤 종류의 파일인지를 판단할 수 있다.

```
$ file my_file
my_file: ASCII text
$
```

앞의 예에서 사용한 파일은 텍스트 파일이다. file 명령은 파일이 텍스트를 포함하고 있다는 것만이 아니라 텍스트 파일의 문자 코드 형식이 ASCII라는 것까지 판단했다.

다음의 예는 어떤 파일이 단지 디렉토리일 뿐이라는 것을 보여준다. 따라서 file 명령은 디렉토리를 구분할 수 있는 또 다른 방법을 제공한다.

```
$ file New_Dir
New_Dir: directory
$
```

이 세 번째 file 명령 예제는 심볼릭 링크 파일을 보여준다. file 명령은 심지어 어떤 파일에 심볼릭 링크되어 있는지까지 알려준다는 점에 주목하자.

```
$ file sl_data_file
sl_data_file: symbolic link to 'data_file'
$
```

다음의 예는 스크립트 파일에 대해서 file 명령이 어떤 결과를 알려주는지 보여준다. 이 파일은 ASCII 텍스트지만 스크립트 파일이기 때문 시스템에서 실행시킬 수 있다.

```
$ file my_script
my_script: Bourne-Again shell script, ASCII text executable
$
```

마지막 예제는 바이너리 실행 파일이다. file 명령은 프로그램이 컴파일된 플랫폼, 어떤 종류의 라이브러리가 필요한지를 판단한다. 소스를 알 수 없는 바이너리 실행 프로그램에는 특히 편리한 기능이다.

```
$ file /bin/ls
/bin/ls: ELF 64-bit LSB  executable, x86-64, version 1 (SYSV),
dynamically linked (uses shared libs), for GNU/Linux 2.6.24,
[...]
$
```

이제 파일의 유형을 볼 수 있는 빠른 방법을 알게 되었으므로 파일을 표시하고 볼 수 있게 되었다.

파일 전체를 보기

지금 큰 텍스트 파일이 있어서 그 안에 무엇이 들어 있는지 보고 싶다면 리눅스에 이때 여러분들을 도와줄 세 가지 명령어가 있다.

cat 명령 사용하기

cat 명령은 텍스트 파일 안에 있는 모든 데이터를 표시하는 편리한 도구다.

```
$ cat test1
hello
This is a test file.
That we'll use to        test the cat command.
$
```

전혀 흥미로울 게 없다. 그저 텍스트 파일의 내용을 보여줄 뿐이다. cat 명령은 도움이 될 만한 몇 가지 매개변수가 있다.

-n 매개변수는 줄 번호를 붙여준다.

```
$ cat -n test1
     1  hello
     2
     3  This is a test file.
     4
     5
     6  That we'll use to        test the cat command.
$
```

이 기능은 스크립트를 검토할 때 편리하다. 텍스트가 있는 줄에만 번호를 붙이고 싶다면 -b 매개변수가 적합하다.

```
$ cat -b test1
   1  hello
   2  This is a test file.
   3  That we'll use to        test the cat command.
$
```

탭 문자가 표시되는 것을 원하지 않는다면 -T 매개변수를 쓴다.

```
$ cat -T test1
hello
This is a test file.
That we'll use to^Itest the cat command.
$
```

-T 매개변수는 ^I 문자 조합으로 텍스트 안에 있는 모든 탭을 대체한다.

큰 파일이면 cat 명령은 다소 귀찮을 수도 있다. 파일의 텍스트는 멈추지 않고 빠르게 스크롤되면서 표시된다. 이 문제를 해결할 간단한 방법이 있다.

more 명령 사용하기

cat 명령의 주요한 단점은 일단 시작하고 나면 일어나는 일을 제어할 수 없다는 문제를 해결하기 위해서 more 명령을 만들었다. more 명령은 텍스트 파일을 표시하지만 데이터의 각 페이지를 표시한 후 멈춘다. more /etc/bash.bashrc 명령을 입력해서 [그림 3-3]에서 볼 수 있는 것과 같은 more 명령의 예제 화면을 표시했다.

[그림 3-3]에 나오는 화면의 가장 아래를 주목하라. more 명령은 아직 더 많은 내용이 있으며 텍스트 파일에서 현재 어디까지 와 있는지를 (56%) 꼬리말에 보여주고 있다. 이는 more 명령을 위한 프롬프트다.

more 명령은 페이지로 나누는 유틸리티다. 이 장의 앞부분에서 man 명령을 썼을 때 선택한 bash 설명서 페이지를 페이저 유틸리티를 사용하여 표시했다는 것을 기억해보자. man 페이지를 오갈 때와 마찬가지로 스페이스 바를 눌러 텍스트 파일을 탐색하거나 〈Enter〉키를 눌러서 한 줄씩 앞으로 나아갈 수 있다. more 명령을 사용한 파일 탐색이 완료되어 종료하고 싶으면 〈q〉키를 누른다.

more 명령은 텍스트 파일을 통해 몇 가지 가장 기초적인 탐색 작업을 할 수 있다. 더욱 고급 기능을 원한다면 less 명령을 사용해보자.

그림 3-3

텍스트 파일을 표시하기 위해서 more 명령 사용하기

```
shopt -s checkwinsize

# set variable identifying the chroot you work in (used in the prompt below)
if [ -z "${debian_chroot:-}" ] && [ -r /etc/debian_chroot ]; then
    debian_chroot=$(cat /etc/debian_chroot)
fi

# set a fancy prompt (non-color, overwrite the one in /etc/profile)
PS1='${debian_chroot:+($debian_chroot)}\u@\h:\w\$ '

# Commented out, don't overwrite xterm -T "title" -n "icontitle" by default.
# If this is an xterm set the title to user@host:dir
#case "$TERM" in
#xterm*|rxvt*)
#    PROMPT_COMMAND='echo -ne "\033]0;${USER}@${HOSTNAME}: ${PWD}\007"'
#    ;;
#*)
#    ;;
#esac

# enable bash completion in interactive shells
#if ! shopt -oq posix; then
#  if [ -f /usr/share/bash-completion/bash_completion ]; then
#    . /usr/share/bash-completion/bash_completion
#  elif [ -f /etc/bash_completion ]; then
#    . /etc/bash_completion
#  fi
#fi
--More--(56%)
```

less 명령 사용하기

명령의 이름으로 본다면 less는 more 명령만큼 고급 기능을 제공하지는 않을 것 같다. less 명령은 실제로는 말장난이며 more 명령을 더욱 발전시킨 버전이다(less 명령은 "less is more"(더 적은 게 더 낫다)는 구절에서 온 것이다). less 명령은 텍스트 파일 안을 앞뒤로 오갈 수 있는 아주 편리한 여러 가지 기능은 물론 상당히 발전된 찾기 기능도 제공한다.

less 명령은 또한 전체 파일을 다 읽어 들이기 전에 파일의 내용을 표시할 수 있다. cat 그리고 more 명령은 이러한 일을 할 수 없다.

less 명령은 많은 부분에서 more 명령과 비슷하게 동작하며 파일에서 한 번에 화면 하나 분량씩의 텍스트를 표시한다. less 명령은 more 명령과 똑같은 명령 세트를 지원하며 그에 더해서 훨씬 더 많은 기능이 있다.

> **TIP**
>
> less 명령에서 사용할 수 있는 모든 옵션을 보려면 man less를 입력해서 man 페이지를 확인하라. more 명령에 대해서도 여러 가지 옵션들에 관련된 참조 설명서를 보려면 똑같이 하면 된다.

less 명령이 가진 기능 가운데 하나는 위아래 화살표 키는 물론 〈Page Up〉과 〈Page Down〉키를 인식한다는 것이다(잘 정의된 터미널을 사용한다고 가정했을 때). 이 기능은 파일을 볼 때 원하는 대로 위치를 제어할 수 있게 해 준다.

파일의 일부를 보기

종종 보려는 데이터가 파일의 맨 꼭대기에 바로 있거나 끄트머리에 묻혀 있을 수도 있다. 원하는 정보가 큰 파일의 맨 꼭대기에 있다고 해도 cat 또는 more 명령은 무조건 전체 파일을 읽어 들여야 내용을 볼 수 있다. 정보가 파일의 가장 끝에 있을 경우(예 : 로그 파일)에는 마지막 몇 줄을 보기 위해서 수천 줄의 텍스트를 헤치고 나아가야 한다. 다행히도 리눅스는 이러한 문제를 모두 해결해 주는 특화된 명령을 가지고 있다.

tail 명령 사용하기

tail 명령은 파일의 마지막 줄들(파일의 '꼬리')을 표시한다. 이 명령은 기본값으로 파일의 마지막 10줄을 표시한다.

다음 예제를 위해서 20줄을 포함한 텍스트 파일을 만들었다. cat 명령을 사용하면 전체 내용이 표시된다.

```
$ cat log_file
line1
line2
line3
line4
line5
Hello World - line 6
line7
line8
line9
line10
line11
Hello again - line 12
line13
line14
line15
Sweet - line16
line17
line18
line19
Last line - line20
$
```

전체 텍스트 파일을 보았으나 파일의 마지막 10줄을 보기 위해서 tail 명령을 썼을 때의 효과를 알
수 있을 것이다.

```
$ tail log_file
line11
Hello again - line 12
line13
line14
line15
Sweet - line16
line17
line18
line19
Last line - line20
$
```

-n 매개변수를 추가해서 tail 명령을 쓰면 표시되는 줄의 수를 바꿀 수 있다. 이 예에서는 tail 명령
에 -n 2 매개변수를 추가함으로써 파일의 마지막 두 줄만 표시한다.

```
$ tail -n 2 log_file
line19
Last line - line20
$
```

tail 명령에서 -f 매개변수는 정말 멋진 기능이다. 이 매개변수를 쓰면 다른 프로세스가 파일을 쓰고
있을 때에도 파일의 내용을 들여다 볼 수 있다. tail 명령은 활성 상태를 유지하고 텍스트 파일에 새
로운 줄이 추가되면 이러한 줄이 나타날 때마다 계속해서 표시한다. 이 기능은 실시간 모드에서 시
스템 로그 파일을 모니터링하는 좋은 방법이다.

head 명령 사용하기

head 명령이 어떤 일을 할지 예상할 수 있을 것이다. 이 명령은 파일의 처음 몇 줄(파일의 '머리')을
표시한다. 기본값으로는 텍스트의 첫 10줄을 표시한다.

```
$ head log_file
line1
line2
line3
line4
line5
Hello World - line 6
line7
line8
```

```
        line9
        line10
        $
```

tail 명령과 비슷하게 head 명령은 -n 매개변수를 지원함으로써 무엇을 표시할지 바꿀 수 있다. 두 명령 모두 단순히 대시에 숫자만 입력해서 몇 줄을 표시할지 설정할 수 있도록 지원한다.

```
    $ head -5 log_file
    line1
    line2
    line3
    line4
    line5
    $
```

보통 파일의 첫머리는 바뀌지 않으므로 head 명령은 tail 명령과 같은 -f 매개변수를 지원하지 않는다. head 명령은 파일의 시작 부분을 들여다보는 편리한 방법이다.

//////////
요약
\\\\\\\\\\\\

이 장에서는 쉘 프롬프트에서 할 수 있는 리눅스 파일시스템 작업의 기초를 다루었다 우리는 bash 쉘에 대한 논의로 시작해서 쉘과 상호작용하는 방법을 살펴보았다. 쉘 커맨드라인 인터페이스(CLI)는 명령을 입력받을 준비가 되었을 때 프롬프트 문자열을 사용한다.

쉘은 사용자가 파일을 생성하고 조작하기 위해서 사용할 수 있는 풍부한 유틸리티를 제공한다. 파일을 본격적으로 다루기 전에 리눅스가 파일을 어떻게 저장하는지 이해할 필요가 있다. 이 장에서는 리눅스 가상 디렉토리의 기본을 논의했으며 리눅스 저장매체 장치를 참조하는 방법을 살펴보았다. 리눅스 파일시스템을 설명한 후에는 cd 명령을 사용하여 가상 디렉토리를 탐색하는 과정을 알아보았다.

원하는 디렉토리에 도달하는 방법을 살펴본 후에는 ls 명령으로 파일 및 하위 디렉토리의 목록을 보는 방법을 설명했다. ls 명령의 출력을 원하는 대로 조절하기 위해서 여러 가지 매개변수도 사용해 보았다. ls 명령을 사용하여 파일 및 디렉토리에 대한 정보를 얻을 수 있다.

touch 명령은 빈 파일을 생성하거나 기존 파일의 접근 및 수정 시각을 변경하는 데 유용하다. 이 장에서는 한 위치에서 다른 위치로 기존의 파일을 복사하기 위해 cp 명령을 사용하는 방법을 논의했다. 별도의 복사본을 만들지 않고 같은 파일이 두 위치에 존재하도록 할 수 있는 손쉬운 방법을 제공하는 링크 과정도 알아보았다. ln 명령이 링크 기능을 제공한다.

다음으로 mv 명령을 사용하여 리눅스 파일의 이름을 바꾸는(옮기기) 법을 배웠고, rm 명령을 사용하여 파일을 삭제하는(제거) 방법을 살펴보았다. 이 장에서는 mkdir과 rmdir 명령을 사용하여 디렉토리에도 같은 작업을 할 수 있다는 것을 보여주었다.

이 장은 파일의 내용을 보는 방법을 살펴보는 것으로 마무리했다. cat, more, less 명령은 파일의 전체 내용을 보는 손쉬운 방법을 제공하는 반면 tail과 head 명령은 파일의 아주 작은 일부만을 살펴볼 때 아주 좋다.

다음 장에서는 bash 쉘 명령에 대한 이야기를 계속할 것이다. 리눅스 시스템에 대한 관리자들이 편리하게 쓸 수 있는 고급 관리자 명령을 살펴본다.

더 많은 bash 쉘 명령

이 장의 내용

제3장에서는 리눅스 파일시스템을 살펴보고 파일과 디렉토리 작업의 기초를 배웠다. 파일과 디렉토리 관리는 리눅스 쉘의 주요 기능이다. 하지만 스크립트 프로그래밍을 시작하기 전에 몇 가지 다른 것들을 살펴보아야 한다. 이 장에서는 커맨드라인 명령을 사용하여 리눅스 시스템 내부를 들여다보는 방법을 살펴봄으로써 리눅스 시스템 관리 명령을 깊이 있게 알아본다. 그 다음에는 시스템의 데이터 파일을 사용해서 작업할 때 사용될 수 있는 몇 가지 편리한 명령을 배운다.

프로그램 감시하기

리눅스 시스템 관리자에게 가장 힘든 일 가운데 하나는 시스템에서 무엇이 실행되고 있는지를 추적하는 것이다. 요즘처럼 그래픽 기반 데스크톱이 바탕화면 하나를 떠올 때에도 여러 개의 프로그램을 실행시켜야 하는 시대에는 더더욱 힘든 일이다. 언제나 시스템에서는 많은 프로그램들이 실행되고 있다.

일을 쉽게 만들어 주는 몇 가지 커맨드라인 도구들이 있다. 이 절에서는 리눅스 시스템에서 프로그램을 관리하기 위해 사용법을 알아 두어야 하는 기본적인 몇 가지 도구를 설명한다.

프로세스 엿보기

프로그램이 시스템에서 실행될 때 이를 프로세스라고 한다. 이러한 프로세스를 검사하려면 스위스 아미 나이프와도 같은 ps 명령에 익숙해질 필요가 있다. ps 명령은 시스템에서 실행되는 모든 프로그램에 대한 많은 정보를 보여준다.

다양한 기능은 이해하기가 꽤 복잡하다. 다시 말해 어마어마하게 많은 매개변수를 주렁주렁 달고 온다. ps는 아마도 제대로 배우기 가장 어려운 명령 중에 하나일 것이다. 대부분의 시스템 관리자는 자신들이 원하는 정보를 제공하는 일부 매개변수들을 찾고, 이들만 사용한다.

기본 ps 명령은 수많은 정보들을 모두 보여주지는 않는다.

```
$ ps
  PID TTY          TIME CMD
  3081 pts/0    00:00:00 bash
  3209 pts/0    00:00:00 ps
$
```

겨우 이것뿐인가 하고 어리둥절해 하지 말자. ps 명령은 현재 사용자에 속해 있으며 현재 터미널에서 실행시키고 있는 프로세스만을 보여준다. 이 경우 bash 쉘(쉘도 시스템에서 실행 중인 하나의 프로그램이라는 것을 잊지 말자)과 물론 ps 명령이 표시된다.

기본 출력은 프로그램의 프로세스 ID(PID), 실행된 터미널(TTY), 프로세스가 사용한 CPU 시간을 표시한다.

> **NOTE**
>
> ps 명령이 까다로운(명령을 아주 복잡하게 만드는) 이유는 두 가지 버전의 ps가 같이 나와 있기 때문이다. 두 가지 버전은 무엇이 어떻게 표시되는지를 제어하는 자기 식대로의 매개변수들을 각각 가지고 있다. 최근 리눅스 개발자들은 두 가지 ps 명령 형식을 단일한 ps 프로그램에 통합시켰다(물론 여기에 손질도 가했다).

리눅스 시스템에서 사용되는 GNU의 ps 명령은 세 가지 유형의 커맨드라인 매개변수를 지원한다.

- 대시가 앞에 붙는 유닉스 스타일 매개변수
- 대시가 앞에 붙지 않는 BSD 스타일 매개변수
- 이중 대시가 붙는 GNU의 긴 매개변수

다음 절에서는 세 가지 매개변수 유형을 살펴보고 이들을 사용하는 방법의 예를 보여줄 것이다.

유닉스 스타일 매개변수

유닉스 스타일 매개변수는 벨 연구소가 발명한 AT&T 유닉스 시스템에서 실행되던 원래의 ps 명령에서 유래했다. [표 4-1]은 이러한 매개변수를 보여준다.

표 4-1 ps 명령의 유닉스 매개변수

매개변수	설명
-A	모든 프로세스를 표시한다
-N	지정된 매개변수의 반대를 표시한다
-a	터미널이 없는 세션 헤더 및 프로세스를 제외한 모든 프로세스를 표시한다
-d	세션 헤더를 제외한 모든 프로세스를 표시한다
-e	모든 프로세스를 표시한다
-C cmslist	cmdlist 목록에 포함된 프로세스를 표시한다
-G grplist	grplist 목록에 포함된 그룹 ID를 가진 프로세스를 표시한다
-U userlist	userlist 목록에 포함된 사용자 ID가 소유한 프로세스를 표시한다
-g grplist	grplist에 포함된 세션 또는 그룹 ID에 따라 프로세스를 표시한다
-p pidlist	pidlist 목록에 포함된 PID를 가진 프로세스를 표시한다
-t ttylist	ttylist 목록에 포함된 터미널 ID를 가진 프로세스를 표시한다
-u userlist	userlist 목록에 포함된 실질적인 사용자 ID(userid)를 가진 프로세스를 표시한다
-F	추가 정보를 포함한 전체 출력을 사용한다
-O format	기본 열과 함께 format 목록에 있는 특정한 열만을 표시한다
-M	프로세스에 대한 보안 정보를 표시한다
-c	프로세스에 대한 추가 스케줄러 정보를 표시한다
-f	전체 형식으로 목록을 표시한다
-j	작업 정보를 보여준다
-l	긴 목록을 표시한다
-o format	format 목록에 있는 특정한 열을 표시한다
-y	프로세스 플래그 표시를 막는다
-Z	보안 컨텍스트 정보를 표시한다
-H	계층 형식으로 프로세스를 표시한다(부모 프로세스를 표시)
-n namelist	WCHAN 열에 표시할 값을 정의한다
-w	가로폭이 무제한으로 넓은 디스플레이를 위한 넓은 출력 형식을 사용한다
-L	프로세스 스레드를 표시한다
-V	ps의 버전을 표시한다

4

매개변수가 무척 많다. 게다가 이들 말고도 더 있다! ps 명령을 사용할 때의 핵심은 사용할 수 있는 매개변수를 모조리 외우는 게 아니다. 가장 쓸모 있는 것들만을 찾아내는 것이다. 대부분의 리눅스 시스템 관리자는 적절한 정보를 뽑아내기 위해 필요한 자기만의 매개변수 목록이 있다. 예를 들어 시스템에서 실행되고 있는 모든 것을 보기 위해서는 -ef 매개변수 조합을 사용한다(ps 명령은 이같이 매개변수를 결합해서 쓸 수 있다).

```
$ ps -ef
UID        PID  PPID  C STIME TTY          TIME CMD
root         1     0  0 11:29 ?        00:00:01 init [5]
root         2     0  0 11:29 ?        00:00:00 [kthreadd]
root         3     2  0 11:29 ?        00:00:00 [migration/0]
root         4     2  0 11:29 ?        00:00:00 [ksoftirqd/0]
root         5     2  0 11:29 ?        00:00:00 [watchdog/0]
root         6     2  0 11:29 ?        00:00:00 [events/0]
root         7     2  0 11:29 ?        00:00:00 [khelper]
root        47     2  0 11:29 ?        00:00:00 [kblockd/0]
root        48     2  0 11:29 ?        00:00:00 [kacpid]
68        2349     1  0 11:30 ?        00:00:00 hald
root      3078  1981  0 12:00 ?        00:00:00 sshd: rich [priv]
rich      3080  3078  0 12:00 ?        00:00:00 sshd: rich@pts/0
rich      3081  3080  0 12:00 pts/0    00:00:00 -bash
rich      4445  3081  3 13:48 pts/0    00:00:00 ps -ef
$
```

공간을 절약하기 위해 출력에서 몇 줄을 잘라냈지만 리눅스 시스템에서 많은 프로세스가 실행되고 있는 모습은 충분히 볼 수 있을 것이다. 이번 예에서는 두 개의 매개변수를 사용하고 있다. 시스템에서 실행되는 모든 프로세스를 표시하는 -e 매개변수 몇 가지 유용한 정보의 열을 표시하는 -f 매개변수다.

- UID : 프로세스 실행에 책임이 있는 사용자

- PID : 프로세스의 ID

- PPID : 부모 프로세스의 PID (다른 프로세스가 이 프로세스를 시작한 경우)

- C : 프로세스의 수명 동안 프로세서 사용률

- STIME : 프로세스가 시작되었을 때의 시스템 시각

- TTY : 프로세스를 시작한 터미널 장치

- TIME : 프로세스를 실행하기 위해 요구된 누적 CPU 시간

- CMD : 시작된 프로그램의 이름

상당한 양의 정보가 표시되며 이는 많은 시스템 관리자가 보고 싶어 하는 정보들이다. 더 많은 정보를 보려면 -l 매개변수로 긴 출력 형식을 생성할 수도 있다.

```
$ ps -l
F S  UID PID  PPID  C PRI  NI ADDR SZ WCHAN TTY      TIME     CMD
0 S  500 3081 3080  0 80   0  -  1173 wait pts/0   00:00:00 bash
0 R  500 4463 3081  1 80   0  -  1116 -    pts/0   00:00:00 ps
$
```

-l 매개변수를 사용할 때 보이는 추가 열에 주목하자.

- F : 커널이 프로세스에 할당한 시스템 플래그

- S : 프로세스의 상태(O = 프로세서에서 실행, S = 휴면, R = 실행 가능하며 실행 대기, Z = 좀비, 프로세스는 종료되었지만 부모 프로세스가 완료시키지 않은 상태, T = 중지된 프로세스)

- PRI : 프로세스의 우선순위 (숫자가 높을수록 낮은 우선순위)

- NI : 나이스 값, 우선순위를 결정하는데 이용됨

- ADDR : 프로세스의 메모리 주소

- SZ : 프로세스가 스왑 아웃될 때 필요한 스왑 공간의 대략적인 양

- WCHAN : 프로세스가 휴면 상태가 될 때 커널 함수의 주소

BSD 스타일의 매개변수

유닉스 스타일 매개변수를 보았으므로, 이제 BSD 스타일의 매개변수를 살펴보자. 버클리 소프트웨어 배포판(BSD)은 유닉스 버전의 일종으로 캘리포니아 버클리대학교에서 개발되었다. AT&T 유닉스 시스템과는 미묘한 차이가 많아 오랫동안 수많은 유닉스 전쟁을 촉발시켰다. [표 4-2]는 BSD 버전의 ps 명령 매개변수 목록이다.

표 4-2 ps 명령의 BSD 매개변수

매개변수	설명
T	이 터미널과 관련된 모든 프로세스를 표시한다
a	모든 터미널과 관련된 모든 프로세스를 표시한다
g	세션 헤더를 포함한 모든 프로세스를 표시한다
r	실행 중인 프로세스만 표시한다
x	할당된 터미널 장치가 없는 것을 포함한 모든 프로세스를 표시한다
U *userlist*	userlist 목록에 포함된 사용자 ID가 소유한 프로세스를 표시한다
p *pidlist*	pidlist 목록에 포함된 PID가 있는 프로세스를 표시한다
t *ttylist*	ttylist 목록에 포함된 터미널 ID를 가진 프로세스를 표시한다

O *format*	기본 열과 함께 format 목록에 있는 특정한 열을 표시한다
X	레지스터 형식으로 데이터를 표시한다
Z	출력에 보안 정보를 포함한다
j	작업 정보를 보여준다
l	긴 형식을 사용한다
o *format*	format 목록에 있는 특정한 열만을 표시한다
s	시그널 형식을 사용한다
u	사용자 지향 형식을 사용한다
v	가상 메모리 형식을 사용한다
n *namelist*	WCHAN 열에 표시할 값을 정의한다
O *order*	정보 열을 표시할 순서를 정의한다
S	부모 프로세스에 속한 자식 프로세스에 대하여 CPU 및 메모리 사용량과 같은 수치 정보를 합산한다
c	진짜 명령 이름(프로세스를 시작하기 위해 사용된 프로그램의 이름)을 표시한다
e	명령이 사용하는 환경 변수를 표시한다
f	어떤 프로세스가 어떤 프로세스를 시행시켰는지 보여주는 계층 형식으로 프로세스를 표시한다
h	헤더 정보 표시를 막는다
k *sort*	출력 정렬에 쓰이는 열을 정의한다
n	사용자 및 그룹 ID를 위한 수치 정보를 WCHAN 정보와 함께 표시한다
w	폭이 넓은 터미널을 위해 넓은 형식으로 출력한다
H	스레드를 프로세스인 것처럼 표시한다
m	스레드를 소속된 프로세스 다음에 표시한다
L	모든 형식 지정자를 출력한다
V	ps의 버전을 표시한다

유닉스와 BSD 유형의 매개변수는 겹치는 게 많다는 것을 알 수 있다. 한쪽 유형에서 얻을 수 있는 정보 대부분은 다른 유형에서도 얻을 수 있다. 대부분은 좀 더 편하게 느껴지는지에 따라서(리눅스 이전에 BSD를 써 왔다면) 매개변수 유형을 선택한다.

BSD 스타일의 매개변수를 사용하는 경우 ps 명령은 자동으로 BSD 형식을 시뮬레이션할 수 있도록 출력을 변경한다. l 매개변수를 사용한 예를 살펴보자.

```
$ ps l
 F  UID   PID PPID PRI  NI  VSZ  RSS WCHAN  STAT TTY       TIME COMMAND
```

```
0   500  3081  3080   20    0  4692  1432  wait   Ss    pts/0    0:00  -bash
0   500  5104  3081   20    0  4468  844   -      R+    pts/0    0:00  ps l
$
```

대부분의 출력 열은 유닉스 스타일 매개변수를 썼을 때와 같지만 다음과 같은 열은 다른 부분도 있다는 점에 유의하자.

- VSZ : 메모리에 있는 프로세스의 크기(KB)

- RSS : 스왑되지 않은 프로세스가 사용하는 물리적 메모리

- STAT : 현재 프로세스의 상태를 나타내는, 두 개의 문자로 이루어진 상태 코드

많은 시스템 관리자가 BSD 스타일의 l 매개변수를 좋아한다. 프로세스에 대한 더욱 자세한 상태 코드(STAT 열)를 보여주기 때문이다. 두 개의 문자로 이루어진 코드는 프로세스에 정확하게 어떤 일이 일어나고 있는지를 유닉스 스타일의 한 개 문자 코드보다 더욱 자세하게 정의한다.

첫 번째 문자는 유닉스 스타일의 S 출력 열과 동일한 값을 쓰며 프로세스가 휴면 상태인지, 실행 상태인지, 대기 상태인지를 보여준다. 두 번째 문자는 프로세스의 상태를 더욱 자세하게 정의한다.

- 〈 : 높은 우선순위로 실행되는 프로세스

- N : 낮은 우선순위로 실행되는 프로세스

- L : 메모리에 잠긴 페이지가 있는 프로세스

- S : 세션 리더 프로세스

- L : 멀티스레드 프로세스

- + : 포그라운드에서 실행되는 프로세스

앞의 예제에서는 bash 명령이 휴면 상태라는 것을 볼 수 있었다. 이 프로세스는 세션 리더이며(곧 내 세션의 메인 프로세스), ps 명령은 시스템에서 포그라운드로 실행되고 있었다.

GNU 형식의 긴 매개변수

두 유형의 매개변수를 통합하면서 GNU 개발자는 몇 가지 더 많은 옵션을 추가하여 ps 명령을 더욱 새롭고 더욱 발전된 방향으로 손질했다. GNU의 긴 매개변수 가운데 일부는 기존 UNIX 또는 BSD 스타일의 매개변수를 그대로 가져다 썼지만 일부는 새로운 기능을 제공한다. [표 4-3]은 사용할 수 있는 GNU 형식 긴 매개변수의 목록이다.

표 4-3 ps 명령의 GNU 매개변수

매개변수	설명
--deselect	커맨드라인에 나열된 프로세스를 제외한 모든 프로세스를 표시한다
--Group *grplist*	grplist목록에 포함된 그룹 ID를 가진 프로세스를 표시한다
-User *userlist*	userlist목록에 포함된 사용자 ID를 가진 프로세스를 표시한다
--group *grplist*	실질적인 그룹 ID가 grplist 목록에 포함되어 있는 프로세스를 표시한다
--pid *pidlist*	pidlist 목록에 포함된 PID를 가진 프로세스를 표시한다
--ppid *pidlist*	부모 프로세스가 pidlist 목록에 포함된 PID인 프로세스를 표시한다
--sid *sidlist*	sidlist목록에 포함되어 세션 ID를 가진 프로세스를 표시한다
--tty *ttylist*	터미널 장치 ID가 ttylist 목록에 포함된 프로세스를 표시한다
--user *userlist*	실질적인 사용자 ID가 userlist 목록에 포함되어 있는 프로세스를 표시한다
--format *format*	format 목록에 있는 특정한 열만을 표시한다
--context	추가 보안 정보를 표시한다
--cols n	화면의 폭을 n열 크기로 설정한다
--columns n	화면의 폭을 n열 크기로 설정한다
--cumulative	중지된 자식 프로세스의 정보를 포함한다
--forest	부모 프로세스를 표시하는 계층 형식으로 프로세스를 표시한다
--headers	출력의 각 페이지에 열의 제목을 반복한다
--no-headers	열의 제목을 출력하지 않는다
--lines n	화면의 높이를 n줄 크기로 설정한다
--rows n	화면의 높이를 n행 크기로 설정한다
--sort *order*	출력 정렬에 쓰이는 열을 정의한다
--width n	화면의 폭을 n열 크기로 설정한다
--help	도움말 정보를 표시한다
--info	디버깅 정보를 표시한다
--version	ps 프로그램의 버전을 표시한다

출력을 나에게 제대로 맞게 바꾸기 위해 유닉스 혹은 BSD 스타일의 매개변수를 GNU의 긴 매개변수와 함께 쓸 수도 있다. GNU 형식의 긴 매개변수의 멋진 기능 중 하나는 --forest 매개변수다. 이 옵션은 프로세스 정보를 계층 형식으로 표시하지만 ASCII 문자를 사용하여 예쁘게 차트를 그려준다.

```
 1981 ?          00:00:00 sshd
 3078 ?          00:00:00  \_ sshd
 3080 ?          00:00:00      \_ sshd
 3081 pts/0      00:00:00          \_ bash
16676 pts/0      00:00:00              \_ ps
```

이 형식은 부모와 자식 프로세스를 손쉽게 추적할 수 있도록 만들어 준다!

실시간 프로세스 모니터링

ps 명령은 시스템에서 실행 중인 프로세스에 대한 정보를 수집하기에는 매우 좋지만 한 가지 단점이 있다. ps 명령은 특정 시점에 대한 정보만을 표시할 수 있다. 메모리 스왑이 자주 일어나는 프로세스를 찾으려면 ps 명령으로는 어렵다. 대신 top 명령이 이 문제를 해결해 줄 수 있다. top 명령은 ps 명령과 비슷하게 정보를 표시하지만 이 명령은 실시간 모드로 동작한다.

그림 4-1

top 명령이 실행되고 있을 때의 출력

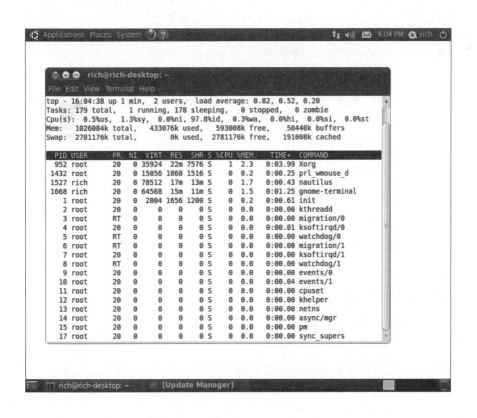

119

[그림 4-1]은 실행되고 있는 top 명령의 화면이다. 출력의 첫 번째 부분은 총괄적인 시스템 정보를 보여준다. 첫 번째 줄은 현재 시각, 시스템이 얼마나 오래 동작되었는지, 로그인한 사용자의 수, 시스템의 평균 부하를 나타낸다.

평균 부하는 세 가지 수치, 1분, 5분, 15분 평균 부하로 표시된다. 수치가 높을수록 시스템은 더 많은 부하가 생긴다. 프로세스 활동이 잠깐 급증한다고 해서 1분 부하 값이 높아지는 것은 흔히 있는 일이 아니다. 15분 부하값이 높으면 시스템이 문제를 일으킬 수 있다.

> **NOTE**
> 리눅스 시스템 관리의 비결은 바로 높은 부하 평균값이 무엇인지를 정의하는 것이다. 이 값은 보통 시스템에서 실행되고 있는 작업 및 하드웨어 구성에 따라 달라진다. 어떤 작업은 어떤 시스템에서는 높지만 다른 시스템에서는 정상일 수도 있다. 보통 평균 부하가 2를 넘는 수치로 시작하면 시스템이 무척 바쁘다는 뜻이다.

두 번째 줄은 전반적인 프로세스 정보(top에서는 task 라고 한다)를 보여준다. 얼마나 많은 프로세스가 실행 중인지, 휴면 상태인지, 좀비(완료되었으나 그 부모 프로세스가 이에 응답하지 않은 프로세스)인지를 보여준다.

다음 줄은 전반적인 CPU 정보를 보여준다. top은 프로세스의 소유주(사용자인지 시스템 프로세스인지) 프로세스의 상태(실행, 쉼, 또는 대기)에 따라 여러 범주로 CPU 사용률을 나누어 표시한다.

다음 두 줄은 시스템 메모리의 자세한 상태다. 첫 번째 줄은 시스템에 있는 물리적 메모리의 상태, 얼마나 많은 메모리가 있는지, 현재 메모리 사용량과 남은 용량을 보여준다. 두 번째 줄은 시스템 안에 있는 스왑 메모리(설치되어 있다면)에 대한 상태를 첫 줄과 같은 유형의 정보로 보여준다.

그 다음 부분은 현재 실행되는 프로세스의 자세한 목록을 보여주며, 몇몇 정보 열은 ps 명령의 출력에서 보았으므로 낯이 익을 것이다.

- PID : 프로세스의 프로세스 ID
- USER : 프로세스 소유자의 사용자 이름
- PR : 프로세스의 우선순위
- NI : 프로세스의 nice 값
- VIRT : 프로세스가 사용하는 가상 메모리의 총량
- RES : 프로세스가 사용하는 물리적 메모리의 양
- SHR : 다른 프로세스와 공유하는 메모리의 양
- S : 프로세스 상태(D = 깨울 수 있는 휴면, R = 실행, S = 휴면, T = 추적 또는 중지, Z = 좀비)
- %CPU : 프로세스가 사용하는 CPU 시간의 비율
- %MEM : 프로세스가 사용하는 사용 가능한 물리적 메모리의 비율
- TIME+ : 프로세스가 시작될 때부터 사용한 총 CPU 시간

■ COMMAND : (프로그램이 실행될 때) 프로세스의 커맨드라인 이름

top을 실행시킬 때에는 기본적으로 %CPU 값을 기준으로 프로세스를 정렬한다. top이 실행되는 동안 여러 가지 대화형 명령 가운데 하나를 써서 정렬 방법을 바꿀 수 있다. 각각의 대화형 명령은 한 글자로 되어 있어서 top이 실행되는 동안 누르면 프로그램의 동작을 바꿀 수 있다. f를 누르면 출력을 정렬하는 데 사용할 필드를 사용자가 선택할 수 있으며, d를 누르면 내용을 새로 고치는 간격을 바꿀 수 있다. q를 누르면 top 표시가 종료된다.

top 명령의 출력을 제어할 수 있는 명령이 많다. 이 도구를 잘 사용하면 시스템을 많이 차지하는 문제 있는 프로세스를 찾아낼 수 있다. 물론 이런 프로세스를 찾아냈다면 그 다음에 할 일은 이를 중단시키는 것이다. 이것이 바로 다음 주제다.

프로세스를 중단시키기

시스템 관리자가 되려면 언제, 어떻게 프로세스를 중단시킬지 꼭 알아야 한다. 프로세스는 연결이 끊어질 수 있으며 다시 연결시키거나 중단시켜서 문제를 풀어야 한다. 어떤 경우에는 한 프로세스가 CPU를 독점하고 돌려주려 하지 않을 때도 있다. 어떤 경우든 프로세스를 제어할 수 있는 명령이 필요하다. 리눅스는 프로세스 간 통신을 위한 유닉스의 방법을 따른다.

리눅스에서 프로세스는 신호로 서로 통신한다. 프로세스 신호는 프로세스가 인식할 수 있는 미리 정의된 메시지로 프로세스는 이를 무시하거나 처리할 수 있다. 개발자는 프로세스가 신호를 처리하는 방법을 프로그래밍 한다. 잘 작성된 대부분의 애플리케이션은 표준 유닉스 프로세스 신호를 받고 그에 대응하는 능력이 있다. [표 4-4]에 프로세스 신호를 소개한다.

표 4-4   리눅스 프로세스 신호

신호	이름	설명
1	HUP	연결이 끊어짐
2	INT	인터럽트
3	QUIT	실행 중지
9	KILL	무조건 종료
11	SEGV	세그먼트 위반을 생성
15	TERM	가능하면 종료
17	STOP	무조건 중지하지만 종료되지는 않음
18	TSTP	중지하거나 일시 정지하지만 백그라운드에서 계속 실행
19	CONT	STOP 또는 TSTP 후 실행 재개

4

리눅스에서 사용할 수 있는 두 가지의 명령으로 실행 중인 프로세스에 신호를 보낼 수 있다.

kill 명령

kill 명령은 프로세스 ID(PID)를 기반으로 프로세스에 신호를 보낼 수 있다. 기본적으로 kill 명령은 명령 행에 나열된 모든 PID에 TERM 신호를 보낸다. 명령의 이름이 아닌 PID만을 쓸 수 있으며 그 때문에 때로는 kill 명령을 어렵게 만든다.

프로세스 신호를 보내려면 나 자신이 그 프로세스의 소유자이거나 루트 사용자로 로그인해야 한다.

```
$ kill 3940
-bash: kill: (3940) - Operation not permitted
$
```

TERM 신호는 프로세스에게 실행을 중지하라고 친절하게 알려준다. 폭주하는 프로세스가 있다면 이러한 요청이 무시될 수도 있다. 좀 더 강력한 방법으로는 -s 매개변수로 다른 신호를 지정할 수 있다(신호의 이름 또는 번호를 쓸 수 있다).

다음 예에서 볼 수 있듯이 kill 명령은 아무런 출력도 내지 않는다.

```
# kill -s HUP 3940
#
```

명령이 효과가 있는지 확인하려면 ps나 top 명령을 다시 실행시켜서 문제가 있는 프로세스가 중지되었는지 확인해야 한다.

killall 명령

killall 명령은 PID 번호가 아닌 이름으로 프로세스를 중지키는 강력한 방법이다. killall 명령은 와일드카드 문자도 쓸 수 있으며 시스템이 엉망이 되었을 때 쓸 수 있는 아주 유용한 도구다.

```
# killall http*
#
```

이 예제는 아파치 웹 서버의 httpd 서비스와 같이 http로 시작하는 모든 프로세스를 죽인다.

> **CAUTION**
> 루트 사용자로 로그인했을 때 killall 명령을 매우 주의해서 사용해야 한다. 와일드카드 문자를 잘못 사용하면 중요한 시스템 프로세스를 중지시킬 수 있다. 이는 파일시스템 손상으로 이어진다.

디스크 공간 모니터링

시스템 관리자의 중요한 과제는 시스템의 디스크 사용량을 추적하는 것이다. 단순한 리눅스 데스크 톱이든 대형 리눅스 서버를 실행하든, 애플리케이션이 쓸 수 있는 공간이 얼마나 많은지를 알아야 있다.

일부 커맨드라인 명령은 리눅스 시스템의 미디어 환경을 관리하는 데 도움을 준다. 이 절에서는 시스템 관리자의 업무를 할 때 꼭 필요한 명령들을 설명한다.

미디어 마운트

제3장에서 설명한 바와 같이 리눅스 파일시스템은 하나의 가상 디렉토리에 모든 미디어 디스크를 결합한다. 시스템에 새로운 미디어 디스크를 사용하려면 먼저 이를 가상 디렉토리에 배치해야 한다. 이 작업을 마운트라고 한다.

대부분 리눅스 배포판은 특정한 유형의 이동식 미디어를 자동으로 마운트할 수 있는 기능을 제공한다. 이동식 미디어 장치는 CD-ROM이나 USB 메모리 스틱처럼 손쉽게 PC에서 제거할 수 있는 매체다.

이동식 미디어를 자동으로 마운트하고 언마운트하지 않는 배포판을 사용하고 있다면 이 작업을 직접 해야 한다. 이 절에서는 이동식 미디어 장치를 관리하는 데 도움이 될 리눅스 커맨드라인 명령을 설명한다.

mount 명령

미디어를 마운트하는 데 사용되는 명령은(mt 같은 약자가 아니라 : 역자 주) mount라고 한다. 기본적으로 mount 명령은 현재 시스템에 마운트 된 미디어 장치의 목록을 표시한다.

```
$ mount
/dev/mapper/VolGroup00-LogVol00 on / type ext3 (rw)
proc on /proc type proc (rw)
sysfs on /sys type sysfs (rw)
devpts on /dev/pts type devpts (rw,gid=5,mode=620)
/dev/sda1 on /boot type ext3 (rw)
tmpfs on /dev/shm type tmpfs (rw)
none on /proc/sys/fs/binfmt_misc type binfmt_misc (rw)
sunrpc on /var/lib/nfs/rpc_pipefs type rpc_pipefs (rw)
/dev/sdb1 on /media/disk type vfat
(rw,nosuid,nodev,uhelper=hal,shortname=lower,uid=503)
$
```

4

mount 명령은 네 가지 정보를 제공한다.

- 미디어의 장치 파일 이름
- 미디어가 마운트 된 가상 디렉토리의 마운트 지점
- 파일시스템 유형
- 마운트 된 미디어의 액세스 상태

앞의 예에서 마지막 항목은 GNOME 데스크톱이 /media/disk 마운트 지점에 자동으로 마운트 시킨 USB 메모리 스틱이다. vfat 파일시스템 유형은 이 메모리 스틱이 마이크로소프트 윈도우 PC에서 포맷되었다는 것을 뜻한다.

수동으로 가상 디렉토리에 미디어 장치를 마운트하려면 루트 사용자로 로그인하거나 루트 사용자로 명령을 실행할 수 있는 sudo라는 명령을 사용해야 한다. 다음은 수동으로 미디어 장치를 마운트하기 위한 기본 명령이다.

```
mount -t type device directory
```

type 매개변수는 디스크를 포맷할 때 사용한 파일시스템 유형을 정의한다. 리눅스는 수많은 종류의 파일시스템 유형을 인식한다. 윈도우 PC와 이동식 미디어 장치를 공유하면, 다음과 같은 유형을 쓰게 될 가능성이 높다.

- vfat: 윈도우의 긴 파일시스템
- ntfs: 윈도우 NT, XP 및 Vista, 7, 10에서 사용되는 윈도우 고급 파일시스템
- iso9660 : 표준 CD-ROM 파일시스템

대부분의 USB 메모리 스틱과 외장 하드디스크는 vfat 파일시스템을 사용하여 포맷된다. 데이터 CD를 마운트해야 한다면 iso9660 파일시스템 유형을 사용해야 한다.

다음 두 매개변수는 미디어 장치에 대한 장치 파일의 위치, 마운트 지점의 가상 디렉토리 위치를 정의한다. device /dev/sdb1에 있는 USB 메모리 스틱을 수동으로 /media/disk 위치에 마운트 하려면 다음 명령을 사용한다.

```
mount -t vfat /dev/sdb1 /media/disk
```

미디어 장치가 가상 디렉토리에 장착된 후, 루트 사용자는 장치에 대한 완전한 액세스 권한이 있지만 다른 사용자의 액세스는 제한된다. 디렉토리 권한으로 장치에 대한 액세스 권한이 있는 사용자를 제어할 수 있다. (제7장에서 설명한다)

mount 명령의 좀 더 독특한 기능이 필요하면 [표 4-5]의 매개변수를 참조하라.

표 4-5   mount 명령의 매개변수

매개변수	설명
-a	/etc/fstab 파일에 지정된 모든 파일시스템을 마운트한다
-f	장치의 마운트를 시뮬레이션하기 위해 mount 명령을 실행하지만 실제로 마운트 하지는 않는다
-F	-a 매개변수와 함께 사용하면 모든 파일시스템을 동시에 마운트한다
-v	장치를 마운트하기 위해 필요한 모든 단계를 설명한다. 자세한 정보 표시 모드(verbose mode)를 뜻한다
-I	/sbin/mount.filesystem에 있는 어떤 파일시스템 헬퍼 파일도 사용하지 않도록 지시한다
-l	ext2, ext3, 또는 XFS 파일시스템에 대해 자동으로 파일시스템 레이블을 추가한다
-n	/etc/mstab 마운트된 장치 파일에 등록하지 않고 장치를 마운트한다
-p	num 암호화된 마운트를 위하여 파일 디스크립터 num으로부터 패스프레이즈를 읽어들인다
-s	파일시스템에서 지원하지 않는 마운트 옵션은 무시한다
-r	읽기 전용으로 장치를 마운트한다
-w	읽기-쓰기로 장치를 마운트한다(기본값)
-L label	지정된 레이블로 장치를 마운트한다
-U uuid	지정된 uuid로 장치를 마운트한다
-O	-a 매개변수와 함께 사용하면, 적용되는 파일시스템의 세트를 제한한다
-o	파일시스템에 특정 옵션을 추가한다

옵션은 쉼표로 구분된 추가 옵션 목록에 따라 파일시스템을 마운트할 수 있다. 널리 쓰이는 옵션은 다음과 같다.

- RO : 읽기 전용으로 마운트함
- RW : 읽기-쓰기로 마운트함
- user : 일반 사용자가 파일시스템을 마운트 가능
- check=none : 무결성 검사를 수행하지 않고 파일시스템을 마운트함
- loop : 하나의 파일을 마운트함

unmount 명령

이동식 미디어 장치를 제거하려면 시스템에서만 제거해서는 안 되고 언마운트부터 해야 한다.

> **TIP**
> 리눅스는 마운트된 CD를 꺼낼 수 없도록 한다. 드라이브에서 CD를 제거하는 데 문제가 있다면 십중팔구 CD가 아직 가상 디렉토리에 마운트 되어 있기 때문일 것이다. 먼저 언마운트부터 하고 CD를 꺼내 보자.

장치를 언마운트하는 데 사용되는 명령은 umount다(이 명령에는 u 다음에 n이 없기 때문에 혼동하기 쉽다). umount 명령의 형식은 매우 간단하다.

```
umount [directory | device]
```

umount 명령은 장치의 위치나 마운트된 디렉토리 이름 가운데 하나로 미디어 장치를 정의할 수 있다. 어떤 프로그램이든 장치에 있는 파일을 열어 놓은 상태라면 시스템은 그 장치의 언마운트를 허용하지 않는다.

```
[root@testbox mnt]# umount /home/rich/mnt
umount: /home/rich/mnt: device is busy
umount: /home/rich/mnt: device is busy
[root@testbox mnt]# cd /home/rich
[root@testbox rich]# umount /home/rich/mnt
[root@testbox rich]# ls -l mnt
total 0
[root@testbox rich]#
```

이 예제에서 명령 프롬프트는 파일시스템 구조 안에 있는 디렉토리에 있기 때문에 umount 명령은 이미지 파일을 언마운트하지 못한다. 명령 프롬프트를 이미지 파일의 파일시스템 바깥으로 옮기고 나서야 umount 명령이 성공적으로 이미지 파일을 언마운트한다.

df 명령 사용하기

각각의 장치에 얼마나 많은 디스크 공간이 있는지를 볼 필요가 있다. df 명령으로 마운트된 모든 디스크의 상황을 쉽게 볼 수 있다.

```
$ df
Filesystem          1K-blocks     Used Available Use% Mounted on
/dev/sda2            18251068  7703964   9605024  45% /
/dev/sda1              101086    18680     77187  20% /boot
tmpfs                 119536        0    119536   0% /dev/shm
/dev/sdb1             127462   113892     13570  90% /media/disk
$
```

df 명령은 데이터를 포함하고 있는 마운트된 파일시스템 각각을 보여준다. 앞에서 mount 명령에서 보았듯이 몇몇 마운트된 장치는 내부 시스템을 위해 사용된다. df 명령은 다음을 표시한다.

- 장치의 위치

- 데이터를 저장할 수 있는 1024 바이트 블록의 양

- 사용된 1024 바이트 블록의 양

- 사용할 수 있는 1024 바이트 블록의 양

- 사용된 공간의 백분율

- 장치가 마운트 된 마운트 포인트

df 명령과 함께 몇 가지 커맨드라인 매개변수를 쓸 수 있지만 대부분은 쓸 일이 없을 것이다. 인기 있는 한 가지 매개변수는 -h로 이는 디스크 공간을 사람이 이해할 수 있는 형태로 보여준다. 보통은 메가바이트를 뜻하는 M 또는 기가바이트를 뜻하는 G 단위로 보여준다.

```
$ df -h
Filesystem          Size  Used Avail Use% Mounted on
/dev/sdb2            18G  7.4G  9.2G  45% /
/dev/sda1            99M   19M   76M  20% /boot
tmpfs               117M     0  117M   0% /dev/shm
/dev/sdb1           125M  112M   14M  90% /media/disk
$
```

헷갈리는 블록 수 대신 모든 디스크 크기를 '통상' 쓰는 단위로 해석해서 보여준다. df 명령은 시스템에 디스크 공간 문제가 생겨서 이를 해결해야 할 때 무척 유용하다.

> **NOTE**
> 리눅스 시스템은 파일을 처리하기 위해 백그라운드에서 실행 중인 프로세스를 항상 갖고 있다는 점에 유의하자. df 명령의 출력 결과는 그 시점에서 리눅스 시스템이 생각하는 현재 값을 반영한다. 파일을 만들거나 지웠지만 아직 파일을 잠금 해제하지 않은 프로세스가 있을지도 모른다. 이와 관련된 값은 여유 공간 계산에 포함되지 않는다.

du 명령 사용하기

df 명령을 사용하면 디스크 공간이 부족할 때 그 상황을 쉽게 볼 수 있다. 시스템 관리자의 다음 문제는 그렇다면 어떻게 할 것인가다.

도움이 될 만한 또 다른 명령은 du 명령이다. du 명령은 특정 디렉토리(기본값은 현재 디렉토리)의 디스크 사용량을 보여준다. 이를 통해 시스템에 디스크 용량을 잡아먹는 어떤 특정한 부분이 있는지 빠르게 파악할 수 있다.

du 명령은 현재 디렉토리에 있는 모든 파일, 디렉토리 및 하위 디렉토리를 표시하고 각각의 파일이나 디렉토리가 얼마나 많은 디스크 블록을 차지하고 있는지를 보여준다. 일반적인 규모의 디렉토리라면 꽤나 긴 목록이 나올 것이다. 아래는 du 명령을 사용했을 때 나오는 목록의 일부다.

```
$ du
484     ./.gstreamer-0.10
8       ./Templates
8       ./Download
```

```
8         ./.ccache/7/0
24        ./.ccache/7
368       ./.ccache/a/d
384       ./.ccache/a
424       ./.ccache
8         ./Public:
8         ./.gphpedit/plugins
32        ./.gphpedit
72        ./.gconfd
128       ./.nautilus/metafiles
384       ./.nautilus
72        ./.bittorrent/data/metainfo
20        ./.bittorrent/data/resume
144       ./.bittorrent/data
152       ./.bittorrent
8         ./Videos
8         ./Music
16        ./.config/gtk-2.0
40        ./.config
8         ./Documents
```

각 줄의 왼쪽에 있는 숫자는 각 파일이나 디렉토리가 차지하고 있는 디스크 블록의 수다.

목록은 디렉토리의 끝에서 시작하여 디렉토리 안에 포함되어 있는 파일과 하위 디렉토리로 거슬러 올라간다는 점에 유의하자.

du 명령은 그 자체로는 별 쓸모가 없을 수도 있다. 개별 파일 및 디렉토리가 차지하는 디스크 공간을 볼 수 있다는 것은 좋은 일이지만 찾아내고자 하는 것을 발견하기 전에 몇 페이지씩을 넘겨야 한다면 별 의미가 없을 수도 있다.

일을 좀 더 쉽게 만들기 위해 du 명령과 함께 몇 가지 커맨드라인 매개변수를 사용할 수 있다.

- -c : 나열된 모든 파일의 총계를 출력
- -h : 사람이 이해 가능한 형태로 크기를 출력(K : 킬로바이트, M : 메가바이트, G : 기가바이트)
- -s : 각 인수를 요약

시스템 관리자를 위한 다음 단계는 대량의 데이터를 조작하기 위한 몇 가지 파일 처리 명령들을 사용하는 것이다. 다음 절에서는 바로 이 부분을 다룬다.

/////////////////////////////////////

데이터 파일 작업

/////////////////////////////////////

데이터의 양이 많다면 정보를 다루고 이를 쓸모있게 만드는 일은 꽤 어렵다. 앞에서 살펴본 du 명령처럼 시스템 명령으로 작업할 때에도 지나치게 많은 데이터를 받게 될 때가 있다.

리눅스 시스템에 많은 양의 데이터를 관리하는 데 도움이 되는 커맨드라인 도구가 있다. 이 절에서는 시스템 관리자는 물론 일상에서 리눅스를 쓰는 사용자들까지도 일을 쉽게 하려면 꼭 사용법을 알아야 하는 기본 명령들을 다룬다.

데이터 정렬

sort 명령은 많은 양의 데이터를 다룰 때에 편리한 기능이다. sort 명령의 기능은 말 그대로 데이터를 정렬(sort)한다.

기본적으로 sort 명령은 세션의 기본값으로 지정된 언어의 표준 정렬 규칙을 사용해서 텍스트 파일 안에 있는 데이터 줄을 정렬한다.

```
$ cat file1
one
two
three
four
five
$ sort file1
five
four
one
three
two
$
```

간단하긴 하지만 일이라는 게 늘 보기만큼 쉬운 것은 아니다. 다음 예제를 보자.

```
$ cat file2
1
2
100
45
3
10
145
75
$ sort file2
```

```
1
10
100
145
2
3
45
75
$
```

숫자의 크기순으로 숫자를 정렬해줄 것이라고 기대했다면 결과를 보고 실망할 것이다. sort 명령은 숫자를 문자로 해석하고 표준 문자 정렬을 수행하기 때문에 결과가 원하는 대로 나오지 않기도 한다. 문제를 해결하기 위해서는 -n 매개변수를 사용한다. 이 매개변수는 sort 명령이 숫자를 문자가 아닌 숫자로 인식하고 숫자값을 기반으로 정렬을 수행하도록 지시한다.

```
$ sort -n file2
1
2
3
10
45
75
100
145
$
```

자, 결과가 훨씬 낫다! 널리 쓰이는 또 다른 매개변수는 -M로 월을 정렬한다. 리눅스 로그 파일은 이벤트가 발생했을 때 줄의 시작 부분에 타임스탬프를 표시한다.

```
Sep 13 07:10:09 testbox smartd[2718]: Device: /dev/sda, opened
```

타임스탬프 날짜를 사용하는 파일을 기본 정렬로 정렬하면 다음과 같은 결과를 얻는다.

```
$ sort file3
Apr
Aug
Dec
Feb
Jan
Jul
Jun
Mar
May
```

```
Nov
Oct
Sep
$
```

원하는 결과와 정확히 맞아 떨어지지 않는다. -M 매개변수를 사용하면 sort 명령은 세 글자로 된 월의 명칭을 인식하고 적절하게 정렬한다.

```
$ sort -M file3
Jan
Feb
Mar
Apr
May
Jun
Jul
Aug
Sep
Oct
Nov
Dec
$
```

[표 4-6]은 sort 명령에서 쓸 수 있는 그밖에 편리한 매개변수를 보여준다.

표 4-6   sort 명령의 매개변수

단일 대시	더블 대시	설명
-b	--ignore-leading-blanks	정렬할 때 줄 처음에 오는 공백은 무시한다
-C	--check = quiet	정렬은 하지 않으며 데이터가 정렬되어 있지 않는지 보고하지 않는다
-c	--check	정렬은 하지 않지만 입력 데이터가 이미 정렬되어 있는지 검사하고 정렬되어 있지 않으면 보고한다
-d	--dictionary-order	빈 칸과 알파벳 및 숫자만 감안한다. 특수문자는 신경 쓰지 않는다
-f	--ignore-case	기본값은 정렬 순서는 대문자가 먼저다. 이 매개변수를 주면 대소문자 구별을 하지 않는다
-g	--general-numeric-sort	정렬을 위해서 일반적인 숫자값을 사용한다
-i	--ignore-nonprinting	출력될 수 없는 문자는 정렬할 때 무시한다
-k	--key = POS1[,POS2]	POS1로 지정한 위치를 기반으로 정렬하며 POS2가 지정되어 있다면 그 위치에서 끝낸다

-M	--month-sort	세 글자로 된 월 이름을 써서 월 순서로 정렬한다.
-m	--merge	이미 정렬된 두 개의 데이터 파일을 병합한다.
-n	--numeric-sort	숫자값으로 정렬한다.
-o	--output = *file*	결과를 지정된 파일에 쓴다.
-R	--random-sort	해시 키 값으로 무작위 정렬한다.
	--random-source = *FILE*	-R 매개변수가 쓸 무작위 바이트를 위한 파일을 지정한다.
-r	--reverse	정렬 순서를 반전시킨다. (오름차순 대신 내림차순으로)
-S	--buffer-size = *SIZE*	사용할 메모리의 크기를 지정한다.
-s	--stable	최후 수단 정렬을 하지 않는다.
-T	--temporary-direction = DIR	임시 작업 파일을 저장할 장소를 지정한다.
-t	--field-separator = *SEP*	키의 위치를 구별하기 위해서 쓰는 글자를 지정한다.
-u	--unique	-c 매개변수와 사용하면 엄격한 정렬 검사를 수행한다. -c 매개변수 없이 사용하면 처음 나타는 두 개의 비슷한 줄만을 출력한다.
-z	--zero-terminated	모든 줄은 줄바꿈 문자 대신 NULL 문자로 끝나는 것으로 간주한다.

필드를 사용하는 데이터, /etc/passwd 파일 같은 데이터를 정렬할 때에는 -k 및 -t 매개변수가 편리하다. -t 매개변수로 필드 분리 문자를 지정하고, -k 매개변수로 어떤 필드로 정렬할 것인가를 지정한다. 예를 들어 숫자값인 userid에 바탕을 두고 password 파일을 정렬하려면 다음과 같이 하면된다.

```
$ sort -t ':' -k 3 -n /etc/passwd
root:x:0:0:root:/root:/bin/bash
bin:x:1:1:bin:/bin:/sbin/nologin
daemon:x:2:2:daemon:/sbin:/sbin/nologin
adm:x:3:4:adm:/var/adm:/sbin/nologin
lp:x:4:7:lp:/var/spool/lpd:/sbin/nologin
sync:x:5:0:sync:/sbin:/bin/sync
shutdown:x:6:0:shutdown:/sbin:/sbin/shutdown
halt:x:7:0:halt:/sbin:/sbin/halt
mail:x:8:12:mail:/var/spool/mail:/sbin/nologin
news:x:9:13:news:/etc/news:
uucp:x:10:14:uucp:/var/spool/uucp:/sbin/nologin
operator:x:11:0:operator:/root:/sbin/nologin
games:x:12:100:games:/usr/games:/sbin/nologin
gopher:x:13:30:gopher:/var/gopher:/sbin/nologin
ftp:x:14:50:FTP User:/var/ftp:/sbin/nologin
```

이제 데이터는 세 번째 필드, 숫자값 userid를 기준으로 완벽하게 정렬되었다.

-n 매개변수는 du 명령의 출력과 같은 수치 출력을 정렬할 때 아주 좋다.

```
$ du -sh * | sort -nr
1008k    mrtg-2.9.29.tar.gz
972k     bldg1
888k     fbs2.pdf
760k     Printtest
680k     rsync-2.6.6.tar.gz
660k     code
516k     fig1001.tiff
496k     test
496k     php-common-4.0.4pl1-6mdk.i586.rpm
448k     MesaGLUT-6.5.1.tar.gz
400k     plp
```

-r 옵션으로 내림차순으로 값을 정렬할 수 있다는 점을 기억하자. 이를 사용하면 디렉토리에서 가장 많은 공간을 차지하는 파일이 무엇인지 쉽게 찾아낼 수 있다.

> **NOTE**
> 이 예제에서 사용된 파이프 명령(|)은 du 명령의 출력을 sort 명령으로 보내기 위해서 쓰였다. 더 자세한 내용은 제11장에서 설명한다.

데이터 검색

큰 파일을 다루다 보면 그 안 어디엔가 파묻힌 특정한 줄을 찾아야 할 때가 있다. 그 큰 파일을 처음부터 스크롤해 내려가는 대신 grep 명령으로 검색을 지시할 수 있다. grep 명령의 커맨드라인 형식은 다음과 같다.

```
grep [option] pattern [file]
```

grep 명령은 입력된 내용이나 지정된 파일에서 지정된 패턴과 일치하는 문자를 포함한 줄을 찾는다. grep의 출력은 패턴과 일치하는 문자를 포함한 줄의 내용이다.

다음은 '데이터 정렬' 절에서 사용했던 file1 파일로 grep 명령을 사용하는 두 가지 간단한 예다.

```
$ grep three file1
three
$ grep t file1
two
```

```
three
$
```

첫 번째 예는 패턴 three와 일치하는 텍스트를 file1에서 검색한다. grep 명령은 패턴과 일치하는 내용을 포함한 줄을 출력한다. 그 다음 예는 패턴 t와 일치하는 텍스트를 file1에서 검색한다. 이 예에서는 두 개의 줄이 두 지정된 패턴과 일치하며 두 줄 모두 표시된다.

grep 명령이 워낙 인기가 높아 이 명령에 많은 기능들이 추가되었다. grep 명령의 man 페이지를 살펴보면 이 명령이 얼마나 다재다능한지 알 수 있다.

역검색(패턴과 일치하는 것이 없는 줄만 출력)을 원한다면 -v 매개변수를 쓴다.

```
$ grep -v t file1
one
four
five
$
```

패턴과 일치하는 내용이 발견되는 줄 번호를 알 필요가 있다면 -n 매개변수를 사용한다.

```
$ grep -n t file1
2:two
3:three
$
```

패턴과 일치하는 내용을 포함한 줄이 몇 개나 되는지만을 알고 싶다면 -c 매개변수를 사용한다.

```
$ grep -c t file1
2
$
```

일치하는 내용을 찾으려는 패턴이 둘 이상이라면 각각의 패턴에 -e 매개변수를 붙인다.

```
$ grep -e t -e f file1
two
three
four
five
$
```

이 예는 문자열 t 또는 문자열 f 어느 쪽이든 일치하는 줄을 출력한다.

grep 명령은 패턴과 일치하는 내용을 찾기 위해 기본 유닉스 스타일의 정규표현식을 사용한다. 유닉스 스타일의 정규표현식은 패턴과 일치하는 내용을 찾는 방법을 정의하기 위해 특수문자를 사용한다. 정규표현식에 대한 자세한 설명은 제20장을 참조하라.

다음은 grep 검색에서 정규표현식을 사용하는 간단한 예다.

```
$ grep [tf] file1
two
three
four
five
$
```

정규표현식에 있는 대괄호는 grep에게 t 또는 f 문자 중 하나를 포함하는 패턴과 일치하는 줄을 찾으라고 지시한다. 정규표현식이 없으면 grep는 문자열 tf와 일치하는 텍스트를 검색한다.

egrep 명령은 grep의 파생물로서 패턴 일치를 지정하기 위한 더 많은 특수문자를 지원하는 POSIX 확장 정규표현식을 쓸 수 있다(이 역시 자세한 내용은 제20장을 참조하라). fgrep 명령은 개행 문자로 구분되는 고정된 문자열값의 목록으로 패턴을 지정할 수 있는 파생 명령이다. 이 명령을 활용하면 파일 안에 문자열의 목록을 놓고 fgrep 명령으로 큰 파일에서 문자열을 찾을 수 있다.

데이터 압축하기

마이크로소프트 윈도우의 세계에서는 볼 것도 없이 압축에 zip을 쓸 것이다. 마이크로소프트가 결국 윈도우 XP 운영체제에 zip 처리 기능을 포함시킴으로써 이 압축 방식은 큰 인기를 얻었다. zip 유틸리티를 활용하면 큰 파일(텍스트든 실행 파일이든)을 작은 파일로 손쉽게 압축해서 공간을 덜 차지한다.

리눅스에는 여러 가지 파일 압축 유틸리티가 포함되어 있다. 왠지 좋아 보이지만 그 때문에 파일을 다운로드하려고 할 때 혼란을 가져온다. [표 4-7]은 리눅스에서 사용할 수 있는 파일 압축 유틸리티들이다.

표 4-7 리눅스 압축 유틸리티

유틸리티	파일 확장자	설명
bzip2	.bz2	버로우즈-휠러(Burrows-Wheeler) 블록 정렬 텍스트 압축 알고리즘과 허프만(Huffman) 코딩을 사용한다
compress	.Z	원래의 유닉스 파일 압축 유틸리티. 인기가 사그라드는 추세
gzip	.gz	GNU 프로젝트의 압축 유틸리티. 렘펠-지브(Lempel-Ziv) 코딩을 쓴다
zip	.zip	윈도우용 PKZIP의 유닉스 버전

4

compress 파일 압축 유틸리티는 리눅스 시스템에서 찾기 어렵다. .Z 확장자 파일을 다운로드했다면 보통은 제9장에서 설명하는 소프트웨어 설치 방법을 써서 compress 패키지(많은 리눅스 배포판에서는 ncompress)를 설치한 다음 uncompress 명령으로 파일 압축을 풀 수 있을 것이다.

gzip 유틸리티는 리눅스에서 사용되는 가장 인기 있는 압축 도구다. gzip 패키지는 원래의 유닉스 압축 유틸리티의 무료 버전을 만들 목적으로 GNU 프로젝트가 만들었다. 이 패키지는 다음과 같은 파일을 포함한다.

- 파일 압축을 위한 gzip

- 압축된 텍스트 파일의 내용을 출력하는 gzcat

- 압축 파일을 풀기 위한 gunzip

이들 유틸리티는 bzip2 유틸리티와 같은 방식으로 작동한다.

```
$ gzip myprog
$ ls -l my*
-rwxrwxr-x 1 rich rich 2197 2007-09-13 11:29 myprog.gz
$
```

gzip 명령은 커맨드라인에서 지정한 파일을 압축한다. 하나 이상의 파일 이름을 지정하거나 와일드카드 문자를 써서 한 번에 여러 파일을 압축할 수도 있다.

```
$ gzip my*
$ ls -l my*
-rwxr--r--   1 rich    rich        103 Sep  6 13:43 myprog.c.gz
-rwxr-xr-x   1 rich    rich       5178 Sep  6 13:43 myprog.gz
-rwxr--r--   1 rich    rich         59 Sep  6 13:46 myscript.gz
-rwxr--r--   1 rich    rich         60 Sep  6 13:44 myscript2.gz
$
```

gzip 명령은 와일드카드 패턴과 일치하는 디렉터리에 있는 모든 파일을 압축한다.

데이터 아카이브

zip 명령은 하나의 파일로 데이터를 압축 및 보관하기 위해서는 매우 좋지만 유닉스와 리눅스 세계에서 사용되는 표준 유틸리티는 아니다. 유닉스와 리눅스에서 사용되는 가장 인기 있는 아카이브 도구는 단연 tar 명령이다.

tar 명령은 원래 아카이브를 위한 테이프 장치에 파일을 기록하기 위해 사용되었다. tar는 출력을 파일에 쓸 수도 있어서 리눅스에서 데이터를 아카이브하기 위한 인기 있는 방법이 되었다.

다음은 tar 명령의 형식이다.

```
tar 기능 [옵션] 대상 1 대상 2 ...
```

tar 명령이 무엇을 해야 하는지를 정의하는 기능 매개변수는 [표 4-8]에 나와 있다.

표 4-8 tar 명령의 기능

기능	긴 이름	설명
-A	--concatenate	기존 tar 아카이브 파일에 기존의 또 다른 tar 아카이브 파일을 추가한다
-c	--create	새로운 tar 아카이브 파일을 작성한다
-d	--diff	tar 아카이브 파일과 파일시스템 사의의 차이점을 확인한다
	--delete	기존의 tar 아카이브 파일에서 삭제한다
-r	--append	기존의 tar 아카이브 파일의 끝에 파일을 추가한다
-t	--list	기존의 tar 아카이브 파일에 들어있는 내용의 목록을 보여준다
-u	--update	기존의 tar 아카이브 파일에 있는 같은 이름의 파일보다 최신 파일이 있다면 추가한다
-x	--extract	기존 아카이브 파일에서 파일을 추출한다

각 기능은 tar 아카이브 파일의 특정 동작을 정의하는 옵션을 사용한다. [표 4-9]는 tar 명령과 함께 사용할 수 있는 공통 옵션들이다.

표 4-9 tar 명령 옵션

옵션	설명
-C dir	지정된 디렉토리로 변경한다
-f file	결과를 파일(또는 장치 파일)로 출력한다
-j	출력을 압축하기 위해서 bzip2로 보낸다
-p	모든 파일의 사용 권한을 유지한다
-v	처리된 파일의 목록을 출력한다
-z	출력을 압축하기 위해서 gzip으로 보낸다

이 옵션들은 다음과 같은 시나리오를 만들기 위해서 결합되어 쓰일 수 있다. 이 명령을 사용하여 아카이브 파일을 만들고 싶다면,

```
tar -cvf test.tar test/ test2/
```

위의 명령은 test/ 디렉토리 및 /test2 디렉토리의 내용을 모두 포함하는 test.tar라는 아카이브 파일을 만든다. 아래 명령은, test.tar 파일의 내용을 출력한다(하지만 추출하지는 않는다).

```
tar -tf test.tar
```

마지막으로 다음 명령은, test.tar의 내용을 추출한다.

```
tar -xvf test.tar
```

tar 파일이 디렉토리 구조로부터 만들어졌다면 전체 디렉토리 구조가 현재 디렉토리에 다시 만들어진다.

위에서 보았듯이 tar 명령은 전체 디렉토리 구조의 아카이브 파일을 만들기 위한 손쉬운 방법이다. tar는 리눅스 세계에서 오픈소스 애플리케이션의 소스코드 파일을 배포하는 데 널리 쓰이는 방법이기도 하다.

> **TIP**
> 오픈소스 소프트웨어를 다운로드했다면 tgz(또는 tar.gz :역자 주)로 끝나는 파일 이름을 보게 될 것이다. 이는 gzip으로 압축된 tar 파일로, tar -zxvf filename.tgz 명령을 써서 추출할 수 있다.

요약

이 장에서는 리눅스 시스템 관리자 및 프로그래머가 사용하는 고급 bash 명령 가운데 몇 가지를 설명했다. ps와 top 명령은 시스템의 상태를 판단하기 위한 중요한 도구이며 어떤 애플리케이션이 실행 중이고 이들이 얼마나 많은 자원을 소모하는지를 알 수 있다.

오늘날과 같은 이동식 미디어의 시대에 시스템 관리자를 위한 또 다른 인기 있는 주제는 저장장치 마운트다. mount 명령으로 리눅스 가상 디렉토리 구조에 물리적 저장장치를 장착할 수 있다. 장치를 제거하려면 umount 명령을 사용한다.

이 장에서는 데이터를 처리하기 위해 사용되는 다양한 유틸리티에 대해 논의했다. sort 유틸리티는 데이터를 구조화하는 데 도움이 될 수 있도록 큰 용량의 파일을 손쉽게 정렬해 주며, grep 유틸리티는 대용량 데이터 파일 안에서 특정 정보를 빠르게 찾을 수 있도록 한다. 리눅스에서는 gzip 및 zip을 비롯하여 파일 압축을 위한 여러 가지 유틸리티를 사용할 수 있다. 각각의 유틸리티는 용량이 큰 파일을 압축할 수 있으므로 파일시스템의 공간을 절약할 수 있다. 리눅스 tar 유틸리티는 디렉토리 구조를 단일 파일에 보관하고 쉽게 다른 시스템으로 이식할 수 있는 인기 있는 방법이다.

다음 장에서는 리눅스 쉘과 어떻게 쉘과 상호작용할 수 있는지를 설명한다. 리눅스는 쉘끼리 통신할 수 있도록 지원하며 이 기능은 스크립트에서 서브쉘을 만들 때 유용하다.

쉘을 이해하기

이 장의 내용

> 쉘의 유형 알아보기
> 부모/자식 쉘 관계 이해하기
> 서브쉘을 창의적으로 사용하기
> 내장 쉘 명령 알아보기

이제 당신은 쉘 기초를 살펴보았다. 이를테면 쉘에 접속하는 방법이나 가장 기본이 되는 쉘 명령과 같은 것들을 배웠다. 쉘을 제대로 이해하려면 CLI의 기본 사항 몇 가지를 이해할 필요가 있다.

쉘은 그저 CLI가 아니다. 쉘은 복잡한 상호작용을 하는 실행 프로그램이다. 명령을 입력하고 스크립트를 실행하기 위해 쉘을 사용하면 흥미롭지만 헷갈리는 일들이 있다. 쉘 프로세스와 그 관계를 이해하면 문제를 해소하거나 완전히 피하는 데 도움이 된다.

이 장에서는 쉘 프로세스에 대해 배운다. 자식 쉘을 만들고 부모 쉘과의 관계가 어떤지 보게 될 것이다. 자식 프로세스를 만드는 여러 가지 명령은 물론 내장 명령도 살펴본다. 쉘에 관한 팁과 트릭도 알아본다.

쉘의 유형 알아보기

시스템이 실행시키는 쉘 프로그램은 사용자 ID의 구성에 따라 달라진다. /etc/passwd 파일 안에는 사용자 ID마다 일곱 번째 필드에 어떤 기본 쉘 프로그램을 실행시킬 것인지가 나와 있다. 기본 쉘 프로그램은 사용자가 가상 콘솔 터미널에 로그인 하거나 GUI의 터미널 에뮬레이터를 시작할 때마다 실행된다.

다음 보기에서 사용자 Christine의 기본 쉘 프로그램으로는 GNU bash 쉘이 지정되어 있다.

```
$ cat /etc/passwd
[...]
Christine:x:501:501:Christine B:/home/Christine:/bin/bash
$
```

bash 쉘 프로그램은 /bin 디렉토리에 있다. 세부 항목을 살펴보면 /bin/bash(bash 쉘)은 실행시킬 수 있는 프로그램이라는 것을 알 수 있다.

```
$ ls -lF /bin/bash
-rwxr-xr-x. 1 root root 938832 Jul 18 2013 /bin/bash*
$
```

CentOS 배포판에는 여러 가지 다른 쉘 프로그램이 있다. 원래의 C 쉘을 기반으로 한 tcsh도 포함되어 있다.

```
$ ls -lF /bin/tcsh
-rwxr-xr-x. 1 root root 387328 Feb 21 2013 /bin/tcsh*
$
```

데비안 기반 버전의 ash 쉘인 dash도 포함되어 있다.

```
$ ls -lF /bin/dash
-rwxr-xr-x. 1 root root 109672 Oct 17 2012 /bin/dash*
$
```

C 쉘의 소프트링크(제3장 참조)는 tcsh 쉘을 가리키고 있다.

```
$ ls -lF /bin/csh
lrwxrwxrwx. 1 root root 4 Mar 18 15:16 /bin/csh -> tcsh*
$
```

여러 가지 쉘 프로그램을 각 사용자의 기본 쉘로 설정할 수 있다. 그러나 bash 쉘이 워낙 인기가 좋기 때문에 다른 쉘을 기본 쉘로 사용하는 사람들은 드물다.

> **NOTE**
> GNU의 bash 쉘 이외의 다른 대체 쉘에 대한 정보는 제23장에 나와 있다.

사용자가 가상 콘솔 터미널에 로그인하거나 GUI의 터미널 에뮬레이터를 실행시킬 때마다 기본 대화형 쉘이 실행된다. 기본 시스템 쉘은 또 다른 쉘인 /bin/sh다. 시스템 시동과 같은 때에 필요한 시스템 쉘 스크립트에 기본 시스템 쉘이 사용된다.

CentOS 배포판과 같이 기본 시스템 쉘을 소프트링크를 이용해서 bash로 지정해 놓은 배포판을 보게 될 수도 있다.

```
$ ls -l /bin/sh
lrwxrwxrwx. 1 root root 4 Mar 18 15:05 /bin/sh -> bash
$
```

우분투 배포판과 같은 일부 배포판은 기본 시스템 쉘이 기본 대화형 쉘과는 다르다는 점에 유의하라.

```
$ cat /etc/passwd
[...]
christine:x:1000:1000:Christine,,,:/home/christine:/bin/bash
$
$ ls -l /bin/sh
lrwxrwxrwx 1 root root 4 Apr 22 12:33 /bin/sh -> dash
$
```

사용자 christine은 기본 대화형 쉘을 /bin/bash, 즉 bash 쉘로 지정했다. 그러나 기본 시스템 쉘인 /bin/sh는 dash 쉘로 지정되어 있다.

> **TIP**
> bash 쉘 스크립트에 관련해서는, 기본 대화형 쉘과 기본 시스템 쉘이 다르다는 점이 문제가 될 수 있다. 이러한 문제를 방지하기 위해 bash 쉘 스크립트의 첫 번째 줄에 있어야 하는 중요한 구문에 관한 제11장의 내용을 꼭 읽어 보아야 한다.

기본 대화형 쉘만 고집할 필요는 없다. 단순히 파일 이름을 입력하는 것만으로도 배포판에서 제공하는 쉘을 실행시킬 수 있다. 예를 들어 dash 쉘을 시작하려면 명령 /bin/dash를 직접 입력해서 실행시킬 수 있다.

```
$ /bin/dash
$
```

아무 일도 일어나지 않은 것 같지만 dash 쉘이 실행된 것이다. $ 프롬프트는 dash 쉘의 CLI 프롬프트다. exit 명령을 입력하면 dash 쉘 프로그램에서 나갈 수 있다.

```
$ exit
exit
$
```

또 아무 일도 없는 것처럼 보이지만 dash 대시 쉘 프로그램은 종료되었다. 이 과정을 이해하기 위해서 다음 절에서는 로그인 쉘 프로그램과 새로 시작된 쉘 프로그램 사이의 관계를 살펴본다.

5

부모와 자식 쉘의 관계 알아보기

사용자가 가상 콘솔 터미널에 로그인하거나 GUI의 터미널 에뮬레이터가 시작할 때 실행되는 기본 쉘은 부모 쉘이다. 이 책에서 지금까지 읽은 것과 같이 부모 쉘 프로세스는 CLI 프롬프트를 제공하고 명령이 입력될 때까지 기다린다.

/bin/bash 명령 또는 그와 같은 효과를 내는 bash 명령이 CLI 프롬프트에 입력되면 새로운 쉘 프로그램이 실행된다. 이는 자식 쉘이다. 자식 쉘 또한 CLI 프롬프트를 가지고 명령이 입력될 때까지 기다린다.

bash를 입력하고 자식 쉘을 실행시킬 때에는 이에 관한 어떤 메시지도 나오지 않으므로 확인을 위해서는 다른 명령의 도움을 받을 수 있다. ps 명령은 제4장에서 다루었다. 자식 쉘로 들어가기 전과 후에 f 옵션을 주고 ps 명령을 쓰면 도움이 된다.

```
$ ps -f
UID         PID    PPID   C STIME TTY          TIME CMD
501         1841   1840   0 11:50 pts/0        00:00:00 -bash
501         2429   1841   4 13:44 pts/0        00:00:00 ps -f
$
$ bash
$
$ ps -f
UID         PID    PPID   C STIME TTY          TIME CMD
501         1841   1840   0 11:50 pts/0        00:00:00 -bash
501         2430   1841   0 13:44 pts/0        00:00:00 bash
501         2444   2430   1 13:44 pts/0        00:00:00 ps -f
$
```

첫 번째 ps -f 명령은 두 개의 프로세스를 보여준다. 그 중 하나는 프로세스 ID(두 번째 열)가 1841이며 bash 쉘 프로그램(마지막 열)을 실행하고 있다. 두 번째 프로세스(프로세스 ID 2429)는 방금 실행시킨 ps -f 명령이다.

> **NOTE**
> 프로세스는 실행 중인 프로그램이다. bash 쉘은 프로그램이며 실행될 때에는 프로세스다. 실행 중인 쉘 프로세스는 프로세스에 지나지 않는다. 따라서 실행 중인 bash 쉘에 관한 내용을 읽을 때 '쉘'이라는 단어와 '프로세스'라는 단어가 섞여서 쓰이는 경우를 종종 보게 될 것이다.

bash 명령을 입력하면 자식 쉘이 만들어진다. 두 번째 ps -f는 자식 쉘 안에서 실행된다. 이번에는 ps 목록을 보면 bash 프로그램이 두 개 실행되는 모습을 볼 수 있다. 첫 번째 bash 쉘 프로그램은 부모 쉘 프로세스로, 프로세스 ID(PID)는 원래대로 1841이다. 두 번째 bash 쉘 프로그램은 자식 쉘로 PID는 2430이다. 자식 쉘은 부모 프로세스 ID(PPID)가 1841이며 이는 부모 쉘 프로세스가 부모 프로세스임을 나타낸다는 점에 주목하라. [그림 5-1]은 이 관계를 다이어그램으로 나타내고 있다.

그림 5-1
||||||||||||||||||||||||||||||||||||||||||||||||||
부모와 자식 bash 쉘 프로세스

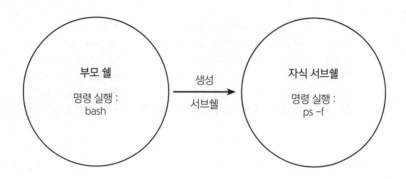

자식 쉘 프로세스가 실행될 때에는 부모 쉘 환경의 일부만이 자식 쉘 환경으로 복사된다. 이는 변수와 같은 부분에서 문제를 일으킬 수 있으며, 여기에 대해서는 제6장에서 다룬다.

자식 쉘은 서브쉘이라고도 한다. 서브쉘은 부모 쉘 혹은 다른 서브쉘에서 만들어질 수도 있다.

```
$ ps -f
UID         PID    PPID   C STIME TTY          TIME CMD
501         1841   1840   0 11:50 pts/0     00:00:00 -bash
501         2532   1841   1 14:22 pts/0     00:00:00 ps -f
$
$ bash
$
$ bash
$
$ bash
$
$ ps --forest
PID TTY          TIME   CMD
1841 pts/0       00:00:00 bash
2533 pts/0       00:00:00   \_ bash
2546 pts/0       00:00:00       \_ bash
2562 pts/0       00:00:00           \_ bash
2576 pts/0       00:00:00               \_ ps
$
```

5

앞의 예에서는 bash 쉘 명령을 세 번 입력했다. 실제로 이 명령으로 세 개의 서브쉘이 만들어졌다. ps --forest 명령은 이들 서브쉘이 어떻게 새끼를 쳤는지 보여준다. [그림 5-2] 역시 이들 서브쉘이 어떻게 새끼를 쳤는지 보여준다.

서브쉘로 새끼를 쳤을 때 ps -f 명령은 유용한데, 이는 PPID 열을 통해 누가 누구의 부모인지 나타내 주기 때문이다.

```
$ ps -f
UID         PID     PPID    C STIME TTY         TIME CMD
501         1841    1840    0 11:50 pts/0       00:00:00 -bash
501         2533    1841    0 14:22 pts/0       00:00:00 bash
501         2546    2533    0 14:22 pts/0       00:00:00 bash
501         2562    2546    0 14:24 pts/0       00:00:00 bash
501         2585    2562    1 14:29 pts/0       00:00:00 ps -f
$
```

bash 쉘 프로그램은 커맨드라인 매개변수를 사용해서 쉘 실행에 변형을 줄 수 있다. [표 5-1]은 bash에서 사용할 수 있는 커맨드라인 매개변수의 목록이다.

그림 5-2
서브쉘 새끼치기

표 5-1 bash 커맨드라인 매개변수

매개변수	설명
-c string	string에서 명령을 읽어 들여서 처리한다
-i	사용자의 입력을 허용하는 대화형 쉘을 실행한다
-l	로그인 쉘이 호출된 것처럼 동작한다
-r	사용자를 기본 디렉토리로 제한하는 제한된 쉘을 실행한다
-s	표준 입력에서 명령을 읽어 들인다

man bash를 입력하면 bash 명령과 더욱 많은 커맨드라인 매개변수에 대한 도움말을 볼 수 있다. bash --help 명령도 추가로 지원한다.

exit 명령을 입력하면 서브쉘에서 정상적으로 빠져나갈 수 있다.

```
$ exit
exit
$
$ ps --forest
PID TTY          TIME CMD
1841 pts/0      00:00:00 bash
2533 pts/0      00:00:00    \_ bash
2546 pts/0      00:00:00        \_ bash
2602 pts/0      00:00:00            \_ ps
$
$ exit
exit
$
$ exit
exit
$
$ ps --forest
PID TTY          TIME CMD
1841 pts/0      00:00:00 bash
2604 pts/0      00:00:00    \_ ps
$
```

exit 명령으로 자식 서브쉘에서 빠져나올 수 있을 뿐만 아니라 현재의 가상 콘솔 터미널 또는 터미널 에뮬레이션 소프트웨어에서 로그아웃할 수도 있다. 부모 쉘에서 exit 명령을 입력하기만 하면 정상적으로 CLI가 종료된다.

5

쉘 스크립트를 실행하면 서브쉘이 생성된다. 제11장에서 이 주제에 대해 자세히 알아볼 것이다.

bash 쉘 명령이나 쉘 스크립트를 실행하지 않고도 서브쉘을 만들 수 있다. 한 가지 방법은 프로세스 목록을 사용하는 것이다.

프로세스 목록 알아보기

순차적으로 실행될 명령의 목록을 한 줄에 지정할 수 있다. 명령 사이에 세미콜론(;)을 사용하여 명령 목록을 입력하면 된다.

```
$ pwd ; ls ; cd /etc ; pwd ; cd ; pwd ; ls
/home/Christine
Desktop    Downloads Music      Public      Videos
Documents  junk.dat  Pictures   Templates
/etc
/home/Christine
Desktop    Downloads Music      Public      Videos
Documents  junk.dat  Pictures   Templates
$
```

앞의 예에서 명령은 아무런 문제없이 순차적으로 실행되었지만 이는 프로세스 목록이 아니다. 명령 목록이 프로세스 목록으로 간주되려면 명령들을 괄호로 둘러싸야 한다.

```
$ (pwd ; ls ; cd /etc ; pwd ; cd ; pwd ; ls)
/home/Christine
Desktop    Downloads Music      Public      Videos
Documents  junk.dat  Pictures   Templates
/etc
/home/Christine
Desktop    Downloads Music      Public      Videos
Documents  junk.dat  Pictures   Templates
$
```

괄호로 둘러싸도 별 차이가 없어 보이지만 이 차이는 매우 다른 영향을 준다. 괄호를 더해서 명령 목록을 프로세스 목록으로 바꾸면 명령은 서브쉘에서 실행된다.

> **NOTE**
> 프로세스 목록은 그룹형 명령이다. 또 다른 그룹형 명령은 명령들을 중괄호 사이에 놓고 세미콜론(;)으로 끝맺는 것이다. 사용 규칙은 command; 형식이다. 명령 그룹에 중괄호를 사용하면 프로세스 목록처럼 서브쉘을 만들지 않는다.

자식 쉘을 만들었는지를 표시하기 위해서는 환경 변수를 이용하는 명령이 필요하다(환경 변수는 제6장에 자세히 설명되어 있다). 필요한 명령은 echo $BASH_SUBSHELL이다. 0을 돌려주면 서브쉘이 없다는 뜻이다. 1 이상을 돌려준다면 서브쉘이 있다는 뜻이다.

먼저 다음 예제는 echo $BASH_SUBSHELL 명령을 끝에 붙인 명령 목록을 사용한다.

```
$ pwd ; ls ; cd /etc ; pwd ; cd ; pwd ; ls ; echo $BASH_SUBSHELL
/home/Christine
Desktop    Downloads Music     Public    Videos
Documents junk.dat  Pictures Templates
/etc
/home/Christine
Desktop    Downloads Music     Public    Videos
Documents junk.dat  Pictures Templates
0
```

명령 목록이 출력하는 결과의 끝에 0이 표시되어 있는 것을 볼 수 있다. 이 명령 목록에서는 자식 쉘이 만들어지지 않았다는 것을 나타낸다.

프로세스 목록을 사용하면 결과는 달라진다. 이 예제도 echo $BASH_SUBSHELL 명령을 끝에 붙여서 실행한다.

```
$ (pwd ; ls ; cd /etc ; pwd ; cd ; pwd ; ls ; echo $BASH_SUBSHELL)
/home/Christine
Desktop    Downloads Music     Public    Videos
Documents junk.dat  Pictures Templates
/etc
/home/Christine
Desktop    Downloads Music     Public    Videos
Documents junk.dat  Pictures Templates
1
```

이번에는 출력의 끝에 1이 붙어 있다. 명령들을 실행할 때 사용하기 위해서 실제로 서브쉘이 만들어졌다는 것을 뜻한다.

따라서 프로세스 목록은 이를 실행하기 위해 서브쉘을 만드는, 괄호로 묶은 명령의 그룹이다. 심지어 프로세스 목록 안에서도 다시 괄호로 묶어서 손자뻘 서브쉘을 만들 수도 있다.

```
$ ( pwd ; echo $BASH_SUBSHELL)
/home/Christine
1
$ ( pwd ; (echo $BASH_SUBSHELL))
/home/Christine
2
```

첫 번째 프로세스 목록에서는 예상했던 대로 자식 서브쉘 하나가 만들어졌음을 뜻하는 숫자 1이 표시된다. 하지만 이번 예제의 두 번째 프로세스 목록에는 echo $BASH_SUBSHELL 명령 주위에 괄호가 추가되었다. 이러한 추가 괄호는 명령을 실행시키기 위해서 손자뻘 서브쉘을 만들도록 한다. 따라서 서브쉘 안의 서브쉘을 뜻하는 숫자 2가 표시되었다.

서브쉘은 쉘 스크립트에서 멀티프로세싱을 위해 사용되지만 서브쉘을 쓰면 비싼 대가를 치러야 한다. 처리를 상당히 느리게 만들기 때문이다. 서브쉘 문제는 대화형 CLI 쉘 세션에도 존재한다. 이는 진정한 멀티프로세싱이 아니다. 터미널이 서브쉘의 입출력에 발이 묶이기 때문이다.

서브쉘을 창의적으로 사용하기

대화형 쉘 CLI에서 서브쉘을 사용하는 더욱 생산적인 방법이 있다. 프로세스 목록, 코프로세스 및 파이프(제11장에서 다룬다)는 서브쉘을 사용한다. 대화형 쉘 안에서 이들 모두를 효율적으로 사용할 수 있다.

대화형 쉘에서 서브쉘을 사용하는 생산적 방법 가운데 하나는 방법은 백그라운드 모드를 활용하는 것이다. 백그라운드 모드와 서브쉘을 함께 사용하는 방법을 설명하기 전에 먼저 백그라운드 모드가 무엇인지부터 이해할 필요가 있다.

백그라운드 모드 들여다보기

백그라운드 모드에서 명령을 실행하면 명령이 처리되는 동안에도 CLI를 자유롭게 다른 일에 쓸 수 있다. 백그라운드 모드를 보여주기 위한 고전적인 명령은 sleep 명령이다.

sleep 명령은 초 단위 숫자를 매개변수로 받아들이며 이는 프로세스를 대기(수면)시키는 시간을 뜻한다. 이 명령은 쉘 스크립트를 일시 정지시키기 위해 사용된다. sleep 10 명령은 세션이 10초 동안 정지한 후 쉘 CLI 프롬프트로 돌아가도록 만든다.

```
$ sleep 10
$
```

명령을 백그라운드 모드로 돌리고 싶다면 마지막에 & 문자를 붙인다. 백그라운드 모드로 sleep 명령을 돌리고 나서 ps 명령으로 어떤 일이 벌어지는지 알아보자.

```
$ sleep 3000&
[1] 2396
$ ps -f
UID PID PPID C STIME TTY TIME CMD
christi+ 2338 2337 0 10:13 pts/9 00:00:00 -bash
christi+ 2396 2338 0 10:17 pts/9 00:00:00 sleep 3000
christi+ 2397 2338 0 10:17 pts/9 00:00:00 ps -f
$
```

sleep 명령은 백그라운드(&)에서 3000초(50분) 동안 대기하도록 지시했다. 이 명령이 백그라운드 모드로 들어갔을 때 쉘 CLI 프롬프트로 돌아가기 전에 두 가지 정보가 출력되었다. 첫 번째 정보 항목은 대괄호 안에 표시된 백그라운드 작업의 번호(1)이며, 두 번째 항목은 백그라운드 작업의 프로세스 ID(2396)다.

여러 프로세스를 표시하기 위해서 ps 명령을 사용했다. sleep 3000 명령이 목록에 있다는 점에 주목하자. 또한 두 번째 열에 있는 프로세스 ID(PID)는 명령이 백그라운드 모드로 들어갔을 때 표시된 PID와 같은 2396이라는 점에도 주목하자.

ps 명령 말고도 백그라운드 작업 정보를 표시하기 위해서 jobs 명령을 사용할 수 있다. jobs 명령은 현재 백그라운드 모드에서 실행되고 있는 프로세스(작업 : jobs)를 출력한다.

```
$ jobs
[1]+ Running                 sleep 3000 &
$
```

jobs 명령은 대괄호 안에 작업 번호(1)를 보여준다. 또한 작업의 현재 상태(실행 중) 뿐만 아니라 명령 자체(sleep 3000)도 출력한다.

jobs 명령에 -l(소문자 L) 매개변수를 사용하면 더욱 많은 정보를 볼 수 있다. -l 매개변수는 다른 정보에 더해서 명령의 PID를 표시한다.

```
$ jobs -l
[1]+ 2396 Running            sleep 3000 &
$
```

백그라운드 작업이 완료되면 그 완료 상태가 표시된다.

```
[1]+ Done                    sleep 3000 &
$
```

> **TIP**
>
> 백그라운드 작업의 완료 상태가 언제나 적절한 시기를 감안해서 표시되는 것은 아니라는 점에 유의하라. 작업 완료 상태가 갑자기 화면에 표시된다고 해도 놀라지 말자.

백그라운드 모드는 매우 편리하며 CLI에서 유용한 서브쉘을 생성하는 방법을 제공한다.

프로세스 목록을 백그라운드 모드로 돌리기

앞서 언급한 바와 같이 프로세스 목록은 하나의 명령 또는 일련의 명령들로 서브쉘에서 실행된다. sleep 명령을 포함하는 프로세스 목록을 사용하고 BASH_SUBSHELL 변수를 표시하면 예상하는 대로 작동된다.

5

```
$ (sleep 2 ; echo $BASH_SUBSHELL ; sleep 2)
1
$
```

앞의 예에서는 2초 동안 일시정지 상태가 발생한 뒤 1단계 하위 서브쉘을 뜻하는 숫자 1이 표시되고 나서 프롬프트로 돌아갈 때까지 다시 2초 동안 일시정지 상태가 된다. 이 예에서는 예상치 못한 일은 없다.

같은 프로세스 목록을 백그라운드 모드로 돌리면 명령의 출력에 상당한 영향을 미칠 수도 있다.

```
$ (sleep 2 ; echo $BASH_SUBSHELL ; sleep 2)&
[2] 2401
$ 1


[2]+ Done                    ( sleep 2; echo $BASH_SUBSHELL; sleep 2 )
$
```

백그라운드 모드로 프로세스 목록을 돌리면 작업 번호와 프로세스 ID가 나타난 다음 프롬프트로 돌아간다. 그 다음 이상한 일이 발생하는데, 1단계 서브쉘을 뜻하는 숫자 1이 프롬프트 옆에 표시된다는 것이다! 그냥 〈Enter〉 키를 누르면 다시 프롬프트로 돌아가므로 헷갈릴 필요는 없다.

백그라운드 모드에서 프로세스 목록을 사용하는 것은 CLI에서 서브쉘을 창의적인 방법이다. 서브쉘 안에서 많은 양의 작업을 처리하면서도 터미널이 서브쉘의 입출력에 발목이 잡히지 않아도 된다.

물론 sleep과 echo 명령으로 이루어진 프로세스 목록은 예를 보여주기 위한 것이다. tar로 백업 파일을 만드는 작업(제4장 참조)은 백그라운드 프로세스 목록을 효과적으로 사용하는 좀 더 실용성 있는 사례일 것이다.

```
$ (tar -cf Rich.tar /home/rich ; tar -cf My.tar /home/christine)&
[3] 2423
$
```

백그라운드 모드로 프로세스 목록을 돌리는 것만이 CLI에서 창의적으로 서브쉘을 사용하는 유일한 방법은 아니다. 또 다른 방법은 코프로세싱이다.

코프로세싱 살펴보기

코프로세싱(co-processing)은 두 가지 작업을 동시에 수행하는 것을 말한다. 코프로세싱은 백그라운드 모드에서 서브쉘을 생성하고 서브쉘에서 명령을 실행한다.

코프로세싱을 실행하려면 서브쉘에서 실행해야 할 명령과 함께 coproc 명령을 사용한다.

```
$ coproc sleep 10
[1] 2544
$
```

코프로세싱은 서브셸을 생성한다는 사실을 제외하면 백그라운드 모드에서 명령을 돌리는 것과 거의 똑같이 동작한다. coproc 명령 및 매개변수가 입력되었을 때 백그라운드 작업이 시작된 것을 알 수 있을 것이다. 백그라운드 작업번호 (1) 및 프로세스 ID (2544)가 화면에 표시되었다.

jobs 명령은 코프로세싱의 상태를 표시할 수 있다.

```
$ jobs
[1]+ Running                 coproc COPROC sleep 10 &
$
```

앞의 예에서는 서브셸에서 실행되고 있는 백그라운드 명령이 coproc COPROC sleep 10임을 볼 수 있다. COPROC는 coproc 명령이 프로세스에 부여한 이름이다. 명령에 대한 확장 구문을 사용하면 이름을 직접 설정할 수도 있다.

```
$ coproc My_Job { sleep 10; }
[1] 2570
$
$ jobs
[1]+ Running                 coproc My_Job  sleep 10;  &
$
```

확장된 구문을 사용하여 코프로세싱 이름을 My_Job으로 설정했다. 여기서 주의할 점이 있다. 확장 구문은 약간 까다롭기 때문이다. 첫 번째 여는 중괄호({)와 실행시킬 명령 사이에 빈 칸이 반드시 하나 있어야 한다. 명령은 반드시 세미콜론(;)으로 끝나야 한다. 세미콜론과 닫는 중괄호(}) 사이에도 빈 칸이 반드시 하나 있어야 한다.

NOTE

코프로세싱은 대단히 차원 높은 기능을 제공하며 서브셸에서 실행되는 프로세스와 정보를 주고받을 수 있다. 코프로세스에 이름이 필요한 유일한 경우는 여러 코프로세스가 실행되고 있으며 이들이 서로 통신할 필요가 있을 때뿐이다. 그렇지 않으면 그냥 coproc 명령이 기본값인 COPROC로 이름을 설정하도록 놔두자.

좀 더 머리를 쓰면 코프로세싱과 프로세스 목록을 결합시켜서 여러 단계의 서브셸을 생성시킬 수도 있다. 프로세스 목록을 입력하고 그 앞에 coproc 명령을 넣는 것으로 충분하다. :

```
$ coproc ( sleep 10; sleep 2 )
[1] 2574
$
```

5

```
$ jobs
[1]+ Running                 coproc COPROC ( sleep 10; sleep 2 ) &
$
$ ps --forest
  PID TTY          TIME CMD
 2483 pts/12       00:00:00 bash
 2574 pts/12       00:00:00   \_ bash
 2575 pts/12       00:00:00   |   \_ sleep
 2576 pts/12       00:00:00   \_ ps
$
```

서브쉘을 생성하려면 많은 자원이 투입되고 느려질 수 있다는 점을 반드시 기억하자. 다단계의 서브쉘을 만들면 더욱 많은 대가를 치러야 한다!

서브쉘을 사용하면 커맨드라인에서 유연성과 편리함을 누릴 수 있다. 이러한 유연성과 편리함을 누리기 위해서는 이들이 동작하는 방식을 이해하는 것이 중요하다. 명령의 동작 방식 또한 이해해야 할 중요한 명령이다. 다음 절에서는 내장 및 외부 명령 사이의 행동 차이를 탐구한다.

내장 쉘 명령 알아보기

GNU의 bash 쉘을 배우는 동안 쉘 내장 명령 및 비내장 명령(외부 명령) 모두를 이해하는 것이 중요하다. 내장 명령과 비내장 명령은 매우 다르게 작동한다.

외부 명령 살펴보기

파일시스템 명령이라고도 하는 외부 명령은 bash 쉘의 외부에 존재하는 프로그램이다. 이들 명령은 쉘 프로그램에 내장되어 있지 않다. 외부 명령은 보통 /bin, /usr/bin, /sbin 또는 /usr/sbin에 있다.

ps 명령은 외부 명령이다. which와 type 명령으로 ps 명령의 파일 이름을 찾을 수 있다.

```
$ which ps
/bin/ps
$
$ type -a ps
ps is /bin/ps
$
$ ls -l /bin/ps
-rwxr-xr-x 1 root root 93232 Jan 6 18:32 /bin/ps
$
```

외부 명령이 실행될 때마다 자식 프로세스가 생성된다. 이러한 동작을 포크(fork)라고 한다. 편리하게도 외부 명령 ps는 현재의 부모 프로세스는 물론 포크된 자식 프로세스까지 표시한다.

```
$ ps -f
UID        PID   PPID   C STIME TTY          TIME CMD
christi+   2743  2742   0 17:09 pts/9     00:00:00 -bash
christi+   2801  2743   0 17:16 pts/9     00:00:00 ps -f
$
```

ps는 외부 명령이므로 이 명령이 실행될 때에는 자식 프로세스가 생성된다. 위의 예에서 ps 명령의 PID는 2801이고 부모 PID는 2743이다. 부모 프로세스인 bash 쉘은 PID가 2743이다. [그림 5-3]은 외부 명령이 실행될 때 일어나는 포크를 보여주고 있다.

그림 5-3
|||||||||||||||||||
외부 명령 포크

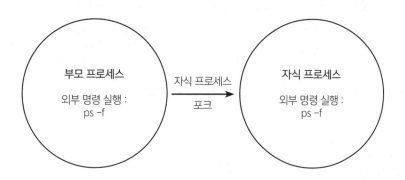

프로세스가 포크를 해야 할 때마다 새로운 자식 프로세스의 환경을 설정하려면 시간과 자원이 들어가 외부 명령은 자원 소모가 약간 많을 수 있다.

NOTE
자식 프로세스 또는 서브쉘을 포크했다면 신호를 통해서 이들과 통신할 수 있다. 이는 커맨드라인에서나 쉘 스크립트를 만들 때에나 굉장히 유용하다. 프로세스들은 신호를 통해서 통신할 수 있다. 신호 및 신호 전송은 제16장에 설명되어 있다.

내장된 명령을 사용할 때에는 포크가 필요 없어서 자원 소모가 적다.

5

내장 명령 살펴보기

내장 명령들은 자식 프로세스를 실행시킬 필요가 없다는 점에서 외부 명령과는 다르다. 이들은 쉘과 함께 컴파일되므로 쉘의 여러 기능 가운데 일부를 이루고 있다. 이들을 실행시킬 때에는 어떠한 외부 프로그램 파일도 필요 없다.

cd 및 exit 명령은 모두 bash 쉘에 내장되어 있다. type 명령을 사용해서 어떤 명령이 내장 명령인지 여부를 확인할 수 있다.

```
$ type cd
cd is a shell builtin
$
$ type exit
exit is a shell builtin
$
```

실행을 위해서 자식 프로세스를 포크하거나 프로그램 파일을 열 필요가 없으므로 내장 명령은 더욱 빠르고 더욱 효율이 좋다. GNU bash 쉘 내장 명령의 목록은 부록 A에서 볼 수 있다.

몇몇 명령은 여러 가지 특성이 있다는 점에 유의하라. 예를 들어 echo와 pwd 명령은 내장 명령의 특성만이 아니라 외부 명령의 특성도 있다. 이러한 특성은 약간씩 다르다. type 명령에 -a 옵션을 사용하면 명령의 여러 가지 특성을 볼 수 있다.

```
$ type -a echo
echo is a shell builtin
echo is /bin/echo
$
$ which echo
/bin/echo
$
$ type -a pwd
pwd is a shell builtin
pwd is /bin/pwd
$
$ which pwd
/bin/pwd
$
```

type -a 명령을 사용하면 두 명령 각각에 대한 두 가지 유형을, which 명령은 외부 명령 파일만을 보여 준다.

history 명령 사용하기

쓸모 있는 내장 명령 가운데 history 명령이 있다. bash 쉘은 사용했던 명령을 기억한다. history 명령을 활용하면 사용했던 명령을 기억하고 다시 사용할 수도 있다.

최근에 사용된 명령의 목록을 보려면 history 명령을 옵션 없이 입력한다.

```
$ history
1 ps -f
2 pwd
3 ls
4 coproc ( sleep 10; sleep 2 )
5 jobs
6 ps --forest
7 ls
8 ps -f
9 pwd
10 ls -l /bin/ps
11 history
12 cd /etc
13 pwd
14 ls
15 cd
16 type pwd
17 which pwd
18 type echo
19 which echo
20 type -a pwd
21 type -a echo
22 pwd
23 history
```

이 예제에서는 최근에 썼던 23개 명령을 보여준다. 보통 history는 최근에 썼던 1,000개 명령을 보관한다. 정말 많다!

5

history 목록은 마지막으로 썼던 명령어를 기억하고 재사용할 수도 있기 때문에 시간과 입력에 드는 노력을 줄일 수 있다. 마지막 명령을 불러들이고 재사용하려면 !! 표시를 입력하고 〈Enter〉 키를 누른다.

```
$ ps --forest
  PID TTY          TIME CMD
 2089 pts/0    00:00:00 bash
 2744 pts/0    00:00:00  \_ ps
$
$ !!
ps --forest
  PID TTY          TIME CMD
 2089 pts/0    00:00:00 bash
 2745 pts/0    00:00:00  \_ ps
$
```

!! 표시가 입력되면 bash 쉘은 먼저 쉘의 히스토리에서 불러들인 명령을 표시한 뒤에는 실행시킨다.

명령 히스토리는 사용자의 홈 디렉토리에 있으며 보이지 않는 .bash_history 파일에 보관된다. 여기서 주의할 점이 있다. bash 명령 히스토리는 메모리에 저장된 다음 쉘에서 나갈 때 기록 파일에 저장한다.

```
$ history
[...]
   25 ps --forest
   26 history
   27 ps --forest
   28 history
$
$ cat .bash_history
pwd
ls
history
exit
$
```

history 명령을 실행하면 28개의 명령이 나온다. 이 예제에서는 히스토리의 일부를 생략했다. 하지만 .bash_history 파일을 출력했을 때에는 네 개의 명령만이 표시되었으며 이는 history 명령의 목록과 일치하지 않는다.

쉘 세션에서 나가기 전에 history 명령이 .bash_history 파일에 기록하도록 강제할 수 있다. 쓰기를 강제하기 위해서는 history 명령에 -a 옵션을 사용한다.

```
$ history -a
$
$ history
[...]
    25 ps --forest
    26 history
    27 ps --forest
    28 history
    29 ls -a
    30 cat .bash_history
    31 history -a
    32 history
$
$ cat .bash_history
[...]
ps --forest
history
ps --forest
history
ls -a
cat .bash_history
history -a
```

이번에는 두 목록 다 너무 길기 때문에 양쪽 모두 일부를 생략했다. history 명령과 .bash_history 파일의 내용은 일치한다. 다만 가장 마지막 명령인 history 명령은 예외인데 history -a 명령이 실행된 다음 이 명령이 실행되었기 때문이다.

> **NOTE**
> 여러 터미널 세션이 열려있어 열린 각 세션마다 history -a 명령을 사용하여 .bash_history 파일에 히스토리를 추가할 수 있다. 그러나 열려있는 다른 터미널 세션의 히스토리가 자동으로 업데이트 되지는 않는다. .bash_history 파일은 터미널 세션이 처음으로 시작되었을 때 읽기 전용이 되기 때문이다. .bash_history 파일을 다시 읽어 들이고 세션의 히스토리를 업데이트하도록 강제하려면 history -n 명령을 사용한다.

히스토리에서 어떤 명령이든 불러들일 수 있다. 느낌표와 함께 히스토리에 있는 명령 번호를 입력하면 된다.

```
$ history
[...]
    13 pwd
    14 ls
    15 cd
```

5

```
   16 type pwd
   17 which pwd
   18 type echo
   19 which echo
   20 type -a pwd
   21 type -a echo
[...]
   32 history -a
   33 history
   34 cat .bash_history
   35 history
$
$ !20
type -a pwd
pwd is a shell builtin
pwd is /bin/pwd
$
```

명령 번호 20은 명령 히스토리에서 나온 것이다. 히스토리의 마지막 명령을 실행했을 때 bash 쉘은 먼저 쉘의 히스토리에서 불러들인 명령을 표시한다는 점에 유의하자. 명령이 표시된 후에는 이를 실행한다.

bash 쉘의 히스토리를 사용하면 많은 시간을 절약할 수 있다. 내장된 history 명령으로 더 많은 일들을 할 수 있다. man history를 입력해서 bash 매뉴얼에서 history에 관한 페이지를 꼭 볼 것을 권한다.

명령의 별명 사용하기

다른 쉘 내장 명령에는 alias가 있다. alias 명령으로 자주 쓰는 명령의 별명을 만들 수 있다.

사용하고 있는 리눅스 배포판은 이미 일반적인 명령의 별명이 설정되어 있는데, 사용할 수 있는 별명의 목록을 보려면 alias 명령을 -p 매개변수와 함께 사용한다.

```
$ alias -p
[...]
alias egrep='egrep --color=auto'
alias fgrep='fgrep --color=auto'
alias grep='grep --color=auto'
alias l='ls -CF'
alias la='ls -A'
alias ll='ls -alF'
alias ls='ls --color=auto'
$
```

이 우분투 리눅스 배포판에서는 표준 ls 명령을 실행시켰을 때 실제로 실행되는 별명이 있음을 알 수 있다. 이 별명은 자동으로 --color 매개변수를 붙여 주는데 이는 터미널이 컬러 모드 목록을 지원한다는 것을 뜻한다.

alias 명령을 사용하여 나만의 별명을 만들 수도 있다.

```
$ alias li='ls -li'
$
$ li
total 36
529581 drwxr-xr-x. 2 Christine Christine 4096 May 19 18:17 Desktop
529585 drwxr-xr-x. 2 Christine Christine 4096 Apr 25 16:59 Documents
529582 drwxr-xr-x. 2 Christine Christine 4096 Apr 25 16:59 Downloads
529586 drwxr-xr-x. 2 Christine Christine 4096 Apr 25 16:59 Music
529587 drwxr-xr-x. 2 Christine Christine 4096 Apr 25 16:59 Pictures
529584 drwxr-xr-x. 2 Christine Christine 4096 Apr 25 16:59 Public
529583 drwxr-xr-x. 2 Christine Christine 4096 Apr 25 16:59 Templates
532891 -rwxrw-r--. 1 Christine Christine   36 May 30 07:21 test.sh
529588 drwxr-xr-x. 2 Christine Christine 4096 Apr 25 16:59 Videos
$
```

별명 값을 정의하면 언제든 쉘이나 쉘 스크립트 안에서도 쓸 수 있다. 명령의 별명은 내장 명령이기 때문에 그 명령이 정의되어 있는 쉘 프로세스에 대해서만 유효하다는 점에 유의하라.

```
$ alias li='ls -li'
$
$ bash
$
$ li
bash: li: command not found
$
$ exit
exit
$
```

다행히 별명을 영속화시켜 서브쉘에서도 쓸 수 있도록 만들 수 있다. 다음 장에서는 환경 변수와 함께 이 작업을 수행하는 방법을 설명한다.

5

요약

이 장에서는 복잡한 상호작용 프로그램인 GNU의 bash 쉘에 대해 알아보았다. 이 장은 어떻게 서브쉘이 생성되며 이들이 부모 쉘과 어떤 관계인지를 포함하여 쉘 프로세스와 그 관계를 다루었다. 또한 자식 프로세스를 생성하는 명령과 그렇지 않은 명령에 대해서도 살펴보았다.

기본 대화형 쉘은 일반적으로 터미널에 사용자가 로그인할 때마다 시작된다. 시스템을 시작하는 쉘은 사용자 ID의 구성에 의존한다. 보통 /bin/bash인데, 기본 시스템 쉘인 /bin/sh는 시스템 쉘 스크립트에 사용된다. 예를 들면 시스템을 시동시킬 때 필요하다.

서브쉘 또는 자식 쉘은 bash 명령을 사용하여 생성할 수 있다. 서브쉘은 또한 프로세스 목록이나 coproc 명령이 쓰였을 때에도 생성된다. 커맨드라인에서 서브쉘을 사용하면 CLI를 창의적이고 생산적으로 사용할 수 있다. 서브쉘도 그 아래로 자식 쉘을 만들 수 있으며, 따라서 손자 쉘과 증손자 쉘을 생성할 수도 있다. 서브쉘을 만들면 이를 위한 새로운 환경 또한 만들어져야 하므로 자원이 많이 드는 프로세스다.

마지막으로 이 장에서는 두 가지 유형의 쉘 명령인 내장 명령과 외부 명령을 살펴보았다. 외부 명령은 새로운 환경과 자식 프로세스를 생성하지만 내장 명령은 이를 생성하지 않는다. 따라서 외부 명령이 더 많은 자원을 소모한다. 새로운 환경이 필요하지 않기 때문에 내장 명령은 더 효율적이며 어떠한 환경 변화에도 영향을 받지 않는다.

쉘, 서브쉘, 프로세스 및 포크된 프로세스는 모두 환경 변수에게 영향을 받는다. 변수가 어떻게 영향을 미치며 여러 가지 맥락 속에서 어떻게 쓰이는지는 다음 장에서 알아볼 것이다.

리눅스 환경 변수 사용하기

이 장의 내용

리눅스 환경 변수는 리눅스 쉘 환경을 정의하는 데 도움이 된다. 프로그램과 스크립트는 시스템 정보를 얻고 임시 데이터 및 구성 정보를 저장하기 위하여 환경 변수를 많이 사용한다. 환경 변수는 리눅스 시스템의 많은 장소에 설정되어 있으므로 이들 장소가 어디에 있는지 알고 있어야 한다.

이 장에서는 리눅스 환경 변수를 안내하면서 이들이 어디에 있고, 어떻게 사용하며, 나만의 환경 변수를 만드는 방법을 알아본다. 이 장은 변수 배열을 사용하는 방법으로 마무리한다.

환경 변수 살펴보기

bash 쉘은 쉘 세션과 작업 환경(환경 변수라는 이름이 붙은 이유)에 대한 정보를 저장하기 위해 환경 변수라는 기능을 사용한다. 이 기능으로 메모리에 데이터를 저장할 수 있으므로 쉘에서 실행 중인 모든 프로그램이나 스크립트가 쉽게 사용할 수 있다. 이는 필요한 데이터를 영구히 저장하는 편리한 방법이기도 하다.

bash 쉘에는 두 가지 환경 변수의 유형이 있다.

- 전역 변수

- 지역 변수

이 절에서는 환경 변수의 각 유형과 이를 참조하고 사용하는 방법을 알아본다.

> **NOTE**
> bash 쉘이 특정 환경 변수를 일관되게 사용하더라도 여러 리눅스 배포판은 각자가 필요한 환경 변수를 추가할 때가 많다. 이 장에서 다루는 환경 변수의 예는 특정 배포판에서 볼 수 있는 것과는 약간 다를 수 있다. 여기에 포함되지 않는 환경 변수를 보게 된다면 해당 리눅스 배포판의 설명서를 참조하라.

전역 환경 변수 살펴보기

전역 환경 변수는 쉘 세션 및 그로부터 파생된 자식 서브쉘에서 볼 수 있다. 지역 변수는 이를 만든 쉘에서만 사용할 수 있다. 따라서 부모 쉘의 정보가 필요한 자식 서브쉘을 만드는 응용 프로그램에는 전역 환경 변수가 유용하다.

리눅스 시스템은 bash 세션을 시작할 때 여러 가지 전역 환경 변수를 설정한다(그 시기에 만들어지는 변수에는 어떤 것이 있는지에 관한 더 자세한 내용은 이 장 뒷부분의 '시스템 환경 변수 찾기'를 참조하라). 거의 모든 시스템 환경 변수는 일반 사용자 환경 변수와 구별하기 위해 대문자만을 사용한다.

전역 환경 변수를 보려면 env 또는 printenv 명령을 사용한다.

```
$ printenv
HOSTNAME=server01.class.edu
SELINUX_ROLE_REQUESTED=
TERM=xterm
SHELL=/bin/bash
HISTSIZE=1000
[...]
HOME=/home/Christine
LOGNAME=Christine
[...]
G_BROKEN_FILENAMES=1
_=/usr/bin/printenv
```

bash 쉘은 전역 환경 변수가 상당히 많아서 대부분은 생략할 수밖에 없었다. 로그인 과정에서 많은 설정이 이루어지며, 로그인하는 방식에도 어떤 변수가 설정되느냐가 영향을 끼친다.

개별 환경 변수의 값을 표시하려면 printenv 명령을 사용하면 되지만 env 명령은 사용할 수 없다.

```
$ printenv HOME
/home/Christine
$
$ env HOME
env: HOME: No such file or directory
$
```

변수의 값을 표시하기 위해 echo 명령을 사용할 수도 있다. 이때 환경 변수를 참조하려면 이름 앞에 달러 기호($)를 놓아야 한다.

```
$ echo $HOME
/home/Christine
$
```

변수 이름과 함께 달러 기호를 사용하면 echo 명령과 함께 사용해서 바로 현재의 정의를 표시하는 것 말고도 활용 방법이 다양하다. 변수 이름 앞에 달러 기호를 붙이면 변수를 명령의 매개변수로 전달할 수 있다.

```
$ ls $HOME
Desktop     Downloads  Music     Public     test.sh
Documents   junk.dat   Pictures  Templates  Videos
$
$ ls /home/Christine
Desktop     Downloads  Music     Public     test.sh
Documents   junk.dat   Pictures  Templates  Videos
$
```

앞서 언급한 바와 같이 전역 환경 변수는 어떤 프로세스의 서브쉘에서든 사용할 수 있다.

```
$ bash
$
$ ps -f
UID        PID  PPID  C STIME TTY          TIME CMD
501        2017  2016  0 16:00 pts/0    00:00:00 -bash
501        2082  2017  0 16:08 pts/0    00:00:00 bash
501        2095  2082  0 16:08 pts/0    00:00:00 ps -f
$
$ echo $HOME
/home/Christine
$
$ exit
exit
$
```

이 예에서는 bash 명령을 사용하여 서브쉘을 생성한 다음 HOME 환경 변수의 현재 값을 표시했다. 부모 쉘에서 표시된 값과 정확히 똑같은 값인 /home/Christine으로 설정되어 있다.

지역 환경 변수 살펴보기

지역 환경 변수는 그 이름에서 알 수 있듯이 이 변수를 정의한 지역 프로세스에서만 볼 수 있다. 지역 변수이긴 하지만 그 중요성은 전역 환경 변수에 못지않다. 사실 리눅스 시스템은 기본적으로 표준 지역 환경 변수도 함께 정의하지만 사용자에게 필요한 지역 변수도 정의할 수 있다. 이러한 변수를 사용자 정의 지역 변수라고 한다.

지역 변수의 목록 확인은 CLI에서는 조금 까다롭다. 이러한 변수를 표시하는 명령은 존재하지 않는다. set 명령은 특정 프로세스에 대한 모든 변수를 표시하며, 지역 및 전역 환경 변수와 사용자 정의 변수를 모두 포함한다.

```
$ set
BASH=/bin/bash
[...]
BASH_ALIASES=()
BASH_ARGC=()
BASH_ARGV=()
BASH_CMDS=()
BASH_LINENO=()
BASH_SOURCE=()
[...]
colors=/etc/DIR_COLORS
my_variable='Hello World'
[...]
$
```

env 또는 printenv 명령을 써서 표시되는 모든 전역 환경 변수는 set 명령의 출력에서도 표시된다. 여기에 추가해서 지역 환경 변수 및 사용자 정의 환경 변수가 표시된다.

> **NOTE**
> env, printenv, set 명령의 차이는 미묘하다. set 명령은 전역 및 지역 환경 변수와 사용자 정의 변수 모두를 표시한다. 또한 알파벳순으로 정렬을 한다. env 및 printenv 명령은 변수를 정렬하지 않는다는 점에서 set과는 다르며 지역 환경 변수나 지역 사용자 정의 변수도 표시하지 않는다. 이러한 맥락에서 보면 env와 printenv 명령은 똑같은 목록을 표시한다. 그러나 env 명령은 printenv 명령에는 없는 추가 기능이 있기 때문에 좀 더 강력하다.

사용자 정의 변수 설정하기

bash 쉘에서 직접 나만의 변수를 설정할 수 있다. 이 절에서는 나만의 변수를 만들고 대화형 쉘이나 쉘 스크립트 프로그램에서 이를 참조하는 방법을 살펴본다.

사용자 정의 지역 변수 설정하기

bash 쉘을 시작(또는 쉘 스크립트를 생성)하고 나면 쉘 프로세스 안에서 볼 수 있는 사용자 정의 지역 변수를 만들 수 있다. 숫자 또는 문자열 값을 등호로 변수에 묶음으로써 이들 값을 변수에 지정할 수 있다.

```
$ echo $my_variable

$ my_variable=Hello
$
$ echo $my_variable
Hello
```

정말 간단하다! 이제 사용자 정의 my_variable 변수의 값을 참조해야 할 때마다 $my_variable로 참조할 수 있다.

빈 칸이 포함된 문자열 값을 지정해야 할 경우에는 문자열의 시작과 끝을 표시하기 위해서 홑따옴표나 겹따옴표를 사용해야 한다.

```
$ my_variable=Hello World
-bash: World: command not found
$
$ my_variable="Hello World"
$
$ echo $my_variable
Hello World
$
```

인용 부호 없이 쓰면 bash 쉘은 다음 단어를 처리해야 할 다음 명령이라고 가정한다. 지금까지 본 시스템 환경 변수는 모두 대문자를 사용하고 있는 것과는 달리 직접 정의한 지역 변수들은 소문자를 사용한 것에 유의하라.

변수 이름, 등호, 값 사이에 빈 칸을 사용하지 않는 것이 매우 중요하다. 이름 어디든 빈 칸을 넣을 경우 bash 쉘은 별개의 명령으로 이 값을 해석한다.

```
$ my_variable = "Hello World"
-bash: my_variable: command not found
$
```

지역 변수를 설정 한 뒤에는 쉘 프로세스 안 어디에서든 사용할 수 있다. 하지만 다른 쉘을 만든 경우에는 이 자식 쉘에서는 사용할 수 없다.

```
$ my_variable="Hello World"
$
$ bash
$
$ echo $my_variable

$ exit
exit
$
$ echo $my_variable
Hello World
$
```

이 예에서는 자식 쉘을 만들었다. 사용자 정의 my_variable 변수는 자식 쉘에서 사용할 수 없다. 이 사실은 echo $my_variable 명령이 빈 줄을 표시하는 것으로 알 수 있다. 자식 쉘이 종료되고 원래의 쉘로 돌아간 뒤, 지역 변수는 여전히 제구실을 한다.

이와 비슷하게, 자식 프로세스에서 지역 변수를 설정한 경우 자식 프로세스를 떠나면 그 지역 변수를 더는 사용할 수 없다.

```
$ echo $my_child_variable

$ bash
$
$ my_child_variable="Hello Little World"
$
$ echo $my_child_variable
Hello Little World
```

6

```
$
$ exit
exit
$
$ echo $my_child_variable

$
```

자식 쉘 안에서 설정된 지역 변수는 부모 쉘로 돌아간 후에는 더 이상 존재하지 않는다. 사용자 정의 지역 변수를 전역 환경 변수로 바꾸면 이러한 특성을 바꿀 수 있다.

전역 환경 변수 설정하기

전역 환경 변수는 이를 설정한 부모 프로세스가 만든 모든 자식 프로세스에서 쓸 수 있다. 전역 환경 변수를 만들려면 먼저 지역 변수를 생성하고 이를 전역 환경으로 내보낸다(export, 익스포트).

export 명령과 달러 기호를 뺀 변수 이름으로 이러한 작업을 할 수 있다.

```
$ my_variable="I am Global now"
$
$ export my_variable
$
$ echo $my_variable
I am Global now
$
$ bash
$
$ echo $my_variable
I am Global now
$
$ exit
exit
$
$ echo $my_variable
I am Global now
$
```

지역 변수 my_variable을 정의하고 '익스포트'한 후 bash는 명령으로 자식 쉘이 실행되었다 자식 쉘은 my_variable 변수의 값을 제대로 표시할 수 있었다. export 명령이 이 변수를 전역 환경 변수로 만들었기 때문에 변수는 값을 유지했다.

자식 쉘 안에서 전역 환경 변수를 변경하면 부모 쉘의 변수 값에는 영향을 주지 않는다.

```
$ my_variable="I am Global now"
$ export my_variable
$
$ echo $my_variable
I am Global now
$
$ bash
$
$ echo $my_variable
I am Global now
$
$ my_variable="Null"
$
$ echo $my_variable
Null
$
$ exit
exit
$
$ echo $my_variable
I am Global now
$
```

지역 변수 my_variable을 정의하고 익스포트한 후 bash 명령으로 자식 쉘이 실행되었다. 서브쉘은 my_variable 전역 환경 변수의 값을 올바르게 표시했다. 변수의 값은 자식 쉘에서 변경되었다. 그러나 변수의 값은 부모 쉘이 아닌 자식 쉘 안에서만 바뀌었다.

자식 쉘은 부모 쉘의 전역 환경 변수 값을 변경하기 위해서 export 명령을 사용할 수도 없다.

```
$ my_variable="I am Global now"
$ export my_variable
$
$ echo $my_variable
I am Global now
$
$ bash
$
$ echo $my_variable
I am Global now
$
$ my_variable="Null"
$
$ export my_variable
$
```

```
$ echo $my_variable
Null
$
$ exit
exit
$
$ echo $my_variable
I am Global now
$
```

자식 쉘이 변수 my_variable을 다시 정의하고 익스포트하더라도 부모 쉘의 my_variable 변수는 원래 값을 유지했다.

환경 변수 제거하기

새 환경 변수를 만들 수 있다면 물론 기존의 환경 변수를 제거할 수 있어야 하는 게 당연하다. unset 명령을 사용하여 이러한 일을 할 수 있다. unset 명령에서 환경 변수를 참조할 때에는 달러 기호를 사용하지 않는다는 점을 기억하자.

```
$ echo $my_variable
I am Global now
$
$ unset my_variable
$
$ echo $my_variable

$
```

> **TIP**
> 환경 변수에서 언제 달러 기호를 사용하고 사용하지 않아야 하는지를 기억하기 어려울 텐데 이 점만 기억하자. 변수의 값으로 어떤 일을 할 때 달러 기호를 사용한다. 변수 자체에 대한 어떤 조작을 한다면 달러 기호를 사용하지 말라. 이 규칙의 예외는 변수의 값을 표시하기 위한 printenv 명령을 사용할 때뿐이다.

전역 환경 변수를 다룰 때에는 상황이 조금 까다롭다. 만약 자식 프로세스에서 전역 환경 변수를 unset 한다면 이는 자식 프로세스에만 적용된다. 해당 전역 환경 변수는 부모 프로세스에서 계속 사용할 수 있다.

```
$ my_variable="I am Global now"
$
$ export my_variable
$
$ echo $my_variable
I am Global now
$
$ bash
$
$ echo $my_variable
I am Global now
$
$ unset my_variable
$
$ echo $my_variable

$ exit
exit
$
$ echo $my_variable
I am Global now
$
```

변수 값을 변경할 때와 마찬가지로 자식 쉘에서는 변수를 unset 할 수 없으며 변수는 부모 쉘에서 unset 되어야 한다.

기본 쉘 환경 변수 들여다보기

bash 쉘은 시스템 환경을 정의하기 위해 특정한 환경 변수들을 사용한다. 이러한 변수들은 항상 리눅스 시스템에 설정되어 있거나 설정할 수 있다. bash 쉘은 원래의 유닉스 Bourne 쉘에서 파생되어 나왔기 때문에 원래의 쉘에서 정의한 환경 변수도 포함한다.

[표 6-1]은 원래의 유닉스 Bourne 쉘과 호환되는 bash 쉘의 환경 변수를 보여준다.

표 6-1 bash 쉘의 Bourne 변수

변수	설명
CDPATH	cd 명령에 대한 검색 경로로 사용되는, 콜론으로 구분된 디렉토리 목록

HOME	현재 사용자의 홈 디렉토리
IFS	쉘이 텍스트 문자열을 분할할 때 사용하는, 필드를 구분하는 문자들의 목록
MAIL	현재 사용자의 메일박스 파일 이름(bash 쉘은 새 메일이 왔는지 보기 위해 이 파일을 검사한다)
MAILPATH	현재 사용자의 받은 메일함에 대한, 콜론으로 구분된 여러 파일 이름의 목록 (bash 쉘은 새 메일이 왔는지 보기 위해 이 목록의 파일 각각을 검사한다)
OPTARG	getopt 명령이 처리한 마지막 옵션 매개변수의 값
OPTIND	getopt 명령이 처리한 마지막 옵션 매개변수의 인덱스 값
PATH	쉘이 명령을 찾을 때 쓸, 콜론으로 구분된 디렉토리 목록
PS1	기본 쉘 커맨드라인 인터페이스 프롬프트 문자열
PS2	보조 쉘 커맨드라인 인터페이스 프롬프트 문자열

기본 Bourne 환경 변수와는 별개로 bash 쉘은 자체 변수도 여러 가지 제공하며 그 목록은 [표 6-2]에 나와 있다.

표 6-2   bash 쉘 환경 변수

변수	설명
BASH	현재 bash 쉘의 인스턴스를 실행하기 위한 전체 경로 이름
BASH_ALIASES	현재 설정되어 있는 별명들의 연관 배열
BASH_ARGC	서브루틴 또는 쉘 스크립트에 전달될 매개변수의 개수를 포함한 변수 배열
BASH_ARCV	서브루틴 또는 쉘 스크립트에 전달될 매개변수를 포함한 변수 배열
BASH_CMDS	쉘을 실행한 명령의 위치를 포함한 연관 배열
BASH_COMMAND	현재 실행되고 있거나 실행되려는 쉘 명령
BASH_ENV	설정 시 각 bash 스크립트는 실행되기 전에 이 변수가 정의하고 있는 시동 파일을 실행하려고 시도한다
BASH_EXECUTION_STRING	bash -c 옵션을 사용해서 전달되는 명령(들)
BASH_LINENO	현재 실행되는 쉘 함수의 소스코드 중 번호를 포함하고 있는 변수 배열
BASH_REMATCH	정규식 비교 연산자인 =~ 연산자를 사용하는 양성(positive) 패턴 일치를 위한 패턴 및 서브패턴을 포함하는 변수 배열
BASH_SOURCE	현재 실행되고 있는 쉘 함수의 소스코드 파일 이름을 포함하는 변수 배열
BASH_SUBSHELL	서브쉘 환경의 현재 단계(초깃값은 0)
BASH_VERSINFO	bash 쉘의 현재 인스턴스의 개별 메이저와 마이너 버전 번호를 포함하는 변수 배열
BASH_VERSION	bash 쉘의 현재 인스턴스의 버전 번호

변수	설명
BASH_XTRACEFD	유효한 파일 디스크립터(0, 1, 2)로 설정되어 있으면 'set -x'디버깅 옵션에서 생성된 추적 출력을 리다이렉트 가능, 이는 추적 출력을 따로 파일에 저장할 때 종종 쓰인다
BASHOPTS	현재 사용할 수 있는 bash는 쉘 옵션의 목록
BASHPID	현재 bash 프로세스의 프로세스 ID
COLUMNS	bash 쉘의 현재 인스턴스에 사용되는 터미널의 폭을 포함하고 있다
COMP_CWORD	현재 커서 위치를 포함하는 변수 COMP_WORDS에 대한 인덱스
COMP_LINE	현재의 커맨드라인
COMP_POINT	현재 명령의 시작 지점에 대한 상대값인 현재 커서 위치의 인덱스
COMP_KEY	쉘 함수의 현재 완성을 호출했던 가장 최근의 키
COMP_TYPE	쉘 함수의 완성을 호출하는 원인 유형의 완성을 시도한 횟수 정수값
COMP_WORDBREAKS	단어 완성 수행을 위한 Readline 라이브러리 단어 구분자 문자
COMP_WORDS	현재 커맨드라인의 개별 단어를 포함한 배열 변수
COMPREPLY	쉘 함수가 만든 가능한 완성 코드를 포함한 배열 변수
COPROC	이름이 붙지 않은 코프로세스의 I/O의 파일 디스크립터를 가지고 있는 배열 변수
DIRSTACK	디렉토리 스택의 현재 내용을 포함하는 배열 변수
EMACS	't'로 설정되어 있으면 EMACS 편집기의 쉘 버퍼가 실행되며 줄 편집이 불가능하다는 것을 뜻한다
ENV	설정되어 있으면 bash 쉘 스크립트가 실행되기 전에 정의된 시동 파일을 실행한다 (bash 쉘이 POSIX 모드에서 호출되었을 때에만 쓰인다)
EUID	현재 사용자에 대한 숫자로 된 유효한 사용자 I
FCEDIT	fc 명령으로 사용되는 기본 편집기
FIGNORE	파일 이름 완성을 수행할 때 무시되는 확장자의 목록으로 콜론으로 구분된
FUNCNAME	현재 실행중인 쉘 함수의 이름
FUNCNEST	0보다 큰 숫자로 설정되어 있으면 최대 허용되는 함수의 중첩 수준을 설정한다 (이를 초과하는 경우 현재 명령은 중단된다)
GLOBIGNORE	파일 글로빙에서 무시하는 파일 이름의 집합을 정의하는 패턴 목록(콜론으로 구분)
GROUPS	현재 사용자가 구성원인 그룹들의 목록을 포함하는 변수 배열
histchars	히스토리의 확장을 제어하는, 최대 세 개의 문자
HISTCMD	현재 명령의 히스토리 번호
HISTCONTROL	쉘의 히스토리에 입력되는 명령을 제어한다
HISTFILE	쉘의 히스토리 목록을 저장하는 파일의 이름(기본값은 .bash_history)
HISTFILESIZE	히스토리 파일에 저장되는 줄의 최대 수

변수	설명
HISTTIMEFORMAT	실정되어 있고 null 값이 아니라면 bash의 히스토리에서 각 명령의 타임스탬프를 출력하는 형식을 결정하는 문자열로 쓰인다
HISTIGNORE	히스토리 파일에서 무시되는 명령을 결정하는 데 쓰이는, 콜론으로 구분된 목록
HISTSIZE	히스토리 파일에 저장되는 명령의 최대 수
HOSTFILE	쉘이 호스트 이름을 완성할 필요가 있을 때 읽어야 하는 파일의 이름을 포함한다
HOSTNAME	현재 호스트의 이름
HOSTTYPE	bash 쉘이 실행되는 머신을 설명하는 문자열
IGNOREEOF	쉘이 종료되기 전에 수신해야 하는 연속 EOF 문자의 수 (이 값이 없으면 기본값은 1이다)
INPUTRC	Readline 초기화 파일의 이름(기본값은 .inputrc)
LANG	쉘의 로케일 범주
LC_ALL LANG	변수에 우선하여 로케일 범주를 정의한
LC_COLLATE	문자열 값을 정렬 할 때 사용되는 정렬 순서를 설정한다
LC_CTYPE	파일 이름 확장과 패턴 대조에 사용되는 문자의 해석을 결정한다
LC_MESSAGES	달러 기호 앞에 있는 따옴표 문자열을 해석할 때 사용되는 로케일 설정을 결정한다
LC_NUMERIC	숫자를 형식화할 때 사용되는 로케일 설정을 결정한다
LINENO	현재 실행되고 있는 스크립트의 행 번호
LINES	터미널에서 사용 가능한 줄의 수를 정의한다
MACHTYPE	'CPU-회사-시스템'형식으로 된, 시스템 유형을 정의하는 문자열
MAPFILE	배열 변수 이름이 주어지지 않았을 때 mapfile 명령으로부터 입력되는 텍스트를 가지고 있는 배열 변수
MAILCHECK	새 메일을 검사하는 빈도(초 단위, 기본값은 60)
OLDPWD	쉘에서 사용하는 이전 작업 디렉토리
OPTERR	1로 설정되어 있으면 bash 쉘은 getopts 명령이 만들어 내는 오류를 표시한다
OSTYPE	쉘이 실행되고 있는 운영체제를 정의하는 문자열
PIPESTATUS	포그라운드 프로세스에서 해당 프로세스의 종료 상태 값들의 목록을 포함하고 있는 변수 배열
POSIXLY_CORRECT	설정되어 있으면 bash는 POSIX 모드로 실행된다
PPID	bash 쉘의 부모 프로세스의 프로세스 ID(PID)
PROMPT_COMMAND	설정되어 있으면 기본 프롬프트를 표시하기 전에 이 명령이 실행된다
PROMPT_DIRTRIM	\w와 \W 프롬프트 문자열 이스케이프를 사용할 때 마지막 디렉토리를 몇 개나 표시할지 결정하기 위해 사용되는 정수(디렉토리에서 생략된 부분은 말줄임표로 대체)

변수	설명
PS3	select 명령에서 사용되는 프롬프트
PS4	bash -x 매개변수가 쓰였을 때 출력되는 커맨드라인 앞에 표시되는 프롬프트
PWD	현재 작업 디렉토리
RANDOM	0과 32767 사이의 난수를 리턴 (이 변수에 값을 지정하면 의사 난수 번호 생성기의 종자값으로 쓰인다)
READLINE_LINE	bind -x 명령을 사용할 때 Rreadline 버퍼 내용
READLINE_POINT	bind -x 명령을 사용할 때 Readline의 버퍼 내용 삽입 지점의 현재 위치
REPLY	read 명령의 기본 변수
SECONDS	쉘이 시작되었을 때부터 지금까지의 초 단위 시간 (값을 지정하면 타이머를 이 값으로 리셋한다)
SHELL	bash 쉘의 전체 경로 이름
SHELLOPTS	사용할 수 있는 bash 쉘 옵션의 목록으로 콜론으로 구분된다
SHLVL	새로운 bash 쉘이 시작될 때마다 1씩 증가하는 쉘의 단계를 나타낸다
TIMEFORMAT	쉘이 시간 값을 표시하는 방법을 지정하는 형식
TMOUT	select와 read 명령이 입력을 얼마나 오래 기다릴지(초 단위)를 지정하는 값 (가본값은 0으로 무한정 기다린다는 것을 의미한다)
TMPDIR	bash 쉘이 사용하는 임시 파일을 생성하는 디렉토리 이름
UID	현재 사용자에 대한 숫자로 된 실제 사용자 ID

set 명령을 사용할 때 모든 기본 환경 변수가 표시되는 것은 아니라는 사실을 알아두자. 사용되지 않는데도 기본 환경 변수 모두가 값을 가지고 있어야 하는 것은 아니다.

PATH 환경 변수 설정하기

쉘 커맨드라인 인터페이스(CLI)에서 외부 명령(제5장 참조)을 입력하면 쉘은 프로그램을 찾기 위해 시스템을 검색해야 한다. PATH 환경 변수는 명령과 프로그램을 검색하는 디렉토리를 정의한다. 아래 예의 우분투 리눅스 시스템에서 PATH 환경 변수는 다음과 같다.

```
$ echo $PATH
/usr/local/sbin:/usr/local/bin:/usr/sbin:/usr/bin:
/sbin:/bin:/usr/games:/usr/local/games
$
```

이 예제는 쉘 명령 및 프로그램을 찾는 디렉토리가 여덟 개 있다는 것을 보여준다. PATH에 있는 디렉토리는 콜론으로 구분된다.

명령 또는 프로그램의 위치가 PATH에 포함되어 있지 않으면 쉘은 절대 디렉토리 참조 없이는 이를 찾을 수 없다. 쉘이 명령 또는 프로그램을 찾을 수 없다면 오류 메시지를 출력한다.

```
$ myprog
-bash: myprog: command not found
$
```

응용 프로그램이 PATH 환경 변수에 없는 디렉토리에 실행 프로그램을 배치할 때가 문제다. PATH 환경 변수가 응용 프로그램이 있는 모든 디렉토리를 포함한다고 보장할 방법이 있다.

처음부터 PATH 환경 변수를 재정의할 필요 없이 기존의 PATH에 새로운 검색 디렉토리를 추가할 수 있다. PATH에 나열된 각 디렉토리는 콜론으로 구분된다. 원래의 PATH 값을 참조하고 문자열로 새로운 디렉토리를 추가하기만 하면 된다. 다음과 같은 식일 것이다.

```
$ echo $PATH
/usr/local/sbin:/usr/local/bin:/usr/sbin:/usr/bin:
/sbin:/bin:/usr/games:/usr/local/games
$
$ PATH=$PATH:/home/christine/Scripts
$
$ echo $PATH
/usr/local/sbin:/usr/local/bin:/usr/sbin:/usr/bin:/sbin:/bin:/usr/
    games:/usr/local/games:/home/christine/Scripts
$
$ myprog
The factorial of 5 is 120.
$
```

PATH 환경 변수에 디렉토리를 추가하면 가상 디렉토리 구조 안에 있는 어떤 프로그램이든 바로 실행할 수 있다.

```
$ cd /etc
$
$ myprog
The factorial of 5 is 120
$
```

> **TIP**
> 프로그램의 위치를 서브쉘에서도 사용할 수 있게 하려면 수정된 PATH 환경 변수를 익스포트해야 한다.

프로그래머를 위한 일반적인 방법은 PATH 환경 변수에 점 하나로 된 기호를 포함하는 것이다. 점한 개 기호는 현재 디렉토리(제3장 참조)를 뜻한다.

```
$ PATH=$PATH:.
$
$ cd /home/christine/Old_Scripts
$
$ myprog2
The factorial of 6 is 720
$
```

시스템에서 나가거나 시스템을 다시 부팅할 때까지 PATH 변수에 대한 변경 사항은 지속된다. 변경된 내용은 영구적이지 않다. 다음 절에서는 환경 변수에 대한 변경 사항을 영구적으로 만들 수 있는방법을 배우게 될 것이다.

시스템 환경 변수 찾기

리눅스 시스템은 여러 가지 목적을 위해 환경 변수를 사용한다. 당신은 시스템 환경 변수를 수정하고 자신의 변수를 만드는 방법을 알았다. 이제 문제는 이러한 환경 변수를 어떻게 영구화할 지다.

리눅스 시스템에 로그인하여 bash 쉘을 시작할 때 bash는 명령에 관한 여러 개의 파일을 검사한다. 이 파일을 시동 파일 또는 환경 파일이라고 한다. bash 쉘이 시작 단계에서 처리하는 시동 파일은 bash 쉘을 실행하기 위해서 사용하는 방법에 따라 달라진다.

bash 쉘은 세 가지 방법으로 실행된다.

- 로그인 때 기본 로그인 쉘
- 서브쉘을 생성함으로써 실행되는 대화형 쉘
- 스크립트를 실행시키기 위한 비대화형 쉘

다음 절은 이러한 실행 방법 각각에 대하여 bash 쉘이 실행시키는 시동 파일을 설명한다.

로그인 쉘 프로세스 이해하기

리눅스 시스템에 로그인하면 bash 쉘은 로그인 쉘로 실행된다. 로그인 쉘은 보통 다섯 개의 파일을 찾아서 이로부터 명령을 실행하려고 한다.

- /etc/profile
- $HOME/.bash_profile

- $HOME/.bashrc

- $HOME/.bash_login

- $HOME/.profile

/etc/profile 파일은 시스템에서 bash 쉘의 주요 기본 시동 파일이다. 로그인할 때 시스템의 모든
사용자는 이들 시동 파일을 실행한다.

NOTE
일부 리눅스 배포판은 PAM(Pluggable Authentication Modules)을 사용한다는 점에 유의하라. 이 경우 bash 쉘이
시작되기 전에 PAM 파일이 처리되며, 이들 가운데에는 환경 변수를 포함한 것이 있을 수도 있다. PAM 파일의
예는 /etc/environment 파일 및 $HOME/.pam_environment 파일과 같은 것들이 있다. PAM에 대한 더 자세한
정보는 http://linux-pam.org에서 찾을 수 있다.

다른 네 개의 시동 파일은 각 사용자에 대하여 특정되어 있으며 개별 사용자의 요구에 따라 맞춤형
으로 정의할 수 있다. 이들 파일을 자세히 살펴보자.

/etc/profile 파일 살펴보기

/etc/profile 파일은 bash 쉘의 주요 기본 시작 파일이다. 리눅스 시스템에 로그인할 때마다 bash
는 /etc/profile 시동 파일에 있는 명령을 실행한다. 여러 리눅스 배포판은 이 파일에 저마다 다른
명령을 넣어 둔다. 아래 예제의 우분투 리눅스 시스템에서 이 파일은 다음과 같다.

```
$ cat /etc/profile
# /etc/profile: system-wide .profile file for the Bourne shell (sh(1))
# and Bourne compatible shells (bash(1), ksh(1), ash(1), ...).

if [ "$PS1" ]; then
  if [ "$BASH" ] && [ "$BASH" != "/bin/sh" ]; then
    # The file bash.bashrc already sets the default PS1.
    # PS1='\h:\w\$ '
    if [ -f /etc/bash.bashrc ]; then
      . /etc/bash.bashrc
    fi
  else
    if [ "`id -u`" -eq 0 ]; then
      PS1='# '
    else
      PS1='$ '
    fi
  fi
fi
```

```
# The default umask is now handled by pam_umask.
# See pam_umask(8) and /etc/login.defs.

if [ -d /etc/profile.d ]; then
  for i in /etc/profile.d/*.sh; do
    if [ -r $i ]; then
      . $i
    fi
  done
  unset i
fi
$
```

이 파일에서 볼 수 있는 대부분의 명령과 구문은 제12장 이후에 자세히 설명되어 있다. 각 배포판의 /etc/profile 파일은 설정과 명령이 저마다 다르다. 위 예제의 우분투 배포판의 /etc/profile 파일은 /etc/bash.bashrc라는 파일을 언급하고 있다. 여기에는 시스템 환경 변수가 포함되어 있다.

그러나 아래 CentOS 배포판의 /etc/profile 파일에서는 /etc/bash .bashrc 파일을 부르지 않는다. 또한 이 파일은 몇 가지 시스템 환경 변수를 자체적으로 설정하고 익스포트한다.

```
$ cat /etc/profile
# /etc/profile

# System wide environment and startup programs, for login setup
# Functions and aliases go in /etc/bashrc

# It's NOT a good idea to change this file unless you know what you
# are doing. It's much better to create a custom.sh shell script in
# /etc/profile.d/ to make custom changes to your environment, to
# prevent the need for merging in future updates.

pathmunge () {
    case ":${PATH}:" in
        *:"$1":*)
            ;;
        *)
            if [ "$2" = "after" ] ; then
                PATH=$PATH:$1
            else
                PATH=$1:$PATH
            fi
    esac
}
```

```
if [ -x /usr/bin/id ]; then
    if [ -z "$EUID" ]; then
        # ksh workaround
        EUID='id -u'
        UID='id -ru'
    fi
    USER="'id -un'"
    LOGNAME=$USER
    MAIL="/var/spool/mail/$USER"
fi

# Path manipulation
if [ "$EUID" = "0" ]; then
    pathmunge /sbin
    pathmunge /usr/sbin
    pathmunge /usr/local/sbin
else
    pathmunge /usr/local/sbin after
    pathmunge /usr/sbin after
    pathmunge /sbin after
fi

HOSTNAME='/bin/hostname 2>/dev/null'
HISTSIZE=1000
if [ "$HISTCONTROL" = "ignorespace" ] ; then
    export HISTCONTROL=ignoreboth
else
    export HISTCONTROL=ignoredups
fi

export PATH USER LOGNAME MAIL HOSTNAME HISTSIZE HISTCONTROL

# By default, we want umask to get set. This sets it for login shell
# Current threshold for system reserved uid/gids is 200
# You could check uidgid reservation validity in
# /usr/share/doc/setup-*/uidgid file
if [ $UID -gt 199 ] && [ "'id -gn'" = "'id -un'" ]; then
    umask 002
else
    umask 022
fi

for i in /etc/profile.d/*.sh ; do
```

```
    if [ -r "$i" ]; then
        if [ "${-#*i}" != "$-" ]; then
            . "$i"
        else
            . "$i" >/dev/null 2>&1
        fi
    fi
done

unset i
unset -f pathmunge
$
```

두 배포판 모두 /etc/profile 파일에서 사용하는 특정 기능이 있다. 바로 /etc/profile.d 디렉토리 안에 있는 모든 파일을 차례대로 실행시키는 for 구문이다(for 구문에 대해서는 제13장에서 자세히 설명한다). 이 기능은 리눅스 시스템이 로그인할 때 쉘이 실행하는 응용 프로그램별 시동 파일을 배치할 수 있는 장소를 제공한다. 아래 우분투 리눅스 시스템에서는 이러한 파일이 profile.d 디렉토리에 있다.

```
$ ls -l /etc/profile.d
total 12
-rw-r--r-- 1 root root   40 Apr 15 06:26 appmenu-qt5.sh
-rw-r--r-- 1 root root  663 Apr  7 10:10 bash_completion.sh
-rw-r--r-- 1 root root 1947 Nov 22  2013 vte.sh
$
```

아래 CentOS 시스템에서는 /etc/profile.d에 좀 더 많은 파일이 있음을 볼 수 있다.

```
$ ls -l /etc/profile.d
total 80
-rw-r--r--. 1 root root 1127 Mar  5 07:17 colorls.csh
-rw-r--r--. 1 root root 1143 Mar  5 07:17 colorls.sh
-rw-r--r--. 1 root root   92 Nov 22  2013 cvs.csh
-rw-r--r--. 1 root root   78 Nov 22  2013 cvs.sh
-rw-r--r--. 1 root root  192 Feb 24 09:24 glib2.csh
-rw-r--r--. 1 root root  192 Feb 24 09:24 glib2.sh
-rw-r--r--. 1 root root   58 Nov 22  2013 gnome-ssh-askpass.csh
-rw-r--r--. 1 root root   70 Nov 22  2013 gnome-ssh-askpass.sh
-rwxr-xr-x. 1 root root  373 Sep 23  2009 kde.csh
-rwxr-xr-x. 1 root root  288 Sep 23  2009 kde.sh
-rw-r--r--. 1 root root 1741 Feb 20 05:44 lang.csh
-rw-r--r--. 1 root root 2706 Feb 20 05:44 lang.sh
-rw-r--r--. 1 root root  122 Feb  7  2007 less.csh
```

```
-rw-r--r--. 1 root root  108 Feb  7  2007 less.sh
-rw-r--r--. 1 root root  976 Sep 23  2011 qt.csh
-rw-r--r--. 1 root root  912 Sep 23  2011 qt.sh
-rw-r--r--. 1 root root 2142 Mar 13 15:37 udisks-bash-completion.sh
-rw-r--r--. 1 root root   97 Apr  5  2012 vim.csh
-rw-r--r--. 1 root root  269 Apr  5  2012 vim.sh
-rw-r--r--. 1 root root  169 May 20  2009 which2.sh
$
```

여러 파일들은 시스템의 특정 응용 프로그램과 관련된 것이라는 점에 주목하자. 대부분의 응용 프로그램은 두 개의 시동 파일을 만들며 하나는 bash 쉘을 위한 것이고(.sh 확장자를 사용) 또 하나는 c 쉘을 위한 것이다(.csh 확장자를 사용한다).

lang.csh 및 lang.sh 파일은 시스템이 기본 언어 문자 집합을 결정하고 적절하게 LANG 환경 변수를 설정한다.

$HOME 시동 파일 살펴보기

나머지 시동 파일은 모두 같은 기능을 위해 쓰인다. 사용자에 특정한 환경 변수를 정의하기 위한 사용자 특정 시동 파일을 제공하기 위한 것이다. 대부분의 리눅스 배포판은 아래 네 가지 시동 파일 가운데 하나 또는 두 가지만 사용한다.

- $HOME/.bash_profile

- $HOME/.bashrc

- $HOME/.bash_login

- $HOME/.profile

네 개의 파일 모두가 점으로 시작하며 따라서 숨겨진 파일(보통의 ls 명령 목록에 표시되지 않는다)이 된다는 것을 알 수 있다. 이들 파일은 사용자의 HOME 디렉토리에 있기 때문에 각 사용자는 파일을 편집하고 자신만의 환경 변수를 추가해서 이들이 bash 쉘을 시작할 때마다 활성화 되도록 할 수 있다.

> **NOTE**
> 환경 파일은 리눅스 배포판마다 매우 다른 부분 중 하나다. 이 섹션에 언급된 모든 $HOME 파일이 모든 사용자마다 존재하는 것은 아니다. 일부 사용자는 $HOME/.bash_profile 파일만 있을 수도 있는데 이는 정상이다.

다음 목록에 나오는 순서에 따라 처음 발견되는 파일만이 실행되며 나머지는 무시된다.

- $HOME/.bash_profile

- $HOME/.bash_login

■ $HOME/.profile

$HOME/.bashrc 파일이 이 목록에 없다는 점에 유의하라. 보통은 다른 파일들 중 한 곳 안에서 실행되기 때문이다.

> **TIP**
> $HOME과 물결표(~)는 사용자의 홈 디렉토리를 나타내는 데 사용된다.

CentOS 리눅스 시스템은 다음의 .bash_profile 파일을 포함하고 있다.

```
$ cat $HOME/.bash_profile
# .bash_profile

# Get the aliases and functions
if [ -f ~/.bashrc ]; then
        . ~/.bashrc
fi

# User specific environment and startup programs

PATH=$PATH:$HOME/bin

export PATH
$
```

.bash_profile 시동 파일은 먼저 HOME 디렉토리에 .bashrc 시동 파일이 있는지 확인한다. 만약 있다면 시동 파일은 그 안에 있는 명령을 실행한다.

대화형 쉘 프로세스 이해하기

시스템에 로그인하지 않고 bash 쉘을 시작하면(CLI 프롬프트에서 bash라고만 입력했다면) 대화형 쉘이라고 하는 것이 시작된다. 대화형 쉘은 로그인 쉘처럼 동작하지는 않지만 명령을 입력하는 CLI 프롬프트를 제공한다.

bash 쉘이 대화형 쉘로 실행되면 /etc/profile 파일을 처리하지 않는다. 대신 사용자의 HOME 디렉토리에 있는 .bashrc 파일만 확인한다.

아래 예의 리눅스 CentOS 배포판에서 이 파일은 다음과 같다.

```
$ cat .bashrc

# .bashrc
```

6

```
# Source global definitions
if [ -f /etc/bashrc ]; then
        . /etc/bashrc
fi

# User specific aliases and functions
$
```

.bashrc 파일은 두 가지 작업을 수행한다. 먼저 /etc 디렉토리에 있는 공통 bashrc 파일을 확인한다. 다음으로는 사용자가 개인 명령 별명(제5장에서 설명)과 개인 스크립트 함수(제17장에서 설명)를 입력할 수 있는 장소를 제공한다.

비대화형 쉘 프로세스 이해하기

마지막으로 살펴볼 쉘의 유형은 비대화형 서브쉘이다. 이는 시스템이 쉘 스크립트 실행을 시작할 수 있는 쉘로 CLI 프롬프트가 없다는 점에서 다른 유형과는 다르다. 그러나 시스템이 스크립트를 시작할 때마다 특정한 시동 명령을 실행시키기를 원할 수도 있다.

> **TIP**
> 스크립트는 다른 방법으로 실행될 수도 있다. 일부 실행 방법만이 서브쉘을 실행한다. 제11장에서 다른 쉘 실행 방법에 대해 알아볼 것이다.

이러한 바람을 수용하기 위하여 bash 쉘은 BASH_ENV 환경 변수를 제공한다. 쉘이 비대화형 서브쉘 프로세스로 실행될 때, 쉘은 실행시킬 시동 파일 이름을 이 환경 변수에서 찾는다. 이름이 존재하면 쉘은 이 파일의 명령을 실행하며 보통 이 파일은 쉘 스크립트를 위한 변수의 모음을 포함하고 있다.

아래 예제의 CentOS 리눅스 배포판에서 이 환경 변수의 값은 기본적으로 설정되어 있지 않다. 변수가 설정되지 않으면 printenv 명령은 단지 CLI 프롬프트를 돌려줄 뿐이다.

```
$ printenv BASH_ENV
$
```

다음 우분투 배포판 역시 BASH_ENV 변수는 설정되어 있지 않다. 변수가 설정되어 있지 않을 때 echo 명령은 빈 줄을 표시하고 CLI 프롬프트로 돌아간다.

```
$ echo $BASH_ENV

$
```

BASH_ENV 변수가 설정되지 않았다면 쉘 스크립트는 어떻게 이 환경 변수를 사용할 수 있을까? 일부 쉘 스크립트의 실행 방법은 서브쉘. 혹은 자식 쉘(제5장 참조)을 실행하는 것이라는 점을 기억하자. 자식 쉘은 부모 쉘의 변수를 상속한다.

부모 쉘이 로그인 쉘이고 /etc/profile 파일, /etc/profile.d/*.sh 파일 그리고 $HOME/.bashrc 파일에 변수를 설정하고 익스포트했다면 스크립트를 실행시키는 자식 쉘은 이러한 변수를 상속한다.

그러나 부모 쉘에서 설정은 되었지만 익스포트되지 않은 어떤 변수든 지역 변수라는 점을 잊지 말자. 지역 변수는 서브 쉘로 상속되지 않는다.

서브쉘을 실행하지 않는 스크립트에 대해서는, 변수는 이미 현재 쉘에서 사용할 수 있다. 따라서 BASH_ENV가 설정되어 있지 않다고 해도 현재 쉘의 지역 및 전역 변수는 존재하며 사용 가능하다.

환경 변수를 영구적으로 만들기

이제 다양한 쉘 프로세스 유형과 다양한 환경 파일을 알았으니 영구적인 환경 변수를 만드는 일이 훨씬 쉬워졌다. 이러한 파일로 자신만의 영구적인 전역 또는 지역 변수를 설정할 수도 있다.

전역 환경 변수(Linux 시스템의 모든 사용자가 필요로 하는 변수)인 경우, /etc/profile 안에 새로운 변수를 넣거나 값을 바꾸고 싶을 수도 있겠지만 이는 잘못된 생각이다. 배포판이 업그레이드될 때 이 파일이 변경될 수 있으며 그렇게 되면 수정했던 모든 사용자 정의 변수 설정을 잃게 된다.

좀 더 나은 방법은 /etc/profile.d 디렉토리에 .sh로 끝나는 파일을 만드는 것이다. 이 파일에 새로 만들었거나 수정한 전역 환경 변수 설정을 모두 배치한다.

대부분의 배포판에서 개별 사용자의 영구적인 bash 쉘 변수를 저장하기 위한 좋은 장소는 $HOME/.bashrc 파일이다. 이는 모든 유형의 쉘 프로세스에 대해 적용된다. 하지만 BASH_ENV 변수가 설정되어 있다면 이 변수가 $HOME/.bashrc를 가리키지 않는 한 비대화형 쉘을 위한 사용자 변수를 어딘가 다른 곳에 저장해야 할 수도 있다는 점을 잊지 말자.

> **<참고>**
> GUI 클라이언트와 같은 그래픽 인터페이스 요소에 대한 사용자 환경 변수는 bash 쉘 환경 변수를 설정하는 것과는 다른 설정 파일에 설정해야 할 수도 있다는 점을 잊지 말자.

제5장으로 돌아가서 명령 별명 설정 역시 영구적이지 않다는 점을 떠올려 보자. $HOME/.bashrc 시동 파일에 개인 별명 설정을 저장하면 이들을 영구화할 수 있다.

변수 배열 알아보기

환경 변수의 정말로 쓸모 있는 기능은 이들을 배열로 사용할 수 있다는 것이다. 배열은 여러 값을 저장할 수 있는 변수다. 값은 개별적으로 또는 전체 배열을 통째로 참조할 수 있다.

환경 변수에 여러 값을 설정하려면 괄호 안에 값을 넣고 각각의 값은 빈 칸으로 구분하면 된다.

```
$ mytest=(one two three four five)
$
```

별 대단한 건 없다. 배열을 보통의 환경 변수로 표시하려고 하면 실망할 것이다.

```
$ echo $mytest
one
$
```

배열의 첫 번째 값만 나타난다. 개별 배열 요소를 참조하려면 배열 안에서 위치를 나타내는 숫자 인덱스 값을 사용해야 한다. 숫자 값은 대괄호로 묶여 있다.

```
$ echo ${mytest[2]}
three
$
```

> **TIP**
> 환경 변수 배열은 인덱스 값이 0으로 시작하는 점 때문에 헷갈릴 수도 있다.

전체 배열 변수를 표시하려면 인덱스 값으로 별표(*) 와일드카드 문자를 사용한다.

```
$ echo ${mytest[*]}
one two three four five
$
```

개별 인덱스 위치의 값을 변경할 수도 있다.

```
$ mytest[2]=seven
$
$ echo ${mytest[*]}
one two seven four five
$
```

배열 안의 개별 값을 지우기 위해 unset 명령을 사용할 수도 있지만 까다로우므로 조심해야 한다. 다음의 예를 보자.

```
$ unset mytest[2]
$
$ echo ${mytest[*]}
```

```
one two four five
$
$ echo ${mytest[2]}

$ echo ${mytest[3]}
four
$
```

이 예는 인덱스 2의 값을 없애는 unset 명령을 사용한다. 배열을 표시해 보면 다른 인덱스의 값이 없어진 것처럼 보인다. 인덱스 값 2에 있는 데이터를 지정해서 표시하면 그 위치가 비어있는 것을 알 수 있다.

마지막으로 unset 명령에 배열 이름만 쓰면 전체 배열을 없앨 수 있다.

```
$ unset mytest
$
$ echo ${mytest[*]}

$
```

변수 배열은 문제를 복잡하게 만들어서 배열은 쉘 스크립트 프로그래밍에 잘 쓰이지 않는다. 배열은 다른 쉘 환경에 잘 이식되지는 않는데, 이는 여러 가지 쉘을 위한 쉘 프로그래밍을 많이 한다면 단점이 될 것이다. 일부 bash 시스템 환경 변수는 배열(예를 들어 BASH_VERSINFO)을 사용하지만 대체로 본다면 배열을 그렇게 많이 사용하고 싶지는 않을 것이다.

요약

이 장에서는 리눅스 환경 변수의 세계를 살펴보았다. 전역 환경 변수는 이를 정의하고 있는 부모 쉘이 생성한 어떤 자식 쉘에서든 사용할 수 있다. 지역 환경 변수는 이를 정의한 프로세스에서만 사용할 수 있다.

리눅스 시스템에서는 시스템 환경에 대한 정보를 저장하기 위해 전역 및 지역 환경 변수 모두를 사용한다. 사용자는 쉘 스크립트 안에서뿐만 아니라 쉘 커맨드라인 인터페이스에서도 이 정보를 사용할 수 있다. bash 쉘 시스템 환경 변수는 원래의 유닉스 Bourne 쉘에 정의된 변수는 물론 수많은 새로운 환경 변수를 사용한다. PATH 환경 변수는 bash 쉘이 실행할 수 있는 명령을 찾기 위한 검색 패턴을 정의한다. 자신의 디렉토리나 현재 디렉토리 기호를 추가함으로써 PATH 환경 변수를 수정해서 쉽게 프로그램을 실행할 수 있다.

자신이 활용하기 위한 전역 또는 지역 변수를 직접 만들 수도 있다. 환경 변수를 만든 뒤에는 그 쉘 세션이 존재하는 내내 이들 변수를 사용할 수 있다.

bash 쉘은 시작할 때 여러 시동 파일을 실행한다. 이 시동 파일은 각각의 bash 세션에 대한 표준 환경 변수를 설정하기 위한 환경 변수 정의를 포함할 수 있다. 리눅스 시스템에 로그인 하면 bash 쉘은 /etc/profile 시동 파일을 읽어 들인 다음 각 사용자에 대한 지역 시동 파일인 $HOME/.bash_profile, $HOME/.bash_login, $HOME/.profile, 이 세 가지 파일을 읽어 들인다. 사용자는 자신에게 맞게 환경 변수 및 시작 스크립트를 포함하도록 이 파일을 바꿀 수 있다.

이 장에서는 환경 변수 배열 사용법을 설명했다. 이러한 환경 변수는 하나의 변수에 여러 값을 포함할 수 있다. 인덱스 값으로 참조하여 각각의 값을 사용하거나 전체 환경 변수 배열의 이름을 참조하여 전체 값을 참조할 수도 있다.

다음 장에서는 리눅스 파일 권한의 세계로 들어간다. 리눅스 초보자에게는 가장 어려운 주제일 것이다. 그러나 좋은 쉘 스크립트를 작성하려면 파일 권한이 작동하는 방법을 이해하고 이를 리눅스 시스템에서 활용할 수 있어야 한다.

리눅스 파일 사용 권한 이해하기

이 장의 내용

리눅스 보안 이해하기
권한 해석하기
리눅스 그룹에 대한 작업

어떤 시스템도 보안 형태를 갖추지 않고는 완전할 수 없다. 허가 받지 않고 내용을 보거나 고치지 못하도록 파일을 보호하는 메커니즘이 있어야 한다. 리눅스 시스템은 개별 사용자 및 그룹이 각 파일 및 디렉토리에 대한 일련의 보안 설정에 따라 파일에 접근할 수 있도록 유닉스 방식의 파일 권한 체계를 따른다. 이 장에서는 필요할 때에 데이터를 보호하고 원하는 때에는 데이터를 공유할 수 있도록 리눅스 파일 리눅스 파일 보안 시스템을 활용하는 방법에 대해 설명한다.

리눅스 보안

리눅스 보안 시스템의 핵심은 사용자 계정이다. 리눅스 시스템에 접속하는 개별 사용자는 각자 고유한 사용자 계정이 있어야 한다. 시스템에 있는 개체에 대한 사용자의 권한은 로그인한 사용자 계정에 따라 달라진다.

사용자 권한은 계정이 만들어질 때 할당되는 사용자 ID(UID라고도 한다)로 추적된다. UID는 각 사용자에 대해 고유한 숫자값이다. 리눅스 시스템에 로그인할 때에 UID를 사용하지는 않으며 로그인 이름을 사용한다. 로그인 이름은 사용자가 시스템에 로그인할 때(암호와 함께) 사용하는 8글자 이하의 영어 및 숫자와 텍스트 문자열이다.

리눅스 시스템은 시스템의 사용자 계정을 추적하고 관리하기 위한 특수한 파일 및 유틸리티를 사용한다. 파일 권한을 논의하기 전에 먼저 리눅스 사용자 계정을 다루는 방법을 이야기할 필요가 있다. 이 절에서는 파일 권한에 관한 작업을 할 때 사용자 계정에 필요한 파일 및 유틸리티를 사용하는 방법을 설명한다.

The /etc/passwd 파일

리눅스 시스템은 로그인 이름과 그에 해당하는 UID 값을 찾기 위해 특별한 파일을 이용한다. 이 파일은 /etc/passwd 파일이다. /etc/passwd 파일은 사용자에 대한 여러 정보가 포함되어 있다. 다음은 리눅스 시스템에서 볼 수 있는 전형적인 /etc/passwd 파일의 모습이다.

```
$ cat /etc/passwd
root:x:0:0:root:/root:/bin/bash
bin:x:1:1:bin:/bin:/sbin/nologin
daemon:x:2:2:daemon:/sbin:/sbin/nologin
adm:x:3:4:adm:/var/adm:/sbin/nologin
lp:x:4:7:lp:/var/spool/lpd:/sbin/nologin
sync:x:5:0:sync:/sbin:/bin/sync
shutdown:x:6:0:shutdown:/sbin:/sbin/shutdown
halt:x:7:0:halt:/sbin:/sbin/halt
mail:x:8:12:mail:/var/spool/mail:/sbin/nologin
news:x:9:13:news:/etc/news:
uucp:x:10:14:uucp:/var/spool/uucp:/sbin/nologin
operator:x:11:0:operator:/root:/sbin/nologin
games:x:12:100:games:/usr/games:/sbin/nologin
gopher:x:13:30:gopher:/var/gopher:/sbin/nologin
ftp:x:14:50:FTP User:/var/ftp:/sbin/nologin
nobody:x:99:99:Nobody:/:/sbin/nologin
rpm:x:37:37::/var/lib/rpm:/sbin/nologin
vcsa:x:69:69:virtual console memory owner:/dev:/sbin/nologin
mailnull:x:47:47::/var/spool/mqueue:/sbin/nologin
smmsp:x:51:51::/var/spool/mqueue:/sbin/nologin
apache:x:48:48:Apache:/var/www:/sbin/nologin
rpc:x:32:32:Rpcbind Daemon:/var/lib/rpcbind:/sbin/nologin
ntp:x:38:38::/etc/ntp:/sbin/nologin
nscd:x:28:28:NSCD Daemon:/:/sbin/nologin
tcpdump:x:72:72::/:/sbin/nologin
dbus:x:81:81:System message bus:/:/sbin/nologin
avahi:x:70:70:Avahi daemon:/:/sbin/nologin
hsqldb:x:96:96::/var/lib/hsqldb:/sbin/nologin
sshd:x:74:74:Privilege-separated SSH:/var/empty/sshd:/sbin/nologin
rpcuser:x:29:29:RPC Service User:/var/lib/nfs:/sbin/nologin
nfsnobody:x:65534:65534:Anonymous NFS User:/var/lib/nfs:/sbin/nologin
haldaemon:x:68:68:HAL daemon:/:/sbin/nologin
xfs:x:43:43:X Font Server:/etc/X11/fs:/sbin/nologin
gdm:x:42:42::/var/gdm:/sbin/nologin
rich:x:500:500:Rich Blum:/home/rich:/bin/bash
mama:x:501:501:Mama:/home/mama:/bin/bash
katie:x:502:502:katie:/home/katie:/bin/bash
```

```
jessica:x:503:503:Jessica:/home/jessica:/bin/bash
mysql:x:27:27:MySQL Server:/var/lib/mysql:/bin/bash
$
```

root 사용자 계정은 리눅스 시스템의 관리자이며 항상 UID 0이 할당된다. 위에서 볼 수 있듯이 리눅스 시스템은 실제 사용자가 아닌 다양한 기능에 관련된 사용자 계정을 많이 만든다. 이러한 계정들을 시스템 계정이라고 한다. 시스템 계정은 시스템에서 구동되는 서비스들이 시스템 자원에 접근하는 권한을 얻기 위해서 사용하는 특별한 계정이다. 백그라운드 모드에서 실행되는 모든 서비스는 시스템 사용자 계정으로 리눅스 시스템에 로그인해야 한다.

보안이 큰 문제가 되기 전에는 서비스는 종종 root 사용자 계정으로 로그인했다. 하지만 권한이 없는 사람이 이러한 서비스 중 하나에 침입하면 그는 즉시 root 사용자로 시스템에 대한 접근 권한을 얻게 된다. 이를 막기 위해 이제는 리눅스 서버에서 백그라운드로 실행되는 모든 서비스는 자체 사용자 계정으로 로그인 해야 한다. 이렇게 하면 어떤 말썽꾼이 설령 서비스를 통해 침입하더라도 전체 시스템에 대한 접근 권한을 얻을 수는 없다.

리눅스는 시스템 계정을 위해 500 이하의 UID를 유보해 둔다. 제대로 작동하려면 특정한 UID가 필요한 서비스도 있다. 일반 사용자 계정을 만들 때 대부분의 리눅스 시스템은 첫 번째 사용 가능한 UID를 500에서 시작해서 할당해 나간다(하지만 모든 리눅스 배포판이 그런 것은 아니다).

아마 /etc/passwd 파일에 사용자의 로그인 이름과 UID보다 훨씬 더 많은 내용이 들어 있다고 생각할 것이다. /etc/passwd 파일의 필드는 다음과 같은 정보를 포함한다.

- 로그인 사용자의 이름
- 사용자의 암호
- 사용자 계정의 숫자 UID
- 사용자 계정의 숫자 그룹 ID(GID)
- 사용자 계정의 설명 텍스트(주석 필드라고도 한다)
- 사용자의 HOME 디렉토리의 위치
- 사용자의 기본 쉘

/etc/passwd 파일의 암호 필드는 X로 설정된다. 이는 모든 사용자 계정이 똑같은 암호를 가지고 있다는 것을 뜻하지는 않는다. 예전의 리눅스는 /etc/passwd 파일은 암호화된 사용자의 비밀번호를 포함하고 있었다. 하지만 많은 프로그램들이 사용자 정보를 얻기 위해 /etc/passwd 파일에 접근할 필요가 있으며 이는 보안에 문제가 되었다. 암호화된 암호를 쉽게 해독할 수 있는 소프트웨어가 등장하면서 나쁜 목적을 가진 사람들이 /etc/passwd 파일에 저장된 사용자 암호를 신나게 깨나갔다. 리눅스 개발자는 예전의 정책을 재고할 필요가 있었다.

지금 대부분의 리눅스 시스템은 사용자의 암호를 별도 파일에 저장한다(/etc/shadow에 있으며 섀도우 파일이라고도 한다). 특별한 프로그램(가령 로그인 프로그램)만이 이 파일에 접근할 수 있다.

/etc/passwd 파일은 표준 텍스트 파일이다. /etc/passwd 파일을 직접 텍스트 편집기로 열어서 손수 사용자 관리 기능(사용자 계정을 만들거나, 고치거나, 지우는 것과 같은)을 수행할 수 있다. 하지만 이 방법은 매우 위험하다. /etc/passwd 파일이 손상되면 시스템은 이를 읽을 수 없으며 그 결과로 누구도 (심지어 root 사용자 까지도) 로그인할 수 없게 된다. 대신 사용자 관리 기능을 수행하기 위해 표준 리눅스 사용자 관리 유틸리티를 사용하는 것이 더 안전하다.

/etc/shadow 파일

/etc/shadow 파일은 리눅스 시스템이 암호를 관리하는 방법에 대한 통제권이 더 많다. root 사용자는 /etc/passwd 파일보다 더 안전하게 /etc/shadow 파일에 접근할 수 있다.

/etc/shadow 파일은 시스템의 각 사용자 계정에 대해 하나의 레코드를 포함하고 있다. 레코드는 다음과 같다.

```
rich:$1$.FfcK0ns$f1UgiyHQ25wrB/hykCn020:11627:0:99999:7:::
```

각각의 /etc/shadow 파일 레코드에는 아홉 개의 필드가 있다.

- /etc/passwd 파일의 로그인 이름에 해당하는 로그인 이름
- 암호화된 암호
- 암호가 마지막으로 변경된 날짜로 1970년 1월 1일을 시작으로 한 일 수
- 암호를 변경할 수 있게 될 때까지의 최소 일 수
- 암호를 변경해야 하는 날까지의 남은 일 수
- 사용자에게 암호를 변경하라고 경고하는 날까지의 남은 일 수
- 계정이 만료되어 비활성화 되는 날까지의 남은 일 수
- 사용자 계정이 비활성화 된 날(1970년 1월 1일을 시작으로 한 일 수)
- 향후 사용을 위해 유보된 필드

새도우 암호 시스템을 사용하여 리눅스 시스템은 사용자 암호를 더 정밀하게 제어할 수 있다. 사용자가 암호를 변경해야 하는 빈도, 암호를 변경하지 않으면 언제 사용자 계정을 비활성화할 것인지를 제어할 수 있다.

새 사용자 추가하기

리눅스 시스템에 새로운 사용자를 추가하기 위해 사용되는 기본 도구는 useradd다. 이 명령은 새 사용자 계정을 만들고 사용자의 HOME 디렉토리 구조까지 한꺼번에 설정하는 쉬운 방법을 제공한다. useradd 명령은 사용자 계정을 정의하기 위해 시스템 기본값과 커맨드라인 매개변수를 함께

사용한다. 시스템 기본값은 /etc/default/useradd 파일에 설정되어 있다. 리눅스 배포판에서 사용하는 시스템 기본값을 확인하려면 useradd 명령에 -D 매개변수를 함께 입력한다.

```
# /usr/sbin/useradd -D
GROUP=100
HOME=/home
INACTIVE=-1
EXPIRE=
SHELL=/bin/bash
SKEL=/etc/skel
CREATE_MAIL_SPOOL=yes
#
```

NOTE

일부 리눅스 배포판은 리눅스 사용자 및 그룹 유틸리티를 /usr/sbin 디렉토리에 배치하며, 이 디렉토리는 PATH 환경 변수에 없을 수도 있다. 사용하고 있는 리눅스 배포판이 이런 경우에 해당한다면 PATH에 이 디렉토리를 추가하거나 관련된 명령을 실행할 때 절대 파일 경로를 사용한다.

-D 매개변수는 커맨드라인에서 useradd 명령으로 새 사용자 계정을 만들 때 값을 지정하지 않는 경우 기본값이 어떻게 지정되는지를 보여준다. 위의 예는 다음과 같은 기본값을 보여준다.

- 새로운 사용자는 그룹 ID 100으로 공통 그룹에 추가됨

- 새로운 사용자는 /home/[로그인 이름] 디렉토리에 만들어진 HOME 계정을 가짐

- 암호가 만료되어도 계정을 비활성화 불가능

- 새 계정은 설정된 날짜에 만료되도록 설정 불가능

- 새 계정은 기본 쉘로 bash 쉘 사용

- 시스템은 /etc/skel 디렉토리의 내용을 사용자의 HOME 디렉토리에 복사

- 시스템은 사용자 계정의 mail 디렉토리에 메일을 받을 수 있도록 파일 작성

끝에서 두 번째 값은 흥미롭다. useradd 명령은 관리자가 HOME 디렉토리의 기본 구성값을 만들고 이를 새 사용자의 HOME 디렉토리를 만들 때 템플릿으로 쓸 수 있는 기능을 제공한다. 이렇게 하면 모든 새 사용자의 HOME 디렉토리에 시스템의 기본 파일을 자동으로 배치할 수 있다. 우분투 리눅스 시스템에서는 /etc/skel 디렉토리에 다음과 같은 파일이 있다.

```
$ ls -al /etc/skel
total 32
drwxr-xr-x   2 root root  4096 2010-04-29 08:26 .
drwxr-xr-x 135 root root 12288 2010-09-23 18:49 ..
-rw-r--r--   1 root root   220 2010-04-18 21:51 .bash_logout
-rw-r--r--   1 root root  3103 2010-04-18 21:51 .bashrc
```

```
-rw-r--r--    1 root root    179 2010-03-26 08:31 examples.desktop
-rw-r--r--    1 root root    675 2010-04-18 21:51 .profile
$
```

제6장에서 이 파일들을 보았을 것이다. 이들은 bash 쉘 환경의 표준 시동 파일이다. 시스템은 이들 기본 파일을 새로 만들어진 모든 사용자의 HOME 디렉토리에 자동으로 복사한다.

기본 시스템 매개변수를 사용하여 새로운 사용자 계정을 만들고 새 사용자의 HOME 디렉토리를 살펴봄으로써 이를 테스트할 수 있다.

```
# useradd -m test
# ls -al /home/test
total 24
drwxr-xr-x 2 test test 4096 2010-09-23 19:01 .
drwxr-xr-x 4 root root 4096 2010-09-23 19:01 ..
-rw-r--r-- 1 test test  220 2010-04-18 21:51 .bash_logout
-rw-r--r-- 1 test test 3103 2010-04-18 21:51 .bashrc
-rw-r--r-- 1 test test  179 2010-03-26 08:31 examples.desktop
-rw-r--r-- 1 test test  675 2010-04-18 21:51 .profile
#
```

기본적으로 useradd 명령은 HOME 디렉토리를 만들지 않지만 -m 커맨드라인 옵션은 HOME 디렉토리를 만들라고 지시한다. 이 예에서 볼 수 있듯이, useradd 명령은 /etc/skel 디렉토리에 포함된 파일을 사용하여 새 HOME 디렉토리를 만들었다.

> **NOTE**
> 이 장에서 사용자 계정 관리 명령을 실행하려면 특별한 루트(root) 사용자 계정으로 로그인하거나 명령을 루트 계정으로 실행하기 위하여 sudo 명령을 사용해야 한다.

새 사용자를 만들 때 기본값 또는 기본 특성을 다른 값으로 대체하고 싶다면 커맨드라인 매개변수로 필요한 작업을 할 수 있다. 이러한 매개변수는 [표 7-1]에 나와 있다.

표 7-1 useradd 커맨드라인 매개변수

매개변수	설명
-c comment	새 사용자의 주석 필드에 comment 텍스트를 추가한다
-d home_dir	홈 디렉토리를 로그인 이름이 아닌 다른 이름으로 지정한다
-e expire_date	언제 계정이 만료될지를 YYYY-MM-DD 형식으로 날짜를 지정한다
-f inactive_days	암호가 만료되고 며칠 후에 계정을 사용할 수 없게 만들지를 지정한다. 0의 값은 암호가 만료되는 즉시 계정을 사용하지 못하게 한다. -1의 값은 이 기능을 사용할 수 없도록 한다

-g initial_group	사용자의 로그인 그룹의 그룹 이름 또는 GID를 지정한다
-G group…	사용자가 속할 하나 이상의 추가 그룹을 지정한다
-k /etc/skel	디렉토리의 내용을 사용자의 HOME 디렉토리에 복사한다(-m도 함께 써야 한다)
-m	사용자의 HOME 디렉토리를 만든다
-M	사용자의 HOME 디렉토리를 만들지 않는다(디렉토리를 만드는 것으로 기본 설정을 했을 경우에 사용)
-n	사용자의 로그인 이름과 같은 이름을 사용하여 새로운 그룹을 만든다
-r	시스템 계정을 만든다
-p passwd	사용자 계정에 대한 기본 암호를 지정한다
-s shell	기본 로그인 쉘을 지정한다
-u uid	계정에 대한 고유한 UID를 지정한다

위에서 볼 수 있듯이 커맨드라인 매개변수만을 사용해서 새 사용자 계정을 만들어도 어떤 시스템 기본값이든 대체할 수 있다. 그러나 어떤 값을 항상 바꿀 필요가 있다면 시스템 기본값을 바꾸는 것이 더 쉬울 것이다.

-D 매개변수와 함께 바꾸려는 값을 뜻하는 매개변수를 사용하면 시스템 기본값을 새로운 값으로 대체할 수 있다. 이러한 매개변수들은 [표 7-2]에 나와 있다.

표 7-2 useradd의 기본값 변경 매개변수

매개변수	설명
-b default_home	사용자의 HOME 디렉토리가 생성되는 위치를 변경한다
-e expiration_date	새 계정의 만료 날짜를 변경한다
-f inactive	암호가 만료되고 며칠 후에 계정을 사용할 수 없게 만들지를 지정한다
-g group	사용할 기본 그룹 이름 또는 GID를 변경한다
-s shell	기본 로그인 쉘을 변경한다

기본값을 변경하는 일은 간단하다.

```
# useradd -D -s /bin/tsch
# useradd -D
GROUP=100
HOME=/home
INACTIVE=-1
```

```
EXPIRE=
SHELL=/bin/tsch
SKEL=/etc/skel
CREATE_MAIL_SPOOL=yes
#
```

이제 useradd 명령은 만들어지는 모든 새로운 사용자에 대하여 기본 로그인 쉘로 tsch 쉘을 사용하게 된다.

사용자 없애기

시스템에서 사용자를 없애려면 userdel 명령이 그 일을 한다. userdel 명령은 /etc/passwd 파일에서 사용자 정보를 지우는 일만 한다. 이 명령은 해당 계정이 시스템에 가지고 있는 어떤 파일도 지우지 않는다.

-r 매개변수를 사용하면 userdel 명령은 사용자의 HOME 디렉토리와 mail 디렉토리를 함께 제거한다. 삭제된 사용자 계정이 가지고 있던 다른 파일은 여전히 시스템에 남기도 해서 어떤 환경에서는 문제가 될 수 있다.

기존 사용자 계정을 없애기 위해 userdel 명령을 사용하는 예는 다음과 같다.

```
# /usr/sbin/userdel -r test
# ls -al /home/test
ls: cannot access /home/test: No such file or directory
#
```

-r 매개변수를 사용하면 사용자의 이전 /home/test 디렉토리는 더 이상 존재하지 않는다.

> **NOTE**
> 사용자가 많은 환경에서 -r 매개변수를 사용할 때에는 주의해야 한다. 해당 사용자가 HOME 디렉토리에 다른 사람이 쓰는 중요한 파일이나 다른 프로그램과 같은 것들을 저장하고 있을지 절대 알 수 없기 때문이다. 사용자의 HOME 디렉토리를 제거하기 전에는 항상 확인해야 한다.

사용자 수정하기

리눅스는 기존 사용자 계정에 대한 정보를 수정하기 위한 몇 가지 유틸리티를 제공한다. [표 7-3]은 이러한 유틸리티를 보여준다.

표 7-3 사용자 계정 수정 유틸리티

명령	설명
usermod	사용자 계정 필드를 편집하는 것은 물론 기본 및 보조 그룹 구성원을 지정한다
passwd	기존 사용자의 암호를 변경한다
chpasswd	로그인 이름과 암호가 한 쌍으로 된 파일을 읽어 들여 암호를 갱신한다
chage	암호의 만료 날짜를 변경한다
chfn	사용자 계정의 주석 정보를 변경한다
chsh	사용자 계정의 기본 쉘을 변경한다

각 유틸리티는 사용자 계정의 정보를 변경하기 위한 특정한 기능을 제공한다. 다음 절에서는 이러한 유틸리티 각각을 설명한다.

usermod

usermod 명령은 사용자 계정 변경 유틸리티 중 가장 강력한 기능을 가지고 있다. 이 명령은 /etc/passwd 파일의 필드 대부분을 변경할 수 있는 기능을 제공한다. 이를 위해서는 변경하려는 값에 해당하는 커맨드라인 매개변수를 사용해야 한다. 매개변수는 대부분 useradd의 매개변수(-c는 주석 필드를 변경하고 -e는 만료 기간을 변경하고, -g는 기본 로그인 그룹을 변경하는 등)와 같다. 그러나 몇 가지 추가 매개변수는 더욱 편리한 기능을 제공한다.

- -l : 사용자 계정의 로그인 이름을 변경
- -L : 사용자가 로그인 할 수 없도록 계정을 잠금
- -p : 계정의 암호를 변경
- -U : 사용자가 로그인할 수 있도록 계정 잠금을 해제

-L 매개변수는 특히 편리하다. 사용자의 계정과 사용자의 데이터를 지울 필요 없이 사용자가 로그인할 수 없도록 계정을 잠글 때 사용한다. 계정을 정상 상태로 되돌리려면 -U 매개변수를 사용하면 된다.

passwd, chpasswd

사용자 암호만을 변경하는 빠른 방법은 passwd 명령이다.

```
# passwd test
Changing password for user test.
New UNIX password:
Retype new UNIX password:
```

```
passwd: all authentication tokens updated successfully.
#
```

passwd 명령만을 그대로 사용하면 자신의 암호를 변경한다. 시스템에 있는 어떤 사용자든 자신의 암호를 변경할 수 있지만 누군가 다른 사람의 암호를 변경할 수 있는 권한은 root 사용자에게만 있다.

-e 옵션은 다음 로그인 때 사용자가 암호를 변경하도록 강제할 수 있는 편리한 방법이다. 이 옵션은 사용자의 암호를 일단 간단한 값으로 설정한 다음 이를 좀 더 복잡하지만 사용자는 기억할 수 있는 값으로 변경하도록 강제할 수 있다.

시스템에 있는 사용자의 암호를 대량으로 변경해야 하는 경우 chpasswd 명령은 그야말로 생명의 은인이 된다. chpasswd 명령은 표준 입력으로부터 로그인 이름과 암호가 한 쌍(콜론으로 구분)으로 된 목록을 읽어 자동으로 암호를 부호화하고 사용자 계정을 설정한다. 또한 userid:password 쌍으로 된 파일을 리다이렉트 명령으로 chpasswd 명령에 리다이렉트할 수 있다.

```
# chpasswd < users.txt
#
```

chsh, chfn 및 chage

chsh, chfn 및 chage 유틸리티는 계정의 특정한 기능을 수정하기 위한 것이다. chsh 명령을 사용하면 사용자의 기본 로그인 쉘을 빠르게 변경할 수 있다. 쉘의 이름으로는 단지 이름만이 아니라 쉘의 전체 경로 이름을 써야 한다.

```
#  chsh -s /bin/csh test
Changing shell for test.
Shell changed.
#
```

chfn 명령은 /etc/passwd 파일의 주석 필드에 정보를 저장하기 위한 표준 방법을 제공한다. 이름이나 별명과 같은 텍스트를 넣거나 주석 필드를 아예 비워버리는 대신 chfn 명령은 주석 필드에 정보를 저장하기 위하여 유닉스의 finger 명령에서 쓰이는 특정한 정보를 사용한다. finger 명령을 쓰면 리눅스 시스템에서 사람들에 대한 정보를 손쉽게 찾을 수 있다.

```
# finger rich
Login: rich                              Name: Rich Blum
Directory: /home/rich                    Shell: /bin/bash
On since Thu Sep 20 18:03 (EDT) on pts/0 from 192.168.1.2
No mail.
No Plan.
#
```

> **NOTE**
> 보안 문제 때문에 많은 리눅스 시스템 관리자는 시스템에서 finger 명령을 사용하지 않고, 리눅스 배포판도 아예 이 명령을 설치하지 않는다.

매개변수 없이 chfn 명령을 사용하면 주석 필드에 입력할 적절한 값을 물어본다.

```
# chfn test
Changing finger information for test.
Name []: Ima Test
Office []: Director of Technology
Office Phone []: (123)555-1234
Home Phone []: (123)555-9876

Finger information changed.
# finger test
Login: test                          Name: Ima Test
Directory: /home/test                Shell: /bin/csh
Office: Director of Technology       Office Phone: (123)555-1234
Home Phone: (123)555-9876
Never logged in.
No mail.
No Plan.
#
```

이제 /etc/passwd 파일에 있는 항목을 보면 다음과 같다.

```
# grep test /etc/passwd
test:x:504:504:Ima Test,Director of Technology,(123)555-
1234,(123)555-9876:/home/test:/bin/csh
#
```

finger의 모정보는 /etc/passwd 파일 항목과는 명확하게 분리되어 저장된다.

chage 명령을 사용하면 사용자 계정의 암호를 얼마나 오래 쓸지를 관리할 수 있다. 이를 위해서는 [표 7-4]에 나와 있는 여러 매개변수에 각각 값을 설정할 필요가 있다.

표 7-4 chage 명령의 매개변수

매개변수	설명
-d	암호가 마지막으로 변경된 날로부터의 일수를 설정한다
-E	암호가 만료되는 날짜를 설정한다

-l	암호가 만료된 날로부터 계정을 잠궈 비활성화시킬 날까지의 일수를 설정한다
-m	암호 변경 날짜 사이의 최소 일수를 설정한다
-W	암호가 만료되는 날로부터 며칠 전부터 경고 메시지를 보여줄지 일수를 설정한다

chage 날짜 값은 두 가지 방법 중 하나를 사용하여 표현할 수 있다.

- YYYY-MM-DD 형식의 날짜

- 1970년 1월 1일로부터 시작되는 일수를 뜻하는 숫자값

chage 명령의 깔끔한 기능 가운데 하나는 사용자 계정의 만료 날짜를 설정할 수 있다는 것이다. 이 기능을 사용하면 임시 사용자 계정을 만든 다음 이를 삭제해야 한다는 사실을 기억하지 않아도 지정된 날짜에 만료되도록 만들 수 있다! 만료된 계정은 잠긴 계정과 비슷하다. 계정은 여전히 존재하지만 사용자는 이 계정으로 로그인할 수 없다.

리눅스 그룹 사용하기

사용자 계정은 개별 사용자의 보안을 제어하기 위한 좋은 방법이지만 사용자의 그룹이 자원을 공유하는 방법으로서는 좋지 않다. 이를 위해 리눅스 시스템은 '그룹' 형태의 보안 개념을 사용한다.

그룹 권한은 여러 사용자가 파일, 디렉토리, 장치와 같은 시스템의 자원에 관한 공통의 권한 세트를 공유할 수 있도록 한다(뒤에 나오는 '파일 권한 해석하기'에서 더 자세히 알아본다).

리눅스 배포판은 기본 그룹 구성원을 다루는 방법에 약간 차이가 있다. 일부 리눅스 배포판은 모든 사용자 계정을 구성원으로 하는 단 한 개의 그룹만을 만든다. 사용하는 리눅스 배포판이 이런 유형이라면 주의해야 한다. 당신의 파일을 시스템의 다른 모든 사용자가 읽을 수 있기 때문이다. 다른 배포판은 좀 더 강력한 보안을 제공하기 위해 각 사용자에 대해 따로 그룹 계정을 만들기도 한다.

각 그룹은 UID와 비슷한 고유한 GID를 가지며 이는 시스템에서 유일한 수치다. GID와 함께 각 그룹은 고유한 그룹 이름이 있다. 리눅스 시스템에 자신의 그룹을 만들고 관리하기 위해 몇 가지 그룹 유틸리티를 사용할 수 있다. 이 절은 그룹의 정보를 저장하는 방법, 새로운 그룹을 만들거나 기존 그룹을 변경하기 위한 그룹 유틸리티를 사용하는 방법을 설명한다.

/etc/group 파일

사용자 계정과 마찬가지로 그룹 정보는 시스템 파일에 저장된다. /etc/group 파일에는 시스템이 사용하는 각 그룹에 대한 정보가 포함되어 있다. 다음은 리눅스 시스템의 일반적인 /etc/group 파일의 예다.

```
root:x:0:root
bin:x:1:root,bin,daemon
daemon:x:2:root,bin,daemon
sys:x:3:root,bin,adm
adm:x:4:root,adm,daemon
rich:x:500:
mama:x:501:
katie:x:502:
jessica:x:503:
mysql:x:27:
test:x:504:
```

UID와 마찬가지로 GID는 특별한 형식을 사용하여 지정된다. 시스템 계정에 사용되는 그룹에는 500 미만의 GID가 할당되고 사용자 그룹은 500에서 시작되는 GID가 할당된다. /etc/group 파일은 네 개의 필드를 사용한다.

- 그룹 이름

- 그룹 암호

- GID

- 그룹에 속한 사용자 계정의 목록

그룹 암호를 사용하면 그룹 구성원이 아닌 사용자가 암호를 사용해서 임시로 그룹의 구성원이 될 수 있다. 이 기능은 널리 사용되지는 않지만 기는 있다.

/etc/group 파일을 편집해서 그룹에 사용자를 추가해서는 안 된다. 그룹에 사용자 계정을 추가하려면 usermod 명령(앞의 '리눅스 보안'에서 다뤘다)을 사용한다. 사용자를 서로 다른 그룹에 추가하려면 먼저 그룹을 만들어야 한다.

> **NOTE**
>
> 사용자 계정의 목록은 다소 오해를 살 여지가 있다. 이 목록 안에는 사용자가 나열되어 있지 않은 여러 그룹이 있는데 그룹은 구성원이 없기 때문이다. 사용자 계정이 /etc/passwd 파일에 있는 기본 그룹을 그룹으로 사용하는 경우, 이 사용자 계정은 /etc/group 파일에 구성원으로 나타나지 않는다. 이 문제 때문에 지난 몇 년 동안 혼란을 겪는 시스템 관리자가 한둘이 아니다!

새 그룹 만들기

groupadd 명령을 사용하면 시스템에 새 그룹을 만들 수 있다.

```
# /usr/sbin/groupadd shared
# tail /etc/group
haldaemon:x:68:
```

```
xfs:x:43:
gdm:x:42:
rich:x:500:
mama:x:501:
katie:x:502:
jessica:x:503:
mysql:x:27:
test:x:504:
shared:x:505:
#
```

새 그룹을 만들 때에는 어떤 사용자도 기본적으로 소속되지 않는다. groupadd 명령은 그룹에 사용자 계정을 추가하는 옵션을 제공하지 않는다. 대신 새로운 사용자를 추가하고 나서 usermod 명령을 사용한다.

```
# /usr/sbin/usermod -G shared rich
# /usr/sbin/usermod -G shared test
# tail /etc/group
haldaemon:x:68:
xfs:x:43:
gdm:x:42:
rich:x:500:
mama:x:501:
katie:x:502:
jessica:x:503:
mysql:x:27:
test:x:504:
shared:x:505:rich, test
#
```

공유 그룹은 이제 test와 rich 이렇게 두 명의 구성원이 생겼다. usermod의 -G 매개변수는 새로운 그룹을 사용자 계정의 그룹 목록에 추가시켰다.

> **NOTE**
> 현재 시스템에 로그인되어 있는 계정의 사용자 그룹을 변경한 경우, 변경한 내용을 적용하려면 사용자는 로그아웃 한 후 다시 로그인해야 한다.

> **NOTE**
> 사용자 계정에 대한 그룹을 할당할 때에는 주의해야 한다. -g 매개변수를 사용하는 경우, 지정한 그룹 이름은 사용자 계정의 기본 그룹을 대체한다. -G 매개변수는 그룹을 사용자가 소속된 그룹의 목록에 추가시키지만 기본 그룹은 건드리지 않는다.

그룹 수정하기

/etc/group 파일에서 볼 수 있듯이, 그룹 정보를 많이 수정할 필요는 없다. groupmod 명령을 쓰면 사용자가 GID(-n 매개변수를 사용하여) 또는 기존 그룹의 그룹 이름(-g 매개변수를 사용하여)을 바꿀 수 있다.

```
# /usr/sbin/groupmod -n sharing shared
# tail /etc/group
haldaemon:x:68:
xfs:x:43:
gdm:x:42:
rich:x:500:
mama:x:501:
katie:x:502:
jessica:x:503:
mysql:x:27:
test:x:504:
sharing:x:505:test,rich
#
```

그룹의 이름을 변경하면 GID와 그룹 구성원은 그대로 남아 있으며 이름만 바뀐다. 모든 보안 권한은 GID를 기반으로 하기 때문에 파일 보안에 나쁜 영향을 미치지 않고도 원하는 만큼 자주 그룹의 이름을 변경할 수 있다.

파일 권한 해석하기

이제 사용자 및 그룹에 대해 알았으니 ls 명령을 사용할 때 본 적이 알쏭달쏭한 파일 사용 권한을 해석해보자. 이 절에서는 권한을 해석하는 방법과 이러한 권한을 누가 준 것인지에 대해 설명한다.

파일 권한 기호 사용하기

제3장에서 ls 명령으로 리눅스 시스템의 파일, 디렉토리와 장치에 대한 파일 권한을 볼 수 있다는

설명을 기억한다면,

```
$ ls -l
total 68
-rw-rw-r-- 1 rich rich   50 2010-09-13 07:49 file1.gz
-rw-rw-r-- 1 rich rich   23 2010-09-13 07:50 file2
-rw-rw-r-- 1 rich rich   48 2010-09-13 07:56 file3
-rw-rw-r-- 1 rich rich   34 2010-09-13 08:59 file4
-rwxrwxr-x 1 rich rich 4882 2010-09-18 13:58 myprog
-rw-rw-r-- 1 rich rich  237 2010-09-18 13:58 myprog.c
drwxrwxr-x 2 rich rich 4096 2010-09-03 15:12 test1
drwxrwxr-x 2 rich rich 4096 2010-09-03 15:12 test2
$
```

출력 목록의 첫 번째 필드는 파일과 디렉토리에 대한 사용 권한을 설명하는 코드다. 필드의 첫 번째 문자는 개체의 유형을 정의한다.

- – 파일
- D 디렉토리
- L 링크
- C 문자 장치
- b 블록 장치
- n 네트워크 장치

그 다음에는 세 개의 문자로 이루어진 세 개의 세트가 나온다. 문자 세 개의 각 세트는 액세스 권한 트리플릿을 정의한다.

- r 개체 읽기 권한
- w 개체 쓰기 권한
- x 개체 실행 권한

권한이 거부되었다면 그 자리에는 – 문자가 나온다. 이 세 개의 세트는 개체의 보안에 대한 세 가지 보안 수준과 관계가 있다.

- 개체의 소유자
- 개체를 소유한 그룹
- 시스템의 다른 사용자들

[그림 7-1]은 이를 알기 쉽게 나눈다.

그림 7-1
리눅스 파일 권한

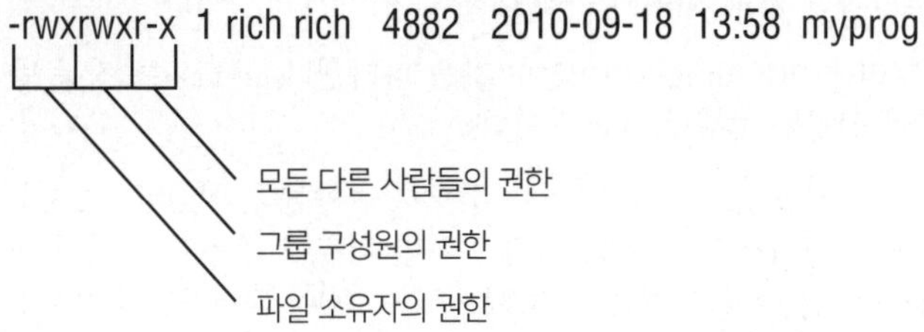

-rwxrwxr-x 1 rich rich   4882   2010-09-18 13:58 myprog

모든 다른 사람들의 권한

그룹 구성원의 권한

파일 소유자의 권한

이 문제를 설명하는 가장 쉬운 방법은 예제를 통해 파일 권한을 하나씩 하나씩 해석하는 것이다.

```
-rwxrwxr-x 1 rich rich 4882 2010-09-18 13:58 myprog
```

파일 myprog는 다음과 같은 권한 세트를 가지고 있다.

- rwx: 파일 소유자에 대한 권한(로그인 이름 rich로 설정)

- rwx: 파일 소유자의 그룹에 대한 권한(그룹 이름 rich로 설정)

- r-x: 시스템의 다른 사용자에 대한 권한

이 권한은 로그인 이름이 rich인 사용자가 이 파일을 읽고, 쓰고 실행할 수 있음을 나타낸다(모든 권한으로 간주된다). 이와 비슷하게 그룹 rich 역시 이 파일을 읽고 쓰고 실행할 수 있다. rich 그룹에 속하지 않은 사람은 파일을 읽고 실행시키는 것만 가능하다. w 자리가 '-' 문자로 대체되어 있으며 이는 이 보안 수준에는 쓰기 권한이 주어지지 않음을 뜻한다.

기본 파일 권한

이러한 파일의 권한은 umask가 부여한다. umask 명령은 사용자가 만든 파일이나 디렉토리에 대한 기본 권한을 설정한다.

```
$ touch newfile
$ ls -al newfile
-rw-r--r--    1 rich      rich            0 Sep 20 19:16 newfile
$
```

touch 명령은 내 사용자 계정에 할당된 기본 권한을 사용하여 이 파일을 만들었다. umask 명령은 기본 권한을 보여주고 설정한다.

```
$ umask
0022
$
```

umask 명령의 설정은 아주 명확하지 않으며 이 명령이 정확히 어떻게 동작하는지를 이해하려고 노력하다 보면 더더욱 뭐가 뭔지 모르게 된다. 첫 번째 숫자는 스티키 비트(sticky bit)라는 특수한 보안 기능을 나타낸다. 이 장 후반부의 '파일 공유' 절에서 이에 대해 더 이야기할 것이다.

다음 세 자리 숫자는 파일이나 디렉토리에 대한 umask의 8진수 값을 나타낸다. umask를 작동 방식을 이해하려면 먼저 8진수 모드 보안 설정을 이해할 필요가 있다.

8진수 모드 보안 설정은 rwx, 이 세 가지 권한 값을 3비트 2진수 값으로 변환한다. 이 3비트 2진수 값이 하나의 8진수 숫자가 된다. 2진법 표현에서 각 권한의 위치는 이진 비트에 대응된다. 읽기 권한만이 설정되어 있다면 권한 값은 r--가 될 것이고, 이는 이진 값으로는 100이 되어 8진법 값으로는 4가 된다. [표 7-5]는 가능한 권한의 조합을 보여준다.

표 7-5 리눅스 파일 권한 코드

권한	2진수	8진수	설명
---	000	0	권한 없음
--x	001	1	실행 전용 권한
-w-	010	2	쓰기 전용 권한
-wx	011	3	쓰기 및 실행 권한
r-	100	4	읽기 전용 권한
r-x	101	5	읽기 및 실행 권한
rw-	110	6	읽기 및 쓰기 권한
rwx	111	7	읽기, 쓰기 및 실행 권한

8진수 모드는 8진수로 권한을 정의하고 세 가지 보안 수준(사용자, 그룹, 모두)의 순서로 세 가지 8진수 숫자를 나열한다. 따라서 8진수 모드 값 664는 사용자와 그룹에 대해서는 읽기와 쓰기 권한이 있지만 다른 모든 사용자에게는 읽기 전용 권한만이 있다는 것을 나타낸다.

이제 8진수 모드 권한에 대해 알았으니 umask의 값은 훨씬 더 복잡해진다. 내 리눅스 시스템의 umask가 기본으로 표시하는 8진수 모드는 0022이지만 내가 만든 파일은 644의 8진수 모드 권한을 가지고 있었다. 도대체 어떻게 된 건가?

umask 값은 마스크 값이다. 어떤 보안 수준에 대하여 주고 싶지 않은 권한을 마스크하는 것이다. 이제 나머지 이야기를 풀기 위해서는 몇 가지 8진수 연산을 해봐야 한다.

umask의 값은 개체에 대해 설정되는 모든 권한에서 빼기를 한 값이다. 파일에 대한 모든 권한 모드는 666(모든 사용자에게 읽기/쓰기 권한 부여)이지만 디렉토리에 대해서는 777(모든 사용자에게 읽기/쓰기/실행 권한 부여)이다. 따라서 앞 예제에서 파일은 666 권한으로 시작해서 unmask 값 022가 적용되어 파일 권한은 644가 된다.

umask 값은 대부분의 리눅스 배포판에는 보통 /etc/profile.시동 파일에 들어 있지만(제6장 참조) /etc/login.defs 쪽을 선호하는 배포판도 있다(이를테면 우분투). umask 명령을 사용하여 기본 umask 설정을 다르게 지정할 수도 있다.

```
$ umask 026
$ touch newfile2
$ ls -l newfile2
-rw-r-----    1 rich     rich            0 Sep 20 19:46 newfile2
$
```

umask 값을 026으로 설정함으로써 이제 새 파일은 그룹 구성원들에게는 읽기 전용으로, 그리고 시스템에 있는 다른 사용자들에게는 파일에 대한 아무런 권한도 주어지지 않게 되었다.

umask 값은 새로운 디렉토리를 만들 때에도 적용된다.

```
$ mkdir newdir
$ ls -l
drwxr-x--x    2 rich     rich         4096 Sep 20 20:11 newdir/
$
```

디렉토리에 대한 기본 권한은 777이기 때문에 umask로부터 나오는 권한의 결과값은 새 파일의 권한과는 다르다. umask 값 026을 777에서 빼면 디렉토리 권한 설정은 751이 된다.

보안 설정 변경하기

이미 파일이나 디렉토리를 만들었고 이에 대한 보안 설정을 변경해야 한다면 리눅스에서 사용할 수 있는 몇 가지 유틸리티가 있다. 이 절에서는 파일이나 디렉토리에 대한 기존의 권한, 기본 소유자 및 기본 그룹 설정을 변경하는 방법을 보여줄 것이다.

권한 변경하기

chmod 명령으로 파일과 디렉토리에 대한 보안 설정을 변경할 수 있다. chmod 명령의 형식은 다음과 같다.

```
chmod options mode file
```

mode 매개변수는 8진수 또는 기호 모드를 사용하여 보안 설정을 지정할 수 있다. 8진수 모드 설정은 매우 간단하다. 파일에 부여하고 싶은 권한에 따라 표준 세 자리 8진수 코드를 사용한다.

```
$ chmod 760 newfile
$ ls -l newfile
-rwxrw----    1 rich     rich            0 Sep 20 19:16 newfile
$
```

8진수 파일 권한은 지정한 파일에 자동으로 적용된다. 기호 모드 권한 설정은 구현하기 쉽지 않다.

세 개의 문자 중 하나로 구성되는 일반적인 세 개의 문자열 세트 대신 chmod는 다른 방법을 쓴다. 다음은 기호 모드에서 권한을 지정하기 위한 형식이다.

[ugoa…][[+-=][rwxXstugo…]

완벽하게 이해가 간다! 그렇지 않은가? 문자의 첫 번째 그룹은 새로운 권한이 누구에게 적용되는지를 정의한다.

- u 사용자
- g 그룹
- o 다른 사용자 (모두)
- a 위의 모든 사용자

그 다음 나오는 기호는 기존 권한에 원하는 권한을 더하려는 것인지(+), 기존 권한에서 지정한 권한을 빼고 싶은 것인지(-), 혹은 권한을 지정한 값으로 설정할 것인지(=)를 나타내기 위해서 쓰인다.

마지막으로, 세 번째 기호는 설정하려는 권한이다. 보통 rwx보다 더 많은 문자가 있다. 추가 설정은 다음과 같다.

- X 개체가 디렉토리거나 이미 실행 권한이 있을 때에만 실행 권한 설정 가능
- s는 실행 권한에 UID 또는 GID를 설정
- t 프로그램의 텍스트를 저장
- u 소유자의 권한을 설정
- g 그룹의 권한을 설정
- o 다른 사용자의 권한을 설정

이들 기호들을 사용하면 다음과 같다.

```
$ chmod o+r newfile
$ ls -lF newfile
-rwxrw-r--    1 rich     rich            0 Sep 20 19:16 newfile*
$
```

o+r 항목은 모든 보안 수준에 대하여 그 권한이 무엇이든 읽기 권한을 추가한다.

```
$ chmod u-x newfile
$ ls -lF newfile
-rw-rw-r--    1 rich      rich            0 Sep 20 19:16 newfile
$
```

u-x 항목은 사용자가 이미 가지고 있는 실행 권한을 제거한다. ls 명령의 -F 옵션은 파일 이름에 별표(*)를 추가하여 실행 권한이 있는지 여부를 나타낸다.

옵션 매개변수는 chmod 명령의 동작을 다양하게 만들어 주는 추가 기능을 제공한다. -R 매개변수는 파일 및 디렉토리와 그 하위 개체들까지 재귀적으로 변경 작업을 수행한다. 파일 이름을 지정할 때 와일드카드 문자를 사용할 수도 있고 이를 통해 한 번의 명령으로 여러 파일에 대한 사용 권한을 변경할 수 있다.

소유권 변경하기

구성원이 조직을 떠나거나 개발자가 애플리케이션을 만들 때 시스템 계정이 필요한 경우가 있다. 리눅스는 이를 위한 두 가지 명령을 제공한다. chown 명령으로 파일의 소유자를, chgrp 명령으로는 파일의 기본 그룹을 변경할 수 있다.

chown 명령의 형식은 다음과 같다.

```
chown options owner[.group] file
```

파일의 새 주인(owner)에 대한 로그인 이름 또는 숫자 UID를 지정할 수 있다.

```
# chown dan newfile
# ls -l newfile
-rw-rw-r--    1 dan       rich            0 Sep 20 19:16 newfile
#
```

간단하다. chown 명령은 또한 파일의 사용자 및 그룹을 모두 변경할 수도 있다.

```
# chown dan.shared newfile
# ls -l newfile
-rw-rw-r--    1 dan       shared          0 Sep 20 19:16 newfile
#
```

좀 더 까다로운 사용법을 시도해보고 싶다면 파일의 기본 그룹만 변경할 수도 있다.

```
# chown .rich newfile
# ls -l newfile
-rw-rw-r--    1 dan       rich            0 Sep 20 19:16 newfile
#
```

리눅스 시스템은 사용자의 로그인 이름과 일치하는 개별 그룹 이름을 사용하는 경우 한 가지 항목으로 둘 모두를 변경할 수도 있다.

```
# chown test. newfile
# ls -l newfile
-rw-rw-r--    1 test      test            0 Sep 20 19:16 newfile
#
```

chown 명령은 몇 가지 다른 옵션 매개변수를 사용한다. -R 매개변수는 와일드카드 문자를 사용하여 하위 디렉토리와 파일을 재귀적으로 변경할 수 있도록 한다. -h 매개변수는 파일에 심볼릭 링크된 모든 파일의 소유권까지 함께 변경한다.

> **NOTE**
> root 사용자는 파일의 소유자를 바꿀 수 있다. 어떤 사용자든 파일의 기본 그룹을 바꿀 수 있지만 해당 사용자는 이 파일의 원래 그룹 및 바꾸려는 그룹의 구성원이어야 한다.

chgrp 명령은 파일이나 디렉토리의 기본 그룹만을 변경하는 손쉬운 방법을 제공한다.

```
$ chgrp shared newfile
$ ls -l newfile
-rw-rw-r--    1 rich      shared          0 Sep 20 19:16 newfile
$
```

그룹을 변경할 수 있기 위해서는 사용자 계정은 파일을 소유하고 있어야 하며, 새로운 그룹의 구성원이어야 한다. 이제 shared 그룹의 모든 구성원은 파일에 쓰기 작업을 할 수 있다. 이는 리눅스 시스템에서 파일을 공유할 수 있는 한 가지 방법이다. 그러나 시스템에 있는 사람들 사이에 파일을 공유하는 일은 까다롭다. 다음 절에서는 이 작업을 수행하는 방법을 설명한다.

파일 공유하기

그룹을 만듦으로써 리눅스 시스템에서 파일 사용을 공유할 수 있지만 완전한 파일 공유 환경에 관해서라면 상황은 더 복잡하다.

이미 '파일 권한 해석하기'에서 본 것처럼 새 파일을 만들 때 리눅스는 기본 UID 및 GID으로 새 파일의 사용 권한을 할당한다. 다른 사람이 파일에 접근할 수 있도록 하려면 보안 그룹의 보안 권한을 모든 사용자로 변경하거나 다른 사용자를 포함하는 다른 그룹으로 파일의 기본 그룹을 지정해야 한다.

여러 사람들 사이에서 문서를 공유하려는 경우 대규모 환경에서는 골치 아픈 일인데 이러한 문제를 해결할 간단한 해결책이 있다.

리눅스는 각 파일 및 디렉토리에 추가로 세 개 비트의 정보를 저장한다.

- 세트 사용자 ID(SUID) : 사용자가 파일을 실행할 때 프로그램은 파일 소유자의 권한 아래서 구동됨

- 세트 그룹 ID(SGID) : 프로그램은 파일 그룹의 권한 아래에서 구동(파일), 디렉토리에 새로운 파일이 만들어졌을 때 이 디렉토리 그룹을 기본 그룹으로 함(디렉토리)

- 스티키 비트(sticky bit) : 프로세스가 끝난 후 파일은 메모리에 남아(stick) 있음

SGID 비트는 파일 공유에 중요하다. SGID 비트를 사용하도록 설정하면 공유 디렉토리에 만들어지는 새 파일 전부는 그 디렉토리의 그룹 및 각 사용자의 그룹이 소유하도록 강제할 수 있다.

SGID는 chmod 명령을 사용하여 설정된다. 이 비트는 표준 세 자리의 8진수 값의 앞부분에 붙이거나(따라서 4자리 8진수 값이 된다), 기호 모드에서는 s 기호를 사용함으로써 추가할 수 있다.

8진수 모드를 사용할 때 [표 7-6]에 나와 있는 것처럼 비트들이 어떤 의미인지 알아두자.

표 7-6 chmod의 SUID, SGID 및 스티키 비트 8진수 값

2진수	8진수	설명
000	0	모든 비트가 해제된다
001	1	스티키 비트가 설정된다
010	2	SGID 비트가 설정된다
011	3	SGID 및 스티키 비트가 설정된다
100	4	SUID 비트가 설정된다.
101	5	SUID 및 스티키 비트가 설정된다
110	6	SUID 및 SGID 비트가 설정된다
111	7	모든 비트가 설정된다

새로운 파일에 대하여 디렉토리 그룹으로 설정하는 공유 디렉토리를 만들기 위해서 해야 할 일은 디렉토리에 대한 SGID를 설정하는 것이 전부다.

```
$ mkdir testdir
$ ls -l
drwxrwxr-x    2 rich      rich          4096 Sep 20 23:12 testdir/
$ chgrp shared testdir
$ chmod g+s testdir
$ ls -l
drwxrwsr-x    2 rich      shared        4096 Sep 20 23:12 testdir/
```

```
$ umask 002
$ cd testdir
$ touch testfile
$ ls -l
total 0
-rw-rw-r--    1 rich      shared              0 Sep 20 23:13 testfile
$
```

첫 번째 단계는 mkdir 명령을 사용하여 공유할 디렉토리를 만드는 것이다. 다음으로는 chgrp 명령으로 디렉토리의 기본 그룹을 파일을 공유할 필요가 있는 구성원을 포함하는 그룹으로 변경한다(이 명령이 동작하려면 해당 그룹의 구성원이어야 한다). 마지막으로 디렉토리에 만들어지는 모든 파일이 기본 그룹으로 shared 그룹 이름을 사용하도록 보장하기 위해 디렉토리에 SGID 비트를 설정한다.

이 환경이 제대로 작동하려면 모든 그룹 구성원은 파일을 그룹 구성원이 쓰기 가능하도록 umask 값이 설정되어 있어야 한다. 앞의 예에서는 umask를 002로 바꿈으로써 그룹이 파일에 쓰기 권한을 가진다.

모든 작업이 끝나면 그룹의 모든 구성원은 공유 디렉토리로 가서 새 파일을 만들 수 있게 된다. 예상대로 새 파일은 사용자 계정의 기본 그룹이 아닌 디렉토리의 기본 그룹을 사용한다. 이제 shared 그룹의 모든 사용자는 이 파일에 접근할 수 있다.

요약

이 장에서는 시스템에 리눅스 보안을 관리하기 위해 필요한 커맨드라인 명령을 살펴보았다. 리눅스는 파일, 디렉토리 및 장치에 대한 접근을 보호하기 위하여 사용자 ID 및 그룹 ID 시스템을 사용한다. 리눅스는 /etc/passwd 파일에 사용자 계정에 대한 정보를, /etc/group 파일에 그룹에 대한 정보를 저장한다. 각 사용자에게는 시스템의 사용자를 식별하는 텍스트 로그인 이름과 함께 고유한 숫자의 사용자 ID가 할당된다. 그룹에게도 고유한 숫자 그룹 ID 및 텍스트 그룹 이름이 할당된다. 그룹은 시스템 자원에 대한 공유 접근을 허용하기 위해 하나 이상의 사용자를 포함할 수 있다.

사용자 계정 및 그룹 관리에 사용할 수 있는 여러 가지 명령이 있다. useradd 명령은 새 사용자 계정을 만들 수 있으며 groupadd 명령을 사용하여 새 그룹 계정을 만들 수 있다. 기존 사용자 계정을 수정하려면 usermod 명령을 사용한다. 이와 비슷하게 그룹 계정 정보를 수정하려면 groupmod 명령을 사용한다.

리눅스는 파일 및 디렉토리에 대한 접근 권한을 결정하기 위해서 복잡한 비트 시스템을 사용한다. 각 파일은 파일의 소유자, 파일에 접근권이 있는 기본 그룹, 시스템의 모든 다른 사용자들에 해당하는 세 가지 보안 수준을 포함하고 있다. 각 보안 수준은 읽기, 쓰기 및 실행, 이렇게 세 개의 액세스 비트들로 정의된다. 이 세 가지 비트의 조합은 종종 읽기, 쓰기 및 실행을 뜻하는 기호 rwx로 지정된다. 권한이 거부되는 경우에는 해당 기호는 '-' 기호로 대체된다.

기호 형식 권한 대신 종종 8진수 값도 쓰이며, 세 개의 비트는 하나의 8진수 값으로 대체되며 세 개의 8진수 값이 세 가지 보안 수준을 뜻한다. 시스템에서 만들어진 파일 및 디렉토리에 대한 기본 보안 설정을 지정하려면 umask 명령을 사용한다. 시스템 관리자는 일반적으로 /etc/profile 파일에 기본 umask 값을 설정하지만 언제든지 umask 명령을 써서 umask 값을 바꿀 수 있다.

파일 및 디렉토리에 대한 보안 설정을 변경하려면 chmod 명령을 사용한다. 오직 파일의 소유자만이 파일이나 디렉토리에 대한 사용 권한을 변경할 수 있다. 그러나 루트 사용자는 시스템에서 어떤 파일이나 디렉토리든 그에 대한 보안 설정을 변경할 수 있다. chown 및 chgrp 명령으로 파일의 소유자 및 기본 그룹을 변경할 수 있다.

이 장에서는 공유 디렉토리를 만들기 위해 GID 비트 설정을 사용하는 방법을 알아보는 것으로 마무리했다. SGID 비트는 디렉토리에 생성 된 새로운 파일이나 디렉토리가 기본 그룹으로 이를 만든 사용자가 아닌 부모 디렉토리의 기본 그룹 이름을 쓰도록 강제한다. 이는 시스템의 사용자 사이에 파일을 공유할 수 있는 손쉬운 방법을 제공한다.

이제 파일 권한까지 배웠으니 리눅스의 실제 파일시스템으로 작업하는 방법을 좀 더 자세히 들여다 볼 때다. 다음 장에서는 커맨드라인에서 리눅스에 새로운 파티션을 만드는 방법, 리눅스 가상 디렉토리에 사용할 수 있도록 새로운 파티션을 포맷하는 방법을 살펴볼 것이다.

파일시스템 관리하기

이 장의 내용

파일시스템의 기본 이해하기
저널링 및 카피 온 라이트 파일시스템 살펴보기
파일시스템 관리히기
논리 볼륨 레이아웃 알아보기
리눅스 논리 볼륨 관리자 사용하기

리눅스 시스템으로 작업을 할 때 저장장치에 어떤 파일시스템을 사용할 것인지 결정해야 한다. 리눅스 배포판은 설치할 때 기본 파일시스템을 제공해 리눅스 초보자는 이 문제에 대해서 별다른 생각을 하지 않는 것이 보통이다.

기본 파일시스템을 사용해도 나쁠 건 없지만 사용할 수 있는 다른 선택사항을 알고 있으면 도움이 된다. 이 장에서는 리눅스에서 사용할 수 있는 여러 파일시스템들에 대해 설명하고 리눅스 커맨드라인에서 이를 만들고 관리하는 방법을 보여줄 것이다.

리눅스 파일시스템 살펴보기

제3장에서는 리눅스가 저장장치에 파일 및 폴더를 저장하기 위해서 파일시스템을 어떻게 사용하는지를 알아보았다. 파일시스템은 리눅스가 0과 1로만 저장되는 하드 드라이브, 그리고 애플리케이션으로 작업한 파일과 폴더 사이에 놓인 간극을 메울 수 있는 방법을 제공한다.

리눅스는 파일과 폴더를 관리하기 위한 여러 가지 방식의 파일시스템을 지원한다. 각 파일시스템은 약간씩 다른 방식으로 저장장치에 가상 디렉토리 구조를 구현한다. 이 절에서는 리눅스 환경에서 사용되는 일반적인 파일시스템의 장점과 단점을 소개할 것이다.

기본적인 리눅스 파일시스템 이해하기

원래의 리눅스 시스템은 유닉스 파일시스템의 기능을 모방하는 간단한 파일시스템을 사용했다. 이 절은 파일시스템이 어떻게 진화해 왔는지 설명할 것이다.

파일시스템 살펴보기

리눅스 운영체제와 함께 도입된 원래의 파일시스템은 확장 파일시스템(extended filesystem , 또는 줄여서 ext)이라고 한다. 이 시스템은 물리적 장치를 다루기 위해서 가상 디렉토리를 사용하고, 물리적 장치에 고정 길이의 블록을 이용해서 데이터를 저장하는 유닉스와 비슷한 파일시스템을 리눅스에 제공한다.

ext 파일시스템은 가상 디렉토리에 저장되어 있는 파일에 대한 정보를 추적하기 위하여 아이노드(Inode)라는 시스템을 사용한다. 아이노드 시스템은 각각의 물리적 장치마다 파일 정보를 저장하기 위해 아이노드 테이블이라는 것을 만든다. 가상 디렉토리에 저장되는 각 파일은 아이노드 테이블에 항목을 가진다. 이 파일시스템의 이름 가운데 '확장된'이라는 단어는 각 파일을 추적하기 위한 추가 데이터로부터 유래된 것이며, 이는 다음과 같은 항목으로 구성된다.

- 파일 이름
- 파일 크기
- 파일의 소유자
- 파일이 속한 그룹
- 파일 접근 권한
- 파일에서 데이터가 들어있는 각 디스크 블록에 대한 포인터

리눅스는 데이터 파일이 만들어질 때 파일시스템이 할당하는 고유한 번호(아이노드 번호라고 한다)를 써서 아이노드 테이블의 각 아이노드를 참조한다. 파일시스템은 파일을 식별하기 위해 전체 파일 이름과 경로를 사용하는 대신 아이노드 번호를 사용한다.

ext2 파일시스템 살펴보기

원래의 ext 파일시스템은 파일 크기가 2GB 이하로 제한되는 것을 비롯해서 상당히 많은 한계를 가지고 있었다. 리눅스가 세상에 나오고 나서 얼마 안 되어 ext 파일시스템은 ext2라는, 두 번째 확장 파일시스템으로 업그레이드되었다.

ext2 파일시스템은 ext 파일시스템의 기본 기능을 확장했지만 같은 구조를 유지하고 있을 것이라는 정도는 추측할 수 있을 것이다. ext2 파일시스템은 시스템의 각 파일에 대한 추가 정보를 추적할 수 있도록 아이노드 테이블 형식을 확장했다.

ext2의 아이노드 테이블은 파일시스템 관리자가 시스템에 있는 파일 접근을 추적하는 데 도움이 되기 위하여 만들고, 수정하고, 마지막으로 사용한 시간값을 추가했다. ext2 파일시스템은 일반적으로 데이터베이스 서버에서 볼 수 있는 큰 파일을 수용할 수 있도록 최대 파일 크기를 2TB까지 증가시켰다. (ext2의 이후 버전에서는 32TB까지 증가했다)

아이노드 테??이블을 확장하는 것 말고도 ext2 파일시스템은 파일이 데이터 블록에 저장되는 방식도 바꾸었다. ext 파일시스템이 가진 공통적인 문제는 파일이 물리적 장치에 기록될 때 데이터를 저장하는 데 쓰이는 블록이 장치 여기저기에 걸쳐 산재되는 (이를 파편화라고 한다) 경향이었다. 데

이터 블록이 파편화 되면 저장장치가 특정 파일에 대한 모든 블록에 접근하는 시간이 길어지기 때문에 파일시스템의 성능을 떨어뜨릴 수 있다.

ext2 파일시스템은 파일을 저장할 때 디스크 블록을 그룹으로 할당하여 파편화를 줄일 수 있다. 파일의 데이터 블록을 그룹화하여 파일시스템은 파일을 읽기 위해 물리적 장치 전체에 걸쳐서 데이터 블록을 검색할 필요가 없다.

ext2 파일시스템은 수년 동안 리눅스 배포판의 기본 파일시스템이었지만 역시 한계가 있었다. 아이노드 테이블은 파일시스템이 파일의 추가 정보를 추적할 수 있는 좋은 기능이긴 했지만 시스템에 치명적인 문제를 일으킬 수 있었다. 파일시스템이 파일을 저장 또는 업데이트할 때마다 새로운 정보로 아이노드 테이블을 고쳐야 했다. 문제는 이 방법이 항상 유연하지는 않다는 것이다.

파일이 저장될 때와 아이노드 테이블이 업데이트되는 사이에 컴퓨터 시스템에 뭔가 일이 생기면 파일과 아이노드 테이블의 연결고리가 끊어질 수 있다. ext2 파일시스템은 시스템이 충돌했거나 전원이 나갔을 때 손쉽게 망가지는 것으로 악명이 높았다. 파일 데이터가 물리적 장치에 잘 저장되었더라도 아이노드 테이블에 엔트리가 완전히 기록되지 않았다면 ext2 파일시스템은 그 파일이 존재한다는 것을 모르게 된다! 그러나 개발자가 리눅스 파일시스템의 다른 길을 모색하기까지의 시간은 그리 오래 걸리지 않았다.

저널링 파일시스템 이해하기

저널링 파일시스템은 리눅스 시스템의 안전성에 새로운 차원을 제공한다. 저장장치에 데이터를 직접 작성하고 아이노드 테이블을 업데이트 하는 대신, 저널링 파일시스템은 먼저 임시 파일(저널)에 파일의 변경된 내용을 기록한다. 데이터가 성공적으로 저장장치 및 아이노드 테이블에 기록되고 나면 저널 항목은 지워진다.

데이터가 저장장치에 기록되기 전에 시스템이 충돌하거나 정전이 되는 문제가 터졌다고 해도 저널링 파일시스템은 저널 파일을 읽고 완전히 기록(커밋)되지 않은 데이터를 처리한다.

리눅스는 세 가지 방식의 저널링이 있으며 각각은 다른 수준으로 데이터를 보호한다. 이 방법들은 [표 8-1]에 나와 있다.

표 8-1 저널링 파일시스템의 방식

방식	설명
데이터 모드	아이노드 및 파일 데이터 모두 저널링되며. 데이터 손실의 위험이 낮지만 성능은 떨어진다
순차 모드	아이노드 데이터는 저널에 기록되지만 파일 데이터가 성공적으로 기록될 때까지는 제거되지 않음. 성능과 안전 사이의 좋은 타협점이다
쓰기 저장 모드	아이노드 데이터만 저널에 기록되며 언제 파일 데이터가 기록되는지는 제어하지 않음. 데이터 손실 위험이 높지만 그래도 저널링을 사용하지 않는 것보다는 낫다

데이터 모드 저널링 방법은 데이터를 보호하기 위한 가장 안전했지만 가장 느렸다. 저장장치에 기록되는 모든 데이터는 저널에 한 번, 다시 실제 저장장치에 한 번, 이렇게 두 번 기록되어야 한다. 특히 데이터 쓰기를 많이 하는 시스템에서는 성능 저하를 일으키는 원인이 될 수 있다.

몇 년에 걸쳐 몇 가지 다른 저널링 파일시스템이 리눅스에 등장했다. 다음 절에서는 인기 있는 리눅스 저널링 파일시스템에 대해 설명한다.

ext3 파일시스템 살펴보기

ext3 파일시스템은 2001년 리눅스 커널에 추가되었고 최근까지 거의 모든 리눅스 배포판에서 사용되는 기본 파일시스템이었다. 이 시스템은 ext2 파일시스템과 같은 아이노드 테이블 구조를 사용하지만 저장장치에 데이터를 기록하기 위해 각 저장장치마다 저널 파일을 추가한다.

ext3 파일시스템은 순차 모드 저널링을 기본값으로 사용한다. 즉 저널 파일은 아이노드 정보만 기록하지만 데이터 블록이 성공적으로 저장장치에 기록되었을 때까지는 이 저널 항목을 지우지 않는다. 파일시스템을 만들 때 간단한 커맨드라인 옵션을 사용하면 데이터 또는 쓰기 저장 모드 중 하나로 ext3 파일시스템에서 사용할 저널링 방법을 바꿀 수 있다.

ext3 파일시스템은 리눅스 파일시스템에 기본 저널링 시스템으로 추가되었지만 이 역시 몇 가지 부족한 점이 있다. 예를 들어 ext3 파일시스템은 파일을 실수로 삭제했을 때 어떠한 복구 기능도 제공하지 않으며, 내장된 데이터 압축 기능도 없고(이 기능을 제공하는 패치를 따로 설치할 수는 있다), ext3 파일시스템은 파일 암호화를 지원하지 않는다. 이러한 이유로 리눅스 프로젝트의 개발자는 ext3 파일시스템을 개선하는 작업을 계속해나갔다.

ext4 파일시스템 살펴보기

ext4 파일시스템은 ext3 파일시스템을 확장한 결과물이다. ext4 파일시스템은 공식적으로 2008년에 리눅스 커널에서 지원되었으며 이제는 우분투와 같은 인기 있는 리눅스 배포판에서 사용되는 기본 파일시스템이다.

ext4는 압축 및 암호화를 지원할 뿐만 아니라 익스텐트(extent)라는 기능을 지원한다. 익스텐트는 저장장치에 공간을 블록 단위로 할당하고 아이노드 테이블에는 시작 블록의 위치만 저장한다. 파일의 데이터를 저장하는 데 사용된 모든 데이터 블록을 기록할 필요가 없으므로 아이노드 테이블의 공간을 절약할 수 있다.

ext4 파일시스템은 블록 사전 할당 기능을 통합시켰다. 크기가 증가할 것으로 알고 있는 파일을 위한 공간을 저장장치에 확보할 경우 ext4 파일시스템은 물리적으로 존재하는 블록만이 아니라 파일에 예상되는 블록을 할당할 수 있다. ext4 파일시스템은 예약된 데이터 블록을 0으로 채우고 다른 파일을 할당할 수 없도록 기억한다.

라이저 파일시스템 살펴보기

2001년 한스 라이저(Hans Reiser)는 라이저FS(ReiserFS)라고 하는, 리눅스를 위한 첫 번째 저널링 파일시스템을 만들었다. 라이저FS 파일시스템은 쓰기 저장 모드만 지원한다. 즉 저널 파일에는 아이노드 테이블만 기록한다. 아이노드 테이블 데이터만 저널에 기록하므로 라이저FS 파일시스템은 빠른 리눅스 저널링 파일시스템 중 하나다.

라이저FS에는 두 가지 흥미로운 기능이 있다. 하나는 활성화 상태의 파일시스템의 크기를 바꿀 수 있는 것이고, 또 하나는 테일패킹(tailpacking)이라는 기능으로 어떤 파일의 데이터를 다른 파일의 데이터 블록 가운데 빈 공간에 채워 넣는다. 파일시스템의 이러한 능동적인 크기 조절 기능은 이미 만들어 놓은 파일시스템에 더 많은 데이터를 담기 위해 용량을 늘려야 할 경우 아주 좋다.

라이저FS 개발팀은 2004년 라이저4라는 새로운 버전의 작업을 시작했다. 라이저4 파일시스템은 작은 파일을 매우 효율적으로 처리하는 기능을 포함해서 라이저FS에 비해 여러 가지 향상된 기능이 있다. 현재의 주류 리눅스 배포판 대부분은 라이저4 파일시스템을 사용하지 않지만 이 방식으로 리눅스 시스템을 구동시킬 수 있다.

JFS 파일시스템 살펴보기

아마도 가장 오래된 저널링 파일시스템일 JFS(Journaled File System)는 1990년 IBM의 유닉스 계열 운영체제인 AIX를 위해 개발되었다. 하지만 두 번째 버전까지는 리눅스 환경에 이식되지 않았다.

> **NOTE**
> JFS 파일시스템의 두 번째 버전에 대한 IBM의 공식 이름은 JFS2지만 대부분의 리눅스 시스템은 JFS로 부른다.

JFS 파일시스템은 순차 저널링 방식을 이용한다. 즉 아이노드 테이블 데이터를 저널링하지만 실제 파일 데이터가 저장장치에 기록될 때까지 제거되지 않는다. 이 방법은 라이저4의 속도와 데이터 모드 저널링 방법의 무결성 사이의 절충점이다.

JFS 파일시스템은 저장장치에 기록된 각 파일에 대해 블록의 그룹을 할당하는, 익스텐트 기반의 파일 할당 기법을 사용한다. 이 방법은 저장장치에 파편화를 덜 일으킨다. IBM의 리눅스 제품 말고는 JFS 파일시스템은 널리 사용되지 않지만 이 시스템으로 리눅스를 구동시킬 수 있다.

XFS 파일시스템 살펴보기

XFS 저널링 파일시스템은 원래 상용 유닉스 시스템에서 만들어지고 리눅스 세상에 발을 들여 놓은 또다른 파일시스템이다. 실리콘그래픽주식회사(Silicon Graphics Incorporated, SGI)는 상용 IRIX 유닉스 시스템를 위해 1994년 XFS를 만들었다. 2002년에는 누구나 사용할 수 있도록 리눅스 환경에 공개되었다. XFS 파일시스템은 최근 더욱 인기를 끌고 있으며 RHEL을 비롯한 주류 리눅스 배포판에서 기본 파일시스템으로 사용되고 있다.

XFS 파일시스템은 쓰기 저장 저널링 모드를 사용하므로 고성능을 제공하지만 실제 데이터가 저널 파일에 저장되지 않기 때문에 상당한 위험을 안고 있다. XFS 파일시스템은 라이저4 파일시스템처럼 크기 조절 기능이 있다. 다만 XFS 파일시스템은 확장만 가능하며 축소는 할 수 없다.

카피 온 라이트 파일시스템 이해하기

저널링 파일시스템을 쓸 때에는 안전과 성능 사이에서의 선택이 필요하다. 데이터 모드는 가장 높은 안전성을 제공하지만 아이노드와 데이터 모두가 저널링되기 때문에 성능이 떨어진다. 쓰기 저장 모드는 성능이 좋지만 안전성을 희생해야 한다.

파일시스템에서 저널링에 대한 대안은 카피 온 라이트(copy-on-write, COW)라는 기술이다. COW는 스냅샷을 통해 안전성과 성능을 함께 제공한다. 데이터를 수정할 때에는 복제본 또는 기록 가능한 스냅샷이 사용된다. 현재의 데이터에 수정 데이터를 덮어쓰는 대신 수정된 데이터는 새로운 파일시스템 위치에 배치된다. 데이터 수정이 완료되어도 기존 데이터를 절대 덮어 쓰지 않는다.

COW 파일시스템은 인기를 얻고 있다. 가장 인기 있는 두 가지 시스템인 BTRFS와 ZFS를 다음 절에서 간략하게 살펴본다.

ZFS 파일시스템 살펴보기

COW 파일시스템인 ZFS는 2005년 선마이크로시스템즈가 오픈 솔라리스 운영체제를 위해 개발했다. 2008년부터는 리눅스로 포팅되기 시작했고 2012년에는 드디어 리눅스에서 실제 사용할 수 있게 되었다.

ZFS는 안정적인 파일시스템이며 라이저4, BTRFS, 및 ext4의 좋은 경쟁자다. ZFS에 대한 가장 널리 알려진 비판은 GPL 라이선스가 없다는 것이다. 상황을 바꾸는 데 도움이 될 OpenZFS 프로젝트는 2013년에 시작되었다. 그러나 GPL 라이선스를 얻을 때까지 ZFS는 기본 리눅스 파일시스템으로는 절대 채택되지 않을 것이다.

Btrfs 파일시스템 살펴보기

COW에 새로 등장한 파일시스템은 B트리 파일시스템이라고도 하는 Btrfs 파일시스템이다. 오라클은 2007년에 Btrfs 개발을 시작했다. 이 시스템은 많은 부분에서 라이저4를 기반으로 하지만 향상된 신뢰성을 제공했다. 추가 개발자가 합류하면서 Btrfs는 인기 있는 파일시스템으로 급부상했다. 이러한 인기는 안정성, 쉬운 사용성, 마운트된 파일시스템의 크기를 극적으로 조정할 수 있는 능력 때문이다. 오픈수세(openSUSE) 리눅스 배포판은 최근 기본 파일시스템으로 Btrfs를 채택했다. 기본 파일시스템은 아니지만 RHEL 같은 다른 리눅스 배포판에서도 제공된다.

파일시스템으로 작업하기

리눅스는 커맨드라인에서 파일시스템 작업을 손쉽게 할 수 있는 몇 가지 유틸리티를 제공한다. 키보드로 새로운 파일시스템을 추가하거나 기존의 파일시스템을 변경할 수도 있다. 이 절에서는 커맨드라인 환경에서 파일시스템과 상호작용할 수 있는 명령을 안내한다.

파티션 만들기

먼저 파일시스템을 담기 위해 저장장치에 파티션을 만들어야 한다. 파티션은 가상 디렉토리의 일부를 포함하는 전체 디스크 또는 디스크의 일부가 될 수 있다.

fdisk 유틸리티는 시스템에 설치되어 있는 저장장치에 파티션을 구성하기 위해 사용된다. fdisk 명령은 하드 드라이브에 파티션을 만드는 각 단계에 명령을 입력할 수 있는 대화형 프로그램이다.

fdisk 명령을 시작하려면 파티션을 만들려는 저장장치의 장치 이름을 지정해야 하며 슈퍼유저 권한이 필요하다. 슈퍼유저 권한 없이 fdiisk를 사용하려고 하면 다음과 같은 오류 메시지가 뜬다.

```
$ fdisk /dev/sdb

Unable to open /dev/sdb
$
```

> **NOTE**
> 새로운 디스크 파티션을 만들 때 리눅스 시스템에서 물리적 디스크를 찾기가 가장 어렵다. 리눅스는 하드 드라이브에 장치 이름을 할당하기 위한 표준 형식을 사용하지만 이러한 형식에 익숙해져야 한다.
> 예전의 IDE 드라이브에서 리눅스는 /dev/hdx라는 이름을 사용하며, 여기서 x는 드라이브가 검출된 순서에 기반을 둔 문자다(a가 처음, b가 그 다음과 같은 식이다). 새로운 SATA 드라이브 및 SCSI 드라이브에 대해 리눅스는 /dev/sdx라는 이름을 사용하며 여기서 x는 드라이브가 검출된 순서에 기반을 둔 문자다(a가 처음, b가 그 다음과 같은 식이다). 파티션을 포맷하기 전에는 항상 올바른 드라이브를 참조하고 있는지 확실히 하기 위해서 다시 한 번 확인하는 것이 좋다!

8

슈퍼유저 권한이 있고 올바른 장치 이름을 알고 있다면 fdisk 명령은 다음의 CentOS의 예제처럼 이 유틸리티로 들어가는 문을 열어준다.

```
$ sudo fdisk /dev/sdb
[sudo] password for Christine:
Device contains neither a valid DOS partition table,
nor Sun, SGI or OSF disklabel
Building a new DOS disklabel with disk identifier 0xd3f759b5.
Changes will remain in memory only
until you decide to write them.
After that, of course, the previous content won't be recoverable.

Warning: invalid flag 0x0000 of partition table 4 will
be corrected by w(rite)

[...]
Command (m for help):
```

TIP
저장장치에 파티션을 처음으로 하는 경우 fdisk는 파티??션 테이블이 장치에 없다는 경고를 할 것이다.

fdisk 대화형 명령 프롬프트는 fdisk가 무엇을 할지를 지정하기 위해 한 글자로 된 명령을 사용한다. [표 8-2]는 fdisk 명령 프롬프트에서 사용할 수 있는 명령을 보여준다.

표 8-2　fdisk 명령

명령	설명
a	파티션이 부팅 가능하다는 것을 나타내는 플래그를 켜거나 끈다
b	BSD 유닉스 시스템에서 사용되는 디스크 레이블을 편집한다
c	DOS 호환성 플래그를 켜거나 끈다
d	파티션을 삭제한
l	사용할 수 있는 파티션의 유형을 나열한다
m	명령 옵션을 표시한다
n	새 파티션을 추가한
o	DOS 파티션 테이블을 만든다
p	현재 파티션 테이블을 표시한다
q	변경된 내용을 저장하지 않고 끝마친다
s	선 유닉스 시스템을 위한 새로운 디스크 레이블을 만든다
t	파티션 시스템 ID를 변경한다
u	사용하는 저장장치를 변경한다
v	파티션 테이블을 확인한다
w	디스크 파티션 테이블을 기록한다
x	고급 기능

이 목록을 보면 질릴 수도 있겠지만 보통 일상적인 작업을 할 때에는 이중 몇 가지만 필요하다.

저장장치의 내용을 표시할 수 있는 p 명령으로 시작해보자.

```
Command (m for help): p

Disk /dev/sdb: 5368 MB, 5368709120 bytes
255 heads, 63 sectors/track, 652 cylinders
Units = cylinders of 16065 * 512 = 8225280 bytes
```

```
Sector size (logical/physical): 512 bytes / 512 bytes
I/O size (minimum/optimal): 512 bytes / 512 bytes
Disk identifier: 0x11747e88

   Device Boot      Start          End      Blocks   Id  System

Command (m for help):
```

출력된 내용을 보면 저장장치는 5368MB(5GB)의 공간이 있음을 보여준다. 저장장치의 세부사항 아래에 있는 목록은 장치에 이미 존재하는 파티션이 있는지를 표시한다. 이 예제의 목록은 아무런 파티션도 표시하고 있지 않다. 장치가 아직 파티션되지 않았기 때문이다.

이번에는 저장장치에 새 파티션을 만들어보자. 이를 위해서는 n 명령을 사용한다.

```
Command (m for help): n
Command action
   e   extended
   p   primary partition (1-4)
p
Partition number (1-4): 1
First cylinder (1-652, default 1): 1
Last cylinder, +cylinders or +sizeK,M,G (1-652, default 652): +2G

Command (m for help):
```

파티션은 주 파티션 또는 확장 파티션 중 하나로 만들 수 있다. 주 파티션은 직접 파일시스템으로 포맷할 수 있는 반면 확장 파티션은 다른 주 파티션을 포함할 수만 있다. 그 이유는 하나의 저장장치에는 네 개의 파티션만 만들 수 있기 때문이다. 여러 개의 확장 파티션을 만들고 나서 그 안에 주 파티션을 만듦으로써 파티션을 확장할 수 있다. 이 예제에서는 주 저장장치를 만들고 여기에 파티션 번호 1을 할당한 다음 이 저장장치 공간에 2GB를 할당한다. p 명령을 사용하면 결과를 볼 수 있다.

```
Command (m for help): p

Disk /dev/sdb: 5368 MB, 5368709120 bytes
255 heads, 63 sectors/track, 652 cylinders
Units = cylinders of 16065 * 512 = 8225280 bytes
Sector size (logical/physical): 512 bytes / 512 bytes
I/O size (minimum/optimal): 512 bytes / 512 bytes
Disk identifier: 0x029aa6af

   Device Boot      Start          End      Blocks   Id  System
/dev/sdb1              1          262     2104483+   83  Linux
```

```
Command (m for help):
```

이제 출력 결과에 표시되는 저장장치에 파티션(/dev/sdb1)이 생겼다. Id 항목은 리눅스가 파티션을 다루는 방법을 정의한다. fdisk는 수많은 유형의 파티션을 만들 수 있다. l 명령을 사용하면 사용할 수 있는 다른 유형의 목록을 보여준다. 기본값은 83으로, 이는 리눅스 파일시스템을 정의한다. 다른 파일시스템(윈도우 NTFS 파티션과 같은 것들)을 위한 파티션을 만들려면 다른 유형의 파티션을 선택하면 된다.

저장장치에 남아있는 공간에 다른 리눅스 파티션을 할당하는 과정을 되풀이할 수 있다. 원하는 파티션을 만든 뒤에는 w 명령으로 저장장치에 변경 사항을 저장한다.

```
Command (m for help): w
The partition table has been altered!

Calling ioctl() to re-read partition table.
Syncing disks.
$
```

저장장치의 파티션 정보는 파티션 테이블에 기록되고, 리눅스는 ioctl() 호출을 통해 새로운 파티션을 통보 받는다. 이제 저장장치에 파티션을 설정했으니 리눅스 파일시스템으로 포맷할 준비가 되었다.

> **TIP**
> 일부 배포판 및 예전의 배포판은 리눅스 시스템에게 자동으로 새 파티션을 통보하지 않는다. 이 경우에 partprobe 또는 hdparm 명령 중 하나를 사용하거나(각 명령의 man 페이지 참조) 업데이트된 파티션 테이블을 읽도록 시스템을 재시동해야 한다.

파일시스템 만들기

파티션에 데이터를 저장하기 전에 리눅스가 이를 사용할 수 있도록 파일시스템으로 포맷해야 한다. 각각의 파일시스템 유형은 파티션 포맷을 위해 자체 커맨드라인 프로그램을 사용한다. [표 8-3]은 이 장에서 논의된 여러 가지 파일시스템에 사용되는 유틸리티를 보여준다.

표 8-3 파일시스템을 만들기 위한 커맨드라인 프로그램

유틸리티	목적
mkefs	EXT 파일시스템을 만든다
mke2fs	ext2 파일시스템을 만든다
mkfs.ext3	ext3 파일시스템을 만든다
mkfs.ext4	ext4에 파일시스템을 만든다
mkreiserfs	라이저FS 파일시스템을 만든다
jfs_mkfs	JFS 파일시스템을 만든다
mkfs.xfs	XFS 파일시스템을 만든다
mkfs.zfs	ZFS 파일시스템을 만든다
mkfs.btrfs	Btrfs 파일시스템을 만든다

모든 파일시스템 유틸리티가 기본으로 설치되어 있는 것은 아니다. 특정한 파일시스템 유틸리티를 가지고 있는지 확인하려면 type 명령을 사용한다.

```
$ type mkfs.ext4
mkfs.ext4 is /sbin/mkfs.ext4
$
$ type mkfs.btrfs
-bash: type: mkfs.btrfs: not found
$
```

위의 예는 우분투 시스템에서 mkfs.ext4 유틸리티를 사용할 수 있음을 보여준다. 그러나 Btrfs 유틸리티는 없다. 리눅스 배포판에 추가 소프트웨어 및 유틸리티를 설치하는 방법에 대해서는 제9장을 참조하라.

각각의 파일시스템 유틸리티는 파티션에 파일시스템을 어떻게 만들 것인지를 입맛대로 조절할 수 있는 수많은 커맨드라인 옵션이 있다. 사용할 수 있는 모든 커맨드라인 옵션을 보려면 파일시스템 명령에 대한 man 명령으로 설명서 페이지를 출력한다(제3장 참조). 모든 파일시스템 명령은 단순히 옵션 없이 사용하면 기본 파일시스템을 만들 수 있다.

```
$ sudo mkfs.ext4 /dev/sdb1
[sudo] password for Christine:
mke2fs 1.41.12 (17-May-2010)
Filesystem label=
OS type: Linux
Block size=4096 (log=2)
```

```
Fragment size=4096 (log=2)
Stride=0 blocks, Stripe width=0 blocks
131648 inodes, 526120 blocks
26306 blocks (5.00%) reserved for the super user
First data block=0
Maximum filesystem blocks=541065216
17 block groups
32768 blocks per group, 32768 fragments per group
7744 inodes per group
Superblock backups stored on blocks:
        32768, 98304, 163840, 229376, 294912

Writing inode tables: done
Creating journal (16384 blocks): done
Writing superblocks and filesystem accounting information: done

This filesystem will be automatically checked every 23 mounts or
180 days, whichever comes first. Use tune2fs -c or -i to override.
$
```

새로운 파일시스템은 리눅스 저널링 파일시스템인 ext4 파일시스템 유형을 사용한다. 생성 과정 가운데 일부는 새로운 저널을 만드는 과정이라는 점에 주목하자.

파티션에 파일시스템을 만들고 나서 다음 단계는 새로운 파일시스템에 데이터를 저장할 수 있도록 가상 디렉터리의 마운트 지점에 마운트하는 것이다. 여분의 공간이 필요한 가상 디렉터리의 어느 곳에든 새로운 파일시스템을 마운트할 수 있다.

```
$ ls /mnt
$
$ sudo mkdir /mnt/my_partition
$
$ ls -al /mnt/my_partition/
$
$ ls -dF /mnt/my_partition
/mnt/my_partition/
$
$ sudo  mount -t ext4  /dev/sdb1  /mnt/my_partition
$
$ ls -al /mnt/my_partition/
total 24
drwxr-xr-x. 3 root root  4096 Jun 11 09:53 .
drwxr-xr-x. 3 root root  4096 Jun 11 09:58 ..
drwx------. 2 root root 16384 Jun 11 09:53 lost+found
$
```

226

mkdir 명령(제3장)은 가상 디렉토리에 마운트 지점을 만들고, mount 명령은 마운트 지점에 새 하드 드라이브 파티션을 추가한다. mount 명령에 -t 옵션을 쓰면 어떤 파일시스템(여기서는 ext4)을 마운트할지를 지정한다. 이제 새 파티션에 새 파일과 폴더를 저장할 수 있다!

> **NOTE**
> 파일시스템을 이와 같은 방법으로 마운트하면 파일시스템에 일시적으로만 마운트된다. 리눅스 시스템을 재시동하면 이 파일시스템은 자동으로 다시 마운트되지 않는다. 부팅 때 새로운 파일시스템을 자동으로 마운트하게 만들려면 /etc/fstab 파일에 새 파일시스템을 추가한다.

이제 파일시스템이 가상 디렉토리 시스템에 마운트되었으므로 보통 쓰는 방식으로 사용할 수 있다. 사용하다 보면 파일시스템 손상과 같은 심각한 문제가 생기기도 하는데 다음 절에서는 그 해결 방법을 살펴본다.

파일시스템을 검사하고 복구하기

현대적인 파일시스템조차도 전원이 갑자기 끊어지거나 파일 액세스가 진행되는 동안 말썽스러운 애플리케이션이 시스템을 먹통으로 만들면 문제가 생긴다. 커맨드라인 도구를 사용하면 파일시스템을 정상으로 복원시킬 수 있다.

각 파일시스템은 상호작용하는 자체 복구 명령이 있다. 점점 더 많은 파일시스템을 리눅스 환경에서 사용할 수 있기 때문에 그에 따라 알아야 할 각각의 커맨드라인 명령도 많아져서 일이 더욱 복잡해질 가능성이 있다. 다행히도 공통 프론트엔드 프로그램으로 저장장치의 파일시스템을 판단하고 복구할 파일시스템에 해당하는 파일시스템 복구 명령을 사용할 수 있다.

fsck 명령은 대부분의 리눅스 파일시스템 유형을 검사하고 복구하는 데 사용된다. 여기에는 이 장의 앞쪽에서 다루었던 ext, ext2, ext3, ext4, 라이저4, JFS, 그리고 XFS도 포함된다. 명령의 형식은 다음과 같다.

```
fsck options filesystem
```

커맨드라인에서 filesystem 매개변수에 여러 항목을 넣어서 검사할 수도 있다. 파일시스템은 장치 이름, 가상 디렉토리의 마운트 지점, 파일시스템에 할당된 특수한 리눅스 UUID 값을 사용하여 참조할 수 있다.

> **TIP**
> 저널링 파일시스템의 사용자는 fsck 명령이 필요하나 COW 파일시스템 사용자도 이 명령이 필요한지에는 논란의 여지가 있다. 사실 ZFS 파일시스템은 fsck 유틸리티에 대한 인터페이스조차도 없다.

fsck 명령은 시스템에 정상으로 마운트된 저장장치의 파일시스템을 확인하기 위해 /etc/fstab 파일을 사용한다. 저장장치가 정상으로 마운트되지 않은 경우(아까 새로운 저장장치에 파일시스템을 만든 것처럼), 파일시스템 유형을 지정하려면 -t 커맨드라인 옵션을 사용해야 한다. [표 8-4]는 사용할 수 있는 여러 가지 커맨드라인 옵션을 보여준다.

표 8-4 fsck 커맨드라인 옵션

옵션	설명
-a	파일시스템 오류가 발견되면 자동으로 복구한다
-A	/etc/fstab 파일에 나열된 모든 파일시스템을 검사한다
-C	파일시스템에 대한 진행률 표시 기능을 지원하는 파일시스템에 대해서는 진행률을 표시한다 (ext2 및 ext3만 해당)
-N	검사는 실행하지 않으며 어떤 검사를 할지만 표시한다
-r	오류가 발견되면 수정하라는 메시지를 표시한다
-R	-A 옵션을 사용했을 때 루트 파일시스템을 건너뛴다
-s	복수의 파일시스템을 검사할 때 한 번에 하나씩 검사한다
-t	검사를 위해 파일시스템 유형을 지정한다
-T	시작할 때 는 헤더 정보를 표시하지 않는다
-V	검사 도중에 자세한 내용을 출력한다
-y	오류가 감지되면 파일시스템을 자동으로 복구한다

커맨드라인 옵션 중 일부는 중복되어 있음을 알 수 있다. 이는 여러 가지 명령의 공통 프론트엔드를 구현하기 위해 노력하는 과정에서 생긴 문제 중 하나다. 개별 파일시스템 복구 명령 중 일부는 사용할 수 있는 추가 옵션이 있다. 고급 오류 검사를 할 필요가 있는 경우에는 해당 파일시스템에 특정한 확장 옵션이 있는지 개별 파일시스템 복구 도구의 man 페이지를 확인해야 한다.

> **TIP**
> 마운트가 해제된 파일시스템에 대해서만 fsck 명령을 실행할 수 있다. 대부분의 파일시스템은 검사를 위해 언마운트를 한 다음 검사가 끝나면 다시 마운트할 수 있다. 하지만 루트 파일시스템은 핵심 리눅스 명령 및 로그 파일을 포함하고 있기 때문에 실행 중인 시스템에서 마운트를 해제할 수 없다.

바로 이럴 때 리눅스 라이브 CD가 있으면 편하다! 라이브 CD로 시스템을 시동한 후 루트 파일시스템에 대해 fsck 명령을 실행하면 된다!

이 장에서는 물리적 저장장치에 포함된 파일시스템을 처리하는 방법을 알아보았다. 리눅스는 또한 파일시스템의 논리적 저장장치를 만들 수 있는 몇 가지 방법을 제공한다.

논리 볼륨 관리하기

하드 드라이브의 표준 파티션을 사용하여 파일시스템을 만들었다면 기존의 파일시스템에 공간을 추가하려고 할 때 상당히 곤란을 겪을 수 있다. 파티션 확장은 같은 실제 하드 드라이브에 사용 가능한 공간의 범위까지로 제한된다. 하드 드라이브에 더 이상 사용할 수 있는 공간이 없다면 더 큰 하드 드라이브를 구해서 수동으로 새 드라이브에 기존의 파일시스템을 옮겨야만 할 것이다.

이보다 편리한 방법은 다른 하드 드라이브 파티션을 기존의 파일시스템에 추가함으로써 기존의 파일시스템에 동적으로 더 많은 공간을 추가하는 방법이다. 리눅스 논리 볼륨 관리자(Linux Logical Volume Manager, LVM) 소프트웨어 패키지가 이런 일을 할 수 있다. LVM은 전체 파일시스템을 재구축할 필요 없이 리눅스 시스템의 디스크 공간을 조작할 수 있는 쉬운 방법을 제공한다.

논리 볼륨 관리 레이아웃 살펴보기

시스템에 설치된 물리적 하드 드라이브 파티션을 처리하는 방법은 논리 볼륨 관리의 핵심이다. 논리 볼륨 관리의 세계에서 하드 드라이브는 물리적 볼륨(physical volumes, PV)이라고 한다. 각각의 PV는 하드 드라이브에 만들어지는 특정한 물리적 파티션에 매핑된다.

여러 PV 요소는 볼륨 그룹(Volume Group, VG)을 만들어 함께 모아둔다. 논리 볼륨 관리 시스템은 실제 하드 드라이브와 같은 VG를 다루지만 실제로는 VG는 여러 하드 드라이브에 분산된 여러 개의 물리적 파티션으로 구성될 수 있다. VG는 실제로 파일시스템을 포함하는 논리 파티션을 만들수 있는 플랫폼을 제공한다.

구조의 최종 계층은 논리 볼륨(Logical Volume, LV)이다. LV는 리눅스에 파일시스템을 만들기 위한 파티션 환경을 만들며 이 파티션은 리눅스에서는 실제 하드 디스크의 파티션과 비슷하게 동작한다. 리눅스 시스템은 물리적 파티션처럼 LV를 처리한다.

사용자는 표준 리눅스 파일시스템 중 어느 하나를 사용하여 LV를 포맷하고 마운트 지점에서 리눅스 가상 디렉토리에 추가할 수도 있다.

[그림 8-1]은 대표적인 리눅스의 논리 볼륨 관리 환경의 기본 레이아웃을 설명한다. 그림에 표시된 볼륨 그룹은 세 개의 물리적 하드 드라이브에 걸쳐 존재하며 다섯 개의 물리 파티션을 포함하고 있다. 볼륨 그룹 안에는 두 개의 분리된 논리 볼륨이 있다. 리눅스 시스템은 물리적 파티션처럼 각각의 논리 볼륨을 처리한다. 각각의 논리 볼륨은 ext4를 파일시스템으로 포맷한 다음 가상 디렉토리의 특정한 위치에 마운트할 수 있다.

[그림 8-1]에서 세 번째 물리적 하드 드라이브는 사용되지 않는 파티션을 가지고 있음을 알 수 있다. 논리 볼륨 관리를 사용하면 나중에 이 사용되지 않은 파티션을 기존 볼륨 그룹에 손쉽게 연결하고, 새로운 논리 볼륨을 만들거나 기존 논리 볼륨이 더 많은 공간을 필요로 할 때 확장하기 위해 추가할 수도 있다.

그림 8-1

논리 볼륨 관리 환경

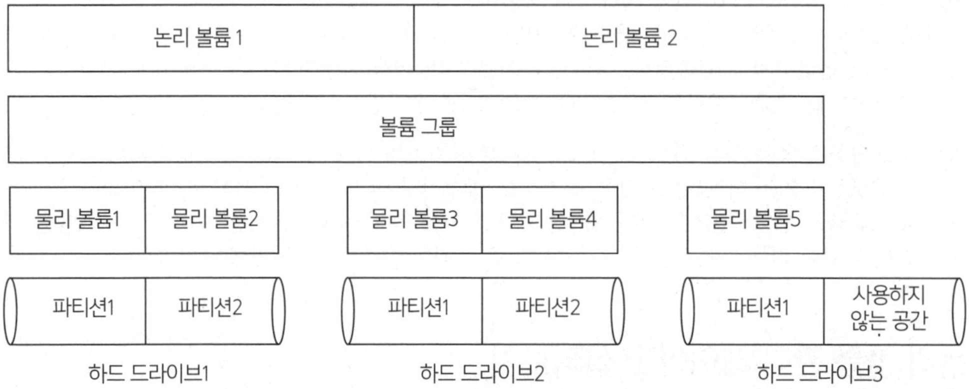

논리 볼륨 1	논리 볼륨 2

볼륨 그룹

물리 볼륨1	물리 볼륨2		물리 볼륨3	물리 볼륨4		물리 볼륨5
파티션1	파티션2		파티션1	파티션2		파티션1	사용하지 않는 공간
하드 드라이브1			하드 드라이브2			하드 드라이브3

마찬가지로 새로운 하드 드라이브를 시스템에 추가했다면 로컬 볼륨 관리 시스템으로 새 하드 드라이브를 기존 볼륨 그룹에 추가하고 기존의 논리 볼륨에 더 많은 공간을 만들거나 마운트할 새로운 논리 볼륨을 시작할 수 있도록 만들 수 있다. 확장되는 파일시스템을 다루는 훨씬 더 좋은 방법인 것이다!

리눅스에서 LVM 사용하기

리눅스 LVM은 하인즈 모엘샤겐이 개발하고 1998년에 리눅스 커뮤니티에 공개되었다. 리눅스 LVM으로 사용자는 단순한 커맨드라인 명령을 사용하여 리눅스 논리 볼륨 관리 환경을 완벽하게 관리할 수 있다.

리눅스 LVM은 두 가지 버전을 사용할 수 있다.

- LVM1 : 1998년에 발표된 최초의 LVM 패키지로 2.4 리눅스 커널에서만 사용 가능, 기본적인 논리적 볼륨 관리 기능만을 제공
- LVM2 : 2.6 리눅스 커널에서 사용할 수있는 LVM의 업데이트된 버전, 표준 LVM1 기능에 더해서 추가 기능을 제공

커널 2.6 버전 이상을 사용하는 대부분의 최신 리눅스 배포판은 LVM2 지원을 제공한다. 리눅스 시스템에서 사용하는 표준 논리 볼륨 관리 기능에 더해 LVM2는 다른 좋은 기능들을 제공한다.

스냅샷 찍기

원래의 리눅스 LVM은 논리 볼륨이 활성화되어 있는 동안 다른 장치에 기존 논리 볼륨을 복사할 수 있다. 이 기능을 스냅샷이라고 한다. 스냅샷은 고가용성을 필요로 하기 때문에 잠글 수 없는 중요한

데이터를 백업하기 위한 훌륭한 도구다. 전통적인 백업 방법은 보통 백업 매체에 복사할 때 파일을 잠근다. 스냅샷을 이용하면 복사를 수행하는 동안 중요한 웹 서버 또는 데이터베이스 서버를 계속 실행할 수 있다. 아쉽지만 LVM1은 읽기 전용 스냅 샷만 만들 수 있다. 스냅샷을 만든 이후에는 쓰기가 불가능하다.

LVM2는 활성 논리 볼륨에 대한 읽기 및 쓰기 스냅샷을 만들 수 있다. 읽기 및 쓰기 복사본을 사용하면 원래의 논리 볼륨을 제거하고 스냅샷을 대신 마운트할 수 있다. 이 기능은 빠른 페일 오버(fail-over, 장애가 발생했을 때 대체 시스템으로 운영을 넘기는 기능) 또는 데이터를 변경하는 응용 프로그램을 실험하다가 뭔가 실패했을 경우 이를 복원해야 할 필요가 있을 때 특히 유용하다.

스트라이핑

LVM2가 제공하는 흥미로운 기능 중 하나는 스트라이핑(striping)이다. 스트라이핑으로 하나의 논리 볼륨을 여러 개의 물리적 하드 드라이브에 걸쳐 만들 수 있다. 리눅스 LVM이 논리 볼륨에 파일을 기록할 때 파일의 데이터 블록은 여러 하드 드라이브에 걸쳐 분산된다. 각각의 연속된 데이터의 블록은 그 다음 하드 드라이브에 기록된다.

스트라이핑은 리눅스가 한 하드 드라이브 안에서 읽기/쓰기 헤드를 다른 위치로 옮기기 위해서 기다리지 않고 한 파일에 대한 여러 데이터 블록을 동시에 여러 하드 드라이브에 쓸 수 있으므로 디스크의 성능 향상을 돕는다. LVM은 동시에 여러 개의 하드 드라이브에서 데이터를 읽을 수 있기 때문에 순차적으로 파일을 읽어 들일 때에도 기능 향상이 이루어진다.

> **NOTE**
> LVM 스트라이핑은 RAID 스트라이핑과 같지 않다. LVM 스트라이핑은 결함을 자체 처리할 수 있는 환경인 패리티 엔트리를 제공하지 않는다. 사실 LVM 스트라이핑은 하드 드라이브 오류가 일어났을 때 파일이 손실될 수 있는 가능성을 높인다. 하나의 디스크에서 일어난 장애가 여러 논리 볼륨을 사용할 수 없게 만들 수도 있다.

미러링

단지 LVM으로 파일시스템을 설치했다고 해서 파일시스템에 문제가 생길 가능성이 없어지는 것은 아니다. 물리적 파티션과 마찬가지로 LVM 논리 볼륨은 정전이나 디스크 장애에 취약하다. 파일시스템이 손상되고 나면 이를 복구할 수 없을 가능성은 항상 존재한다.

LVM 스냅샷 프로세스로 언제든지 논리 볼륨의 백업 사본을 만들 수 있다는 점 때문에 안심이 되지만 일부 환경에서는 이 정도로는 충분하지 않다. 데이터베이스 서버와 같이 데이터 변경이 많이 이루어지는 시스템은 마지막 스냅샷 이후 기록의 수백 또는 수천 개의 레코드를 저장했을 수도 있다.

이 문제에 대한 해결책은 LVM 미러다. 미러는 실시간으로 업데이트 되는 논리 볼륨의 완전한 사본이다. 미러 논리 볼륨을 만들 때 LVM은 미러 사본에 원래의 논리 볼륨을 동기화한다. 원래의 논리 볼륨의 크기에 따라 이 작업을 완료하는 데에는 시간이 약간 걸릴 수 있다.

최초의 동기화가 완료된 후 LVM은 파일시스템에서 쓰기 작업을 할 때마다 쓰기를 두 번 한다. 한 번은 메인 논리 볼륨에 또 한 번은 미러된 복사본에 쓴다. 짐작하겠지만 이러한 작업은 시스템의 쓰기 성능을 저하시킨다. 하지만 원래의 논리 볼륨이 어떤 이유로인가 손상이 되었다고 해도 곧바로 완전한 최신 복사본을 가지고 작업을 끝마칠 수 있다!

리눅스 LVM 사용하기

이제 리눅스 LVM이 할 수 있는 일을 알았으므로 이번 절에서는 시스템의 디스크 공간을 구성하는 데 도움이 되도록 LVM을 실제 사용하는 방법을 설명한다. 리눅스 LVM 패키지는 논리 볼륨 관리 시스템의 모든 구성 요소를 만들고 관리하기 위한 커맨드라인 프로그램만을 제공한다. 일부 리눅스 배포판은 커맨드라인 명령에 대응하는 그래픽 기반의 프론트엔드 프로그램을 포함하고 있지만 LVM 환경을 완전하게 제어하기 위해서는 명령으로 직접 작업을 하는 쪽이 가장 편하다.

물리 볼륨 정의하기

작업의 첫 번째 단계는 물리적 파티션을 리눅스 LVM이 사용하는 물리 볼륨 익스텐트로 변환하는 것이다. 우리의 친구 fdisk 명령이 여기서 도움이 된다. 기본 리눅스 파티션을 만든 후 t 명령으로 파티션 유형을 변경해야 한다.

```
[...]
Command (m for help): t
Selected partition 1
Hex code (type L to list codes): 8e
Changed system type of partition 1 to 8e (Linux LVM)

Command (m for help): p

Disk /dev/sdb: 5368 MB, 5368709120 bytes
255 heads, 63 sectors/track, 652 cylinders
Units = cylinders of 16065 * 512 = 8225280 bytes
Sector size (logical/physical): 512 bytes / 512 bytes
I/O size (minimum/optimal): 512 bytes / 512 bytes
Disk identifier: 0xa8661341

   Device Boot      Start         End      Blocks   Id  System
/dev/sdb1               1         262     2104483+   8e  Linux LVM

Command (m for help): w
The partition table has been altered!

Calling ioctl() to re-read partition table.
Syncing disks.
$
```

8e 파티션 유형은 이전에 본 83 파티션 유형과 같은 직접 파일시스템이 아닌 리눅스 LVM 시스템의 일부로 사용된다는 것을 뜻한다.

NOTE

다음 단계에서 pvcreate 명령이 작동하지 않는다면 LVM2 패키지가 기본으로 설치되지 않았기 때문일 가능성이 가장 높다. 이 패키지를 설치하려면 패키지 이름 lvm2를 사용해야 하며 소프트웨어 패키지를 설치하는 방법은 제9장을 참조하라.

다음 단계에서는 실제 물리 볼륨을 만들기 위해 파티션을 사용한다. pvcreate 명령을 사용하면 이 작업을 할 수 있다. pvcreate 명령은 PV에 사용할 물리 파티션을 정의한다. 이 작업은 단지 파티션에 리눅스 LVM 시스템의 물리 볼륨이라는 태그를 붙여 놓는 것이다.

```
$ sudo pvcreate /dev/sdb1
  dev_is_mpath: failed to get device for 8:17
  Physical volume "/dev/sdb1" successfully created
$
```

NOTE

'dev_is_mpath: failed to get device for 8:17'과 같은 겁나는 메시지 때문에 놀라지 말자. 'successfully created' 메시지가 나왔다면 다 잘 된 것이다. pvcreate 명령은 파티션이 다중 경로(mpath) 장치인지 여부를 확인한다. 그렇지 않다면 위와 같은 겁나는 메시지를 표시한다.

8

진행 상황을 보고 싶다면 만들어진 물리 볼륨의 목록을 표시하도록 pvdisplay 명령을 사용한다.

```
$ sudo pvdisplay /dev/sdb1
  "/dev/sdb1" is a new physical volume of "2.01 GiB"
  --- NEW Physical volume ---
  PV Name               /dev/sdb1
  VG Name
  PV Size               2.01 GiB
  Allocatable           NO
  PE Size               0
  Total PE              0
  Free PE               0
  Allocated PE          0
  PV UUID               0FIuq2-LBod-IOWt-8VeN-tglm-Q2ik-rGU2w7

$
```

pvdisplay 명령은 /dev/db1이 이제 PV로 태그되어 있다는 것을 보여준다. 출력된 내용에 VG의 이름이 비어 있다는 것에 주목하자. 우리의 PV는 아직 볼륨 그룹에 속해 있지 않다.

볼륨 그룹 만들기

다음 단계는 물리 볼륨으로부터 하나 이상의 볼륨 그룹을 만드는 것이다. 얼마나 많은 볼륨 그룹을 시스템에 만들어야 하는지에 대해 정해진 규칙은 없다. 하나의 볼륨 그룹에 사용 가능한 모든 물리 볼륨을 추가할 수도 있고, 여러 물리적 볼륨을 결합해서 여러 볼륨 그룹을 만들 수도 있다.

커맨드라인에서 볼륨 그룹을 만들려면 vgcreate 명령을 사용해야 한다. vgcreate 명령은 볼륨 그룹 이름을 정의하는 몇 가지 커맨드라인 매개변수를 필요로 하며 볼륨 그룹을 만들기 위해 사용하고 있는 물리 볼륨의 이름도 요구한다.

```
$ sudo vgcreate Vol1 /dev/sdb1
  Volume group "Vol1" successfully created
$
```

출력 결과는 너무 썰렁하다! 새로 만든 볼륨 그룹의 몇 가지 자세한 사항을 보고 싶다면 vgdisplay 명령을 사용한다.

```
$ sudo vgdisplay Vol1
  --- Volume group ---
  VG Name               Vol1
  System ID
  Format                lvm2
  Metadata Areas        1
  Metadata Sequence No  1
  VG Access             read/write
  VG Status             resizable
  MAX LV                0
  Cur LV                0
  Open LV               0
  Max PV                0
  Cur PV                1
  Act PV                1
  VG Size               2.00 GiB
  PE Size               4.00 MiB
  Total PE              513
  Alloc PE / Size       0 / 0
  Free  PE / Size       513 / 2.00 GiB
  VG UUID               oe4I7e-5RA9-G9ti-ANoI-QKLz-qkX4-58Wj6e

$
```

위의 예에서는 /dev/sdb1로 파티션에 만들어진 물리 볼륨을 사용하여 Vol1이라는 이름을 가진 볼륨 그룹을 만들었다.

이제 하나 이상의 볼륨 그룹을 만들었으므로 논리 볼륨을 만들 준비가 되었다.

논리 볼륨 만들기

논리 볼륨은 리눅스 시스템이 물리적 파티션을 에뮬레이트하기 위해서 사용하며, 파일시스템을 보유한다. 리눅스 시스템은 물리적 파티션처럼 논리 볼륨을 다루며, 논리 볼륨에 파일시스템을 정의한 다음 가상 디렉토리에 파일시스템을 마운트할 수 있다.

논리 볼륨을 만들려면 lvcreate 명령을 사용한다. 다른 리눅스 LVM 명령은 보통 커맨드라인 옵션을 사용하지 않아도 되지만 lvcreate 명령은 최소한 몇 가지 옵션을 입력해야 한다. [표 8-5]는 사용할 수 있는 커맨드라인 옵션을 보여준다.

표 8-5 lvcreate 옵션

옵션	긴 옵션	이름 설명
-c	--chunksize	스냅샷 논리 볼륨의 청크사이즈(chunksize) 영역을 지정한다
-C	--contiguous	연속 할당 정책을 설정하거나 재설정한다
-i	--stripes	스트라이프의 수를 지정한다
-I	--stripsize	각 스트라이프의 크기를 지정한다
-l	--extents	새로운 논리 볼륨에 할당할 논리 익스텐트의 수 또는 사용할 논리 익스텐트의 비율을 지정한다
-L	--size	새로운 논리 볼륨에 할당할 디스크 크기를 지정한다
	--minor	장치의 미러 번호를 지정한다
-m	--mirrors	미러 논리 볼륨을 만든다
-M	--persistent	미러 번호를 영속화 한다
-n	--name	새로운 논리 볼륨의 이름을 지정한다
-p	--permission	논리 볼륨에 대한 읽기/쓰기 권한을 지정한다
-r	--readahead	미리 읽기 섹터 수를 설정한다
-R	--regionsize	미러 영역에 분할할 크기를 지정한다
-s	--snapshot	스냅샷 논리 볼륨을 만든다
-Z	--zero	새로운 논리 볼륨에서 첫 1KB 부분을 0으로 채운다

커맨드라인 옵션을 보면 질릴 수도 있겠지만 최소한의 옵션만으로도 작업을 할 수 있다.

```
$ sudo lvcreate -l 100%FREE -n lvtest Vol1
  Logical volume "lvtest" created
```

```
$
```

만들어진 볼륨의 자세한 내용을 보려면, lvdisplay 명령을 사용한다.

```
$ sudo lvdisplay Vol1
  --- Logical volume ---
  LV Path                /dev/Vol1/lvtest
  LV Name                lvtest
  VG Name                Vol1
  LV UUID                4W2369-pLXy-jWmb-lIFN-SMNX-xZnN-3KN208
  LV Write Access        read/write
  LV Creation host, time ... -0400
  LV Status              available
  # open                 0
  LV Size                2.00 GiB
  Current LE             513
  Segments               1
  Allocation             inherit
  Read ahead sectors     auto
  - currently set to     256
  Block device           253:2

$
```

이제 방금 만든 것이 무엇인지 볼 수 있다! 볼륨 그룹 이름(Vol1)은 새로운 논리 볼륨을 만들 때 사용한 볼륨 그룹을 식별하기 위해 쓰인다는 것을 알 수 있다.

-l 매개변수는 볼륨 그룹에서 이용 가능한 공간 가운데 얼마만큼을 논리 볼륨에 사용할 것인지를 정의한다. 볼륨 그룹에 있는 여유 공간의 백분율로 값을 지정할 수 있다는 점을 기억하자. 앞의 예는 새 논리 볼륨의 여유 공간을 모두(100%) 사용했다.

사용 가능한 공간의 비율을 지정하려면 -l 매개변수를, 바이트, 킬로바이트(KB), 메가바이트(MB), 기가바이트(GB) 단위로 실제 크기를 지정하려면 -L 매개변수를 사용할 수 있다. -n 매개변수로 논리 볼륨의 이름(이 예에서는 lvtest)을 줄 수 있다.

파일시스템 만들기

lvcreate 명령을 실행한 후 논리 볼륨이 존재하게 되었지만 파일시스템은 없다. 이를 위해서는 만들고자 하는 파일시스템에 대한 적절한 커맨드라인 프로그램을 사용할 필요가 있다.

```
$ sudo mkfs.ext4 /dev/Vol1/lvtest
mke2fs 1.41.12 (17-May-2010)
Filesystem label=
OS type: Linux
```

```
Block size=4096 (log=2)
Fragment size=4096 (log=2)
Stride=0 blocks, Stripe width=0 blocks
131376 inodes, 525312 blocks
26265 blocks (5.00%) reserved for the super user
First data block=0
Maximum filesystem blocks=541065216
17 block groups
32768 blocks per group, 32768 fragments per group
7728 inodes per group
Superblock backups stored on blocks:
        32768, 98304, 163840, 229376, 294912

Writing inode tables: done
Creating journal (16384 blocks): done
Writing superblocks and filesystem accounting information: done

This filesystem will be automatically checked every 28 mounts or
180 days, whichever comes first.Use tune2fs -c or -i to override.
$
```

새 파일시스템을 만든 뒤에는 물리 파티션처럼 표준 리눅스 mount 명령으로 가상 디렉터리에 볼륨을 마운트할 수 있다. 유일한 차이점은 논리 볼륨을 식별하는 특별한 경로를 사용한다는 것이다.

```
$ sudo mount /dev/Vol1/lvtest /mnt/my_partition
$
$ mount
/dev/mapper/vg_server01-lv_root on / type ext4 (rw)
[...]
/dev/mapper/Vol1-lvtest on /mnt/my_partition type ext4 (rw)
$
$ cd /mnt/my_partition
$
$ ls -al
total 24
drwxr-xr-x. 3 root root  4096 Jun 12 10:22 .
drwxr-xr-x. 3 root root  4096 Jun 11 09:58 ..
drwx------. 2 root root 16384 Jun 12 10:22 lost+found
$
```

mkfs.ext4 및 mount 명령 모두에 사용된 경로가 조금 이상한 것을 알 수 있다. 물리 파티션 경로 대신 이 예제의 경로는 논리 볼륨 이름과 함께 볼륨 그룹 이름을 사용한다. 파일시스템이 마운트된

237

뒤에는 가상 디렉토리의 새로운 영역을 사용할 수 있다.

LVM 수정하기

리눅스 LVM을 사용할 때의 장점은 동적으로 파일시스템을 수정할 수 있다는 것이므로, 몇 가지 도구로 이 장점을 사용할 수 있겠다고 기대할 것이다. 리눅스에서 사용할 수 있는 몇 가지 도구를 사용하면 기존 논리 볼륨 관리의 구성을 수정할 수 있다.

리눅스 LVM 환경을 관리할 수 있는 멋진 그래픽 기반 인터페이스를 쓸 수 없다고 해도 손해 볼 것은 전혀 없다. 이미 이 장에서 리눅스 LVM 커맨드라인 프로그램의 일부가 실제 동작하는 것을 보았다. 이를 설치한 후에는 LVM 설정을 관리하기 위한 수많은 다른 커맨드라인 프로그램을 사용할 수 있다. [표 8-6]은 리눅스 LVM 패키지에서 사용할 수 있는 일반적인 명령을 보여준다.

표 8-6   리눅스 LVM 명령

명령	기능
vgchange	볼륨 그룹을 활성화 및 비활성화 한다
vgremove	볼륨 그룹을 제거한다
vgextend	볼륨 그룹에 물리 볼륨을 추가한다
vgreduce	볼륨 그룹에서 물리 볼륨을 제거한다
lvextend	논리 볼륨의 크기를 늘린다
lvreduce	논리 볼륨의 크기를 줄인다

이들 커맨드라인 프로그램을 사용하면 리눅스 LVM 환경을 완벽하게 제어할 수 있다.

> **TIP**
> 논리 볼륨의 크기를 직접 늘리거나 줄일 때에는 주의해야 한다. 논리 볼륨에 저장된 파일시스템은 크기의 변화에 대응하여 수정되어야 한다. 대부분의 파일시스템은 리포맷을 위한 커맨드라인 프로그램을 포함한다. 예를 들어 ext2, ext3 또는 ext4 파일시스템에는 resize2fs 프로그램이 있다.

요약

리눅스에서 저장장치로 작업을 하려면 파일시스템에 대해 약간 알고 있어야 한다. 커맨드라인에서 파일시스템을 어떻게 만들고 작업하는지를 알면 리눅스 시스템에서 작업할 때 유용하게 사용할 수 있다. 이 장에서는 리눅스 커맨드라인에서 파일시스템을 처리하는 방법을 논의했다.

파일 및 폴더를 저장하기 위한 수많은 방법을 지원한다는 점에서 리눅스 시스템은 윈도우와는 다르다. 각각의 파일시스템 유형은 여러 가지 상황에서 이상적인 기능이 있다. 또한 각각의 파일시스템 유형은 저장장치와 상호작용하기 위해 각자 다른 명령을 사용한다.

저장장치에 파일시스템을 설치하기 전에 먼저 장치를 준비해야 한다. fdisk 명령은 저장장치를 파티션함으로써 파일시스템을 준비할 수 있도록 사용된다. 저장장치를 파티션 할 때 그에 사용할 파일시스템의 유형을 정의해야 한다.

저장장치를 파티션한 후에는 이들 파티션에 대해 몇 가지 파일시스템 중 하나를 사용할 수 있다. 인기 있는 리눅스 파일시스템은 ext4 및 XFS와 같은 것들이다. 이 파일시스템은 모두 리눅스 시스템이 충돌을 일으킬 경우 오류가 문제가 덜 일어나도록 하는 저널링 파일시스템 기능을 제공한다.

저장장치 파티션에 직접 파일시스템을 만들 때 디스크 공간이 부족해도 파일시스템의 크기를 쉽게 변경할 수 없다는 한계가 있다. 그러나 리눅스는 여러 기억 장치에 걸쳐 가상 파티션을 생성하는 논리 볼륨 관리를 지원한다. 이 방법을 사용하면 기존 파일시스템을 완전히 재구축 할 필요 없이 손쉽게 확장할 수 있다. 리눅스 LVM 패키지는 여러 저장장치에 파일시스템을 구축하는 논리 볼륨을 만드는 커맨드라인에 명령을 제공한다.

이제 핵심 리눅스 커맨드라인 명령을 살펴보았으므로 쉘 스크립트 프로그램을 만들 시간이 점점 다가오고 있다. 하지만 코딩을 시작하기 전에 다른 요소를 논의할 필요가 있다. 바로 프로그램 설치다. 쉘 스크립트를 작성하기로 했다면 당신의 걸작을 만들 수 있는 환경이 필요하다. 다음 장에서는 여러 리눅스 환경에서 커맨드라인으로 소프트웨어 패키지를 설치하고 관리하는 방법에 대해 설명한다.

8

소프트웨어 설치하기

이 장의 내용

소프트웨어 설치하기
데비안 패키지 사용하기
레드햇 패키지로 작업하기

옛날에는 리눅스에 소프트웨어를 설치하는 일은 참 힘들었지만 미리 제작된 패키지로 소프트웨어가 개발되어 한결 편해졌다. 그러나 소프트웨어 패키지를 설치하려면, 특히 커맨드라인에서 설치 작업을 할 때에는 여전히 할 일이 남아 있다. 이 장에서는 소프트웨어 설치, 관리 및 제거에 사용되는 다양한 패키지 관리 시스템 및 커맨드라인 도구를 살펴본다.

패키지 관리 기초

리눅스 소프트웨어 패키지 관리를 배우기 전에 먼저 몇 가지 기초 지식을 알아보자. 주요 리눅스 배포판은 각 소프트웨어 애플리케이션 및 라이브러리 설치를 제어할 수 있는 몇 가지 유형의 패키지 관리 시스템(PMS)을 사용한다. PMS는 이러한 항목들을 추적하기 위해 데이터베이스를 사용한다.

■ 리눅스 시스템에 어떤 소프트웨어 패키지가 설치되어 있는가?

■ 각 패키지마다 어떤 파일이 설치되어 있는가?

■ 설치된 소프트웨어 패키지 각각의 버전은 얼마인가?

소프트웨어 패키지는 저장소(리포지토리)라는 서버에 저장되고 인터넷으로 내 리눅스 시스템에서 구동되는 PMS 유틸리티를 통해 저장소에 접근할 수 있다. 새로운 소프트웨어 패키지, 또는 이미 시스템에 설치된 소프트웨어 업데이트를 검색하기 위해 PMS 유틸리티를 사용할 수 있다.

소프트웨어를 제대로 실행하려면 먼저 설치해야 하는 다른 소프트웨어 패키지가 있을 수 있다. 이를 의존성이라고도 한다. PMS 유틸리티는 이러한 의존성을 감지하고 원하는 패키지를 설치하기 전에 추가로 필요한 소프트웨어 패키지를 설치한다.

PMS의 단점은 한 가지 표준 유틸리티로 통합되어 있지 않다는 것이다. 지금까지 이 책에서 논의한 모든 bash 쉘 명령은 리눅스 배포판과 관계없지만 소프트웨어 패키지 관리에서는 다르다.

PMS 유틸리티 및 관련 명령은 여러 리눅스 배포판 사이에 크게 다르다. 일반적으로 리눅스에서 사용되는 두 가지 기본 PMS 기본 유틸리티는 dpkg와 RPM이다.

우분투 또는 리눅스 민트와 같은 데비안 기반 배포판은 자체 PMS인 dpkg 명령을 기반으로 한다. 이 명령은 리눅스 시스템의 PMS와 직접 상호작용하고, 소프트웨어 패키지를 설치하며 관리하고 제거하기 위해 사용된다.

페도라, 오픈수세, 맨드리바를 비롯한 레드햇 기반의 배포판은 자체 PMS인 rpm 명령을 기반으로 한다. dpkg 명령과 비슷하게 rpm 명령은 설치된 패키지의 목록을 표시하고, 새 패키지를 설치하며, 기존 소프트웨어를 제거할 수도 있다.

이 두 명령은 각자 PMS의 핵심부에 해당하는 것이지만 전체 PMS가 아니라는 점에 유의하자. dpkg 또는 rpm 방식을 사용하는 대부분의 리눅스 배포판은 일을 쉽게 할 수 있도록 추가 전문 PMS 유틸리티를 구축했다. 다음 절에서는 인기 있는 리눅스 배포판에서 사용하게 될 다양한 PMS 유틸리티를 안내한다.

데비안 기반 시스템

dpkg 명령은 데비안 기반 제품군의 PMS 도구 가운데 핵심이며 다른 도구들도 이에 포함되어 있다.

- apt-get
- apt-cache
- aptitude

지금까지 가장 널리 쓰이는 커맨드라인 도구는 aptitude이며 그럴 만한 이유가 있다. aptitude 도구는 기본적으로 atp 도구와 dpkg 명령 모두에 대한 프론트엔드다. dpkg는 PMS 도구인 반면 aptitude는 완전한 패키지 관리 시스템이다.

커맨드라인에서 aptitude 명령을 사용하면 소프트웨어 의존성 누락, 불안정한 시스템 환경 및 불필요한 번거로움과 같은 일반적인 소프트웨어 설치 문제에서 벗어나는 데 도움이 된다. 이 절에서는 리눅스 커맨드라인에서 aptitude 명령 도구를 사용하는 방법을 살펴본다.

aptitude로 패키지 관리하기

리눅스 시스템 관리자가 공통으로 직면하는 일은 패키지가 시스템에 이미 설치되어 있는지 여부를 판단하는 것이다. aptitude는 편리한 대화형 인터페이스를 가지고 있다.

리눅스 배포판에 aptitude가 설치되어 있다면 쉘 프롬프트에서 aptitude를 입력하고 〈Enter〉 키를 누르는 것으로 충분하다. [그림 9-1]에서 볼 수 있는 것처럼 aptitude의 전체 화면 모드를 보게 될 것이다.

그림 5-1
aptitude 메인 창

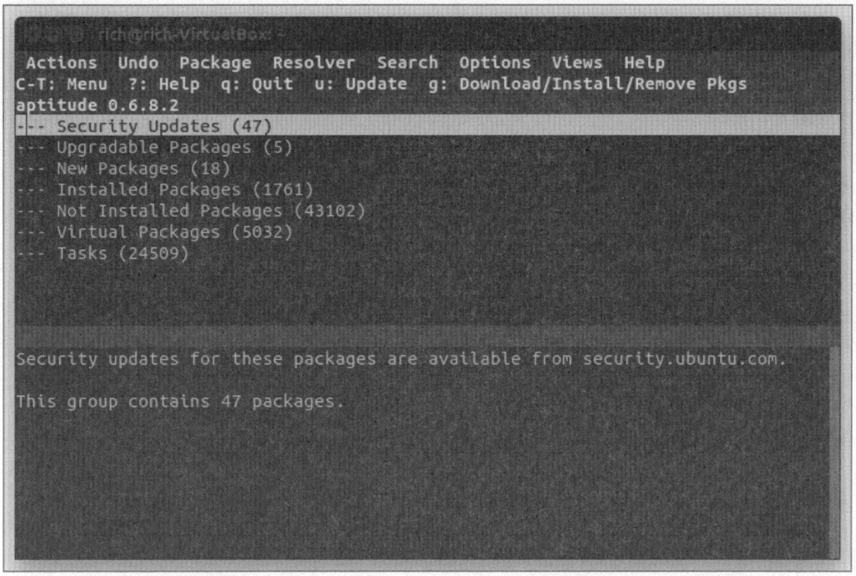

```
                rich@rich-VirtualBox: ~
  Actions  Undo  Package  Resolver  Search  Options  Views  Help
 C-T: Menu  ?: Help  q: Quit  u: Update  g: Download/Install/Remove Pkgs
aptitude 0.6.8.2
--- Security Updates (47)
--- Upgradable Packages (5)
--- New Packages (18)
--- Installed Packages (1761)
--- Not Installed Packages (43102)
--- Virtual Packages (5032)
--- Tasks (24509)




Security updates for these packages are available from security.ubuntu.com.

This group contains 47 packages.
```

메뉴 항목을 옮기려면 화살표 키를 사용한다. 어떤 패키지가 설치되어 있는지 보려면 Packages 메뉴 옵션을 선택한다. 편집기(editors)를 비롯하여 여러 그룹의 소프트웨어 패키지가 나타난다. 각 그룹 이름 뒤에 나오는 괄호 안의 숫자는 그 그룹에 포함된 패키지의 개수를 나타낸다.

화살표 키로 한 그룹을 선택하고 〈Enter〉 키를 누르면 패키지의 하위 그룹을 볼 수 있다. 그런 다음 각각의 패키지 이름과 버전 번호를 참조한다. 패키지의 설명, 홈페이지, 크기, 개발자와 같은 매우 자세한 정보를 얻기 위해서는 개별 패키지에서 〈Enter〉 키를 누른다.

설치된 패키지를 확인하는 일을 마치려면 q를 눌러 화면 표시를 종료한다. 그런 다음 다시 화살표 키를 쓸 수 있다. 패키지 또는 그 하위 그룹을 열거나 닫으려면 〈Enter〉 키를 사용한다. 하고 싶은 일이 모두 끝났으면 "Really quit Aptitude?"팝업 화면이 나올 때까지 〈q〉를 여러 번 누르면 된다.

이미 특정 패키지가 시스템에 설치된 것을 알고 그 패키지에 대한 자세한 정보를 빨리 보고 싶다면 aptitude의 대화형 인터페이스를 띄울 필요는 없다. 커맨드라인에서 aptitude를 명령처럼 쓰면 된다.

```
aptitude show package_name
```

다음은 패키지 mysql-client의 자세한 내용을 표시하는 예다.

```
$ aptitude show mysql-client
Package: mysql-client
```

```
State: not installed
Version: 5.5.38-0ubuntu0.14.04.1
Priority: optional
Section: database
Maintainer: Ubuntu Developers <ubuntu-devel-discuss@lists.ubuntu.
com>
Architecture: all
Uncompressed Size: 129 k
Depends: mysql-client-5.5
Provided by: mysql-client-5.5
Description: MySQL database client (metapackage depending on the
latest version) This is an empty package that depends on the current
"best" version of mysql-client (currently mysql-client-5.5), as
determined by the MySQL maintainers.  Install this package if
in doubt about which MySQL version you want, as this is the one
considered to be in the best shape by the Maintainers.
Homepage: http://dev.mysql.com/

$
```

> **NOTE**
>
> 위 예제에서 aptitude show 명령은 패키지가 시스템에 설치되지 않았음을 나타낸다. 이럴 때 aptitude는 소프트
> 웨어 패키지 저장소에서 가져온 상세한 정보를 보여준다.

aptitude로 특정 소프트웨어 패키지와 관련된 모든 파일들의 목록을 얻을 수 없는데 이 목록을 얻으려면, dpkg 도구 자체를 써야 한다.

```
dpkg -L package_name
```

아래는 vim-common 패키지의 일부로 설치되는 모든 파일의 목록을 dpkg로 출력하는 예다.

```
$
$ dpkg -L vim-common
/.
/usr
/usr/bin
/usr/bin/xxd
/usr/bin/helpztags
/usr/lib
/usr/lib/mime
/usr/lib/mime/packages
/usr/lib/mime/packages/vim-common
/usr/share
```

```
/usr/share/man
/usr/share/man/ru
/usr/share/man/ru/man1
/usr/share/man/ru/man1/vim.1.gz
/usr/share/man/ru/man1/vimdiff.1.gz
/usr/share/man/ru/man1/xxd.1.gz
/usr/share/man/it
/usr/share/man/it/man1
[...]
$
```

역으로 검색할 수도 있다. 즉 특정 파일이 소속된 패키지를 찾을 수도 있다.

```
dpkg --search absolute_file_name
```

이 작업을 위해서는 절대 파일 참조를 사용할 필요가 있다.

```
$
$ dpkg --search /usr/bin/xxd
vim-common: /usr/bin/xxd
$
```

출력 결과는 /usr/bin/xxd 파일이 vim-common 패키지의 일부로 설치되었음을 보여준다.

aptitude로 소프트웨어 패키지 설치하기

시스템에서 소프트웨어 패키지 정보를 보는 방법을 알았으니 이번 절에서는 소프트웨어 패키지 설치 방법을 안내한다. 먼저 설치할 패키지의 이름을 확인하는 것이 좋다. 어떻게 특정 소프트웨어 패키지를 찾을 수 있을까? aptitude를 search 옵션과 함께 사용한다.

```
aptitude search package_name
```

search 옵션의 장점은 package_name에 와일드카드를 넣을 필요가 없다는 점이다.

와일드카드는 자동으로 들어간다. 다음은 wine 소프트웨어 패키지를 찾기 위해서 aptitude 명령을 사용하는 예다.

```
$
$ aptitude search wine
p   gnome-wine-icon-theme       - red variation of the GNOME- ...
v   libkwineffects1-api         -
p   libkwineffects1a            - library used by effects...
```

9

```
p    q4wine                    - Qt4 GUI for wine (W.I.N.E)
p    shiki-wine-theme          - red variation of the Shiki- ...
p    wine                      - Microsoft Windows Compatibility ...
p    wine-dev                  - Microsoft Windows Compatibility ...
p    wine-gecko                - Microsoft Windows Compatibility ...
p    wine1.0                   - Microsoft Windows Compatibility ...
p    wine1.0-dev               - Microsoft Windows Compatibility ...
p    wine1.0-gecko             - Microsoft Windows Compatibility ...
p    wine1.2                   - Microsoft Windows Compatibility ...
p    wine1.2-dbg               - Microsoft Windows Compatibility ...
p    wine1.2-dev               - Microsoft Windows Compatibility ...
p    wine1.2-gecko             - Microsoft Windows Compatibility ...
p    winefish                  - LaTeX Editor based on Bluefish
$
```

각 패키지 이름 앞에 p 또는 i 글자가 붙어 있음을 알 수 있다. i u 글자가 붙었다면 패키지는 현재 시스템에 설치되어 있다. p나 v가 붙어 있다면 사용할 수 있지만 설치는 되지 않았다는 것을 뜻한다. 앞의 목록에서 볼 수 있듯이, 이 시스템에는 현재 wine이 설치되어 있지 않지만 패키지는 저장소에서 사용할 수 있다.

aptitude를 사용하여 저장소로부터 시스템에 소프트웨어 패키지를 설치하는 작업은 다음에서 보듯이 간단하다.

```
aptitude install package_name
```

search 옵션으로 소프트웨어 패키지 이름을 찾은 뒤 곧바로 install 옵션을 사용하여 aptitude 명령으로 연결한다.

```
$
$ sudo aptitude install wine
The following NEW packages will be installed:
  cabextract{a} esound-clients{a} esound-common{a} gnome-exe-
thumbnailer
{a}
  icoutils{a} imagemagick{a} libaudio2{a} libaudiofile0{a} libcdt4{a}
  libesd0{a} libgraph4{a} libgvc5{a} libilmbase6{a} libmagickcore3-
extra
{a}
  libmpg123-0{a} libnetpbm10{a} libopenal1{a} libopenexr6{a}
  libpathplan4{a} libxdot4{a} netpbm{a} ttf-mscorefonts-installer{a}
  ttf-symbol-replacement{a} winbind{a} wine wine1.2{a} wine1.2-
gecko{a}
0 packages upgraded, 27 newly installed, 0 to remove and 0 not
```

```
upgraded.
Need to get 0B/27.6MB of archives. After unpacking 121MB will be
used.
Do you want to continue? [Y/n/?] Y
Preconfiguring packages ...
[...]
All done, no errors.
All fonts downloaded and installed.
Updating fontconfig cache for /usr/share/fonts/truetype/msttcorefonts
Setting up winbind (2:3.5.4~dfsg-1ubuntu7) ...
 * Starting the Winbind daemon winbind
   [ OK ]
Setting up wine (1.2-0ubuntu5) ...
Setting up gnome-exe-thumbnailer (0.6-0ubuntu1) ...
Processing triggers for libc-bin ...
ldconfig deferred processing now taking place

$
```

NOTE

위의 목록에서 aptitude 명령 전에 sudo 명령이 사용되었다. .sudo는 명령을 루트 사용자로 실행할 수 있게 만들어 준다. 소프트웨어를 설치하는 것과 같은 관리 작업을 실행하기 위해 sudo 명령을 사용할 수 있다.

설치 작업이 제대로 됐는지 검사하려면 다시 search 옵션을 사용한다. 이번에는 wine 소프트웨어 패키지 이름 앞에 i u가 표시되어 있는 것을 볼 수 있다. 패키지가 설치되었다는 뜻이다.

또한 추가 패키지들이 있고 그 앞에 i u 표시가 있는 것도 있다. 이는 aptitude가 자동으로 필요한 패키지 의존성을 해결하고 필요한 추가 라이브러리 및 소프트웨어 패키지를 설치하기 때문이다. 이는 많은 패키지 관리 시스템에 포함되어 있는 멋진 기능이다.

aptitude로 소프트웨어 업데이트하기

aptitude는 소프트웨어를 설치하는 문제로부터 사용자를 보호할 수 있지만 의존성이 있는 여러 패키지 업데이트를 잘 조율하는 일은 까다로울 수 있다. 모든 소프트웨어 패키지를 저장소에 있는 새로운 버전으로 안전하게 업데이트하려면 safe-upgrade 옵션을 사용한다.

```
aptitude safe-upgrade
```

이 명령은 매개변수로 소프트웨어 패키지 이름을 받지 않는 것을 알 수 있다. safe-upgrade 옵션은 더욱 안전하게 시스템을 안정화시킬 수 있도록 설치된 모든 패키지를 저장소에서 사용할 수 있는 가장 최신 버전으로 업그레이드하기 때문이다.

247

다음은 aptitude safe-update 명령을 실행한 출력의 예다.

```
$
$ sudo aptitude safe-upgrade
The following packages will be upgraded:
  evolution evolution-common evolution-plugins gsfonts libevolution
  xserver-xorg-video-geode
6 packages upgraded, 0 newly installed, 0 to remove and 0 not
upgraded.
Need to get 9,312kB of archives. After unpacking 0B will be used.
Do you want to continue? [Y/n/?] Y
Get:1 http://us.archive.ubuntu.com/ubuntu/ maverick/main
  libevolution i386 2.30.3-1ubuntu4 [2,096kB]
[...]
Preparing to replace xserver-xorg-video-geode 2.11.9-2
(using .../xserver-xorg-video-geode_2.11.9-3_i386.deb) ...
Unpacking replacement xserver-xorg-video-geode ...
Processing triggers for man-db ...
Processing triggers for desktop-file-utils ...
Processing triggers for python-gmenu ...
[...]
Current status: 0 updates [-6].
$
```

소프트웨어 업그레이드를 위한 덜 보수적인 옵션을 사용할 수도 있다.

- aptitude full-upgrade

- aptitude dist-upgrade

이 옵션들도 마찬가지로 모든 소프트웨어 패키지를 최신 버전으로 업그레이드하는 작업을 수행한다. 이들이 safe-upgrade와 다른 패키지 사이의 의존성을 확인하지 않는다는 것이다. 전체 패키지 의존성 문제는 뒤죽박죽일 수 있다. 여러 패키지에 대한 의존성을 정확하게 확신할 수 없다면 safe-upgrage 옵션을 고수하라.

> **NOTE**
>
> 물론 aptitude의 safe-upgrade 옵션은 시스템을 최신 상태로 유지하기 위해 정기적으로 실행해야 한다. 새로운 배포판을 설치한 다음 실행하는 것이 특히 중요하다. 배포판이 마지막으로 전체 공개된 다음에도 수많은 보안 패치 및 업데이트가 이루어진다.

aptitude로 소프트웨어 제거하기

aptitude로 소프트웨어 패키지를 제거하는 일은 설치나 업그레이드만큼이나 쉽다. 유일하게 선택해야 할 것은 그 이후 소프트웨어의 데이터와 설정 파일을 유지할지 여부다.

소프트웨어 패키지를 제거할 수 있지만 데이터 및 구성 파일은 그대로 두려면 aptitude의 remove 옵션을 사용한다. 소프트웨어 패키지는 물론 관련 데이터 및 구성 파일을 제거하려면 제거 purge 옵션을 사용한다.

```
$ sudo aptitude purge wine
[sudo] password for user:
The following packages will be REMOVED:
  cabextract{u} esound-clients{u} esound-common{u} gnome-exe-
thumbnailer
{u}
  icoutils{u} imagemagick{u} libaudio2{u} libaudiofile0{u} libcdt4{u}
  libesd0{u} libgraph4{u} libgvc5{u} libilmbase6{u} libmagickcore3-
extra
{u}
  libmpg123-0{u} libnetpbm10{u} libopenal1{u} libopenexr6{u}
  libpathplan4{u} libxdot4{u} netpbm{u} ttf-mscorefonts-installer{u}
  ttf-symbol-replacement{u} winbind{u} winep wine1.2{u} wine1.2-
gecko
{u}
0 packages upgraded, 0 newly installed, 27 to remove and 6 not
upgraded.
Need to get 0B of archives. After unpacking 121MB will be freed.
Do you want to continue? [Y/n/?] Y
 (Reading database ... 120968 files and directories currently
 installed.)
Removing ttf-mscorefonts-installer ...
[...]
Processing triggers for fontconfig ...
Processing triggers for ureadahead ...
Processing triggers for python-support ...

$
```

패키지가 제거되었는지 확인하려면 다시 aptitude search 옵션을 사용할 수 있다. 패키지 이름 앞에 a c가 붙어 있으면 소프트웨어가 제거되었지만 구성 파일은 시스템으로부터 제거되지 않았다는 것을 뜻한다. 앞에 a p가 붙어 있다면 설정 파일이 모두 삭제되었다는 것을 뜻한다.

aptitude 저장소

리눅스 배포판을 설치할 때 aptitude의 기본 소프트웨어 저장소 위치가 설정된다. 저장소 위치는 /etc/apt/sources.list 파일에 저장된다.

소프트웨어 저장소를 추가/제거할 필요는 없으므로 이 파일을 건드릴 필요는 없다. 그러나 aptitude는 소프트웨어를 이들 저장소에서만 가져온다. 설치 또는 업데이트를 위해 소프트웨어를 검색할 때에도 aptitude는 이러한 저장소만을 확인한다. PMS에 몇 가지 추가 소프트웨어 저장소를 포함시켜 보자.

> **TIP**
> 리눅스 배포판 개발자는 저장소에 추가되는 패키지 버전이 서로 충돌하지 않도록 노력하고 있다. 보통 저장소에서 소프트웨어 패키지를 업그레이드 또는 설치하는 것이 가장 안전하다. 다른 곳에서 새로운 버전을 사용할 수 있다고 해도 해당 버전이 리눅스 배포판의 저장소에서 사용할 수 있게 될 때까지는 설치를 보류하는 것이 좋을 것이다.

다음은 우분투 시스템에서 sources.list 파일의 예다.

```
$ cat /etc/apt/sources.list
#deb cdrom:[Ubuntu 14.04 LTS _Trusty Tahr_ - Release i386 (20140417)]/
trusty main restricted

# See http://help.ubuntu.com/community/UpgradeNotes for how to
upgrade to
# newer versions of the distribution.
deb http://us.archive.ubuntu.com/ubuntu/ trusty main restricted
deb-src http://us.archive.ubuntu.com/ubuntu/ trusty main restricted

## Major bug fix updates produced after the final release of the
## distribution.
deb http://us.archive.ubuntu.com/ubuntu/ trusty-updates main
restricted
deb-src http://us.archive.ubuntu.com/ubuntu/ trusty-updates main
restricted

## N.B. software from this repository is ENTIRELY UNSUPPORTED by the
Ubuntu
## team. Also, please note that software in universe WILL NOT receive
any
## review or updates from the Ubuntu security team.
deb http://us.archive.ubuntu.com/ubuntu/ trusty universe
deb-src http://us.archive.ubuntu.com/ubuntu/ trusty universe
```

```
deb http://us.archive.ubuntu.com/ubuntu/ trusty-updates universe
deb-src http://us.archive.ubuntu.com/ubuntu/ trusty-updates universe
[...]
## Uncomment the following two lines to add software from Canonical's
## 'partner' repository.
## This software is not part of Ubuntu, but is offered by Canonical
and the
## respective vendors as a service to Ubuntu users.
# deb http://archive.canonical.com/ubuntu trusty partner
# deb-src http://archive.canonical.com/ubuntu trusty partner

## This software is not part of Ubuntu, but is offered by third-
party
## developers who want to ship their latest software.
deb http://extras.ubuntu.com/ubuntu trusty main
deb-src http://extras.ubuntu.com/ubuntu trusty main
$
```

먼저 파일이 도움이 될 만한 주석과 경고로 가득 찬 것을 알 수 있다. 저장소 소스는 다음과 같은 구조로 지정된다.

　　deb (또는 deb-src) address　distribution_name　package_type_list

deb 또는 deb-src 값은 소프트웨어 패키지 유형을 나타낸다. deb 값은 소스가 컴파일된 프로그램임을, deb-sec 값은 소스코드임을 나타낸다.

address 항목은 소프트웨어 저장소의 웹사이트 주소다. distribution_name 항목은 특정 소프트웨어 저장소의 배포 버전의 이름이다. 이 예제에서 배포 이름은 trusty다. 실행 중인 배포판이 우분투의 트러스티 타르3라는 것을 의미하지는 않는다. 단지 이 리눅스 배포판은 우분투 트러스티 타르 소프트웨어 저장소를 사용한다는 뜻일 뿐이다! 예를 들어 리눅스 민트의 소스 리스트에서는 리눅스 민트와 우분투 소프트웨어 저장소가 섞여 있음을 볼 수 있다.

마지막으로 package_type_list 항목은 저장소가 어떤 유형의 패키지를 가지고 있는지를 나타내며 둘 이상의 단어로 되어 있다. 예를 들어 main, restricted, universe, partner와 같은 단어들을 볼 수 있다.

소스 파일에 소프트웨어 저장소를 추가해야 할 경우 직접 시도할 수도 있겠지만 문제가 발생할 가능성이 크다. 소프트웨어 저장소 사이트 또는 다양한 패키지 개발자 사이트는 웹사이트에서 복사하여 소스 목록에 붙여 넣을 수 있는 정확한 텍스트가 있다. 안전한 경로를 선택하고 복사/붙여넣기를 하는 게 가장 좋다.

프론트엔드 인터페이스인 aptitude는 데비안 기반 dpkg 유틸리티를 사용하는 영리한 커맨드라인 옵션을 제공한다. 이제 레드햇 기반의 배포판인 RPM 유틸리티와 다양한 프론트엔드 인터페이스를 소개한다.

9

레드햇 기반 시스템

데비안 기반 배포판과 마찬가지로 레드햇 기반의 시스템도 여러 프론트엔드 도구를 사용할 수 있다. 다음은 주로 사용되는 것들이다.

- yum : 레드햇과 페도라에서 사용
- urpm : 맨드리바에서 사용
- zypper : 오픈수세에서 사용

이 프론트엔드는 rpm 커맨드라인 도구를 기반으로 한다. 다음 절에서는 이와 같이 다양한 RPM 기반 도구를 사용하여 소프트웨어 패키지를 관리하는 방법에 대해 설명한다. 주로 yum에 중점을 둘 것이지만 zypper 및 urpm에 관한 정보도 포함되어 있다.

설치된 패키지 목록 보기

쉘 프롬프트에서 시스템에 어떤 패키지들이 설치되어 있는지 확인하려면 다음 명령을 입력한다.

```
yum list installed
```

정보가 화면 위를 순식간에 지나갈 것이므로 설치된 소프트웨어 목록을 파일로 리다이렉트하는 편이 가장 좋을 것이다. 그런 다음 more 또는 less 명령(또는 GUI 편집기)으로 목록을 좀 더 편리하게 볼 수 있다.

```
yum list installed > installed_software
```

오픈수세 또는 맨드리바 배포판에 설치된 패키지를 보려면 [표 9-1]의 명령을 참조하라. 맨드리바에 사용되는 urpm 도구는 현재 설치되어 있는 소프트웨어 목록을 볼 수 없다. 따라서 기본 RPM 도구로 복귀해야 한다.

표 9-1 zypper 및 urpm에 설치된 소프트웨어 목록을 보는 방법

배포판	프론트엔드 도구	명령
맨드리바	urpm	rpm -qa > installed_software
오픈수세	zypper	ipper search –I > installed_software

특정 소프트웨어 패키지에 대한 자세한 정보를 확인할 때 yum의 강점이 정말로 빛난다. 패키지에 관한 자세한 설명과 명령을 쓰면 패키지가 설치되어 있는지 여부도 확인할 수 있다.

```
# yum list xterm
Loaded plugins: langpacks, presto, refresh-packagekit
Adding en_US to language list
Available Packages
xterm.i686 253-1.el6
#
# yum list installed xterm
Loaded plugins: refresh-packagekit
Error: No matching Packages to list
#
```

urpm 및 zypper로 소프트웨어 패키지 정보를 보는 방법은 [표 9-2]에 나와 있다. zypper 명령에 info 옵션을 사용하면 여 저장소에서 상세한 패키지 정보 세트를 얻을 수 있다.

표 9-2 zypper 및 urpm에서 다양한 패키지의 세부 사항을 참조하는 방법

세부 사항의 유형	프론트엔드 도구	명령
패키지 정보	urpm	urpmq -i package_name
설치 여부	urpm	rpm -q package_name
패키지 정보	zypper	zypper search -s package_name
설치 여부	zypper	같은 명령을 주고 Status 열에서 i 문자 찾기

파일시스템에서 특정 파일을 어떤 소프트웨어 패키지가 제공했는지를 찾아야 한다면 다재다능한 yum은 바로 그 일을 수행한다! 명령만 입력하면 된다.

```
yum provides file_name
```

다음은 구성파일 /etc/yum.conf를 어떤 소프트웨어가 제공했는지를 찾으려고 시도한 예다.

```
#
# yum provides /etc/yum.conf
Loaded plugins: fastestmirror, refresh-packagekit, security
Determining fastest mirrors
 * base: mirror.web-ster.com
 * extras: centos.chi.host-engine.com
 * updates: mirror.umd.edu
yum-3.2.29-40.el6.centos.noarch : RPM package installer/updater/
manager
Repo        : base
```

9

```
Matched from:
Filename    : /etc/yum.conf



yum-3.2.29-43.el6.centos.noarch : RPM package installer/updater/
manager
Repo        : updates
Matched from:
Filename    : /etc/yum.conf



yum-3.2.29-40.el6.centos.noarch : RPM package installer/updater/
manager
Repo        : installed
Matched from:
Other       : Provides-match: /etc/yum.conf



#

#
```

yum은 base, updates, installed, 이렇게 세 개의 저장소를 검사했다. 모두가 '예스'라고 답했다. yum 소프트웨어 패키지가 이 파일을 제공한다!

yum으로 소프트웨어 설치하기

yum을 사용한 소프트웨어 패키지 설치는 매우 간단하다. 다음은 저장소로부터 소프트웨어 패키지, 모든 필요한 라이브러리 및 패키지 의존성을 설치하기 위한 기본 명령이다.

```
yum install package_name
```

다음은 제2장에서 이야기했던 xterm 패키지를 설치하는 예다.

```
$ su -
Password:
# yum install xterm
Loaded plugins: fastestmirror, refresh-packagekit, security
Determining fastest mirrors
```

```
* base: mirrors.bluehost.com
* extras: mirror.5ninesolutions.com
* updates: mirror.san.fastserv.com
Setting up Install Process
Resolving Dependencies
--> Running transaction check
---> Package xterm.i686 0:253-1.el6 will be installed
--> Finished Dependency Resolution

Dependencies Resolved
[...]
Installed:
  xterm.i686 0:253-1.el6

Complete!
#
```

> **NOTE**
>
> 위의 목록에서 yum 명령 전에 su – 명령이 사용되었다. 이 명령으로 루트 사용자로 전환할 수 있다. 이 리눅스 시스템에서 # 기호는 루트로 로그인했음을 뜻한다. 소프트웨어 설치 및 업데이트와 같은 관리 작업을 실행하려면 일시적으로 루트 사용자로 전환해야 한다. sudo 명령 역시 이러한 기능을 하는 또 다른 명령이다.

rpm 설치 파일을 수동으로 다운로드한 다음 yum으로 설치할 수도 있다. 이를 로컬 설치라고 한다. 기본 명령은 다음과 같다.

```
yum localinstall package_name.rpm
```

yum의 강점 중 하나는 매우 논리적이고 사용자 친화적인 명령을 사용한다는 것을 볼 수 있다.

[표 9-3]은 urpm과 zypper로 패키지 설치를 수행하는 방법을 보여준다. 루트로 로그인하지 않은 경우, urpm를 사용할 때 "command not found" 오류 메시지를 보게 된다는 것에 주의하자.

표 9-3   zypper 및 urpm으로 소프트웨어를 설치하는 방법

프론트엔드 도구	명령
urpm	urpmi package_name
zypper	zypper install package_name

yum으로 소프트웨어 업데이트하기

대부분의 리눅스 배포판에서는 GUI 환경에서 작업할 때 작은 알림 아이콘이 업데이트가 필요하다고 알려준다. 커맨드라인에서는 작업이 약간 더 필요하다.

설치된 패키지에 대한 사용 가능한 모든 업데이트 목록을 보려면 다음 명령을 입력한다.

```
yum list updates
```

명령이 아무런 응답도 하지 않는다면 업데이트할 게 없다는 뜻이므로 좋은 소식이다! 특정 소프트웨어 패키지를 업데이트 할 필요가 발견되는 경우에는 다음을 입력한다.

```
yum update package_name
```

업데이트 목록에 나열된 모든 패키지를 업데이트하려면 다음 명령을 입력하면 된다.

```
yum update
```

맨드리바와 오픈수세에서 소프트웨어 패키지를 업데이트하기 위한 명령은 [표 9-4]에 나와 있다. urpm를 사용할 때에는 저장소 데이터베이스가 자동으로 갱신되며 소프트웨어 패키지도 업데이트된다.

표 9-4   zypper 및 urpm으로 소프트웨어를 업데이트하는 방법

프론트엔드 도구	명령
urpm	urpmi --auto-update --update
zypper	zypper update

yum으로 소프트웨어 제거하기

yum 도구는 시스템에서 원하지 않는 소프트웨어를 제거할 수 있는 손쉬운 방법을 제공한다. aptitude와 마찬가지로 소프트웨어 패키지 데이터와 설정 파일을 유지할지 여부를 선택해야 한다.

소프트웨어 패키지만 제거하고 구성 및 데이터 파일을 보존하려면 다음 명령을 사용한다.

```
yum remove package_name
```

소프트웨어 및 모든 파일을 제거하려면 erase 옵션을 사용한다.

```
yum erase package_name
```

[표 9-5]에서 볼 수 있듯이 urpm과 zypper를 사용하여 소프트웨어를 제거하는 방법도 똑같이 쉽다. 이러한 도구는 모두 yum의 erase 옵션과 비슷한 기능을 수행한다.

표 9-5 zypper과 urpm으로 소프트웨어를 제거하는 방법

프론트엔드 도구	명령
urpm	urpme package_name
zypper	zypper remove package_name

PMS 패키지를 사용하면 일이 상당히 쉬워지지만 일이 잘못될 때가 있다. 도움을 얻을 방법은 있다.

깨진 의존성 다루기

여러 소프트웨어 패키지가 로드되다 보면 때로는 패키지가 설치되는 과정에서 다른 패키지에 대한 소프트웨어 의존성을 덮어쓸 수 있다. 이를 깨진 의존성이라고 한다.

시스템에서 이런 일이 일어난 경우 먼저 다음 명령을 실행한다.

```
yum clean all
```

그런 다음 yum 명령에 update 옵션을 사용해 본다. 잘못된 파일을 청소하는 것만으로도 도움이 될 수 있다.

그래도 문제가 해결되지 않는다면 다음 명령을 실행한다.

```
yum deplist package_name
```

이 명령은 모든 패키지 라이브러리의 의존성과 어떤 소프트웨어 패키지가 이를 제공하는지를 보여준다. 패키지에 필요한 라이브러리를 알았다면 이를 설치할 수 있다. 다음은 xterm 패키지의 의존성을 결정하는 예다.

```
# yum deplist xterm

Loaded plugins: fastestmirror, refresh-packagekit, security
Loading mirror speeds from cached hostfile
 * base: mirrors.bluehost.com
 * extras: mirror.5ninesolutions.com
 * updates: mirror.san.fastserv.com
Finding dependencies:
package: xterm.i686 253-1.el6
```

```
         dependency: libncurses.so.5
          provider: ncurses-libs.i686 5.7-3.20090208.el6
         dependency: libfontconfig.so.1
          provider: fontconfig.i686 2.8.0-3.el6
         dependency: libXft.so.2
          provider: libXft.i686 2.3.1-2.el6
         dependency: libXt.so.6
          provider: libXt.i686 1.1.3-1.el6
         dependency: libX11.so.6
          provider: libX11.i686 1.5.0-4.el6
         dependency: rtld(GNU_HASH)
          provider: glibc.i686 2.12-1.132.el6
          provider: glibc.i686 2.12-1.132.el6_5.1
          provider: glibc.i686 2.12-1.132.el6_5.2
         dependency: libICE.so.6
          provider: libICE.i686 1.0.6-1.el6
         dependency: libXaw.so.7
          provider: libXaw.i686 1.0.11-2.el6
         dependency: libtinfo.so.5
          provider: ncurses-libs.i686 5.7-3.20090208.el6
         dependency: libutempter.so.0
          provider: libutempter.i686 1.1.5-4.1.el6
         dependency: /bin/sh
          provider: bash.i686 4.1.2-15.el6_4
         dependency: libc.so.6(GLIBC_2.4)
          provider: glibc.i686 2.12-1.132.el6
          provider: glibc.i686 2.12-1.132.el6_5.1
          provider: glibc.i686 2.12-1.132.el6_5.2
         dependency: libXmu.so.6
          provider: libXmu.i686 1.1.1-2.el6
    #
```

그래도 문제가 해결되지 않으면 마지막으로 사용할 수 있는 도구가 있다.

```
yum update --skip-broken
```

--skip-broken 옵션을 사용하면 의존성이 깨진 패키지를 무시하고 다른 소프트웨어 패키지를 업데이트한다. 깨진 패키지에는 도움이 되지 않을 수도 있지만 적어도 시스템의 나머지 패키지를 업데이트할 수는 있다!

[표 9-6]은 urpm 및 zypper가 깨진 의존성을 복구할 때 사용하는 명령을 보여준다. zypper에서는 깨진 의존성을 확인하고 해결하기 위한 명령은 하나뿐이다. urpm에서는 clean 옵션이 작동하지 않는 경우 문제를 일으킨 패키지에 대한 업데이트를 건너 뛸 수 있다. 이렇게 하려면 파일 /etc/

258

urpmi/skip.list에 잘못된 패키지의 이름을 추가해야 한다.

표 9-6   zypper와 urpm으로 깨진 의존성 다루기

프론트엔드 도구	명령
urpm	urpmi --clean
zypper	zypper verify

yum 저장소

aptitude 시스템과 마찬가지로 yum은 설치를 위한 소프트웨어 저장소가 있는데 보통 사용자의 요구에 잘 대응한다. 하지만 다른 저장소에서 소프트웨어를 설치할 필요가 생겼을 때는 알아둘 것이 몇 가지 있다.

> **TIP**
> 현명한 시스템 관리자는 공인된 저장소를 고수한다. 공인된 저장소는 배포판의 공식 사이트에서 승인한 곳이다. 공인되지 않은 저장소를 추가하기 시작하면 안정성을 보장받을 수 없어 깨진 의존성의 황무지로 발을 들여놓게 될 것이다.

현재 소프트웨어를 가져오는 저장소를 보려면 다음 명령을 입력한다.

```
yum repolist
```

필요로 하는 소프트웨어의 저장소가 없으면 설정 파일을 약간 편집해야 한다. yum 저장소의 정의 파일은 /etc/yum.repos.d에 있다. 여기에 적절한 URL을 추가하고, 필요한 암호화 키에 접근할 필요가 있다.

rpmfusion.org과 같은 좋은 저장소 사이트는 사용하는 데 필요한 모든 단계를 안내한다. 때때로 이러한 저장소 사이트는 yum localinstall 명령으로 설치할 수 있는 rpm 파일을 다운로드할 수 있도록 제공한다. rpm 파일은 모든 저장소 설치 작업을 수행한다. 이제 일이 편리해졌다!

urpm는 저장소 매체를 호출한다. urpm 매체와 zypper의 저장소를 보기 위한 명령은 [표 9-7]에 있다. 어느 쪽이든 프론트엔드 도구로 작업할 때에는 구성 파일을 편집하지 말아야 한다. 대신 매체나 저장소를 추가하려면 다음 명령을 입력하면 된다.

데비안 기반 및 레드햇 기반의 시스템 모두 소프트웨어를 관리하는 과정을 쉽게 하기 위해 패키지 관리 시스템을 사용한다. 바로 소스코드에서 직접 소프트웨어를 설치해보자.

표 9-7 zypper 및 urpm의 저장소

동작	프론트엔드 도구	명령
저장소 표시	urpm	urpmq --list-media
저장소 추가	urpm	urpmi.addmedia path_name
저장소 표시	zypper	zypper repos
저장소 추가	zypper	zypper addrepo path_name

소스코드에서 설치하기

제4장에서 타르볼(tarball) 패키지를 논의한 바 있다. tar 커맨드라인 명령을 사용하여 타르볼 패키지를 만들고 압축을 해제하는 방법에 대해 설명했다. rpm 및 dpkg 같은 멋진 도구가 나오기 전에는 관리자는 타르볼의 압축을 풀고 소프트웨어를 설치하는 방법을 알고 있어야 했다.

지금도 오픈소스 소프트웨어 환경에서 작업할 때에는 타르볼로 패키징된 소프트웨어를 찾을 일이 있을 것이다. 이 절에서는 타르볼 소프트웨어 패키지의 압축을 풀고 이를 설치하는 과정을 안내한다.

다음 예에서는 소프트웨어 패키지 sysstat이 사용된다. sysstat 유틸리티는 시스템 모니터링을 위한 다양한 툴을 제공하는 매우 좋은 소프트웨어 패키지다.

먼저 리눅스 시스템에 sysstat 타르볼을 다운로드해야 한다. 여러 리눅스 사이트에서 sysstat 패키지를 찾을 수 있지만 프로그램의 배포처로 바로 가 보는 것이 가장 좋다. 이번 예에서는 웹사이트 주소는 http://sebastien.godard.pagesperso-orange.fr이다.

다운로드 링크를 클릭하면 다운로드할 수 있는 파일이 들어 있는 페이지로 이동한다. 이 책을 쓰고 있을 때를 기준으로 현재 버전은 11.1.1이며, 배포 파일 이름은 sysstat-11.1.1.tar.gz다.

리눅스 시스템에 파일을 다운로드할 수 있는 링크를 클릭한다. 파일을 다운로드한 후에는 압축을 해제할 수 있다. 소프트웨어 타르볼 압축을 해제하려면 표준 tar 명령을 사용한다.

```
#
# tar -zxvf sysstat-11.1.1.tar.gz
sysstat-11.1.1/
sysstat-11.1.1/cifsiostat.c
sysstat-11.1.1/FAQ
sysstat-11.1.1/ioconf.h
sysstat-11.1.1/rd_stats.h
sysstat-11.1.1/COPYING
sysstat-11.1.1/common.h
sysstat-11.1.1/sysconfig.in
```

```
sysstat-11.1.1/mpstat.h
sysstat-11.1.1/rndr_stats.h
[...]
sysstat-11.1.1/activity.c
sysstat-11.1.1/sar.c
sysstat-11.1.1/iostat.c
sysstat-11.1.1/rd_sensors.c
sysstat-11.1.1/prealloc.in
sysstat-11.1.1/sa2.in
#

#
```

이제 타르볼을 압축을 해제하고 파일은 sysstat-11.1.1이라는 디렉토리에 깔끔하게 모였다. 이제 그 디렉토리로 가 볼 수 있다.

먼저 새 디렉토리에 들어가서 그 내용을 보기 위해서 cd 명령을 사용한다.

```
$ cd sysstat-11.1.1
$ ls
activity.c      iconfig          prealloc.in      sa.h
build           INSTALL          pr_stats.c       sar.c
CHANGES         ioconf.c         pr_stats.h       sa_wrap.c
cifsiostat.c    ioconf.h         rd_sensors.c     sysconfig.in
cifsiostat.h    iostat.c         rd_sensors.h     sysstat-11.1.1.lsm
common.c        iostat.h         rd_stats.c       sysstat-11.1.1.spec
common.h        json_stats.c     rd_stats.h       sysstat.in
configure       json_stats.h     README           sysstat.ioconf
configure.in    Makefile.in      rndr_stats.c     sysstat.service.in
contrib         man              rndr_stats.h     sysstat.sysconfig.
in
COPYING         mpstat.c         sa1.in           version.in
count.c         mpstat.h         sa2.in           xml
count.h         nfsiostat-sysstat.c  sa_common.c  xml_stats.c
CREDITS         nfsiostat-sysstat.h  sadc.c       xml_stats.h
cron            nls              sadf.c
FAQ             pidstat.c        sadf.h
format.c        pidstat.h        sadf_misc.c
$
```

디렉토리 목록에서는 보통 README 또는 AAAREADME 파일을 볼 수 있다. 이 파일을 읽는 것이 매우 중요하다. 소프트웨어의 설치를 완료하기 위해 필요한 실제 지침이 이 파일에 있기 때문이다.

9

다음 단계는 README 파일에 포함된 조언에 따라 시스템에 sysstat을 구성하는 것이다. 리눅스 시스템이 필요한 라이브러리를 적절하게 갖추고 있는지, 소스코드를 컴파일하기 위한 적절한 컴파일러가 있는지를 검사한다.

```
# ./configure

Check programs:
.
checking for gcc... gcc
checking whether the C compiler works... yes
checking for C compiler default output file name... a.out
[...]
checking for ANSI C header files... (cached) yes
checking for dirent.h that defines DIR... yes
checking for library containing opendir... none required
checking ctype.h usability... yes
checking ctype.h presence... yes
checking for ctype.h... yes
checking errno.h usability... yes
checking errno.h presence... yes
checking for errno.h... yes
[...]
Check library functions:
.
checking for strchr... yes
checking for strcspn... yes
checking for strspn... yes
checking for strstr... yes
checking for sensors support... yes
checking for sensors_get_detected_chips in -lsensors... no
checking for sensors lib... no
.
Check system services:
.
checking for special C compiler options needed for large files... no
checking for _FILE_OFFSET_BITS value needed for large files... 64
.
Check configuration:
[...]
Now create files:
[...]
config.status: creating Makefile

    Sysstat version:            11.1.1
```

```
Installation prefix:            /usr/local
rc directory:                   /etc/rc.d
Init directory:                 /etc/rc.d/init.d
Systemd unit dir:
Configuration directory:        /etc/sysconfig
Man pages directory:            $datarootdir/man
Compiler:                gcc
Compiler flags:          -g -O2


#
```

일이 잘못될 경우 구성 단계에서 뭔가 빠졌다는 오류 메시지가 표시된다. 리눅스 배포판에 설치된 GNU C 컴파일러가 없으면 하나의 오류 메시지가 표시되지만 다른 모든 문제에 대해서는 무엇이 설치되어 있고 무엇이 설치되지 않았는지를 알려주는 여러 개의 메시지를 보게 된다.

다음 단계는 make 명령을 이용하여 여러 가지 바이너리 파일을 만드는 단계다. make 명령은 소스코드를 컴파일하고 링커(linker)로 패키지의 최종 실행 파일을 만든다. configure 명령과 마찬가지로 make 명령은 소스코드 파일을 컴파일하고 링크하는 단계가 진행되는 동안 수많은 출력을 표시한다.

```
# make
-gcc -o sadc.o -c -g -O2 -Wall -Wstrict-prototypes -pipe -O2
 -DSA_DIR=\"/var/log/sa\" -DSADC_PATH=\"/usr/local/lib/sa/sadc\"
 -DUSE_NLS -DPACKAGE=\"sysstat\"
 -DLOCALEDIR=\"/usr/local/share/locale\" sadc.c
gcc -o act_sadc.o -c -g -O2 -Wall -Wstrict-prototypes -pipe -O2
 -DSOURCE_SADC  -DSA_DIR=\"/var/log/sa\"
 -DSADC_PATH=\"/usr/local/lib/sa/sadc\"
 -DUSE_NLS -DPACKAGE=\"sysstat\"
 -DLOCALEDIR=\"/usr/local/share/locale\" activity.c
[...]
#
```

make가 완료되면, 사용할 수 있는 실제 sysstat 소프트웨어 프로그램이 디렉토리에 있을 것이다. 그러나 그 디렉토리에서 실행해야 한다면 다소 불편하다.

그보다는 리눅스 시스템의 공통 위치에 설치하는 것이 좋다. 이 작업을 수행하려면 루트 사용자 계정으로 로그인(또는 리눅스 배포판에 따라서는 sudo 명령을 선호하기도 한다)해야 하고 그 다음에는 make 명령의 설치 install 옵션을 사용한다.

```
# make install
mkdir -p /usr/local/share/man/man1
mkdir -p /usr/local/share/man/man5
```

```
mkdir -p /usr/local/share/man/man8
rm -f /usr/local/share/man/man8/sa1.8*
install -m 644 -g man man/sa1.8 /usr/local/share/man/man8
rm -f /usr/local/share/man/man8/sa2.8*
install -m 644 -g man man/sa2.8 /usr/local/share/man/man8
rm -f /usr/local/share/man/man8/sadc.8*
[...]
install -m 644 -g man man/sadc.8 /usr/local/share/man/man8
install -m 644 FAQ /usr/local/share/doc/sysstat-11.1.1
install -m 644 *.lsm /usr/local/share/doc/sysstat-11.1.1
#
```

이제 SYSSTAT 패키지가 시스템에 설치되었다! PMS를 통해 소프트웨어 패키지를 설치하는 것만
큼 쉽지는 않아도 타르볼을 사용하여 소프트웨어를 설치하는 것도 아주 어려운 일은 아니다.

요약

이 장에서는 커맨드라인에서 소프트웨어를 설치, 업데이트 또는 제거하기 위해 패키지 관리 시스템
(PMS)으로 작업하는 방법을 알아보았다. 리눅스 배포판의 대부분은 소프트웨어 패키지 관리를 위
한 멋진 GUI 도구를 사용하지만 커맨드라인에서도 패키지 관리를 수행할 수 있다.

데비안 기반의 리눅스 배포판은 커맨드라인에서 dpkg를 유틸리티를 사용해서 PMS과 통신한다.
dpkg 유틸리티의 프론트엔드는 aptitude다. aptitude는 dpkg 형식의 소프트웨어 패키지로 작업하
기 위한 간단한 커맨드라인 옵션을 제공한다.

레드햇 기반의 리눅스 배포판은 rpm 유틸리티를 기반으로 하지만 커맨드라인에서는 다른 프론트
엔드 도구를 사용하고 있다. 레드햇과 페도라는 소프트웨어 패키지를 설치하고 관리하기 위해 yum
을 사용한다. 오픈수세 배포판은 소프트웨어 관리를 위해 zypper를 사용하는 반면 맨드리바 배포
판은 urpm을 사용한다.

이 장에서는 소스코드 타르볼로 배포되는 소프트웨어 패키지를 설치하는 방법에 대한 이야기로 마
무리했다. tar 명령으로 타르볼에서 소스코드 파일을 압축 해제하고, configure와 make로 소스코
드에서 최종 실행 프로그램을 구축할 수 있다.

다음 장에서는 리눅스 배포판에서 사용할 수 있는 여러 편집기를 살펴볼 것이다. 쉘 스크립트 작업
을 시작할 준비가 되었다면 어떤 편집기를 사용할 수 있는지 알아두는 것이 편리할 것이다.

편집기로 작업하기

이 장의 내용

쉘 스크립트를 시작하기 전에 리눅스에서 적어도 한 가지 텍스트 편집기를 사용하는 방법은 알고 있어야 한다. 검색, 잘라내기, 붙여넣기와 같은 기능을 사용하는 방법을 더 많이 알수록 쉘 스크립트 개발은 더욱 빨라질 것이다. 이 장에서는 리눅스 세계에서 볼 수 있는 여러 가지 텍스트 편집기를 설명한다.

vim 편집기로 작업하기

vi 편집기는 원래 유닉스 시스템에서 사용되는 편집기였다. vi는 파일의 라인을 보고, 파일 안에서 이동하고 내용을 삽입하고 편집하고 텍스트를 대체하기 위하여 텍스트 편집 창을 모방한 콘솔 그래픽 모드를 사용했다.

vi는 아마도(적어도 싫어하는 사람들의 의견으로는) 매우 복잡한 편집기였겠지만 기능이 꽤 많아 수십 년 동안 유닉스 관리자에게는 필수였다.

GNU 프로젝트는 오픈소스 세계로 vi 편집기를 이식할 때 몇 가지를 개선하기로 했다. 유닉스의 vi 편집기와 닮지 않았기 때문에 개발자들은 이름을 바꿔서 개선된 vi(vi improved) 또는 vim이라고 불렀다.

이 절에서는 텍스트 쉘 스크립트 파일을 편집하기 위한 vim 편집기의 기본 사용법을 안내한다.

vim 패키지 확인하기

vim 편집기를 써 보기 전에 리눅스 시스템에 어떤 vim 패키지가 설치되었는지를 이해하는 것이 좋다. 아래 예제의 CentOS와 같은 일부 배포판은 전체 vim 패키지를 설치하고 vi로 별명을 설정한다.

```
$ alias vi
alias vi='vim'
$
$ which vim
/usr/bin/vim
$
$ ls -l /usr/bin/vim
-rwxr-xrx. 1 root root 1967072 Apr 5 2012 /usr/bin/vim
$
```

프로그램 파일의 긴 목록이 어떠한 링크된 파일(링크된 파일에 대한 자세한 내용은 제3장 참조)도 표시하지 않는 것을 알 수 있다. vim 프로그램이 다른 곳으로 링크되어 있다면 이는 완전한 기능을 갖춘 편집기보다는 좀 모자란 프로그램으로 링크되었을 수 있다. 따라서 링크된 파일을 확인하는 것이 좋다.

다른 배포판에서는 vim 편집기의 여러 가지 모습을 볼 수 있다. 아래 우분투 배포판은 vi 명령에 대한 별명이 설정되어 있지 않을 뿐만 아니라 /usr/bin/vi 프로그램 파일이 일련의 파일 링크에 속해 있음을 볼 수 있다.

```
$ alias vi
-bash: alias: vi: not found
$
$ which vi
/usr/bin/vi
$
$ ls -l /usr/bin/vi
lrwxrwxrwx 1 root root 20 Apr 22 12:39
/usr/bin/vi -> /etc/alternatives/vi
$
$ ls -l /etc/alternatives/vi
lrwxrwxrwx 1 root root 17 Apr 22 12:33
/etc/alternatives/vi -> /usr/bin/vim.tiny
$
$ ls -l /usr/bin/vim.tiny
-rwxr-xr-x 1 root root 884360 Jan  2 14:40
/usr/bin/vim.tiny
$
$ readlink -f /usr/bin/vi
/usr/bin/vim.tiny
```

vi 명령을 입력하면 /usr/bin/vim.tiny 프로그램이 실행된다. vim.tiny 프로그램은 vim 편집기의 기능 가운데 몇 가지만 제공한다. 우분투에서 vim 편집기를 제대로 사용하고 싶다면 적어도 기본 vim 패키지를 설치해야 한다.

> **NOTE**
> 앞의 예에서 여러 단계로 연속된 링크된 파일의 최종 개체를 찾기 위해서 ls -l 명령을 여러 번 사용하는 대신 readlink -f 명령을 사용할 수 있다. 이 명령은 연속으로 링크된 파일의 최종 개체를 바로 보여준다.

소프트웨어 설치는 제9장에서 자세히 설명했다. 우분투 배포판에 기본 vim 패키지를 설치하는 일은 매우 간단하다.

```
$ sudo apt-get install vim
[...]
The following extra packages will be installed:
  vim-runtime
Suggested packages:
  ctags vim-doc vim-scripts
The following NEW packages will be installed:
  vim vim-runtime
[...]
$
$ readlink -f /usr/bin/vi
/usr/bin/vim.basic
$
```

기본 vim 편집기가 이제 우분투 배포판에 설치되었고, /usr/bin/vi 프로그램 파일의 링크는 자동으로 /usr/bin/vim.basic를 가리키도록 바뀌었다. 우분투 시스템에 vi 명령을 입력할 때마다 미니 버전의 vim 대신 기본 vim 편집기가 실행된다.

vim 기본 탐색하기

vim 편집기는 메모리 버퍼의 데이터와 함께 동작한다. vim 편집기를 시작하려면 vim 명령(별명 또는 링크된 파일이 있다면 그냥 vi)과 함께 편집할 파일의 이름을 입력하면 된다.

```
$ vim myprog.c
```

파일 이름없이 vim을 시작하거나 파일이 존재하지 않는다면 vim는 편집을 위한 새로운 버퍼 영역을 연다. 커맨드라인에서 기존 파일을 지정했다면 vim은 [그림 10-1]에 나오는 것처럼 버퍼 영역으로 전체 파일의 내용을 읽어 들이고 편집할 준비를 한다.

10

그림 10-1

vim 메인 창

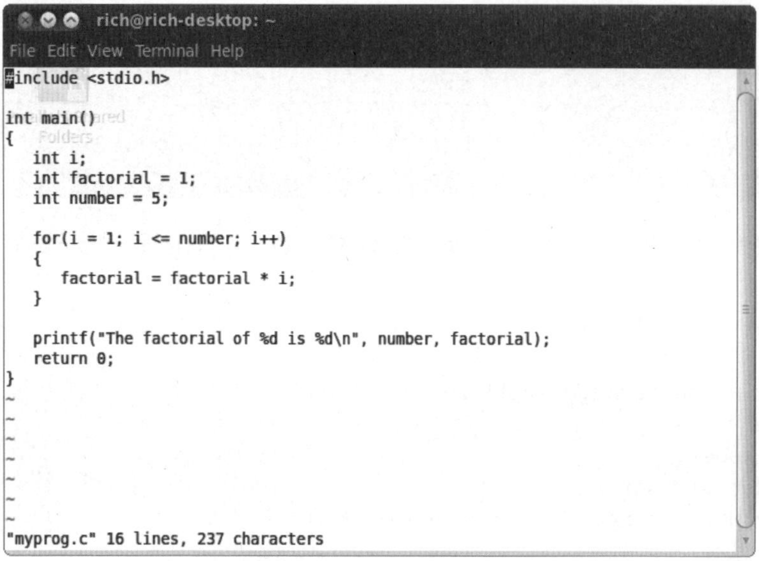

```
rich@rich-desktop: ~
File Edit View Terminal Help
#include <stdio.h>

int main()
{
   int i;
   int factorial = 1;
   int number = 5;

   for(i = 1; i <= number; i++)
   {
      factorial = factorial * i;
   }

   printf("The factorial of %d is %d\n", number, factorial);
   return 0;
}
~
~
~
~
~
~
~
"myprog.c" 16 lines, 237 characters
```

vim 편집기는 세션(제2장 참조)을 위한 터미널 유형을 감지하고 편집기 영역의 전체 콘솔 창을 활용하는 전체 화면 모드를 사용한다.

초기 vim 편집 창은 파일의 내용을 표시하고(내용에 뭔가 있다면) 창 아래쪽에는 메시지 라인을 함께 표시한다. 파일 내용이 화면 전체를 차지하지 않을 때 vim은 파일에 속하지 않는 줄에는 물결표(~)를 표시한다 ([그림 10-1] 참조).

가장 아래에 있는 메시지 라인은 파일의 상태에 따라 편집하는 파일, 설치된 vim 설치의 기본 설정 정보를 표시한다. 파일을 새로 만들 경우에는 [New File] 메시지가 나타난다.

vim 편집기는 두 가지 동작 모드가 있다.

- 일반 모드
- 삽입 모드

편집을 위해 파일을 열 때(또는 새 파일을 만들 때) vim 편집기는 처음에는 일반 모드로 들어간다. 일반 모드에서는 vim 편집기는 키 입력을 명령으로 해석한다(더 자세한 내용은 나중에 설명한다).

삽입 모드에서 vim은 입력한 모든 키를 버퍼의 현재 커서 위치에 삽입한다. 삽입 모드로 들어가려면 i 키를 누른다. 삽입 모드에서 빠져 나와 일반 모드로 돌아가려면 키보드의 〈Esc〉 키를 누른다.

일반 모드에서는(vim이 터미널 유형을 제대로 감지했다면) 화살표 키를 사용하여 텍스트 영역에서 커서를 옮길 수 있다. 화살표 키가 정의되어 있지 않은 좋지 않은 터미널에 연결했다고 해도 희망을 잃지 말자. vim 명령은 커서를 이동하는 명령을 포함하고 있다.

- h : 한 문자 왼쪽으로 이동
- j : 한 줄 아래(텍스트의 다음 줄)로 이동
- k : 한 줄 위(텍스트의 이전 줄)로 이동
- l : 한 문자 오른쪽으로 이동

큰 텍스트 파일 안에서 한 줄씩 이동하는 것은 지루한 일이 될 수 있다. vim은 일을 빠르게 진행하는 명령을 제공한다.

- **PageDown** (또는 Ctrl + F) : 데이터의 한 화면 앞으로 이동
- **PageUp** (또는 Ctrl + B) : 데이터의 한 화면 뒤로 이동
- **G** : 버퍼의 마지막 줄로 이동
- **num G** : 버퍼의 줄 번호 NUM으로 이동
- **GG** : 버퍼의 첫 번째 행으로 이동

vim 편집기는 일반 모드에 커맨드라인 모드라는 특별한 기능이 있다. 커맨드라인 모드는 vim에서 작업을 제어하기 위한 추가 명령을 입력할 수 있는 대화형 커맨드라인을 제공한다. 커맨드라인 모드로 들어가려면 일반 모드에서 콜론 (:) 키를 누른다. 커서는 메시지 라인으로 이동하고, 콜론(:)이 나타나서 명령을 입력하기를 기다린다.

다음은 커맨드라인 모드 안에서 파일에 버퍼를 저장하고 vim을 종료하기 위한 몇 가지 명령이다.

- **q** : 버퍼 데이터에 아무런 변경도 이루어지지 않은 경우 종료
- **q!** : 버퍼 데이터에 대한 모든 변경 사항을 취소하고 종료
- **w** *filename* : 파일을 filename으로 지정된 다른 파일에 저장
- **wq** : 파일에 버퍼의 데이터를 저장하고 종료

몇 가지 기본 vim 명령을 보고 나면 vim 편집기라면 질색을 하는 사람이 있는지 그 이유를 이해할 수 있을 것이다. vim을 최대한 사용하려면 모호한 명령들을 충분히 알고 있어야 한다. 기본 vim 명령어에 익숙해지고 나면 어떤 환경에서든 커맨드라인에서 빠르게 파일을 편집할 수 있다. 명령을 입력하는 일이 편해지면 데이터와 편집 명령을 모두 타자로 입력하는 것이 거의 본능처럼 느껴져, 다시 마우스를 쓰는 게 불편해질 수도 있다!

데이터 편집하기

삽입 모드에 있는 동안에는 버퍼에 데이터를 삽입할 수 있지만 이미 버퍼에 입력한 데이터를 지워야 할 수도 있다. 일반 모드에서 vim 편집기는 버퍼 안의 데이터를 편집하기 위한 여러 가지 명령을 제공한다. [표 10-1]은 vim 편집 명령이다.

10

표 10-1 vim 편집 명령

명령	설명
x	현재 커서 위치에 있는 문자를 지운다
dd	현재 커서 위치에 있는 줄을 지운다
dw	현재 커서 위치에 있는 단어를 지운다
d$	현재 커서 위치에서 줄 끝까지를 지운다
J	현재 커서 위치에서 줄의 끝에 있는 줄바꿈을 지운다(두 행을 합친다)
u	이전 편집 명령을 취소한다
a	현재 커서 위치 뒤에 데이터를 추가한다
A	현재 커서 위치의 줄 끝에 데이터를 추가한다
r *char*	현재 커서 위치에 있는 문자 하나를 char 문자로 대체한다
R *text*	Esc 키를 누를 때까지 현재 커서 위치에 있는 데이터를 text로 덮어쓴다

명령을 몇 번 수행할지 지시하는 숫자를 사용할 수 있는 명령도 있다. 2x 명령은 현재 커서 위치로부터 시작해서 두 개의 문자를 지우고, 명령 5dd는 커서가 위치한 줄에서부터 다섯 줄을 지운다.

> **NOTE**
> vim 편집기의 일반 모드에 있는 동안 키보드의 백스페이스 또는 Delete 키를 사용할 때에는 주의가 필요하다. vim 편집기는 보통 Delete 키를 현재 커서 위치에 있는 문자를 삭제하는 x 명령으로 인식한다. vim 편집기는 보통 일반 모드에서 백스페이스 키를 인식하지 못한다.

복사하기와 붙여넣기

표준 편집기는 데이터를 잘라 내거나 복사하여 문서의 다른 곳에 붙여 넣을 수 있는 기능이 있다. vim 편집기는 이 작업을 수행할 수 있는 방법을 제공한다.

잘라내기와 붙여넣기는 상대적으로 쉽다. 이미 [표 10-1]을 통해 버퍼에서 데이터를 제거하는 명령을 보았다. 하지만 vim이 데이터를 제거할 때 실제로는 별개의 저장 공간에 보관한다. p 명령을 사용하면 그 데이터를 검색할 수 있다.

텍스트 행을 dd 명령으로 지운 다음, 이를 붙여 넣고자 하는 버퍼 위지로 커서를 옮기고 나서 p 명령을 사용한다. p 명령은 현재 커서 위치에 있는 줄 뒤에 텍스트를 삽입한다. 텍스트를 지우는 어떤 명령이든 이렇게 할 수 있다.

텍스트를 복사하는 일은 조금 까다롭다. vim에서 복사 명령은 y(yank를 뜻한다)다. d 명령과 마찬가지로 y 명령에도 두 번째 글자를 사용할 수 있다(yw는 단어 복사하기, y$는 줄 끝까지 복사하기). 텍스트를 복사한 후, 텍스트를 붙여 넣고자 하는 위치로 커서를 이동한 다음 p 명령을 사용한다. 복사한 텍스트가 바로 그 위치에 나타날 것이다.

복사하는 텍스트에 영향을 미칠 수 없으므로 무슨 일이 일어났는지 볼 수 없어서 복사는 까다롭다. 어딘가에 붙여 넣을 때까지는 정확히 무엇을 복사했는지 절대 알 수 없다. vim은 복사 작업을 할 때 도움이 되는 또 다른 기능이 있다.

비주얼 모드는 커서를 움직일 때 텍스트를 강조한다. 붙여넣기 위해 복사할 텍스트를 선택하기 위해서 비주얼 모드를 사용한다. 비주얼 모드로 들어가려면 복사를 시작하려는 위치로 커서를 옮긴 다음 〈v〉 키를 누른다. 커서가 있는 위치의 텍스트가 강조된 것을 볼 수 있을 것이다. 그 다음, 복사하려는 텍스트 위로 커서를 옮긴다(여러 줄의 텍스트를 복사하기 위해서 아래 줄로 내려갈 수도 있다). 커서를 옮길 때마다 vim은 복사할 영역의 텍스트를 강조 표시할 것이다. 복사할 텍스트를 모두 지나간 후, 복사 명령을 활성화하기 위해 〈y〉 키를 누른다. 이제 저장 공간에 텍스트가 복사되었다. 원하는 위치에 커서를 이동한 다음에 p 명령을 사용하면 된다.

찾기 및 바꾸기

vim의 찾기 명령을 사용하여 손쉽게 버퍼의 데이터를 검색할 수 있다. 검색할 문자열을 입력하려면 〈/〉 키(슬래시 키)를 누른다. 커서는 메시지 라인으로 옮겨가고 vim은 슬래시를 표시한다. 찾으려는 텍스트를 입력한 다음 〈Enter〉 키를 누른다. vim 편집기는 세 가지 중 하나로 반응한다.

- 현재 커서 위치 이후에 검색어가 있다면 그 텍스트가 나타나는 첫 번째 위치로 이동
- 현재 커서 위치 이후에 검색어가 없다면 파일 끝까지 간 다음 파일에서 처음으로 그 텍스트가 나타나는 위지로 이동(메시지로 이 사실을 알려준다)
- 파일 안에서 검색어를 찾을 수 없다면 텍스트를 파일에서 찾을 수 없다는 오류 메시지 표시

같은 단어를 계속해서 검색하려면 슬래시 문자를 입력한 다음 〈Enter〉 키를 누르거나 다음(next)을 뜻하는 〈n〉 키를 사용할 수도 있다.

바꾸기 명령을 사용하면 검색어를 다른 텍스트로 신속하게 대체할(substitute) 수 있다. 바꾸기 명령을 쓰려면 커맨드라인 모드에 있어야 한다. 바꾸기 명령의 형식은 다음과 같다.

```
:s/old/new/
```

vim 편집기는 검색어 old가 처음으로 나타나는 텍스트의 첫 번째 지점으로 옮겨가서 이를 new 텍스트로 대체한다. 검색어가 두 번 이상 나타난다면 바꾸기 명령에 약간 변형을 가할 수 있다.

- :s/old/new/g : 한 줄에서 나타나는 모든 old를 바꿈
- :n,ms/old/new/g : n번째 줄과 m번째 줄 사이에 나타나는 모든 old를 바꿈
- :%s/old/new/g : 전체 파일에서 나타나는 모든 old를 바꿈
- :%s/old/new/gc : 한 줄에서 나타나는 모든 old를 바꾸지만 나타날 때마다 확인을 받음

10

271

지금까지 보았듯이 콘솔 모드 텍스트 편집기인 vim은 상당한 고급 기능을 포함하고 있다. 모든 리눅스 배포판이 vim을 포함하고 있기 때문에 어디에 있든, 무엇을 쓰든 언제나 스크립트를 편집할 수 있으므로 적어도 vim 편집기의 기본을 알고 있는 것이 좋다.

nano 편집기 살펴보기

vim은 많은 강력한 기능을 가진 매우 복잡한 편집기지만 nano는 매우 간단한 편집기다. 탐색이 쉬운 간단한 콘솔 모드 텍스트 편집기를 필요로 하는 사람이라면 nano가 쓸 만한 도구다. 또한 리눅스 커맨드라인을 시작하는 사람들을 위해서도 훌륭한 텍스트 편집기다.

nano 텍스트 편집기는 유닉스 시스템의 pico 편집기와 쌍둥이라고 할 수 있다. pico는 가볍고 간단한 텍스트 편집기이지만 GPL 라이선스가 적용되지 않는다. nano 텍스트 편집기는 GPL 라이선스가 적용될 뿐만 아니라 아예 GNU 프로젝트의 일부다.

nano 텍스트 편집기는 기본적으로 대부분의 리눅스 배포판에 설치되어 있다. nano 텍스트 편집기에 대한 모든 것은 간단하다. 커맨드라인에서 nano로 파일을 열려면,

```
$ nano myprog.c
```

파일 이름 없이 nano를 시작하거나 파일이 없으면 nano는 단순히 편집을 위한 새로운 버퍼 영역을 연다. 커맨드라인에 기존의 파일을 지정하면 nano는 [그림 10-2]에 나오는 것처럼 버퍼 영역으로 파일의 전체 내용을 읽어 들이고 편집할 준비를 한다.

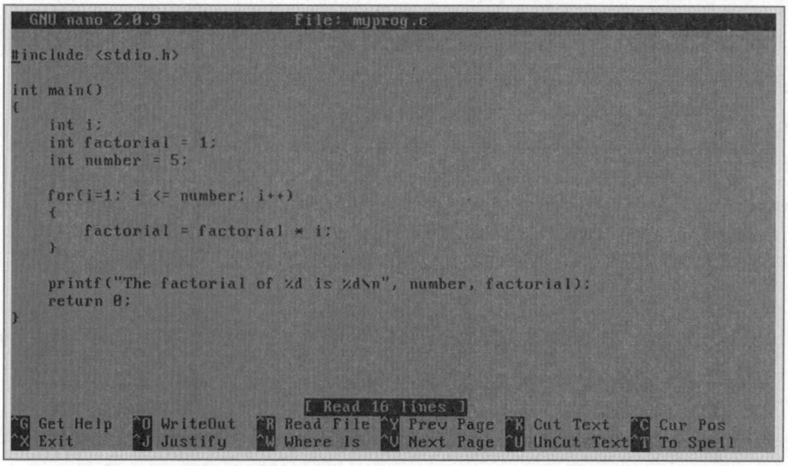

그림 5-2
nano 편집기 창

nano 편집기 창의 아래쪽 끝에 다양한 명령이 간단한 설명과 함께 표시되어 있는 것을 볼 수 있다. 이들 명령은 nano 제어 명령이다. 캐럿(^) 기호는 〈Ctrl〉 키를 뜻한다. 따라서, ^X는 키보드로는 〈Ctrl + x〉를 뜻한다.

> **TIP**
> nano 제어 명령이 키보드를 대문자로 표시하지만 제어 명령은 소문자든 대문자든 어느 쪽이든 써도 된다.

모든 기본 명령을 한눈에 볼 수 있는 것은 좋은 기능이다. 어떤 제어 명령이 무엇을 하는지 외울 필요가 없다. [표 10-2]는 다양한 nano 제어 명령을 보여준다.

표 10-2 nano 제어 명령

명령	설명
Ctrl + C	텍스트 편집 버퍼 안의 커서 위치를 표시한다
Ctrl + G	nano의 주요 도움말 창을 표시한다
Ctrl + J	현재 텍스트 단락을 정렬한다
Ctrl + K	텍스트 행을 잘라내서 컷 버퍼에 저장한다
Ctrl + O	현재 텍스트 편집 버퍼를 파일에 저장한다
Ctrl + R	현재 텍스트 편집 버퍼로 파일을 읽어 들인다
Ctrl + T	사용할 수 있는 맞춤법 검사기를 실행한다
Ctrl + U	컷 버퍼에 저장된 텍스트를 현재 줄의 현재 위치에 붙여 넣는다
Ctrl + V	텍스트 편집 버퍼를 다음 페이지로 스크롤한다
Ctrl + W	텍스트 편집 버퍼 안에서 단어나 문구를 검색한다
Ctrl + X	현재의 텍스트 편집 버퍼를 닫고 nano를 종료한 뒤 쉘로 돌아간다
Ctrl + Y	텍스트 편집 버퍼를 앞 페이지로 스크롤한다

> **NOTE**
> <Ctrl + T> 명령으로 nano 맞춤법 검사기를 사용하려고 할 때 Spell checking failed: Error invoking 'Spell' 오류 메시지가 나타난다면 몇 가지 써볼 만한 해법이 있다. 제9장을 참조해서 리눅스 배포판에 맞춤법 검사기 소프트웨어 패키지인 aspell을 설치한다. aspell 소프트웨어 패키지 설치로 문제가 해결되지 않으면 좋아하는 텍스트 편집기를 사용하여 슈퍼 유저 권한으로 /etc/nanorc 파일을 편집한다. # set speller "aspell -x -c" 라고 되어 있는 줄을 찾아서 해시 기호(#)를 지운다. 파일을 저장하고 종료한다.

10

[표 10-2]에 나열된 제어 명령이 필요로 하는 모든 것이다. 하지만 여기에 나온 것보다 더 강력한 제어 기능을 원한다고 해도 nano는 이를 지원한다. 더 많은 제어 명령을 확인하려면 nano 텍스트 편집기에서 〈Ctrl + G〉를 입력해서 추가 제어 명령을 포함하는 메인 도움말 창을 불러온다.

커맨드라인에서 추가로 강력한 기능을 사용할 수 있다. 편집하기 전에 백업 파일을 만드는 것과 같이 nano 편집기의 기능을 제어하는 커맨드라인 옵션을 사용할 수 있다. nano를 시작할 때 사용할 수 있는 추가 커맨드라인 옵션을 보려면 man nano를 입력한다.

vim 및 nano 텍스트 편집기는 강력함과 간단함 사이에서 콘솔 모드 텍스트 편집기를 위한 선택의 폭을 제공하지만 그 어느 쪽도 그래픽 편집 기능을 사용하는 능력을 제공하지는 않는다. 다음 절에서 볼 텍스트 편집기는 텍스트와 그래픽 양쪽 세계에서 모두 쓸 수 있다.

emacs 편집기 살펴보기

emacs 편집기는 유닉스가 등장하기도 전부터 매우 인기가 높았다. 개발자들이 emacs를 워낙 좋아했기 때문에 유닉스 환경으로 이식했고 지금은 리눅스 환경으로 이식되었다. emacs 편집기는 vi와 매우 비슷한 콘솔 편집기로 세상에 나왔지만 그래픽 세계로 이주했다.

emacs 편집기는 지금도 원래의 콘솔 모드 편집기를 제공하고, 그래픽 환경에서 텍스트를 편집할 수 있도록 그래픽 윈도우를 사용하는 기능도 있다. 커맨드라인에서 emacs 편집기를 시작할 때에는 보통 사용할 수 있는 그래픽 세션이 있는지 여부를 판단하고 있다면 그래픽 모드로 실행된다. 그렇지 않으면 콘솔 모드에서 시작된다.

이번 절에서는 콘솔 모드와 그래픽 모드 중 어느 쪽을 원하는지 판단할 수 있도록 emacs 편집기의 두 가지 모드를 모두 설명한다.

emacs 패키지 확인하기

많은 배포판은 emacs 편집기를 기본으로 설치하지 않는다. 아래 CentOS 배포판의 예와 같이 레드햇 기반의 배포판이라면 which 또는 yum list 명령으로 확인할 수 있다.

```
$ which emacs
/usr/bin/which: no emacs in (/usr/lib64/qt-3.3
/bin:/usr/local/bin:/bin:/usr/bin:/usr/local/sbin:
/usr/sbin:/sbin:/home/Christine/bin)
$
$ yum list emacs
[...]
Available Packages
emacs.x86_64                    1:23.1-25.el6                    base
```

emacs 편집기 패키지는 현재 이 CentOS 배포판에 설치되어 있지만 설치할 수 있다(설치된 소프트웨어를 표시하는 더욱 자세한 설명은 제9장을 참조하라).

데비안 기반 배포판이라면 아래 우분투 배포판의 예와 같이 which 또는 apt-cache show 명령으로 emacs 편집기 패키지를 확인할 수 있다.

```
$ which emacs
$
$ sudo apt-cache show emacs
Package: emacs
Priority: optional
Section: editors
Installed-Size: 25
[...]
Description-en: GNU Emacs editor (metapackage)
 GNU Emacs is the extensible self-documenting text editor.
 This is a metapackage that will always depend on the latest
 권장 emacs 릴리스.
Description-md5: 21fb7da111336097a2378959f6d6e6a8
Bugs: https://bugs.launchpad.net/ubuntu/+filebug
Origin: Ubuntu
Supported: 5y
$
```

여기서 which 명령은 조금 다르게 동작한다. 설치된 명령을 찾을 수 없으면 그냥 bash 셸 프롬프트로 돌아간다. emacs 편집기 패키지는 이 우분투 배포판에서는 선택 사항이지만 설치할 수 있다. 다음은 우분투에 설치되는 emacs 편집기를 보여준다.

```
$ sudo apt-get install emacs
Reading package lists... Done
Building dependency tree
Reading state information... Done
The following extra packages will be installed:
[...]
Install emacsen-common for emacs24
emacsen-common: Handling install of emacsen flavor emacs24
Wrote /etc/emacs24/site-start.d/00debian-vars.elc
Wrote /usr/share/emacs24/site-lisp/debian-startup.elc
Setting up emacs (45.0ubuntu1) ...
Processing triggers for libc-bin (2.19-0ubuntu6) ...
$
$ which emacs
/usr/bin/emacs
$
```

10

이제 which 명령을 사용하면 emcas 프로그램 파일을 가리킨다. emacs 편집기를 이 우분투 배포판에서 사용할 준비가 되었다.

CentOS 배포판에서는 yum install 명령을 사용해서 emacs 편집기를 설치한다.

```
$ sudo yum install emacs
[sudo] password for Christine:
[...]
Setting up Install Process
Resolving Dependencies
[...]
Installed:
  emacs.x86_64 1:23.1-25.el6

Dependency Installed:
  emacs-common.x86_64 1:23.1-25.el6
  libotf.x86_64 0:0.9.9-3.1.el6
  m17n-db-datafiles.noarch 0:1.5.5-1.1.el6

Complete!
$
$ which emacs
/usr/bin/emacs
$
$ yum list emacs
[...]
Installed Packages
emacs.x86_64                    1:23.1-25.el6              @base
$
```

emacs 편집기를 성공적으로 리눅스 배포판에 설치했으므로 콘솔에서 시작해서 다양한 기능을 탐구해 볼 수 있다.

콘솔에서 emacs 사용하기

emacs의 콘솔 모드 버전은 편집 기능을 수행하기 위해 키보드 명령을 많이 사용하는 편집기다. emacs 편집기는 컨트롤 키(키보드의 〈Ctrl〉 키) 및 메타 키를 포함하는 키 조합을 사용한다. 대부분의 터미널 에뮬레이터 패키지에서 메타 키는 〈Alt〉 키에 매핑된다. 공식 emacs 문서는 컨트롤 키는 C-로, 메타키는 M-으로 줄여서 쓴다. 따라서 〈Ctrl + X〉 키 조합을 문서에서는 C-x로 표시한다. 이장에서는 헷갈리지 않도록 똑같이 표시한다.

emacs 기초 알아보기

커맨드라인에서 emacs를 사용하여 파일을 편집하려면 다음과 같이 입력한다.

```
$ emacs myprog.c
```

emacs 콘솔 모드 창이 짧은 소개 및 도움말 화면과 함께 나타난다. 놀라지는 말자. 키를 누르자마자 emacs는 활성 버퍼로 파일을 로드하고 [그림 10-3]에서 보는 바와 같이 텍스트를 표시한다.

그림 10-3

콘솔 모드에서 emacs 편집기를 사용하여 파일을 편집하기

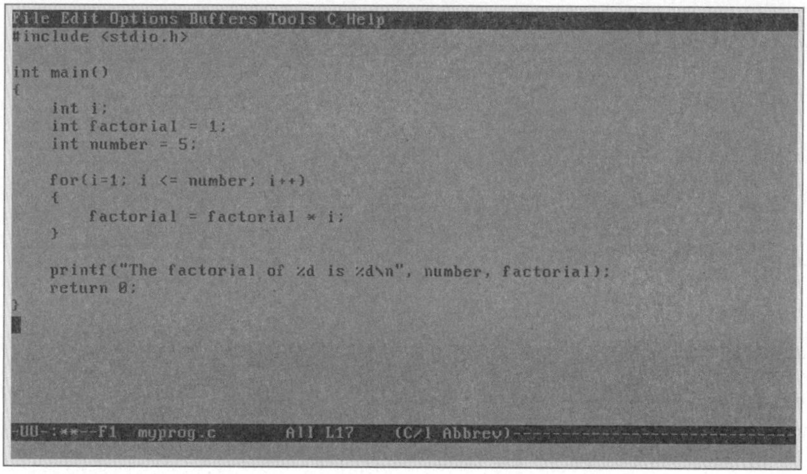

콘솔 모드 창 위쪽 끝에 전형적인 메뉴바가 표시된 것을 볼 수 있다. 불행히도 콘솔 모드에서는 메뉴바를 사용할 수 없으며 그래픽 모드에서만 가능하다.

> **NOTE**
> 그래픽 데스크톱 환경에서 emacs를 실행하는 경우 이 절의 일부 명령은 설명한 것과 다르게 동작한다. 그래픽 데스크톱 환경에서 emcs의 콘솔 모드를 쓰려면 emacs -nw 명령을 사용한다. emacs의 그래픽 기능을 사용하려면, 'GUI에서 emacs 사용하기' 절을 참조하라.

명령을 입력할 때와 텍스트를 삽입할 때 사이에 삽입 모드를 드나들어야 하는 vim 편집기와 달리 emacs 편집기는 한 가지 모드만 있다. 출력될 수 있는 문자를 입력하면 emacs는 현재 커서 위치에 이를 삽입한다. 명령을 입력하면 emacs는 명령을 실행한다.

emacs가 올바르게 터미널 에뮬레이터를 감지했다고 가정한다면 버퍼 영역에서 커서를 움직이기

위해서는 화살표 키와 〈PageUp〉 및 〈PageDown〉 키를 사용할 수 있다. 그렇지 않다면 다음 명령으로 커서를 움직인다.

- **C-p** : 한 줄 위(텍스트에서 바로 앞 줄)로 이동
- **C-b** : 한 글자 왼쪽(뒤)으로 이동
- **C-f** : 한 글자 오른쪽(앞)으로 이동
- **C-n** : 한 줄 아래(텍스트의 다음 줄)로 이동

다음 명령은 텍스트 안에서 커서를 더 큰 폭으로 움직인다.

- **M-f** : 오른쪽 (앞) 다음 단어로 이동
- **M-b** : 왼쪽 (뒤) 이전 단어로 이동
- **C-a** : 현재 줄의 가장 앞으로 이동
- **C-e** : 현재 줄의 끝으로 이동
- **M-a** : 현재 문장의 처음으로 이동
- **M-e** : 현재 문장의 끝으로 이동
- **M-v** : 데이터를 한 화면 전으로 이동
- **C-v** : 데이터를 한 화면 다음으로 이동
- **M-<** : 텍스트의 첫 줄로 이동
- **M->** : 텍스트의 마지막 줄로 이동

버퍼를 파일에 저장하고 emacs를 종료하려면 다음 명령을 알고 있어야 한다.

- **C-x C-s** : 현재 버퍼의 내용을 파일에 저장
- **C-z** : emacs를 종료하나 세션에서 계속 실행 상태를 유지시켜 다시 돌아갈 수 있도록 함
- **C-x C-c** : emacs를 종료하고 프로그램을 중지시킴

이들 중 두 개의 명령은 키 명령을 두 번 필요로 한다는 것을 알 수 있다. C-x 명령은 확장 명령이라고 한다. 이 명령은 작업을 위한 명령의 또 다른 세트를 제공한다.

데이터 편집하기

emacs 편집기 버퍼에 텍스트를 삽입하고 삭제하는 방법은 매우 강력하다. 텍스트를 삽입하려면 입력을 시작하려는 위치로 커서를 이동한다. 텍스트를 삭제할 때에는 emacs는 현재 커서 위치 앞에 있는 글자를 지우려면 백스페이스 키를, 현재 커서 위치에 있는 문자를 삭제하려면 〈Delete〉 키를 사용한다.

emacs 편집기는 텍스트를 죽이는(kill) 명령도 있다. 텍스트를 죽일 때 emacs는 이를 나중에 사용

할 수 있도록 임시 영역에 저장한다는 점이 텍스트를 삭제하는 것과 다르다(다음 '복사 및 붙여넣기' 참조). 삭제된 텍스트는 영원히 사라진다.

다음 명령은 버퍼에 있는 텍스트를 죽인다.

- M-백스페이스 : 현재 커서 위치 이전에 있는 단어를 죽임
- M-d : 현재 커서 위치 이후에 있는 단어를 죽임
- C-k : 현재 커서 위치로부터 줄 끝까지의 텍스트를 죽임
- M-k : 현재 커서 위치로부터 문장의 마지막까지의 텍스트를 죽임

emacs 편집기는 또한 대량으로 텍스트를 죽일 수 있는 기능을 포함하고 있다. 죽이고 싶은 영역의 시작 부분으로 커서를 옮기고 C-@ 또는 C-스페이스바 키를 누른다. 그런 다음 죽이고 싶은 영역의 끝으로 커서를 이동하고 C-w 명령 키를 누른다. 두 위치 사이의 모든 텍스트가 죽는다.

텍스트를 죽였을 때 실수를 했다면 C-/로 명령 실행을 취소하고 텍스트를 죽이기 이전 상태로 데이터를 돌려놓는다.

복사하기와 붙여넣기

emacs 버퍼 영역에서 데이터를 잘라내는 방법을 살펴보았다. 이제는 어딘가 다른 곳에 붙여 넣는 방법을 볼 시간이다. vim 편집기를 쓰고 있다면 emacs 편집기를 사용할 때 이 과정이 헷갈릴 수 있다.

우연의 일치겠지만 emacs에서는 붙여넣기를 yank(잡아당기기)라고 한다. vim 편집기에서는 복사를 yank라고 부르는데, 이 점 때문에 두 편집기를 모두 사용할 때 기억하기 힘들게 만든다.

데이터를 죽이는 명령을 사용한 다음에는 데이터를 붙여 넣을 위치로 커서를 이동하고 C-y 명령을 사용한다. 이렇게 하면 임시 영역에서 텍스트를 현재 커서 위치에 yank, 즉 붙여 넣는다. C-y 명령은 마지막으로 죽인 텍스트를 붙여 넣는다. 텍스트를 죽이는 명령을 여러 번 내렸다면 M-y 명령으로 이들 텍스트들을 순환해서 사용할 수 있다.

텍스트를 복사하려면 이를 죽인 곳과 같은 장소에 붙여 넣은 다음 새로운 장소로 가서 C-y 명령을 다시 사용한다. 원하는 만큼 여러 번 텍스트를 다시 붙일 수 있다.

찾기 및 바꾸기

emacs 편집기에서 텍스트 검색은 C-s 및 C-r 명령으로 수행된다. C-s 명령은 현재 커서 위치로부터 버퍼 끝까지 순방향으로 검색을 하는 반면 C-r 명령은 현재 커서 위치에서 버퍼 시작 지점까지 버퍼 안에서 역방향 탐색을 한다.

C-s 또는 C-r 명령 중 하나를 입력하면 가장 아랫줄에 프롬프트가 나타나서 검색할 텍스트를 물어본다. emacs에서는 두 가지 유형의 검색을 수행할 수 있다.

증분 검색에서는 단어를 입력할 때 emacs 편집기가 실시간 모드로 텍스트 검색을 수행한다. 첫 번

10

째 문자를 입력할 때, emacs는 버퍼에 있는 모든 해당 문자를 강조한다. 두 번째 문자를 입력할 때, emacs는 텍스트에서 두 글자가 순서대로 나타나는 모든 부분을 강조하는 식으로 검색어를 다 입력할 때까지 되풀이한다.

비증분 검색에서는 C-s 또는 C-r 명령 다음 〈Enter〉 키를 누른다. 이 모드는 가장 아랫줄을 검색어 입력란으로 고정하고 검색하기 전에 전체 검색 텍스트를 입력할 수 있다.

기존의 텍스트 문자열을 새 텍스트 문자열로 대체하려면 M-x 명령을 사용해야 한다. 이 명령은 텍스트 명령과 매개변수를 필요로 한다.

이 텍스트 명령은 문자열 대체(replace-string)다. 이 명령을 입력한 후 〈Enter〉 키를 누르면 emacs는 존재하는 텍스트 문자열을 묻는다. 문자열을 입력한 후 다시 〈Enter〉 키를 누르면 새 emacs는 이번에는 대체할 텍스트 문자열을 묻는다.

emacs에서 버퍼 사용하기

emacs 편집기는 여러 버퍼 영역을 가짐으로써 여러 파일을 동시에 편집할 수 있다. 한 버퍼에 파일을 로드하고 이를 편집하는 동안 버퍼 사이를 전환할 수 있다.

emacs에 있을 때 새로 파일을 로드하려면 C-x C-k 키 조합을 사용한다. 이 명령은 emacs의 파일 찾기(Find a File) 모드다. 이 명령을 실행하면 창의 가장 아랫줄로 커서가 옮겨가서 편집하려는 파일 이름을 받는다. 파일의 이름이나 위치를 모른다면 그냥 〈Enter〉 키를 누른다. [그림 10-4]에서와 같이 편집 창에서 파일 브라우저를 제공한다.

여기에서 편집하고자 하는 파일을 검색할 수 있다. 디렉토리를 한 단계 위로 옮겨가려면 점 두 개를 입력하고 〈Enter〉 키를 누른다. 하위 디렉토리로 가려면 원하는 디렉토리 항목으로 이동하고 〈Enter〉 키를 누른다. 편집하려는 파일을 발견했다면 〈Enter〉 키를 누른다. emacs는 파일을 새로운 버퍼 영역으로 로드한다.

C-x C-b 확장 명령 조합으로 활성 버퍼 영역의 목록을 볼 수 있다. emacs 편집기는 편집 창을 분할하고 아래쪽 창에 버퍼의 목록을 표시한다. emacs는 메인 편집 버퍼 말고도 두 개의 버퍼를 더 제공한다.

- *스크래치(scratch)*라고 하는 스크래치 영역
- *메시지(message)*라고 하는 메시지 영역

스크래치 영역은 LISP 프로그래밍 명령을 입력할 수도 있고 나 자신에게 메모를 입력할 수도 있다. 메시지 영역은 동작 중일 때 emacs가 만든 메시지를 보여준다. emacs를 사용하는 동안 오류가 발생하면 메시지 영역에 그 내용이 나타난다.

두 가지 방법으로 창을 다른 버퍼 영역으로 전환할 수 있다.

- 창을 버퍼 목록 창으로 전환하려면 C-x o를 사용한다. 화살표 키로 원하는 버퍼 영역으로 이동하고 〈Enter〉 키를 누른다.
- 전환할 버퍼 영역의 이름을 입력하려면 C-x b를 사용한다.

버퍼 목록 창으로 전환할 수 있는 옵션을 선택하면 emacs는 새 창 영역에 버퍼 영역을 연다. emacs 편집기는 하나의 세션에서 여러 개의 창을 열 수 있다. 다음 절에서는 emacs에서 여러 창을 관리하는 방법에 대해 설명한다.

그림 10-4

emacs 파일 찾기 모드 브라우저

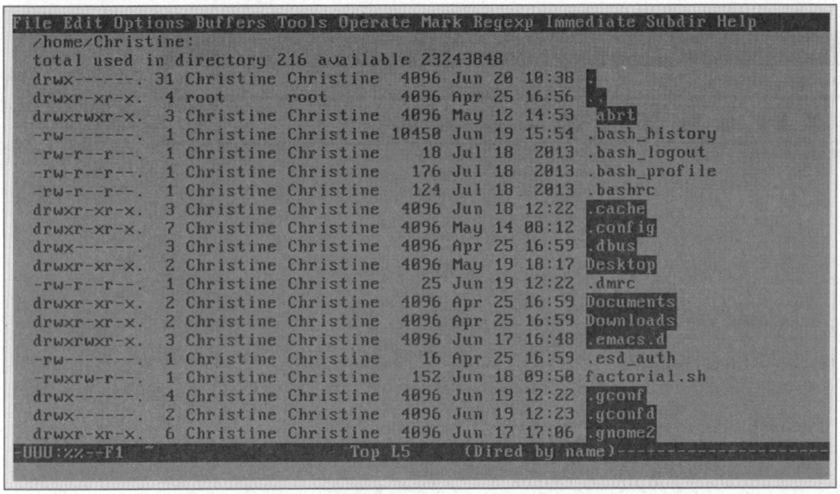

콘솔 모드 emacs에서 창 사용하기

콘솔 모드 emacs 편집기는 그래픽 창의 아이디어가 등장하기 훨씬 전에 개발되었다. 메인 창 안에 다수의 편집 창을 지원할 수 있다는 점에서 emacs 시간을 뛰어넘은 작품이다.

두 가지 명령 중 하나를 사용하여 emacs의 편집 창을 여러 개로 분할할 수 있다.

- **C-x 2** : 창을 수평으로 두 개로 분할

- **C-x 3** : 창을 수직으로 두 개로 분할

하나의 창에서 다른 창으로 이동하려면 C-x o 명령을 사용한다. 새 창을 만들 때, emacs는 새 창에 원래 창의 버퍼 영역을 사용한다는 것에 유의하자. 새 창으로 이동한 후, C-x C-f 명령으로 새 파일을 로드하거나 새 창의 다른 버퍼 영역으로 옮겨가기 위한 명령 가운데 하나를 사용할 수 있다.

창을 닫으려면 그 창으로 옮겨가서 C-x 0(영) 명령을 사용한다. 현재 있는 창 이외에 다른 모든 창을 닫으려면 C-x 1(숫자 일) 명령을 사용한다.

10

GUI에서 emacs 사용하기

GUI 환경(유니티 또는 GNOME 데스크톱)에서 emacs를 사용한다면 [그림 10-5]에서와 같이 그래픽 모드로 실행된다.

그림 10-5

emacs 그래픽 창

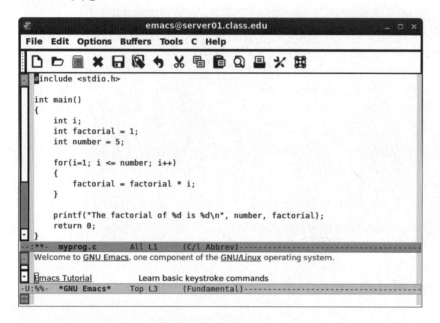

이미 콘솔 모드에서 emacs를 사용해 왔다면 그래픽 모드가 꽤 친숙할 것이다. 모든 키 명령은 메뉴바의 항목으로 사용할 수 있다. emacs 메뉴바에는 다음 항목이 포함되어 있다.

- 파일(File) : 창에 파일을 열고, 새로운 창을 만들고, 창을 닫고, 버퍼를 저장하고, 버퍼 인쇄 가능

- 편집(Edit) : 선택한 텍스트를 클립보드에 잘라 넣거나 복사하고, 클립보드 데이터를 현재 커서 위치에 붙여 넣고, 텍스트를 검색하고, 텍스트를 대체 가능

- 옵션(Options) : 강조, 줄바꿈, 커서 형식, 글꼴 설정과 이 수많은 emacs 기능 설정 제공

- 버퍼(Buffers) : 사용할 수 있는 현재의 버퍼를 나열하고 버퍼 영역 사이를 쉽게 전환 가능

- 도구(Tools) : 커맨드라인 인터페이스 사용, 맞춤법 검사, 파일 간 텍스트 비교(diff라고 함), 이메일 메시지 보내기, 캘린더 및 계산기와 같은 emacs의 고급 기능을 제공

- 도움말(Help) : 특정 emacs 기능에 관한 도움을 얻기 위한 온라인 emacs 매뉴얼 제공

보통의 그래픽 emacs 메뉴바 항목에 더해서 종종 편집기 버퍼에 있는 파일 유형에 특정한 별도의 항목이 있다. [그림 10-5]는 C 프로그램을 열어 놓은 모습을 보여준다. 따라서 emacs는 C 구문을 강조하고, 코드의 컴파일, 실행, 디버깅을 커맨드 프롬프트에서 할 수 있는 고급 설정을 지원하는 C 메뉴 항목을 제공한다.

그래픽 emacs 창은 이전 콘솔 애플리케이션이 그래픽 세계로 옮겨 간 한 가지 사례다. 이제 많은 리눅스 배포판은 그래픽 기반 데스크톱을 제공하고(심지어 서버는 이를 필요로 하지 않는데도) 그래픽 기반 편집기가 점점 더 일반화되고 있다. 인기 있는 리눅스 데스크톱 환경(예를 들어 KDE와 GNOME)은 각각의 환경에 특화된 그래픽 기반 텍스트 편집기를 제공하고 있다. 이 장 나머지 부분은 이들을 설명할 것이다.

KDE 패밀리의 편집기 살펴보기

KDE 데스크톱(제1장 참조)을 사용하는 리눅스 배포판을 쓰고 있다면 텍스트 에디터에 몇 가지 선택의 폭이 있다. KDE 프로젝트는 공식적으로 두 개의 인기 있는 텍스트 편집기를 지원한다.

- KWrite : 단일 화면 텍스트 편집 패키지
- Kate : 완벽한 기능을 갖춘 멀티 윈도우 텍스트 편집 패키지

두 편집기 모두 많은 고급 기능을 포함한 그래픽 기반 텍스트 편집기다. Kate 편집기는 더욱 고급 기능을 제공하며 일반 텍스트 편집기에서는 쉽게 찾을 수 없는 더 많은 미세한 기능을 제공한다. 이 절에서는 각 편집기를 설명하고 쉘 스크립트 편집에 도움을 줄 수 있는 몇몇 기능을 보여줄 것이다.

KWrite 편집기 살펴보기

KDE 환경의 기본 편집기는 KWrite다. 코드 구문 강조 및 편집 지원을 포함해서 간단한 워드 프로세서 스타일의 텍스트 편집 기능을 제공한다. 기본 KWrite 편집 창은 [그림 10-6]에 나와 있다.

그림만 보고는 알 수 없겠지만 KWrite 편집기는 여러 가지 형식의 프로그래밍 언어를 인식하고 상수, 함수, 주석을 구별하는 컬러 코딩을 사용한다. 루프문은 열고 닫는 괄호를 잇는 아이콘으로 표시한다. 이를 폴딩 마커(folding marker)라고 한다. 아이콘을 클릭하면 함수를 한 줄로 축소할 수 있다. 이는 덩치 큰 응용 프로그램 작업을 할 때 훌륭한 기능이다.

KWrite 편집 창은 마우스 및 화살표 키를 사용하여 완전한 잘라내기 및 붙여넣기 기능을 제공한다. 워드 프로세서에서와 같이 버퍼 영역 어디에서든 텍스트를 강조하고 잘라낼(또는 복사할) 수 있으며 이 텍스트를 아무 곳이나 다른 장소에 붙여 넣을 수 있다.

10

그림 10-6

쉘 스크립트 프로그램을 편집하는 기본 KWrite 창

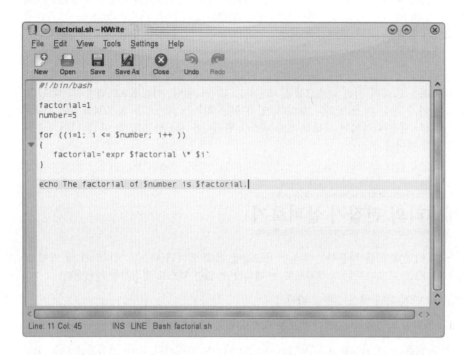

KWrite로 파일을 편집하려면 바탕화면의 KDE 메뉴 시스템에서 KWrite(일부 리눅스 배포판에는 패널 아이콘을 만들어 두기도 한다)를 선택하거나 명령 프롬프트에서 시작할 수도 있다.

```
$ kwrite factorial.sh
```

kwrite 명령은 시작하는 방법을 입맛에 맞게 바꾸기 위해 쓸 수 있는 여러 가지 커맨드라인 매개변수를 제공한다.

- --stdin KWrite : 파일 대신 표준 입력 장치로부터 데이터를 읽어 들임

- --encoding : 파일에 사용하는 문자 인코딩 형식을 지정

- --line : 편집기 창을 시작할 때 보여줄 파일의 줄 번호를 지정

- --column : 편집기 창을 시작할 때 보여줄 파일의 열 번호를 지정

KWrite 편집기는 KWrite 편집기의 기능을 선택하고 설정을 변경할 수 있도록 편집 창 꼭대기에 메뉴바와 도구 모음을 모두 제공한다.

메뉴바는 다음과 같은 항목을 포함한다.

- 파일(File) : 파일로부터 텍스트를 읽기, 저장, 인쇄, 익스포트
- 편집(Edit) : 버퍼 영역의 텍스트를 조작
- 보기(View) : 편집기 창에 텍스트를 표시하는 방법을 관리
- 북마크(Bookmarks) : 텍스트의 특정 위치로 돌아갈 수 있는 포인터를 다루며, 이 기능은 구성에서 활성화되어야 함
- 도구(Tools) : 텍스트를 조작하는 특수 기능을 포함
- 설정(Settings) : 편집기가 텍스트를 처리하는 방식을 구성
- 도움말(Help) : 편집기 및 명령에 대한 정보를 제공

편집 메뉴바의 항목은 텍스트 편집에 필요한 모든 명령을 제공한다. 암호 같은 키 명령을 외우는 대신(KWrite는 키 명령도 지원한다) [표 10-3]에 나온 것과 같이 편집 메뉴의 항목을 선택할 수 있다.

표 10-3 KWrite 편집 메뉴 항목

항목	설명
실행 취소(Undo)	마지막 동작 또는 명령을 취소한다
다시 실행(Redo)	마지막 실행 취소 작업을 취소한다
잘라내기(Cut)	선택한 텍스트를 삭제하고 클립보드에 보관한다
복사(Copy)	선택한 텍스트를 클립보드에 복사한다
붙이기(Paste)	현재 커서 위치에 클립보드의 현재 내용을 붙여넣는다
모두 선택(Select All)	편집기에 있는 모든 텍스트를 선택한다
선택 해제(Deselect)	현재 텍스트의 선택을 취소한다
덮어쓰기 모드 (Overwrite Mode)	새로운 입력된 텍스트를 삽입하는 대신 기존 텍스트를 대체하는 덮어 쓰기 모드와 삽입 모드 사이를 전환한다
찾기(Find)	텍스트 찾기(Find Text) 대화상자를 열어 사용자가 텍스트 검색하게 한다
다음 찾기(Find Next)	버퍼 영역 안에서 마지막 찾기 동작을 순방향으로 되풀이한다
이전 찾기(Find Previous)	버퍼 영역 안에서 마지막 찾기 동작을 역방향으로 되풀이한다
바꾸기(Replace) 바꾸기(Replace With)	대화상자를 열어서 사용자가 텍스트를 찾아서 바꿀 수 있도록 한다
선택한 내용 찾기(Find Selected)	선택된 텍스트가 다음에 나타나는 곳을 찾는다
선택한 내용 뒤로 찾기 (Find Selected Backwards)	선택한 텍스트가 이전에 나타나는 곳을 찾는다
행으로 가기(Go to Line)	Goto 대화상자를 열어서 행 번호를 입력 가능, 커서는 지정된 행으로 이동한다

10

찾기 기능에는 두 가지 모드가 있다. 일반 모드는 간단한 텍스트 검색과 파워 검색을 수행한다. 바꾸기 모드를 사용하면 고급 검색을 하고 바꾸기 작업을 할 수도 있다. [그림 10-7]에서와 같이 찾기 섹션에 있는 녹색 화살표를 사용하여 두 모드 사이를 전환한다.

그림 10-7
KWrite 찾기 섹션

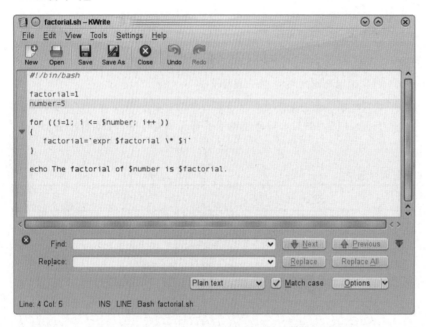

찾기 파워 모드를 사용하면 단어만 검색하는 것이 아니라 정규표현식(제20장에서 설명)으로도 검색할 수 있다. 대소문자를 구분 검색을 수행하거나 하지 않도록 하거나, 단어가 들어 있는 텍스트를 모두 검색하는 대신 완전한 단어가 일치하는 곳만 보거나 하는 식으로 검색을 자신에게 맞게 바꿀 수 있는 몇 가지 다른 옵션도 사용할 수 있다.

도구 메뉴의 항목은 버퍼 영역의 텍스트 작업을 위한 여러 가지 편리한 기능을 제공한다. [표 10-4]는 KWrite에서 사용할 수 있는 도구를 설명한다.

표 10-4 KWrite 도구

도구	설명
읽기 전용 모드 (Read Only Mode)	편집기에 있는 동안 어떤 변경도 할 수 없도록 만든다
인코딩(Encoding)	텍스트가 사용하는 문자 세트 인코딩을 설정한다
맞춤법(Spelling)	텍스트 시작 지점부터 맞춤법 검사 프로그램을 실행한다
맞춤법 (커서부터) (Spelling (from cursor))	현재 커서 위치에서부터 맞춤법 검사 프로그램을 실행한다
선택 영역 맞춤법 검사 (Spellcheck Selection)	선택한 텍스트 범위 안에서만 맞춤법 검사 프로그램을 실행한다
들여쓰기(Indent)	단락 들여쓰기를 한 단계 증가시킨다
내어쓰기(Unindent)	단락 들여쓰기를 한 단계 감소시킨다
들여쓰기 정리하기 (Clean Indentation)	모든 단락 들여 쓰기를 원래 설정으로 되돌린다
정렬(Align)	현재 줄 또는 선택한 줄을 원래의 들여쓰기 설정으로 강제로 되돌린다
대문자(Uppercase)	선택한 텍스트 또는 현재 커서 위치에 있는 문자를 대문자로 변환한다
소문자(Lowercase)	선택한 텍스트 또는 현재 커서 위치에 있는 문자를 소문자로 변환한다
첫 글자를 대문자로(Capitalize)	선택한 텍스트 또는 현재 커서 위치에 있는 단어의 첫 글자를 대문자로 변환한다
줄 합치기(Join Lines)	선택된 줄, 또는 현재 커서 위치에 있는 줄을 다음 줄과 합쳐서 한 줄로 만든다
문서 줄 바꿈 (Word Wrap Document)	문서의 텍스트에 줄바꿈을 사용함, 줄이 편집기 창 가장자리를 지나 확장되면 그 부분은 다음 줄에 계속 이어진다

이 간단한 텍스트 편집기에 수많은 도구가 있다!

설정 메뉴는 [그림 10-8]에 표시된 구성 편집기 대화상자를 포함한다.

구성 편집기 대화상자는 KWrite의 기능을 선택해서 설정할 수 있도록 왼쪽에 아이콘을 사용한다. 아이콘을 선택하면 대화상자의 오른쪽은 기능에 대한 구성 설정을 보여준다.

외관(Appearance) 기능을 사용하면 텍스트 편집기 창에 텍스트가 표시되는 방법을 제어하는 여러 가지 기능을 설정할 수 있다. 줄바꿈, 줄 번호 보이기(프로그래머에게는 정말 좋은 기능이다), 폴더 마커를 여기서 설정할 수 있다. 글꼴 및 색상(Font & Colors) 기능을 사용하면 프로그램 코드에서 텍스트의 각 범주에 어떤 색깔을 쓸 것인지 결정하고, 편집기의 전체 색 구성을 사용자 정의할 수 있다.

10

그림 10-8

KWrite 구성 편집기 대화상자

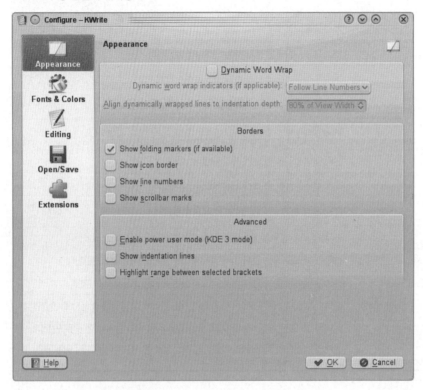

Kate 편집기 살펴보기

Kate 편집기는 KDE 프로젝트의 주력 편집기다. KWrite 애플리케이션과 같은 텍스트 편집기처럼 쓸 수 있지만(그래서 대부분이 기능이 같다) 하나의 패키지에 수많은 기능을 통합하고 있다.

> **TIP**
>
> Kate 편집기가 KDE 데스크톱 환경에 설치되어 있지 않았다는 것을 알았다면 이를 쉽게 설치할 수 있다(제9장 참조). Kate를 포함하는 패키지 이름은 kdesdk다.

KDE 메뉴 시스템에서 Kate 편집기를 시작할 때 처음으로 발견하게 될 사실은 에디터가 시작되지 않는다는 것이다! 대신 [그림 10-9]에서와 같은 대화상자를 보게 된다.

그림 10-9

Kate 세션 대화상자

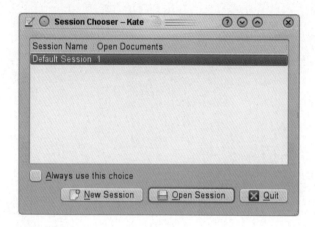

Kate 편집기는 세션에서 파일을 처리한다. 한 세션은 여러 개의 파일을 열 수 있으며 여러 개의 세션을 저장할 수도 있다. Kate를 시작할 때 어떤 세션으로 돌아갈지 선택하는 기능이 제공된다. Kate 세션을 닫을 때에는 열었던 문서를 기억하고 다음번에 Kate를 시작할 때 이를 표시한다. 이를 통해 각 프로젝트에 대해 별도의 작업 공간을 사용함으로써 여러 프로젝트의 파일을 손쉽게 관리할 수 있다.

세션을 선택하면, [그림 10-10]에 보이는 것처럼 Kate의 메인 편집 창을 볼 수 있다.

왼쪽 프레임은 세션에서 현재 열려있는 문서를 보여준다. 문서 이름을 클릭하면 문서 사이를 전환할 수 있다. 새 파일을 편집하려면 왼쪽에 있는 파일 시스템 브라우저 탭을 클릭한다. 왼쪽 프레임은 이제 완전한 그래픽 기반 파일시스템 브라우저가 되어 파일의 위치를 그래픽 인터페이스로 검색 할 수 있다.

Kate 편집기의 멋진 기능은 [그림 10-11]에 표시된 내장 터미널 창이다.

10

그림 10-10

메인 Kate 편집 창

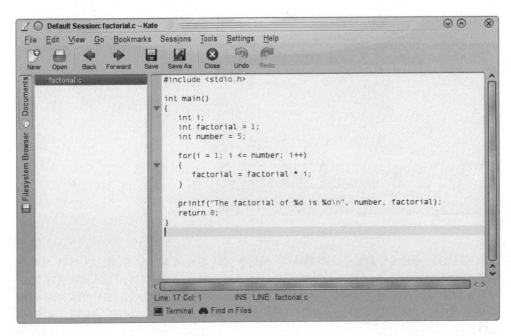

텍스트 편집기 창 하단에 터미널 탭은 Kate의 내장 터미널 에뮬레이터를 실행한다(KDE Konsole 을 터미널 에뮬레이터로 사용한다). 이 기능은 현재의 편집 창을 수평으로 분할하고 새로운 창을 만들 어 Konsole을 그 안에서 실행시킨다. 이제, 커맨드라인 명령을 입력하거나 프로그램을 실행하거나, 시스템 설정을 검사할 때 편집기를 벗어나지 않아도 된다! 터미널 창을 닫으려면, 명령 프롬프트에 서 exit를 입력하면 된다.

터미널 기능에서 알 수 있듯이, Kate는 여러 개의 창을 지원한다. 보기(View)에 있는 창(Window) 메뉴 항목은 이러한 작업을 수행할 수 있는 옵션을 제공한다.

- 현재 세션을 사용하여 새 Kate창을 생성

- 현재의 창을 수직으로 분할하고 새 창을 생성

- 현재의 창을 수평으로 분할하고 새 창을 생성

- 현재 창을 닫음

그림 10-11

Kate 내장 터미널 창

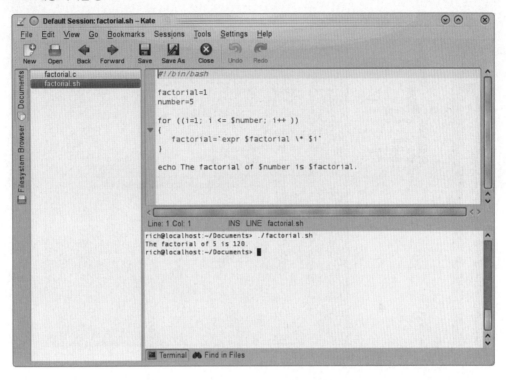

```
Default Session: factorial.sh – Kate

File  Edit  View  Go  Bookmarks  Sessions  Tools  Settings  Help

New   Open   Back   Forward   Save   Save As   Close   Undo   Redo

factorial.c
factorial.sh

#!/bin/bash

factorial=1
number=5

for (( i=1; i <= $number; i++ ))
{
    factorial=`expr $factorial \* $i`
}

echo The factorial of $number is $factorial.


Line: 1 Col: 1       INS  LINE  factorial.sh

rich@localhost:~/Documents> ./factorial.sh
The factorial of 5 is 120.
rich@localhost:~/Documents>

Terminal    Find in Files
```

Kate의 구성 설정을 바꾸려면, 설정 메뉴 아래 Kate 구성(Configure Kate) 항목을 선택한다. [그림 10-12]에 보이는 것처럼 구성(Configure) 대화상자가 나타난다.

편집기(Editor) 설정 부분은 정확히 KWrite와 같다는 것을 알 수 있다. 그 이유는 두 편집기가 같은 텍스트 편집기 엔진을 공유하기 때문이다. 응용 프로그램(Application) 설정 영역은 세션 제어([그림 10-12] 참조), 문서 목록, 파일시스템 브라우저와 같은 Kate 항목의 설정을 구성할 수 있다. Kate는 또한 외부 플러그인 응용 프로그램을 지원하며 여기에서 활성화시킬 수 있다.

10

그림 10-12

Kate 구성 설정 대화상자

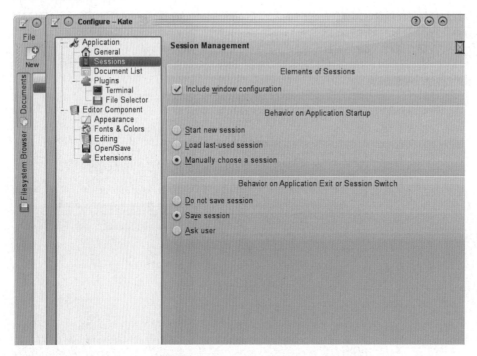

//

GNOME 편집기 살펴보기

//

GNOME나 유니티 데스크톱 환경으로 리눅스 시스템에서 작업할 때에도 사용할 수 있는 그래픽 기반 텍스트 편집기가 있다. gedit 텍스트 편집기는 기본 텍스트 편집기로 재미있는 몇 가지 고급 기능이 추가되어 있다. 이 절에서는 gedit의 기능을 안내하고 쉘 스크립트 프로그래밍을 위해 사용하는 방법을 보여줄 것이다.

gedit 시작하기

대부분의 GNOME 데스크톱 환경은 액세서리 패널 메뉴 항목에 gedit를 포함한다. 유니티 데스크톱 환경인 경우, 대시 ⇨ 검색으로 가서 gedit를 입력한다. 메뉴 시스템으로 gedit를 찾을 수 없다면 GUI 터미널 에뮬레이터의 커맨드라인 프롬프트에서 실행시킬 수 있다.

```
$ gedit factorial.sh myprog.c
```

여러 파일과 함께 gedit를 실행시키면 모든 파일을 별개의 버퍼에 로드하고 [그림 10-13]에서와 같이 각각 메인 편집기 창 안에 탭 창으로 표시한다.

그림 10-13
gedit의 메인 편집기 창

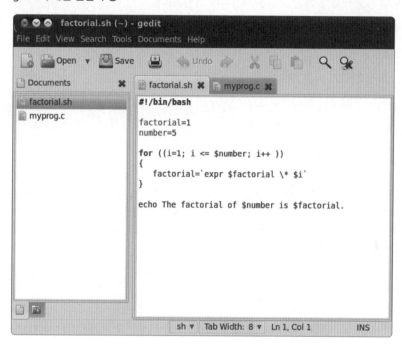

gedit에서 메인 편집기 창의 왼쪽 프레임은 현재 편집 중인 문서를 보여준다. gedit가 시작될 때 왼쪽 프레임을 표시하지 않는다면 〈F9〉 키를 누르거나 보기(View) 메뉴에서 사이드 창(Side Pane)을 활성화할 수 있다.

> **NOTE**
> 다른 데스크톱은 gedit의 메뉴 위치가 이들 그림에 나온 것과는 약간 다를 수 있다. 추가 옵션도 사용할 수 있다. 더 자세한 도움을 얻으려면 배포판의 gedit에서 도움말(Help) 메뉴를 참조하라.

오른쪽은 버퍼 텍스트를 포함한 탭 창을 보여준다. 각 탭 위에 마우스 포인터를 올리면 대화상자가 나타나서 파일의 전체 경로 이름, MIME 타입, 사용하는 인코딩 문자 세트를 보여준다.

10

gedit 기본 기능 이해하기

편집기 창에 더해서 gedit는 기능을 설정하고 설정을 구성할 수 있는 메뉴바 및 도구모음을 함께 사용한다. 도구 모음은 메뉴바 항목을 빠르게 사용할 수 있다. 사용할 수 있는 메뉴바의 항목은 다음과 같다.

- 파일(File) : 새 파일을 만들고 기존 파일을 저장하며 파일 인쇄
- 편집(Edit) : 활성 버퍼 영역의 텍스트를 조작하고 편집기 환경 설정 변경
- 보기(View) : 창에 표시할 편집기 기능을 설정하고 텍스트 강조 모드를 설정
- 검색(Search) : 활성 편집기 버퍼 영역에서 텍스트를 찾고 바꿈
- 도구(Tools) : gedit에 설치된 플러그인 도구를 사용
- 문서(Documents) : 버퍼 영역에 열려있는 파일을 관리
- 도움말(Help) : 전체 gedit 설명서 사용 가능

편집 메뉴를 사용하면 일반적인 잘라내기, 복사 및 붙여넣기 기능은 물론이고 여러 형식으로 텍스트에 날짜와 시간을 입력할 수 있는 깔끔한 기능도 제공된다. 검색 메뉴는 대화상자에서 찾으려는 텍스트를 입력할 수 있는 일반적인 찾기 기능, 찾기 기능이 어떻게 동작할지(대소문자 구분, 전체 단어 일치, 검색 방향) 선택하는 기능도 제공한다. 단어의 글자를 입력할 때 실시간 모드로 텍스트를 찾는 증분 검색 기능도 제공한다.

환경 설정하기

편집 메뉴는 [그림 10-14]에 보는 것과 같이 gedit 설정 대화상자를 띄우는 환경 설정(Preferences) 항목을 포함하고 있다.

여기서 gedit 편집기의 동작을 사용자 정의할 수 있다. 환경 설정 대화상자는 편집기의 기능과 동작을 설정할 수 있는 다섯 개의 탭 영역으로 구성된다.

보기 환경 설정하기

보기 (View) 탭은 gedit가 편집기 창에서 텍스트를 표시하는 방법에 대한 옵션을 제공한다.

- 줄바꿈(Text Wrapping) : 편집기에서 텍스트의 긴 줄을 처리하는 방법을 결정. 줄바꿈을 가능하게(Enabling) 하면 긴 줄을 편집기의 다음 줄로 보냄. 단어를 두 줄로 나누지 않기 (Do Not Split Words Over Two Lines) 옵션을 선택하면 긴 단어를 두 줄에 걸쳐 나누지 않도록 자동으로 하이픈을 넣지 않음
- 줄 번호(Line Numbers) : 편집기 창에서 왼쪽 여백에 줄 번호를 표시
- 현재 줄(Current Line) : 커서 위치를 쉽게 찾을 수 있도록, 현재 커서가 있는 줄을 강조

- 오른쪽 여백(Right Margin) : 오른쪽 여백을 활성화하고 편집기 창에 얼마나 많은 열을 둘지를 설정 가능. 기본값은 80열

- 괄호 일치(Bracket Matching) : 활성화되면 프로그래밍 코드의 괄호쌍이 강조 표시되며 if-then 구문 for 및 while 루프와 괄호를 사용하는 다른 프로그래밍 요소에서 괄호의 짝을 쉽게 맞출 수 있음

행 번호와 괄호 일치 기능은 프로그래머가 코드 문제를 해결하기 위한 환경을 제공하며 텍스트 편집기에서는 쉽게 찾을 수 없는 기능이다.

그림 10-14

GNOME 데스크톱의 gedit 환경 설정 대화상자

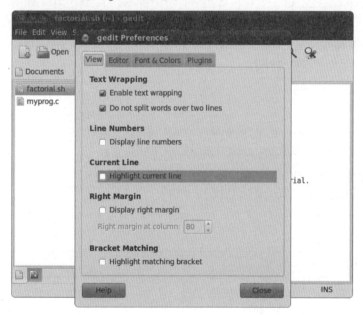

편집기 환경 설정

편집기(Editor) 탭은 gedit 편집기가 탭 및 들여쓰기를 처리하는 방법, 파일이 저장되는 방법에 대한 옵션을 제공한다.

- 탭 간격(Tap Stops) : 〈Tab〉 키를 눌렀을 때 건너뛸 빈 칸의 수를 설정하며 기본값은 8개. 체크박스가 있으며 이를 선택하면 탭은 공간을 건너뛰는 대신 빈 칸을 채움

- 자동 들여쓰기(Automatic Indentation) : 활성화된 경우 gedit가 자동으로 문단이나 코드 요소(if-then 구문과 루프문)에 대해 텍스트를 들여쓰기 함

10

- 파일 저장(File Saving) : 편집창에서 파일을 열었을 백업 복사본을 만들지 여부, 미리 선택된 시간 간격마다 파일을 자동으로 저장할지 여부와 같은 파일을 저장하기 위한 두 가지 기능을 제공

자동 저장 기능은 프로그램 충돌이나 정전과 같은 재난으로부터 변경된 내용을 보호하기 위해서 정기적으로 확실히 파일을 저장하는 좋은 방법이다.

글꼴 및 색상 환경 설정
글꼴 및 색상(Font & Color) 탭을 사용하면 두 항목을 구성할 수 있다.

- 글꼴(Font) : 기본 글꼴을 선택하거나 사용자 정의 글꼴 및 글꼴 크기 선택 가능
- 색 구성(Color Scheme) : 텍스트, 배경, 선택한 텍스트 및 선택 영역에 사용되는 기본 색 구성표를 선택하거나, 각각의 범주에 대해 사용자 정의 색상을 선택 가능

gedit의 기본 색상은 보통 선택한 GNOME 바탕화면 테마와 일치한다. 이러한 색상은 바탕화면에 대해 선택한 색 구성과 일치하도록 변경될 것이다.

플러그인 관리하기
플러그인(Plugins) 탭은 gedit에서 사용되는 플러그인에 대한 제어를 제공한다. 플러그인은 gedit에 추가 기능을 제공하기 위한 별도의 프로그램으로 gedit와 통신할 수 있다.

여러 gedit 플러그인을 사용할 수 있지만 모두 기본으로 설치되는 것은 아니다. [표 10-5]는 현재 GNOME 데스크톱의 gedit에서 사용할 수있는 플러그인을 설명한다.

표 10-5 GNOME 데스크톱의 gedit 플러그인

플러그인	설명
대소문자 변경 (Change Case)	선택한 텍스트의 대소문자를 변경한다
문서 통계 (Document Statistics)	단어, 줄, 문자 및 빈 칸이 아닌 문자의 수를 보고한다
외부 도구 (External Tools)	편집기에서 명령과 스크립트를 실행 할 수 있는 쉘 환경을 제공한다
파일 브라우저 (File Browser Pane)	편집할 파일을 쉽게 선택하기 위한 간단한 파일 브라우저를 제공한다
줄 들여쓰기 (Indent Lines)	선택한 줄들이 들여쓰기가 되거나 되지 않도록 한다
날짜/시간 삽입 (Date/Time Insert)	현재 커서 위치에 여러 가지 형식으로 현재 날짜와 시간을 삽입한다
모드라인 (Modelines)	편집기 창 하단에 emacs 스타일의 메시지 라인을 제공한다

파이썬 콘솔 (Python Console)	편집기 창 하단에 파이썬 언어로 명령을 입력할 수 있는 대화형 콘솔을 제공한다
빠른 열기(Quick Open)	gedit에서 편집 창에서 직접 파일을 연다
상용구(Snippets)	텍스트의 어느 곳에든 쉽게 다시 넣을 수 있도록 자주 쓰이는 짧은 텍스트를 저장한다
정렬 (Sort)	신속하게 전체 파일 또는 선택한 텍스트를 정렬한다
맞춤법 검사 (Spell Checker)	텍스트 파일 맞춤법 검사를 위한 사전을 제공한다
태그 목록(Tag List)	텍스트에 쉽게 입력할 수 있도록 자주 사용되는 문자열 목록을 제공한다

활성화된 플러그인은 이름 옆 체크박스에 체크 표시가 되어 있다. 외부 도구와 같은 일부 플러그인은 활성화하기로 선택한 후 추가 구성 기능을 제공한다. 터미널을 시작하는 바로 가기 키, gedit를 출력을 표시할 곳, 쉘 세션을 시작하는 데 사용할 수 있는 명령을 지정할 수 있다.

모든 플러그인이 gedit 메뉴바에서 같은 위치에 설치되는 것은 아니다. 일부 플러그인(맞춤법 검사 및 외부 도구 플러그인)은 도구 메뉴바 항목에 나타나며 어떤 플러그인(대소문자 변경 및 날짜/시간 삽입 플러그인)은 편집 메뉴바 항목에 표시된다.

이 장에서는 리눅스에서 사용할 수 있는 몇 가지 텍스트 편집기를 다루었다. 여기에서 설명하는 텍스트 편집기가 당신의 요구를 만족시키지 못한다면 다른 선택도 있다. 기니(geany), 이클립스(Eclipse), 제드(jed), 블루피시(Bluefish), 리프패드(leafpad)를 필두로 수많은 리눅스 편집기가 있다. 이들 편집기 모두 쉘 스크립트를 시작할 때 도움이 될 수 있다.

///////////
요약
///////////

쉘 스크립트를 만들 때에는 리눅스 환경에서 여러 인기 있는 텍스트 편집기를 사용할 수 있다. 유닉스 세계에서 가장 있기 있는 편집기인 vi는 리눅스 세계에 vim 편집기로 이식되었다. vim 편집기는 가장 기본적인 전체 화면 그래픽 모드를 사용해서 콘솔에서 간단한 텍스트 편집 기능을 제공한다. vim 편집기는 텍스트 검색 및 바꾸기를 비롯한 고급 편집 기능이 많다.

유닉스 세계에서 리눅스로 포팅된 또 다른 편집기는 nano 텍스트 편집기다. vim 편집기는 다소 복잡할 수 있지만 nano 편집기는 단순성을 제공한다. nano 편집기는 콘솔 모드에서 빠르게 텍스트를 편집할 수 있다.

유닉스 편집기인 emacs 역시 리눅스 세계로 발을 들였다. emacs의 리눅스 버전은 콘솔 및 그래픽 모드를 모두 포함하면서 이전의 세계와 새로운 세계 사이에 다리를 놓았다. emacs 편집기를 사용하면 동시에 여러 파일을 편집할 수 있도록 여러 개의 버퍼 영역을 제공한다.

KDE 프로젝트는 KDE 데스크톱에서 사용하기 위한 두 개의 편집기를 만든다. KWrite 편집기는 기

10

본 텍스트 편집 기능과 함께 프로그래밍 코드 강조 표시, 줄 번호, 코드 폴딩과 같은 몇 가지 고급 기능을 제공하는 간단한 편집기다. Kate 편집기는 프로그래머를 위한 고급 기능을 제공한다. Kate 의 멋진 기능 중 하나는 내장된 터미널 창이다. 별도의 터미널 에뮬레이터 창을 열 필요 없이 Kate 편집기에서 직접 커맨드라인 인터페이스 세션을 열 수 있다. Kate 편집기는 열린 파일에 각각 대해 별도의 제공함으로써 여러 개의 파일을 열 수 있다.

GNOME 프로젝트 또한 프로그래머를 위한 간단한 텍스트 편집기를 제공한다. gedit 편집기는 코드 구문 강조 및 줄 번호와 같은 몇 가지 고급 기능을 제공하는 기본 텍스트 편집기지만 기본 뼈대만 제공하는 편집기가 되도록 설계되었다. gedit 편집기의 기능을 확대시키기 위해 개발자들은 gedit에서 사용할 수 있는 기능을 확장하는 플러그인을 만들었다. 현재 플러그인은 맞춤법 검사기, 터미널 에뮬레이터 및 파일 브라우저를 포함하고 있다.

이제 리눅스 커맨드라인으로 작업하기 위한 배경 지식을 제공하는 부분을 마무리한다. 이 책의 다음 장에서는 쉘 스크립트의 세계로 들어간다. 다음 장에서는 쉘 스크립트 파일을 만드는 방법과 리눅스 시스템에서 실행하는 방법을 보여주는 것으로 시작한다. 여러 명령을 하나의 스크립트에 묶어서 실행할 수 있는 간단한 프로그램을 만들 수 있는 쉘 스크립트의 기본을 보여줄 것이다.

제2부

쉘 스크립트 기초

스크립트 구축의 기초

이 장의 내용

지금까지 리눅스 시스템과 커맨드라인의 기초를 다루었다. 이제 코딩을 시작할 시간이다. 이 장에서는 쉘 스크립트 작성에 관한 기본을 설명한다. 멋진 쉘 스크립트를 만들기 위해서는 여기서 설명할 기본 개념을 알고 있어야 한다.

여러 명령 사용하기

지금까지는 명령을 입력하고 그 명령의 결과를 볼 수 있는 쉘의 커맨드라인 인터페이스(CLI) 프롬프트를 사용하는 방법을 배웠다. 쉘 스크립트의 핵심은 여러 명령을 입력하고 각 명령을 처리할 수 있으며, 더 나아가 한 명령의 결과를 다른 명령으로 전달할 수도 있다는 데에 있다. 쉘은 한 번에 여러 개의 명령을 순서대로 수행할 수 있다.

두 개의 명령을 함께 실행하고 싶다면 같은 프롬프트 라인에 세미콜론 (;)으로 둘을 구분하여 입력할 수 있다.

```
$ date ; who
Mon Feb 21 15:36:09 EST 2014
Christine tty2         2014-02-21 15:26
Samantha tty3          2014-02-21 15:26
Timothy  tty1          2014-02-21 15:26
```

```
user      tty7            2014-02-19 14:03 (:0)
user      pts/0           2014-02-21 15:21 (:0.0)

$
```

축하한다. 당신은 방금 쉘 스크립트를 작성했다! 이 간단한 스크립트는 두 개의 bash 쉘 명령을 사용했다. 먼저 실행된 date 명령은 현재 날짜와 시간을 표시했고, 그 다음 who 명령은 현재 시스템에 로그인한 사람들을 보여주었다. 이러한 기술을 사용하면 원하는 만큼 많은 명령을 한꺼번에 실행시킬 수 있으며 한 줄에 입력할 수 있는 명령의 한계는 최대 255 글자다.

짧은 스크립트라면 괜찮지만 여기에는 커다란 단점이 있다. 이 명령들을 실행할 때마다 커맨드 프롬프트에 전체 명령을 입력해야 한다. 매번 커맨드라인에 직접 명령을 입력하는 대신 이러한 명령들을 간단한 텍스트 파일에 넣어둘 수 있다. 명령을 실행해야하는 경우에는 텍스트 파일을 실행하면 된다.

스크립트 파일 만들기

텍스트 파일에 쉘 명령을 저장하려면 먼저 파일을 만들 텍스트 편집기(제10장 참조)를 사용해서 파일을 만들고 파일에 명령을 입력해야 한다.

쉘 스크립트 파일을 만들 때에는 파일의 첫 번째 줄에 사용하고 있는 쉘을 지정해야 한다. 그 형식은 다음과 같다.

```
#!/bin/bash
```

보통의 쉘 스크립트 라인에서 샵(#)은 주석 줄로 사용된다. 쉘 스크립트에서 주석 줄은 쉘이 처리하지 않는다. 쉘 스크립트 파일의 첫 번째 줄은 특별한 경우로, 샵 기호 다음에 느낌표를 쓰면 쉘에게 이 스크립트가 어떤 쉘에서 실행되는지를 알려준다(그러니까 bash 쉘을 사용하고 있으면서 다른 쉘로 스크립트를 실행시킬 수도 있다).

쉘을 표시한 후 파일의 각 줄에 명령을 입력하고 줄바꿈을 한다. 언급한 바와 같이 샵 기호를 쓰면 주석을 붙일 수 있다. 그러한 예는 다음과 같다.

```
#!/bin/bash
# This script displays the date and who's logged on
date
who
```

이게 전부다. 세미콜론을 사용해서 두 명령을 한 줄에 쓸 수도 있지만 쉘 스크립트에서는 별개의 줄에 하나씩 써도 된다. 쉘은 파일에 나타나는 순서대로 명령을 처리한다.

샵 기호로 시작하고 주석을 덧붙인 줄이 포함되어 있는 것도 볼 수 있다. 샵 기호로 시작되는 줄은 (첫 줄의 #! 말고는) 쉘이 해석하지 않는다. 이는 스크립트에서 무슨 일이 일어나고 있는지 메모를 남길 수 있는 좋은 방법이다. 2년 뒤에 다시 이 스크립트를 볼 때 무엇을 작성한 것인지 쉽게 기억할 수 있을 것이다.

test1이라는 파일에 스크립트를 저장했다면 이제 거의 준비가 되었다. 하지만 새로운 쉘 스크립트 파일을 실행하기 전에 몇 가지 할 일이 있다.

지금 파일을 실행하려고 하면 아래 결과를 보고 조금 실망할 것이다.

```
$ test1
bash: test1: command not found
$
```

첫 번째 장애물은 bash 쉘이 스크립트 파일을 인식할 수 있도록 하는 것이다. 제6장을 기억하는가? 쉘은 명령을 찾기 위해 PATH라는 환경변수를 사용한다. PATH 환경변수를 살펴보면 무엇이 문제인지 알 수 있다.

```
$ echo $PATH
/usr/kerberos/sbin:/usr/kerberos/bin:/usr/local/bin:/usr/bin
:/bin:/usr/local/sbin:/usr/sbin:/sbin:/home/user/bin $
```

PATH 환경변수는 명령을 찾는 디렉토리를 몇 개만 설정해 놓았다. 쉘이 test1 스크립트를 찾을 수 있게 하려면 아래 두 가지 중 한 가지를 해야 한다.

- PATH 환경 변수에 쉘 스크립트 파일이 있는 디렉토리를 추가하기
- 프롬프트에서 쉘 스크립트 파일을 참조하는 절대 또는 상대 파일 경로를 사용하기

TIP

일부 리눅스 배포판은 PATH 환경변수에 $HOME/bin 디렉토리를 추가한다. 이렇게 되어 있다면 모든 사용자의 HOME 디렉토리에 쉘 스크립트 파일을 찾아서 실행시킬 수 있는 공간을 만들어 놓게 된다.

이 예에서는 스크립트 파일이 있는 위치를 정확하게 쉘에게 알려주는 두 번째 방법을 사용할 것이다. 쉘에서 점 한 개 기호를 써서 현재 디렉토리에 있는 파일을 참조할 수 있다는 것을 염두에 두자.

```
$ ./test1
bash: ./test1: Permission denied
$
```

쉘은 쉘 스크립트 파일을 잘 찾았지만, 또 다른 문제가 있다. 쉘이 파일을 실행할 수 있는 권한이 없는 것으로 나온다. 도대체 왜 이러는 건지 알려면 파일 권한을 잠간 살펴봐야 한다.

```
$ ls -l test1
-rw-rw-r--    1 user      user              73 Sep 24 19:56 test1
$
```

새로운 test1 파일이 만들어질 때 umask 값이 새로운 파일에 대한 기본 권한을 결정한다. umask 설정값이 002로 되어 있기 때문에(제7장 참조) 우분투 시스템은 파일의 소유자 및 그룹에게 읽기/쓰기 권한만 주고 파일을 만들었다.

다음 단계는 chmod 명령을 사용하여 파일 소유자에게 실행 권한을 제공하는 것이다(제7장 참조).

```
$ chmod u+x test1
$ ./test1
Mon Feb 21 15:38:19 EST 2014
Christine tty2         2014-02-21 15:26
Samantha tty3         2014-02-21 15:26
Timothy   tty1         2014-02-21 15:26
user      tty7         2014-02-19 14:03 (:0)
user      pts/0        2014-02-21 15:21 (:0.0) $
```

성공이다! 이제 쉘 스크립트 파일을 실행할 수 있도록 잘 설정되었다!

메시지 표시하기

대부분의 쉘 명령은 스크립트가 실행될 때 콘솔 모니터에 나름대로의 출력을 표시한다. 하지만 스크립트 사용자가 스크립트 안에서 무슨 일이 일어나고 있는지 알 수 있도록 별도의 문자 메시지를 추가하고 싶을 때가 자주 있을 것이다. echo 명령을 사용하면 이러한 일을 할 수 있다. echo 명령 뒤에 문자열을 추가하면 간단한 텍스트 문자열을 표시할 수 있다.

```
$ echo This is a test
This is a test
$
```

표시하고자 하는 문자열을 나타내기 위해 따옴표를 따로 사용하지 않아도 된다는 점을 기억하자. 문자열 안에서 따옴표를 사용하면 가끔 이상한 결과가 나온다.

```
$ echo Let's see if this'll work
Lets see if thisll work
$
```

echo 명령은 텍스트 문자열을 묶기 위해서 홑따옴표 또는 겹따옴표를 쓴다. 문자열 안에서 따옴표를 사용하면 텍스트 안에서 한 가지 유형의 따옴표를 사용한 다음 문자열을 묶을 때에는 다른 유형의 따옴표를 써야 한다.

```
$ echo "This is a test to see if you're paying attention"
This is a test to see if you're paying attention
$ echo 'Rich says "scripting is easy".'
Rich says "scripting is easy".
$
```

이제 모든 따옴표가 출력에서 제대로 나타난다.

추가로 정보를 표시할 필요가 있을 때에는 쉘 스크립트의 아무 곳에나 echo 문을 추가할 수 있다.

```
$ cat test1
#!/bin/bash
# This script displays the date and who's logged on
echo  The time and date are:
date
echo "Let's see who's logged into the system:"
who
$
```

이 스크립트를 실행하면 다음과 같은 출력을 보여준다.

```
$ ./test1
The time and date are:
Mon Feb 21 15:41:13 EST 2014
Let's see who's logged into the system:
Christine tty2         2014-02-21 15:26
Samantha tty3          2014-02-21 15:26
Timothy  tty1          2014-02-21 15:26
user     tty7          2014-02-19 14:03 (:0)
user     pts/0         2014-02-21 15:21 (:0.0)
$
```

좋다. 하지만 명령의 출력과 같은 줄에 텍스트 문자열을 표시하고 싶다면 어떻게 해야 할까? echo에 -n 매개변수를 사용하면 된다. 첫 번째 echo 문 줄을 다음과 같이 바꾸면 된다.

```
echo -n "The time and date are: "
```

표시될 문자열의 끝에 빈 칸이 있다는 것을 확실히 하기 위해 문자열 주위에 따옴표를 사용했다. 이 문자열 출력이 끝난 바로 그 지점에서 다음 명령이 출력을 시작할 것이다. 결과는 다음과 같다.

```
$ ./test1
The time and date are: Mon Feb 21 15:42:23 EST 2014
Let's see who's logged into the system:
Christine tty2          2014-02-21 15:26
Samantha tty3         2014-02-21 15:26
Timothy  tty1         2014-02-21 15:26
user     tty7         2014-02-19 14:03 (:0)
user     pts/0        2014-02-21 15:21 (:0.0)
$
```

완벽하다! echo 명령은 사용자와 상호작용하는 쉘 스크립트의 중요한 부분이다. 특히 스크립트 변수의 값을 표시하고자 할 때 이 명령을 자주 사용하게 될 것이다. 이제 다음으로 넘어가자.

변수 사용하기

쉘 스크립트에서 개별 명령을 실행하는 것만으로도 쓸모는 있지만 한계가 있다. 종종 정보를 처리하기 위해 쉘 명령에 다른 데이터를 넣고 싶을 때가 있을 것이다. 변수를 사용하면 이런 작업을 할 수 있다. 변수는 쉘 스크립트 안에서 임시로 정보를 저장했다가 스크립트 안의 다른 명령에서 활용할 수 있다. 이 절에서는 쉘 스크립트에서 변수를 사용하는 방법을 설명한다.

환경 변수

우리는 이미 실제로 활용되는 리눅스 변수의 한 가지 유형을 보았다. 제6장에서는 리눅스 시스템에서 사용할 수 있는 환경 변수를 설명했다. 쉘 스크립트에서도 이 값을 사용할 수 있다.

쉘은 시스템의 이름, 시스템에 로그인한 사용자의 이름, 사용자의 시스템 ID(UID), 사용자의 기본 홈 디렉토리 및 쉘이 프로그램을 찾기 위한 검색 경로와 같은 특정한 시스템 정보를 추적하기 위해 환경 변수를 유지한다. set 명령을 사용하면 사용할 수 있는 환경 변수의 전체 목록을 표시할 수 있다.

```
$ set
BASH=/bin/bash
[...]
HOME=/home/Samantha
HOSTNAME=localhost.localdomain
HOSTTYPE=i386
IFS=$' \t\n'
IMSETTINGS_INTEGRATE_DESKTOP=yes
IMSETTINGS_MODULE=none
```

```
LANG=en_US.utf8
LESSOPEN='|/usr/bin/lesspipe.sh %s'
LINES=24
LOGNAME=Samantha
[...]
```

환경 변수의 이름 앞에 달러 기호를 사용하면 스크립트 안에서 환경 변수를 활용할 수 있다. 다음 스크립트에서 이러한 예를 보여 준다.

```
$ cat test2
#!/bin/bash
# display user information from the system.
echo "User info for userid: $USER"
echo UID: $UID
echo HOME: $HOME
$
```

$USER, $UID, 및 $HOME 환경변수는 로그인한 사용자에 관한 정보를 표시하는 데 사용된다. 결과는 다음과 같이 출력될 것이다.

```
$chmod u+x test2
$ ./test2
User info for userid: Samantha
UID: 1001
HOME: /home/Samantha
$
```

스크립트가 실행될 때 echo 명령이 환경 변수의 현재 값으로 대체되는 것을 알 수 있다. 첫 번째 문자열의 큰 따옴표 안에 $USER 시스템 변수를 배치할 수 있고, 쉘 스크립트는 이것이 무엇을 의미하는지를 잘 이해하고 있는 것도 볼 수 있다. 하지만 이 방법에는 단점이 있다. 다음 예에서 어떤 일이 일어나는지 보자.

```
$ echo "The cost of the item is $15"
The cost of the item is 5
```

뜻하는 바가 무엇인지 불분명하다. 스크립트는 따옴표 안에서 달러 기호를 볼 때마다 변수를 참조하고 있다고 가정한다. 이 예에서, 스크립트는 변수 $1(정의되지 않았다)을 표시한 다음 숫자 5를 표시하려고 했다. 실제 달러 기호를 표시하려면 백슬래시 문자를 앞에 두어야 한다.

```
$ echo "The cost of the item is \$15"
The cost of the item is $15
```

이제 제대로 나온다. 쉘 스크립트는 백슬래시 덕택에 변수 달러 기호를 변수가 아닌 실제 달러 기호로 해석할 수 있었다. 다음 절에서는 스크립트에서 자체 변수를 만드는 방법을 보여준다.

> **NOTE**
> $(변수) 형식으로도 변수를 참조할 수 있다. 변수 이름 주위에 둘러쳐진 중괄호는 종종 달러 기호로부터 변수 이름을 구별하는 데 사용된다.

사용자 변수

환경 변수 말고도 쉘 스크립트는 스크립트 안에 자체 변수를 설정하고 사용할 수 있다. 변수를 설정하면 데이터를 임시로 저장하고 스크립트 안에서 사용할 수 있으며, 이는 쉘 스크립트를 좀 더 실제 컴퓨터 프로그램과 같이 만드는 데 도움이 된다.

사용자 변수는 최대 20 글자로 숫자 또는 밑줄로 이루어진 텍스트 문자열이 될 수 있다. 사용자 변수는 대소문자를 구분하므로 변수 Var1과 var1은 다르다. 이 사소한 규칙은 종종 초보자 스크립트 프로그래머를 난처하게 만든다.

값은 등호를 사용하여 사용자 변수에 할당된다. 변수, 등호, 값 사이에는 빈 칸을 둘 수 없다(초보자에게는 이 역시 문제가 된다). 다음은 사용자 변수에 값을 할당하는 몇 가지 예다.

```
var1=10
var2=-57
var3=testing
var4="still more testing"
```

쉘 스크립트는 변수 값을 사용하는 데이터 유형을 자동으로 결정한다. 쉘 스크립트 안에서 정의된 변수는 쉘 스크립트의 수명이 다할 때까지 그 값을 유지하지만 쉘 스크립트가 완료될 때에는 지워진다.

시스템 변수와 마찬가지로 사용자 변수도 달러 기호를 사용하여 참조할 수 있다.

```
$ cat test3
#!/bin/bash
# testing variables
days=10
guest="Katie"
echo "$guest checked in $days days ago"
days=5
guest="Jessica"
echo "$guest checked in $days days ago"
$
```

스크립트를 실행하면 다음과 같은 출력 결과가 나온다.

```
$ chmod u+x test3
$ ./test3
Katie checked in 10 days ago
Jessica checked in 5 days ago
$
```

변수를 언급할 때마다 현재 할당된 값을 돌려준다. 이 변수값을 참조할 때에는 달러 기호를 사용하는 것을 잊지 않는 것이 중요하지만, 값이 할당되는 변수에는 달러 기호를 사용해서는 안 된다. 이 이야기가 무슨 뜻인지 다음 예에서 보여준다.

```
$ cat test4
#!/bin/bash
# assigning a variable value to another variable

value1=10
value2=$value1
echo The resulting value is $value2
$
```

할당 구문에서 variable1 변수의 값을 사용할 때에는 달러 기호를 그대로 써야 한다. 이 코드는 다음과 같은 출력 결과를 만들어 낸다.

```
$ chmod u+x test4
$ ./test4
The resulting value is 10
$
```

달러 기호를 빠뜨리고 value2에 할당한 스크립트는 다음과 같을 것이다.

```
value2=value1
```

그리고 결과는 이렇다.

```
$ ./test4
The resulting value is value1
$
```

달러 기호가 없으면 쉘은 변수 이름을 보통의 텍스트 문자열로 해석한다. 아마도 원치 않은 결과가 나올 것이다.

309

명령 치환하기

쉘 스크립트의 가장 유용한 기능 중 하나는 명령의 출력으로부터 정보를 추출하고 이를 변수에 할당할 수 있는 기능이다. 출력을 변수에 할당한 후 스크립트 어디서든 그 값을 사용할 수 있다. 스크립트에서 데이터를 처리할 때에 이 기능은 특히 쓸모가 많다.

명령의 출력을 변수에 지정하는 방법에는 두 가지가 있다.

- 역따옴표 문자(`)

- $() 형식

역따옴표 문자에 주의하라. 문자열을 사용하는 데 사용되는 일반적인 홑따옴표 문자가 아니다. 쉘 스크립트가 아니면 사용되는 일이 별로 없기 때문에 키보드 어디에 이 문자가 있는지 모를 수도 있다. 하지만 많은 쉘 스크립트에서는 중요한 구성요소이기 때문에 잘 알고 있어야 한다. 영문 키보드에서는 보통 물결표(~)와 같은 키에 있다.

명령 치환으로 쉘 명령의 결과를 변수에 할당할 수 있다. 별로 그렇게 보이지는 않겠지만 이 기능은 스크립트 프로그래밍에서 중요한 부분을 차지한다.

커맨드라인 명령 전체를 다음과 같이 역따옴표 문자로 묶거나,

```
testing='date'
```

또는 $() 형식을 사용한다.

```
testing=$(date)
```

쉘은 명령 치환 구문 안에 있는 명령을 실행하고 변수에 test에 출력 결과를 저장한다. 할당 등호와 명령 치환 구문 사이에 빈 칸이 없는지 확인하자. 다음은 보통의 쉘 명령으로부터 출력을 받아서 변수를 만드는 예다.

```
$ cat test5
#!/bin/bash
testing=$(date)
echo "The date and time are: " $testing
$
```

변수 test는 date 명령의 출력을 받고 echo 문에서 이를 표시한다. 쉘 스크립트를 실행하면 다음과 같은 결과를 보여준다.

```
$ chmod u+x test5
$ ./test5
The date and time are:  Mon Jan 31 20:23:25 EDT 2014
$
```

별 신기한 건 없다(echo 문에 바로 명령을 넣는 것만큼이나 간단하다). 하지만 명령 출력을 변수에 저장해 놓으면 이 데이터로 뭐든 할 수 있다.

명령 치환의 인기 있는 사용 예를 보자. 날짜를 저장하고 스크립트에 고유한 파일 이름을 만든다.

```
#!/bin/bash
# copy the /usr/bin directory listing to a log file
today=$(date +%y%m%d)
ls /usr/bin -al > log.$today
```

today 변수는 date 명령의 형식화된 출력을 보관한다. 이는 로그 파일 이름으로부터 날짜 정보를 추출할 때 널리 사용되는 기법이다. +%y%m%d 형식은 두 자리 수의 년, 월, 일 로 날짜의 형식을 지시한다.

```
$ date +%y%m%d
140131
$
```

스크립트는 변수에 파일명 이름의 일부로서 사용할 값을 할당한다. 파일 자체는 디렉토리 목록을 리다이렉트("입력과 출력 리다이렉트 하기" 절에서 설명)한 내용을 담고 있다. 스크립트를 실행하면 디렉토리에 새로운 파일이 생긴 것을 볼 수 있다.

```
-rw-r--r--   1 user    user         769 Jan 31 10:15 log.140131
```

디렉토리에 나타난 로그 파일은 $today 변수의 값을 파일 이름의 일부로 사용하고 있다. 로그 파일의 내용은 /usr/bin 디렉토리의 목록이다. 다음 날 이 스크립트를 실행시키면 새로운 날을 위한 새로운 파일이 만들어지며 로그 파일 이름은 log.140201이 된다.

> **NOTE**
>
> 명령 치환은 포함된 명령을 실행시키기 위해 서브쉘을 만든다. 서브쉘은 스크립트를 실행 중인 쉘에서 만들어진 별도의 자식 쉘이다. 따라서 스크립트에서 만든 모든 변수는 서브쉘 명령에 사용할 수 없다.
> ./ 경로를 사용하여 명령 프롬프트에서 명령을 실행할 때에도 서브쉘이 만들어지지만, 경로 없이 명령을 실행한 경우에는 만들어지지 않는다. 그러나 내장된 쉘 명령을 사용하는 경우에는 서브쉘이 만들어지지 않는다. 명령 프롬프트에서 스크립트를 실행하는 경우에는 주의하자!

입력과 출력 리다이렉트하기

때로는 모니터에 표시되는 명령의 출력을 저장할 필요가 있을 것이다. bash 쉘은 명령의 출력을 다른 위치에(파일과 같은) 리다이렉트할 수 있도록 몇 가지 연산자를 제공한다. 리다이렉트는 출력은 물론 입력에도 사용될 수 있으며 파일을 명령에 입력시킬 수 있다. 이 절에서는 셸 스크립트에서 리다이렉트를 사용하려면 어떻게 해야 하는지 설명한다.

출력 리다이렉트하기

리다이렉트의 가장 기본적인 형태는 파일 명령의 출력을 전송한다. bash 셸은 이를 위해 > 부등호 기호를 사용한다.

```
command > outputfile
```

출력 파일에 저장되는 모니터에 표시할 수 있는 모든 명령의 출력은 지정된 파일에 대신 저장된다.

```
$ date > test6
$ ls -l test6
-rw-r--r--    1 user      user               29 Feb 10 17:56 test6
$ cat test6
Thu Feb 10 17:56:58 EDT 2014
$
```

리다이렉트 연산자는 파일 test6을 만들고(umask를 설정하여) date 명령의 출력을 test5 파일에 저장했다. 출력 파일이 이미 존재하면 리다이렉트 연산자는 기존의 파일을 새로운 파일 데이터로 덮어쓴다.

```
$ who > test6
$ cat test6
user      pts/0     Feb 10 17:55
$
```

이제 test6 파일의 내용은 who 명령의 출력을 포함한다.

시스템의 활동을 문서화하는 로그 파일을 만들 때처럼, 가끔은 파일의 내용을 덮어쓰는 대신 기존 파일에 명령의 출력을 덧붙일 필요가 있을 것이다. 이럴 때에는 부등호를 두 번 써서 (>>) 데이터를 덧붙일 수 있다.

```
$ date >> test6
$ cat test6
user      pts/0     Feb 10 17:55
Thu Feb 10 18:02:14 EDT 2014
$
```

test6 파일은 이전에 처리했던 who 명령의 원본 데이터를 포함하고 있다. 이제는 date 명령의 새로운 출력도 포함되어 있다.

입력 리다이렉트하기

입력 리다이렉트는 출력 리다이렉트의 반대다. 명령의 출력을 받아서 파일로 재전송하는 대신 입력 리다이렉트 파일은 파일의 내용을 받아서 명령으로 보낸다.

입력 리다이렉트 기호는 〈 부등호다.

```
command < inputfile
```

기억하기 쉬운 방법은 명령이 언제나 커맨드라인의 처음에 나온다는 것이고, 리다이렉트 기호는 부등호가 아니라 데이터가 흐르는 방향을 '가리키는' 기호다. 〈 기호는 데이터가 입력 파일로부터 명령으로 흐르는 것을 나타낸다.

wc 명령에 입력 리다이렉트를 사용하는 예는 다음과 같다.

```
$ wc < test6
      2      11       60
$
```

WC 명령은 데이터의 텍스트 양을 계산한다. 기본적으로 세 가지 값을 만들어낸다.

- 텍스트의 줄 수
- 텍스트의 단어 수
- 텍스트의 바이트 수

wc 명령에 텍스트 파일을 리다이렉트하면 파일의 줄, 단어 및 바이트 수를 빠르게 계산할 수 있다. 위 예에서는 test6 파일에 2줄, 11 단어, 60 바이트의 텍스트가 있음을 보여준다.

입력을 리다이렉트하는 또 다른 방법은 인라인 입력 리다이렉트라고 한다. 이 방법을 사용하면 파일 대신 커맨드라인으로 입력 리다이렉트를 할 데이터를 지정할 수 있다. 처음에는 다소 이상하게 보일 수 있지만 이러한 작업에 사용할 수 있는 몇몇 애플리케이션이 있다(예를 들어 '계산 수행하기' 절에 있는 애플리케이션들).

인라인 입력 리다이렉트 기호는 부등호를 두 번 쓴다. (《《) 이 기호 이외에도 입력에 쓸 데이터의 시작과 끝을 지정하는 텍스트 마커를 정해야 한다. 사용자는 텍스트 마커로 어떤 문자열 값이든 사용할 수 있으나 데이터 시작 및 데이터의 끝이 똑같아야 한다.

```
command << marker
data
marker
```

커맨드라인에서 인라인 리다이렉트를 사용하면 데이터를 위한 쉘은 PS 환경변수에 정의된 (제6장 참조) 보조 프롬프트를 사용해서 데이터를 입력하라고 요구한다. 이 기능을 사용할 경우 다음과 같이 보일 것이다.

```
$ wc << EOF
> test string 1
> test string 2
> test string 3
> EOF
      3        9       42
$
```

보조 프롬프트는 텍스트 마커로 쓰이는 문자열 값을 입력할 때까지 계속해서 데이터를 더 요구한다. wc 명령은 인라인 입력 리다이렉트로 제공되는 데이터의 줄, 단어, 바이트 수를 계산한다.

파이프

때로는 어떤 명령의 출력을 다른 명령의 입력으로 보낼 필요가 있다. 리다이렉트로도 할 수 있지만 이 방법은 좀 말끔하지 못할 때가 있다.

```
$ rpm -qa > rpm.list
$ sort < rpm.list
abrt-1.1.14-1.fc14.i686
abrt-addon-ccpp-1.1.14-1.fc14.i686
abrt-addon-kerneloops-1.1.14-1.fc14.i686
abrt-addon-python-1.1.14-1.fc14.i686
abrt-desktop-1.1.14-1.fc14.i686
abrt-gui-1.1.14-1.fc14.i686
abrt-libs-1.1.14-1.fc14.i686
abrt-plugin-bugzilla-1.1.14-1.fc14.i686
abrt-plugin-logger-1.1.14-1.fc14.i686
abrt-plugin-runapp-1.1.14-1.fc14.i686
acl-2.2.49-8.fc14.i686

[...]
```

위에 나온 바와 같이 rpm 명령은 레드햇 패키지 관리 시스템(RPM)을 사용하여 시스템에 설치된 소프트웨어 패키지를 관리한다. -qa 매개변수와 함께 사용하면 존재하는 패키지 목록을 만들어 내지만 어떤 특정한 순서로 출력되지는 않는다. 특정 패키지 또는 패키지 그룹을 찾고 있다면 rpm 명령의 출력을 이용하여 찾기는 어려울 수 있다.

표준 출력 리다이렉트를 사용하여 출력을 rpm 명령에서 rpm.list 파일로 리다이렉트했다. 명령이 완료되면 rpm.list 파일은 시스템에 설치된 모든 소프트웨어 패키지 목록을 포함한다. 그 다음 패키지 이름을 알파벳순 정렬하기 위해 rpm.list 파일의 내용을 입력 리다이렉트로 sort 명령에 보냈다.

이 방법은 유용하지만 정보를 뽑아내는 데에는 좀 거칠다. 명령의 출력을 파일에 리다이렉트하는 대신 출력을 다른 명령으로 리다이렉트할 수도 있다. 이 과정을 파이프라고 한다.

명령 치환을 할 때 역따옴를 썼던 것처럼, 파이프를 위한 기호도 쉘 스크립트 말고는 자주 사용되지 않는다. 이 기호는 두 개의 수직선이 위아래에 놓여 있는 것이다. 하지만 파이프 기호는 종종 인쇄 결과에서는 하나의 수직선처럼 보인다. (|) 영문 키보드에서는 보통 백슬래시(\)와 같은 키에 있다. 명령 사이에 파이프를 놓으면 한 명령의 출력이 다른 명령으로 간다.

```
command1 | command2
```

파이프를 두 개의 명령을 연속으로 실행하는 것이라고 생각하지는 말라. 리눅스 시스템은 실제로는 시스템에서 내부적으로 이 두 명령을 결합하고 동시에 실행시킨다. 첫 번째 명령은 출력을 생성하고 두 번째 명령에 즉시 전송된다. 데이터를 전송하는데 어떠한 중간파일 또는 버퍼 영역도 사용되지 않는다.

이제 rpm 명령의 출력을 곧바로 sort 명령으로 파이프해서 보내면 손쉽게 다음과 같은 결과를 얻을 수 있다.

```
$ rpm -qa | sort
abrt-1.1.14-1.fc14.i686
abrt-addon-ccpp-1.1.14-1.fc14.i686
abrt-addon-kerneloops-1.1.14-1.fc14.i686
abrt-addon-python-1.1.14-1.fc14.i686
abrt-desktop-1.1.14-1.fc14.i686
abrt-gui-1.1.14-1.fc14.i686
abrt-libs-1.1.14-1.fc14.i686
abrt-plugin-bugzilla-1.1.14-1.fc14.i686
abrt-plugin-logger-1.1.14-1.fc14.i686
abrt-plugin-runapp-1.1.14-1.fc14.i686
acl-2.2.49-8.fc14.i686

[...]
```

엄청난 속독을 할 수 있는 능력이 있지 않은 한은 이 명령이 쏟아내는 출력 결과를 모두 따라 읽을 수는 없을 것이다. 파이프 기능은 실시간으로 동작하기 때문에 rpm 명령이 데이터를 만들어내자마자 sort 명리이 바쁘게 이를 정렬한다. rpm 명령 데이터를 출력하는 완료할 때쯤이면 sort 명령은 이미 정렬한 데이터를 모니터에 표시하기 시작한다.

명령에 사용할 수 있는 파이프의 개수에는 제한이 없다. 명령의 출력을 다듬을 목적으로 파이프를 계속 놓아서 다른 명령으로 보낼 수 있다.

앞의 예에서 sort 명령의 출력이 너무 빠르게 흘러가기 때문에 텍스트를 페이지 단위로 끊어서 보여주는 명령(less 또는 more)으로 한 화면분의 데이터가 나올 때마다 강제로 멈출 수 있다.

```
$ rpm -qa | sort | more
```

이러한 명령 시퀀스는 rpm 명령을 실행시킨 다음, 결과를 sort 명령에 파이프하고, 다시 데이터를
출력할 때 more 명령으로 파이프함으로써 정보가 한 화면분 만큼 출력될 때마다 출력을 멈추게 한
다. 이제는 [그림 11-1]에 나온 것처럼 출력을 일시 중지시키고 무엇이 출력되었는지 읽은 다음에
계속할 수 있다.

그림 11-1

파이프로 more 명령에 데이터 보내기

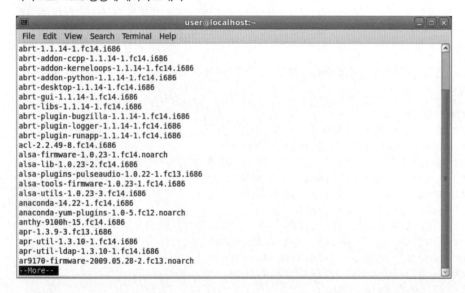

더욱 멋진 결과를 보려면 출력을 파일에 저장하기 위해 리다이렉트와 파이프를 함께 활용할 수도
있다.

```
$ rpm -qa | sort > rpm.list
$ more rpm.list
abrt-1.1.14-1.fc14.i686
abrt-addon-ccpp-1.1.14-1.fc14.i686
abrt-addon-kerneloops-1.1.14-1.fc14.i686
abrt-addon-python-1.1.14-1.fc14.i686
abrt-desktop-1.1.14-1.fc14.i686
abrt-gui-1.1.14-1.fc14.i686
abrt-libs-1.1.14-1.fc14.i686
abrt-plugin-bugzilla-1.1.14-1.fc14.i686
abrt-plugin-logger-1.1.14-1.fc14.i686
```

```
abrt-plugin-runapp-1.1.14-1.fc14.i686
acl-2.2.49-8.fc14.i686
[...]
```

예상대로, rpm.list 파일의 데이터는 이제 정렬되어 있다!

지금까지 파이프의 가장 인기 있는 쓰임새 중 하나는 명령의 결과에 파이프를 놓아서 긴 출력을 more 명령으로 보내는 것이다. [그림 11-2]에 나온 바와 같이 ls 명령에서 특히 널리 쓰인다.

그림 11-2

ls 명령과 함께 more 명령 사용하기

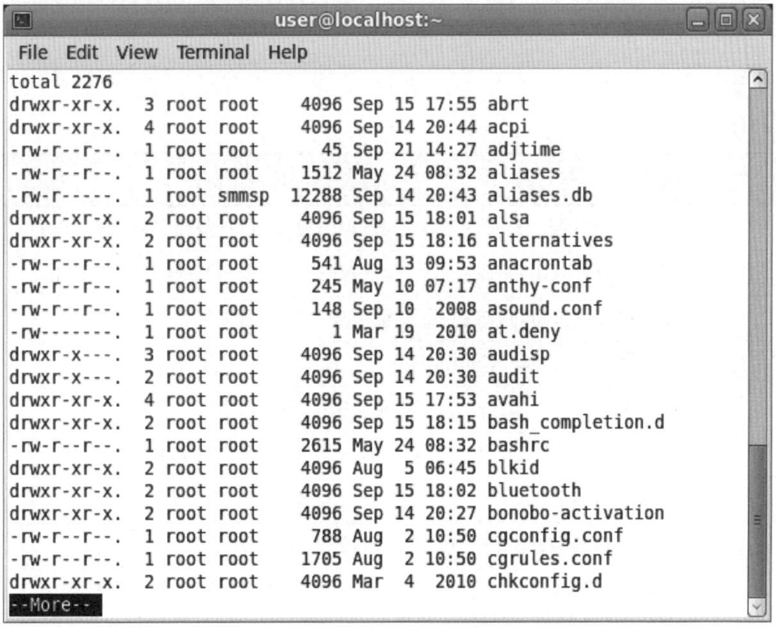

ls -l 명령은 디렉토리에 있는 모든 파일의 긴 목록을 만들어낸다. 파일을 많이 가지고 있는 디렉토리라면 무척 긴 목록이 될 수 있다. 명령의 출력에 more 명령을 파이프 함으로써 출력은 데이터가 화면 끝에 다다를 때마다 멈춘다.

계산하기

프로그래밍 언어들은 숫자를 조작할 수 있는 기능에서 각각의 특징이 있는데 쉘 스크립트에서는 이 과정이 약간 어색하다. 쉘 스크립트에서 수학 연산을 수행하는 두 가지 방법이 있다.

expr 명령

원래 Bourne 쉘은 수식을 처리하기 위해 사용된 특별한 명령을 제공했다. expr 명령은 커맨드라인에서 수식을 처리할 수 있지만 그 방법은 부족한 점이 무척 많다.

```
$ expr 1 + 5
6
```

expr 명령은 [표 11-1]에 표시된 몇 가지 수학 및 문자열 연산자를 인식한다.

표 11-1 expr 명령 연산자

연산자	설명
ARG1 | ARG2	어느 매개변수도 null 또는 0이 아니면 ARG1을, 그렇지 않으면 ARG2를 돌려준다
ARG1 & ARG2	어느 매개변수도 null 또는 0이 아니면 ARG1을, 그렇지 않으면 0을 돌려준다
ARG1 < ARG2	ARG1이 ARG2보다 작으면 1을, 그렇지 않으면 0을 돌려준다
ARG1 <= ARG2	ARG1이 ARG2보다 작거나 같으면 1을, 그렇지 않으면 0을 돌려준다
ARG1 = ARG2	ARG1과 ARG2가 같으면 1을, 그렇지 않으면 0을 돌려준다
ARG1 != ARG2	ARG1과 ARG2가 같지 않으면 1을, 그렇지 않으면 0을 돌려준다
ARG1 >= ARG2	ARG1이 ARG2보다 크기가 같으면 1을, 그렇지 않으면 0을 돌려준다
ARG1 > ARG2	ARG1이 ARG2보다 크면 1을, 그렇지 않으면 0을 돌려준다
ARG1 + ARG2	ARG1과 ARG2의 덧셈 결과를 돌려준다
ARG1 – ARG2	ARG1과 ARG2의 뺄셈 결과를 돌려준다
ARG1 * ARG2	ARG1과 ARG2의 곱셈 결과를 돌려준다
ARG1 / ARG2	ARG1을 ARG2로 나눈 몫을 돌려준다
ARG1 % ARG2	ARG1을 ARG2로 나눈 나머지를 돌려준다
STRING : REGEXP	STRING 문자열 안에 정규표현식 REGEXT와 일치하는 패턴이 있으면 STRING 안에 있는 패턴을 돌려준다
match STRING REGEXP	STRING 문자열 안에 정규표현식 REGEXT와 일치하는 패턴이 있으면 STRING 안에 있는 패턴을 돌려준다
substr STRING POS LENGTH	STRING 문자열 안에서 POS(1로 시작) 위치에서 시작하는 LENGTH 길이만큼의 문자열을 돌려준다

index STRING CHARS	STRING 문자열에서 CHARS가 발견된 위치를 돌려주며 없으면 0을 돌려준다
length STRING	STRING 문자열의 길이를 숫자로 돌려준다
+ TOKEN	TOKEN을 문자열로 변환한다. 키워드라고 해도 마찬가지다
(EXPRESSION)	EXPRESSION 식의 값을 돌려준다

expr 명령에서 표준 연산자는 잘 작동되지만 스크립트 또는 커맨드라인에서 사용할 때에는 문제가 생긴다. expr 명령의 대부분(예를 들어 별표 *)은 쉘에서 좀 다른 의미다. expr 명령에 이를 사용하면 이상한 결과가 일어난다.

```
$ expr 5 * 2
expr: syntax error
$
```

이 문제를 해결하려면 expr 명령에 전달하기 전에 쉘이 잘못 해석할 수 있는 문자를 구별하기 위해 쉘 이스케이프 문자(백슬래시)를 사용한다.

```
$ expr 5 \* 2
10
$
```

이제 정말 구문이 지저분해지기 시작한다! 쉘 스크립트에서 expr 명령을 사용할 때에도 마찬가지로 복잡해진다.

```
$ cat test6
#!/bin/bash
# An example of using the expr command
var1=10
var2=20
var3=$(expr $var2 / $var1)
echo The result is $var3
```

변수에 수식 결과를 할당하려면 expr 명령의 출력을 추출하기 위해서 명령을 치환해야 한다.

```
$ chmod u+x test6
$ ./test6
The result is 2
$
```

다음 절에서 살펴보겠지만 bash 쉘은 수학 연산자 처리 부분이 개선되었다.

대괄호 사용하기

bash 셸은 Bourne 셸과 호환되는 expr 명령을 포함하지만 수식을 처리하는 훨씬 쉬운 방법도 제공한다. bash에서는 변수에 계산 결과를 할당할 때 달러 기호와 대괄호($[수식])를 사용하여 수식을 묶을 수 있다.

```
$ var1=$[1 + 5]
$ echo $var1
6
$ var2=$[$var1 * 2]
$ echo $var2
12
$
```

괄호를 사용하면 셸에서 수식을 expr 명령보다 훨씬 쉽게 쓸 수 있다. 이 같은 기술은 셸 스크립트에서도 잘 된다.

```
$ cat test7
#!/bin/bash
var1=100
var2=50
var3=45
var4=$[$var1 * ($var2 - $var3)]
echo The final result is $var4
$
```

이 스크립트를 실행하면 다음과 같이 출력된다.

```
$ chmod u+x test7
$ ./test7
The final result is 500
$
```

수식 계산을 위해서 대괄호 방식을 이용하는 경우 곱셈 기호나 다른 글자를 셸이 잘못 해석할 가능성에 대한 걱정도 할 필요가 없다. 셸은 대괄호 안에 있는 * 기호는 와일드카드 문자가 아니라는 것을 알고 있다.

bash 셸 스크립트에서 수학 연산을 할 때에는 한 가지 중요한 제한이 있다. 아래 예를 보자.

```
$ cat test8
#!/bin/bash
var1=100
var2=45
VAR3 = $[$VAR1 / $VAR2]
```

```
echo The final result is $var3
$
```

이제 프로그램을 실행하고 무슨 일이 일어나는지 보자.

```
$ chmod u+x test8
$ ./test8
The final result is  2
$
```

bash 쉘 수학 연산은 정수 연산만 지원한다. 어떤 종류든 실제 계산할 때 이는 아주 큰 제약이다.

> **NOTE**
> Z 쉘(zsh)은 완전한 부동소수점 연산을 제공한다. 쉘 스크립트에서 부동소수점 계산이 필요하다면 Z 쉘(제23장에서 설명)을 고려할 수도 있을 것이다.

부동소수점을 위한 해법

bash가 정수 연산만 할 수 있는 한계를 극복하기 위한 여러 가지 방법이 있다. 가장 인기 있는 해법은 내장된 bash 계산기인 bc를 사용하는 것이다.

bc의 기초

bash 계산기는 실제로는 커맨드라인에서 부동소수점 표현식을 입력할 수 있도록 한 다음 수식을 해석하고, 이를 계산하여 결과를 되돌려주는 프로그래밍 언어다. bash 계산기는 다음을 인식한다.

- 숫자(정수 및 부동소수점 모두)

- 변수(단순 변수와 배열 모두)

- 주석(# 기호로 시작하는 줄 또는 C 언어의 /* */ 쌍으로 된 주석)

- 수식

- 프로그래밍문(예를 들어 if-then 구문)

- 함수

bc 명령으로 쉘 프롬프트에 bash 계산기를 사용할 수 있다.

```
$ bc
bc 1.06.95
Copyright 1991-1994, 1997, 1998, 2000, 2004, 2006 Free Software
```

```
Foundation, Inc.
This is free software with ABSOLUTELY NO WARRANTY.
For details type 'warranty'.
12 * 5.4
64.8
3.156*(3+5)
25.248
quit
$
```

이 예는 '12 * 5.4'라는 수식을 입력함으로써 시작된다. bash는 계산기는 답을 돌려준다. 계산기에 입력되는 이어지는 각 수식은 계산된 후에 결과가 출력된다. bash 계산기를 종료하려면 quit를 입력해야 한다.

부동소수점 계산은 scale이라는 내장 변수가 제어한다. 이 값에 원하는 소수점 이하 자릿수를 설정하지 않으면 원하던 답을 찾지 못할 수 있다.

```
$ bc -q
3.44 / 5
0
scale=4
3.44 /5
.6880
quit
$
```

scale 변수의 기본값은 0이다. scale 값을 설정하기 전에 bash 계산기는 소수점 이하 자릿수로 0을 설정한다. scale 변수를 4로 설정한 후 bash 계산기는 소수점 이하 4자리까지 답을 표시한다. -q 커맨드라인 매개변수는 bash 계산기의 긴 환영문을 억제한다.

일반 숫자에 더해서 bash 계산기는 변수도 이해한다.

```
$ bc -q
var1=10
var1 * 4
40
var2 = var1 / 5
print var2
2
quit
$
```

변수값이 정의된 후에는 bash 계산기 세션에서 변수를 사용할 수 있다. print 문을 사용하면 변수와 숫자를 출력할 수 있다.

스크립트에서 bc 사용하기

이제 bash 계산기가 쉘 스크립트에서 부동소수점 연산을 어떻게 도울지 궁금할 것이다. 명령 치환을 기억하는가? bc 명령을 실행하고 출력을 변수에 할당하는 명령 치환 기능을 사용할 수 있다! 기본 형식은 다음과 같다.

```
variable=$(echo "options; expression" | bc)
```

첫 부분인 options에서는 변수를 설정할 수 있다. 두 개 이상의 변수를 설정해야 할 때 세미콜론을 사용하여 구분한다. expression 매개변수는 BC로 계산할 수식을 정의한다. 다음은 스크립트에서 사용하는 간단한 예다.

```
$ cat test9
#!/bin/bash
var1=$(echo "scale=4; 3.44 / 5" | bc)
echo The answer is $var1
$
```

이 예는 소수점 이하 4자리로 scale 변수를 설정한 다음 계산할 수식을 지정한다. 이 스크립트를 실행하면 다음과 같은 출력을 보여준다.

```
$ chmod u+x test9
$ ./test9
The answer is .6880
$
```

멋진 결과다! 수식 값으로 단지 숫자만 쓸 수 있는 것은 아니다. 쉘 스크립트에 정의된 변수도 사용할 수 있다.

```
$ cat test10
#!/bin/bash
var1=100
var2=45
var3=$(echo "scale=4; $var1 / $var2" | bc)
echo The answer for this is $var3
$
```

이 스크립트는 bc 명령에 전송된 식 안에서 사용되는 두 개의 변수를 정의한다. 변수 자체가 아닌 변수의 값을 의미하는 달러 기호를 사용하는 것을 잊지 말자. 스크립트의 출력은 다음과 같다.

```
$ ./test10
```

```
The answer for this is 2.2222
$
```

값이 변수에 할당된 후 이 변수는 물론 다른 계산에도 이용될 수 있다.

```
$ cat test11
#!/bin/bash
var1=20
var2=3.14159
var3=$(echo "scale=4; $var1 * $var1" | bc )
var4=$(echo "scale=4; $var3 * $var2" | bc )
echo The final result is $var4
$
```

이 방법은 짧은 계산에는 좋지만 더 많은 숫자를 다루어야 할 수도 있다. 한두 가지의 계산 이상을 해야 할 때 같은 커맨드라인에서 여러 수식을 나열하려고 하면 혼란스러울 것이다.

이 문제에 대한 해결책이 있다. bc 명령은 입력 리다이렉트를 인식하므로 bc 명령에 파일을 리다이렉트해서 처리할 수 있다. 식을 따로 파일에 저장해야 하기 때문에 이것도 어렵다.

가장 좋은 방법은 커맨드라인에서 직접 데이터를 리다이렉트하는 것으로, 인라인 입력 리다이렉트를 사용하는 것이다. 아래 쉘 스크립트에서는 변수에 출력을 할당한다.

```
variable=$(bc << EOF
options
statements
expressions
EOF
)
```

EOF 텍스트 문자열은 인라인 리다이렉트의 시작과 끝을 나타낸다. 변수에 bc 명령의 출력을 넣기 위한 명령 치환 문자는 여전히 필요하다는 점에 유의하자.

이제 모든 bash 계산기의 표현식 요소를 스크립트 파일에서 각각의 줄로 나눌 수 있다. 다음은 스크립트는 이 방법을 사용한 예다.

```
$ cat test12
#!/bin/bash

var1=10.46
var2=43.67
var3=33.2
var4=71
```

```
var5=$(bc << EOF
scale = 4
a1 = ( $var1 * $var2)
b1 = ($var3 * $var4)
a1 + b1
EOF
)

echo The final answer for this mess is $var5
$
```

스크립트에서 각 옵션과 표현식을 개별 줄로 나눠서 배치하면 더 깔끔해지고 읽고 따라하기도 쉽다. EOF 문자열은 bc 명령에 리다이렉트의 시작과 데이터의 끝을 나타낸다. 물론 변수에 명령을 할당한다는 것을 가리키는 명령 치환 문자를 사용해야 한다.

bash 계산기에서 변수에 값을 할당할 수 있다는 것을 이 예에서 알 수 있다. bash 계산기에서 만든 변수는 bash 계산기 안에서만 유효하며 쉘 스크립트에서는 사용할 수 없다는 것을 기억하는 것이 중요하다.

스크립트 종료하기

지금까지의 예제 스크립트에서 우리는 갑자기 작업을 종료했다. 마지막 명령이 완료되었을 때 그냥 스크립트를 끝내기만 했다. 마무리를 좀 더 잘하는 우아한 방법이 있다.

쉘에서 실행되는 모든 명령은 쉘에 처리가 끝났음을 알려주는 종료 상태(exit status)를 사용한다. 종료 상태는 명령 실행이 완료되면 0과 255 사이의 정수 값을 명령으로부터 쉘로 전달한다. 이 값을 얻어서 스크립트에서 사용할 수 있다.

종료 상태 확인하기

리눅스는 마지막으로 실행된 명령의 종료 상태 값을 보관하는 특별한 변수인 $? 변수를 제공한다. 확인하고 싶은 명령이 종료된 즉시 $?를 보거나 사용해야 한다. 쉘이 실행한 마지막 명령의 종료 상태가 이 변수의 값을 변경한다.

```
$ date
Sat Jan 15 10:01:30 EDT 2014
$ echo $?
0
$
```

관례에 따라 성공적으로 완료된 명령의 종료 상태는 0이다. 명령이 오류를 내고 완료되면 양의 정수값이 종료 상태에 지정된다.

```
$ asdfg
-bash: asdfg: command not found
$ echo $?
127
$
```

잘못된 명령은 종료 상태 127을 돌려준다. 리눅스의 오류 종료 상태 코드에 대한 표준 규칙은 많지 않다. 그러나 [표 11-2]에 표시된 지침을 사용할 수 있다.

표 11-2 리눅스 종료 상태 코드

코드	설명
0	명령이 성공적으로 완료됨
1	일반 알 수 없는 오류
2	쉘 명령을 잘못 사용함
126	명령을 실행할 수 없음
127	명령을 찾을 수 없음
128	잘못된 종료 매개변수
128+x	치명적인 오류로 리눅스 신호 x를 포함
130	<Ctrl>+<C>로 명령이 종료됨
255	범위를 벗어난 종료 상태

종료 상태값 126은 사용자가 명령을 실행할 적절한 권한이 없다는 것을 뜻한다.

```
$ ./myprog.c
-bash: ./myprog.c: Permission denied
$ echo $?
126
$
```

명령에 유효하지 않은 매개변수를 제공해도 오류가 생긴다.

```
$ date %t
date: invalid date '%t'
```

```
$ echo $?
1
$
```

위 예제는 일반 종료 상태 코드 1을 돌려주며, 이는 명령에서 알 수 없는 오류가 일어났음을 뜻한다.

exit 명령

쉘 스크립트는 스크립트 마지막 명령의 종료 상태로 끝마친다.

```
$ ./test6
The result is 2
$ 에코 $?
0
$
```

사용자 정의 종료 상태 코드를 돌려주도록 이를 변경할 수 있다. exit 명령은 스크립트가 종료될 때 종료 상태를 지정할 수 있다.

```
$ cat test13
#!/bin/bash
# testing the exit status
var1=10
var2=30
var3=$[$var1 + $var2]
echo The answer is $var3
exit 5
$
```

스크립트의 종료 상태를 확인하면 exit 명령의 매개변수로 사용되는 값을 얻게 된다.

```
$ chmod u+x test13
$ ./test13
The answer is 40
$ echo $?
5
$
```

exit 명령의 매개변수에 변수를 사용할 수도 있다.

```
$ cat test14
```

```
#!/bin/bash
# testing the exit status
var1=10
var2=30
var3=$[$var1 + $var2]
exit $var3
$
```

이 명령을 실행하면 다음과 같은 종료 상태를 만든다.

```
$ chmod u+x test14
$ ./test14
$ echo $?
40
$
```

종료 상태 코드는 255까지 쓸 수 있기 때문에 이 기능에 주의해야 한다. 아래 예에서 어떤 일이 일어나는지 보자.

```
$ cat test14b
#!/bin/bash
# testing the exit status
var1=10
var2=30
var3=$[$var1 * $var2]
echo The value is $var3
exit $var3
$
```

이 스크립트를 실행하면 결과는 다음과 같다.

```
$ ./test14b
The value is 300
$ echo $?
44
$
```

종료 상태 코드는 0-255 범위에 맞게 줄어든다. 쉘은 나머지값 연산으로 종료 코드를 바꾼다. 모듈로 연산은 어떤 값으로 나눈 나머지를 돌려준다. 그 결과 돌려주는 상태 코드는 지정된 코드를 256으로 나눈 나머지다. 코드가 300(결과값)이라면 나머지값은 44로 이 값이 종료 상태 코드에 나타난다. 제12장에서는 명령의 성공 여부를 확인할 목적으로 명령이 돌려준 오류 상태를 확인하기 위해서 if-then 구문을 사용하는 방법을 볼 수 있다.

요약

bash 쉘 스크립트를 쓰면 명령들을 하나의 스크립트에 늘어놓을 수 있다. 스크립트를 작성하는 가장 기본적인 방법은 커맨드라인에서 세미콜론을 사용하여 여러 명령을 분리하는 것이다. 쉘은 순서대로 각각의 명령을 실행해서 각 명령의 결과를 모니터에 표시한다.

파일 안에 여러 명령을 배치해서 쉘이 순서대로 명령을 실행하는 쉘 스크립트 파일을 만들 수도 있다. 쉘 스크립트 파일은 스크립트를 실행하는 데 사용되는 쉘을 정의해야 한다. 이를 위해 스크립트 파일의 첫 번째 줄에 #! 기호를 두고 그 뒤에 쉘의 전체 경로를 쓴다.

쉘 스크립트 안에서 변수 앞에 달러 기호를 사용하면 환경 변수 값을 참조할 수 있다. 스크립트 안에서 사용하기 위해 사용자 정의 변수를 정의하고 여기에 값을 할당하거나 더 나아가 역따옴표 문자 또는 $() 형식을 사용하여 명령의 출력을 할당할 수도 있다. 변수값은 변수 이름 앞에 달러 기호를 덧붙여서 스크립트 안에서 사용할 수 있다.

bash 쉘을 사용하면 표준 동작에서 입력 및 명령의 출력을 모두 리다이렉트 할 수 있다. 모니터에 표시되는 어떤 명령의 출력이든 〉 부등호 기호를 쓰고 그 뒤에 출력을 저장할 파일의 이름을 쓰면 파일로 리다이렉트할 수 있다. 〉 부등호를 두 번 쓰면 기존 파일에 출력 데이터를 추가할 수 있다. 〈 부등호는 명령 입력을 리다이렉트하는 데 사용된다. 파일로부터 명령에 입력하도록 리다이렉트할 수 있다.

리눅스 파이프 명령(가운데가 갈라진 수직선 기호)은 한 명령에서 직접 다른 명령으로 출력을 리다이렉트할 수 있다. 리눅스 시스템은 리다이렉트 파일을 사용하지 않고도 첫 번째 명령의 출력을 두 번째 명령의 입력으로 전송하고 두 명령을 동시에 실행한다.

쉘 스크립트에서 수학 연산을 수행할 때 bash 쉘은 몇 가지 방법을 제공한다. expr 명령은 정수 연산을 수행할 수 있는 간단한 방법이다. bash 쉘은 또한 달러 기호 앞에 대괄호로 수식을 묶어 기본적인 수학 계산을 수행할 수 있다. 부동소수점 연산을 수행하기 위해서는 bc 계산기 명령을 이용으로 인라인 데이터로 입력을 리다이렉트하고 사용자 정의 변수로 출력을 저장할 필요가 있다.

이 장은 쉘 스크립트의 종료 상태를 사용하는 방법을 다루면서 마무리했다. 쉘에서 실행되는 모든 명령은 종료 상태를 만들어 낸다. 종료 상태는 0과 255 사이의 정수값으로 명령이 성공적으로 완료되었는지 여부를 나타내며 그렇지 않은 경우 그 이유가 무엇인지를 가리킨다. 종료 상태 0은 명령이 성공적으로 완료되었음을 나타낸다. 스크립트가 완료되었을 때 특정한 종료 상태를 선언하기 위해 쉘 스크립트에서 exit 명령을 사용할 수 있다.

지금까지 쉘 스크립트는 한 명령에서 다음 명령으로 질서 있게 진행되었다. 다음 장에서는 스크립트 안에서 명령을 실행하는 순서를 바꾸기 위해 논리 흐름을 어떻게 제어하는지를 알아본다.

구조적 명령 사용하기

이 장의 내용

if-then 구문 사용하기
중첩된 if 문
test 명령 이해하기
복합 조건 테스트하기
이중 대괄호 및 괄호 사용하기
case 구문 보기

제11장에서 살펴보았던 쉘 스크립트에서, 쉘은 쉘 스크립트의 각 명령을 나오는 순서대로 처리한다. 모든 명령을 스크립트에 써놓은 순서대로 실행시키는 순차적인 명령 처리라면 문제없을 것이다. 이 모든 프로그램을 이렇게만 만들 수는 없다.

스크립트 안의 명령들 사이에서 논리 흐름을 제어해야 할 프로그램이 많다. 평가한 조건에 따라서 스크립트가 명령을 건너뛸 수 있도록 하는 유형의 명령들이 존재한다. 이러한 명령들을 보통 구조적 명령이라고 한다.

구조적 명령은 프로그램의 동작 흐름을 바꿀 수 있다. bash 셸에서는 여러 가지 구조적 명령을 쓸 수 있으므로 하나하나 살펴보자. 이 장에서는 if-then 및 case 문을 살펴본다.

if-then 구문 사용하기

구조적 명령의 가장 기본적인 유형은 if-else 구문이다. if-else 구문의 형식은 다음과 같다.

```
if command
then
    commands
fi
```

다른 프로그래밍 언어에서 if-else 구문을 사용하고 있다면 위의 형식은 약간 생소할 것이다. 다른 프로그래밍 언어에서는 if 문 다음에 나오는 객체는 TRUE 또는 FALSE 값을 평가하는 표현식이다.

이는 bash 쉘의 if 문이 동작하는 방식과는 다르다.

bash 쉘은 if 문은 그 줄에 정의된 명령을 실행한다. 이 명령의 종료 상태(제11장 참조)가 0(명령이 성공적으로 완료됨)이라면 then 아래에 있는 명령이 실행된다. 명령의 종료 상태가 0이 아니라면 then 아래에 있는 명령은 실행되지 않고, bash 쉘은 스크립트의 다음 명령으로 넘어간다. fi 문은 the if-then 구문의 끝을 의미한다.

다음은 이 개념을 설명하는 간단한 예제다.

```
$ cat test1.sh
#!/bin/bash
# testing the if statement
if pwd
then
    echo "It worked"
fi
$
```

이 스크립트는 if가 있는 줄에서 pwd 명령을 사용한다. 명령이 성공적으로 완료되면 echo 문은 텍스트 문자열을 표시해야 한다. 커맨드라인에서 이 스크립트를 실행하면 다음과 같은 결과를 얻을 수 있다.

```
$ ./test1.sh
/home/Christine
It worked
$
```

쉘은 if 줄에 있는 pwd 명령을 실행했다. 종료 상태가 0이기 때문에 then 섹션에서 있는 echo 문을 실행했다.

여기 다른 예가 있다.

```
$ cat test2.sh
#!/bin/bash
# testing a bad command
if IamNotaCommand
then
    echo "It worked"
fi
echo "We are outside the if statement"
$
$ ./test2.sh
./test2.sh: line 3: IamNotaCommand: command not found
We are outside the if statement
$
```

이 예에서는 일부러 if 문 줄에 동작하지 않는 명령인 IamNotaCommand을 사용했다. 이 명령은 잘못된 것이므로 0이 아닌 종료 상태를 만들어 내고 bash 쉘은 then 섹션의 echo 문을 생략한다. 또한 if 문에서 실행되는 명령의 오류 메시지가 스크립트의 출력에 나타난다. 오류 메시지를 표시하고 싶지 않을 때도 있을 것이다. 제15장에서 이를 막을 수 있는 방법을 설명한다.

> **NOTE**
> 어떤 스크립트에서는 다른 형식의 if-then 구문을 볼 수도 있다.
> if *command*; then
>   *commands*
> fi
> 종료 상태를 평가할 명령의 끝에 세미콜론을 넣으면 당신은 then 문을 같은 줄에 놓을 수 있으며 이렇게 하면 몇몇 다른 프로그래밍 언어가 if-then 구문을 처리하는 방법에 좀 더 가깝게 보일 수 있다.

then 섹션에는 명령을 하나만 넣을 수 있는 것은 아니다. 쉘 스크립트의 다른 부분에서처럼 여러 명령을 나열할 수도 있다. bash 쉘은 이 명령들을 한 블록으로 다룬다. 명령이 0의 종료 상태를 돌려주면 이 명령들을 모두 처리하며 명령이 0이 아닌 종료 상태를 돌려주면 모두 건너뛰어 버린다.

```
$ cat test3.sh
#!/bin/bash
# testing multiple commands in the then section
#
testuser=Christine
#
if grep $testuser /etc/passwd
then
    echo "This is my first command"
    echo "This is my second command"
    echo "I can even put in other commands besides echo:"
    ls -a /home/$testuser/.b*
fi
$
```

if 문 줄은 특정 사용자 이름이 현재 시스템에 사용되는지를 확인할 목적으로 /etc/passwd 파일을 검색하기 위해 grep 명령을 사용한다. 그 사용자 이름을 가진 사용자가 있다면 스크립트는 약간의 텍스트와 사용자의 HOME 디렉토리에 있는 bash 파일 목록을 출력한다.

```
$ ./test3.sh
Christine:x:501:501:Christine B:/home/Christine:/bin/bash
This is my first command
This is my second command
I can even put in other commands besides echo:
/home/Christine/.bash_history  /home/Christine/.bash_profile
```

```
/home/Christine/.bash_logout   /home/Christine/.bashrc
$
```

testuser 변수에 시스템에 존재하지 않는 사용자를 설정하면 아무런 일도 일어나지 않는다.

```
$ cat test3.sh
#!/bin/bash
# testing multiple commands in the then section
#
testuser=NoSuchUser
#
if grep $testuser /etc/passwd
then
    echo "This is my first command"
    echo "This is my second command"
    echo "I can even put in other commands besides echo:"
    ls -a /home/$testuser/.b*
fi
$
$ ./test3.sh
$
```

아무 일도 일어나지 않는다. 사용자 이름을 시스템에서 찾을 수 없다는 메시지라도 표시할 수 있다면 좋을 것이다. 이럴 때 if-then 구문의 또 다른 기능을 사용할 수 있다.

if-then 구문 들여다보기

If-then 구문에서 명령의 성공 여부에 대한 한 가지 옵션이 있다. 명령이 0이 아닌 종료 상태 코드를 돌려주면 bash 쉘은 스크립트의 다음 명령으로 옮겨 간다. 이러한 상황에서 다른 명령 세트를 실행할 수 있다면 좋을 것이다. 바로 이 일을 하는 것이 if-then-else 구문이다.

If-then-else 구문은 명령 그룹을 한 가지 더 제공한다.

```
if command
then
    commands
else
    commands
fi
```

if 문 줄의 명령이 종료 상태 코드 0을 돌려주는 경우에는 then 부분에 나와 있는 명령이 실행되며 이는 if-then 구문과 같다. if 문 줄의 명령이 0이 아닌 종료 상태 코드를 돌려주면 bash 쉘은 else 부분의 명령을 실행한다.

이제 else 부분을 포함하기 위해 테스트용 스크립트를 복사하고 변경해 보자.

```
$ cp test3.sh test4.sh
$
$ nano test4.sh
$
$ cat test4.sh
#!/bin/bash
# testing the else section
#
testuser=NoSuchUser
#
if grep $testuser /etc/passwd
then
    echo "The bash files for user $testuser are:"
    ls -a /home/$testuser/.b*
    echo
else
    echo "The user $testuser does not exist on this system."
    echo
fi
$
$ ./test4.sh
The user NoSuchUser does not exist on this system.

$
```

이제 더 사용자 친화적이 되었다. then 섹션과 마찬가지로 else 섹션은 여러 명령을 포함할 수 있다. fi 문은 else 섹션의 끝을 표시한다.

중첩된 if 문

중첩된 if 문을 쓰면 스크립트 코드의 상황을 확인할 수 있다. 로그인 이름이 /etc/passwd 파일에 없지만 그 사용자의 디렉토리가 아직 남아 있는지 확인하려면 중첩된 if-else 구문을 사용한다. 이런 경우 중첩된 if-else 구문은 메인 if-then-else 구문의 else 블록 안에 놓인다.

```
$ ls -d /home/NoSuchUser/
```

```
/home/NoSuchUser/
$
$ cat test5.sh
#!/bin/bash
# Testing nested ifs
#
testuser=NoSuchUser
#
if grep $testuser /etc/passwd
then
    echo "The user $testuser exists on this system."
else
    echo "The user $testuser does not exist on this system."
    if ls -d /home/$testuser/
    then
        echo "However, $testuser has a directory."
    fi
fi
$
$ ./test5.sh
The user NoSuchUser does not exist on this system.
/home/NoSuchUser/
However, NoSuchUser has a directory.
$
```

스크립트가 로그인 이름이 /etc/passwd 파일에서 제거되었지만 해당 사용자의 디렉토리는 시스템에 여전히 남아 있음을 제대로 발견한다. 이런 식으로 스크립트에 중첩 if-else 구문을 쓰면 코드를 알아보기 힘들거나 논리 흐름을 따르기 곤란하다는 문제가 있다.

if-then 구문을 별도로 쓰는 대신 else 부분의 다른 버전인 elif 문을 이용할 수 있다. elif는 if-then 구문의 else 부분을 이어 나간다.

```
if command1
then
    commands
elif command2
then
    more commands
fi
```

elif 문의 줄은 원래의 if 문의 줄과 비슷하게 다른 명령을 평가할 수 있다. elif 명령의 종료 상태 코드가 0이라면 bash는 두 번째 then 문 부분의 명령들(more commands)을 실행한다. 이런 방식의 구문 중첩은 코드를 더욱 깔끔하게 만들고 논리 흐름을 더 따라가기 쉽게 만들어 준다.

336

```
$ cat test5.sh
#!/bin/bash
# Testing nested ifs - use elif
#
testuser=NoSuchUser
#
if grep $testuser /etc/passwd
then
    echo "The user $testuser exists on this system."
#
elif ls -d /home/$testuser
then
    echo "The user $testuser does not exist on this system."
    echo "However, $testuser has a directory."
#
fi
$
$ ./test5.sh
/home/NoSuchUser
The user NoSuchUser does not exist on this system.
However, NoSuchUser has a directory.
$
```

이 스크립트를 한 단계 더 진전시켜서 디렉토리는 남아 있지만 존재하지 않는 사용자와 디렉토리도 남아 있지 않은 존재하지 않는 사용자 모두를 확인할 수 있다. 중첩된 elif 문 안에 else 문을 추가하면 된다.

```
$ cat test5.sh
#!/bin/bash
# Testing nested ifs - use elif & else
#
testuser=NoSuchUser
#
if grep $testuser /etc/passwd
then
    echo "The user $testuser exists on this system."
#
elif ls -d /home/$testuser
then
    echo "The user $testuser does not exist on this system."
    echo "However, $testuser has a directory."
#
else
```

```
        echo "The user $testuser does not exist on this system."
        echo "And, $testuser does not have a directory."
fi
$
$ ./test5.sh
/home/NoSuchUser
The user NoSuchUser does not exist on this system.
However, NoSuchUser has a directory.
$
$ sudo rmdir /home/NoSuchUser
[sudo] password for Christine:
$
$ ./test5.sh
ls: cannot access /home/NoSuchUser: No such file or directory
The user NoSuchUser does not exist on this system.
And, NoSuchUser does not have a directory.
$
```

/home/NoSuchUser 디렉토리를 지우기 전에 테스트 스크립트가 실행되었고 elif 문은 종료 상태로 0을 돌려주었다. 따라서 elif 구문의 then 코드 블록 안에 있는 명령문들이 실행되었다. /home/NoSuchUser 디렉토리를 제거한 뒤에는 elif 문이 종료 상태가 0이 아닌 값을 돌려준다. 이 때문에 elif 블록 안에 있는 else 블록의 명령문이 실행된다.

> **TIP**
>
> elif 문을 쓰면 바로 뒤에 나오는 else 문은 elif 문에 대한 것이라는 점을 기억하자. 앞에 나오는 if-then 구문 코드 블록에 속한 것이 아니다.

계속해서 elif 문을 이어 써서, 하나의 커다란 if-then-elif 복합체를 만들 수 있다.

```
if command1
then
    command set 1
elif command2
then
    command set 2
elif command3
then
    command set 3
elif command4
```

```
then
    command set 4
fi
```

각 명령 세트는 명령이 종료 상태 코드로 0을 돌려주는지 여부에 따라서 실행된다. bash 쉘은 if 문을 순서대로 실행하며 첫 번째 if 문이 종료 코드로 0을 돌려줄 때에만 then 섹션이 실행된다는 것을 기억하라.

elseif 문으로 코드가 더 깔끔해보여도 여전히 스크립트의 논리를 따르기에는 헷갈릴 수 있다. 뒤에서 볼 'case 명령 고려하기' 절에서 if-else 문을 여러 번 중첩하는 대신 case 명령을 사용하는 방법을 볼 수 있다.

테스트 명령 써 보기

지금까지는 if 문이 보통의 쉘 명령인 경우만을 보았다. bash의 if-then 구문이 명령의 종료 상태 코드 말고도 다른 조건을 평가할 수 있는 능력이 있는지 궁금할 것이다.

대답은 '아니오'다. 할 수 없다. 그러나 if-then 구문을 써서 다른 종류의 평가를 할 때 도움이 되는 깔끔한 유틸리티가 bash에 있다.

테스트 명령은 if-then 구문에서 여러 가지 조건을 테스트하는 방법을 제공한다. 테스트 명령에 나와 있는 조건이 참으로 평가되면 테스트 명령은 종료 상태 코드로 0을 돌려준다. 이를 활용하면 if-then 구문이 다른 프로그래밍 언어의 if-then과 무척 비슷하게 동작한다. 조건이 거짓이며 test 명령은 0이 아닌 상태 코드를 돌려주므로 if-then 구문에서 빠져 나가게 된다.

테스트 명령의 형식은 매우 간단하다.

```
test condition
```

condition은 테스트 명령이 평가할 일련의 명령 및 매개변수다. if-else 구문에 사용하는 테스트 명령은 다음과 같다.

```
if test condition
then
    명령
fi
```

테스트 명령문의 condition 부분을 비워 놓으면 0이 아닌 종료 상태 코드로 종료되므로 else 블록 문으로 넘어간다.

```
$ cat test6.sh
#!/bin/bash
# Testing the test command
#
if test
then
    echo "No expression returns a True"
else
    echo "No expression returns a False"
fi
$
$ ./test6.sh
No expression returns a False
$
```

조건을 추가하면 테스트 명령이 이를 테스트한다. 예를 들어, 테스트 명령을 사용하여 어떤 변수가 내용을 가지고 있는지를 판단할 수 있다. 변수가 내용을 가지고 있는지 확인하려면 간단한 조건식이 필요하다.

```
$ cat test6.sh
#!/bin/bash
# Testing the test command
#
my_variable="Full"
#
if test $my_variable
then
    echo "The $my_variable expression returns a True"
#
else
    echo "The $my_variable expression returns a False"
fi
$
$ ./test6.sh
The Full expression returns a True
$
```

my_variable 변수는 내용(Full)을 포함하고 있으므로 테스트 명령이 조건문을 검사할 때 종료 상태는 0이다. then 코드 블록으로 넘어간다.

쉽게 추측할 수 있겠지만 그 반대 경우는 변수가 내용을 포함하지 않을 때다.

```
$ cat test6.sh
```

```
#!/bin/bash
# Testing the test command
#
my_variable=""
#
if test $my_variable
then
    echo "The $my_variable expression returns a True"
#
else
    echo "The $my_variable expression returns a False"
fi
$
$ ./test6.sh
The  expression returns a False
$
```

bash 쉘은 if-then 구문에서 테스트 명령을 쓰지 않고도 조건을 테스트하는 다른 방법을 제공한다.

```
if [ condition ]
then
    명령
fi
```

대괄호는 테스트 조건을 정의한다. 한 가지 주의할 점이 있다. 여는 대괄호 뒤와 닫는 대괄호 앞에 각각 빈 칸이 있어야 한다. 안 그러면 오류 메시지가 나타난다.

테스트 명령 및 테스트 조건은 세 가지 종류의 조건을 평가할 수 있다.

- 숫자 비교
- 문자열 비교
- 파일 비교

다음 절에서는 if-then 구문에서 이 세 가지 종류의 비교를 사용하는 방법을 각각 설명한다.

12

숫자 비교 사용하기

가장 자주 쓰이는 평가 방법은 두 숫자 값의 비교다. [표 12-1]은 두 값을 테스트하기 위해서 쓰이는 사용 조건 파라미터의 목록이다.

표 12-1 숫자 비교 테스트

비교	설명
n1 –eq n2	n1과 n2가 같은지 검사한다
n1 –ge n2	n1이 n2보다 크거나 같은지 검사한다
n1 –gt n2	n1이 n2보다 큰지 검사한다
n1 –le n2	n1이 n2보다 작거나 같은지 검사한다
n1 –lt n2	n1이 n2보다 작은지 검사한다
n1 –ne n2	n1과 n2가 같지 않은지 검사한다

숫자 비교는 숫자 및 변수를 평가할 때 모두 사용될 수 있다. 아래에 그 예가 있다.

```
$ cat numeric_test.sh
#!/bin/bash
# Using numeric test evaluations
#
value1=10
value2=11
#
if [ $value1 -gt 5 ]
then
    echo "The test value $value1 is greater than 5"
fi
#
if [ $value1 -eq $value2 ]
then
    echo "The values are equal"
else
    echo "The values are different"
fi
#
$
```

첫 번째 테스트 조건은,

```
if [ $value1 -gt 5 ]
```

변수 value1이 5보다 큰지 검사한다. 두 번째 테스트 조건은,

```
if [ $value1 -eq $value2 ]
```

value1의 값이 value2의 값과 같은지 검사한다. 두 가지 비교 결과는 예상했던 대로다.

```
$ ./numeric_test.sh
The test value 10 is greater than 5
The values are different
$
```

부동소수점 값에 관한 비교 테스트는 한계가 있다.

```
$ cat floating_point_test.sh
#!/bin/bash
# Using floating point numbers in test evaluations
#
value1=5.555
#
echo "The test value is $value1"
#
if [ $value1 -gt 5 ]
then
    echo "The test value $value1 is greater than 5"
fi
#
$ ./floating_point_test.sh
The test value is 5.555
./floating_point_test.sh: line 8:
[: 5.555: integer expression expected
$
```

이 예에서는 value1 변수에 저장된 부동소수점 값을 사용한다. 다음에 값을 평가한다. 뭔가 분명히 잘못되었다.

bash 쉘이 처리 할 수 있는 숫자는 정수뿐이다. echo 문으로 결과를 표시하는 게 하고자 하는 일의 전부라면 완벽하게 잘 돌아간다. 하지만 숫자 비교와 같이 숫자를 다루는 기능을 쓸 때에는 제구실을 못 한다. 조건 테스트를 할 때는 부동소수점 값을 사용할 수 없다는 것을 기억하자.

문자열 비교 사용하기

조건 테스트는 또한 문자열 값 비교를 할 수 있다. 문자열을 비교하는 것은 까다롭다. [표 12-2]는 두 개의 문자열 값을 평가하는 데 사용할 수 있는 비교 함수를 보여준다.

표 12-2 문자열 비교 테스트

비교	설명
str1 = str2	str1이 str2와 같은지 검사한다
str1 != str2	str1이 str2와 같지 않은지 검사한다
str1 < str2	str1이 str2보다 작은지 검사한다
str1 > str2	str1이 str2보다 큰지 검사한다
−n str1	str1의 길이가 0보다 큰지 검사한다
−z str1	str1의 길이가 0인지 검사한다

다음 절에서는 사용할 수 있는 여러 가지 문자열 비교를 설명할 것이다.

문자열이 일치하는지 보기

같은가 같지 않은가는 문자열에 대해서는 말 그대로다. 두 개의 문자열이 같은지의 여부를 이해하기는 쉽다.

```
$ cat test7.sh
#!/bin/bash
# testing string equality
testuser=rich
#
if [ $USER = $testuser ]
then
    echo "Welcome $testuser"
fi
$
$ ./test7.sh
Welcome rich
$
```

문자열이 같지 않은지 비교해도 두 문자열이 같은 값인지 아닌지를 판단할 수 있다.

```
$ cat test8.sh
```

```
#!/bin/bash
# testing string equality
testuser=baduser
#
if [ $USER != $testuser ]
then
    echo "This is not $testuser"
else
    echo "Welcome $testuser"
fi
$
$ ./test8.sh
This is not baduser
$
```

문자열이 같은지 비교할 때에는 모든 문장부호와 대문자도 고려된다는 점을 잊지 말자.

문자열의 크고 작음을 보기

어떤 문자열이 다른 문자열보다 큰가 작은가를 판단할 때부터 일이 복잡해진다. 문자열이 큰지의 여부를 테스트하는 기능을 사용하려고 할 때 두 가지 문제가 있다.

- 부등호 기호를 이스케이프 해야 하는 것. 그렇지 않으면 쉘은 이를 리다이렉트 기호로 해석 해서 문자열 값을 파일 이름으로 사용함.

- 어느 것이 더 큰지 순서를 결정하는 논리는 sort 명령에서 쓰이는 것과 같지 않음.

첫 번째 문제는 스크립트를 프로그래밍 할 때에는 놓치기 쉬운 큰 문제를 일으킬 수 있다. 아래는 쉘 스크립트 초보 프로그래머의 실수의 사례다.

```
$ cat badtest.sh
#!/bin/bash
# mis-using string comparisons
#
val1=baseball
val2=hockey
#
if [ $val1 > $val2 ]
then
    echo "$val1 is greater than $val2"
else
    echo "$val1 is less than $val2"
fi
$
```

```
$ ./badtest.sh
baseball is greater than hockey
$ ls -l hockey
-rw-r--r--    1 rich      rich              0 Sep 30 19:08 hockey
$
```

스크립트에서 〉 부등호를 그냥 사용했다. 아무런 오류도 일어나지 않았지만 결과는 잘못되었다. 이 스크립트는 〉 부등호를 출력 리다이렉트 기호(제15장 참조)로 해석했다. 그에 따라 hockey라는 파일이 생겼다. 리다이렉트가 성공적으로 완료되었기 때문에 조건 테스트 문장은 일이 성공적으로 완료된 것처럼 종료 상태 코드 0을 돌려주었다!

이 문제를 해결하려면 〉 부등호를 이스케이프해야 한다.

```
$ cat test9.sh
#!/bin/bash
# mis-using string comparisons
#
val1=baseball
val2=hockey
#
if [ $val1 \> $val2 ]
then
  echo "$val1 is greater than $val2"
else
    echo "$val1 is less than $val2"
fi
$
$ ./test9.sh
baseball is less than hockey
$
```

이제 결과는 문자열 비교에서 기대하는 것과 좀 더 비슷해졌다.

두 번째 문제는 조금 미묘하다. 대문자와 소문자를 섞어서 쓰지 않는다면 생기지 않는 문제다. sort 명령은 대문자를 조건 테스트가 다루는 방식과는 반대로 처리한다.

```
$ cat test9b.sh
#!/bin/bash
# testing string sort order
val1=Testing
val2=testing
#
if [ $val1 \> $val2 ]
then
```

```
        echo "$val1 is greater than $val2"
    else
        echo "$val1 is less than $val2"
    fi
    $
    $ ./test9b.sh
    Testing is less than testing
    $
    $ sort testfile
    testing
    Testing
    $
```

비교 테스트에서는 대문자가 소문자보다 작은 것으로 나타난다. 그러나 sort 명령은 반대다. 파일에 같은 문자열을 넣어서 sort 명령을 사용하면 소문자가 먼저 나타난다. 이는 정렬 기술이 다르기 때문이다.

비교 테스트에서는 표준 ASCII 순서를 사용하며, 정렬 순서를 결정하기 위하여 각 문자의 ASCII 숫자 코드값을 이용한다. sort 명령은 시스템 로케일의 언어 설정에 정의된 정렬 순서를 사용한다. 영어라면 로케일 설정은 소문자를 대문자보다 앞서서 정렬하도록 지정한다.

> **NOTE**
> test 명령 및 테스트 표현식은 문자열 비교를 위해 표준 수학 비교 기호를 사용하며 산술 비교에는 텍스트 코드를 사용한다. 많은 프로그래머가 거꾸로 사용하기 쉬운 까다로운 특징이다. 숫자값에 대해서 수학 비교 기호를 사용하면 쉘은 이를 문자 값으로 해석하므로 올바른 결과를 얻지 못하게 된다.

문자열 크기 보기

-n 및 -z 비교는 변수에 데이터가 포함되어 있는지 여부를 평가하려고 할 때 편리하다.

```
$ cat test10.sh
#!/bin/bash
# testing string length
val1=testing
val2=''
#
if [ -n $val1 ]
then
    echo "The string '$val1' is not empty"
else
    echo "The string '$val1' is empty"
fi
#
```

```
if [ -z $val2 ]
then
    echo "The string '$val2' is empty"
else
    echo "The string '$val2' is not empty"
fi
#
if [ -z $val3 ]
then
    echo "The string '$val3' is empty"
else
    echo "The string '$val3' is not empty"
fi
$
$ ./test10.sh
The string 'testing' is not empty
The string '' is empty
The string '' is empty
$
```

이 예는 두 개의 문자열 변수를 만든다. val1 변수는 문자열을 포함하고, val2 변수는 빈 문자열을 만든다. 그 뒤로 이어지는 비교는 다음과 같다.

```
if [ -n $val1 ]
```

위의 코드는 val1 변수가 길이가 0이 아닌지 판단한다. 만약 0이 아니라면 then 부분이 처리된다.

```
if [ -z $var2 ]
```

위의 코드는 val2 변수가 같이가 0인지 판단한다. 만약 0이라면 then 부분이 처리된다.

```
if [ -z $val3 ]
```

위 코드는 val3 변수가 길이가 0인지 판단한다. 이 변수는 쉘 스크립트에서 정의하지 않았으므로 정의되지 않은 변수는 문자열 길이를 0으로 간주한다는 사실을 알 수 있다.

> **TIP**
> 비어있고 초기화되지 않은 변수는 쉘 스크립트 테스트에 치명적인 영향을 미칠 수 있다. 변수의 내용이 확실하지 않으면 숫자 또는 문자열 비교를 사용하기 전에 -n 또는 -z를 사용하여 값을 포함하는지 테스트하는 것이 가장 좋다.

파일 비교 사용하기

테스트 비교의 마지막 범주는 아마도 쉘 스크립트에서 가장 강력하고 가장 많이 사용되는 비교일 것이다. 이 범주는 리눅스 파일 시스템에서 파일과 디렉토리의 상태를 테스트할 수 있다. [표 12-3]은 어떤 비교를 할 수 있는지 보여준다.

표 12-3 파일 비교 테스트

비교	설명
-d file	파일이 존재하고 디렉토리인지 검사한다
-e file	파일이 존재하는지 검사한다
-f file	파일이 존재하고 파일인지 검사한다
-r file	파일이 존재하고 읽을 수 있는지 검사한다
-s file	파일이 존재하고 비어 있지 않은지 검사한다
-w file	파일이 존재하고 기록할 수 있는지 검사한다
-x file	파일이 존재하고 실행할 수 있는지 검사한다
-O file	파일이 존재하고 현재 사용자가 소유한 것인지 검사한다
-G file	파일이 존재하고 기본 그룹이 현재 사용자와 같은지 검사한다
file1 -nt file2	file1이 file2보다 새것인지 검사한다
file1 -ot file2	ile1이 file2보다 오래된 것인지 검사한다

이러한 비교 조건은 쉘 스크립트가 파일시스템 안의 파일을 확인할 수 있는 기능을 제공한다. 이들은 파일에 접근하는 스크립트에서 자주 사용된다. 하나하나 살펴보자.

디렉토리 확인하기

지정된 디렉토리가 시스템에 존재하는지 보려면 -d 검사를 한다. 보통은 디렉토리에 파일을 쓰거나 디렉토리의 위치를 변경하기 전에 사용하면 좋다.

```
$ cat test11.sh
#!/bin/bash
# Look before you leap
#
jump_directory=/home/arthur
#
if [ -d $jump_directory ]
then
```

```
    echo "The $jump_directory directory exists"
    cd $jump_directory
ls
else
    echo "The $jump_directory directory does not exist"
fi
#
$
$ ./test11.sh
The /home/arthur directory does not exist
$
```

-d 조건 테스트는 jump_directory 변수의 디렉토리가 있는지 확인한다. 만약 있다면 cd 명령으로 현재 디렉토리를 변경하고 디렉토리 목록을 표시한다. 디렉토리가 없다면 스크립트는 경고 메시지를 내보내고 스크립트를 종료한다.

개체가 존재하는지 여부 검사하기

스크립트에서 파일 또는 디렉토리를 사용하기 전에 이 개체가 있는지 확인하려면 -e 비교를 사용한다.

```
$ cat test12.sh
#!/bin/bash
# Check if either a directory or file exists
#
location=$HOME
file_name="sentinel"
#
if [ -e $location ]
then   #Directory does exist
    echo "OK on the $location directory."
    echo "Now checking on the file, $file_name."
    #
    if [ -e $location/$file_name ]
    then #File does exist
        echo "OK on the filename"
        echo "Updating Current Date..."
        date >> $location/$file_name
    #
    else #File does not exist
        echo "File does not exist"
        echo "Nothing to update"
    fi
```

```
#
else    #Directory does not exist
    echo "The $location directory does not exist."
    echo "Nothing to update"
fi
#
$        `
$ ./test12.sh
OK on the /home/Christine directory.
Now checking on the file, sentinel.
File does not exist
Nothing to update
$
$ touch sentinel
$
$ ./test12.sh
OK on the /home/Christine directory.
Now checking on the file, sentinel.
OK on the filename
Updating Current Date...
$
```

첫 번째 검사는 사용자가 $HOME 디렉토리를 가지고 있는지 여부를 결정하기 위해 -e 비교를 사용한다. 만약 가지고 있다면 다음 -e 비교 검사는 sentinel이라는 이름을 가진 파일이 $HOME 디렉토리에 존재하는지 여부를 판단한다. 파일이 존재하지 않는다면 쉘 스크립트는 파일이 없거나 업데이트할 것이 없다고 알려준다.

업데이트가 작동하도록 sentinel 파일을 만들고 다시 한번 쉘 스크립트를 실행했다. 이번에는 조건을 테스트했을 때 $HOME 디렉토리와 sentinel 파일 모두 발견되었고 현재 날짜와 시간이 파일에 추가되었다.

파일 확인하기

-e 비교는 파일과 디렉토리 양쪽 모두에 적용된다. 지정된 디렉토리가 아니라 파일로 지정되어 있는지 확인하기 위해서는 -f 비교를 사용해야 한다.

```
$ cat test13.sh
#!/bin/bash
# Check if either a directory or file exists
#
item_name=$HOME
echo
echo "The item being checked: $item_name"
```

```
echo
#
if [ -e $item_name ]
then   #Item does exist
    echo "The item, $item_name, does exist."
    echo "But is it a file?"
    echo
    #
    if [ -f $item_name ]
    then #Item is a file
        echo "Yes, $item_name is a file."
    #
    else #Item is not a file
        echo "No, $item_name is not a file."
    fi
#
else    #Item does not exist
    echo "The item, $item_name, does not exist."
    echo "Nothing to update"
fi
#
$ ./test13.sh

The item being checked: /home/Christine

The item, /home/Christine, does exist.
But is it a file?

No, /home/Christine is not a file.
$
```

많은 검사를 수행하는 스크립트다. 먼저 $HOME의 존재 여부를 테스트하는 -e 비교를 사용한다. 만약 있다면 파일인지 여부를 테스트하기 위해 -f를 사용한다. 이는 파일이 아니므로(물론 아니다) 파일이 아니라는 메시지가 출력된다.

item_name 변수를 약간 수정해서 $HOME 디렉토리 대신 $HOME/sentinel 파일을 가리키게 하면 다른 결과가 나온다.

```
$ nano test13.sh
$
$ cat test13.sh
#!/bin/bash
# Check if either a directory or file exists
#
```

```
item_name=$HOME/sentinel
[...]
$
$ ./test13.sh

The item being checked: /home/Christine/sentinel

The item, /home/Christine/sentinel, does exist.
But is it a file?

Yes, /home/Christine/sentinel is a file.
$
```

test13.sh 스크립트는 이전 것과 별 차이가 없어 보인다. Item_name 변수값만 바뀌었기 때문이다. 스크립트가 실행될 때 $HOME/sentinel을 -f 테스트하면 종료 상태로 0을 돌려주며 그에 따라 then 부분이 실행되고 출력은 Yes, /home/Christine/sentinel is a file.로 달라진다.

읽을 수 있는지 검사하기

파일에서 데이터를 읽으려고 하기 전에 먼저 파일을 읽을 수 있는지 여부를 테스트하는 것이 보통은 좋은 생각이다. -r 비교로 이러한 작업을 한다.

```
$ cat test14.sh
#!/bin/bash
# testing if you can read a file
pwfile=/etc/shadow
#
# first, test if the file exists, and is a file
if [ -f $pwfile ]
then
    # now test if you can read it
    if [ -r $pwfile ]
    then
        tail $pwfile
    else
        echo "Sorry, I am unable to read the $pwfile file"
    fi
else
    echo "Sorry, the file $file does not exist"
fi
$
$ ./test14.sh
Sorry, I am unable to read the /etc/shadow file
```

$

/etc/shadow 파일은 시스템 사용자에 대한 암호화된 암호를 포함하고 있으므로 시스템의 일반 사용자가 읽을 수 없다. -r 비교는 이 파일이 읽기가 허용되지 않는다고 판단했고 따라서 test 명령은 실패했으며 bash 셸은 if-then 구문의 else 부분을 실행했다.

빈 파일 확인하기

비어 있지 않은 파일을 제거하지 않고 싶지 않을 때에는 파일이 비어 있는지 여부를 확인하기 위해 -s 비교를 사용해야 한다. -s 비교가 성공하면 그 파일은 데이터를 가지고 있다는 뜻이므로 주의해야 한다.

```
$ cat test15.sh
#!/bin/bash
# Testing if a file is empty
#
file_name=$HOME/sentinel
#
if [ -f $file_name ]
then
    if [ -s $file_name ]
    then
        echo "The $file_name file exists and has data in it."
        echo "Will not remove this file."
#
    else
        echo "The $file_name file exists, but is empty."
        echo "Deleting empty file..."
        rm $file_name
    fi
else
    echo "File, $file_name, does not exist."
fi
#
$ ls -l $HOME/sentinel
-rw-rw-r--. 1 Christine Christine 29 Jun 25 05:32 /home/Christine/
sentinel
$
$ ./test15.sh
The /home/Christine/sentinel file exists and has data in it.
Will not remove this file.
$
```

먼저 -f 비교는 파일이 존재하는지 여부를 검사한다. 존재한다면 -s 비교로 넘어가서 파일이 비어 있는지 여부를 확인한다. 빈 파일은 삭제된다. ls -l 명령으로 sentinel 파일이 비어 있지 않다는 것을 볼 수 있으므로 스크립트는 이 파일을 지우지 않는다.

파일에 쓸 수 있는지 여부 확인하기

-w 비교는 파일에 쓸 수 있는 권한이 있는지 여부를 결정한다. test16.sh 스크립트는 test13.sh 스크립트를 조금 손본 것이다. item_name이 존재하고 파일인지 여부만을 확인하는 대신, 이 스크립트는 파일에 쓸 수 있는 권한이 있는지 여부도 확인한다.

```
$ cat test16.sh
#!/bin/bash
# Check if a file is writable.
#
item_name=$HOME/sentinel
echo
echo "The item being checked: $item_name"
echo
[...]
        echo "Yes, $item_name is a file."
        echo "But is it writable?"
        echo
        #
        if [ -w $item_name ]
        then #Item is writable
            echo "Writing current time to $item_name"
            date +%H%M >> $item_name
        #
        else #Item is not writable
            echo "Unable to write to $item_name"
        fi
    #
    else #Item is not a file
        echo "No, $item_name is not a file."
    fi
[...]
$
$ ls -l sentinel
-rw-rw-r--. 1 Christine Christine 0 Jun 27 05:38 sentinel
$
$ ./test16.sh

The item being checked: /home/Christine/sentinel
```

```
The item, /home/Christine/sentinel, does exist.
But is it a file?

Yes, /home/Christine/sentinel is a file.
But is it writable?

Writing current time to /home/Christine/sentinel
$
$ cat sentinel
0543
$
```

item_name 변수는 $HOME/sentinel로 설정되어 있으며, 이 파일은 사용자에게 쓰기 권한이 있다. (파일 사용 권한에 대한 자세한 내용은 제7장 참조) 따라서 스크립트가 실행될 때 -w 테스트는 종료 상태 0을 돌려주고 then 코드 블록이 실행된다. 이 블록은 sentinel 파일에 시간 기록을 작성한다.

chmod 명령으로 sentinel 파일 사용자의 쓰기 권한을 없애면 -w 테스트는 0이 아닌 상태를 돌려주고 시간이 파일에 기록되지 않는다.

```
$ chmod u-w sentinel
$
$ ls -l sentinel
-r--rw-r--. 1 Christine Christine 5 Jun 27 05:43 sentinel
$
$ ./test16.sh

The item being checked: /home/Christine/sentinel

The item, /home/Christine/sentinel, does exist.
But is it a file?

Yes, /home/Christine/sentinel is a file.
But is it writable?

Unable to write to /home/Christine/sentinel
$
```

다시 사용자에 대한 쓰기 권한을 부여하기 위해 chmod 명령을 다시 사용할 수 있다. 그러면 쓰기 권한 테스트 표현식은 종료 상태 0을 돌려주고 파일에 쓰기 시도를 허용할 것이다.

파일을 실행할 수 있는지 여부 확인하기

-x 비교는 특정 파일에 대한 실행 권한이 있는지 여부를 확인하는 편리한 방법이다. 대부분의 명령에는 필요하지 않지만 쉘 스크립트 안에서 스크립트를 많이 실행하는 경우에는 도움이 된다.

```
$ cat test17.sh
#!/bin/bash
# testing file execution
#
if [ -x test16.sh ]
then
    echo "You can run the script: "
    ./test16.sh
else
    echo "Sorry, you are unable to execute the script"
fi
$
$ ./test17.sh
You can run the script:
[...]
$
$ chmod u-x test16.sh
$
$ ./test17.sh
Sorry, you are unable to execute the script
$
```

이 예제 쉘 스크립트는 test16.sh 스크립트를 실행할 수 있는 권한이 있는지 여부를 검사하기 위해 -x 비교를 사용한다. 권한이 있다면 스크립트를 실행한다. 처음에 성공적으로 test16.sh 스크립트를 실행한 후 사용 권한을 변경했다. 이번에는 test16.sh 스크립트로부터 실행 권한이 제거되었기 때문에 -x 비교는 실패했다.

소유권 확인하기

-O 비교로 당신이 파일의 소유자인지 여부를 쉽게 테스트할 수 있다.

```
$ cat test18.sh
#!/bin/bash
# check file ownership
#
if [ -O /etc/passwd ]
then
    echo "You are the owner of the /etc/passwd file"
else
```

```
        echo "Sorry, you are not the owner of the /etc/passwd file"
fi
$
$ ./test18.sh
Sorry, you are not the owner of the /etc/passwd file
$
```

이 스크립트는 스크립트를 실행하는 사용자가 /etc/passwd 파일의 소유자인지 여부를 검사하기
위해 -O 비교를 사용한다. 이 스크립트는 일반 사용자 계정으로 실행되어 테스트는 실패한다.

기본 그룹 구성원 확인하기

-G 비교는 파일의 기본 그룹을 확인하며, 사용자의 기본 그룹과 일치하면 성공한다. 이 검사는 조
금 헷갈릴 수 있다. -G 비교는 기본 그룹만 검사하며 사용자가 속한 모든 그룹을 검사하는 것은 아
니기 때문이다. 다음은 그 예다.

```
$ cat test19.sh
#!/bin/bash
# check file group test
#
if [ -G $HOME/testing ]
then
    echo "You are in the same group as the file"
else
    echo "The file is not owned by your group"
fi
$
$ ls -l $HOME/testing
-rw-rw-r-- 1 rich rich 58 2014-07-30 15:51 /home/rich/testing
$
$ ./test19.sh
You are in the same group as the file
$
$ chgrp sharing $HOME/testing
$
$ ./test19
The file is not owned by your group
$
```

스크립트가 처음 실행될 때는 $HOME/testing 파일은 rich 그룹에 속해 있고 -G 비교는 성공한다.
그 다음, 그룹을 역시 사용자가 속해 있는 sharing 그룹으로 바꾸었다. 사용자의 기본 그룹만 비교
하고 어떠한 추가 그룹도 무시하여 -G 비교는 실패한다.

358

파일 날짜 확인하기

마지막 비교 유형은 두 파일이 만들어진 시간을 대상으로 한다. 이는 소프트웨어를 설치하는 스크립트를 작성할 때 편리하다. 이미 시스템에 설치되어있는 파일보다 오래된 파일을 설치하지 않아야 할 때가 있다.

-nt 비교는 어떤 파일이 다른 파일보다 최신인지 여부를 확인한다. 어떤 파일이 더 최신이라면 이는 만들어진 시간이 더 최근이라는 뜻이다. -ot 비교는 어떤 파일이 다른 파일보다 오래되었는지 여부를 확인한다. 어떤 파일이 더 오래 되었다면 파일이 만들어진 시간이 더 이전이라는 뜻이다.

```
$ cat test20.sh
#!/bin/bash
# testing file dates
#
if [ test19.sh -nt test18.sh ]
then
    echo "The test19 file is newer than test18"
else
    echo "The test18 file is newer than test19"
fi
if [ test17.sh -ot test19.sh ]
then
   echo "The test17 file is older than the test19 file"
fi
$
$ ./test20.sh
The test19 file is newer than test18
The test17 file is older than the test19 file
$
$ ls -l test17.sh test18.sh test19.sh
-rwxrw-r-- 1 rich rich 167 2014-07-30 16:31 test17.sh
-rwxrw-r-- 1 rich rich 185 2014-07-30 17:46 test18.sh
-rwxrw-r-- 1 rich rich 167 2014-07-30 17:50 test19.sh
$
```

비교에 사용된 파일의 경로는 스크립트를 실행하는 디렉토리를 기준으로 한 상대 경로다. 검사하려는 파일이 다른 곳으로 옮겨지면 문제가 일어날 수 있다. 다른 문제는 어느 비교 검사도 먼저 어느 파일이 존재하는지 여부를 검사하지 않는다는 것이다. 다음을 테스트해 보자.

```
$ cat test21.sh
#!/bin/bash
# testing file dates
#
if [ badfile1 -nt badfile2 ]
then
```

```
        echo "The badfile1 file is newer than badfile2"
    else
        echo "The badfile2 file is newer than badfile1"
    fi
    $
    $ ./test21.sh
    The badfile2 file is newer than badfile1
    $
```

이 작은 예는 파일이 존재하지 않으면 -nt가 단지 실패한 상태를 돌려준다. -nt 또는 -ot 비교를 하기 전에 파일이 존재하는지 확인하는 것이 필수다.

복합 테스트 검토하기

if-then 구문을 사용하면 테스트를 결합하는 부울 논리(Boolean logic)를 사용할 수 있다. 두 가지 부울 연산자를 사용할 수 있다.

```
[ condition1 ] && [ condition2 ]
[ condition1 ] || [ condition2 ]
```

첫 번째 부울 연산은 두 가지 조건을 AND 부울 연산자로 결합한다. then 섹션이 실행되기 위해서는 두 조건 모두 만족되어야 한다.

> **TIP**
> 부울 논리는 가능한 반환값이 TRUE 또는 FALSE로 한정된다.

두 번째 부울 연산은 두 가지 조건을 OR 부울 연산자로 결합한다. 어느 한쪽이라도 참으로 평가되면 두 조건이 진정한 조건으로 평가되면 then 섹션이 실행된다.

다음은 AND 부울 연산자의 실제 사용 예를 보여준다.

```
$ cat test22.sh
#!/bin/bash
# testing compound comparisons
#
if [ -d $HOME ] && [ -w $HOME/testing ]
then
    echo "The file exists and you can write to it"
else
```

```
        echo "I cannot write to the file"
fi
$
$ ./test22.sh
I cannot write to the file
$
$ touch $HOME/testing
$
$ ./test22.sh
The file exists and you can write to it
$
```

부울 AND 연산자를 사용하면 두 개의 비교 모두가 만족되어야 한다. 첫 번째 비교는 사용자의 $HOME 디렉토리가 있는지 여부를 확인한다. 두 번째 비교는 사용자의 $HOME 디렉토리에 testing이라는 파일이 있는지, 사용자가 파일에 대한 쓰기 권한이 있는지를 확인한다. 이러한 비교 중 하나라도 실패하면 if 문은 실패하고 쉘은 else 섹션을 실행한다. 두 비교가 모두 성공하면 쉘은 then 섹션을 실행한다.

고급 if-then 기능 사용하기

bash 쉘의 두 가지 추가 기능은 if-then 구문에서 사용할 수 있는 고급 기능을 제공한다.

- 수학 표현식을 위한 이중 괄호
- 고급 문자열 처리 기능을 위한 이중 대괄호

다음 절에서는 각 기능을 더 자세히 설명한다.

이중 괄호 사용하기

이중 괄호 명령은 비교에 고급 수학 공식을 통합할 수 있다 테스트 명령은 비교에서 간단한 산술 연산을 할 수 있다. 이중 괄호 명령은 다른 프로그래밍 언어를 사용하고 있는 프로그래머가 익숙하게 사용할 수 있는 더 많은 수학 기호를 제공한다. 이중 괄호 명령의 형식은 다음과 같다.

```
(( expression ))
```

expression에는 수식 또는 비교 표현식이 들어갈 수 있다. test 명령에서 쓰이는 표준 수학 연산자 이외에도 [표 12-4]는 이중 괄호 명령 안에 들어갈 수 있는 추가 연산자 목록을 보여준다.

361

표 12-4 이중괄호 명령에 쓰일 수 있는 기호

기호	설명
val++	후위 증가
val--	후위 감소
++val	전위 증가
--val	전위 감소
!	논리 부정
~	비트 부정
**	지수화
<<	비트를 왼쪽으로 시프트
>>	피트를 오른쪽으로 시프트
&	비트 단위 부울 AND
|	비트 단위 부울 OR
&&	논리 AND
||	논리 OR

값을 할당하기 위한 스크립트의 일반 명령뿐만 아니라, if 문에도 이중 괄호 명령을 사용할 수 있다.

```
$ cat test23.sh
#!/bin/bash
# using double parenthesis
#
val1=10
#
if (( $val1 ** 2 > 90 ))
then
    (( val2 = $val1 ** 2 ))
    echo "The square of $val1 is $val2"
fi
$
$ ./test23.sh
The square of 10 is 100
$
```

이중 괄호 안의 수식 안에서는 부등호에 이스케이프가 필요 없는 것을 알 수 있다. 이는 이중 괄호 명령이 가진 또 다른 고급 기능이다.

이중 대괄호 사용하기

이중 대괄호 명령은 문자열 비교에 대한 고급 기능을 제공한다. 이중 대괄호 명령의 형식은 다음과 같다.

```
[[ expression ]]
```

이중 대괄호 표현식은 테스트 명령 평가의 표준 문자열 비교를 사용한다. 하지만 테스트 평가에서는 쓸 수 없는 추가 기능도 제공한다. 바로 패턴 일치다.

> **NOTE**
> 이중 대괄호는 bash 쉘에서 잘 동작한다. 하지만 모든 쉘이 이중 대괄호를 지원하지 않는다는 점에 유의하라.

패턴 일치에서는 문자열 값과 비교할 정규표현식(제20장에서 자세히 설명)을 정의할 수 있다.

```
$ cat test24.sh
#!/bin/bash
# using pattern matching
#
if [[ $USER == r* ]]
then
   echo "Hello $USER"
else
   echo "Sorry, I do not know you"
fi
$
$ ./test24.sh
Hello rich
$
```

위의 스크립트에서 이중 등호(==)를 사용하는 것을 알 수 있다. 이러한 이중 등호는 오른쪽에 있는 문자열(r*)을 패턴으로 간주하고 규칙을 적용해서 패턴을 대조한다. 이중 대괄호 명령은 $USER 환경 변수가 r로 시작하는지 대조해본다. 만약 그렇다면 비교는 성공하고 쉘은 then 섹션의 명령을 실행한다.

case 명령 알아보기

변수의 값을 평가할 때 가능한 몇 가지 값 중 하나에 해당하는지 확인할 때가 있다. 이 시나리오에서는 다음과 같이 if-then-else 구문을 길게 써야 한다.

```
$ cat test25.sh
#!/bin/bash
# looking for a possible value
#
if [ $USER = "rich" ]
then
    echo "Welcome $USER"
    echo "Please enjoy your visit"
elif [ $USER = "barbara" ]
then
    echo "Welcome $USER"
    echo "Please enjoy your visit"
elif [ $USER = "testing" ]
then
    echo "Special testing account"
elif [ $USER = "jessica" ]
then
    echo "Do not forget to logout when you're done"
else
    echo "Sorry, you are not allowed here"
fi
$
$ ./test25.sh
Welcome rich
Please enjoy your visit
$
```

elif 문은 if-then 구문을 계속 이어 나가면서 한 가지 변수를 비교해서 특정한 값인지 여부를 평가한다.

같은 변수에 대해서 계속해서 검사할 때 elif 문만을 쓰는 대신 case 명령을 쓸 수 있다. case 명령은 목록 중심의 형식으로 하나의 변수에 대해 여러 가지 값을 확인한다.

```
case variable in
pattern1 | pattern2) commands1;;
pattern3) commands2;;
*) default commands;;
esac
```

case 명령은 지정된 변수를 여러 패턴으로 비교한다. 변수가 패턴과 일치하면 쉘은 패턴에 지정된 명령을 실행한다. 한 줄에 한 가지 이상의 패턴을 쓸 수 있으며 이때는 바 연산자(|)로 각 패턴을 분

리한다. 별표(*) 기호는 나열된 패턴 중 어느 것과도 일치하지 않는 모든 값을 수용한다. 다음은 if-then-else 프로그램을 case 명령으로 바꾼 예다.

```
$ cat test26.sh
#!/bin/bash
# using the case command
#
case $USER in
rich | barbara)
    echo "Welcome, $USER"
    echo "Please enjoy your visit";;
testing)
    echo "Special testing account";;
jessica)
    echo "Do not forget to log off when you're done";;
*)
    echo "Sorry, you are not allowed here";;
esac
$
$ ./test26.sh
Welcome, rich
Please enjoy your visit
$
```

case 명령은 가능한 각각의 값에 대한 다양한 옵션을 지정할 때 훨씬 깔끔한 방법을 제공한다.

요약

구조적 명령은 셸 스크립트 실행의 정상적인 흐름을 변경할 수 있다. 가장 기본이 되는 구조적 명령은 if-then 구문이다. 이 문장은 명령 평가를 제공하고 평가된 명령의 출력에 기반을 두고 다른 명령을 수행한다.

if-then 구문은 지정된 명령이 실패할 경우에 실행할 bash 셸 실행 명령 세트를 포함할 수 있도록 확장된다. if-then-else 구문은 평가되는 명령이 0이 아닌 종료 상태 코드를 돌려줄 때에만 실행될 명령들을 지정할 수 있다.

또한 elif 문으로 if-then-else 구문을 연결할 수도 있다. elif는 else if 문을 사용하는 것과 같으며, 원래 평가된 명령이 실패할 경우 추가 검사를 제공한다.

대부분의 스크립트에서는 명령을 평가하는 대신 숫자값, 문자열의 내용, 파일이나 디렉토리의 상태 같은 조건을 평가할 필요가 있을 것이다. 테스트 명령은 이러한 모든 조건을 평가하기 위한 쉬운 방법을 제공한다. 조건이 참이면 테스트 명령은 if-then 구문에 종료 상태 코드 0을 돌려준다. 조건이 거짓이면 테스트 명령은 if-then 구문에 0이 아닌 종료 상태 코드를 돌려준다.

대괄호는 특수한 bash 명령으로 테스트 명령과 같은 뜻이다. if-then 구문에서 숫자, 문자열 및 파일 상태를 테스트할 경우 테스트 조건을 대괄호로 묶을 수 있다.

이중 괄호 명령은 추가 연산자를 사용하는 고급 수학 평가를 제공한다. 이중 대괄호 명령은 고급 문자열 패턴 일치 평가를 수행할 수 있다.

마지막으로 이 장은 한 가지 변수에 대한 여러 가지 값을 검사할 때 if-then-else 명령을 여러 번 사용하는 것보다 스크립트를 짧게 만들 수 있는 case 명령에 대해 이야기했다.

다음 장에서는 셸 루프 명령을 살펴보면서 구조적 명령에 대한 논의를 계속할 것이다. for 및 while 명령을 사용하면 지정된 기간 동안 명령을 되풀이하는 루프를 만들 수 있다.

구조적 명령 더 알아보기

이 장의 내용

이전 장에서는 명령의 출력 변수의 값을 확인하여 쉘 스크립트 프로그램의 흐름을 조작하는 방법을 살펴보았다. 이 장에서는 쉘 스크립트의 흐름을 제어하는 구조적 명령들을 계속해서 살펴본다. 프로세스를 되풀이해서 수행하는 방법, 지정된 상태까지 일련의 명령을 되풀이하는 명령을 볼 것이다. 이 장에서는 bash 쉘 루프 명령인 for, while, until에 대해 알아보고 그 예를 다룬다.

///////////////////

for 명령
///////////////////

일련의 명령을 되풀이하는 것은 프로그래밍에서 흔히 쓰이는 방법이다. 특정 조건이 만족될 때까지 일련의 명령을 되풀이해야 할 때가 있다. 같은 디렉토리에 있는 모든 파일, 시스템에 있는 모든 사용자, 텍스트 파일의 모든 줄에 관한 작업을 할 때가 그러한 예다.

bash 쉘은 어떠한 값의 집합을 거치면서 되풀이하는 루프 구문을 만들 수 있는 명령을 제공한다. 각각의 반복은 값의 집합 가운데 하나를 사용하여 정의된 명령어 세트를 실행한다. 이러한 명령에 대한 bash 쉘의 기본 형식은 다음과 같다.

```
for var in list
do
        commands
done
```

list 매개변수에는 반복에 사용할 값의 집합을 제공한다. 여러 방법으로 이러한 집합을 지정할 수 있다.

반복이 이루어질 때마다 var 변수는 list 중 현재의 값을 포함한다. 첫 번째 반복 단계에서는 list의 첫 항목을 사용하고 두 번째 반복 단계에서는 두 번째 항목을 사용한다. 이런 식으로 list 안의 모든 항목을 사용할 때까지 계속 되풀이된다.

do와 done 문 사이에 있는 명령들은 하나 또는 그 이상의 bash 표준 쉘 명령들이다. 이 명령들 안에서 $var 변수는 이번 반복에 쓰일 list의 항목을 포함하고 있다.

> **NOTE**
> 원하는 경우 for 문과 do 문을 같은 줄에 놓을 수 있지만 세미콜론으로 do를 list 항목과 구분해야 한다. for var in list; do와 같은 형식이 된다.

다음 절에서는 list 값을 지정하는 다양한 방법을 보여줄 것이다.

목록에서 값을 읽기

for 명령 안에서 정의된 값을 하나씩 꺼내면서 되풀이하는 것이 가장 기본적인 사용 방법이다.

```
$ cat test1
#!/bin/bash
# basic for command

for test in Alabama Alaska Arizona Arkansas California Colorado
do
    echo The next state is $test
done
$ ./test1
The next state is Alabama
The next state is Alaska
The next state is Arizona
The next state is Arkansas
The next state is California
The next state is Colorado
$
```

for 명령이 제공된 값의 목록을 하나씩 거쳐 가면서 되풀이할 때마다 $test 명령은 목록의 다음 값을 할당받는다. $test 변수는 for 명령 구문 안에서는 다른 스크립트 변수처럼 사용할 수 있다. 마지막으로 되풀이한 뒤에도 $test 변수는 쉘 스크립트의 나머지 부분에서 유효하다. 이 변수는(값을 직접 변경하지 않는 한) 마지막 되풀이할 때의 값을 유지한다.

```
$ cat test1b
#!/bin/bash
# testing the for variable after the looping
```

```
for test in Alabama Alaska Arizona Arkansas California Colorado
do
    echo "The next state is $test"
Done
echo "The last state we visited was $test"
test=Connecticut
echo "Wait, now we're visiting $test"
$ ./test1b
The next state is Alabama
The next state is Alaska
The next state is Arizona
The next state is Arkansas
The next state is California
The next state is Colorado
The last state we visited was Colorado
Wait, now we're visiting Connecticut
$
```

$test 변수는 값을 보유하고 for 명령 루프 바깥에서 다른 변수들처럼 값을 바꿔 사용할 수 있다.

목록의 복잡한 값을 읽기

for 루프가 언제나 보는 것처럼 쉽지는 않다. 문제에 부딪치게 될 때가 있다. 다음은 쉘 스크립트 프로그래머에게 문제가 될 수 있는 전형적인 예다.

```
$ cat badtest1
#!/bin/bash
# another example of how not to use the for command

for test in I don't know if this'll work
do
    echo "word:$test"
done
$ ./badtest1
word:I
word:dont know if thisll
word:work
$
```

이런, 뭔가 잘못 되었다. 쉘은 목록 값 안에 있는 홑따옴표를 만나면 그 사이에 있는 값을 단일한 데이터 값으로 본다. 이렇게 되면 데이터를 처리하는 상황이 꼬이게 된다.

해결 방법은 두 가지가 있다.

- 홑따옴표에 이스케이프 문자(백슬래시)를 써서 이스케이프 처리
- 홑따옴표를 사용하는 값을 정의하는 겹따옴표를 사용

어느 쪽도 멋진 해법은 못 되지만 그래도 문제를 해결하는 데에는 도움이 된다.

```
$ cat test2
#!/bin/bash
# another example of how not to use the for command

for test in I don know if "this'll" work
do
    echo "word:$test"
done
$ ./test2
word:I
word:don't
word:know
word:if
word:this'll
word:work
$
```

문제가 되는 첫 번째 부분에서는 홑따옴표에 백슬래시 문자를 붙여서 이스케이프 처리했다. 두 번째 문제가 되는 부분에서는 this'il 값을 겹따옴표로 감싼다. 두 방법 모두 값을 잘 구별한다.

또 다른 문제는 여러 단어로 이루어진 값이다. for 루프는 각 값이 빈 칸으로 구분되어 있다고 가정한다. 데이터 값이 빈 칸을 포함한 경우 또 다른 문제를 만나게 된다.

```
$ cat badtest2
#!/bin/bash
# another example of how not to use the for command

for test in Nevada New Hampshire New Mexico New York North Carolina
do
    echo "Now going to $test"
done
$ ./badtest1
Now going to Nevada
Now going to New
Now going to Hampshire
Now going to New
Now going to Mexico
```

```
Now going to New
Now going to York
Now going to North
Now going to Carolina
$
```

이런. 우리가 원하는 정확한 결과가 아니다. for 명령은 목록의 각 값을 빈 칸으로 구분한다. 개별 데이터 값 사이에 빈 칸이 있다면 이를 겹따옴표로 감싸야 한다.

```
$ cat test3
#!/bin/bash
# an example of how to properly define values

for test in Nevada "New Hampshire" "New Mexico" "New York"
do
    echo "Now going to $test"
done
$ ./test3
Now going to Nevada
Now going to New Hampshire
Now going to New Mexico
Now going to New York
$
```

이제 for 명령이 각각의 값을 정확하게 구분한다. 값을 겹따옴표로 감싸면 셸은 그 겹따옴표는 값 자체에는 포함시키지 않는다.

변수에서 목록 읽기

셸 스크립트에서 발생한 값의 목록을 변수에 쌓아두었다가 되풀이해서 처리해야 할 때가 있다. for 명령으로 이러한 일도 할 수 있다.

```
$ cat test4
#!/bin/bash
# using a variable to hold the list

list="Alabama Alaska Arizona Arkansas Colorado"
list=$list" Connecticut"

for state in $list
do
    echo "Have you ever visited $state?"
```

```
done
$ ./test4
Have you ever visited Alabama?
Have you ever visited Alaska?
Have you ever visited Arizona?
Have you ever visited Arkansas?
Have you ever visited Colorado?
Have you ever visited Connecticut?
$
```

$list 변수에는 반복에 사용할 표준 텍스트 목록의 값들이 포함되어 있다. 또한 코드는 $list 변수에 포함된 기존 목록에 항목을 추가(연결)하기 위하여 다른 종류의 할당문을 사용한다는 것에 주목하라. 이는 변수에 저장된 기존 텍스트 문자열의 끝에 텍스트를 추가하기 위해 널리 쓰이는 방법이다.

명령에서 값을 읽기

목록에 사용하기 위한 값을 만드는 또 다른 방법은 명령의 출력을 사용하는 것이다. 사용자는 출력을 만들어내는 어떤 명령이든 이를 실행하고, 그 출력을 for 명령에 사용하려면 명령을 치환한다.

```
$ cat test5
#!/bin/bash
# reading values from a file

file="states"

for state in $(cat $file)
do
    echo "Visit beautiful $state"
done
$ cat states
Alabama
Alaska
Arizona
Arkansas
Colorado
Connecticut
Delaware
Florida
Georgia
$ ./test5
Visit beautiful Alabama
Visit beautiful Alaska
```

```
Visit beautiful Arizona
Visit beautiful Arkansas
Visit beautiful Colorado
Visit beautiful Connecticut
Visit beautiful Delaware
Visit beautiful Florida
Visit beautiful Georgia
$
```

이 예에서는 파일 상태의 내용을 표시하기 위해 명령 치환에 cat 명령을 사용했다. 상태 파일이 각각의 상태를 빈 칸으로 구분하는 게 아니라 별개의 줄에 표시하는 점을 눈여겨보자. 하지만 for 명령은 각각의 상태가 개별 줄에 나뉘어 있다고 가정하고 cat 명령의 출력을 한 번에 한 줄씩 처리하면서 반복을 수행한다. 이는 데이터의 빈 칸에 관한 문제를 해결하지는 못한다. 빈 칸이 들어 있는 상태가 목록에 들어 있으면 for 명령은 한 단어씩 나눠서 별개의 값으로 처리한다. 이렇게 하는 데에는 이유가 있는데, 다음 절에서 살펴볼 것이다.

> **NOTE**
> test5 코드 예제는 경로 없이 바로 파일 이름을 사용하여 변수에 파일 이름을 지정했다. 이 파일은 스크립트와 같은 디렉토리에 있어야 한다. 그렇지 않으면 파일 위치를 참조하는 전체 경로(절대 또는 상대)를 사용할 필요가 있다.

필드 구분자 변경하기

앞에서 본 문제의 원인은 내부 필드 분리 구분자(internal field separator)라고 하는 특수한 환경 변수인 IFS 때문이다. IFS 환경 변수는 bash 쉘이 필드 구분자로 사용하는 문자의 목록을 정의한다. bash 쉘은 기본적으로 다음 문자를 필드 구분을 위한 기호로 간주한다.

- 빈 칸

- 탭

- 줄바꿈

bash 쉘은 데이터에서 이러한 문자를 보게 되면 목록 안에서 새 데이터 필드가 시작된다고 본다. 앞의 예제에서 보았듯이 이는 빈 칸을 포함할 수 있는 데이터(파일 이름)를 다룰 때에는 성가신 문제다.

이 문제를 해결하기 위해서는 bash 쉘이 일시적으로 필드 구분자로 인식하는 문자를 제한할 목적으로 쉘 스크립트에서 IFS 환경 변수 값을 바꿀 수 있다. 예를 들어 IFS 값이 줄바꿈 문자만 인식할 수 있도록 바꾸려고 한다면 다음과 같이 해야 한다.

```
    IFS=$'\n'
```

스크립트에 이 문장을 추가하면 bash 셸에게 데이터 값에서 빈 칸과 탭을 무시하라고 지시한다. 이전 스크립트에 이 방법을 적용하면 다음과 같은 결과가 된다.

```
$ cat test5b
#!/bin/bash
# reading values from a file

file="states"

IFS=$'\n'
for state in $(cat $file)
do
    echo "Visit beautiful $state"
done
$ ./test14b
Visit beautiful Alabama
Visit beautiful Alaska
Visit beautiful Arizona
Visit beautiful Arkansas
Visit beautiful Colorado
Visit beautiful Connecticut
Visit beautiful Delaware
Visit beautiful Florida
Visit beautiful Georgia
Visit beautiful New York
Visit beautiful New Hampshire
Visit beautiful North Carolina
$
```

이제 셸 스크립트는 빈 칸을 포함한 값을 목록에 사용할 수 있다.

> **TIP**
> 긴 스크립트를 다룰 때에는 어떤 한 곳에서 IFS 값을 변경한 다음 그 사실을 잊고, 스크립트의 다른 곳에서는 IFS가 원래의 기본값일 것이라고 생각하고 사용할 수도 있다. 이를 방지하는 안전한 방법은 IFS 값을 변경하기 전에 원래의 값을 저장한 다음 변경이 필요한 작업이 끝나면 원래대로 복원하는 것이다.
> IFS.OLD=$IFS
> IFS=$''
> <use the new IFS value in code>
> IFS=$IFS.OLD
> 이렇게 하면 IFS 값이 스크립트 안에서 나중에 수행되는 동작을 위한 기본값으로 복원된다.

IFS 환경 변수를 다른 방법으로 멋지게 응용할 수도 있다. 콜론으로 구분되는 파일의 값(/etc/passwd 파일 안의 내용)을 차례대로 되풀이한다고 가정해 보자. 콜론으로 IFS 값을 설정해야 한다.

```
IFS=:
```

IFS 글자를 둘 이상 지정하려면 문자열로 써 주면 된다.

```
IFS=$'\n':;"
```

여기서는 필드 구분 기호로 줄바꿈, 콜론, 세미콜론, 겹따옴표 문자를 사용한다. IFS로 어떤 문자를 써서 데이터를 분석할 수 있는가에 대한 제한은 없다.

와일드카드를 써서 디렉토리 읽기

마지막으로 for 명령을 써서 어떤 디렉토리 안의 파일을 자동으로 차례차례 되풀이할 수 있다. 이렇게 하려면 파일 또는 경로 이름에 와일드카드 문자를 사용한다. 그러면 쉘은 강제로 파일 글로빙을 사용한다. 파일 글로빙은 지정된 와일드카드 문자와 일치 파일 이름 또는 경로 이름을 만들어 내는 과정이다.

이 기능을 사용하면 어떤 디렉토리에 있는 파일 이름을 모르더라도 이들 파일을 잘 처리할 수 있다.

```
$ cat test6
#!/bin/bash
# iterate through all the files in a directory

for file in /home/rich/test/*
do

    if [ -d "$file" ]
    then
       echo "$file is a directory"
    elif [ -f "$file" ]
    then
       echo "$file is a file"
    fi
done
$ ./test6
/home/rich/test/dir1 is a directory
/home/rich/test/myprog.c is a file
/home/rich/test/myprog is a file
/home/rich/test/myscript is a file
/home/rich/test/newdir is a directory
/home/rich/test/newfile is a file
```

13

```
/home/rich/test/newfile2 is a file
/home/rich/test/testdir is a directory
/home/rich/test/testing is a file
/home/rich/test/testprog is a file
/home/rich/test/testprog.c is a file
$
```

for 명령은 /home/rich/test/* 목록의 결과를 순서대로 되풀이한다. 코드는 test 명령(대괄호를 사용하는 방법)을 사용해서 -d 매개변수로 디렉토리인지, -f 매개변수로 파일인지 각 항목을 상대로 테스트를 되풀이한다(제12장 참조).

이 예제에서는 if 문 테스트에서 약간 다른 일을 했다는 것을 알 수 있다.

```
if [ -d "$file" ]
```

리눅스에서는 디렉토리와 파일 이름에 빈 칸이 들어가는 것은 전혀 문제가 없다. 이를 수용하기 위해서는 겹따옴표로 $file 변수를 묶어야 한다. 그렇지 않으면 빈 칸이 포함된 디렉토리 또는 파일 이름을 만났을 때 오류가 일어난다.

```
./test6: line 6: [: too many arguments
./test6: line 9: [: too many arguments
```

bash 셸은 test 명령 안에서 단어가 추가로 나오면 이를 매개변수로 다루므로 오류가 일어나는 원인이 된다.

또한 여러 개의 디렉토리 와일드카드를 나열함으로써 같은 for 명령에서 디렉토리 검색 방법과 나열 방법을 결합할 수도 있다.

```
$ cat test7
#!/bin/bash
# iterating through multiple directories

for file in /home/rich/.b* /home/rich/badtest
do
    if [ -d "$file" ]
    then
        echo "$file is a directory"
    elif [ -f "$file" ]
    then
        echo "$file is a file"
    else
      echo "$file doesn't exist"
    fi
done
```

```
$ ./test7
/home/rich/.backup.timestamp is a file
/home/rich/.bash_history is a file
/home/rich/.bash_logout is a file
/home/rich/.bash_profile is a file
/home/rich/.bashrc is a file
/home/rich/badtest doesn't exist
$
```

for 문은 먼저 파일 글로빙을 이용해서 와일드카드 문자로부터 얻은 파일 목록을 차례대로 되풀이해 나간다. 반복에 사용할 목록 안에는 와일드카드가 들어 있는 항목을 몇 개든 넣을 수 있다.

> **TIP**
>
> 목록 데이터에는 무엇이든 넣을 수 있다는 점에 주목하자. 파일 또는 디렉토리가 존재하지 않는다고 해도 for 문은 목록에 들어 있는 것은 무엇이든 처리하려고 시도한다. 파일 및 디렉토리 작업을 할 때 이는 문제가 될 수 있다. 지금 존재하지 않는 디렉토리에 대한 반복 작업을 하려고 하는지를 알 방법이 없다. 처리하기 전에 각 파일이나 디렉토리를 먼저 검사하는 것이 좋다.

C 스타일 for 명령

C 언어로 프로그래밍을 해온 사람이라면 bash 쉘이 for 명령을 사용하는 방법에 놀랐을 것이다. C 언어에서 for 루프는 보통 변수를 정의하고 반복이 이루어질 때마다 그 값을 자동으로 바꾼다. 보통 프로그래머는 이 변수를 카운터로 사용하고 반복이 이루어질 때마다 카운터를 하나씩 증가 또는 감소시킨다. bash의 for 명령에서도 이러한 기능을 쓸 수 있다. 이 절에서는 bash 쉘 스크립트에서 C 스타일 for 명령을 어떻게 사용하는지 보여줄 것이다.

C 언어의 for 명령

C 언어의 for 명령은 변수를 지정하는 특정한 방법, 반복이 계속되려면 참을 유지해야 하는 조건, 반복이 이루어질 때마다 변수의 값을 바꾸는 방법으로 구성된다. 지정된 조건이 거짓이 되면 for 루프는 중단된다. 조건식은 표준 수학 기호를 사용하여 정의된다. 예를 들어, 다음의 C 언어 코드를 생각해 보자.

```
for (i = 0; i < 10; i++)

    printf("The next number is %d\n", i);
```

이 코드는 변수 i를 카운터로 사용하는 단순 반복 루프를 만들어 낸다. 첫 번째 부분은 변수에 초깃값을 할당한다. 중간 부분은 아래의 루프가 반복되기 위한 조건을 정의한다. 정의된 조건이 거짓이 되면 루프는 반복을 중지한다. 마지막 부분은 반복 프로세스를 정의한다. 한 번 반복이 끝날 때마다 마지막 부분에 정의된 명령문이 실행된다. 이 예에서는 반복이 한 번 이루어질 때마다 변수 i가 1씩 증가한다.

bash 쉘 또한 C 스타일 for 루프와 비슷한 모습의 for 루프를 지원한다. 그러나 쉘 스크립트 프로그래머를 헷갈리게 만들 몇 가지 점을 포함해서 미묘한 차이가 존재한다. 아래는 C 스타일 bash의 for 구문의 기본 형식이다.

```
for (( variable assignment ; condition ; iteration process ))
```

C 스타일의 for 루프는 bash 쉘 스크립트 프로그래머들에게는 혼란스러울 수 있다. 쉘 스타일 변수 참조 대신 C 스타일 변수 참조를 사용하기 때문이다. 다음은 C 스타일 for 명령의 모습이다.

```
for (( a = 1; a < 10; a++ ))
```

표준 bash 쉘의 for 규칙을 따르지 않는 몇 가지 사항이 있다는 것을 알 수 있다.

- 변수 값 할당문에 빈 칸을 포함

- 조건문에 있는 변수 앞에 달러 기호가 붙지 않음

- 반복 프로세스의 수식에 expr 명령 형식이 사용되지 않음

쉘 개발자는 이 형식을 C 스타일 for 명령에 더욱 가깝게 만들었다. 이는 C 프로그래머들에게는 훌륭한 기능이지만 전문가 쉘 프로그래머마저도 혼란에 빠뜨릴 수 있다. 스크립트에서 C 스타일 for 루프를 사용할 때에는 주의해야 한다.

다음은 bash 쉘 프로그램에서 C 스타일 for 명령을 사용하는 예다.

```
$ cat test8
#!/bin/bash
# testing the C-style for loop

for (( i=1; i <= 10; i++ ))
do
    echo "The next number is $i"
done
$ ./test8
The next number is 1
The next number is 2
The next number is 3
The next number is 4
The next number is 5
The next number is 6
```

```
The next number is 7
The next number is 8
The next number is 9
The next number is 10
$
```

for 루프는 정의된 변수(이 예에서는 문자 i)를 사용하여 명령을 반복한다. 반복이 이루어질 때마다 $i 변수는 for 루프가 할당한 값을 포함한다. 반복이 한 번 이루어질 때마다 그 다음에는 변수에 루프 반복 처리가 적용되며 이 예에서는 i 변수가 1 증가한다.

여러 변수 사용하기

C 스타일 for 명령은 또한 반복을 할 때 여러 변수를 사용할 수도 있다. loop는 각 변수를 따로따로 다룸으로써 각각의 변수에 대한 다른 반복 처리를 정의할 수 있다. 여러 변수를 넣을 수 있지만 for 루프의 조건은 하나만 정의할 수 있다.

```
$ cat test9
#!/bin/bash
# multiple variables

for (( a=1, b=10; a <= 10; a++, b-- ))
do
    echo "$a - $b"
done
$ ./test9
1 - 10
2 - 9
3 - 8
4 - 7
5 - 6
6 - 5
7 - 4
8 - 3
9 - 2
10 - 1
$
```

a와 b는 각각 다른 변수 값으로 초기화되었고, 다른 반복 처리가 정의되었다. 루프는 한 번 되풀이 할 때마다 a 변수는 값을 증가시키지만 b 변수는 감소시킨다.

13

379

//////////////////////////
while 명령
//////////////////////////

while 명령은 if-then 구문과 for 구문 사이의 중간쯤에 있다. while 명령은 테스트할 명령을 정의한 다음 테스트 명령이 종료 상태 0을 되돌려 주는 동안에는 일련의 명령들을 되풀이한다. while 명령은 반복이 시작될 때마다 테스트 명령을 실행한다. 테스트 명령이 0이 아닌 종료 상태를 되돌려주면 while 명령은 구문 안에 있는 명령들의 반복을 중단한다.

기본 while 형식

다음은 while 명령의 형식이다.

```
while test command
do
    other commands
done
```

while 명령에 정의된 테스트 명령은 if-then 구문의 것과 완전히 똑같은 형식이다(제12장 참조). if-then 구문에서처럼 정상적인 bash 쉘 명령이라면 뭐든 사용할 수 있으며 변수값과 같은 조건을 테스트하기 위해 테스트 명령을 사용할 수도 있다.

while 명령의 핵심은 지정된 테스트 명령의 종료 상태가 루프를 도는 동안 실행되는 명령들에 기반을 두고 변해야 한다는 것이다. 종료 상태가 절대로 바뀌지 않는다면 while 루프는 무한 루프에 갇히게 될 것이다.

테스트 명령의 가장 일반적인 사용법은 루프 명령들이 사용하는 쉘 변수의 값을 검사하기 위해 대괄호를 사용하는 것이다.

```
$ cat test10
#!/bin/bash
# while command test

var1=10
while [ $var1 -gt 0 ]
do
    echo $var1
    var1=$[ $var1 - 1 ]
done
$ ./test10
10
9
8
7
```

```
6
5
4
3
2
1
$
```

while 명령은 각각의 반복 때 확인할 테스트 조건을 정의한다.

```
while [ $var1 -gt 0 ]
```

테스트 조건이 true인 동안은 while 명령은 정의된 명령들을 되풀이해서 실행한다. 명령들 안에서 테스트 조건에 사용했던 변수의 값이 바뀌어야 한다. 안 그러면 무한 루프에 빠진다. 이 예에서는 변수 값을 1씩 줄이기 위해서 산술 계산문을 넣었다.

```
var1=$[ $var1 - 1 ]
```

테스트 조건이 더 이상 true가 아니라면 while 루프는 중단된다.

여러 테스트 명령 사용하기

while 문의 줄에 여러 테스트 명령을 정의할 수도 있다. 루프를 중단시킬지 여부는 마지막 테스트 명령의 종료 상태만으로 결정된다. 조심하지 않으면 몇 가지 묘한 결과가 일어난다. 이 이야기가 무슨 뜻인지 다음 예에서 볼 수 있을 것이다.

```
$ cat test11
#!/bin/bash
# testing a multicommand while loop

var1=10

while echo $var1
      [ $var1 -ge 0 ]
do
    echo "This is inside the loop"
    var1=$[ $var1 - 1 ]
done
$ ./test11
10
This is inside the loop
9
```

```
    This is inside the loop
    8
    This is inside the loop
    7
    This is inside the loop
    6
    This is inside the loop
    5
    This is inside the loop
    4
    This is inside the loop
    3
    This is inside the loop
    2
    This is inside the loop
    1
    This is inside the loop
    0
    This is inside the loop
    -1
    $
```

무슨 일이 일어났는지 유심히 살펴보자. while 문에 테스트 명령 두 개를 정의했다.

```
    while echo $var1
          [ $var1 -ge 0 ]
```

첫 번째 테스트는 단순히 var1 변수의 현재 값을 표시한다. 두 번째 테스트는 var1 변수의 값을 판단하기 위해 대괄호를 사용한다. 루프 안에서 echo 문은 루프가 처리되었음을 뜻하는 단순한 메시지를 표시한다. 이 예제를 실행시켰을 때 출력이 어떻게 끝났는지 보자.

```
    This is inside the loop
    -1
    $
```

while 루프는 var1 변수가 0이 되었을 때 echo 문을 실행시켰고 var1 변수의 값을 1 감소시켰다. 그 다음, 테스트 명령이 다음 반복 때 실행되었다. echo 테스트 명령이 실행되었고, var1 변수의 값을 표시했다. 값은 0보다 작다. 아직 쉘이 while 루프를 끝낼 테스트 명령을 실행하지 않았다.

위 예제는 while 문에 다중 명령을 넣으면 각 반복 때마다, 마지막으로 되풀이할 때 실패하는 마지막 테스트 명령을 포함한 모든 명령을 실행한다는 것을 보여준다. 이 점에 주의하라. 여러 테스트 명령을 어떻게 지정하느냐도 주의해야 한다. 각 테스트 명령은 별개의 줄에 있어야 한다!

until 명령

until 명령은 while 명령과는 정반대 방식으로 작동한다. until 명령에는 보통은 0이 아닌 종료 상태를 만들어내는 테스트 명령을 지정해야 한다. 테스트 명령의 종료 상태가 0이 아닌 한 bash 쉘은 루프에 들어 있는 명령들을 실행한다. 테스트 명령이 종료 상태 0을 돌려주면 루프는 중단된다.

예상하는 대로 until 명령의 형식은 다음과 같다.

```
until test commands
do
     other commands
done
```

while 명령들과 비슷하게 until 명령도 둘 이상의 테스트 명령을 가질 수 있다. 마지막 명령의 종료 상태만이 bash 쉘이 정의된 다른 명령을 실행할지 여부를 결정한다.

다음은 until 명령의 사용 예다.

```
$ cat test12
#!/bin/bash
# using the until command

var1=100

until [ $var1 -eq 0 ]
do
    echo $var1
    var1=$[ $var1 - 25 ]
done
$ ./test12
100
75
50
25
$
```

이 예는 루프를 중단해야 할 때 결정하기 위해 var1 변수를 테스트한다. 변수의 값이 0이 되는 즉시 명령 루프는 중단된다. 여러 테스트 명령을 사용할 때 while 명령에 적용되었던 주의사항이 until 명령에도 똑같이 적용된다.

```
$ cat test13
#!/bin/bash
# using the until command
```

```
var1=100

until echo $var1
      [ $var1 -eq 0 ]
do
    echo Inside the loop: $var1
    var1=$[ $var1 - 25 ]
done
$ ./test13
100
Inside the loop: 100
75
Inside the loop: 75
50
Inside the loop: 50
25
Inside the loop: 25
0
$
```

쉘은 지정된 테스트 명령을 실행하고 마지막 명령이 true일 때만 중단한다.

중첩된 루프

루프 문은 루프 안에 어떤 종류의 명령이든 포함할 수 있으며 여기에는 다른 루프 명령도 포함된다. 이를 중첩 루프라고 한다. 중첩 루프를 사용할 때에는 주의가 필요하다. 반복 과정 안에서 또 다른 반복이 이루어질 때 실행되는 명령의 횟수는 곱으로 늘어난다. 이에 주의하지 않으면 스크립트에 문제가 일어날 수 있다.

아래는 for 루프 안에 중첩된 for 루프가 들어 있는 예다.

```
$ cat test14
#!/bin/bash
# nesting for loops

for (( a = 1; a <= 3; a++ ))
do
    echo "Starting loop $a:"
    for (( b = 1; b <= 3; b++ ))
    do
      echo "   Inside loop: $b"
```

```
         done
done
$ ./test14
Starting loop 1:
    Inside loop: 1
    Inside loop: 2
    Inside loop: 3
Starting loop 2:
    Inside loop: 1
    Inside loop: 2
    Inside loop: 3
Starting loop 3:
    Inside loop: 1
    Inside loop: 2
    Inside loop: 3
$
```

바깥쪽 루프가 반복될 때마다 중첩된 루프(안쪽 루프라고 한다)가 반복된다. 두 루프의 do와 done 명령 사이에 있는 명령들은 차이가 없다는 것을 알 수 있다. bash 쉘은 첫 번째 done 명령이 수행될 때 이것이 바깥쪽 루트가 아닌 안쪽 루프의 것임을 안다.

while 루프 안에 for 루프를 놓을 때와 같이 여러 종류의 루프 명령을 혼합할 때에도 이러한 규칙이 적용된다.

```
$ cat test15
#!/bin/bash
# placing a for loop inside a while loop

var1=5

while [ $var1 -ge 0 ]
do
    echo "Outer loop: $var1"
    for (( var2 = 1; $var2 < 3; var2++ ))
    do
       var3=$[ $var1 * $var2 ]
       echo "  Inner loop: $var1 * $var2 = $var3"
done
    var1=$[ $var1 - 1 ]
done
$ ./test19
Outer loop: 5
   Inner loop: 5 * 1 = 5
   Inner loop: 5 * 2 = 10
```

```
Outer loop: 4
    Inner loop: 4 * 1 = 4
    Inner loop: 4 * 2 = 8
Outer loop: 3
    Inner loop: 3 * 1 = 3
    Inner loop: 3 * 2 = 6
Outer loop: 2
    Inner loop: 2 * 1 = 2
    Inner loop: 2 * 2 = 4
Outer loop: 1
    Inner loop: 1 * 1 = 1
    Inner loop: 1 * 2 = 2
Outer loop: 0
    Inner loop: 0 * 1 = 0
    Inner loop: 0 * 2 = 0
$
```

쉘은 안쪽 for 루프의 do와 done 사이의 명령을 바깥쪽 while 루프에 있는 같은 명령과 구별한다.

당신의 머리를 테스트해 보고 싶다면 until와 while 루프를 혼합해서 써 보자.

```
$ cat test16
#!/bin/bash
# using until and while loops

var1=3

until [ $var1 -eq 0 ]
do
    echo "Outer loop: $var1"
    var2=1
    while [ $var2 -lt 5 ]
    do
        var3=$(echo "scale=4; $var1 / $var2" | bc)
        echo "   Inner loop: $var1 / $var2 = $var3"
        var2=$[ $var2 + 1 ]
    done
    var1=$[ $var1 - 1 ]
done
$ ./test16
Outer loop: 3
    Inner loop: 3 / 1 = 3.0000
    Inner loop: 3 / 2 = 1.5000
    Inner loop: 3 / 3 = 1.0000
```

```
        Inner loop: 3 / 4 = .7500
Outer loop: 2
        Inner loop: 2 / 1 = 2.0000
        Inner loop: 2 / 2 = 1.0000
        Inner loop: 2 / 3 = .6666
        Inner loop: 2 / 4 = .5000
Outer loop: 1
        Inner loop: 1 / 1 = 1.0000
        Inner loop: 1 / 2 = .5000
        Inner loop: 1 / 3 = .3333
        Inner loop: 1 / 4 = .2500
$
```

바깥쪽 until 루프는 값이 3부터 시작되며 값이 0이 될 때까지 계속된다. 안쪽 while 루프의 값은 1에서 시작하여 5 미만인 동안 계속된다. 각 루프는 테스트 조건에서 사용되는 값을 변경해야 하며, 그렇지 않으면 무한 루프에 빠진다.

파일 데이터에 대한 반복 작업

파일 내부에 저장된 항목에 대해 차례대로 반복 작업을 해야 할 때가 있다. 이를 위해서는 앞에서 다루었던 두 가지 기술을 결합해야 한다.

- 중첩 루프 사용

- IFS 환경 변수 변경

IFS 환경 변수를 변경하면 데이터에 빈 칸이 포함된 경우에도 처리할 때 파일의 한 줄씩을 다루도록 명령에 강제할 수 있다. 이 파일의 각 줄을 가지고 와서 여기에 포함되어 있는 데이터를 다시 추출하기 위해서는 또 다른 루프문을 돌려야 한다.

그 전형적인 예는 /etc/passwd 파일에 있는 데이터를 처리하는 것이다. /etc/passwd 파일을 줄 단위로 차례대로 읽어 들이고 나면 IFS 변수를 콜론으로 바꾸어서 각 줄에 있는 각각의 필드를 구분할 수 있다.

다음은 그와 같은 작업을 하는 예다.

```
#!/bin/bash
# changing the IFS value

IFS.OLD=$IFS
IFS=$'\n'
for entry in $(cat /etc/passwd)
```

```
do
    echo "Values in $entry -"
    IFS=:
    for value in $entry
    do
        echo "    $value"
    done
done
$
```

이 스크립트는 데이터를 분석하기 위해 두 가지의 서로 다른 IFS 값을 사용한다. 첫 번째 IFS 값은 /etc/passwd 파일의 각 줄을 분리한다. 안쪽 루프는 IFS의 값을 콜론으로 변경하며, 이렇게 하면 /etc/passwd의 한 줄 안에 있는 개별 값을 분리할 수 있다.

이 스크립트를 실행하면 다음과 비슷한 출력을 얻게 될 것이다.

```
Values in rich:x:501:501:Rich Blum:/home/rich:/bin/bash -
    rich
    x
    501
    501
    Rich Blum
    /home/rich
    /bin/bash
Values in katie:x:502:502:Katie Blum:/home/katie:/bin/bash -
    katie
    x
    506
    509
    Katie Blum
    /home/katie
    /bin/bash
```

안쪽 루프는 /etc/passwd 항목에 있는 개별 값을 분리한다. 이는 쉼표로 구분된 데이터를 처리할 수 있는 좋은 방법이기도 하며, 스프레드시트 데이터를 가져올 때 널리 쓰이는 방법이다.

루프 제어

루프를 시작한 후 루프의 모든 반복을 완료할 때까지는 아무 것도 못할 거라고 생각할 수도 있다. 이는 사실이 아니다. 루프 안쪽의 일들을 제어하는 데 도움이 되는 명령어가 있다.

- break 명령

- continue 명령

각 명령은 루프의 동작을 제어하는 방법에서 다르게 활용된다. 다음 절에서는 루프의 동작을 제어하기 위해 이 명령을 사용하는 방법을 설명한다.

break 명령

break 명령은 진행 중인 루프에서 탈출할 수 있는 간단한 방법이다. while과 until 루프까지 포함하여 어떤 유형의 루프든 break 명령으로 빠져나올 수 있다.

여러 가지 상황에서 break 명령을 사용할 수 있다. 이 절에서는 이러한 여러 방법들을 하나하나 보여줄 것이다.

단일 루프 밖으로 빠져나오기

쉘이 break 명령을 실행하면 현재 처리하고 있던 루프에서 빠져나오려고 시도한다.

```
$ cat test17
#!/bin/bash
# breaking out of a for loop

for var1 in 1 2 3 4 5 6 7 8 9 10
do
    if [ $var1 -eq 5 ]
then
        break
    fi
    echo "Iteration number: $var1"
done
echo "The for loop is completed"
$ ./test17
Iteration number: 1
Iteration number: 2
Iteration number: 3
Iteration number: 4
The for loop is completed
$
```

루프는 일반적으로 목록에 지정된 모든 값에 걸쳐 명령을 반복해야 한다. 그러나 if-then 조건이 충족되었을 때 쉘은 루프를 중지시키는 break 명령을 실행한다.

이 기술은 while과 until 루프에서도 잘 작동된다.

```
$ cat test18
#!/bin/bash
# breaking out of a while loop

var1=1

while [ $var1 -lt 10 ]
do
    if [ $var1 -eq 5 ]
    then
        break
    fi
    echo "Iteration: $var1"
    var1=$[ $var1 + 1 ]
done
echo "The while loop is completed"
$ ./test18
Iteration: 1
Iteration: 2
Iteration: 3
Iteration: 4
The while loop is completed
$
```

if-then 조건이 충족되면 break 명령이 실행되어 while 루프가 종료된다.

안쪽 루프에서 빠져나오기
여러 루프로 작업할 때 break 명령은 자동으로 가장 안쪽에 있는 루프를 종료시킨다.

```
$ cat test19
#!/bin/bash
# breaking out of an inner loop

for (( a = 1; a < 4; a++ ))
do
    echo "Outer loop: $a"
    for (( b = 1; b < 100; b++ ))
    do
        if [ $b -eq 5 ]
        then
```

```
            break
        fi
        echo "    Inner loop: $b"
    done
done
$ ./test19
Outer loop: 1
    Inner loop: 1
    Inner loop: 2
    Inner loop: 3
    Inner loop: 4
Outer loop: 2
    Inner loop: 1
    Inner loop: 2
    Inner loop: 3
    Inner loop: 4
Outer loop: 3
    Inner loop: 1
    Inner loop: 2
    Inner loop: 3
    Inner loop: 4
$
```

안쪽 루프의 for 문은 b 변수가 100이 될 때까지 되풀이되도록 지정되어 있다. 그러나 내부 루프의 if-then 구문은 변수 b의 값이 5와 같으면 break 명령이 실행되도록 지정되어 있다. 안쪽 루프가 break 명령으로 종료되도록 지정되었다고 해도 바깥쪽 루프는 지정된 대로 계속 되풀이된다는 사실을 유의하자.

바깥쪽 루프 밖으로 빠져나가기

안쪽 루프에 있지만 바깥쪽 루프를 중지시켜야 할 때도 있다. break 명령은 한 가지 커맨드라인 매개변수 값을 가질 수 있다.

```
break n
```

n은 빠져나갈 수 있는 루프의 단계를 나타낸다. n의 기본값은 1로, 현재의 루프를 빠져나갈 수 있다는 뜻이다. n의 값을 2로 설정하면, break 명령은 한 단계 위의 바깥쪽 루프까지 중지시킨다.

```
$ cat test20
#!/bin/bash
# breaking out of an outer loop

for (( a = 1; a < 4; a++ ))
```

```
do
    echo "Outer loop: $a"
    for (( b = 1; b < 100; b++ ))
    do
        if [ $b -gt 4 ]
        then
            break 2
        fi
        echo "   Inner loop: $b"
    done
done
$ ./test20
Outer loop: 1
    Inner loop: 1
    Inner loop: 2
    Inner loop: 3
    Inner loop: 4
$
```

이제는 쉘이 break 명령을 실행했을 때 바깥쪽 루프도 중지된다.

continue 명령

continue 명령은 루프의 내부 명령의 처리를 일찍 중지시키지만 루프를 완전히 종료하지는 않도록 하는 방법이다. 이 명령은 루프 안에서 쉘이 명령을 실행하지 않도록 하는 조건을 설정할 수 있다. 다음은 for 루프에서 continue 명령을 사용하는 간단한 예다.

```
$ cat test21
#!/bin/bash
# using the continue command

for (( var1 = 1; var1 < 15; var1++ ))
do
    if [ $var1 -gt 5 ] && [ $var1 -lt 10 ]
    then
        continue
    fi
    echo "Iteration number: $var1"
done
$ ./test21
Iteration number: 1
Iteration number: 2
```

```
Iteration number: 3
Iteration number: 4
Iteration number: 5
Iteration number: 10
Iteration number: 11
Iteration number: 12
Iteration number: 13
Iteration number: 14
$
```

if-then 구문의 조건이 충족될 때(값이 5보다는 크고 10보다는 작을 때) 쉘은 continue 명령을 실행시켜서 루프에서 명령의 나머지 부분을 건너뛰지만 루프 자체는 계속 유지한다. if-then 조건이 더 이상 충족되지 않으면 상황은 정상으로 돌아온다.

while과 until 루프에서도 continue 명령을 사용할 수 있지만 어떤 일이 일어나는지에 대해서는 매우 조심해야 한다. 쉘이 continue 명령을 실행할 때에는 나머지 명령을 건너뛴다는 것을 잊지 말자. 테스트 조건에 쓰이는 변수를 증가시키는 부분이 그 안에 있으면 상황이 나빠진다.

```
$ cat badtest3
#!/bin/bash
# improperly using the continue command in a while loop

var1=0

while echo "while iteration: $var1"
      [ $var1 -lt 15 ]
do
    if [ $var1 -gt 5 ] && [ $var1 -lt 10 ]
    then
        continue
    fi
    echo "   Inside iteration number: $var1"
    var1=$[ $var1 + 1 ]
done
$ ./badtest3 | more
while iteration: 0
    Inside iteration number: 0
while iteration: 1
    Inside iteration number: 1
while iteration: 2
    Inside iteration number: 2
while iteration: 3
    Inside iteration number: 3
```

```
     while iteration: 4
          Inside iteration number: 4
     while iteration: 5
          Inside iteration number: 5
     while iteration: 6
     while iteration: 6
     while iteration: 6
     while iteration: 6
     while iteration: 6
     while iteration: 6
     while iteration: 6
     while iteration: 6
     while iteration: 6
     while iteration: 6
     while iteration: 6
     $
```

이 스크립트의 출력을 more 명령으로 리다이렉트해서 상황을 멈춰야 한다. if-then 조건이 충족되어 셸이 continue 명령을 실행하기 전까지는 모든 것은 문제가 없어 보인다. 셸이 continue 명령을 실행하면 while 루프의 그 뒤의 나머지 명령을 건너뛰어 버린다. 하필이면 while 테스트 명령에 쓰이는 $var1 카운터 변수가 증가하는 부분이 여기에 있다. 즉 변수가 증가하지 않으므로 계속해서 출력이 이어지는 모습을 볼 수 있다.

break 명령과 마찬가지로 continue 명령을 커맨드라인 매개변수로 어느 수준의 루프를 속개할 것인지를 정할 수 있다.

```
     continue n
```

여기서 n은 속개할 루프의 수준을 정의한다. 다음은 바깥쪽 for 루프를 속개하는 예다.

```
$ cat test22
#!/bin/bash
# continuing an outer loop

for (( a = 1; a <= 5; a++ ))
do
     echo "Iteration $a:"
     for (( b = 1; b < 3; b++ ))
     do
          if [ $a -gt 2 ] && [ $a -lt 4 ]
          then
               continue 2
          fi
```

```
        var3=$[ $a * $b ]
        echo "    The result of $a * $b is $var3"
    done
Done
$ ./test19
Iteration 1:
    The result of 1 * 1 is 1
    The result of 1 * 2 is 2
Iteration 2:
    The result of 2 * 1 is 2
    The result of 2 * 2 is 4
Iteration 3:
Iteration 4:
    The result of 4 * 1 is 4
    The result of 4 * 2 is 8
Iteration 5:
    The result of 5 * 1 is 5
    The result of 5 * 2 is 10
$
```

다음 if-then 구문은,

```
if [ $a -gt 2 ] && [ $a -lt 4 ]
    then
        continue 2
    fi
```

루프 내부의 명령 처리는 중지하지만 바깥쪽 루프를 속개하기 위해서 continue 명령을 사용한다. 스크립트 출력에서 값 3에 대한 반복 과정에서는 어떠한 안쪽 루프문도 처리하지 않는 것을 볼 수 있다. continue 명령이 처리를 중지하지만 바깥쪽 루프 처리를 계속하기 때문이다.

루프의 출력 처리하기

마지막으로 쉘 스크립트에서 루프의 출력을 파이프 또는 리다이렉트할 수 있다. done 명령의 끝에 이러한 처리 명령을 덧붙이면 된다.

```
for file in /home/rich/*
  do
    if [ -d "$file" ]
    then
```

```
            echo "$file is a directory"
        elif
            echo "$file is a file"
        fi
    done > output.txt
```

쉘은 모니터에 결과를 표시하는 대신 output.txt 파일에 for 명령의 결과를 리다이렉트한다.

다음은 파일에 명령의 출력을 리다이렉트하는 예다.

```
$ cat test23
#!/bin/bash
# redirecting the for output to a file

for (( a = 1; a < 10; a++ ))
do
    echo "The number is $a"
done > test23.txt
echo "The command is finished."
$ ./test23
The command is finished.
$ cat test23.txt
The number is 1
The number is 2
The number is 3
The number is 4
The number is 5
The number is 6
The number is 7
The number is 8
The number is 9
$
```

쉘은 test23.txt 파일을 만들고 for 명령의 출력을 이 파일로만 리다이렉트했다. 쉘은 평상시처럼 for 명령 다음에 echo 문을 표시한다.

이 같은 기법은 또한 다른 명령 루프의 출력을 파이프할 때에도 잘 된다.

```
$ cat test24
#!/bin/bash
# piping a loop to another command

for state in "North Dakota" Conneticut Illinois Alabama Tenessee
do
```

```
        echo "$state is the next place to go"
done | sort
echo "This completes our travels"
$ ./test24
Alabama is the next place to go
Connecticut is the next place to go
Illinois is the next place to go
North Dakota is the next place to go
Tennessee is the next place to go
This completes our travels
$
```

상태값은 for 명령 목록에서 특정 순서로 나열되지 않는다. for 명령의 출력이 sort 명령으로 파이프 되면 명령 출력은 순서에 따라 변경된다. 실제로 스크립트를 실행하면 스크립트 안에서 출력이 제대로 정렬된 것을 알 수 있다.

활용 예제

이제 쉘 스크립트에서 루프를 만들 수 있는 여러 가지 방법을 어떻게 사용하는지 보았으므로 이제 이들을 활용하는 방법에 대한 몇 가지 구체적인 예를 살펴보자. 반복은 폴더에 포함된 파일이나 파일에 포함된 데이터와 같이 시스템에 있는 데이터를 순서대로 처리하기 위해 널리 쓰이는 방법이다. 다음은 데이터로 작업하는 간단한 루프를 사용하는 방법을 보여주는 몇 가지 예다.

실행 파일 찾기

커맨드라인에서 프로그램을 실행하면 리눅스 시스템은 파일을 찾기 위해 일련의 폴더를 검색한다. 이러한 폴더는 PATH 환경 변수에 정의되어 있다. 시스템에서 어떤 실행파일을 사용할 수 있는지 알고 싶다면 PATH 환경 변수에 있는 모든 폴더를 검색하면 된다. 이를 수동으로 하려면 시간이 걸리지만 작은 쉘 스크립트를 돌리면 식은 죽 먹기다.

첫 번째 단계는 PATH 환경 변수에 저장되어 있는 폴더를 하나씩 거치면서 되풀이하는 루프를 만드는 것이다. 이 단계에서 IFS의 구분자를 설정하는 일을 잊지 말자.

```
IFS=:
for folder in $PATH
do
```

이제 $folder 변수에 개별 폴더가 저장되므로 특정 폴더 안에 있는 모든 파일을 반복하는 또 하나의 for 루프를 사용할 수 있다.

```
for file in $folder/*
do
```

마지막 단계는 각각의 파일에 실행 가능 권한이 설정되어 있는지 검사하는 것으로, if-else 테스트 기능을 사용하면 된다.

```
if [ -x $file ]
then
    echo "    $file"
fi
```

이제 다 됐다! 스크립트 안에 이들 단계를 모아두면 다음과 같이 된다.

```
$ cat test25
#!/bin/bash
# finding files in the PATH

IFS=:
for folder in $PATH
do
    echo "$folder:"
    for file in $folder/*
    do
        if [ -x $file ]
        then
            echo "    $file"
        fi
    done
done
$
```

코드를 실행하면, 커맨드라인에서 사용할 수 있는 실행 파일의 목록을 얻을 수 있다.

```
$ ./test25 | more
/usr/local/bin:
/usr/bin:
    /usr/bin/Mail
    /usr/bin/Thunar
    /usr/bin/X
    /usr/bin/Xorg
    /usr/bin/[
    /usr/bin/a2p
```

```
/usr/bin/abiword
/usr/bin/ac
/usr/bin/activation-client
/usr/bin/addr2line
...
```

PATH 환경 변수에 정의된 모든 폴더에 있는 모든 실행 파일을 보여줄 것이다, 그리 적은 양은 아닐 것이다!

여러 개의 사용자 계정 만들기

쉘 스크립트의 목표는 시스템 관리자의 일을 쉽게 만드는 것이다. 많은 사용자가 있는 환경에서 일할 때 지루한 작업 중 하나는 새로운 사용자 계정을 만드는 일이다. 작업을 좀 더 쉽게 하기 위해 while 루프를 사용할 수 있다.

만들 필요가 있는 새로운 사용자 계정에 대해서 일일이 useradd 명령을 직접 실행하는 대신 새로운 사용자 계정을 텍스트 파일에 만들고 간단한 쉘 스크립트로 관리자의 일을 대신 한다. 우리가 사용할 텍스트 파일의 형식은 다음과 같다.

```
userid,user name
```

첫 번째 항목은 새 사용자 계정에 사용할 사용자 ID다. 두 번째 항목은 사용자의 이름이다. 두 값은 쉼표로 구분되며 이는 쉼표로 분리된 파일 형식 또는 .csv 파일이 된다. 이는 스프레드시트에 널리 사용되는 파일 형식이다. 따라서 스프레드시트 프로그램에서 사용자 계정 목록을 작성하고 .csv 형식으로 저장하면 쉘스크립트가 읽고 처리할 수 있다.

파일 데이터를 읽기 위해서 소소한 쉘 스크립트 기술을 사용할 것이다. while 문의 테스트 부분에 ISF 구분자를 쉼표로 설정할 것이다. 그리고 개별 줄을 읽기 위해서는 read 명령을 이용한다. 그러면 이와 같은 모습일 것이다.

```
while IFS=',' read -r userid name
```

read 명령은 .csv 텍스트 파일에 있는 텍스트의 다음 줄로 이동하는 작업을 수행하므로 또 다른 루프는 필요없다. while 명령은 read 명령이 파일 안에서 모둔 줄을 다 읽고 나서 FALSE 값을 돌려줄 때 중단될 것이다. 쉽다!

while 명령에 파일의 데이터를 공급하기 위해 while 명령의 끝에 리다이렉트 기호를 사용한다.

이 모든 것들을 스크립트에 담으면 다음과 같은 결과가 된다.

```
$ cat test26
#!/bin/bash
# process new user accounts
```

```
    input="users.csv"
    while IFS=',' read -r userid name
    do
      echo "adding $userid"
      useradd -c "$name" -m $userid
    done < "$input"
    $
```

$input 변수는 데이터 파일을 가리키고 while 명령에 데이터를 리다이렉트하기 위해 사용된다. users.csv 파일은 다음과 같다.

```
$ cat users.csv
rich,Richard Blum
christine,Christine Bresnahan
barbara,Barbara Blum
tim,Timothy Bresnahan
$
```

useradd 명령은 루트 권한이 있어야 해서 이를 실행하려면 루트 사용자 계정이 필요하다.

```
# ./test26
adding rich
adding christine
adding barbara
adding tim
#
```

그런 다음 /etc/passwd 파일을 살펴보면 계정이 만들어진 것을 확인할 수 있다.

```
# tail /etc/passwd
rich:x:1001:1001:Richard Blum:/home/rich:/bin/bash
christine:x:1002:1002:Christine Bresnahan:/home/christine:/bin/bash
barbara:x:1003:1003:Barbara Blum:/home/barbara:/bin/bash
tim:x:1004:1004:Timothy Bresnahan:/home/tim:/bin/bash
#
```

축하한다. 이제 사용자 계정을 추가하는 데 많은 시간을 아낄 수 있게 되었다!

//////////

요약

//////////

루프는 프로그래밍의 필수적인 부분이다. bash 쉘은 스크립트에서 사용할 수 있는 세 가지 루프 명령을 제공한다.

for 명령으로 값의 목록을 순차적으로 거치면서 되풀이할 수 있다. 값의 목록은 커맨드라인으로부터 공급되거나, 변수에 포함되어 있거나, 와일드카드 문자에서 파일 및 디렉토리 이름을 추출하는 파일 글로빙을 통해서 얻을 수 있다.

while 명령은 명령의 조건에 바탕을 둔 루프 기능으로 보통의 명령 또는 테스트 명령을 사용하여 작업을 되풀이하는 방법을 제공한다. 명령(또는 조건)이 종료 상태 0을 돌려주는 동안은 while 루프 명령은 지정된 세트를 되풀이한다.

until 명령은 명령을 반복하는 방법을 제공하지만 명령(또는 조건)이 0이 아닌 종료 상태를 돌려주는 동안 지정된 명령 세트를 되풀이한다. 이 기능을 사용하면 반복이 중단되기 위해 충족되어야 하는 조건을 설정할 수 있다.

루프의 여러 단계를 만들고 쉘 스크립트에서 루프를 결합할 수도 있다. bash 쉘은 루프 안의 다른 값에 바탕을 두고 정상적인 루프 처리의 흐름을 바꿀 수 있도록 continue와 break 명령을 제공한다.

또한 bash 쉘에서는 루프의 출력을 변경하는 표준 명령 리다이렉트 또는 파이프를 사용할 수 있다. 루프의 출력을 파일에 리다이렉트 하거나 다른 명령에 파이프할 수 있다. 이로써 쉘 스크립트의 실행을 제어 할 수 있는 풍부한 기능을 제공한다.

다음 장에서는 쉘 스크립트가 사용자와 상호작용하는 방법을 설명한다. 종종 쉘 스크립트는 모든 것을 자체로 가지고 있지 않을 수 있다. 어떤 스크립트는 실행할 때마다 외부에서 어떤 종류의 데이터를 제공받아야 한다. 다음 장에서는 쉘 스크립트에 처리를 위한 실시간 데이터를 제공할 수 있는 여러 가지 방법을 설명한다.

13

사용자 입력 처리

이 장의 내용

매개변수 전달하기
매개변수 추적하기
시프트 기능 활용하기
옵션 다루기
옵션 표준화하기
사용자 입력 얻기

지금까지 리눅스 시스템의 데이터, 변수, 파일과 상호작용하는 스크립트를 작성하는 방법을 살펴 보았다. 때로는 스크립트를 실행하는 사람과 상호작용하는 스크립트를 작성해야 한다. bash 쉘은 커맨드라인 매개변수(명령 뒤에 추가되는 데이터값), 커맨드라인 옵션(명령의 동작에 변화를 주는 단일한 문자값)을 포함하여 사람으로부터 데이터를 검색하기 위한 몇 가지 방법, 직접 키보드를 통한 입력을 읽을 수있는 방법을 제공한다. 이 장에서는 스크립트를 실행하는 사람으로부터 데이터를 얻기 위해 bash 쉘 스크립트에 이러한 다양한 방법을 통합하는 방법을 설명한다.

매개변수 전달하기

쉘 스크립트에 데이터를 전달하는 가장 기본적인 방법은 커맨드라인 매개변수를 사용하는 것이다. 커맨드라인 매개변수는 스크립트를 실행할 때 커맨드라인에 데이터 값을 추가 할 수 있다.

```
$ ./addem 10 30
```

이 예제는 스크립트 addem에 두 개의 커맨드라인 매개변수(10과 30)를 전달한다. 스크립트는 특수한 변수를 사용하여 커맨드라인 매개변수를 다룬다. 다음 절에서는 bash 쉘 스크립트에서 커맨드라인 매개변수를 사용하는 방법을 설명한다.

///////////////////////////////////

매개변수 읽기

bash 쉘은 입력된 커맨드라인 매개변수를 위치 매개변수라고 하는 특별한 변수에 할당한다. 여기에는 쉘이 실행되는 스크립트의 이름이 포함된다. 위치 매개변수는 보통의 숫자로 $0이 스크립트의이름, $1이 첫 번째 매개변수, $2는 두 번째 매개변수와 같은 식으로 아홉 번째 매개변수인 $9까지이어진다.

다음은 쉘 스크립트에서 하나의 커맨드라인 매개변수를 사용하는 간단한 예다.

```
$ cat test1.sh
#!/bin/bash
# using one command line parameter
#
factorial=1
for (( number = 1; number <= $1 ; number++ ))
do
    factorial=$[ $factorial * $number ]
done
echo The factorial of $1 is $factorial
$
$ ./test.sh 5
The factorial of 5 is 120
$
```

쉘 스크립트의 다른 변수처럼 $1 변수를 사용할 수 있다. 쉘 스크립트는 자동으로 커맨드라인 매개변수의 값을 변수에 할당한다. 이 과정에 대해서는 신경 쓸 필요가 없다.

더 많은 커맨드라인 매개변수를 입력시 각 매개변수를 커맨드라인에서 빈 칸으로 구분한다.

```
$ cat test2.sh
#!/bin/bash
# testing two command line parameters
#
total=$[ $1 * $2 ]
echo The first parameter is $1.
echo The second parameter is $2.
echo The total value is $total.
$
$ ./test2.sh 2 5
The first parameter is 2.
The second parameter is 5.
The total value is 10.
$
```

쉘은 각 매개변수를 적절한 변수에 지정한다.

앞의 예에서 사용된 커맨드라인 매개변수는 두 개의 숫자였다. 또한 커맨드라인에서 텍스트 문자열을 사용할 수도 있다.

```
$ cat test3.sh
#!/bin/bash
# testing string parameters
#
echo Hello $1, glad to meet you.
$
$ ./test3.sh Rich
Hello Rich, glad to meet you.
$
```

쉘은 커맨드라인에서 입력된 문자열 값을 스크립트에 전달한다. 하지만 빈 칸이 포함된 텍스트 문자열로 이 작업을 수행하려고 하면 문제가 생길 수 있다.

```
$ ./test3.sh Rich Blum
Hello Rich, glad to meet you.
$
```

각 매개변수는 빈 칸으로 구분되므로 쉘은 빈 칸을 두 개의 값을 분리하는 공간으로만 해석한다. 매개변수 값에 빈 칸을 포함하려면 따옴표(홑따옴표나 겹따옴표 중 한 가지)를 사용해야 한다.

```
$ ./test3.sh 'Rich Blum'
Hello Rich Blum, glad to meet you.
$
$ ./test3.sh "Rich Blum"
Hello Rich Blum, glad to meet you.
$
```

> **NOTE**
> 매개변수로 텍스트 문자열을 전달할 때 사용되는 따옴표는 데이터의 일부가 아니다. 시작과 데이터의 끝을 나타낸다.

스크립트가 9개 이상의 커맨드라인 매개변수를 필요로 하는 경우에도 계속 쓸 수는 있지만 변수 이름이 약간 바뀐다. 아홉 번째 변수 이후에는 ${10}과 같이 변수의 번호 주위에 중괄호를 사용해야 한다. 그 예가 있다.

```
$ cat test4.sh
#!/bin/bash
# handling lots of parameters
```

14

```
#
total=$[ ${10} * ${11} ]
echo The tenth parameter is $10
echo The eleventh parameter is $11
echo The total is $total
$
$ ./test.sh 1 2 3 4 5 6 7 8 9 10 11 12
The tenth parameter is 10
The eleventh parameter is 11
The total is 110
$
```

이 방법으로 필요할 수 있는 매개변수를 원하는 만큼 스크립트에 더할 수 있다.

스크립트 이름 읽기

쉘이 커맨드라인에서 실행시킨 스크립트의 이름을 판단하기 위해 $0 매개변수를 사용한다. 여러 기능이 있는 유틸리티를 작성할 때 유용하다.

```
$ cat test5.sh
#!/bin/bash
# Testing the $0 parameter
#
echo The zero parameter is set to: $0
#
$
$ bash test5.sh
The zero parameter is set to: test5.sh
$
```

잠재적인 문제가 있다. 쉘 스크립트를 실행하는 다른 명령을 사용할 때, $0 매개변수에 이 명령과 스크립트의 이름이 얽히게 된다.

```
$ ./test5.sh
The zero parameter is set to: ./test5.sh
$
```

잠재적인 문제가 또 있다. 전달된 실제 문자열은 단지 스크립트의 이름만이 아니라 전체 스크립트 경로다. $0 변수는 스크립트의 전체 경로 및 이름으로 설정된다.

```
$ bash /home/Christine/test5.sh
The zero parameter is set to: /home/Christine/test5.sh
```

$

스크립트의 이름만으로 서로 다른 기능을 수행하는 스크립트를 만들고 싶다면 작업이 약간 필요하다. 스크립트를 실행하는 데 어떤 경로가 사용되었던 이를 떼어낼 필요가 있다. 스크립트와 얽혀 있는 명령을 제거할 필요도 있다.

이를 위해 사용할 수 있는 쉽고 간단한 명령이 있다. basename 명령은 경로 없이 스크립트의 이름만 돌려준다.

```
$ cat test5b.sh
#!/bin/bash
# Using basename with the $0 parameter
#
name=$(basename $0)
echo
echo The script name is: $name
#
$ bash /home/Christine/test5b.sh

The script name is: test5b.sh
$
$ ./test9b.sh

The script name is: test5b.sh
$
```

이제 훨씬 낫다. 스크립트 이름에 따라 서로 다른 기능을 수행하는 스크립트를 작성하기 위해 이 방법을 사용할 수 있다. 다음은 간단한 예제다.

```
$ cat test6.sh
#!/bin/bash
# Testing a Multi-function script
#
name=$(basename $0)
#
if [ $name = "addem" ]
then
   total=$[ $1 + $2 ]
#
elif [ $name = "multem" ]
then
   total=$[ $1 * $2 ]
fi
```

14

```
#
echo
echo The calculated value is $total
#
$
$ cp test6.sh addem
$ chmod u+x addem
$
$ ln -s test6.sh multem
$
$ ls -l *em
-rwxrw-r--. 1 Christine Christine 224 Jun 30 23:50 addem
lrwxrwxrwx. 1 Christine Christine   8 Jun 30 23:50 multem -> test6.
sh
$
$ ./addem 2 5

The calculated value is 7
$
$ ./multem 2 5

The calculated value is 10
$
```

이 예는 test6.sh 스크립트로부터 두 개의 다른 파일 이름을 만들었다. 하나는 그냥 새로운 스크립트 파일(addem)로 복사했고 다른 하나는 심볼릭 링크(제3장 참조)를 사용하여 새로운 스크립트(multem)를 만들었다. 스크립트는 두 경우 모두에서 스크립트의 기본 이름을 판단하고 그 값에 바탕을 두고 적절한 기능을 수행한다.

매개변수 테스트하기

셸 스크립트에서 커맨드라인 매개변수를 사용할 때에는 주의해야 한다. 스크립트가 매개변수 없이 실행될 때에는 좋지 못한 일이 일어날 수 있다.

```
$ ./addem 2
./addem: line 8: 2 +  : syntax error: operand expected (error
 token is " ")
The calculated value is
$
```

스크립트는 매개변수의 데이터가 있다고 가정하므로 데이터가 존재하지 않을 때에는 스크립트에서 오류 메시지가 나타날 가능성이 높다. 이런 식으로 스크립트를 작성하면 허술하다. 데이터를 사용하기 전에는 반드시 매개변수를 확인해서 데이터가 있는지 확인하라.

```
$ cat test7.sh
#!/bin/bash
# testing parameters before use
#
if [ -n "$1" ]
then
    echo Hello $1, glad to meet you.
else
    echo "Sorry, you did not identify yourself. "
fi
$
$ ./test7.sh Rich
Hello Rich, glad to meet you.
$
$ ./test7.sh
Sorry, you did not identify yourself.
$
```

이 예에서 $1 커맨드라인 매개변수 안에 있는 데이터를 검사하기 위해서 -n 테스트 평가가 쓰였다. 다음 절에서는 커맨드라인 매개변수를 확인하는 또 다른 방법을 배울 수 있다.

특수한 매개변수 사용하기

커맨드라인 매개변수를 추적할 수 있는 특별한 bash 셸 변수가 있다. 이 절에서는 특수 변수와 그 사용법에 대해 설명한다.

매개변수 숫자 세기

마지막 절에서 보았듯이 커맨드라인 매개변수를 스크립트에서 사용하기 전에는 이를 검사해야 한다. 여러 개의 커맨드라인 매개변수를 사용하는 스크립트라면 이러한 검사는 꽤 지루하다.

각각의 매개변수를 테스트하는 대신 커맨드라인에 얼마나 많은 매개변수가 있는지 확인할 수 있다. bash 셸은 이 목적을 위한 특수 변수를 제공한다.

$# 특수 변수에는 스크립트를 실행할 때의 커맨드라인 매개변수의 수가 포함되어 있다. 일반 변수 처럼 스크립트의 아무 곳에서나 이 특수 변수를 사용할 수 있다.

```
$ cat test8.sh
#!/bin/bash
# getting the number of parameters
#
echo There were $# parameters supplied.
$
$ ./test8.sh
There were 0 parameters supplied.
$
$ ./test8.sh 1 2 3 4 5
There were 5 parameters supplied.
$
$ ./test8.sh 1 2 3 4 5 6 7 8 9 10
There were 10 parameters supplied.
$
$ ./test8.sh "Rich Blum"
There were 1 parameters supplied.
$
```

이제 매개변수를 사용하기 전에 그 수를 검사할 수 있게 되었다.

```
$ cat test9.sh
#!/bin/bash
# Testing parameters
#
if [ $# -ne 2 ]
then
    echo
    echo Usage: test9.sh a b
    echo
else
    total=$[ $1 + $2 ]
    echo
    echo The total is $total
    echo
fi
#
$
$ bash test9.sh

Usage: test9.sh a b

$ bash test9.sh 10
```

```
Usage: test9.sh a b

$ bash test9.sh 10 15

The total is 25

$
```

if-then 문은 제공되는 커맨드라인 매개변수의 숫자를 산술 테스트할 수 있도록 -ne 평가를 사용한다. 정확한 수의 매개변수가 없으면 스크립트의 올바른 사용법을 나타내는 오류 메시지가 표시된다.

이 변수는 얼마나 많은 매개변수가 사용되었는지 알 필요 없이 커맨드라인의 마지막 매개변수를 알아내기 위한 멋진 방법을 제공하기도 한다. 그러나 이를 위해서는 약간의 기술이 필요하다.

아마도 $# 변수는 매개변수의 수를 포함하고 있을 것이므로 $$#변수가 마지막 커맨드라인 매개변수일 것이라고 생각할 수도 있을 것이다. 한번 시도해 보고 무슨 일이 일어나는지 보자.

```
$ cat badtest1.sh
#!/bin/bash
# testing grabbing last parameter
#
echo The last parameter was ${$#}
$
$ ./badtest1.sh 10
The last parameter was 15354
$
```

자, 무슨 일이 일어났을까? 분명 뭔가 잘못되었다. 중괄호 안에는 달러 기호를 사용할 수 없는 것으로 밝혀졌다. 대신 달러 기호를 느낌표로 바꾸어야 한다. 이상해 보이지만 제구실은 한다.

```
$ cat test10.sh
#!/bin/bash
# Grabbing the last parameter
#
params=$#
echo
echo The last parameter is $params
echo The last parameter is ${!#}
echo
#
$
$ bash test10.sh 1 2 3 4 5
```

```
The last parameter is 5
The last parameter is 5

$
$ bash test10.sh

The last parameter is 0
The last parameter is test10.sh

$
```

완벽하다! 이 스크립트는 또한 $# 매개변수의 값을 params 변수에 할당하고 이 변수를 특수 커맨드라인 매개변수 형식 안에서도 사용했다. 둘 다 제대로 작동한다. 커맨드라인 매개변수가 없을 때 $# 값은 이는 params 변수 출력에 나타는 값인 0이었지만 ${!#} 변수는 커맨드라인에 사용된 스크립트의 이름을 돌려주었다는 점이 중요하다.

모든 데이터를 한꺼번에 얻기

커맨드라인에 제공되는 모든 매개변수를 한꺼번에 얻어야 할 때도 있다. 얼마나 많은 매개변수가 커맨드라인에 있는지 판단하고 이들을 모두를 순서대로 되풀이하기 위해서 $# 변수를 사용하는 대신 몇 가지 다른 특수 변수를 사용할 수 있다.

$*와 $@ 변수로 모든 매개변수에 쉽게 접근할 수 있다. 이러한 변수들은 모두 하나의 변수 안에 모든 커맨드라인 매개변수를 포함한다.

$* 변수는 커맨드라인에 제공되는 모든 매개변수를 하나의 단어로 가지고 있다. 이 단어는 커맨드라인에 나타나는 각각의 값을 포함하고 있다. $* 변수는 기본적으로는 매개변수를 여러 개체로 다루는 대신 전체를 하나의 매개변수로 다룬다.

반면 $@ 변수는 커맨드라인에서 제공되는 모든 매개변수를 같은 문자열의 분리된 단어들로 가지고 있다. 제공된 각 매개변수를 분리해서 이 값들을 차례대로 되풀이할 수 있다. 이는 for 명령에서 가장 자주 사용된다.

이 두 변수가 어떻게 동작하는지 이해하기가 헷갈릴 수 있다. 이제 둘 사이의 차이를 살펴보자.

```
$ cat test11.sh
#!/bin/bash
# testing $* and $@
#
echo
echo "Using the \$* method: $*"
echo
echo "Using the \$@ method: $@"
```

```
$
$ ./test11.sh rich barbara katie jessica

Using the $* method: rich barbara katie jessica

Using the $@ method: rich barbara katie jessica
$
```

겉보기에 두 변수는 모든 커맨드라인 매개변수를 한꺼번에 보여주는 똑같은 결과를 내는 듯하다.
다음 예제는 둘 사이의 차이가 어디에 있는지를 보여준다.

```
$ cat test12.sh
#!/bin/bash
# testing $* and $@
#
echo
count=1
#
for param in "$*"
do
   echo "\$* Parameter #$count = $param"
   count=$[ $count + 1 ]
done
#
echo
count=1
#
for param in "$@"
do
   echo "\$@ Parameter #$count = $param"
   count=$[ $count + 1 ]
done
$
$ ./test12.sh rich barbara katie jessica

$* Parameter #1 = rich barbara katie jessica

$@ Parameter #1 = rich
$@ Parameter #2 = barbara
$@ Parameter #3 = katie
$@ Parameter #4 = jessica
$
```

이제 뭔가 알듯 하다. for 명령으로 이들 특수 변수에 대한 반복 작업을 해보면 각 변수가 커맨드라인 매개변수를 처리하는 방법을 볼 수 있다. $* 변수는 모든 매개변수를 하나의 매개변수처럼 다루는 반면 $@ 매개변수는 각각의 매개변수를 분리해서 다룬다. $@ 커맨드라인 매개변수에 대해 차례대로 반복 작업을 할 때 좋다.

시프트 기능 활용하기

bash 셸 도구함에 있는 또 다른 도구는 shift 명령이다. bash 셸은 커맨드라인 매개변수를 조작할 수 있도록 shift 명령을 제공한다. shift 명령은 말 그대로 커맨드라인 매개변수를 상대적 위치만큼 이동(시프트)시킨다.

shift 명령을 사용하면 기본적으로 각 매개변수를 하나씩 왼쪽으로 옮긴다. 따라서 변수 $3의 값은 $2로 옮겨가고 변수 $2의 값은 $1로 옮겨가고 $1의 값은 없어진다(변수 $0 값은 프로그램 이름으로 변하지 않는다).

이는 커맨드라인 매개변수로 차례대로 반복 작업을 할 수 있으며, 특히 사용할 수 있는 매개변수가 얼마나 많은지 모를 때 좋은 방법이다. 첫 번째 매개변수를 처리하고, 매개변수를 시프트한 다음 다시 첫 번째 매개변수를 처리하면 된다.

다음은 이 작업을 수행하는 방법의 간단한 본보기다.

```
$ cat test13.sh
#!/bin/bash
# demonstrating the shift command
echo
count=1
while [ -n "$1" ]
do
    echo "Parameter #$count = $1"
    count=$[ $count + 1 ]
    shift
done
$
$ ./test13.sh rich barbara katie jessica

Parameter #1 = rich
Parameter #2 = barbara
Parameter #3 = katie
Parameter #4 = jessica
$
```

스크립트는 첫 번째 매개변수 값의 길이를 테스트하는 while 루프를 수행한다. 첫 번째 매개변수의 길이가 0이라면 루프를 종료한다. 첫 번째 매개변수를 테스트한 다음 shift 명령이 모든 매개변수를 한 자리씩 옮기는 데 사용된다.

> **TIP**
> shift 명령을 사용해서 작업할 때에는 주의해야 한다. 매개변수가 시프트 기능의 결과로 범위 밖으로 밀려나면 이 값은 없어지며 복구될 수 없다.

shift 명령에 매개변수를 제공해서 여러 자리씩 시프트 시킬 수도 있다. 시프트 시키고 싶은 자릿수 만큼의 숫자를 제공하면 된다.

```
$ cat test14.sh
#!/bin/bash
# demonstrating a multi-position shift
#
echo
echo "The original parameters: $*"
shift 2
echo "Here's the new first parameter: $1"
$
$ ./test14.sh 1 2 3 4 5

The original parameters: 1 2 3 4 5
Here's the new first parameter: 3
$
```

시프트 명령의 값을 사용하면 필요없는 매개변수를 쉽게 건너뛸 수 있다.

옵션 처리하기

이 책을 잘 따라왔다면 매개변수와 옵션을 모두 사용하는 여러 bash 명령을 보았을 것이다. 옵션은 명령의 동작을 변경하기 위한 하나의 문자로 앞에 대시가 붙는다. 이 절에서는 쉘 스크립트의 옵션 처리를 위한 세 가지 방법을 살펴본다.

옵션 찾기

표면적으로 본다면 커맨드라인 옵션에 관해 특별한 건 전혀 없다. 이들은 커맨드라인 매개변수와 마찬가지로 커맨드라인에서 스크립트 이름 바로 뒤에 나타난다. 사실 커맨드라인 매개변수를 처리하는 것과 똑같은 방식으로 커맨드라인 옵션을 처리할 수 있다.

간단한 옵션 처리하기

앞의 test13.sh 스크립트에서는 스크립트 프로그램에서 커맨드라인 매개변수를 하나씩 처리하기 위해서 shift 명령을 사용하는 방법을 살펴보았다. 커맨드라인 옵션을 처리하기 위해도 이 같은 기술을 사용할 수 있다.

각각의 매개변수를 추출할 때, 매개변수가 옵션 형식을 가지는지 판단하기 위해 case 문(제12장 참조)을 사용한다.

```
$ cat test15.sh
#!/bin/bash
# extracting command line options as parameters
#
echo
while [ -n "$1" ]
do
   case "$1" in
     -a) echo "Found the -a option" ;;
     -b) echo "Found the -b option" ;;
     -c) echo "Found the -c option" ;;
      *) echo "$1 is not an option" ;;
   esac
   shift
done
$
$ ./test15.sh -a -b -c -d

Found the -a option
Found the -b option
Found the -c option
-d is not an option
$
```

case 문은 유효한 옵션에 대한 각 매개변수를 검사한다. 옵션 중 하나가 발견되면 해당 명령이 case 문에서 실행된다.

이 방법은 커맨드라인에서 어떤 순서로 제공되는가에 상관없이 잘 작동된다.

```
$ ./test15.sh -d -c -a

-d is not an option
```

416

```
Found the -c option
Found the -a option
$
```

case 문은 커맨드라인 매개변수를 발견한 순서대로 각 옵션을 처리한다. 커맨드라인에 무엇이든 다른 매개변수가 포함되어 있다면 case 문에 이에 관한 모든 경우들을 발견하고 처리할 수 있는 명령을 포함할 수 있다.

매개변수에서 옵션 분리하기

종종 쉘 스크립트에서 옵션 및 매개변수를 모두 사용해야 할 때가 있다. 리눅스에서 이를 수행하는 표준 방법은 특별한 문자 코드로 둘을 분리해서 어디에서 옵션이 끝나고 어디에서 매개변수가 시작하는지를 지시하는 것이다.

리눅스에서 이러한 특수 문자는 이중 대시(--)다. 쉘은 옵션 목록의 끝을 표시하기 위해서 이중 대시를 사용한다. 이중 대시가 나온 다음 스크립트는 남아있는 커맨드라인 매개변수를 옵션이 아닌 매개변수로 안전하게 처리할 수 있다.

이중 대시를 확인하려면 case 문에 항목을 하나 더 추가하면 된다.

```
$ cat test16.sh
#!/bin/bash
# extracting options and parameters
echo
while [ -n "$1" ]
do
    case "$1" in
        -a) echo "Found the -a option" ;;
        -b) echo "Found the -b option";;
        -c) echo "Found the -c option" ;;
        --) shift
            break ;;
         *) echo "$1 is not an option";;
    esac
    shift
done
#
count=1
for param in $@
do
    echo "Parameter #$count: $param"
    count=$[ $count + 1 ]
done
$
```

스크립트는 이중 대시를 발견하면 break 명령으로 while 루프에서 벗어난다. 조금 일찍 나갔기 때문에 매개변수를 가지고 있는 변수로부터 더블 대시를 밀어내기 위해서 shift 명령을 한번 더 써야 한다.

첫 번째 테스트에서는 일반적인 옵션 및 매개변수의 세트로 스크립트를 실행해보자.

```
$ ./test16.sh -c -a -b test1 test2 test3

Found the -c option
Found the -a option
Found the -b option
test1 is not an option
test2 is not an option
test3 is not an option
$
```

결과는 스크립트가 커맨드라인 매개변수를 처리할 때 이들을 모두 옵션으로 가정한다는 사실을 보여준다. 그 다음, 똑같은 일을 해보자. 다만 이번에는 커맨드라인에서 옵션을 매개변수로부터 분리하기 위하여 더블 대시를 사용한다.

```
$ ./test16.sh -c -a -b -- test1 test2 test3

Found the -c option
Found the -a option
Found the -b option
Parameter #1: test1
Parameter #2: test2
Parameter #3: test3
$
```

스크립트가 이중 대시를 만나면 옵션 처리는 중단하고 남아 있는 모든 매개변수는 커맨드라인 매개변수인 것으로 가정한다.

옵션의 값을 처리하기

일부 옵션은 추가 매개변수 값을 요구한다. 이러한 상황이라면 매개변수는 다음과 같다.

```
$ ./testing.sh -a test1 -b -c -d test2
```

스크립트는 커맨드라인 옵션이 추가 매개변수를 필요로 하는 경우를 감지하고 적절하게 이를 처리할 수 있어야 한다. 다음은 이 작업을 수행하는 방법의 예다.

```
$ cat test17.sh
```

```
#!/bin/bash
# extracting command line options and values
echo
while [ -n "$1" ]
do
   case "$1" in
      -a) echo "Found the -a option";;
      -b) param="$2"
          echo "Found the -b option, with parameter value $param"
          shift ;;
      -c) echo "Found the -c option";;
      --) shift
          break ;;
       *) echo "$1 is not an option";;
   esac
   shift
done
#
count=1
for param in "$@"
do
   echo "Parameter #$count: $param"
   count=$[ $count + 1 ]
done
$
$ ./test17.sh -a -b test1 -d

Found the -a option
Found the -b option, with parameter value test1
-d is not an option
$
```

이 예에서 case 문은 처리할 세 가지 옵션을 정의한다. -b 옵션은 추가 매개변수 값이 필요하다. 이렇게 처리될 매개변수가 $1이기 때문에 이에 대한 추가 매개변수 값이 $2에 있을 것이라는 사실을 알 수 있다(모든 매개변수가 처리된 다음 시프트될 것이기 때문에). $2 변수에서 매개변수 값을 추출하면 된다. 물론 이 옵션은 두 개의 매개변수 자리를 차지하므로 한번 더 시프트하기 위해서 추가로 shift 명령이 필요하다.

기본 기능과 마찬가지로, 이 과정은 옵션을 어떤 순서로 놓았는가에 상관없이 잘 동작한다(다만 각 옵션이 적절한 옵션 매개변수를 포함해야 한다).

```
$ ./test17.sh -b test1 -a -d
Found the -b option, with parameter value test1
```

```
Found the -a option
-d is not an option
$
```

이제 셸 스크립트에서 커맨드라인 옵션을 처리할 수 있는 기본 능력이 생겼지만 여기에는 한계가 있다. 만약 하나의 매개변수에 여러 옵션을 결합하려고 할 때에는 제구실을 못 한다.

```
$ ./test17.sh -ac
-ac is not an option
$
```

이러한 옵션 결합은 리눅스에서 널리 쓰이는 관행이며, 스크립트를 사용자 친화적으로 만들고자 한다면 스크립트의 사용자에게 이러한 기능을 제공하는 것이 좋다. 옵션 처리에 도움이 될 수 있는 또다른 방법이 있다.

getopt 명령 사용하기

getopt 명령은 커맨드라인 옵션과 매개변수를 처리할 때 편리하다. 이 명령은 커맨드라인 매개변수를 인식해서 이를 스크립트에서 쉽게 해석할 수 있다.

명령 형식 살펴보기

getopt 명령은 어떤 형식으로 된 것이든 커맨드라인 옵션 및 매개변수의 목록을 받아서 적절한 형식으로 자동 변환한다. 이 명령은 다음과 같은 형식을 사용한다.

getopt optstring *parameters*

optstring이 명령 처리의 핵심이다. 이 매개변수는 커맨드라인에서 사용될 수 있는 유효한 옵션 문자를 정의한다. 어떤 옵션 문자가 매개변수 값을 요구하는지도 정의한다.

먼저 스크립트에서 사용하려는 각 커맨드라인 옵션 문자를 optstring에 나열한다. 그런 다음 매개변수 값이 필요한 각 옵션 문자 뒤에는 콜론을 배치한다. getopt는 명령은 사용자가 정의한 optstring에 따라 제공된 매개변수의 구문을 분석한다.

> **TIP**
> getopt 명령의 더욱 고급 버전인 getopts(복수형이다) 명령을 사용할 수 있다. getopts 명령은 이 장의 뒷부분에서 다룬다. 철자가 거의 같으므로 두 명령은 혼동하기 쉽다. 주의하자!

다음은 getopt가 어떤 식으로 동작하는지 알아보는 간단한 예다.

```
$ getopt ab:cd -a -b test1 -cd test2 test3
-a -b test1 -c -d -- test2 test3
$
```

optstring은 네 개의 유효한 옵션 문자인 a, b, c 및 d를 정의한다. b 글자 뒤에는 콜론(:)이 놓여 있어서 b 옵션이 매개변수 값을 필요로 한다는 것을 나타낸다. getopt 명령이 실행되면 제공된 매개변수의 목록(-a -b test1 -cd test2 test3)을 검사하고 optstring을 기준으로 각 요소를 분리한다. -cd 옵션이 자동으로 두 개의 개별 옵션으로 구분되었고 추가 매개변수를 분리하는 이중 대시도 자동으로 들어간 것을 알 수 있다.

optstring에는 없는 매개변수 옵션을 커맨드라인에 지정하면 getopt 명령은 기본적으로 오류 메시지를 내놓는다.

```
$ getopt ab:cd -a -b test1 -cde test2 test3
getopt: invalid option -- e
-a -b test1 -c -d -- test2 test3
$
```

그냥 오류 메시지를 무시하고 싶다면 getopt에 -q 옵션을 사용한다.

```
$ getopt -q ab:cd -a -b test1 -cde test2 test3
-a -b 'test1' -c -d -- 'test2' 'test3'
$
```

getopt 명령 옵션은 optstring 앞에 나열되어야 한다. 이제 커맨드라인 옵션을 처리하기 위해 스크립트에서 이 명령을 사용할 준비가 되었다.

스크립트에서 getopt 사용하기

스크립트에 입력된 어떤 커맨드라인 옵션이나 매개변수든 처리하기 위해서 getopt 명령을 사용할 수 있지만 사용하기에는 약간 까다롭다.

기존 커맨드라인 옵션과 매개변수를 getopt 명령이 만들어낸 형식화된 버전으로 대체하는 방법을 사용할 수 있다. 이 방법을 쓰려면 set 명령을 이용한다.

제6장에서 set 명령을 보았다. set 명령은 쉘의 여러 가지 변수에 사용되었다.

set 명령의 옵션 중 하나는 이중 대시(--)다. 이중 대시는 set 명령에게 커맨드라인 매개변수를 set 명령의 커맨드라인에 있는 값으로 대체하라고 지시한다.

따라서 원래의 스크립트 커맨드라인 매개변수를 getopt에 제공하고 getopt 명령의 출력을 set 명령에 제공하여 원래의 커맨드라인 매개변수를 getopt가 잘 형식화된 것으로 대체하는 방법을 사용할 수 있다. 그러면 다음과 같은 식이 된다.

```
set -- $(getopt -q ab:cd "$@")
```

이제 원래의 커맨드라인 매개변수의 값은 getopt 명령이 형식화시킨 출력으로 대체된다.

이 기법을 사용하면 커맨드라인 매개변수를 활용하기 쉽도록 처리하는 스크립트를 작성할 수 있다.

```
$ cat test18.sh
#!/bin/bash
# Extract command line options & values with getopt
#
set -- $(getopt -q ab:cd "$@")
#
echo
while [ -n "$1" ]
do
    case "$1" in
    -a) echo "Found the -a option" ;;
    -b) param="$2"
        echo "Found the -b option, with parameter value $param"
        shift ;;
    -c) echo "Found the -c option" ;;
    --) shift
        break ;;
     *) echo "$1 is not an option";;
    esac
    shift
done
#
count=1
for param in "$@"
do
    echo "Parameter #$count: $param"
    count=$[ $count + 1 ]
done
#
$
```

이는 기본적으로 test17.sh와 같은 스크립트임을 알 수 있다. 유일하게 바뀐 것은 커맨드라인 매개변수를 포맷하는 데 도움이 되는 getopt 명령의 추가다.

이제 복잡한 옵션과 함께 스크립트를 실행했을 때 상황이 훨씬 나아진다.

```
$ ./test18.sh -ac
```

```
Found the -a option
Found the -c option
$
```

물론 원래의 모든 기능도 잘 돌아간다.

```
$ ./test18.sh -a -b test1 -cd test2 test3 test4

Found the -a option
Found the -b option, with parameter value 'test1'
Found the -c option
Parameter #1: 'test2'
Parameter #2: 'test3'
Parameter #3: 'test4'
$
```

꽤 멋지다. 그러나 getopt 명령에 숨어 있는 작은 버그가 하나 있다. 다음 예제를 보자.

```
$ ./test18.sh -a -b test1 -cd "test2 test3" test4

Found the -a option
Found the -b option, with parameter value 'test1'
Found the -c option
Parameter #1: 'test2
Parameter #2: 'test3'
Parameter #3: 'test4'
$
```

getopt 명령은 빈 칸과 따옴표를 사용하는 매개변수 값을 처리하기에는 좋지 않다. getopt 명령은 큰따옴표 안에 있는 빈 칸도 매개변수 구분자로 해석해서 큰따옴표로 묶은 값을 두 개의 값으로 분리했다. 이 문제를 풀 수 있는 해법이 있다.

getopts로 발전시키기

getopts 명령은(복수형이라는 점에 유의하자) bash 쉘에 내장되어 있다. 이 명령은 getopt의 사촌처럼 보이지만 몇 가지 확장 기능이 있다.

커맨드라인에서 발견되는 모든 옵션과 매개변수에 대한 출력을 만들어내는 getopt와는 달리 getopts 명령은 존재하는 쉘 매개변수를 차례대로 처리한다.

이 명령은 커맨드라인에서 발견되는 매개변수를 명령을 한번 부를 때마다 하나씩 처리한다. 매개변수를 모두 처리했다면 0보다 큰 종료 상태를 되돌려주면서 끝낸다. 이러한 특징은 커맨드라인에서 모든 매개변수를 분리하기 위해서 루프를 사용할 때 좋다.

getopts 명령의 형식은 다음과 같다.

getopts optstring *variable*

optstring은 getopt 명령에서 사용되는 것과 비슷하다. 유효한 옵션 글자들이 optstring에 나열되며, 매개변수 값을 필요로 하는 글자는 콜론이 따라붙는다. 오류 메시지를 표시하지 않으려면 optstring을 콜론으로 시작한다. getopts 명령은 현재 매개변수를 커맨드라인에 정의된 변수(variable)에 저장한다.

getopts 명령은 두 가지 환경 변수를 사용한다. OPTARG 환경 변수는 옵션이 매개변수 값을 요구하는 경우 사용될 값을 포함하고 있다. OPTIND 환경 변수는 매개변수 목록 안에서 getopts가 중단된 위치의 값을 포함하고 있다. 이 두 매개변수 덕택에 옵션을 처리한 후 다른 커맨드라인 매개변수를 계속 처리할 수 있다. getopts 명령을 사용하는 간단한 예를 살펴보자.

```
$ cat test19.sh
#!/bin/bash
# simple demonstration of the getopts command
#
echo
while getopts :ab:c opt
do
   case "$opt" in
      a) echo "Found the -a option" ;;
      b) echo "Found the -b option, with value $OPTARG";;
      c) echo "Found the -c option" ;;
      *) echo "Unknown option: $opt";;
   esac
done
$
$ ./test19.sh -ab test1 -c

Found the -a option
Found the -b option, with value test1
Found the -c option
$
```

while 문은 찾아야 할 커맨드라인 옵션. 각각의 옵션을 처리할 때 이 옵션을 저장할 변수(opt)를 지정하는 getopts 명령을 정의한다.

이 예제에서 case 문이 뭔가 다른 것을 알 수 있다. getopts 명령은 커맨드라인 옵션을 분리할 때 앞에 붙는 대시를 떼어내므로 case를 정의할 때 앞에 붙는 대시는 필요하지 않다.

getopts 명령에는 멋진 기능이 많다. 우선 매개변수 값에 빈 칸을 포함할 수 있다.

```
$ ./test19.sh -b "test1 test2" -a

Found the -b option, with value test1 test2
Found the -a option
$
```

옵션 문자와 매개변수 값을 빈 칸 없이 함께 둘 수 있다는 점도 좋다.

```
$ ./test19.sh -abtest1

Found the -a option
Found the -b option, with value test1
$
```

getopts는 -b 옵션에서 test1 값을 올바르게 분리해 낸다. 또한 getopts 명령은 커맨드라인에서 찾아낸 어떠한 종류의 알 수 없는 옵션에 대해서든 한 가지 종류의 출력, 곧 물음표로 바꾸어 놓는다.

```
$ ./test19.sh -d

Unknown option: ?
$
$ ./test19.sh -acde

Found the -a option
Found the -c option
Unknown option: ?
Unknown option: ?
$
```

optstring 값에 정의되지 않은 모든 옵션 문자는 물음표로 스크립트 코드에 전달된다.

getopts 명령은 언제 옵션 처리를 중지해야 할지 알고 매개변수를 남겨둔다. getopts는 각 옵션을 처리할 때마다 OPTIND 환경 변수를 하나씩 증가시킨다. getopts 처리의 끝에 다다르면 OPTIND 값을 사용해서 shift 명령으로 매개변수로 이동할 수 있다.

```
$ cat test20.sh
#!/bin/bash
# Processing options & parameters with getopts
#
echo
while getopts :ab:cd opt
do
```

425

```
    case "$opt" in
    a) echo "Found the -a option"  ;;
    b) echo "Found the -b option, with value $OPTARG" ;;
    c) echo "Found the -c option"  ;;
    d) echo "Found the -d option"  ;;
    *) echo "Unknown option: $opt" ;;
    esac
done
#
shift $[ $OPTIND - 1 ]
#
echo
count=1
for param in "$@"
do
    echo "Parameter $count: $param"
    count=$[ $count + 1 ]
done
#
$
$ ./test20.sh -a -b test1 -d test2 test3 test4

Found the -a option
Found the -b option, with value test1
Found the -d option

Parameter 1: test2
Parameter 2: test3
Parameter 3: test4
$
```

이제 쉘 스크립트에서 사용할 수 있는 완전한 기능의 커맨드라인 옵션 및 매개변수 처리 유틸리티
가 생겼다!

옵션 표준화하기

쉘 스크립트를 만들 때에는 어떤 일이 벌어질지에 대한 통제권을 스크립트를 작성하는 사람이 가
진다는 점은 명확하다. 어떤 글자를 옵션으로 선택할 것인지, 선택한 글자들을 어떻게 쓸 것인지는
전적으로 당신의 선택이다.

그러나 몇 가지 글자 옵션은 리눅스 세계에서 어느 정도 표준의 의미를 가지게 되었다. 쉘 스크립트에서 이러한 옵션을 활용한다면 스크립트는 더욱 사용자 친화적이 될 것이다.

[표14-1]은 리눅스에서 널리 사용되는 커맨드라인 옵션의 의미 가운데 일부를 보여준다.

표 14-1 널리 쓰이는 리눅스 커맨드라인 옵션

옵션	설명
-a	모든 개체를 표시한다
-c	카운트를 만든다
-d	디렉토리를 지정한다
-e	개체를 확장한다
-f	데이터를 읽어 들이기 위해 파일을 지정한다
-h	명령에 대한 도움말 메시지를 표시한다
-i	텍스트의 대소문자를 무시한다
-l	출력의 긴 형식 버전을 만든다
-n	비대화형(일괄 처리) 모드를 사용한다
-o	모든 출력을 리다이렉트할 출력 파일을 지정한다
-q	침묵 기록 모드에서 실행된다
-r	디렉토리와 파일을 재귀적으로 처리한다
-s	침묵 기록 모드에서 실행된다
-v	상세한 출력을 만들어낸다
-x	개체를 제외한다
-y	모든 질문에 예(yes)로 답변한다

이 책 전반에 걸쳐 다양한 bash 명령으로 이러한 옵션들이 가진 의미의 대부분을 인식할 수 있을 것이다. 우리가 만드는 스크립트의 옵션에 대해서도 같은 의미를 사용하면 사용자가 매뉴얼에 대해 걱정할 필요 없이 스크립트와 상호작용하는 데 도움이 된다.

사용자 입력 받기

커맨드라인 옵션 및 매개변수는 스크립트가 사용자의 데이터를 얻을 수 있는 좋은 방법이지만 때

14

때로 스크립트는 좀 더 상호작용이 필요하다. 스크립트는 실행되는 동안 질문을 하고 스크립트를 실행하는 사람의 응답을 기다려야 한다. bash 쉘은 이 목적을 위해 read 명령을 제공한다.

읽기의 기초

read 명령은 표준 입력(예를 들면 키보드) 또는 다른 파일 디스크립터에서 하나의 입력을 받아들인다. 입력을 받은 뒤 read 명령은 데이터를 변수에 저장한다. read 명령을 가장 간단하게 써보면 다음과 같다.

```
$ cat test21.sh
#!/bin/bash
# testing the read command
#
echo -n "Enter your name: "
read name
echo "Hello $name, welcome to my program. "
#
$
$ ./test21.sh
Enter your name: Rich Blum
Hello Rich Blum, welcome to my program.
$
```

아주 간단하다. 프롬프트를 만든 echo 명령이 -n 옵션을 사용하는 것을 알 수 있다. 이 옵션은 출력 줄의 끝에 줄바꿈 문자를 표시하지 않음으로써 사용자가 다음 줄에 입력하는 대신 문자열 바로 옆에 데이터를 입력할 수 있다. 이렇게 하면 좀 더 입력 서식과 같은 모양이 된다.

read 명령은 read 커맨드라인에 직접 메시지를 지정할 수 있는 -p 옵션을 포함한다.

```
$ cat test22.sh
#!/bin/bash
# testing the read -p option
#
read -p "Please enter your age: " age
days=$[ $age * 365 ]
echo "That makes you over $days days old! "
#
$
$ ./test22.sh
Please enter your age: 10
That makes you over 3650 days old!
$
```

이름을 입력할 때 read 명령이 같은 변수에 이름과 성을 모두 할당하는 것을 알 수 있다. read 명령은 프롬프트에 입력한 모든 데이터를 하나의 변수에 할당하거나 여러 변수를 지정할 수도 있다. 입력된 각각의 데이터 값은 목록 안의 다음 변수에 할당된다. 변수 목록이 부족하면 나머지 데이터는 마지막 변수에 할당된다.

```
$ cat test23.sh
#!/bin/bash
# entering multiple variables
#
read -p "Enter your name: " first last
echo "Checking data for $last, $first…"
$
$ ./test23.sh
Enter your name: Rich Blum
Checking data for Blum, Rich...
$
```

read 커맨드라인에 어떤 변수도 지정하지 않을 수도 있다. 이렇게 하면 read 명령은 특수한 환경 변수인 REPLY에 입력 받은 모든 데이터를 저장한다.

```
$ cat test24.sh
#!/bin/bash
# Testing the REPLY Environment variable
#
read -p "Enter your name: "
echo
echo Hello $REPLY, welcome to my program.
#
$
$ ./test24.sh
Enter your name: Christine

Hello Christine, welcome to my program.
$
```

REPLY 환경 변수는 입력된 모든 데이터를 포함하고, 다른 변수들처럼 쉘 스크립트에서 사용될 수 있다.

시간 초과

읽기 명령을 사용할 때에는 주의해야 한다. 스크립트는 사용자가 데이터를 입력하기를 하염없이 기다릴 수도 있다. 데이터가 입력되었는지 여부에 관계없이 스크립트가 일을 계속 해야 하는 경우에는 -t 옵션을 사용해서 타이머를 지정할 수 있다. -t 옵션은 read 명령이 입력을 기다리는 시간(초)을 지정한다. 타이머가 만료되면, read 명령은 0이 아닌 종료 상태를 돌려준다.

```
$ cat test25.sh
#!/bin/bash
# timing the data entry
#
if read -t 5 -p "Please enter your name: " name
then
    echo "Hello $name, welcome to my script"
else
    echo
    echo "Sorry, too slow! "
fi
$
$ ./test25.sh
Please enter your name: Rich
Hello Rich, welcome to my script
$
$ ./test25.sh
Please enter your name:
Sorry, too slow!
$
```

read 명령은 타이머가 만료되면 0이 아닌 종료 상태를 돌려주므로 if-then 구문 또는 while 루프와 같은 표준 구조문으로 어떤 일이 일어났는지를 추적하기 쉽다. 이 예에서, 타이머가 만료되면 if 문은 실패하고 셸은 else 부분의 명령을 실행한다.

입력 타이머 대신 read 명령이 입력 글자 수를 세도록 설정할 수도 있다. 미리 정해진 숫자의 문자가 입력되면 입력은 자동으로 종료되며 입력된 데이터는 변수에 저장된다.

```
$ cat test26.sh
#!/bin/bash
# getting just one character of input
#
read -n1 -p "Do you want to continue [Y/N]? " answer
case $answer in
Y | y) echo
        echo "fine, continue on…";;
N | n) echo
        echo OK, goodbye
        exit;;
esac
echo "This is the end of the script"
```

```
$
$ ./test26.sh
Do you want to continue [Y/N]? Y
fine, continue on…
This is the end of the script
$
$ ./test26.sh
Do you want to continue [Y/N]? n
OK, goodbye
$
```

이 예는 -n 옵션의 값으로 1을 사용하여 read 명령이 딱 한 글자만 입력 받고 종료되도록 지시한다. 답변을 위해 하나의 글자를 입력하면 곧바로 read 명령은 입력을 받아들이고 이를 변수에 전달한다. 〈Enter〉 키를 누를 필요가 없다.

화면에 표시하지 않고 읽기

스크립트 사용자의 입력이 필요하지만 입력을 모니터에 표시하지 않아야 할 때가 있다. 암호를 입력할 때가 전형적인 예다. 하지만 숨길 필요가 있는 유형의 데이터는 많다.

-s 옵션은 read 명령이 입력 데이터를 모니터에 표시하지 못하도록 막는다. 실제로는 데이터는 표시되지만 read 명령은 텍스트의 색깔을 배경색과 같게 설정한다. 다음은 스크립트에서 -s 옵션을 사용한 예다.

```
$ cat test27.sh
#!/bin/bash
# hiding input data from the monitor
#
read -s -p "Enter your password: " pass
echo
echo "Is your password really $pass? "
$
$ ./test27.sh
Enter your password:
Is your password really T3st1ng?
$
```

입력 프롬프트에 입력된 데이터는 모니터에 표시되지 않지만 스크립트에서 사용할 변수에는 할당된다.

파일에서 읽기

리눅스 시스템에서 파일에 저장된 데이터를 읽어 들일 때에도 read 명령을 사용할 수 있다. read 명령을 한 번 부를 때마다 파일에서 텍스트 한 줄을 읽어 들인다. 더 이상 파일에 읽을 줄이 남아 있지 않을 때에는 read 명령은 0이 아닌 종료 상태와 함께 종료된다.

read 명령이 파일에서 데이터를 읽어 들이는 부분은 까다롭다. 보통 파일의 cat 명령의 결과를 파이프를 통해 곧바로 read 명령을 가지고 있는 while 명령에 전달한다. 다음은 그 예다.

```
$ cat test28.sh
#!/bin/bash
# reading data from a file
#
count=1
cat test | while read line
do
    echo "Line $count: $line"
    count=$[ $count + 1]
done
echo "Finished processing the file"
$
$ cat test
The quick brown dog jumps over the lazy fox.
This is a test, this is only a test.
    O Romeo, Romeo! Wherefore art thou Romeo?
$
$ ./test28.sh
Line 1: The quick brown dog jumps over the lazy fox.
Line 2: This is a test, this is only a test.
Line 3: O Romeo, Romeo! Wherefore art thou Romeo?
Finished processing the file
$
```

while 명령 루프는 read 명령이 0이 아닌 종료 상태를 돌려줄 때까지 read 명령으로 파일을 계속 처리하는 루프를 돌린다.

요약

이 장에서는 스크립트가 사용자로부터 데이터를 얻는 세 가지 방법을 보여주었다. 커맨드라인 매개변수를 통해 스크립트를 실행할 때 커맨드라인에서 직접 데이터를 입력할 수 있다. 이 스크립트는 커맨드라인 매개변수를 가져와서 변수에 할당하기 위해 위치 매개변수를 사용한다.

shift 명령으로 위치 매개변수 안에서 각 요소를 한 자리씩 옮겨서 커맨드라인 매개변수를 조작할 수 있다. 이 명령을 사용하면 얼마나 많은 매개변수가 있는지 몰라도 각 매개변수를 차례대로 반복 처리할 수 있다.

커맨드라인 매개변수로 작업할 때에는 세 가지 특수한 변수를 사용할 수 있다. 쉘은 커맨드라인에 입력된 매개변수의 수를 $# 변수에 설정한다. $* 변수는 하나의 문자열에 모든 매개변수를 포함하고 $@ 모든 매개변수를 각각 단어 단위로 분리해서 포함한다. 긴 매개변수 목록을 처리하려고 할 때 이러한 변수들이 편리하다.

매개변수 말고도 스크립트 사용자는 스크립트로 정보를 전달하기 위해 커맨드라인 옵션을 사용할 수 있다. 커맨드라인 옵션은 앞에 대시가 붙은 하나의 문자다. 스크립트의 동작을 변경하기 위해 여러 옵션이 할당될 수 있다.

bash 쉘은 커맨드라인 옵션을 처리할 수 있는 세 가지 방법을 제공한다.

첫 번째 방법은 이들을 커맨드라인 매개변수처럼 다루는 것이다. 커맨드라인에 표시되는 각 옵션을 위치 매개변수를 사용하여 나오는 순서대로 반복 처리할 수 있다.

커맨드라인 옵션을 처리하는 또 다른 방법은 getopt 명령이다. 이 명령은 스크립트에서 처리할 수 있는 표준 형식으로 커맨드라인 옵션 및 매개변수를 변환한다. getopt 명령은 어떤 문자를 옵션으로 인식하고 어떤 옵션이 매개변수를 필요로 하는지 지정할 수 있다. getopt 명령은 표준 커맨드라인 매개변수를 처리하고 옵션 및 매개변수를 적절한 순서로 출력한다.

커맨드라인 옵션을 처리하기 위한 마지막 방법은 getopts 명령(복수형임에 유의하라)을 통해서다. getopts 명령은 커맨드라인 매개변수를 위한 고급 처리를 제공한다. 이 명령은 스크립트가 정의하지 않은 옵션을 식별하며 다중 매개변수 값을 허용한다.

스크립트 사용자로부터 데이터를 얻기 위한 대화형 방법은 read 명령이다. read 명령은 스크립트가 사용자에게 정보를 묻고 답을 기다릴 수 있다. read 명령은 스크립트 내에서 사용할 수 있는 하나 이상의 변수에 스크립트 사용자가 입력한 데이터를 저장한다.

read 옵션에는 데이터 입력 숨기기, 데이터 입력 타이머 설정, 지정된 수의 글자 입력 요구와 같이 데이터 입력을 사용자 정의할 수 있는 여러 가지 옵션을 쓸 수 있다.

다음 장에서는 bash 쉘 스크립트가 데이터를 어떻게 출력하는지를 더 자세히 살펴볼 것이다. 지금까지는 모니터에 데이터를 표시하고 파일로 리다이렉트하는 방법을 살펴보았다. 다음에는 데이터를 특정한 위치로 보내는 것만이 아니라 특정한 유형의 데이터를 특정한 장소로 보내는 몇 가지 방법을 알아볼 것이다. 이 방법은 쉘 스크립트를 전문가가 만든 것처럼 만드는 데 도움이 될 것이다!

14

데이터 보여주기

이 장의 내용

리다이렉트 다시 살펴보기

표준 입력 및 출력

오류 보고

데이터를 없애버리기

로그 파일 만들기

지금까지 스크립트는 데이터를 모니터에 표시하거나 데이터를 파일에 리다이렉트 했다. 제11장에서는 명령의 출력을 파일에 리다이렉트 하는 방법을 보여주었다. 이 장에서는 리눅스 시스템의 다른 장소에 스크립트의 출력을 리다이렉트하는 방법을 보여줌으로써 주제를 확장시킬 것이다.

입력 및 출력 이해하기

지금까지 스크립트의 결과를 표시하는 두 가지 방법을 보았다.

- 모니터 화면에 출력하기

- 출력을 파일로 리다이렉트하기

두 가지 방법 모두 데이터 출력을 어느 한쪽으로만 몰아서 한다. 일부 데이터는 모니터로 보내고 일부는 파일로 보내는 것이 좋을 때도 있다. 이러한 경우에는 리눅스가 입력과 출력을 처리하는 방법을 알아 두는 것이 편리하다. 그러면 스크립트의 출력을 적절한 곳으로 보낼 수 있을 것이다.

다음 절에서는 스크립트가 직접 특정한 장소로 출력하는 데 도움이 될 수 있도록 리눅스의 표준 입력 및 출력 시스템을 편의대로 사용하는 방법을 설명한다.

표준 파일 디스크립터

리눅스 시스템은 모든 개체를 파일로 다룬다. 여기에는 입력과 출력 과정도 포함된다. 리눅스는 파일 디스크립터를 사용하여 각 파일 개체를 식별한다. 파일 디스크립터는 세션에서 열려있는 파일을 식별하는 음이 아닌 고유한 정수다. 각 프로세스는 한 번에 최대 9개의 파일 디스크립터를 열 수 있다. bash 셸은 특별한 목적을 위해 처음 세 개의 파일 디스크립터(0, 1, 2)를 예약해 둔다. [표 15-1]에 이들 디스크립터가 나와 있다.

표 15-1 리눅스 표준 파일 디스크립터

파일 디스크립터	약어	설명
0	STDIN	표준 입력
1	STDOUT	표준 출력
2	STDERR	표준 오류

이 세 가지 특수한 파일 디스크립터는 스크립트의 입력과 출력을 처리한다. 셸은 기본 입력 및 출력을 적절한 장소로 보내기 위해서 파일 디스크립터를 사용하며 기본값은 보통 모니터다. 다음 절에서는 이러한 표준 파일 디스크립터를 각각 더 자세히 설명한다.

STDIN

STDIN 파일 디스크립터는 셸의 표준 입력을 의미한다. 터미널 인터페이스에서는 표준 입력은 키보드다. 셸은 키보드 입력을 STDIN 파일 디스크립터로부터 받으면 입력하는 각 문자를 처리한다.

입력 리다이렉트 기호(<)를 사용하면 리눅스는 표준 입력 파일 디스크립터를 리다이렉트가 가리키는 파일로 바꾼다. 이렇게 하면 키보드로 입력하는 것처럼 파일을 읽어서 데이터를 얻는다.

많은 bash 명령은 특히 커맨드라인에 파일이 지정되지 않으면 STDIN에서 입력을 받아들인다. 다음은 STDIN에서 입력한 데이터로 cat 명령을 사용하는 예다.

```
$ cat
this is a test
this is a test
this is a second test.
this is a second test.
```

cat 명령을 커맨드라인에서 명령 자체만 입력하면 STDIN에서 입력을 받아들인다. 각 줄을 입력할 때마다 cat 명령은 디스플레이에 입력한 줄을 그대로 출력한다.

cat 명령이 STDIN이 아닌 다른 파일로부터 입력을 받을 수 있도록 STDIN 리다이렉트 기호를 사용할 수도 있다.

```
$ cat < testfile
This is the first line.
This is the second line.
```

```
This is the third line.
$
```

이제 cat 명령은 testfile 파일에 포함된 줄을 입력으로 사용한다. 어떤 쉘 명령이든 STDIN에서 데이터를 받아들이도록 이 기술을 사용할 수 있다.

STDOUT

STDOUT 파일 디스크립터는 쉘의 표준 출력을 뜻한다. 터미널 인터페이스에서 표준 출력은 터미널 모니터다. 쉘의 모든 출력은(쉘에서 실행되는 프로그램 및 스크립트 포함) 표준 출력, 즉 모니터로 향한다.

대부분의 bash는 명령은 기본적로 STDOUT 파일 디스크립터로 출력을 보낸다. 제11장에 나온 바와 같이 출력 리다이렉트로 출력 대상을 변경할 수 있다.

```
$ ls -l > test2
$ cat test2
total 20
-rw-rw-r-- 1 rich rich 53 2014-10-16 11:30 test
-rw-rw-r-- 1 rich rich  0 2014-10-16 11:32 test2
-rw-rw-r-- 1 rich rich 73 2014-10-16 11:23 testfile
$
```

출력 리다이렉트 기호를 쓰면 보통은 모니터로 가야 할 모든 출력은 대신 쉘이 지정한 파일로 리다이렉트 된다.

데이터를 파일에 추가할 수도 있다. >> 기호를 사용하면 이렇게 할 수 있다.

```
$ who >> test2
$ cat test2
total 20
-rw-rw-r-- 1 rich rich 53 2014-10-16 11:30 test
-rw-rw-r-- 1 rich rich  0 2014-10-16 11:32 test2
-rw-rw-r-- 1 rich rich 73 2014-10-16 11:23 testfile
rich    pts/0         2014-10-17 15:34 (192.168.1.2)
$
```

who 명령이 만들어내는 출력은 이미 test2 파일에 있는 데이터 뒤에 추가되었다.

스크립트에서 표준 출력 리다이렉트를 사용할 때에는 문제를 겪을 수 있다. 다음은 스크립트에서 일어날 수 있는 일 가운데 한 가지 예다

```
$ ls -al badfile > test3
ls: cannot access badfile: No such file or directory
```

```
$ cat test3
$
```

명령이 에러 메시지를 만들어낼 때 셸은 에러 메시지를 출력 리다이렉트 파일로 리다이렉트하지 않는다. 셸은 출력 리다이렉트 파일을 만들었지만 에러 메시지는 모니터 화면에 나타났다. test3 파일의 내용을 표시하는 동안은 오류가 없는 것을 알 수 있다. test3 파일은 만들어졌지만 내용은 비어 있다.

셸은 일반 출력과는 별개로 오류 메시지를 처리한다. 백그라운드 모드에서 실행되는 셸 스크립트를 만들었다면 출력 메시지는 로그 파일로 전송되도록 유지되어야 한다. 이러한 기술을 사용했을 때 오류 메시지가 생기면 이들은 로그 파일에 기록되지 않는다. 뭔가 다른 방법이 필요하다.

STDERR

셸은 특별한 STDERR 파일 디스크립터를 사용하여 오류 메시지를 처리한다. STDERR 파일 디스크립터는 셸의 표준 오류 출력을 뜻한다. 이 디스크립터는 셸 또는 셸에서 실행되는 프로그램이 만들어낸 오류 메시지를 보내는 장소다.

STDERR 파일 디스크립터는 기본으로 STDOUT 파일 디스크립터와 같은 곳을 가리킨다(서로 다른 파일 디스크립터 값을 가지고 있지만). 이 말은 모든 오류 메시지는 모니터 화면으로 가는 것이 기본이라는 뜻이다. 앞의 예에서 보았듯이 STDOUT을 리다이렉트했을 때에는 STDERR까지 자동으로 리다이렉트 되지는 않는다. 스크립트를 사용하여 작업할 경우, 특히 로그 파일에 오류 메시지를 기록하고 싶을 때에는 종종 이러한 특성을 바꿀 필요가 있다.

오류를 리다이렉트하기

이미 리다이렉트 기호를 사용하여 STDOUT 데이터를 리다이렉트하는 방법을 살펴보았다. STDERR 데이터를 리다이렉트하는 방법도 다르지 않다. 리다이렉트 기호를 사용할 때 STDERR 파일 디스크립터를 정의할 필요가 있다.

오류만 리다이렉트하기

[표 15-1]에서 보았듯이 STDERR 파일 디스크립터 값은 2로 설정되어 있다. 리다이렉트 기호 바로 앞에 파일 디스크립터 값을 배치하여 오류 메시지만 리다이렉트되도록 선택할 수 있다. 값은 리다이렉트 기호 바로 앞에 있어야 한다. 이렇게 하지 않으면 제대로 되지 않는다.

```
$ ls -al badfile 2> test4
$ cat test4
ls: cannot access badfile: No such file or directory
$
```

이 명령을 실행하면 이제 오류 메시지가 모니터에 표시되지 않는다. 대신 출력 파일에는 명령이 만들어낸 오류 메시지가 포함되어 있다. 이 방법을 사용하면 쉘은 일반 데이터가 아닌 오류 메시지만 리다이렉트한다. 다음은 같은 출력에서 STDOUT 및 STDERR 메시지가 섞이는 또 다른 예다.

```
$ ls -al test badtest test2 2> test5
-rw-rw-r-- 1 rich rich 158 2014-10-16 11:32 test2
$ cat test5
ls: cannot access test: No such file or directory
ls: cannot access badtest: No such file or directory
$
```

ls 명령의 STDOUT 출력은 기본 STDOUT 파일 디스크립터, 즉 모니터로 간다. 명령이 파일 디스크립터 2(STDERR)의 출력을 리다이렉트하기 때문에 쉘은 모든 오류 메시지를 지정된 리다이렉트 파일로 곧바로 보낸다.

오류와 데이터를 리다이렉트하기

오류 및 정상 출력을 모두 리다이렉트하려면 두 개의 리다이렉트 기호를 사용한다. 기호 앞에는 리다이렉트하려는 데이터의 파일 디스크립터를 두어야 하며, 그 다음에는 데이터를 받아서 저장할 적절한 출력 파일을 지정해야 한다.

```
$ ls -al test test2 test3 badtest 2> test6 1> test7
$ cat test6
ls: cannot access test: No such file or directory
ls: cannot access badtest: No such file or directory
$ cat test7
-rw-rw-r-- 1 rich rich 158 2014-10-16 11:32 test2
-rw-rw-r-- 1 rich rich   0 2014-10-16 11:33 test3
$
```

쉘은 1> 기호를 이용하여 STDOUT으로 갈 ls 명령의 정상 출력을 test7로 리다이렉트했다. STDERR로 가는 모든 오류 메시지는 2> 기호를 사용하여 test6 파일로 리다이렉트 되었다.

스크립트에서 생겨나는 모든 오류 메시지를 정상 스크립트 출력과 분리하기 위해 이 기술을 사용할 수 있다. 이렇게 하면 수천 줄의 정상 출력 데이터 속을 지겹게 훑지 않아도 오류를 식별할 수 있다.

원한다면 STDERR 및 STDOUT 출력을 모두 같은 출력 파일로 리다이렉트할 수 있다. bash 쉘은 이러한 목적을 위한 특수한 기호인 &> 기호를 제공한다.

```
$ ls -al test test2 test3 badtest &> test7
$ cat test7
ls: cannot access test: No such file or directory
```

15

```
ls: cannot access badtest: No such file or directory
-rw-rw-r-- 1 rich rich 158 2014-10-16 11:32 test2
-rw-rw-r-- 1 rich rich   0 2014-10-16 11:33 test3
$
```

&> 심볼을 사용하면 명령이 만들어낸 모든 출력은 데이터 및 에러 모두 같은 장소에 전송된다. 오류 메시지 중 하나는 기대하는 것과 다르다. badtest 파일(마지막에 나열되어야 할 파일)에 대한 오류 메시지는 출력 파일에서 두 번째로 나타난다. bash 쉘은 자동으로 표준 출력보다 오류 메시지에 높은 우선순위를 부여한다. 이 기능으로 오류 메시지는 출력 파일에 여기저기 흩어져 있기 보다는 한데 모여 있게 된다.

스크립트 안에서 출력 리다이렉트하기

적절한 파일 디스크립터를 리다이렉트하면 출력을 만들어 내는 스크립트에서 STDOUT 및 STDERR 파일 디스크립터를 여러 개의 장소로 전송하도록 만들 수 있다. 스크립트에서 출력을 리다이렉트하는 방법은 두 가지가 있다.

- 각 줄을 임시로 리다이렉트하기
- 스크립트에서 모든 명령을 지속적으로 리다이렉트하기

다음 절에서는 이러한 각 방법이 어떻게 쓰이는지 설명한다.

일시 리다이렉트

스크립트에서 일부러 오류 메시지를 만들어내려는 경우 STDERR로 개별 출력을 리다이렉트할 수 있다. 출력을 STDERR 파일 디스크립터에 리다이렉트하려면 출력 리다이렉트 기호를 사용하면 된다. 파일 디스크립터로 리다이렉트할 때에는 앰퍼샌드(&)와 파일 디스크립터 번호를 앞에 두어야 한다.

```
echo "This is an error message" >&2
```

이 줄은 스크립트가 보통의 STDOUT 대신 스크립트의 STDERR 파일 디스크립터가 가리키는 곳으로 출력된다. 다음은 이 기능을 사용하는 스크립트의 예다.

```
$ cat test8
#!/bin/bash
# testing STDERR messages

echo "This is an error" >&2
```

```
echo "This is normal output"
$
```

스크립트가 정상으로 실행되었다면 어떤 차이도 느낄 수 없다.

```
$ ./test8
This is an error
This is normal output
$
```

기본적으로 리눅스는 STDERR 출력을 STDOUT으로 보낸다는 점을 기억하자. 스크립트를 실행할 때 STDERR가 리다이렉트 되면 스크립트에서 STDERR로 가는 모든 텍스트는 리다이렉트된다.

```
$ ./test8 2> test9
This is normal output
$ cat test9
This is an error
$
```

완벽하다! STDOUT을 사용하는 텍스트는 모니터에 나타나는 반면 STDERR로 가는 echo 문의 텍스트는 출력 파일로 리다이렉트되었다.

이 방법은 스크립트에서 오류 메시지를 만들어낼 때 좋다. 누군가가 당신이 만든 스크립트를 사용한다면 위에서 본 것처럼 STDERR 파일 디스크립터를 사용하여 오류 메시지를 리다이렉트할 수 있다.

지속적으로 리다이렉트하기

스크립트에 리다이렉트할 데이터의 양이 많다면 모든 echo 문을 리다이렉트하는 일은 지루할 수 있다. 대신 exec 명령을 사용하여 스크립트가 실행되는 동안 특정한 파일 디스크립터를 리다이렉트 하도록 쉘에게 지시할 수 있다.

```
$ cat test10
#!/bin/bash
# redirecting all output to a file
exec 1>testout

echo "This is a test of redirecting all output"
echo "from a script to another file."
echo "without having to redirect every individual line"
$ ./test10
$ cat testout
```

```
This is a test of redirecting all output
from a script to another file.
without having to redirect every individual line
$
```

exec 명령은 새로운 쉘을 시작하고 STDOUT 파일 디스크립터를 파일로 리다이렉트한다. 스크립트에서 STDOUT로 가는 모든 출력은 대신 파일로 리다이렉트된다.

스크립트의 중간에서 STDOUT을 리다이렉트할 수도 있다.

```
$ cat test11
#!/bin/bash
# redirecting output to different locations

exec 2>testerror

echo "This is the start of the script"
echo "now redirecting all output to another location"

exec 1>testout

echo "This output should go to the testout file"
echo "but this should go to the testerror file" >&2
$
$ ./test11
This is the start of the script
now redirecting all output to another location
$ cat testout
This output should go to the testout file
$ cat testerror
but this should go to the testerror file
$
```

이 스크립트는 exec 명령을 사용하여 STDERR로 가는 출력을 testerror 파일에 리다이렉트한다. 그 다음, 스크립트는 STDOUT에 몇 줄을 표시하기 위해 echo 문을 사용한다. 그리고 나서 STDOUT을 testout 파일에 리다이렉트하기 위해 exec 명령이 다시 사용된다. STDOUT이 리다이렉트되었을 때에도 echo 문의 출력이 STDERR로 가도록 지시할 수 있다. 위의 경우에는 STDERR는 계속 testerror 파일로 리다이렉트되어 있음을 알 수 있다.

스크립트 출력의 일부만을 다른 장소, 예를 들어 오류 로그와 같은 곳으로 리다이렉트하고 싶다면 이 기능이 편리하다. 이를 사용하는 경우에 딱 한 가지 문제가 있다.

STDOUT 또는 STDERR를 리다이렉트한 후, 원래의 장소로 쉽게 돌려 놓기가 힘들다. 리다이렉트가 원래 장소와 다른 장소 사이를 왔다갔다 해야 한다면 이에 따른 요령을 배울 필요가 있다. 이 장 뒷부분의 "사용자 정의 리다이렉트 만들기"에서 이러한 요령과 스크립트 안에서 사용하는 방법을 설명한다.

스크립트에서 입력 리다이렉트하기

STDOUT 및 STDERR을 리다이렉트할 때 썼던 기술을 STDIN을 키보드로부터 다른 곳으로 리다이렉트할 때에도 사용할 수 있다. exec 명령은 STDIN을 리눅스 시스템의 파일로 리다이렉트할 수 있다.

```
exec 0< testfile
```

이 명령은 쉘에게 STDIN 대신 testfile 파일로부터 입력을 받을 것을 지시한다. 이러한 리다이렉트는 스크립트가 입력을 요청할 때에는 언제든지 적용된다. 다음은 실제 사용 예다.

```
$ cat test12
#!/bin/bash
# redirecting file input

exec 0< testfile
count=1

while read line
do
    echo "Line #$count: $line"
    count=$[ $count + 1 ]
done
$ ./test12
Line #1: This is the first line.
Line #2: This is the second line.
Line #3: This is the third line.
$
```

제14장에서는 사용자가 키보드로 입력한 데이터를 읽어 들이는 read 명령을 사용하는 방법을 보여주었다. read 명령이 STDIN으로부터 입력을 받으려고 할 때 STDIN을 파일로 리다이렉트 함으로써 데이터를 키보드 대신 파일로부터 읽어 들인다.

이는 스크립트에서 작업을 위해서 파일로부터 데이터를 읽을 때 사용할 수 있는 훌륭한 기술이다. 리눅스 시스템 관리자에게 공통된 일은 로그 파일에서 데이터를 읽어서 처리하는 것이다. 위의 기술은 이러한 작업을 수행할 수 있는 가장 쉬운 방법이다.

15

사용자 정의 리다이렉트 만들기

스크립트에서 입력 및 출력을 리다이렉트 할 때에는 세 가지 기본 파일 디스크립터로 한정되는 것은 아니다. 셸에서는 파일 디스크립터를 아홉 개까지 열 수 있다고 언급한 바 있다. 다른 여섯 개의 파일 디스크립터는 3~8까지의 숫자이며 입력 또는 출력 리다이렉트 중 하나로 활용할 수 있다. 이들 파일 디스크립터 중 어느 것이든 파일에 할당할 수 있으며 스크립트에서 사용할 수도 있다. 이 절에서는 스크립트에서 다른 파일 디스크립터를 사용하는 방법을 보여줄 것이다.

출력 파일 디스크립터 만들기

exec 명령을 사용해서 출력 파일 디스크립터를 할당한다. 표준 파일 디스크립터와 마찬가지로 사용자 정의 파일 디스크립터를 어떤 파일로 할당하면 다시 할당하기 전까지는 계속해서 리다이렉트가 유지된다. 다음은 스크립트에서 사용자 정의 파일 디스크립터를 사용하는 간단한 예다.

```
$ cat test13
#!/bin/bash
# using an alternative file descriptor

exec 3>test13out

echo "This should display on the monitor"
echo "and this should be stored in the file" >&3
echo "Then this should be back on the monitor"
$ ./test13
This should display on the monitor
Then this should be back on the monitor
$ cat test13out
and this should be stored in the file
$
```

이 스크립트는 exece 명령으로 파일 디스크립터 3을 사용자 정의 파일 장소에 리다이렉트했다. 스크립트가 echo 문을 실행하면 사용자가 예상하는 대로 STDOUT에 표시된다. 그러나 파일 디스크립터 3으로 리다이렉트 된 echo 문은 사용자 정의 파일로 전송된다. 이렇게 하면 모니터는 정상 출력을 유지하는 상태에서 로그 파일과 같이 파일로 저장되어야 하는 특별한 정보를 리다이렉트할 수 있다.

새로운 파일을 생성하는 대신 기존 파일에 데이터를 추가하고 싶을 때에도 exec 명령을 사용할 수 있다.

```
exec 3>>test13out
```

이제 새로운 파일을 만드는 대신 test13out 파일에 출력이 추가된다.

파일 디스크립터를 리다이렉트하기

다음은 리다이렉트된 파일 디스크립터를 복구하는 데 도움이 되는 요령이다. 사용자 정의 파일 디스크립터를 표준 파일 디스크립터에 할당할 수도 있고, 그 반대도 가능하다. 다시 말해서 STDOUT의 원래 장소를 사용자 정의 파일 디스크립터에 리다이렉트한 뒤 후 다시 STDOUT에 해당 파일 디스크립터를 리다이렉트 할 수 있다는 것을 뜻한다. 다소 복잡하게 들릴 수 있지만, 실제로는 매우 간단하다. 이해를 돕기 위해서 다음 예를 살펴보자.

```
$ cat test14
#!/bin/bash
# storing STDOUT, then coming back to it

exec 3>&1
exec 1>test14out

echo "This should store in the output file"
echo "along with this line."

exec 1>&3

echo "Now things should be back to normal"
$
$ ./test14
Now things should be back to normal
$ cat test14out
This should store in the output file
along with this line.
$
```

이 예는 좀 정신이 없으므로 한 부분씩 나눠서 살펴보자. 먼저 스크립트는 파일 디스크립터 3을 파일 디스크립터 1의 현재 장소, 즉 STDOUT으로 리다이렉트한다. 즉 파일 디스크립터 3으로 가는 모든 데이터는 모니터에 출력된다.

두 번째 exec 명령은 STDOUT을 파일로 리다이렉트한다. 쉘은 이제 STDOUT으로 전송되는 출력을 출력 파일로 리다이렉트한다. 그러나 파일 디스크립터 3은 계속해서 STDOUT의 원래 장소인 모니터를 가리킨다. STDOUT이 리다이렉트 되었다고 해도 파일 디스크립터 3으로 출력 데이터를 보내면 모니터로 간다.

몇 가지 출력을 파일을 가리키고 있는 STDOUT에 보낸 후 스크립트는 STDOUT을 모니터로 설정되어 있는 파일 디스크립터 3의 현재 장소로 리다이렉트한다. 이제 STDOUT은 원래 장소인 모니터를 가리키는 것을 의미한다.

이 방법은 혼란스러울 수는 있지만 출력을 일시적으로 스크립트 파일에 리다이렉트하고 나서 나중에 다시 출력을 원래 설정으로 되돌리기 위해서 널리 쓰이는 방법이다.

입력 파일 디스크립터 만들기

출력 파일 디스크립터와 정확히 같은 방식으로 입력 파일 디스크립터를 리다이렉트할 수 있다. STDIN 파일 디스크립터를 파일로 리다이렉트하기 전에 다른 파일 디스크립터에 저장해 놓으면 파일을 다 읽었을 때 원래 장소로 STDIN를 복원할 수 있다.

```
$ cat test15
#!/bin/bash
# redirecting input file descriptors

exec 6<&0

exec 0< testfile

count=1
while read line
do
    echo "Line #$count: $line"
    count=$[ $count + 1 ]
done
exec 0<&6
read -p "Are you done now? " answer
case $answer in
Y|y) echo "Goodbye";;
N|n) echo "Sorry, this is the end.";;
esac
$ ./test15
Line #1: This is the first line.
Line #2: This is the second line.
Line #3: This is the third line.
Are you done now? y
Goodbye
$
```

이 예에서는 파일 디스크립터 6이 STDIN의 장소를 저장하는 데 사용된다. 그 다음, 스크립트는 STDIN을 파일에 리다이렉트한다. read 명령의 모든 입력은 현재 입력 파일로 리다이렉트된 STDIN에서 온다.

파일 안의 모든 줄을 읽어 들이고 나서 스크립트는 STDIN을 원래의 장소인 파일 디스크립터 6으로 리다이렉트해서 복원한다. 이 스크립트는 STDIN가 다시 원래대로 돌아왔는지 확인하기 위해서 추가로 read 명령을 사용하며, 이번에는 키보드 입력을 기다린다.

읽기/쓰기용 파일 디스크립터 만들기

이상하게 보일 수는 있지만 입력과 출력 모두를 할 수 있는 파일 디스크립터를 열 수 있다. 그러면 같은 파일에 데이터를 읽고 쓰기 위해서 이 파일 디스크립터를 사용할 수 있다.

이 방법은 특히 주의해야 한다. 한 파일로 데이터를 읽고 쓸 때 쉘은 데이터 접근이 어디에서 이루어지는지를 가리키는 내부 포인터를 유지한다. 모든 읽기 또는 쓰기 작업을 파일 포인터가 마지막으로 가리키고 있는 곳에서 이루어진다. 조심하지 않으면 몇 가지 흥미로운 결과가 일어날 수 있다. 아래 예를 보자.

```
$ cat test16
#!/bin/bash
# testing input/output file descriptor

exec 3<> testfile
read line <&3
echo "Read: $line"
echo "This is a test line" >&3
$ cat testfile
This is the first line.
This is the second line.
This is the third line.
$ ./test16
Read: This is the first line.
$ cat testfile
This is the first line.
This is a test line
ine.
This is the third line.
$
```

이 예제는 exec 명령으로 입력과 출력 모두 testfile 파일을 사용하도록 파일 디스크립터 3을 할당한다. 그 다음 할당된 파일 디스크립터를 사용하여 파일의 첫 번째 줄을 읽어 들이기 위해 read 명령을 사용한 다음 읽어 들인 데이터 줄을 STDOUT에 표시한다. 그 다음 같은 파일 디스크립터로 열려 있는 파일에 한 줄의 데이터를 쓰기 위해 echo 문을 사용한다.

스크립트를 실행하면 첫 번째는 괜찮아 보인다. 출력 결과는 스크립트가 testfile 파일의 첫 번째 줄을 읽어 들였음을 보여준다. 하지만 스크립트를 실행한 뒤 testfile의 내용을 보면 파일에 쓴 데이터가 기존 데이터를 덮어썼다는 사실을 알 수 있다.

스크립트 파일에 데이터를 기록할 때 그 시작 지점은 파일 포인터가 가리키는 곳이다. read 명령은 데이터의 첫 번째 줄을 읽었고, 따라서 파일 포인터는 데이터의 두 번째 줄 첫 번째 문자를 가리키는 상태가 되었다. 파일에 데이터를 출력하는 echo 문은 데이터를 파일 포인터의 현재 위치에 기록하므로 어떤 데이터가 있든 그 위치에 있던 데이터를 덮어쓰게 된다.

파일 디스크립터 닫기

새로운 입력 또는 출력 파일 디스크립터를 작성하는 경우 스크립트가 종료될 때 셸은 자동으로 이들 디스크립터를 닫는다. 하지만 스크립트가 끝나기 전에 파일 디스크립터를 수동으로 닫아야 할 때가 있다.

파일 디스크립터를 닫으려면 이를 특수 기호인 &-로 리다이렉트한다. 스크립트에서는 다음과 같이 보일 것이다.

```
exec 3>&-
```

이 문장은 파일 디스크립터 3이 더 이상 스크립트에 사용되는 것을 막기 위해 이 디스크립터를 닫는다. 다음은 닫힌 파일 디스크립터를 사용하려고 할 때 일어나는 일의 예다.

```
$ cat badtest
#!/bin/bash
# testing closing file descriptors

exec 3> test17file

echo "This is a test line of data" >&3

exec 3>&-

echo "This won't work" >&3
$ ./badtest
./badtest: 3: Bad file descriptor
$
```

파일 디스크립터를 닫은 후에는 스크립트에서 여기에 데이터를 기록할 수 없다. 기록하려고 하면 셸은 오류 메시지를 낸다.

파일 디스크립터를 닫을 때 조심해야 할 또 한 가지가 있다. 스크립트에서 나중에 같은 출력 파일을 열 경우 셸은 기존 파일을 새 파일로 대체한다. 어떤 데이터든 출력하면 기존 파일을 덮어쓰게 된다. 이 문제에 관련된 다음 예를 살펴보자.

```
$ cat test17
#!/bin/bash
# testing closing file descriptors

exec 3> test17file
echo "This is a test line of data" >&3
exec 3>&-

cat test17file

exec 3> test17file
echo "This'll be bad" >&3
$ ./test17
This is a test line of data
$ cat test17file
This'll be bad
$
```

test17file 파일에 데이터 문자열을 보내고 파일 디스크립터를 닫은 후 스크립트 파일의 내용을 표시하기 위해 cat 명령을 사용한다. 지금까지는 괜찮다. 그 다음 스크립트는 출력 파일을 다시 열고 또 다른 데이터 문자열을 보낸다. 출력 파일의 내용을 표시해 보면 두 번째로 보냈던 데이터 문자열만 보인다. 쉘은 원래의 출력 파일을 덮어써버린 것이다.

열린 파일 디스크립터 나열하기

파일 디스크립터를 아홉 개까지만 쓸 수 있으므로 이들을 올바로 유지 관리하는 일은 별로 어렵지 않을 것이라고 생각할 것이다. 그러나 때때로 어떤 파일 디스크립터가 어디로 리다이렉트되어 있는지를 놓치기 쉽다. 상황을 제대로 유지시키는 데 도움이 되도록 bash 쉘은 lsof 명령을 제공한다.

lsof 명령은 전체 리눅스 시스템에 열려 있는 모든 파일 디스크립터의 목록을 보여준다. 약간 논란이 있는 기능인데, 시스템 관리자가 아닌 사람에게 리눅스 시스템에 대한 정보를 제공할 수 있기 때문이다. 많은 리눅스 시스템이 이 명령을 숨겨 놓고 사용자가 우연히라도 쓰지 못하게 하는 이유는 이 때문이다.

시스템(예를 들어 페도라)에서 lsof 명령은 /usr/sbin 디렉토리에 있다. 일반 사용자 계정으로 실행하려면 전체 경로 이름으로 참조해야 한다.

```
$ /usr/sbin/lsof
```

이 명령은 어마어마한 양의 출력을 쏟아낸다. 이 명령은 리눅스 시스템에 현재 열려 있는 모든 파일

449

에 대한 정보를 표시한다. 이는 배경에서 실행되는 모든 프로세스뿐만 아니라 시스템에 로그인한
모든 사용자의 계정을 포함한다.

수많은 커맨드라인 매개변수 및 옵션이 lsof의 출력을 걸러내는 데 사용될 수 있다. 가장 널리 사용
되는 것은 -p로 프로세스 ID(PID)를 지정할 수 있으며 -d는 표시할 파일 디스크립터 번호를 지정
할 수 있다.

프로세스의 현재 PID를 쉽게 확인하려면 특수한 환경 변수 $$를 사용할 수 있으며 셸은 이 변수를
현재 PID로 설정한다. -a 옵션은 다른 두 옵션의 결과에 대해 부울 AND 연산을 수행하며 다음과
같은 결과를 만들어 낸다.

```
$ /usr/sbin/lsof -a -p $$ -d 0,1,2
COMMAND  PID USER    FD    TYPE DEVICE SIZE NODE NAME
bash    3344 rich    0u    CHR  136,0        2 /dev/pts/0
bash    3344 rich    1u    CHR  136,0        2 /dev/pts/0
bash    3344 rich    2u    CHR  136,0        2 /dev/pts/0
$
```

위 결과는 현재 프로세스(bash 셸)의 기본 파일 디스크립터(0, 1, 2)를 나타낸다. lsof의 기본 출력은
[표 15-2]에 설명되어 있는 것과 같이 여러 열의 정보를 포함하고 있다.

표 15-2 기본 lsof 출력

열	설명
COMMAND	프로세스 안에 있는 명령 공정에서 명령의 이름의 첫 아홉 글자
PID	프로세스 PID
USER	프로세스를 소유한 사용자의 로그인 이름
FD	파일 디스크립터 번호 및 접근 유형 [r-(읽기), w-(쓰기), u-(읽기/쓰기)]
TYPE	파일의 유형 [CHR-(글자), BLK-(블록), DIR-(디렉토리), REG-(일반 파일)]
DEVICE	장치의 번호 (주 번호 및 부 번호)
SIZE	가능한 경우에는 파일의 크기
NODE	로컬 파일의 노드 번호
NAME	파일의 이름

STDIN, STDOUT 및 STDERR에 할당된 파일 유형은 글자 모드다. STDIN, STDOUT 및 STDERR
파일 디스크립터가 모두 터미널을 가리키고 있으므로 출력 파일의 이름은 터미널의 장치 이름이다.
세 가지 표준 파일 모두 읽기를 할 수 있도록 되어 있다(STDIN에 쓰기 작업을 하고 STDOUT으로부터
읽어 들이는 게 이상하게 보일 수는 있겠지만).

이제 스크립트 안에서 열린 몇 가지 사용자 정의 파일 디스크립터에 대한 lsof를 명령의 결과를 살펴보자.

```
$ cat test18
#!/bin/bash
# testing lsof with file descriptors

exec 3> test18file1
exec 6> test18file2
exec 7< testfile

/usr/sbin/lsof -a -p $$ -d0,1,2,3,6,7
$ ./test18
COMMAND  PID USER    FD    TYPE DEVICE SIZE    NODE NAME
test18  3594 rich     0u    CHR  136,0           2 /dev/pts/0
test18  3594 rich     1u    CHR  136,0           2 /dev/pts/0
test18  3594 rich     2u    CHR  136,0           2 /dev/pts/0
18  3594 rich     3w   REG  253,0    0 360712 /home/rich/test18file1
18  3594 rich     6w   REG  253,0    0 360715 /home/rich/test18file2
18  3594 rich     7r   REG  253,0   73 360717 /home/rich/testfile
$
```

이 스크립트는 세 가지 사용자 정의 파일 디스크립터를 가지고 있으며 두 개는 출력에(3과 6), 하나는 입력에 사용한다(7). 스크립트가 lsof 명령을 실행하면 그 출력 결과에서 새 파일 디스크립터를 볼 수 있다. 파일 이름의 결과를 볼 수 있도록 새 파일 디스크립터에 관한 출력의 첫 번째 부분을 잘라냈다. 파일 이름은 파일 디스크립터에서 사용되는 파일의 완전한 경로명이다. 출력 결과는 이들 파일이 각각 REG 유형임을 보여주고 있다. 이들 파일이 파일시스템의 일반 파일임을 뜻한다.

명령 출력 억제하기

때로는 스크립트의 출력을 모두 표시하고 싶지는 않을 수도 있다. 백그라운드 프로세스(제16장 참조)로 스크립트를 실행하는 경우에 이러한 상황이 생긴다. 백그라운드에서 실행하는 동안 스크립트에서 오류 메시지가 생기면 쉘은 프로세스의 소유자에게 이메일을 보낸다. 이러한 기능은 특히 스크립트가 소소하고 귀찮은 오류를 만들어낼 때에는 꽤나 성가신 문제가 될 수 있다.

이 문제를 해결하기 위해 STDERR를 널(null) 파일이라고 하는 특수한 파일로 리다이렉트할 수 있다. 널 파일은 이름이 말하는 뜻 거의 그대로다. 아무 것도 포함하지 않은(null : 아무 가치도 없는) 파일이다. 쉘이 널 파일로 보내는 모든 출력은 저장되지 않으며 따라서 없어진다.

리눅스 시스템에서 널 파일의 표준 위치는 /dev/null이다. 이곳으로 리다이렉트되는 모든 데이터는

451

없어지고 표시되지 않는다.

```
$ ls -al > /dev/null
$ cat /dev/null
$
```

데이터를 저장하지 않고 오류 메시지를 숨기는 일반적인 방법은,

```
$ ls -al badfile test16 2> /dev/null
-rwxr--r--    1 rich    rich            135 Oct 29 19:57 test16*
$
```

/dev/null 파일을 입력 리다이렉트에 입력 파일로 사용할 수도 있다. /dev/null 파일이 아무것도 포함하고 있지 않기 때문에 프로그래머는 파일을 지운 다음 다시 만들지 않고도 기존 파일의 데이터를 없애버리기 위해 이 방법을 사용한다.

```
$ cat testfile
This is the first line.
This is the second line.
This is the third line.
$ cat /dev/null > testfile
$ cat testfile
$
```

testfile 파일은 여전히 시스템에 존재하지만 이제는 비어 있다. 이 방법은 애플리케이션이 제대로 돌아가기 위해서는 제자리에 있어야 하는 로그 파일의 내용을 비우는 데 널리 쓰인다.

임시 파일 사용하기

리눅스 시스템은 임시 파일을 위해 예약된 특별한 디렉토리 위치를 포함하고 있다. 리눅스는 무기한으로 유지할 필요가 없는 파일에 tmp 디렉토리를 사용한다. 대부분의 리눅스 배포판은 시동을 할 때 /tmp 디렉토리에 있는 파일을 자동으로 제거하도록 시스템을 구성한다.

시스템의 모든 사용자 계정은 /tmp 디렉토리에 파일을 읽고 쓸 수 있는 권한이 있다. 이 기능은 나중에 청소할 걱정없이 임시 파일을 만들 수 있는 손쉬운 방법을 제공한다.

임시 파일을 만들기 위해서 사용하는 특정한 명령도 있다. mktemp 명령을 쓰면 /tmp 폴더에 고유한 임시 파일을 쉽게 만들 수 있다. 쉘은 파일을 만들지만 기본 umask 값(제7장 참조)을 사용하지 않는다. 대신 파일의 소유자에게만 읽기 및 쓰기 권한을 주고 당신을 파일의 소유자로 설정한다. 파일을 만든 후에는 스크립트에서 읽기와 쓰기 권한을 모두 가지게 되며 다른 누구도 이 파일에 접근

할 수 없다(물론 루트 사용자는 예외다).

로컬 임시 파일 만들기

mktemp는 기본적으로 로컬 디렉토리에 파일을 만든다. mktemp 명령으로 로컬 디렉토리에 임시 파일을 만들려면 파일 이름 템플릿을 지정해야 한다. 템플릿은 어떤 식의 텍스트 형식 파일 이름이든 가능하지만 이 파일 이름의 마지막에 여섯 개의 X가 붙어 있어야 한다.

```
$ mktemp testing.XXXXXX
$ ls -al testing*
-rw-------    1 rich      rich          0 Oct 17 21:30 testing.UfIi13
$
```

mktemp 명령은 파일 이름이 디렉토리에서 유일하도록 보장하기 위해 여섯 개의 문자 코드로 여섯 개의 X를 대체한다. 여러 개의 임시 파일을 만들 수 있으며 각각은 유일하다고 확신해도 좋다.

```
$ mktemp testing.XXXXXX
testing.1DRLuV
$ mktemp testing.XXXXXX
testing.lVBtkW
$ mktemp testing.XXXXXX
testing.PgqNKG
$ ls -l testing*
-rw-------    1 rich      rich          0 Oct 17 21:57 testing.1DRLuV
-rw-------    1 rich      rich          0 Oct 17 21:57 testing.PgqNKG
-rw-------    1 rich      rich          0 Oct 17 21:30 testing.UfIi13
-rw-------    1 rich      rich          0 Oct 17 21:57 testing.lVBtkW
$
```

위에서 볼 수 있듯이 mktemp 명령의 출력은 이 명령이 만든 파일의 이름이다. 스크립트에서 mktemp 명령을 사용할 때에는 변수에 파일 이름을 저장하고 스크립트에서 나중에 이를 참조하는 것이 좋다.

```
$ cat test19
#!/bin/bash
# creating and using a temp file

tempfile=$(mktemp test19.XXXXXX)

exec 3>$tempfile

echo "This script writes to temp file $tempfile"
```

15

```
echo "This is the first line" >&3
echo "This is the second line." >&3
echo "This is the last line." >&3
exec 3>&-

echo "Done creating temp file. The contents are:"
cat $tempfile
rm -f $tempfile 2> /dev/null
$ ./test19
This script writes to temp file test19.vCHoya
Done creating temp file. The contents are:
This is the first line
This is the second line.
This is the last line.
$ ls -al test19*
-rwxr--r--    1 rich     rich            356 Oct 29 22:03 test19*
$
```

스크립트는 mktemp 명령을 사용해서 임시 파일을 만들고 파일 이름을 $tempfile 변수에 저장한다. 그 다음 이 임시 파일을 파일 디스크립터 3의 출력 리다이렉트로 사용한다. STDOUT에 임시 파일 이름을 표시한 다음 임시 파일에 몇 줄을 쓰고 나서 파일 디스크립터를 닫는다. 마지막으로 임시 파일의 내용을 표시하고 이 파일을 지우기 위해서 rm 명령을 사용한다.

/tmp에 임시 파일 만들기

-t 옵션은 mktemp 명령이 시스템의 임시 디렉토리에 임시 파일을 만들도록 강제한다. 이 기능을 사용하면 mktemp 명령은 임시 파일의 이름뿐만 아니라 임시 파일을 만드는 데 사용되는 전체 경로 이름을 돌려준다.

```
$ mktemp -t test.XXXXXX
/tmp/test.xG3374
$ ls -al /tmp/test*
-rw------- 1 rich rich 0 2014-10-29 18:41 /tmp/test.xG3374
$
```

mktemp 명령이 전체 경로 이름을 돌려주므로 임시 디렉토리가 어디에 있든 리눅스 시스템의 어떤 디렉토리에서든 이 임시 파일을 참조할 수 있다.

```
$ cat test20
#!/bin/bash
# creating a temp file in /tmp
```

```
tempfile=$(mktemp -t tmp.XXXXXX)

echo "This is a test file." > $tempfile
echo "This is the second line of the test." >> $tempfile

echo "The temp file is located at: $tempfile"
cat $tempfile
rm -f $tempfile
$ ./test20
The temp file is located at: /tmp/tmp.Ma3390
This is a test file.
This is the second line of the test.
$
```

mktemp 명령이 임시 파일을 만들 때에는 환경 변수에 전체 경로 이름을 돌려준다. 그러면 이 값을 임시 파일을 참조하는 어떤 명령에든 사용할 수 있다.

임시 디렉토리 만들기

-d 옵션은 mktemp 명령에게 파일 대신 임시 디렉토리를 생성하도록 지시한다. 그 후 이 디렉토리를 추가 임시 파일을 만드는 것을 비롯해서 원하는 어떤 목적으로든 사용할 수 있다.

```
$ cat test21
#!/bin/bash
# using a temporary directory

tempdir=$(mktemp -d dir.XXXXXX)
cd $tempdir
tempfile1=$(mktemp temp.XXXXXX)
tempfile2=$(mktemp temp.XXXXXX)
exec 7> $tempfile1
exec 8> $tempfile2

echo "Sending data to directory $tempdir"
echo "This is a test line of data for $tempfile1" >&7
echo "This is a test line of data for $tempfile2" >&8
$ ./test21
Sending data to directory dir.ouT8S8
$ ls -al
total 72
drwxr-xr-x    3 rich      rich          4096 Oct 17 22:20 ./
drwxr-xr-x    9 rich      rich          4096 Oct 17 09:44 ../
```

```
drwx------      2 rich       rich           4096 Oct 17 22:20 dir.ouT8S8/
-rwxr--r--      1 rich       rich            338 Oct 17 22:20 test21*
$ cd dir.ouT8S8
[dir.ouT8S8]$ ls -al
total 16
drwx------      2 rich       rich           4096 Oct 17 22:20 ./
drwxr-xr-x      3 rich       rich           4096 Oct 17 22:20 ../
-rw-------      1 rich       rich             44 Oct 17 22:20 temp.N5F306
-rw-------      1 rich       rich             44 Oct 17 22:20 temp.SQslb7
[dir.ouT8S8]$ cat temp.N5F306
This is a test line of data for temp.N5F306
[dir.ouT8S8]$ cat temp.SQslb7
This is a test line of data for temp.SQslb7
[dir.ouT8S8]$
```

이 스크립트는 현재 디렉토리 안에 임시 디렉토리를 만들고 cd 명령으로 방금 만든 디렉토리로 옮겨가서 두 개의 임시 파일을 만든다. 두 개의 임시 파일은 파일 디스크립터에 할당되고 스크립트의 출력을 저장하는 데 쓰인다.

메시지 로깅

출력을 모니터와 로그 파일에 모두 보내는 것이 도움이 될 수 있다. 출력을 두 번 리다이렉트하는 대신 tee 명령을 사용할 수 있다.

tee 명령은 T자형 파이프 연결부와 비슷하다. 이 명령을 STDIN의 데이터를 동시에 두 개의 목적지로 보낸다. 한 가지 대상은 STDOUT이다. 또 다른 대상은 tee 커맨드라인에 지정된 파일 이름이다.

```
tee filename
```

tee는 STDIN에서 데이터를 리다이렉트하기 때문에 파이프 명령과 함께 사용하면 어떤 명령에서 나온 출력이든 이를 리다이렉트할 수 있다.

```
$ date | tee testfile
Sun Oct 19 18:56:21 EDT 2014
$ cat testfile
Sun Oct 19 18:56:21 EDT 2014
$
```

출력은 STDOUT에 나타나고 지정된 파일에도 기록된다. 주의할 점이 있다. tee 명령의 기본값은 사용할 때마다 출력 파일에 덮어쓰기를 하는 것이다.

```
$ who | tee testfile
rich        pts/0            2014-10-17 18:41 (192.168.1.2)
$ cat testfile
rich        pts/0            2014-10-17 18:41 (192.168.1.2)
$
```

파일에 데이터를 추가하려면 -a 옵션을 사용해야 한다.

```
$ date | tee -a testfile
Sun Oct 19 18:58:05 EDT 2014
$ cat testfile
rich        pts/0            2014-10-17 18:41 (192.168.1.2)
Sun Oct 19 18:58:05 EDT 2014
$
```

이러한 기술을 사용하면 데이터를 파일로도 저장하고 모니터에도 표시할 수 있다.

```
$ cat test22
#!/bin/bash
# using the tee command for logging

tempfile=test22file

echo "This is the start of the test" | tee $tempfile
echo "This is the second line of the test" | tee -a $tempfile
echo "This is the end of the test" | tee -a $tempfile
$ ./test19
This is the start of the test
This is the second line of the test
This is the end of the script
$ cat test22file
This is the start of the test
This is the second line of the test
This is the end of the test
$
```

이제 출력을 화면에 표시하면서도 파일에도 영구히 저장할 수 있다.

15

활용 예제

파일 리다이렉트는 파일을 스크립트로 읽어 들이고 스크립트에서 데이터를 파일로 출력할 때 대단히 널리 쓰인다. 아래의 예제 스크립트는 이러한 일을 모두 수행한다. 이 스크립트는 .cvs형식의 데이터 파일을 읽고 데이터베이스에 데이터를 삽입하도록 SQL INSERT 문을 출력해서 데이터베이스에 데이터를 넣는다(제2 장 참조).

쉘 스크립트는 데이터를 읽을 파일인 .csv 파일의 이름을 정하기 위해 커맨드라인 매개변수를 사용한다. .csv 형식은 스프레드시트에서 데이터를 내보내는 데 사용되므로 데이터베이스의 데이터를 스프레드시트에 보내고, 스프레드시트를 .csv 형식 파일에 저장하고, 이 파일을 읽고, INSERT 문을 만들어서 데이터를 MySQL 데이터베이스에 삽입한다(제25장 참조).

이러한 스크립트는 다음과 비슷할 것이다.

```
$ cat test
#!/bin/bash
# read file and create INSERT statements for MySQL

outfile='members.sql'
IFS=','
while read lname fname address city state zip
do
   cat >> $outfile << EOF
   INSERT INTO members (lname,fname,address,city,state,zip) VALUES
('$lname', '$fname', '$address', '$city', '$state', '$zip');
EOF
done < ${1}
$
```

파일 리다이렉트 덕분에 스크립트가 무척 짧다! 스크립트에서는 세 번의 리다이렉트 명령이 있다. while 루프는 텍스트를 데이터 파일로부터 읽기 위해 read 문(제14장에서 설명했다)을 사용했다. done 문 안에 리다이렉트 기호가 있다는 점에 유의하자.

```
done < ${1}
```

$1은 test23 프로그램을 실행할 때 첫 커맨드라인 매개변수를 뜻한다. 이 변수는 데이터를 읽을 데이터 파일을 지정한다. read 문은 우리가 쉼표로 지정한 IFS 문자를 사용하여 텍스트를 분리한다.

스크립트에서 두 가지 서로 다른 리다이렉트 작업이 같은 명령문에 나타난다.

```
cat >> $outfile << EOF
```

이 한 문장은 하나의 출력 추가 리다이렉트 (이중 〉부등호) 및 하나의 입력 추가 리다이렉트(이중 〈

부등호)를 가지고 있다. 출력 리다이렉트는 $outfile 변수가 지정한 파일에 cat 출력을 추가한다. cat 명령의 입력은 스크립트 안에서 저장된 데이터를 사용하기 위하여 표준 입력으로부터 파일로 리다 이렉트된다. 파일에 추가된 EOF 기호는 데이터의 개시 및 종료 지점을 표시하는 구분자다.

```
INSERT INTO members (lname,fname,address,city,state,zip) VALUES
('$lname', '$fname', '$address', '$city', '$state', '$zip');
```

텍스트는 표준 SQL INSERT 문을 만들어 낸다. 데이터 값은 read 문으로 읽어 들인 데이터의 변수 값으로 대체된다는 점을 주목하자.

기본적으로 while 루프는 데이터를 한 번에 한 줄씩 읽어 들이며, 읽어 들인 데이터 값을 INSERT 명령문 템플릿에 삽입하고 나서 출력 파일로 그 결과를 출력한다.

이 실험을 위해 다음과 같은 입력 데이터 파일을 사용했다.

```
$ cat members.csv
Blum,Richard,123 Main St.,Chicago,IL,60601
Blum,Barbara,123 Main St.,Chicago,IL,60601
Bresnahan,Christine,456 Oak Ave.,Columbus,OH,43201
Bresnahan,Timothy,456 Oak Ave.,Columbus,OH,43201
$
```

스크립트를 실행하면 모니터에는 아무 것도 출력되지 않는다.

```
$ ./test23 < members.csv
$
```

하지만 members.sql 출력 파일을 보면 출력 데이터를 볼 수 있다.

```
$ cat members.sql
  INSERT INTO members (lname,fname,address,city,state,zip) VALUES
('Blum', 'Richard', '123 Main St.', 'Chicago', 'IL', '60601');
  INSERT INTO members (lname,fname,address,city,state,zip) VALUES
('Blum', 'Barbara', '123 Main St.', 'Chicago', 'IL', '60601');
  INSERT INTO members (lname,fname,address,city,state,zip) VALUES
('Bresnahan', 'Christine', '456 Oak Ave.', 'Columbus', 'OH',
'43201');
  INSERT INTO members (lname,fname,address,city,state,zip) VALUES
('Bresnahan', 'Timothy', '456 Oak Ave.', 'Columbus', 'OH', '43201');
$
```

스크립트는 정확히 예상대로 작동했다! 이제 MySQL 데이터베이스 테이블로 members.sql 파일을 손쉽게 가져올 수 있다(제25장 참조).

15

요약

스크립트를 만들 때 bash 쉘이 입력과 출력을 처리하는 방법을 이해하면 편리할 수 있다. 어떤 환경에서는 스크립트를 사용자 정의하기 위해 스크립트가 데이터를 받고 데이터를 표시하는 방법 모두를 조작할 수 있다. 스크립트의 입력을 표준 입력(STDIN)으로부터 시스템의 어떤 파일로든 리다이렉트할 수 있다. 또한 스크립트의 출력을 표준 출력(STDOUT)으로부터 시스템의 어떤 파일로든 리다이렉트할 수 있다.

더 나아가 STDERR 출력을 리다이렉트함으로써 스크립트가 만들어내는 어떤 오류 메시지든 리다이렉트할 수 있다. STDERR 출력에 관련한 파일 디스크립터를 리다이렉트하면 이러한 일을 할 수 있으며, 해당 파일 디스크립터는 2다. STDERR 출력을 STDOUT 출력과 같은 파일로 출력할 수도 있고, 완전히 별개의 파일에 출력할 수도 있다. 둘을 별개로 저장하면 정상 스크립트 메시지를 스크립트가 만든 오류 메시지로부터 분리할 수 있다.

bash 쉘은 스크립트에서 사용하기 위한 사용자 정의 파일 디스크립터를 만들 수 있다. 3에서 8 사이의 파일 디스크립터를 만들고 원하는 어떤 출력 파일에든 할당할 수 있다. 파일 디스크립터를 만든 뒤에는 표준 리다이렉트 기호를 사용하여 어떤 명령의 출력이든 리다이렉트할 수 있다.

bash 쉘은 또한 입력을 파일 디스크립터로 리다이렉트할 수 있으며, 이 기능은 스크립트가 파일에 포함된 데이터를 읽을 수 있는 쉬운 방법을 제공한다. lsof 명령을 사용하면 쉘에서 활성화된 파일 디스크립터를 표시한다.

리눅스 시스템은 원하지 않는 출력을 리다이렉트할 수 있도록 /dev/null이라는 특수 파일을 제공한다. 리눅스 시스템은 /dev/null 파일로 리다이렉트된 것은 무엇이든 버린다. 또한 /dev/null 파일의 내용을 파일로 리다이렉트함으로써 파일의 내용을 비울 수 있다.

mktemp 명령으로 임시 파일 및 디렉토리를 쉽게 만들 수 있는 bash 쉘의 편리한 기능이다. mktemp 명령을 위한 템플릿을 지정하기만 하면 명령을 부를 때마다 파일 템플릿 형식에 따라 유일한 이름을 가진 파일이 만들어진다. 또한 리눅스 시스템의 /tmp 디렉토리에 임시 파일과 디렉토리를 만들 수 있으며 이 특수한 장소는 시스템이 시동될 때 내용을 유지하지 않는다.

tee 명령은 표준 출력과 로그 파일에 모두 출력을 보낼 수 있는 편리한 방법이다. 모니터에 스크립트의 메시지를 표시하는 동시에 로그 파일에도 저장할 수 있다.

제16장에서는 스크립트의 실행을 제어하는 방법을 알아본다. 리눅스는 커맨드라인 인터페이스 프롬프트에서 곧바로 스크립트를 실행하는 것 말고도 여러 가지 다른 방법을 제공한다. 특정 시간에 실행하도록 예약하는 방법, 실행되고 있는 스크립트를 일시 중지하는 방법을 배운다.

스크립트 제어

이 장의 내용

고급 스크립트를 만드는 일에 손을 대기 시작하면 리눅스 시스템에서 이를 어떻게 구동시키고 제어할지 궁금하게 될 수 있다. 지금까지 이 책에서 우리가 스크립트를 실행한 유일한 방법은 실시간 모드에서 커맨드라인 인터페이스를 통해 직접 실행하는 방법이었다. 리눅스에서 스크립트를 실행하는 방법은 이것만 있는 것은 아니다. 쉘 스크립트를 실행할 수 있는 꽤 많은 선택의 폭이 있다. 스크립트를 제어하기 위한 방법도 다양하다. 스크립트에 신호를 보내고, 스크립트의 우선순위를 변경하고, 스크립트가 실행되는 동안 실행 모드를 바꾸는 것과 같은 다양한 제어 방법이 있다. 이 장에서는 쉘 스크립트를 제어할 수 있는 방법을 알아본다.

신호 처리

리눅스는 시스템에서 실행되는 프로세스와 통신하기 위해 신호를 사용한다. 제4장에서는 여러 가지 리눅스 신호, 리눅스 시스템이 프로세스를 중지, 시작 그리고 종료하기 위해 이러한 신호를 사용하는 방법을 알아보았다. 스크립트가 특정한 신호를 수신했을 때 특정 명령을 수행하기 위해 스크립트를 프로그래밍함으로써 쉘 스크립트의 동작을 제어할 수 있다.

bash 쉘에게 전달되는 신호

시스템 및 애플리케이션이 만들 수 있는 30개가 넘는 리눅스 신호가 있다. [표 16-1]은 쉘 스크립트를 쓸 때 만나게 될 가장 널리 쓰이는 리눅스 시스템 신호를 보여준다.

표 16-1 리눅스 신호

신호	값	설명
1	SIGHUP	프로세스를 끊는다
2	SIGINT	프로세스를 중지시킨다
3	SIGQUIT	프로세스를 중단시킨다
9	SIGKILL	무조건 프로세스를 종료한다
15	SIGTERM	가능하면 프로세스를 종료한다
17	SIGSTOP	무조건 프로세스를 중단하지만 종료하지는 않는다
18	SIGTSTP	프로세스를 중단 또는 일시 중지하지만 종료하지는 않는다
19	SIGCONT	중단되었던 프로세스를 계속한다

기본적으로 bash 셸은 SIGQUIT (3) 및 SIGTERM (15) 신호를 받았을 때에는 이를 무시한다(그래서 대화형 셸은 실수로 종료되지는 않는다). 그러나 bash 셸은 SIGHUP (1) 및 SIGINT (2) 신호를 받았을 때에는 이를 무시하지 않는다.

대화형 셸은 떠날 때와 같은 시기에 bash 셸이 SIGHUP 신호를 받으면 셸은 종료된다. 하지만 종료하기 전에 실행 중인 셸 스크립트를 포함해서 셸에서 실행된 모든 프로세스에 SIGHUP 신호를 전달한다.

SIGINT 신호를 받으면 셸은 잠시 중단된다. 리눅스 커널은 CPU에 셸을 처리하는 시간을 주는 일을 멈춘다. 이렇게 되면 셸은 이 상황을 셸에서 시작된 모든 프로세스에 알리기 위해 이들 프로세스에 SIGINT 신호를 전달한다.

셸은 이러한 신호를 셸 스크립트 프로그램에도 전달해서 처리하도록 한다. 그러나 셸 스크립트의 기본 동작은 이러한 신호를 통제하지 않으므로 스크립트의 동작에 악영향을 미칠 수 있다. 이러한 상황을 막기 위해 스크립트가 신호를 인식하고 스크립트가 신호의 결과에 대한 준비를 하기 위해 명령을 수행하도록 만들 수 있다.

신호 만들기

bash 셸은 키보드의 키 조합을 사용하여 두 가지 기본 리눅스 신호를 만들 수 있다. 이러한 기능은 스크립트를 중단 또는 일시 중단시킬 필요가 있을 때 편리하다.

프로세스 중지시키기

⟨Ctrl⟩ + ⟨C⟩ 키 조합은 SIGINT 신호를 만들어내고 이를 현재 셸에서 실행되는 프로세스로 보낸다. 보통 시간이 오래 걸리는 명령을 실행하고 ⟨Ctrl⟩ + ⟨C⟩ 키 조합을 눌러 이를 테스트할 수 있다.

```
$ sleep 100
^C
$
```

⟨Ctrl⟩ + ⟨C⟩ 키 조합은 쉘에서 현재 실행 중인 프로세스를 중단시키는 SIGINT 신호를 전송한다. sleep 명령은 지정된 시간(초) 동안 쉘의 작업을 일시 중지시킨 다음 쉘 프롬프트로 돌아간다. 시간이 지나기 전에 ⟨Ctrl⟩ + ⟨C⟩ 키 조합을 누르면 sleep 명령은 일찍 종료된다.

프로세스 일시 중지시키기

프로세스를 종료하는 대신 도중에 일시 정지시킬 수도 있다. 위험한 일이기는 하나(예를 들어 스크립트가 중요한 시스템 파일을 잠금 상태로 만들고 열었을 때) 프로세스를 종료하지 않고도 스크립트가 무엇을 하고 있는지 들여다볼 수 있다.

⟨Ctrl⟩ + ⟨Z⟩ 키 조합은 SIGTSTP 신호를 보내서 쉘에서 실행 중인 모든 프로세스를 중지시킨다. 프로세스를 중지시키는 것은 프로세스를 종료하는 것과는 다르다. 프로세스를 중지시키면 프로그램을 메모리에 남겨두며 중단되었던 곳에서부터 동작을 재개시킬 수 있다. 이 장 뒷부분의 '작업 제어' 절에서 중지된 프로세스를 다시 시작하는 방법을 알아본다.

⟨Ctrl⟩ + ⟨Z⟩ 키 조합을 사용하면 쉘은 프로세스가 중지되었음을 알려준다.

```
$ sleep 100
^Z
[1]+  Stopped                 sleep 100
$
```

대괄호 안의 숫자는 쉘이 할당한 작업 번호다. 쉘은 쉘 안에서 실행되는 각 프로세스를 작업(job)으로 보고 각 작업에 현재 쉘 안에서 고유한 작업 번호를 지정한다. 처음 시작된 프로세스는 작업 번호 1, 두 번째는 작업 번호 2와 같은 식으로 할당된다.

쉘 세션 안에 할당된 작업을 중단시키면 쉘을 종료하려고 할 때 bash는 경고 메시지를 내보인다.

```
$ sleep 100
^Z
[1]+  Stopped                 sleep 100
$ exit
exit
There are stopped jobs.
$
```

ps 명령으로 중단된 작업을 볼 수 있다.

```
$ sleep 100
```

```
^Z
[1]+  Stopped                 sleep 100
$
$ ps -l
F S UID    PID  PPID  C PRI NI ADDR SZ WCHAN  TTY          TIME CMD
0 S 501   2431  2430  0  80  0 - 27118 wait   pts/0 00:00:00 bash
0 T 501   2456  2431  0  80  0 - 25227 signal pts/0 00:00:00 sleep
0 R 501   2458  2431  0  80  0 - 27034 -      pts/0 00:00:00 ps
$
```

ps 명령은 S 열(프로세스 상태)에서 중단된 작업을 T로 표시한다. 이는 추적되고 있거나 중단되었음을 뜻한다.

중단된 작업이 아직 살아 있는데도 쉘을 종료하려고 하면 다시 한번 exit 명령을 입력하면 된다. 쉘은 종료되고 중단된 작업도 종료된다. ps를 통해 중단된 작업의 PID를 알고 있으므로 이들에게 SIGKILL 신호를 보내서 종료시키기 위해 kill 명령을 사용할 수 있다.

```
$ kill -9 2456
$
[1]+  Killed                  sleep 100
$
```

작업을 죽일 때 처음에는 어떤 응답도 받지 못한다. 그러나 다음번에 쉘 프롬프트가 나오도록 뭔가를 했을 때 (〈Enter〉 키를 누르는 것과 같이) 작업이 죽었음을 나타내는 메시지가 표시된다. 쉘이 프롬프트를 만들 때마다 쉘에서 상태가 변경된 모든 작업 상태가 표시된다. 작업을 죽인 후 다음 번에 쉘에게 강제로 프롬프트를 보이도록 하면 그 명령이 실행되는 동안 죽어버린 작업을 보여주는 메시지가 표시된다.

신호 트랩

스크립트가 신호를 신경 쓰지 않도록 내버려두는 대신 신호가 나타나고 다른 명령을 수행할 때 신호를 가로챌(트랩) 수 있다. trap 명령은 리눅스 쉘 스크립트가 어떤 신호를 볼 수 있고 트랩할 수 있는지를 지정한다. 스크립트가 trap 명령에 나열된 신호를 수신하면 쉘이 이를 처리되는 것을 막고 대신 안에서 처리한다. trap 명령의 형식은 다음과 같다.

```
trap commands signals
```

트랩 커맨드라인에서 쉘에 실행시키려는 명령들(commands)을 나열하고 그 다음 트랩하고자 하는 신호(signals)들을 빈 칸으로 구분해서 나열한다. 숫자값 또는 리눅스 신호 이름으로 신호의 값을 지정할 수 있다.

다음은 SIGINT 신호를 트랩해서 신호가 전송될 때 스크립트의 동작을 제어하는 trap 명령을 사용하는 간단한 예다.

```
$ cat test1.sh
#!/bin/bash
# Testing signal trapping
#
trap "echo ' Sorry! I have trapped Ctrl-C'" SIGINT
#
echo This is a test script
#
count=1
while [ $count -le 10 ]
do
   echo "Loop #$count"
   sleep 1
   count=$[ $count + 1 ]
done
#
echo "This is the end of the test script"
#
```

이 예에서 사용 trap 명령어는 SIGINT 신호를 검출할 때마다 간단한 텍스트 메시지를 표시한다. 신호를 트랩하면 이 스크립트가 bash 쉘 키보드 〈Ctrl〉 + 〈C〉 명령을 사용하여 프로그램을 중지하려고 시도하는 사용자에게 영향을 받지 않도록 만들 수도 있다.

```
$ ./test1.sh
This is a test script
Loop #1
Loop #2
Loop #3
Loop #4
Loop #5
^C Sorry! I have trapped Ctrl-C
Loop #6
Loop #7
Loop #8
^C Sorry! I have trapped Ctrl-C
Loop #9
Loop #10
This is the end of the test script
$
```

〈Ctrl〉 + 〈C〉 키 조합을 사용했을 때마다 스크립트가 신호를 관리하지 않고 쉘이 스크립트를 중지하도록 허용하는 대신, trap 명령에 지정된 echo 문이 실행된다.

스크립트 종료 트랩하기

쉘 스크립트에서 신호를 포착하는 것 말고도 쉘 스크립트가 종료될 때에도 트랩을 쓸 수 있다. 이는 쉘이 작업을 완료하려고 할 때 명령을 실행할 수 있는 편리한 방법이다.

쉘 스크립트가 종료될 때를 트랩하려면 trap 명령에 EXIT 신호를 추가하면 된다.

```
$ cat test2.sh
#!/bin/bash
# Trapping the script exit
#
trap "echo Goodbye..." EXIT
#
count=1
while [ $count -le 5 ]
do
    echo "Loop #$count"
    sleep 1
    count=$[ $count + 1 ]
done
#
$
$ ./test2.sh
Loop #1
Loop #2
Loop #3
Loop #4
Loop #5
Goodbye...
$
```

스크립트가 정상 종료 지점에 이르렀을 때 트랩이 작동되고 쉘은 trap 명령에서 지정한 명령을 실행한다. EXIT 트랩은 일찍 스크립트를 종료할 때에도 작동된다.

```
$ ./test2.sh
Loop #1
Loop #2
Loop #3
^CGoodbye...

$
```

466

SIGINT 신호가 trap 신호 목록에 포함되어 있지 않으므로 이 신호를 전송하기 위해 〈Ctrl〉 + 〈C〉 키 조합을 썼을 때 스크립트는 종료된다. EXIT를 트랩하기 때문에 스크립트가 종료하기 전에 쉘은 trap 명령을 실행한다.

trap 수정 또는 제거

쉘 스크립트의 다양한 부분에서 트랩을 다양하게 처리하려면 trap 명령을 새로운 옵션으로 다시 쓰면 된다.

```
$ cat test3.sh
#!/bin/bash
# Modifying a set trap
#
trap "echo ' Sorry... Ctrl-C is trapped.'" SIGINT
#
count=1
while [ $count -le 5 ]
do
    echo "Loop #$count"
    sleep 1
    count=$[ $count + 1 ]
done
#
trap "echo ' I modified the trap!'" SIGINT
#
count=1
while [ $count -le 5 ]
do
    echo "Second Loop #$count"
$ sleep 10
    count=$[ $count + 1 ]
done
#
$
```

신호 트랩이 수정된 후, 스크립트는 해당 신호를 다르게 처리한다. 트랩이 수정되기 전에 신호가 수신된 경우에는 스크립트는 원래 trap 명령에 따라서 처리한다.

```
$ ./test3.sh
Loop #1
Loop #2
Loop #3
^C Sorry... Ctrl-C is trapped.
```

```
Loop #4
Loop #5
Second Loop #1
Second Loop #2
^C I modified the trap!
Second Loop #3
Second Loop #4
Second Loop #5
$
```

일련의 트랩을 제거할 수도 있다. trap 명령 뒤에 두 개의 대시를 사용하고 기본 동작으로 돌아갈
신호의 목록을 쓰면 된다.

```
$ cat test3b.sh
#!/bin/bash
# Removing a set trap
#
trap "echo ' Sorry... Ctrl-C is trapped.'" SIGINT
#
count=1
while [ $count -le 5 ]
do
   echo "Loop #$count"
   sleep 1
   count=$[ $count + 1 ]
done
#
# Remove the trap
trap -- SIGINT
echo "I just removed the trap"
#
count=1
while [ $count -le 5 ]
do
   echo "Second Loop #$count"
   sleep 1
   count=$[ $count + 1 ]
done
#
$ ./test3b.sh
Loop #1
Loop #2
Loop #3
```

```
Loop #4
Loop #5
I just removed the trap
Second Loop #1
Second Loop #2
Second Loop #3
^C
$
```

> **TIP**
> 신호 처리를 기본 동작으로 돌려놓기 위해 trap 명령 뒤에 이중 대시 대신 단일 대시를 사용할 수도 있다. 단일 및 이중 대시 모두 제대로 작동한다.

신호 트랩이 제거된 뒤에는 스크립트는 SIGINT 신호를 스크립트를 종료하는 기본 방식으로 처리한다. 트랩이 제거되기 전에 신호가 수신되면 스크립트는 원래 trap 명령으로 이를 처리한다.

```
$ ./test3b.sh
Loop #1
Loop #2
Loop #3
^C Sorry... Ctrl-C is trapped.
Loop #4
Loop #5
I just removed the trap
Second Loop #1
Second Loop #2
^C
$
```

이 예에서 〈Ctrl〉 + 〈C〉 키 조합은 조기에 스크립트를 종료하려고 했다. 트랩이 제거되기 전에 위 신호가 수신되었으므로 스크립트는 trap에 지정된 명령을 실행한다. 스크립트가 트랩 제거를 실행한 다음 〈Ctrl〉 + 〈C〉는 조기에 스크립트를 종료할 수 있다.

백그라운드 모드에서 스크립트 실행하기

커맨드라인 인터페이스에서 직접 쉘 스크립트를 실행하기가 불편할 수 있다. 일부 스크립트는 처리하는 데 시간이 오래 걸리거나 커맨드라인 인터페이스가 이를 기다리느라 묶여 있지 않는 편이 좋을 수 있다. 스크립트가 실행되는 동안은 터미널 세션에서 다른 작업을 수행할 수 없다. 이러한 문제를 해결할 간단한 해결책이 있다.

ps 명령을 사용하면 리눅스 시스템에서 실행 중인 한 무더기의 다른 프로세스를 볼 수 있다. 물론 이들 프로세스 모두가 터미널 모니터에서 실행되고 있는 것은 아니다. 지금 터미널에서 실행시키고 있지 않은 프로세스는 백그라운드에서 실행 중인 프로세스라고 한다. 백그라운드 모드에서 프로세스는 터미널 세션의 STDIN, STDOUT 및 STDERR(제15장 참조)와는 연결되어 있지 않다.

당신이 만드는 쉘 스크립트에서도 이러한 기능을 이용해서 보이지 않는 백그라운드에서 실행되고 터미널 세션을 잠그지 않도록 할 수 있다. 다음 절에서는 리눅스 시스템의 백그라운드 모드에서 스크립트를 실행하는 방법을 설명한다.

백그라운드에서 실행하기

백그라운드 모드에서 쉘 스크립트를 실행하는 방법은 아주 쉽다. 백그라운드 모드에서 쉘 스크립트를 실행하려면 커맨드라인 인터페이스에서 명령 다음에 앰퍼샌드(&) 기호를 놓기만 하면 된다.

```
$ cat test4.sh
#!/bin/bash
# Test running in the background
#
count=1
while [ $count -le 10 ]
do
    sleep 1
    count=$[ $count + 1 ]
done
#
$
$ ./test4.sh &
[1] 3231
$
```

명령 다음에 앰퍼샌드 기호를 두면 이 명령은 bash 쉘로부터 분리되어 시스템에서 별도의 백그라운드 프로세스로 실행된다. 처음으로 표시되는 것은 다음과 같다.

```
[1] 3231
```

괄호 안의 숫자는 쉘이 백그라운드 프로세스에 할당한 작업 번호다. 그 다음 숫자는 리눅스 시스템이 프로세스에 할당하는 프로세스 ID(PID)다. 리눅스 시스템에서 실행 중인 모든 프로세스는 고유한 PID가 있어야 한다.

위 내용이 표시되고 나면 곧바로 새로운 커맨드라인 인터페이스 프롬프트가 나타난다. 하지만 명령은 백그라운드 모드에서 안전하게 실행된다. 이제 프롬프트에서 새 명령을 입력할 수 있다.

백그라운드 프로세스가 완료되면 터미널은 메시지를 표시한다.

```
[1]   Done                          ./test4.sh
```

이 작업을 시작할 때 사용된 명령과 함께 작업 번호 및 작업의 상태(Done)가 표시된다.

백그라운드 프로세스가 실행되는 동안 STDOUT 및 STDERR 메시지는 계속해서 터미널 모니터를 사용한다는 점에 유의하자.

```
$ cat test5.sh
#!/bin/bash
# Test running in the background with output
#
echo "Start the test script"
count=1
while [ $count -le 5 ]
do
   echo "Loop #$count"
   sleep 5
   count=$[ $count + 1 ]
done
#
echo "Test script is complete"
#
$
$ ./test5.sh &
[1] 3275
$ Start the test script
Loop #1
Loop #2
Loop #3
Loop #4
Loop #5
Test script is complete

[1]   Done                          ./test5.sh
$
```

앞의 예에서 test5.sh 스크립트의 출력이 표시되는 것을 알 수 있다. 스크립트의 출력이 셸 프롬프트와 섞였다. $ 프롬프트 다음에 "Start the test script"메시지가 나타는 이유는 그 때문이다.

이러한 출력이 표시되는 동안에도 명령을 실행할 수 있다.

```
$ ./test5.sh &
[1] 3319
$ Start the test script
```

```
Loop #1
Loop #2
Loop #3
ls myprog*
myprog  myprog.c
$ Loop #4
Loop #5
Test script is complete

[1]+  Done                    ./test5.sh
$$
```

test5.sh 스크립트가 백그라운드에서 실행되는 동안 ls myprog* 명령을 입력했다. 스크립트의 출력, 입력된 명령, 명령의 출력이 모두 출력 표시에서 뒤섞였다. 헷갈린다! 이러한 뒤죽박죽 출력을 피하려면 백그라운드에서 실행시킬 목적으로 만든 스크립트에서는 STDOUT 및 STDERR을 리다이렉트하는 것이 좋다(제15장 참조).

여러 백그라운드 작업 실행하기

커맨드라인 프롬프트에서 동시에 몇 개든 백그라운드 작업을 실행시킬 수 있다.

```
$ ./test6.sh &
[1] 3568
$ This is Test Script #1

$ ./test7.sh &
[2] 3570
$ This is Test Script #2

$ ./test8.sh &
[3] 3573
$ And...another Test script

$ ./test9.sh &
[4] 3576
$ Then...there was one more test script

$
```

새로운 작업을 시작할 때마다 리눅스 시스템은 새 작업 번호와 PID를 할당한다. ps 명령으로 실행되고 있는 모든 스크립트를 볼 수 있다.

```
$ ps
 PID TTY          TIME CMD
2431 pts/0     00:00:00 bash
3568 pts/0     00:00:00 test6.sh
3570 pts/0     00:00:00 test7.sh
3573 pts/0     00:00:00 test8.sh
3574 pts/0     00:00:00 sleep
3575 pts/0     00:00:00 sleep
3576 pts/0     00:00:00 test9.sh
2575 pts/12 00:00:00 | - sleep
2575 pts/12 00:00:00 | - sleep
2744 pts/0 00:00:00 - ps
$
```

터미널 세션에서 백그라운드 프로세스를 사용할 때에는 주의해야 한다. ps 명령의 출력을 보면 각 백그라운드 프로세스는 터미널 세션(pts/0)에 연결되어 있다. 이 터미널 세션이 종료되면 백그라운드 프로세스 역시 종료된다.

> **NOTE**
>
> 이 장의 앞에서 터미널 세션을 종료하려고 할 때 중단된 프로세스가 있는 경우에는 이에 대한 경고가 나간다는 점을 언급했다. 하지만 백그라운드 프로세스는 일부 터미널 에뮬레이터만이 터미널 세션을 종료하기 전에 백그라운드 작업이 실행되고 있음을 알려준다.

콘솔로부터 로그오프한 후에도 스크립트를 백그라운드 모드에서 계속 실행되게 하려면 해야 할 일이 있다. 다음 절에서는 그 과정을 설명한다.

끊김 없이 스크립트 실행하기

터미널 세션을 종료한 뒤에도 백그라운드 모드에서 실행되는 스크립트의 작업이 완료될 때까지 실행시켜야 할 수도 있다. nohup 명령을 사용하면 이렇게 할 수 있다. nohup 명령은 프로세스로 전송되는 모든 SIGHUP 신호를 차단하는 다른 명령을 실행한다. 이 명령을 사용하면 터미널 세션을 종료할 때 프로세스가 함께 종료되는 것을 막을 수 있다. nohup 명령에 사용되는 형식은 다음과 같다.

```
$ nohup ./test1.sh &
[1] 3856
$ nohup: ignoring input and appending output to 'nohup.out'

$
```

정상적인 백그라운드 프로세스와 마찬가지로 쉘은 명령을 작업 번호를 할당하고 리눅스 시스템은 PID 번호를 할당한다. 차이점은 nohup 명령을 사용하면 쉘 세션을 닫았을 때 스크립트가 터미널 세션이 전송한 SIGHUP 신호를 무시한다는 것이다.

nohup 명령은 프로세스와 터미널의 관계를 끊기 때문에 프로세스는 STDOUT 및 STDERR 출력 링크를 잃는다. 명령이 만들어내는 출력을 수용하기 위해 nohup 명령은 STDOUT 및 STDERR 메시지를 자동으로 nohup.out이라는 파일로 리다이렉트한다.

> **NOTE**
> 또 다른 nohup 명령을 실행하면 출력은 기존 nohup.out 파일에 추가된다. 같은 디렉토리에서 여러 명령을 구동시킬 때에는 주의할 필요가 있다. 모든 출력이 같은 nohup.out 파일로 전송되므로 헷갈릴 수 있기 때문이다.

nohup.out 파일은 보통 터미널 모니터에 전송되는 모든 출력을 포함하고 있다. 프로세스가 실행 완료된 뒤 출력 결과에 대한 nohup.out 파일을 볼 수 있다.

```
$ cat nohup.out
This is a test script
Loop 1
Loop 2
Loop 3
Loop 4
Loop 5
Loop 6
Loop 7
Loop 8
Loop 9
Loop 10
This is the end of the script
$
```

프로세스가 커맨드라인에서 실행되었을 때와 같은 출력이 nohup.out 파일에 나타난다.

작업 제어

이번 장에서는 쉘에서 실행 중인 작업을 중단하기 위해 〈Ctrl〉 + 〈C〉 키 조합을 사용하는 방법을 보았다. 작업을 중단한 후, 리눅스 시스템은 이를 죽이거나 다시 시작하도록 만들 수 있다. kill 명령을 사용하면 프로세스를 죽일 수 있다. 중단된 프로세스를 다시 시작하려면 SIGCONT 신호를 전송해야 한다.

작업을 시작, 중단, 종료, 재개시키는 기능을 작업 제어라고 한다. 작업 제어 기능으로 쉘 환경에서 프로세스가 실행되는 방법을 완벽하게 제어할 수 있다. 이 절에서는 쉘에서 실행되는 작업을 보고 제어하는 데 쓰이는 명령에 대해 설명한다.

작업 보기

작업 제어의 핵심 명령은 작업 jobs 명령이다. jobs 명령은 쉘이 처리하고 있는 현재의 작업을 볼 수 있다.

```
$ cat test10.sh
#!/bin/bash
# Test job control
#
echo "Script Process ID: $$"
#
count=1
while [ $count -le 10 ]
do
   echo "Loop #$count"
   sleep 10
   count=$[ $count + 1 ]
done
#
echo "End of script..."
#
$
```

이 스크립트는 리눅스 시스템이 스크립트에 할당한 PID를 표시하기 위해 $$ 변수를 사용한다. 그 다음 루프문으로 들어가서 한번 되풀이 될 때마다 10초씩 멈춘다.

커맨드라인 인터페이스에서 스크립트를 시작한 후 〈Ctrl〉 + 〈Z〉 키 조합을 사용하여 이 스크립트를 중단시킬 수 있다.

```
$ ./test10.sh
Script Process ID: 1897
Loop #1
Loop #2
^Z
[1]+  Stopped                 ./test10.sh
$
```

앰퍼샌드 기호로 같은 스크립트를 이용한 또 다른 작업이 백그라운드 프로세스로 실행된다. 일을 좀 더 쉽게 하기 위해 스크립트의 출력을 파일로 리다이렉트해서 출력이 화면에 나타나지 않도록 한다.

```
$ ./test10.sh > test10.out &
[2] 1917
$
```

jobs 명령은 쉘에서 할당한 작업을 볼 수 있다. jobs 명령은 중단된 작업과 실행 중인 작업을 모두 보여주며, 작업 번호 및 작업에 사용된 명령이 함께 표시된다.

```
$ jobs
[1]+  Stopped                    ./test10.sh
[2]-  Running                    ./test10.sh > test10.out &
$
```

jobs 명령에 -l 매개변수(소문자 L)를 추가하여 여러 작업들의 PID를 볼 수 있다.

```
$ jobs -l
[1]+  1897 Stopped               ./test10.sh
[2]-  1917 Running               ./test10.sh > test10.out &
$
```

[표 16-2]에 나와 있는 바와 같이 jobs 명령은 몇 가지 커맨드라인 매개변수를 사용한다.

표 16-2 jobs 명령의 매개변수

매개변수	설명
-l	작업 번호와 함께 프로세스의 PID를 보여준다
-n	쉘에서 마지막으로 통지한 이후 상태가 바뀐 작업만 보여준다
-p	작업의 PID 목록만 보여준다
-r	실행 중인 작업만 보여준다
-s	중단된 작업만 보여준다

아마도 jobs 명령의 출력에 플러스와 마이너스 기호가 있는 것을 알 수 있을 것이다. 플러스 기호 작업은 기본 작업으로 간주된다. 어떤 작업 제어 명령이든 작업 번호를 커맨드라인에 지정하지 않는다면 기본 작업이 제어 명령의 영향을 받는다.

마이너스 기호가 붙은 작업은 현재 기본 작업이 처리를 완료했을 때 기본 작업이 될 작업이다. 얼마나 많은 작업이 쉘에서 실행되는지와는 관계없이 항상 플러스 기호는 하나의 작업에만 붙으며 마이너스 기호도 한 작업에만 붙는다.

다음은 기본 작업이 제거되었을 때 그 다음 작업이 어떻게 그 자리를 넘겨받는지를 보여주는 예다. 세 가지 별개 프로세스가 백그라운드에서 실행된다. jobs 명령의 목록은 세 가지 프로세스 및 그 PID와 상태를 보여준다. 기본 프로세스(더하기 기호가 붙은 작업)는 마지막으로 시작된 프로세스로 작업 번호 #3이다.

```
$ ./test10.sh > test10a.out &
[1] 1950
$ ./test10.sh > test10b.out &
[2] 1952
$ ./test10.sh > test10c.out &
[3] 1955
$
$ jobs -l
[1]    1950 Running                 ./test10.sh > test10a.out &
[2]-   1952 Running                 ./test10.sh > test10b.out &
[3]+   1955 Running                 ./test10.sh > test10c.out &
$
```

기본 프로세스에 SIGHUP 신호를 보내 kill 명령을 사용하면 작업이 종료된다. 그 다음에 jobs 목록을 보면 이전에 마이너스 기호의 작업이 이제 더하기 기호를 가지고 있으며 기본 작업이 되었다.

```
$ kill 1955
$
[3]+  Terminated              ./test10.sh > test10c.out
$
$ jobs -l
[1]-   1950 Running                 ./test10.sh > test10a.out &
[2]+   1952 Running                 ./test10.sh > test10b.out &
$
$ kill 1952
$
[2]+  Terminated              ./test10.sh > test10b.out
$
$ jobs -l
[1]+   1950 Running                 ./test10.sh > test10a.out &
$
```

백그라운드 작업을 기본 작업으로 바꾸는 것이 흥미로울 수는 있지만 그다지 쓸모 있어 보이지는 않는다. 다음 절에서는 PID 또는 작업 번호를 사용해서 기본 프로세스와 상호작용하는 명령을 사용하는 방법을 알아본다.

중단된 작업을 다시 시작하기

bash 작업 제어를 사용하면 중단되었던 작업을 백그라운드 프로세스나 포그라운드 프로세스 중 한 가지 형태로 다시 시작할 수 있다. 포그라운드 프로세스는 작업하고 있는 터미널의 제어권을 넘겨 받으므로 이 기능을 사용할 때에는 주의해야 한다.

백그라운드 모드에서 작업을 다시 시작하려면 bg 명령을 사용한다.

```
$ ./test11.sh
^Z
[1]+  Stopped                 ./test11.sh
$
$ bg
[1]+ ./test11.sh &
$
$ jobs
[1]+  Running                 ./test11.sh &
$
```

해당 작업이 플러스 기호로 표시되는 기본 작업이었기 때문에 백그라운드 모드에서 다시 시작하기 위해 bg 명령이 필요했다. 작업이 백그라운드 모드로 이동하면 PID가 표시되지 않을 수도 있다.

추가 작업이 있다면 bg 명령과 함께 작업 번호를 사용해야 한다.

```
$ ./test11.sh
^Z
[1]+  Stopped                 ./test11.sh
$
$ ./test12.sh
^Z
[2]+  Stopped                 ./test12.sh
$
$ bg 2
[2]+ ./test12.sh &
$
$ jobs
[1]+  Stopped                 ./test11.sh
[2]-  Running                 ./test12.sh &
$
```

두 번째 작업을 백그라운드 모드로 보내기 위해 bg 2 명령이 쓰였다. jobs 명령이 사용되면 기본 작업이 현재 백그라운드 모드에 있지 않은 경우에도 작업과 상태를 함께 보여준다.

포그라운드 모드에서 작업을 다시 시작하려면 작업 번호와 함께 fg 명령을 사용한다.

```
$ fg 2
./test12.sh
This is the script's end...
$
```

작업이 포그라운드 모드에서 실행되기 때문에 작업이 완료될 때까지 커맨드라인 인터페이스 프롬 프트가 표시되지 않는다.

nice 활용하기

멀티태스킹 운영체제(리눅스도 이에 속한다)에서 커널은 시스템에서 실행되는 각 프로세스에 대해 CPU 시간을 할당할 책임이 있다. 스케줄링 우선순위는 다른 프로세스와 비교해서 커널이 프로세스에 할당하는 CPU 시간의 양을 뜻한다. 기본적으로 셸에서 시작된 모든 프로세스는 리눅스 시스템에서 동일한 스케줄링 우선순위가 있다.

스케줄링 우선순위는 –20(가장 높은 우선순위)에서 +19(가장 낮은 우선순위) 사이의 정수 값이다. 기본적으로 bash 셸은 모든 프로세스를 스케줄링 우선순위 0으로 실행한다.

> **TIP**
> 가장 낮은 값은 –20이고 우선순위가 높으면서 가장 높은 값인 +19가 가장 낮은 우선순위이므로 기억하기 헷갈 릴 수 있다. 다음 문장을 기억하자. '착한 사람이 꼴찌다(Nice guys finish last).' '착한' 또는 값이 높은 프로세스일 수록 CPU를 얻을 기회가 낮아진다.

셸 스크립트의 우선순위를 더 낮게 해서 처리 능력을 많이 차지하지 않도록 하거나 우선순위를 높여서 처리 시간을 더 확보하는 식으로 변경할 필요가 있다. nice 명령을 사용하면 이러한 일을 할 수 있다.

nice 명령 사용하기

nice 명령으로 명령을 실행할 때 스케줄링 우선순위를 설정할 수 있다. 명령을 낮은 우선순위로 실행시키려면 –n 커맨드라인 옵션으로 새로운 우선순위를 지정하면 된다.

```
$ nice -n 10 ./test4.sh > test4.out &
[1] 4973
$
$ ps -p 4973 -o pid,ppid,ni,cmd
  PID  PPID  NI CMD
```

```
4973   4721   10 /bin/bash ./test4.sh
$
```

실행하려는 명령과 같은 줄에 nice 명령을 사용해야 한다. ps 명령의 출력으로 nice 값(열 NI)이 10
으로 설정되어 있는 것을 확인할 수 있다.

nice 명령은 스크립트를 낮은 우선순위에서 실행시킬 수 있다. 하지만 명령 중 하나의 우선순위를
증가시면 그 결과에 놀랄 수도 있다.

```
$ nice -n -10 ./test4.sh > test4.out &
[1] 4985
$ nice: cannot set niceness: Permission denied

[1]+  Done                        nice -n -10 ./test4.sh > test4.out
$
```

nice 명령은 일반 시스템 사용자가 명령의 우선순위를 증가하는 것을 막는다. nice 명령이 우선순
위를 올리려는 시도가 실패했다고 해도 작업은 실행된다는 점에 유의하자.

nice 명령에 꼭 -n 옵션을 사용해야만 하는 것은 아니다. 그냥 대시 앞에 우선순위를 입력할 수도
있다.

```
$ nice -10 ./test4.sh > test4.out &
[1] 4993
$
$ ps -p 4993 -o pid,ppid,ni,cmd
  PID  PPID  NI CMD
 4993  4721  10 /bin/bash ./test4.sh
$
```

하지만 우선순위에 음수를 부여할 때에는 이중 대시를 써야 하므로 혼란을 일으킬 수 있다. 혼동을
피하기 위해 -n 옵션을 사용하는 것이 가장 좋다.

renice 명령을 사용하기

이미 시스템에서 실행 중인 명령의 우선순위를 변경하고 싶을 수도 있다. 이를 위해서는 renice 명
령이 있다. 실행 중인 프로세스의 우선순위를 변경하기 위해서 PID를 지정할 수 있다.

```
$ ./test11.sh &
[1] 5055
$
$ ps -p 5055 -o pid,ppid,ni,cmd
```

```
   PID  PPID  NI CMD
  5055  4721   0 /bin/bash ./test11.sh
$
$ renice -n 10 -p 5055
5055: old priority 0, new priority 10
$
$ ps -p 5055 -o pid,ppid,ni,cmd
   PID  PPID  NI CMD
  5055  4721  10 /bin/bash ./test11.sh
$
```

renice 명령은 실행 중인 프로세스의 스케줄링 우선순위를 자동으로 업데이트한다. nice 명령과 마찬가지로 renice 명령에도 몇 가지 제한이 있다.

- 소유권을 가지고 있는 프로세스에만 renice 명령을 쓸 수 있음

- 낮은 우선순위로만 프로세스를 renice 할 수 있음

- 루트 사용자는 어떤 프로세스에 어떤 우선순위로든 renice 명령을 쓸 수 있음

실행 중인 프로세스를 완전히 제어하려면 루트 계정으로 로그인하거나 sudo 명령을 사용한다.

시계처럼 정확히 실행하기

스크립트를 만들다 보면 그 스크립트를 미리 설정된 시간에, 주로 자리에 없을 때 자동으로 실행하고 싶을 수도 있을 것이다. 리눅스 시스템은 미리 선택된 시간에 스크립트를 실행하는 몇 가지 방법을 제공한다. at 명령 및 크론 테이블(cron table)이 그것이다. 각 방법은 언제, 얼마나 자주 스크립트를 실행할 것인지 일정을 예약하기 위해서 서로 다른 기술을 사용한다. 다음 절에서는 이러한 방법 각각에 대해 설명한다.

at 명령을 사용하여 작업 예약하기

at 명령으로 리눅스 시스템이 스크립트를 실행할 시간을 지정할 수 있다. at 명령은 쉘이 작업을 실행해야 할 때를 통제하는 대기열에 작업을 올린다. at 데몬인 atd는 백그라운드에서 실행되며 실행시킬 작업의 대기열을 확인한다. 대부분의 리눅스 배포판은 시동할 때 자동으로 이 데몬을 시작한다.

atd 데몬은 at 명령을 사용하여 대기열에 올린 작업에 대해 시스템의 특별한 디렉토리(보통 /var/spool/at)를 검사한다. 기본적으로 atd 데몬은 이 디렉토리를 60 초마다 확인한다. 작업이 존재한다면 atd 데몬은 작업이 실행되도록 설정되어 있는 시간을 검사한다. 설정된 시간이 현재 시간과 일

치한다면 atd 데몬은 작업을 실행한다.

다음 절에서는 at 명령으로 작업을 실행시키도록 지정하는 방법 및 이들 작업을 관리하는 법에 대해서 설명한다.

at 명령 형식 이해하기

기본 at 명령 형식은 매우 간단하다.

```
at [-f filename] time
```

at 명령은 기본적으로 STDIN으로 받은 입력을 작업 대기열에 올린다. -f 매개변수를 사용하여 명령을 읽기 위해 사용되는 파일 이름(스크립트 파일)을 지정할 수 있다.

리눅스 시스템이 작업을 실행시키려는 시간을 매개변수로 지정한다. 이미 지난 시간을 지정했다면 at 명령은 다음 날 그 시간에 작업을 실행한다.

시간을 지정하는 방법을 아주 창의적으로 사용할 수도 있다. at명령은 다양한 시간 형식을 인식한다.

- 표준 시 및 분 형식. 이를테면 10:15

- 오전(AM)/오후(PM) 표시. 이를테면 as 10:15PM

- 특정하게 이름을 붙인 시각, 이를테면 now(지금), noon(정오), midnight(자정), 또는 teatime(4PM)

작업을 실행하는 시간을 지정하는 것 말고도 몇 가지 날짜 형식을 이용해서 특정한 날짜를 포함할 수도 있다.

- 표준 날짜 형식. 이를테면 MMDDYY, MM/DD/YY, or DD.MM.YY

- 텍스트 날짜. 이를테면 Jul 4 or Dec 25, 년도는 있을 수도 없을 수 있음

- 시간 증분값

    - Now + 25 minutes

    - 10:15PM tomorrow

    - 10:15 + 7 days

at 명령을 사용하면 해당 작업은 작업 대기열에 올라간다. 작업 대기열은 at 명령이 올린 작업들을 처리하기 위해서 보관하고 있다. 여러 가지 우선순위에 해당되는 26개의 대기열이 있다. 작업 대기열은 소문자 a부터 z, 그리고 대문자 A부터 Z까지를 사용해서 참조된다.

> **NOTE**
> 몇 년 전에는 스크립트가 나중에 실행되도록 하는 batch라는 다른 명령이 있었다. batch 명령은 독특했다. 시스템이 낮은 사용 수준에 있을 때 실행할 스크립트를 예약할 수 있기 때문이다. 오늘날 batch 명령은 그저 /usr/bin/batch에 있는 스크립트일 뿐이며 at 명령을 부르고 작업을 b 대기열에 올리는 게 전부다.

알파벳의 순서가 뒤로 갈수록 작업이 실행될 우선순위는 더 낮아진다(더 높은 nice 값). 기본적으로 at 작업은 a 대기열에 올라간다. 낮은 우선순위로 작업을 실행하려면 -q 매개변수를 사용하여 다른 대기열 문자를 지정할 수 있다.

작업 결과 얻기

작업이 리눅스 시스템에서 실행되는 경우 이 작업에는 어떤 모니터도 연결되지 않는다. 대신 리눅스 시스템은 STDOUT 및 STDERR의 출력을 이 작업을 올린 사용자의 이메일 주소로 보낸다. STDOUT 또는 STDERR로 향하는 모든 출력은 메일 시스템을 통해 사용자에게 이메일로 발송된다.

다음은 CentOS 배포판에서 at 명령으로 작업 실행을 예약하는 간단한 예다.

```
$ cat test13.sh
#!/bin/bash
# Test using at command
#
echo "This script ran at $(date +%B%d,%T)"
echo
sleep 5
echo "This is the script's end..."
#
$ at -f test13.sh now
job 7 at 2015-07-14 12:38
$
```

at 명령은 작업이 실행되도록 예약된 시간과 작업에 할당된 작업 번호를 표시한다. -f 옵션은 어떤 스크립트 파일을 사용할 것인지를 지정하고 now는 스크립트를 당장 실행하도록 지정한다.

at 명령의 출력에 이메일을 사용하는 것은 좋게 봐줘도 불편하다. at 명령은 sendmail 애플리케이션으로 이메일을 보낸다. 시스템이 sendmail을 사용하지 않는다면 어떤 출력도 얻을 수 없다! 따라서 다음의 예와 같이 at 명령을 사용할 때 스크립트에서 STDOUT 및 STDERR을 리다이렉트하는 것이 가장 좋다(제15장 참조).

```
$ cat test13b.sh
#!/bin/bash
# Test using at command
#
```

```
echo "This script ran at $(date +%B%d,%T)" > test13b.out
echo >> test13b.out
sleep 5
echo "This is the script's end..." >> test13b.out
#
$
$ at -M -f test13b.sh now
job 8 at 2015-07-14 12:48
$
$ cat test13b.out
This script ran at July14,12:48:18

This is the script's end...
$
```

at 명령으로 작업을 실행시킬 때 이메일이나 리다이렉트 중 어떤 것도 원하지 않는다면 작업이 만들어내는 출력을 억제하는 -M 옵션을 추가하는 것이 좋다.

대기중인 작업 목록 보기

atq 명령으로 시스템에 대기중인 작업 목록을 볼 수 있다.

```
$ at -M -f test13b.sh teatime
job 17 at 2015-07-14 16:00
$
$ at -M -f test13b.sh tomorrow
job 18 at 2015-07-15 13:03
$
$ at -M -f test13b.sh 13:30
job 19 at 2015-07-14 13:30
$
$ at -M -f test13b.sh now
job 20 at 2015-07-14 13:03
$
$ atq
20      2015-07-14 13:03 = Christine
18      2015-07-15 13:03 a Christine
17      2015-07-14 16:00 a Christine
19      2015-07-14 13:30 a Christine
$
```

작업 목록은 작업 번호, 시스템이 작업을 실행할 날짜와 시간, 작업이 저장되어 있는 작업 대기열을 보여준다.

16

작업 제거하기

어떤 작업이 어떤 대기열에서 대기하고 있는지에 관한 정보를 알았다면 대기중인 작업을 제거하기 위해 atrm 명령을 사용할 수 있다.

```
$ atq
18         2015-07-15 13:03 a Christine
17         2015-07-14 16:00 a Christine
19         2015-07-14 13:30 a Christine
$
$ atrm 18
$
$ atq
17         2015-07-14 16:00 a Christine
19         2015-07-14 13:30 a Christine
$
```

제거하려는 작업의 번호를 지정하기만 하면 된다. 자신이 실행을 위해 대기열에 올린 작업만 제거할 수 있다. 다른 사람이 올린 작업은 제거할 수 없다.

스크립트를 정기적으로 실행되도록 예약하기

at 명령으로 미리 설정한 시간에 실행되도록 스크립트를 예약하는 기능은 멋지지만 스크립트를 매일, 일주일에 한 번, 또는 한 달에 한 번 같은 시간에 실행되도록 할 필요가 있다면? 매번 작업을 대기열에 올리는 대신 리눅스 시스템의 다른 기능을 사용할 수 있다.

리눅스 시스템은 정기적으로 실행해야 하는 작업을 예약할 수 있도록 cron(크론) 프로그램을 사용한다. cron 프로그램은 백그라운드에서 실행되며 예약된 작업을 위한 특별한 테이블인 크론 테이블을 확인한다.

크론 테이블 보기

크론 테이블은 작업이 언제 실행되어야 하는지를 지정할 수 있도록 특별한 형식을 사용한다. 크론 테이블의 형식은 다음과 같다.

min hour dayofmonth month dayofweek command

크론 테이블은 특정한 값, 값의 범위(예를 들어 1-5), 또는 와일드카드 문자로(별표) 항목을 지정할 수 있다. 예를 들어 매일 10:15에 명령을 실행하려고 한다면 다음과 같이 크론 테이블 항목을 사용한다.

*15 10 * * * command*

dayofmonth, month, and dayofweek 필드에 사용된 와일드카드 문자는 cron이 매달, 매일 10:15에 명령을 실행할 것임을 의미한다. 매주 월요일 오후 4시 15분에 명령을 실행하도록 지정하려면 다음을 사용한다.

```
15 16 * * 1 command
```

dayofmonth 란에는 세 글자로 된 텍스트 값(mon, tue, wed, thu, fri, sat, sun) 또는 0을 일요일로 시작해서 6이 토요일인 숫자값을 쓸 수 있다.

또 다른 예를 보자. 매월 1일 정오에 명령을 실행하려면 다음과 같은 형식을 사용한다.

```
00 12 1 * * command
```

dayofmonth 항목에는 한 달 중의 날짜값(1-31)을 지정한다.

> **NOTE**
> 눈치 빠른 독자는 매달 마지막 날에 명령이 실행되도록 설정할 수 있을지 궁금할 것이다. dayofmonth 값이 모든 달의 마지막 날짜를 숫자값으로 지정할 수는 없기 때문이다. 이 문제는 리눅스와 유닉스 프로그래머를 괴롭혀 왔으며 여러 가지 해법이 등장했다. 널리 쓰이는 방법은 date 명령을 사용하는 if-then 문을 추가해서 다음날의 날짜값이 01인지 확인하는 것이다.
> 00 12 * * * if [`date +%d -d tomorrow` = 01] ; then ; command
> 이렇게 하면 매일 정오에 오늘이 이 달 마지막 날인지 확인하고 만약 그렇다면 cron은 명령을 실행한다.

명령 목록은 명령 또는 실행할 쉘 스크립트의 전체 명령 경로를 지정해야 한다. 보통의 커맨드라인과 마찬가지로 어떤 매개변수든 쓸 수 있고 원하는 리다이렉트 기호를 쓸 수도 있다.

```
15 10 * * * /home/rich/test4.sh > test4out
```

cron 프로그램은 작업을 대기열에 올린 사용자 계정을 사용하여 스크립트를 실행한다. 따라서 명령 목록에 지정된 명령 및 출력 파일에 접근할 수 있는 적절한 권한이 있어야 한다.

크론 테이블 만들기

각 시스템 사용자(루트 사용자 포함)는 예약된 작업을 실행하기 위한 자신의 크론 테이블을 가질 수 있다. 리눅스는 크론 테이블을 처리하기 위한 crontab 명령을 제공한다. 기존 크론 테이블의 목록을 보려면 -l 매개변수를 사용한다.

```
$ crontab -l
no crontab for rich
$
```

기본적으로는 각 사용자의 크론 테이블 파일은 존재하지 않는다. 자신의 크론 테이블에 항목을 추가하려면 -e 매개변수를 사용한다. 이렇게 하면 crontab 명령은 존재하는 텍스트 편집기(제10장 참조)를 실행시키고 크론 테이블(없으면 빈 파일)을 띄운다.

크론 디렉토리 보기

정확한 실행 시간을 반드시 필요로 하지는 않는 스크립트를 만든다면 미리 설정된 크론 스크립트 디렉토리 중 하나를 사용하는 것이 더 쉽다. 기본적으로 hourly(매시간), daily(매일), monthly(매달), and weekly(매주), 이렇게 네 가지 디렉토리가 있다.

```
$ ls /etc/cron.*ly
/etc/cron.daily:
cups          makewhatis.cron    prelink            tmpwatch
logrotate     mlocate.cron       readahead.cron

/etc/cron.hourly:
0anacron

/etc/cron.monthly:
readahead-monthly.cron

/etc/cron.weekly:
$
```

따라서 하루에 한번 실행되야 할 스크립트라면 daily 디렉토리에 스크립트를 복사하기만 하면 cron이 매일 이를 실행한다.

anacron 프로그램 살펴보기

cron 프로그램의 유일한 문제는 리눅스 시스템이 하루 24시간, 주 7일 내내 운영되고 있다고 가정하는 것이다. 서버 환경에서 리눅스를 실행하지 않는다면 항상 켜놓고 않아도 된다. 크론 테이블에 있는 어떤 작업을 실행도록 예약된 시간에 리눅스 시스템이 꺼져 있다면 그 작업은 실행되지 않는다. 시스템이 다시 켜질 때 cron 프로그램은 놓친 작업을 소급해서 실행되지 않는다. 이 문제를 해결하기 위해 많은 리눅스 배포판은 anacron에 프로그램을 함께 포함한다.

anacron은 예약된 실행을 놓친 작업이 있는지 판단하고 될 수 있는 대로 빨리 이러한 작업을 실행한다. 리눅스 시스템이 며칠 동안 꺼져 있다가 다시 시작되었다면 꺼져 있던 시간 동안 실행되기로 예약된 모든 작업이 자동으로 실행된다.

이 기능은 일상적인 로그 유지 관리를 수행하는 스크립트에 사용된다. 스크립트가 실행되어야 할 때 시스템이 항상 꺼져 있다면 로그 파일은 절대로 정리되지 않고 계속 커져만 갈 것이다. anacron을 쓰면 적어도 시스템이 시작될 때마다 로그 파일이 정리될 것이라고 보장할 수 있다.

anacron 프로그램은 /etc/cron.monthly와 같은 cron 디렉토리에 있는 프로그램만이 대상이다. anacron은 작업이 제대로 예약된 간격으로 실행되고 있는지 확인하려면 타임스탬프를 사용한다. 각 크론 디렉토리마다 타임스탬프 파일이 하나씩 존재하고 이 파일은 /var/spool/anacron에 있다.

```
$ sudo cat /var/spool/anacron/cron.monthly
20150626
$
```

anacron 프로그램은 작업 디렉토리를 확인하는 자체 테이블을 가지고 있다(보통은 /etc/anacrontab에 있다).

```
$ sudo cat /etc/anacrontab
# /etc/anacrontab: configuration file for anacron

# See anacron(8) and anacrontab(5) for details.

SHELL=/bin/sh
PATH=/sbin:/bin:/usr/sbin:/usr/bin
MAILTO=root
# the maximal random delay added to the base delay of the jobs
RANDOM_DELAY=45
# the jobs will be started during the following hours only
START_HOURS_RANGE=3-22

#period in days   delay in minutes    job-identifier   command
1       5         cron.daily          nice run-parts /etc/cron.daily
7       25        cron.weekly         nice run-parts /etc/cron.weekly
@monthly 45       cron.monthly        nice run-parts /etc/cron.monthly
$
```

anacron 테이블의 기본 형식은 크론 테이블과는 약간 다르다.

period delay identifier command

period(기간) 항목은 얼마나 자주 작업이 실행되어야 하는지를 날짜 수 단위로 정의한다. anacron 프로그램은 이 항목을 작업의 타임스탬프 파일과 비교해서 검사한다. delay(지연) 항목은 시스템이 시작되고 나서 얼마 후에(분 단위) anacron 프로그램이 실행되어야 할지를 지정한다. command(명령) 항목은 run-parts 프로그램과 크론 스크립트 디렉토리 이름을 포함하고 있다. run-parts 프로그램은 전달된 디렉토리에 있는 어떤 스크립트든 실행할 책임이 있다.

anacron은 /etc/cron.hourly에 있는 스크립트는 실행하지 않는 점에 유의하라. 그 이유는 anacron 프로그램이 매일 이상으로 자주 실행해야 하는 스크립트는 처리하지 않기 때문이다.

identifier 항목은 빈 칸이 없는 고유 문자열이다. 예를 들어 cron-weekly와 같은 식이다. 이는 고유 로그 메시지 및 오류 이메일에서 작업을 식별하는 데 사용된다.

새로운 쉘에서 스크립트 실행하기

사용자가 새 bash 쉘을 실행할 때마다(더 나아가 특정한 사용자가 bash 쉘을 실행할 때에만) 스크립트를 실행시키는 기능은 편리할 수 있다. 때때로 쉘 세션을 위한 기능을 쉘 기능을 설정하거나 그저 특정 파일이 설정되어 있는지 확인할 필요가 생길 수 있다.

bash 쉘에 사용자가 로그인했을 때 실행되는 시동 파일을 떠올려보자(제6장에서 자세히 설명했다). 모든 배포판이 그와 같은 시동 파일을 모두 가지고 있는 것은 아니란 점도 기억하자. 기본적으로 다음 목록의 순서에서 처음 발견되는 시동 파일이 실행되고 나머지는 무시된다.

```
$HOME/.bash_profile
$HOME/.bash_login
$HOME/.profile
```

따라서 로그인할 때 실행할 스크립트는 모두 이 목록에서 처음 나오는 파일에 두어야 한다.

bash 쉘은 새로운 쉘이 시작할 때마다 .bashrc 파일을 실행한다. 홈 디렉토리의 .bashrc 파일에 간단한 echfo 문을 추가하고 새로운 쉘을 실행함으로써 이를 확인할 수 있다.

```
$ cat .bashrc
# .bashrc

# Source global definitions
if [ -f /etc/bashrc ]; then
        . /etc/bashrc
fi

# User specific aliases and functions
echo "I'm in a new shell!"
$
$ bash
I'm in a new shell!
$
$ exit
exit
$
```

.bashrc 파일은 보통 bash 시동 파일 중 하나에서 실행된다. bash 쉘로 로그인을 하거나 bash 쉘을 새로 실행시킬 때 모두 .bashrc 파일이 실행되기 때문에 쉘 스크립트를 이 파일 안에 두면 된다.

///////////
요약
\\\\\\\\\\\\

리눅스 시스템은 신호를 사용하여 쉘 스크립트를 제어할 수 있다. bash 쉘은 신호를 받아 쉘 프로세스에서 실행 중인 모든 프로세스에게 전달한다. 리눅스 신호는 기능으로 폭주하는 프로세스를 종료하거나 오래 실행되는 프로세스를 잠시 중지시킬 수 있다.

신호를 잡아서 명령을 수행하기 위해 스크립트에서 trap 문을 사용할 수 있다. 이 기능은 스크립트 실행 중에 사용자가 개입할 수 있는지 여부를 제어할 수 있는 간단한 방법을 제공한다.

터미널 세션에서 쉘 스크립트를 실행할 때 기본적으로는 스크립트가 완료될 때까지는 대화형 쉘이 일시 중단된다. 스크립트 또는 명령의 이름 뒤에 앰퍼샌드 기호(&)를 추가하면 백그라운드 모드에서 실행하도록 명령할 수 있다. 백그라운드 모드에서 스크립트 또는 명령을 실행하면 대화형 쉘로 돌아온다. 계속해서 더 많은 명령을 입력할 수 있다. 이 방법을 사용해서 실행되는 모든 백그라운드 프로세스는 여전히 터미널 세션에 연결되어 있다. 터미널 세션을 종료하면 백그라운드 프로세스도 종료된다.

이를 방지하려면 nohup 명령을 사용한다. 이 명령은 터미널 세션에서 나갈 때와 같이 명령을 중단시키기 위한 목적으로 쓰이는 어떤 신호든 가로챈다. 터미널 세션을 종료하는 경우에도 스크립트는 백그라운드 모드에서 계속 실행될 수 있다.

프로세스를 백그라운드 모드로 이동시켜도 계속해서 벌어지는 일을 제어할 수 있다. jobs 명령은 쉘 세션에서 실행된 프로세스를 볼 수 있다. 백그라운드 프로세스의 작업 ID를 알았다면 kill 명령으로 프로세스에 리눅스 신호를 보내거나 fg 명령을 사용하여 프로세스를 쉘 세션의 포그라운드로 가져올 수 있다. 〈Ctrl〉 + 〈Z〉 키 조합을 사용하여 실행 중인 포그라운드 프로세스를 중단하고 bg 명령을 사용하여 백그라운드 모드로 다시 배치할 수 있다.

nice 및 renice 명령을 사용하면 프로세스의 우선순위를 변경할 수 있다. 프로세스에 낮은 우선순위를 부여하면 여기에 CPU가 할당되는 시간이 줄어든다. 이 기능은 CPU 시간을 많이 차지할 수 있는 긴 프로세스를 실행할 쓸모 있다.

프로세스가 실행되는 동안에 프로세스를 제어하는 것은 물론 언제 시스템에서 프로세스가 실행될지를 정할 수도 있다. 커맨드라인 인터페이스 프롬프트에서 직접 스크립트를 실행하는 대신 다른 시간에 실행되도록 프로세스를 예약할 수 있다. 여러 가지 방법으로 이 작업을 수행할 수 있다. at 명령을 사용하면 미리 설정한 시간에 한 번 스크립트의 실행이 가능하다. cron 프로그램은 예약된 간격에 따라 스크립트를 정기적으로 실행할 수 있는 인터페이스를 제공한다.

마지막으로 리눅스 시스템은 사용자가 새로운 bash 쉘을 시작할 때마다 스크립트가 실행되도록 예약하는 데 사용될 스크립트 파일을 제공한다. 마찬가지로 .bashrc와 같은 시동 파일은 모든 사용자의 홈 디렉토리에 있다. 이 파일은 새로운 쉘이 시작될 때 실행될 스크립트와 명령을 둘 수 있는 장소를 제공한다.

다음 장에서는 스크립트 함수를 작성하는 방법을 알아볼 것이다. 스크립트 함수를 사용하면 한번만 코드 블록을 작성해 놓고 스크립트의 어디서든 여러 위치에서 사용할 수 있다.

제3부

고급 쉘 프로그래밍

함수 만들기

이 장의 내용

쉘 스크립트를 작성하다 보면 같은 코드를 여러 위치에 사용하기도 한다. 작은 코드 조각에 불과하다면 큰 문제는 아니지만 그 덩치가 크다면 여러 번 다시 입력하는 일은 피곤할 수 있다. bash 쉘은 사용자 정의 함수를 지원함으로써 도움을 준다. 쉘 스크립트 코드를 함수로 캡슐화하고 스크립트 어디서나 원하는 대로 여러 번 사용할 수 있다. 이 장에서는 쉘 스크립트 함수를 만드는 과정을 안내하고 이 함수를 다른 쉘 스크립트 애플리케이션에서 사용하는 방법을 안내한다.

기본 스크립트 함수

복잡한 쉘 스크립트를 쓰다 보면 특정한 작업을 수행하는 코드 일부를 다시 사용하기도 하는데 문자 메시지를 표시하고 스크립트 사용자로부터 답을 받는 간단한 일이거나, 큰 프로세스의 일부로서 스크립트에서 여러 번 사용되는 복잡한 연산일 수도 있다.

스크립트에서 동일한 코드 블록을 되풀이해서 작성하다 보면 지치기 마련이다. 코드 블록을 한 번만 작성하고 이를 다시 작성할 필요 없이 스크립트 어디서나 참조할 수 있다면 좋을 것이다.

bash 쉘은 바로 이런 일을 할 수 있는 기능을 제공한다. 함수는 이름을 지정하고 코드에서 다시 사용할 수 있는 스크립트 코드의 블록이다. 함수로 묶어 놓은 스크립트 코드의 블록을 사용해야 한다면 지정해 놓은 함수의 이름을 사용하면 된다(함수 호출). 이 절에서는 쉘 스크립트 함수를 만들고 사용하는 방법에 대해 설명한다.

함수 만들기

bash 쉘 스크립트에서 함수를 만들기 위해서 사용할 수 있는 형식은 두 가지가 있다. 첫 번째 형식은 코드 블록에 함수 이름을 지정하는 키워드 함수다.

```
function name {
    commands
}
```

name 속성은 함수에 지정할 고유한 이름을 정의한다. 스크립트에서 사용자가 정의하는 함수에는 각각 고유한 이름을 지정해야 한다.

commands는 함수를 구성하는 하나 이상의 bash 쉘 명령이다. 함수를 호출할 때 bash 쉘은 보통의 스크립트처럼 함수에 나타나는 순서로 각 명령을 실행한다.

bash 쉘 스크립트에서 함수를 정의하는 두 번째 형식은 다른 프로그래밍 언어에서 함수를 정의하는 방법에 더욱 가깝다.

```
name( ) {
commands
}
```

함수 이름 뒤에 있는 빈 괄호는 함수를 정의하는 것이다. 원래의 쉘 스크립트 함수 형식과 같은 이름 지정 규칙이 적용된다.

함수 사용하기

스크립트에서 함수를 사용하려면 다른 쉘 명령과 마찬가지로 함수 이름을 지정하면 된다.

```
$ cat test1
#!/bin/bash
# using a function in a script

function func1 {
    echo "This is an example of a function"
}

count=1
while [ $count -le 5 ]
do
    func1
    count=$[ $count + 1 ]
done
```

```
    echo "This is the end of the loop"
    func1
    echo "Now this is the end of the script"
    $
    $ ./test1
    This is an example of a function
    This is an example of a function
    This is an example of a function
    This is an example of a function
    This is an example of a function
    This is the end of the loop
    This is an example of a function
    Now this is the end of the script
    $
```

func1 함수 이름을 참조할 때마다 bash 쉘은 func1 함수의 정의로 돌아가서 함수 안에 정의된 명령을 실행한다.

함수 정의를 쉘 스크립트의 처음에 꼭 해야 하는 것은 아니지만 주의할 필요가 있다. 함수가 정의되기 전에 이를 사용하려고 하면 오류 메시지가 나타난다.

```
$ cat test2
#!/bin/bash
# using a function located in the middle of a script

count=1
echo "This line comes before the function definition"

function func1 {
    echo "This is an example of a function"
}

while [ $count -le 5 ]
do
    func1
    count=$[ $count + 1 ]
done
echo "This is the end of the loop"
func2
echo "This is the end of the script"

function func2 {
    echo "This is an example of a function"
}
```

```
$
$ ./test2
This line comes before the function definition
This is an example of a function
This is an example of a function
This is an example of a function
This is an example of a function
This is an example of a function
This is the end of the loop
./test2: func2: command not found
Now this is the end of the script
$
```

첫 번째 함수 func1은 스크립트에서 몇 개의 명령문 뒤에 정의되었지만 완벽하게 제구실을 했다. func1 함수를 스크립트에 사용했을 때 쉘은 이를 어디에서 찾아야 할지를 알고 있다.

그러나 func2 함수는 정의되기 전에 스크립트 안에서 사용하려고 했다. 스크립트에서 func2 함수를 사용하는 장소에 이르면 이 함수가 아직 정의되지 않았기 때문에 오류 메시지를 낸다.

함수 이름도 주의해야 한다. 각 함수의 이름이 유일하지 않으면 문제가 생길 수 있다는 점을 기억하라. 함수를 다시 정의하면 아무런 오류 메시지 없이 원래의 함수 정의를 덮어 쓰게 된다.

```
$ cat test3
#!/bin/bash
# testing using a duplicate function name

function func1 {
echo "This is the first definition of the function name"
}

func1

function func1 {
    echo "This is a repeat of the same function name"
}

func1
echo "This is the end of the script"
$
$ ./test3
This is the first definition of the function name
This is a repeat of the same function name
This is the end of the script
$
```

원래의 func1 함수 정의는 잘 돌아가지만 func1 함수를 두 번째로 정의하고 나면 그 이후에 함수를 사용했을 때에는 두 번째 정의대로 동작한다.

값을 돌려주기

bash 쉘은 함수를 미니 스크립트처럼 다루며, 종료 상태(제11장 참조)와 함께 종료된다. 함수에서 종료 상태를 만들 수 있는 방법은 세 가지가 있다.

기본 종료 상태

기본적으로 함수의 종료 상태는 함수의 마지막 명령이 돌려주는 종료 상태다. 함수가 실행된 후에 종료 상태를 확인하기 위한 표준 $? 변수를 사용할 수 있을까?

```
$ cat test4
#!/bin/bash
# testing the exit status of a function

func1() {
    echo "trying to display a non-existent file"
    ls -l badfile
}

echo "testing the function: "
func1
echo "The exit status is: $?"
$
$ ./test4
testing the function:
trying to display a non-existent file
ls: badfile: No such file or directory
The exit status is: 1
$
```

함수의 마지막 명령이 실패했기 때문에 함수의 종료 상태는 1이다. 그러나 함수 안에 있는 다른 명령이 성공했는지 실패했는지를 알 수 있는 방법은 없다. 아래 예를 보자.

```
$ cat test4b
#!/bin/bash
# testing the exit status of a function
```

```
func1( ) {
   ls -l badfile
   echo "This was a test of a bad command"
}

echo "testing the function:"
func1
echo "The exit status is: $?"
$
$ ./test4b
testing the function:
ls: badfile: No such file or directory
This was a test of a bad command
The exit status is: 0
$
```

이번에는 함수가 echo 문으로 끝나서 성공적으로 종료되었기 때문에, 함수 안에 있는 명령 중 하나가 실패했는데도 함수의 종료 상태는 0이 되었다. 함수의 기본 종료 상태만을 사용하면 위험할 수 있다. 다행히 몇 가지 다른 해법이 있다.

return 명령 사용하기

bash 쉘은 함수가 특정한 종료 상태를 돌려줄 수 있도록 return 명령을 사용한다. return 함수로 종료 상태를 정의하는 단일한 정수값을 지정할 수 있으며 함수의 종료 상태를 프로그래밍으로 설정하는 손쉬운 방법을 제공한다.

```
$ cat test5
#!/bin/bash
# using the return command in a function

function dbl {
   read -p "Enter a value: " value
   echo "doubling the value"
   return $[ $value * 2 ]
}

dbl
echo "The new value is $?"
$
```

dbl 함수는 사용자가 입력한 정수값을 $value 변수에 저장하고 이를 두 배로 만든다. return 명령으로 결과를 돌려주므로 스크립트는 $? 변수로 그 결과를 표시할 수 있다.

함수에서 값을 돌려주기 위해서 이러한 방법을 사용할 때에는 주의하라. 문제를 방지하기 위해 다음과 같은 두 가지 팁을 항상 염두에 두자.

- 함수가 완료되었을 때 될 수 있는 대로 빨리 값을 저장하기

- 종료 상태는 0에서 255의 범위 안에 있어야 함

$? 변수를 사용하여 함수의 값을 얻기 전에 다른 명령을 실행하면 함수의 반환값을 잃어버리게 된다. $?변수는 마지막으로 실행된 명령의 종료 상태를 돌려준다는 점을 잊지 말자.

두 번째 문제는 반환값을 사용할 때다. 종료 상태는 256보다 작아야 하므로 함수의 결과는 256보다 작은 정수값이어야 한다. 그 이상의 모든 값은 잘못된 값이 된다.

```
$ ./test5
Enter a value: 200
doubling the value
The new value is 1
$
```

큰 정수값 또는 문자열 값을 돌려줘야 한다면 이러한 방법을 사용할 수 없다. 대신 다음 섹션에서 설명할 다른 방법을 사용해야 한다.

함수 출력 이용하기

명령의 출력을 쉘 변수에 저장할 수 있는 것처럼 함수의 출력도 쉘 변수에 저장할 수 있다. 변수에서 나온 어떤 유형의 출력이든 변수에 할당하면 된다.

```
result='dbl'
```

이 명령은 dbl 함수의 출력을 $result 쉘 변수에 할당한다. 이 방법을 스크립트에 사용한 예다.

```
$ cat test5b
#!/bin/bash
# using the echo to return a value

function dbl {
    read -p "Enter a value: " value
    echo $[ $value * 2 ]
}

result=$(dbl)
echo "The new value is $result"
$
$ ./test5b
```

```
Enter a value: 200
The new value is 400
$
$ ./test5b
Enter a value: 1000
The new value is 2000
$
```

새로운 함수는 이제 계산 결과를 표시하는 echo 문을 사용한다. 스크립트는 답을 받기 위해 종료 상태 대신 dbl 함수의 출력을 저장한다.

이 예제에는 약간의 요령이 있다. dbl 함수가 사실은 두 개의 메시지를 출력하는 것을 알 수 있다. read 명령은 사용자에게 값을 묻는 짧은 메시지를 출력한다. bash 쉘 스크립트는 영리하게 이 메시지를 STDOUT 출력의 일부로서 간주하지 않고 무시해 버린다. 사용자가 사용자에게 질문을 표시하기 위해서 echo 명령을 사용했다면 쉘 변수는 이 값과 출력 값을 모두 저장했을 것이다.

> **NOTE**
> 이러한 방법을 사용하면 부동소수점 값과 문자열 값도 돌려줄 수 있다. 이는 함수가 값을 돌려줄 때 쓸 수 있는 유용한 방법이다.

함수에서 변수 사용하기

앞 절의 test5 예제에서는 함수 안에서 처리할 값을 보관하기 위해서 $value라는 변수를 사용했다. 함수 안에서 변수를 사용하는 경우 이를 정의하고 다룰 때에는 주의가 필요하다. 이는 쉘 스크립트에서 자주 문제를 일으키는 원인이다. 이 절에서는 쉘 스크립트 함수의 내부 및 외부에서 변수를 처리하기 위한 몇 가지 방법을 알아본다.

함수에 매개변수 전달하기

앞의 "값 돌려주기" 절에서 언급한 바와 같이 bash 쉘은 함수를 미니 스크립트처럼 다룬다. 이는 보통의 스크립트처럼 함수에도 매개변수를 전달할 수 있다는 것을 뜻한다(제14장 참조).

함수는 커맨드라인에서 함수에 전달되는 매개변수를 대신하기 위한 표준 매개변수 환경 변수를 사용할 수 있다. 예를 들어, 함수의 이름은 $0 변수로 정의되고 함수의 커맨드라인에 있는 모든 매개변수는 $1, $2와 같은 변수로 정의된다. 또한 함수에 전달된 매개변수의 수를 결정하기 위한 특수한 변수 $#도 사용할 수 있다.

스크립트에서 함수를 지정할 때에는 함수와 같은 커맨드라인에 매개변수를 제공해야 한다.

```
func1 $value1 10
```

함수는 환경 변수를 이용하여 매개변수 값을 얻을 수 있다. 다음은 함수에 값을 전달하기 위해 이러한 방법을 사용한 예다.

```
$ cat test6
#!/bin/bash
# passing parameters to a function

function addem {
   if [ $# -eq 0 ] || [ $# -gt 2 ]
   then
      echo -1
   elif [ $# -eq 1 ]
   then
      echo $[ $1 + $1 ]
   else
      echo $[ $1 + $2 ]
   fi
}

echo -n "Adding 10 and 15: "
value=$(addem 10 15)
echo $value
echo -n "Let's try adding just one number: "
value=$(addem 10)
echo $value
echo -n "Now trying adding no numbers: "
value=$(addem)
echo $value
echo -n "Finally, try adding three numbers: "
value=$(addem 10 15 20)
echo $value
$
$ ./test6
Adding 10 and 15: 25
Let's try adding just one number: 20
Now trying adding no numbers: -1
Finally, try adding three numbers: -1
$
```

text6 스크립트에 있는 addem 함수는 먼저 스크립트가 전달한 매개변수의 수를 확인한다. 매개변수가 없거나 매개변수가 두 개보다 많다면 addem 함수는 -1을 돌려준다. 매개변수가 하나만 있다면, addem 함수는 이 매개변수를 두 배로 만들어서 결과값으로 사용한다. 매개변수가 두 개 있다면 addem 함수는 두 변수를 더해서 결과값으로 사용한다.

함수는 자신의 매개변수 값에 대해 특별한 환경변수를 사용하므로 스크립트 커맨드라인의 매개변수를 함수에서 직접 사용할 수는 없다. 다음 예는 실패한다.

```
$ cat badtest1
#!/bin/bash
# trying to access script parameters inside a function

function badfunc1 {
    echo $[ $1 * $2 ]
}

if [ $# -eq 2 ]
then
    value=$(badfunc1)
    echo "The result is $value"
else
    echo "Usage: badtest1 a b"
fi
$
$ ./badtest1
Usage: badtest1 a b
$ ./badtest1 10 15
./badtest1: *  : syntax error: operand expected (error token is "*
")
The result is
$
```

함수가 변수 $1, $2를 사용한다고 해도 이들 변수는 스크립트의 메인에서 쓰는 $1, $2 변수와는 다르다. 함수에서 이들 값을 사용하려면 함수를 호출할 때 직접 값을 넘겨주어야 한다.

```
$ cat test7
#!/bin/bash
# trying to access script parameters inside a function

function func7 {
    echo $[ $1 * $2 ]
}

if [ $# -eq 2 ]
```

```
then
    value=$(func7 $1 $2)
    echo "The result is $value"
else
    echo "Usage: badtest1 a b"
fi
$
$ ./test7
Usage: badtest1 a b
$ ./test7 10 15
The result is 150
$
```

함수에 $1, $2 변수를 넘겨줌으로써, 다른 매개변수처럼 이들 값을 함수에서 쓸 수 있게 된다.

함수에서 변수 다루기

쉘 스크립트 프로그래머에게 문제가 되는 것은 변수의 범위(scope)다. 범위란 변수가 보이는 곳을 뜻한다. 함수에 정의된 변수는 일반 변수와는 범위가 다를 수 있다. 즉 함수에 정의된 변수는 스크립트의 다른 부분에서는 안 보일 수 있다.

함수는 두 종류의 변수를 사용한다.

- 전역(global) 변수
- 지역(local) 변수

다음 절에서는 두 가지 유형의 함수 변수를 사용하는 방법을 설명한다.

전역 변수

전역 변수는 쉘 스크립트 안이라면 어디서나 쓸 수 있는 변수다. 스크립트의 메인 부분에서 전역 변수를 정의했다면 함수 안에서 이 값을 검색할 수 있다. 마찬가지로, 함수 안에서 전역 변수를 정의하면 스크립트의 메인 섹션에서 이 값을 검색할 수 있다.

기본적으로 스크립트에서 정의한 모든 변수는 전역 변수다. 함수의 외부에서 정의된 변수는 함수 안에서 사용할 수 있다.

```
$ cat test8
#!/bin/bash
# using a global variable to pass a value

function dbl {
    value=$[ $value * 2 ]
```

```
}

read -p "Enter a value: " value
dbl
echo "The new value is: $value"
$
$ ./test8
Enter a value: 450
The new value is: 900
$
```

$value 변수는 함수 밖에서 정의되었고 함수 밖에서 값이 할당되었다. dbl 함수가 호출될 때 변수 및 그 값은 함수 안에서도 계속 유효하다. 변수가 함수 안에서 새 값을 할당하면 스크립트가 변수를 참조할 때 새로 할당된 값이 계속 유효하다.

하지만 이는 위험할 수 있다. 특히 함수를 다른 쉘 스크립트에서 사용하려면 더더욱 위험하다. 전역 변수는 어떤 변수가 함수 안에서 쓰이고 있는지 정확히 알아야 한다. 여기에는 함수 내부에서 계산을 위해서만 쓰이고 스크립트로 값을 돌려주지 않는 모든 변수도 포함된다. 다음은 어떤 문제가 생길 수 있는지 보여주는 예다.

```
$ cat badtest2
#!/bin/bash
# demonstrating a bad use of variables

function func1 {
    temp=$[ $value + 5 ]
    result=$[ $temp * 2 ]
}

temp=4
value=6

func1
echo "The result is $result"
if [ $temp -gt $value ]
then
    echo "temp is larger"
else
    echo "temp is smaller"
fi
$
$ ./badtest2
The result is 22
```

```
temp is larger
$
```

함수에 $temp 변수를 사용해서 스크립트 안에서 변수의 값이 변형되어 원치 않은 결과가 나왔다. 함수 안에서 일어날 수 있는 이러한 문제를 해결할 수 있는 손쉬운 방법이 다음 절에 있다.

지역 변수

함수에서 전역 변수를 사용하는 대신 함수 안에서 사용되는 모든 변수를 지역 변수로 선언할 수 있다. 이를 위해서는 변수 선언 앞에 local 키워드를 사용하면 된다.

```
local temp
```

변수에 값을 할당하는 동안 할당문에서 local 키워드를 사용할 수 있다.

```
local temp=$[ $value + 5 ]
```

local 키워드는 이 변수가 함수 안에서만 유효하다는 것을 보장한다. 같은 이름의 변수가 스크립트의 함수 바깥에 나타나면 쉘은 두 변수의 값을 따로 유지한다. 이제 함수의 변수를 스크립트의 변수와 분리해서 유지할 수 있으며 공유하고 싶은 것만 공유할 수 있다.

```
$ cat test9
#!/bin/bash
# demonstrating the local keyword

function func1 {
   local temp=$[ $value + 5 ]
   result=$[ $temp * 2 ]
}

temp=4
value=6

func1
echo "The result is $result"
if [ $temp -gt $value ]
then
   echo "temp is larger"
else
   echo "temp is smaller"
fi
$
```

```
$ ./test9
The result is 22
temp is smaller
$
```

func1 함수 안에서 $temp 변수를 사용해도 메인 스크립트 안에 있는 $temp 변수에 할당된 값에는 영향을 주지 않는다.

배열 변수와 함수

제6장에서는 하나의 변수가 배열을 사용하여 여러 값을 가질 수 있는 고급 방법을 살펴보았다. 함수에 배열 변수 값을 사용하기는 조금 까다로우며, 몇 가지 고려해야 할 점들이 있다. 이 절에서는 함수에서 배열 변수를 사용하는 방법을 설명한다.

함수에 배열 전달하기

스크립트 함수에 배열 변수를 전달하는 기법은 헷갈릴 수 있다. 단일 매개변수로 배열 변수를 전달하려고 하면 제대로 되지 않는다.

```
$ cat badtest3
#!/bin/bash
# trying to pass an array variable

function testit {
    echo "The parameters are: $@"
    thisarray=$1
    echo "The received array is ${thisarray[*]}"
}

myarray=(1 2 3 4 5)
echo "The original array is: ${myarray[*]}"
testit $myarray
$
$ ./badtest3
The original array is: 1 2 3 4 5
The parameters are: 1
The received array is 1
$
```

506

함수 매개변수로 배열 변수를 쓰려면 함수는 배열 변수의 첫 번째 값만 가져온다.

이 문제를 해결하기 위해서는 배열 변수를 개별 값으로 분해해서 변수를 함수 매개변수로 사용해야 한다. 함수 안에서 새로운 배열 변수에 모든 매개변수를 재구성할 수 있다. 다음은 그 예다.

```
$ cat test10
#!/bin/bash
# array variable to function test

function testit {
    local newarray
    newarray=(;'echo "$@"')
    echo "The new array value is: ${newarray[*]}"
}

myarray=(1 2 3 4 5)
echo "The original array is ${myarray[*]}"
testit ${myarray[*]}
$
$ ./test10
The original array is 1 2 3 4 5
The new array value is: 1 2 3 4 5
$
```

이 스크립트는 함수의 커맨드라인에 놓을 배열 변수의 모든 개별값을 가지고 있는 $myarray 변수를 사용한다. 함수는 커맨드라인 매개변수로부터 배열 변수를 다시 만든다. 함수 안에서 이 배열은 다른 배열처럼 사용할 수 있다.

```
$ cat test11
#!/bin/bash
# adding values in an array

function addarray {
    local sum=0
    local newarray
    newarray=($(echo "$@"))
    for value in ${newarray[*]}
    do
        sum=$[ $sum + $value ]
    done
    echo $sum
}

myarray=(1 2 3 4 5)
```

```
    echo "The original array is: ${myarray[*]}"
    arg1=$(echo ${myarray[*]})
    result=$(addarray $arg1)
    echo "The result is $result"
$
$ ./test11
The original array is: 1 2 3 4 5
The result is 15
$
```

addarray 함수는 배열 값을 차례대로 되풀이하며, 이들 값을 모두 더한다. myarray 배열 변수에 어떤 값이든 넣으면 addarray 함수가 이들을 모두 더한다.

함수에서 배열 돌려주기

쉘 스크립트로 함수에서 다시 배열 변수를 돌려줄 때 비슷한 방법을 사용한다. 함수는 개별 배열 값을 출력하기 위한 적절한 echo 문을 사용하고 스크립트는 이를 새로운 배열 변수로 재구성해야 한다.

```
$ cat test12
#!/bin/bash
# returning an array value

function arraydblr {
    local origarray
    local newarray
    local elements
    local i
    origarray=($(echo "$@"))
    newarray=($(echo "$@"))
    elements=$[ $# - 1 ]
    for (( i = 0; i <= $elements; i++ ))
    {
        newarray[$i]=$[ ${origarray[$i]} * 2 ]
    }
    echo ${newarray[*]}
}

myarray=(1 2 3 4 5)
echo "The original array is: ${myarray[*]}"
arg1=$(echo ${myarray[*]})
result=($(arraydblr $arg1))
```

```
echo "The new array is: ${result[*]}"
$
$ ./test12
The original array is: 1 2 3 4 5
The new array is: 2 4 6 8 10
```

스크립트는 $arg1 변수를 사용해서 배열 값을 arraydblr 함수에 전달한다. arraydblr 함수는 전달받은 배열값으로 새로운 배열 변수를 재구성하고, 출력 배열 변수를 위한 복사본을 만든다. 그 다음 함수는 배열 값을 차례대로 되풀이하면서 각각의 값을 두 배로 만들고 나서는 함수 안의 배열 변수 복사본에 이를 저장한다.

arraydblr 함수는 배열 변수의 개별 값을 출력하기 위해 echo 문을 사용한다. 스크립트는 arraydblr 함수의 출력을 사용하여 새로운 배열 변수를 재구성한다.

재귀 함수

지역 함수 변수가 제공하는 기능 중 하나는 폐쇄성이다. 폐쇄성 함수는 스크립트가 커맨드라인을 통해 전달하는 값을 제외하고는 함수 바깥의 어떤 자원도 사용하지 않는다. 이러한 특징 때문에 함수는 재귀 호출될 수 있으며 이는 함수가 답을 얻을 때까지 스스로를 호출할 수 있다는 뜻이다. 보통 재귀 함수는 마지막으로 어디까지 되풀이할 것인가를 정하는 베이스 값이 있다. 베이스 값이 정의한 조건에 다다를 때까지 복잡한 수식을 한 단계로 줄여서 되풀이하기 위해 재귀적 방법을 사용하는 고급 수학 알고리즘들이 많다.

재귀 알고리즘의 고전적인 예는 계승 계산이다. 계승이란 지정된 수의 앞에 있는 모든 수와 자기 자신을 곱한 것이다. 따라서 5의 계승을 찾기 위해서는 다음과 같은 계산을 한다.

```
5! = 1 * 2 * 3 * 4 * 5 = 120
```

재귀적 방법으로 위의 식은 다음과 같이 줄어든다.

```
x! = x * (x-1)!
```

말로 풀어보자면 x의 계승은 x-1의 계승에 x를 곱한 것이다. 이는 간단한 재귀적 스크립트로 다음과 같이 표현할 수 있다.

```
function factorial {
    if [ $1 -eq 1 ]
    then
        echo 1
    else
```

```
        local temp=$[ $1 - 1 ]
        local result='factorial $temp'
        echo $[ $result * $1 ]
    fi
}
```

factorial 함수는 값을 계산하기 위해서 factorial 자신을 사용한다.

```
$ cat test13
#!/bin/bash
# using recursion

function factorial {
    if [ $1 -eq 1 ]
    then
        echo 1
    else
        local temp=$[ $1 - 1 ]
        local result=$(factorial $temp)
        echo $[ $result * $1 ]
    fi
}

read -p "Enter value: " value
result=$(factorial $value)
echo "The factorial of $value is: $result"
$
$ ./test13
Enter value: 5
The factorial of 5 is: 120
$
```

factorial 함수의 사용은 간단하다. 이 같은 함수를 만들면 스크립트에서도 사용할 수 있다. 다음 절에서 효율적인 재사용법을 알아본다.

라이브러리 만들기

함수가 하나의 스크립트 안에서 입력에 들어가는 노력을 절약한다는 것은 쉽게 알 수 있다. 하지만 여러 스크립트가 같은 코드 블록을 사용하는 일이 있다면? 각 스크립트마다 같은 함수를 매번 정의하지만 그 함수가 스크립트 안에서 한 번만 쓰인다면 분명 귀찮을 것이다.

이 문제에 대한 해결책이 있다! bash 쉘은 함수에 대한 라이브러리 파일을 만들어서 같은 라이브러리 파일을 원하는 어떤 스크립트에서나 쓸 수 있도록 기능을 제공한다.

이 과정의 첫 번째 단계는 스크립트에 필요한 기능들을 포함하는 공용 라이브러리 파일을 만드는 것이다. 다음은 세 가지 간단한 함수를 정의하는 myfuncs라는 간단한 라이브러리 파일이다.

```
$ cat myfuncs
# my script functions

function addem {
   echo $[ $1 + $2 ]
}

function multem {
   echo $[ $1 * $2 ]
}

function divem {
   if [ $2 -ne 0 ]
   then
      echo $[ $1 / $2 ]
   else
      echo -1
   fi
}
$
```

다음 단계는 스크립트 파일에 myfuncs 라이브러리 파일을 포함시킨다. 이 부분이 좀 까다롭다.

문제는 쉘 함수의 범위다. 환경 변수와 마찬가지로 쉘 함수는 이를 정의한 쉘 세션 안에서만 유효하다. myfuncs 쉘 스크립트를 쉘 커맨드라인 인터페이스 프롬프트에서 실행시킨다면 쉘은 새로운 쉘을 만들고 그 새로운 쉘에서 스크립트를 실행한다. myfuncs 스크립트는 세 가지 함수를 정의하지만 이 함수를 사용하는 다른 스크립트를 실행하려고 하면 함수가 동작하지 않는다.

이는 스크립트에도 적용된다. 라이브러리 파일을 일반 스크립트 파일처럼 실행하려고 하면 함수는 스크립트에 나타나지 않는다.

```
$ cat badtest4
#!/bin/bash
# using a library file the wrong way
./myfuncs

result=$(addem 10 15)
```

```
echo "The result is $result"
$
$ ./badtest4
./badtest4: addem: command not found
The result is
$
```

함수 라이브러리를 사용하는 핵심은 source 명령이다. source 명령은 새로운 쉘을 실행시키는 대신 현재 쉘 안에서 명령을 실행시킨다. 쉘 스크립트 안에서 라이브러리 파일의 스크립트를 실행하기 위해 소스 source 명령을 사용한다. 이렇게 하면 스크립트 안에서 함수를 사용할 수 있다.

source 명령은 간단하게 쓸 수 있는 별명인 점 연산자가 있다. 쉘 스크립트에서 myfuncs 라이브러리 파일을 쓰려면 다음 줄만 추가하면 된다.

```
. ./myfuncs
```

이 예는 myfuncs 라이브러리 파일이 쉘 스크립트와 같은 디렉토리에 있는 것으로 가정한다. 그렇지 않은 경우에는 파일에 접근할 수 있는 적절한 경로를 사용해야 한다. 다음은 myfuncs 라이브러리 파일을 사용하는 스크립트를 작성하는 예다.

```
$ cat test14
#!/bin/bash
# using functions defined in a library file
. ./myfuncs

value1=10
value2=5
result1=$(addem $value1 $value2)
result2=$(multem $value1 $value2)
result3=$(divem $value1 $value2)
echo "The result of adding them is: $result1"
echo "The result of multiplying them is: $result2"
echo "The result of dividing them is: $result3"
$
$ ./test14
The result of adding them is: 15
The result of multiplying them is: 50
The result of dividing them is: 2
$
```

스크립트는 myfuncs 라이브러리 파일에 정의된 함수를 성공적으로 사용한다.

커맨드라인에서 함수 사용하기

상당히 복잡한 작업을 할 때 스크립트 함수를 사용할 수 있다. 커맨드라인 인터페이스 프롬프트에서 직접 함수를 사용할 수 있으면 좋을 것이다.

쉘 스크립트의 함수를 쉘 스크립트에서 명령처럼 사용할 수 있는 것처럼, 스크립트 함수를 커맨드라인 인터페이스의 명령으로 사용할 수도 있다. 쉘에서 함수를 정의한 시스템의 어떤 디렉토리에서든 사용할 수 있기 때문에 이는 좋은 기능이다. PATH 환경 변수 안에 있는 스크립트에 대해서는 걱정하지 않아도 된다. 쉘이 함수를 인식하도록 하는 방법을 쓰면 된다. 몇 가지 방법으로 이렇게 할 수 있다.

커맨드라인에서 함수 만들기

쉘은 입력한 대로 명령을 해석하기 때문에 커맨드라인에서 직접 함수를 정의할 수 있다. 두 가지 방법으로 이런 일을 할 수 있다.

첫 번째 방법은 함수 정의를 모두 한 줄에 놓는 것이다.

```
$ function divem { echo $[ $1 / $2 ];  }
$ divem 100 5
20
$
```

커맨드라인에서 함수를 정의할 때에는 각 명령을 어디에서 구분해야 하는지를 쉘이 알 수 있도록 각 명령의 끝에 세미콜론을 두어야 한다.

```
$ function doubleit { read -p "Enter value: " value; echo $[
$value * 2 ]; }
$
$ doubleit
Enter value: 20
40
$
```

다른 방법은 여러 줄에 걸쳐서 함수를 정의하는 것이다. 이 방법을 쓸 때 bash 쉘은 더 많은 명령을 요구하는 보조 프롬프트를 사용한다. 각 명령의 마지막에 세미콜론을 둘 필요가 없다. 그냥 〈Enter〉 키를 누르면 된다.

```
$ function multem {
> echo $[ $1 * $2 ]
> }
$ multem 2 5
```

```
10
$
```

함수의 끝 부분에 괄호를 사용하면, 쉘은 함수 정의가 끝난 것으로 인식한다.

> **TIP**
> 커맨드라인에서 함수를 만들 때에는 매우 주의해야 한다. 내장 명령 또는 다른 명령과 같은 이름의 함수를 사용
> 하면 이 함수는 원래의 명령에 우선한다.

.bashrc 파일에서 함수 정의하기

커맨드라인에서 직접 쉘 함수를 정의하는 방법의 커다란 단점은 쉘을 종료할 때 함수도 사라진다
는 것이다. 복잡한 함수라면 문제가 될 수 있다.

더 간단한 방법은 쉘이 새로운 쉘을 시작할 때마다 불러들이는 파일에 함수를 정의하는 것이다.

이를 위한 가장 좋은 장소는 .bashrc 파일이다. bash 쉘은 대화형이든 기존 쉘 안에서 새로운 쉘을
시작한 결과든, 쉘이 새로 시작될 때마다 홈 디렉토리에서 이 파일을 찾는다.

직접 함수 정의하기

홈 디렉토리의 .bashrc 파일에 직접 함수를 정의할 수 있다. 대부분의 리눅스 배포판은 이미
.bashrc 파일에 몇 가지를 정의하고 있으므로 그 항목을 지우지 않도록 주의해야 한다. 기존 파일
의 제일 끝에 함수를 추가하면 된다. 아래에 그 예가 있다.

```
$ cat .bashrc
# .bashrc

# Source global definitions
if [ -r /etc/bashrc ]; then
        . /etc/bashrc
fi

function addem {
    echo $[ $1 + $2 ]
}
$
```

다음 번에 새로운 bash 쉘을 시작할 때까지 이 함수는 효력이 없다. 새 쉘을 시작한 다음부터는 시
스템의 아무 곳에서나 이 함수를 사용할 수 있다.

함수 파일을 .bashrc에 추가하기

쉘 스크립트에서와 같이 source 명령(별명으로 쓰는 점 연산자)으로 존재하는 라이브러리 파일에 있는 함수를 .bashrc 스크립트에 더할 수 있다.

```
$ cat .bashrc
# .bashrc

# Source global definitions
if [ -r /etc/bashrc ]; then
        . /etc/bashrc
fi

. /home/rich/libraries/myfuncs
$
```

참조하는 라이브러리 파일을 bash 쉘이 찾을 수 있도록 적절한 경로 이름을 포함해야 한다. 이제 쉘을 새로 실행시키면 라이브러리에 있는 모든 함수를 커맨드라인 인터페이스에서 사용할 수 있다.

```
$ addem 10 5
15
$ ./multem 2 5
50
$ divem 10 5
2
$
```

더 좋은 점은 정의된 모든 함수를 쉘이 자식 쉘에게 넘겨주므로 쉘 세션에서 실행되는 어떤 쉘 스크립트에서든 이들 함수를 자동으로 사용할 수 있다. 정의 또는 라이브러리를 지정하는 기능을 사용하지 않고 함수를 쓰는 스크립트로 이 기능을 테스트할 수 있다.

```
$ cat test15
#!/bin/bash
# using a function defined in the .bashrc file

value1=10
value2=5
result1=$(addem $value1 $value2)
result2=$(multem $value1 $value2)
result3=$(divem $value1 $value2)
echo "The result of adding them is: $result1"
echo "The result of multiplying them is: $result2"
echo "The result of dividing them is: $result3"
$
```

```
$ ./test15
The result of adding them is: 15
The result of multiplying them is: 50
The result of dividing them is: 2
$
```

라이브러리 파일을 지정하지 않았는데도 쉘 스크립트에서 함수가 완벽하게 작동했다.

활용 예제 따라해 보기

함수를 사용한다는 것은 자신이 직접 만든 함수를 사용하는 것에서 그치지 않는다. 오픈소스의 세계에서는 코드 공유가 핵심이며 이는 쉘 스크립트 함수 쉘에도 적용된다. 여러 가지 다양한 쉘 스크립트 함수를 다운로드하고 당신의 애플리케이션에서 사용할 수 있다.

이 절에서는 GNU shtool 쉘 스크립트 함수 라이브러리를 다운로드하고, 설치하고, 사용하는 방법을 안내한다. shtool 라이브러리는 임시 파일 및 폴더 작업, 출력의 형식을 만들어주는 것과 같이 자주 쓰이는 쉘 함수를 위한 간단한 쉘 스크립트 기능을 제공한다.

다운로드 및 설치

첫 번째 단계는 GNU shtool 라이브러리를 쉘 스크립트에서 사용할 수 있도록 라이브러리를 시스템에 다운로드하고 설치하는 것이다. 이를 위해, FTP 클라이언트 프로그램이나 그래픽 데스크톱의 브라우저를 사용해야 한다. shtool 패키지를 다운로드하기 위해서는 다음 URL을 사용한다.

```
ftp://ftp.gnu.org/gnu/shtool/shtool-2.0.8.tar.gz
```

이 URL로 다운로드 폴더에 파일 shtool-2.0.8.tar.gz를 다운로드할 수 있다. 다운로드한 폴더에서 cp 커맨드라인 도구 또는 리눅스 배포판이 제공하는 그래픽 기반 파일 관리자 도구(우분투의 노틸러스와 같은)를 사용해서 다운로드한 파일을 홈 폴더로 복사할 수 있다.

파일을 홈 폴더로 복사한 후 tar 명령을 사용하여 압축을 풀 수 있다.

```
tar -zxvf shtool-2.0.8.tar.gz
```

이 명령은 shtool-2.0.8라는 이름의 폴더에 패키지 파일의 압축을 푼다. 이제 쉘 스크립트 라이브러리 파일을 빌드할 준비가 되었다.

라이브러리 빌드하기

shtool 배포 파일은 특정 Linux 환경에 맞춰서 구성되어야 한다. 이를 위해서는 C 프로그래밍에서 널리 쓰이는 표준 configure 및 make 명령을 사용한다. 라이브러리 파일을 빌드하려면 두 가지 명령만 실행시키면 된다.

```
$ ./confifgure
$ make
```

configure 명령은 shtool 라이브러리 파일을 빌드하는 데 필요한 소프트웨어를 검사한다. 필요한 도구를 찾으면 configure는 구성 파일을 이들 도구의 적절한 경로 이름으로 바꾸어 준다.

make 명령은 shtool 라이브러리 파일을 빌드하는 단계를 실행한다. 결과 파일(shtool)은 완전한 라이브러리 패키지 파일이다. make 명령을 사용하여 라이브러리 파일을 테스트해 볼 수도 있다.

```
$ make test
Running test suite:
echo...........ok
mdate..........ok
table..........ok
prop...........ok
move...........ok
install........ok
mkdir..........ok
mkln...........ok
mkshadow.......ok
fixperm........ok
rotate.........ok
tarball........ok
subst..........ok
platform.......ok
arx............ok
slo............ok
scpp...........ok
version........ok
path...........ok
OK: passed: 19/19
$
```

테스트 모드는 shtool 라이브러리에서 사용할 수 있는 모든 기능을 테스트한다. 모두 통과했다면 모든 스크립트가 사용할 수 있도록 리눅스 시스템의 공통 장소에 라이브러리를 설치할 준비가 되었다. 설치를 위해서는 make 명령의 설치 install 옵션을 사용할 수 있다. 하지만 이를 실행하려면 루트 사용자 계정으로 로그인해야 한다.

```
$ su
Password:
# make install
./shtool mkdir -f -p -m 755 /usr/local
./shtool mkdir -f -p -m 755 /usr/local/bin
./shtool mkdir -f -p -m 755 /usr/local/share/man/man1
./shtool mkdir -f -p -m 755 /usr/local/share/aclocal
./shtool mkdir -f -p -m 755 /usr/local/share/shtool
...
./shtool install -c -m 644 sh.version /usr/local/share/shtool/
sh.version
./shtool install -c -m 644 sh.path /usr/local/share/shtool/sh.path
#
```

이제 셸 스크립트에서 함수를 사용할 준비가 되었다!

shtool 라이브러리 함수

shtool 라이브러리는 셸 스크립트로 작업할 때 유용하게 사용할 수 있는 대부분의 기능을 제공한다. [표 17.1]은 라이브러리에서 사용할 수 있는 기능을 보여준다.

표 17.1 shtool 라이브러리 함수

기능	설명
Arx	확장된 기능을 가진 아카이브를 만든다
Echo	확장된 구조로 문자열 값을 표시한다
fixperm	폴더 트리의 안의 파일 권한을 변경한다
install	스크립트 또는 파일을 설치한다
mdate	파일이나 디렉토리를 수정한 시각을 표시한다
mkdir	하나 이상의 디렉토리를 만든다
Mkln	상대 경로를 사용하여 링크를 만든다
mkshadow	섀도 트리를 만든다
move	파일을 대체 장소로 이동한다
Path	프로그램의 경로를 가지고 작업한다
platform	플랫폼 ID를 표시한다
Prop	움직이는 진행 프로펠러를 표시한다

rotate	로그파일을 회전시킨다.
Scpp	C프리프로세서를 공유한다
Slo	라이브러리 클래스에 따라 링커 옵션을 구분한다
Subst	sed 대체 작업을 사용한다
Table	필드로 나뉜 데이터를 테이블 형식으로 보여준다
tarball	파일과 폴더로부터 tar 파일을 만든다
version	버전 정보 파일을 만든다

각 shtool 함수는 작동 방법을 변경하기 위해서 사용할 수 있는 수많은 옵션 및 매개변수가 있다. 다음은 shtool 함수를 사용하는 형식이다 :

```
shtool [options] [function [options] [args]]
```

라이브러리 사용하기

쉘 스크립트 안에서 또는 커맨드라인에서 직접 shtool 기능을 사용할 수 있다. 다음은 쉘 스크립트 내부 플랫폼 함수를 사용하는 예다.

```
$ cat test16
#!/bin/bash

shtool platform
$ ./test16
Ubuntu 14.04 (iX86)
$
```

platform 함수는 호스트 시스템이 사용하는 리눅스 배포판 및 CPU 하드웨어의 정보를 돌려준다. 내가 가장 즐겨 쓰는 기능은 prop 함수다. 이 함수는 뭔가를 처리하는 동안 \, |, /, - 글자를 계속 바꿔 가면서 돌아가는 프로펠러를 표시한다. 이는 스크립트가 실행되는 동안 백그라운드에서 어떤 일이 일어나는지를 쉘 스크립트 사용자에게 알려줄 수 있는 훌륭한 도구다.

prop 함수를 쓰려면 진행 상황을 지켜보고자 하는 함수의 출력을 shtool 스크립트에 파이프하면 된다.

```
$ ls -al /usr/bin | shtool prop ?p "waiting..."
waiting...
$
```

prop 함수는 프로펠러 글자를 바꿔 가면서 어떤 일이 진행되고 있음을 나타낸다. 이 경우에는 ls 명령으로부터 나오는 출력이다. 얼마나 오래 프로펠러를 볼 수 있느냐는 /usr/bin 폴더 안에 있는 모든 파일의 목록을 컴퓨터의 CPU가 얼마나 빨리 출력해 내느냐에 달려 있다! -p 옵션을 쓰면 프로펠러 문자 전에 나타나는 출력 텍스트를 사용자 정의할 수 있다. 참 멋지다!

/////////
요약
/////////

쉘 스크립트 기능을 사용하면 스크립트에서 여러 곳에 되풀이해서 쓰이는 코드를 한 곳에만 둘 수 있다. 코드 블록을 다시 작성하는 대신 코드 블록을 포함하는 함수를 작성하고 스크립트에서 함수 이름을 참조할 수 있다. bash 쉘은 스크립트에서 사용된 함수 이름을 볼 때마다 함수의 코드 블록으로 이동한다.

값을 돌려주는 스크립트 함수를 만들 수도 있다. 모두 숫자 및 문자 데이터를 돌려주면서 스크립트와 상호작용을 하는 함수를 만든다. 스크립트 함수는 함수의 마지막 명령이 돌려주는 종료 상태를 이용하거나 return 명령을 사용하여 수치 데이터를 돌려준다. return 명령을 사용하면 함수 결과에 따라 특정 값으로 함수의 종료 상태를 프로그래밍할 수 있다.

함수는 또한 표준 echo 문을 사용하여 값을 돌려준다. 다른 쉘 명령에서 하듯, 역따옴표 문자를 써서 출력 데이터를 잡아낸다. 이를 통해 문자열과 부동 소수점 숫자를 포함해서 함수로부터 어떤 유형의 데이터든 돌려줄 수 있다. 함수 안에서 쉘 변수를 사용해서 변수에 값을 할당하고 기존 변수로부터 값을 얻을 수 있다. 이를 통해서 어떤 유형의 데이터든 스크립트 함수와 메인 스크립트 프로그램 사이를 오간다. 함수는 또한 함수 코드 블록 안에서만 사용할 수 있는 지역 변수를 정의할 수 있다. 지역 변수로 메인 쉘 스크립트에서 사용된 변수나 프로세스에 방해가 되지 않는 폐쇄성을 만들 수 있다. 함수는 자신을 포함한 다른 함수를 호출할 수 있다. 함수가 스스로를 호출하는 것을 재귀 호출이라고 한다. 재귀 함수는 종종 재귀 호출을 종료하기 위한 베이스 값이 있다. 함수는 이 베이스 값에 이를 때까지 매개변수의 값을 감소시켜 가면서 자신을 호출한다.

쉘 스크립트에서 함수를 많이 사용한다면 스크립트 함수의 라이브러리 파일을 만들 수 있다. 라이브러리 파일은 source 명령 또는 그 별명인 점 연산자를 사용하여 임의의 쉘 스크립트 파일에 포함될 수 있다. 이를 라이브러리 파일의 소싱(sourcing)이라고 한다. 쉘은 라이브러리 파일을 실행하지 않지만 스크립트를 실행할 때 쉘 안에서 함수를 사용할 수 있도록 한다. 정상적인 쉘 커맨드라인에서 사용할 수 있는 함수를 만들기 위해서 같은 기술을 사용한다. 커맨드라인에서 직접 함수를 정의하거나 새로운 쉘 세션이 시작할 때마다 사용할 수 있도록 .bashrc 파일에 추가할 수도 있다. 이는 PATH 환경 변수가 어떻게 설정되어 있든 사용할 수 있는 유틸리티를 만들 수 있는 편리한 방법이다.

다음 장에서는 스크립트에서 텍스트 그래픽을 사용하는 방법에 대해 설명한다. 현대적인 그래픽 기반 인터페이스의 시대에 평범한 텍스트 인터페이스만으로는 충분하지 않을 때가 있다. bash 쉘은 스크립트를 좀 더 나아 보이도록 스크립트에 간단한 그래픽 기능을 넣는 몇 가지 손쉬운 방법을 제공한다.

그래픽 기반 데스크톱을 위한 스크립트 작성

이 장의 내용

텍스트 메뉴 만들기
텍스트 창 위젯 구축하기
X 윈도우 그래픽 추가하기

오랜 시간에 걸쳐 쉘 스크립트는 지루하고 지겹다는 평가가 많았다. 그래픽 환경에서 스크립트를 실행하려고 한다면 얘기가 달라질 것이다. read 및 echo 문에 의존하지 않아도 사용자와 상호작용하는 수많은 방법이 있기 때문이다. 이 장에서는 대화형 스크립트에 활력을 주고 고루한 느낌이 없게 만들어 줄 방법을 알아본다.

텍스트 메뉴 만들기

대화형 쉘 스크립트를 만들 수 있는 가장 일반적인 방법은 메뉴를 이용하는 것이다. 사용자에게 다양한 옵션을 선택할 수 있도록 하면 스크립트가 할 수 있는 일과 할 수 없는 일을 명확하게 알려주는데 도움이 될 것이다.

메뉴 스크립트는 보통 디스플레이 영역을 지운 다음 사용할 수 있는 옵션의 목록을 보여준다. 사용자는 각 옵션에 할당된 문자나 숫자를 눌러 옵션을 선택할 수 있다. [그림 18-1]은 샘플 메뉴의 레이아웃을 보여준다.

쉘 스크립트 메뉴의 핵심은 case 명령이다(제12장 참조). case 명령은 사용자가 메뉴에서 어떤 문자를 선택했는가에 따라 특정한 명령을 수행한다.

다음 절에서는 메뉴 기반의 쉘 스크립트를 작성하기 위해 거쳐야 하는 단계를 안내한다.

그림 18-1

쉘 스크립트의 메뉴 표시

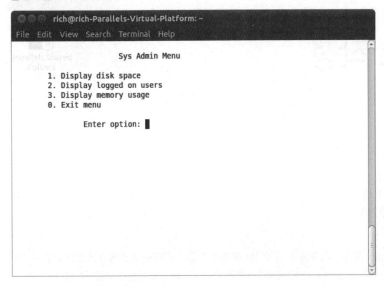

메뉴 레이아웃 만들기

메뉴를 만들기 위한 첫 번째 단계는 메뉴에 표시하고 싶은 항목을 결정하고 이들을 표시하고 싶은 방법으로 배치를 잡는 것이다.

메뉴를 만들기 전에는 보통은 모니터 화면을 지우는 것이 좋다. 이렇게 하면 다른 텍스트 때문에 산만해지지 않고 깨끗한 환경에서 메뉴를 표시할 수 있다.

clear 명령은 터미널 세션 모니터에 나타나는 모든 텍스트를 지우기 위해 terminfo 데이터를 사용한다(제2장 참조). clear 명령 뒤에는 메뉴 항목을 표시하는 echo 명령을 사용할 수 있다.

기본적으로 echo 명령은 인쇄할 수 있는 텍스트 문자를 표시할 수 있다. 메뉴 항목을 만들 때에는 탭과 줄바꿈 문자와 같이 인쇄되지 않는 요소를 사용하는 것이 좋다. echo 명령에 이러한 문자를 포함하려면 -e 옵션을 사용해야 한다. 따라서 명령은 다음과 같이 된다.

```
echo -e "1.\tDisplay disk space"
```

출력 줄은 다음과 같은 결과가 된다.

```
1.          Display disk space
```

이는 메뉴 항목의 배치 형식을 잡을 때 큰 도움이 된다. echo 명령을 사용하면 근사한 메뉴를 만들 수 있다.

```
clear
echo
echo -e "\t\t\tSys Admin Menu\n"
echo -e "\t1. Display disk space"
echo -e "\t2. Display logged on users"
echo -e "\t3. Display memory usage"
echo -e "\t0. Exit menu\n\n"
echo -en "\t\tEnter option: "
```

마지막 줄의 -en 옵션은 마지막에 줄바꿈 문자를 추가하지 않고 줄을 표시한다. 이렇게 하면 커서가 사용자의 입력을 기다리는 줄의 끄트머리에 남아 있기 때문에 메뉴가 좀 더 완성도 있어 보인다.

메뉴를 만드는 마지막 과정은 사용자의 입력을 받는 것이다. 이는 read 명령(제14장 참조)을 사용하여 수행된다. 한 글자만 입력을 받을 것이므로 read 명령에 딱 한 글자만 입력을 받는 -n 옵션을 사용한다. 이렇게 하면 사용자는 〈Enter〉 키를 누를 필요 없이 번호만 입력하면 된다.

```
read -n 1 option
```

다음으로는 메뉴 함수를 만들어야 한다.

메뉴 함수 만들기

쉘 스크립트 메뉴 옵션은 개별 함수를 묶은 그룹으로서 만드는 게 더 쉽다. 이렇게 하면 단순하면서도 간결한, 쉽게 따라할 수 있는 case 명령을 만들 수 있다.

이를 위해 각각의 메뉴 옵션마다 개별 쉘 함수를 만들어야 한다. 메뉴의 쉘 스크립트를 만드는 첫 번째 단계는 스크립트가 어떤 코드를 수행하게 할지를 결정하고 코드 안에서 개별 함수로 배치하는 것이다.

아직 구현되지 않은 기능에 대한 스텁 함수를 생성하는 것이 보통이다. 스텁 함수는 아무런 명령도 포함하고 있지 않거나 나중에 무엇을 구현할지를 나타내는 echo 문만 포함하고 있는 함수다.

```
function diskspace {
    clear
    echo "This is where the diskspace commands will go"
}
```

이렇게 하면 개별 함수 작업을 하는 동안 메뉴는 원활하게 작동할 수 있다. 메뉴가 돌아가기 위해서 모든 코드를 작성할 필요는 없다. 함수의 시작은 clear 명령으로 시작하는 것을 알 수 있다. 이렇게 하면 메뉴를 표시하지 않고 깨끗한 모니터 스크린에서 함수를 시작할 수 있다.

쉘 스크립트 메뉴에서 도움이 되는 한 가지 기능은 메뉴 레이아웃 자체를 함수로 만드는 것이다.

```
function menu {
    clear
    echo
    echo -e "\t\t\tSys Admin Menu\n"
    echo -e "\t1. Display disk space"
    echo -e "\t2. Display logged on users"
    echo -e "\t3. Display memory usage"
    echo -e "\t0. Exit program\n\n"
    echo -en "\t\tEnter option: "
    read -n 1 option
}
```

menu 함수를 호출하면 쉽게 다시 메뉴를 표시할 수 있다.

메뉴 로직 추가하기

이제 메뉴의 레이아웃과 함수를 만들었으니, 두 가지를 묶어서 프로그래밍 로직을 만들어야 한다. 앞에서 언급한 바와 같이 case 명령이 필요하다.

case 명령은 메뉴에서 선택되는 글자에 따라서 적절한 함수를 불러야 한다. 잘못된 메뉴 항목 입력을 처리하기 위해서 기본값 case 명령 문자(별표)를 사용하는 것이 좋다.

다음 코드는 일반적인 메뉴에서 case 명령을 사용하는 방법이다.

```
menu
case $option in
0)
    break ;;
1)
    diskspace ;;
2)
    whoseon ;;
3)
    memusage ;;
#
    clear
    echo "Sorry, wrong selection";;
esac
```

이 코드는 먼저 모니터 화면을 지우고 메뉴를 표시할 수 있는 menu 함수를 사용한다. 고객이 키보드로 문자를 입력할 때까지 menu 함수는 read 명령으로 일시 정지한다. 글자가 입력되면 case 명령으로 넘어간다. case 명령은 넘겨받은 문자를 기반으로 그에 해당하는 함수를 호출한다. 함수가 완료되면 case 명령은 종료된다.

모두 묶기

이제 쉘 스크립트 메뉴를 구성하는 모든 부분들을 보았으므로 한데 묶어 보고 상호작용이 어떻게 일어나는지 보자. 전체 메뉴 스크립트의 예는 다음과 같다.

```
$ cat menu1
#!/bin/bash
# simple script menu

function diskspace {
    clear
    df -k
}

function whoseon {
    clear
    who
}

function memusage {
    clear
    cat /proc/meminfo
}

function menu {
    clear
    echo
    echo -e "\t\t\tSys Admin Menu\n"
    echo -e "\t1. Display disk space"
    echo -e "\t2. Display logged on users"
    echo -e "\t3. Display memory usage"
    echo -e "\t0. Exit program\n\n"
    echo -en "\t\tEnter option: "
    read -n 1 option
}

while [ 1 ]
do
    menu
    case $option in
    0)
        break ;;
    1)
        diskspace ;;
```

```
        2)
            whoseon ;;
        3)
            memusage ;;
    #
            clear
            echo "Sorry, wrong selection";;
        esac
        echo -en "\n\n\t\t\tHit any key to continue"
        read -n 1 line
    done
    clear
    $
```

이 메뉴는 일반적인 명령들을 사용하여 리눅스 시스템의 관리 정보를 검색하는 세 가지 함수를 만든다. 스크립트는 계속해서 while 루프로 메뉴를 보여주며 while 루프를 빠져 나가려면 사용자는 옵션 0을 선택해야 한다.

어떤 쉘 스크립트 메뉴 인터페이스에든 이와 같은 템플릿을 사용할 수 있다. 메뉴는 사용자와 상호 작용 할 수 있는 간단한 방법을 제공한다.

select 명령 사용하기

텍스트 메뉴를 만들 때 들이는 노력의 반은 메뉴 레이아웃을 만들고 사용자가 입력한 답을 얻는 데 들어간다는 것을 알 수 있다. bash 쉘은 자동으로 이러한 모든 작업을 수행하는 쉽고 간단한 유틸리티를 제공한다.

select 명령을 사용하면 커맨드라인 한 줄로 메뉴를 만든 다음 답을 입력 받아 자동으로 처리할 수 있다. select 명령의 형식은 다음과 같다.

```
select variable in list
do
        commands
done
```

list 매개변수는 메뉴를 만들기 위한 텍스트 항목의 목록으로 빈 칸으로 분리된다. select 명령은 각 명령을 번호 옵션과 함께 표시한 다음 메뉴 선택을 위해 PS3의 환경변수가 정의하는 특별한 프롬프트를 표시한다.

select 명령을 실제로 사용하는 간단한 예는 다음과 같다.

```
$ cat smenu1
#!/bin/bash
```

```
# using select in the menu

function diskspace {
    clear
    df -k
}

function whoseon {
    clear
    who
}

function memusage {
    clear
    cat /proc/meminfo
}

PS3="Enter option: "
select option in "Display disk space" "Display logged on users"¬
"Display memory usage" "Exit program"
do
    case $option in
    "Exit program")
            break ;;
    "Display disk space")
            diskspace ;;
    "Display logged on users")
            whoseon ;;
    "Display memory usage")
            memusage ;;
    *)
            clear
            echo "Sorry, wrong selection";;
    esac
done
clear
$
```

select 명령은 코드 파일에서 한 줄에 모든 것이 있어야 한다. 목록에서는 줄계속 문자로 표시되어
있다. 프로그램을 실행하면 자동으로 다음과 같은 메뉴를 만들어낸다.

```
$ ./smenu1
1) Display disk space      3) Display memory usage
```

```
  2) Display logged on users  4) Exit program
  Enter option:
```

select 명령을 사용할 때에는 변수에 저장되는 결과값은 메뉴 항목에 할당된 숫자가 아닌 전체 문자열이라는 점에 유의해야 한다. case 문에서 비교를 수행하려면 텍스트 문자열 값이 필요하다.

창 만들기

텍스트 메뉴를 사용하면 한 단계 좋은 방향으로 가는 것이지만 대화형 스크립트는 그래픽 기반 윈도우 세계에 비교하면 모자라는 점이 많다. 오픈소스 세상에서는 우리를 구원해주는 사람들이 정말로 많다.

dialog 패키지는 사비오 램(Savio Lam)이 처음 만들고 지금은 토마스 E. 디키(Thomas E. Dickey)가 유지 관리하고 있는 작지만 멋진 도구다. 이 패키지는 ANSI 이스케이프 제어 코드를 이용하여 텍스트 환경에서 표준 창 대화상자를 재현한다. 이러한 대화상자를 손쉽게 쉘 스크립트에 통합해서 사용자와 상호작용하는 스크립트를 만들 수 있다. 이 절에서는 dialog 패키지를 설명하고 쉘 스크립트를 사용하는 방법을 보여줄 것이다.

> **NOTE**
>
> dialog 패키지는 모든 리눅스 배포판에 기본적으로 설치되어 있지는 않다. 기본으로 설치되어 있지 않다고 해도 워낙 인기가 좋으므로 거의 모든 소프트웨어 저장소에 포함되어 있다. 사용하고 있는 리눅스 배포판 문서를 통해서 dialog 패키지를 설치하는 방법을 확인하자. 우분투 리눅스 배포판이라면 설치하기 위한 커맨드라인 명령은 다음과 같다.
>
> ```
> sudo apt-get install dialog
> ```
>
> 이 패키지는 dialog 패키지를 위해 시스템에 필요한 라이브러리를 설치한다.

dialog 패키지

dialog 명령은 위젯 윈도우의 유형을 결정하기 위해 커맨드라인 매개변수를 사용한다. 위젯은 어떤 유형의 창 요소를 뜻하는 dialog 패키지의 용어다. dialog 패키지는 현재 [표 18-1]에 표시된 유형의 위젯을 지원한다.

표 18-1   대화 위젯

위젯	설명
calendar	날짜를 선택하는 달력을 제공한다
checklist	각 항목을 켜거나 끌 수 있는 여러 항목을 표시한다
form	레이블과 입력을 위한 텍스트 필드로 구성된 양식을 만든다
fselect	파일을 검색하는 파일 선택 창을 제공한다
gauge	진행 비율을 나타내는 계량기를 표시한다
infobox	응답을 기다리지 않고 메시지를 표시한다
inputbox	텍스트 입력을 위한 단일 텍스트 양식 상자를 표시한다
inputmenu	편집 메뉴를 제공한다
menu	선택할 수 있는 목록을 표시한다
msgbox	메시지를 표시하고 사용자가 OK 버튼을 누르도록 요구한다
pause	지정한 일시 정지 상태 기간을 보여주는 계량기를 표시한다
passwordbox	입력 받는 텍스트를 숨기는 단일 텍스트 상자를 표시한다
passwordform	레이블과 숨겨진 텍스트 필드로 구성된 양식을 표시한다
radiolist	오직 하나의 아이템만이 선택될 수있는 메뉴 항목의 그룹을 제공한다
tailbox tail	명령을 사용하여 스크롤 창에서 파일의 텍스트를 표시한다
tailboxbg	tailbox와 동일하지만 백그라운드 모드에서 작동한다
textbox	스크롤 할 수 있는 창에 파일의 내용을 표시한다
timebox	시, 분, 초 선택 창을 제공한다
yesno	Yes와 No 버튼이 있는 간단한 메시지를 제공한다

[표 18-1]와 같은 많은 위젯이 있으니 작은 노력으로 전문적인 외관을 보여줄 수 있다. 커맨드라인에서 특정 위젯을 지정하려면 이중 대시 형식을 사용한다.

```
dialog --widget parameters
```

여기서 widget은 [표 18-1]에 나와 있는 것과 같은 위젯 이름이며, parameters는 창의 위젯 크기 및 위젯에 필요한 텍스트를 정의한다.

각 대화 위젯은 두 가지 형태로 출력을 제공한다.

- STDERR 사용하기

- 종료 코드 상태 사용하기

18

dialog 명령의 종료 코드 상태는 사용자가 선택한 버튼을 판정한다. ⟨OK⟩ 또는 ⟨Yes⟩ 버튼을 선택하면 대화 명령은 종료 상태 0을 돌려준다. ⟨Cancel⟩이나 ⟨No⟩ 버튼을 선택하면 dialog 명령은 종료 상태 1을 돌려준다. 대화상자 위젯에서 선택된 버튼을 판단하기 위해서는 표준 $? 변수를 사용할 수 있다. 위젯이 메뉴 선택과 같은 데이터를 돌려줄 때에는 dialog 명령은 STRERR로 데이터를 전송한다. STDERR 출력을 다른 파일 또는 파일 디스크립터로 리다이렉트하는 표준 bash 쉘 기법을 사용할 수 있다.

```
dialog --inputbox "Enter your age:" 10 20 2>age.txt
```

이 명령은 입력박스에 입력한 텍스트를 리다이렉트한다. 다음 절에서는 쉘 스크립트에서 사용할 좀 더 일반적인 대화 위젯의 몇 가지 예를 살펴보자.

msgbox 위젯

msgbox 위젯은 가장 널리 쓰이는 대화상자의 유형이다. 이 위젯은 창에 간단한 메시지를 표시하고 사라지기 전 사용자가 ⟨OK⟩ 버튼을 클릭하기를 기다린다. msgbox 위젯을 사용하려면 다음과 같은 형식이 필요하다.

```
dialog --msgbox text height width
```

text 매개변수는 창에 표시할 문자열이다. dialog 명령은 height와 width 매개변수를 사용하여 만들어진 창의 크기에 맞도록 텍스트를 감싼다. 창의 위쪽 끝에 제목을 놓고 싶다면 --title 매개변수를 제목의 텍스트와 함께 사용할 수 있다. msgbox 위젯을 사용하는 예는 다음과 같다.

```
$ dialog --title Testing --msgbox "This is a test" 10 20
```

그림 18-2
dialog 명령의 msgbox 위젯 사용하기

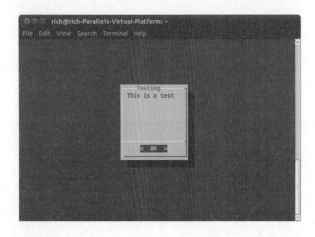

이 명령을 입력하면 사용하고 있는 터미널 에뮬레이터 세션의 화면에 메시지 상자가 나타난다. [그림 18-2]이 그 모습을 보여준다.

터미널 에뮬레이터가 마우스를 지원한다면 대화상자를 닫기 위해 〈OK〉 버튼을 누를 수 있다. 또한 키보드 명령으로 클릭을 시뮬레이션할 수 있다. 〈Enter〉 키를 누르면 된다.

yesno 위젯

yesno 위젯은 msgbox 위젯에서 한 단계 더 나아가 사용자가 예/아니오 질문에 대답할 수 있도록 한다. 이 위젯은 창의 아래쪽 끝에 두 개의 버튼을 만든다. 하나는 〈Yes〉를 위한 것이고 다른 하나는 No를 위한 것이다. 사용자는 마우스, 탭 키 또는 키보드의 화살표 키를 이용하여 버튼 사이를 오 갈 수 있다. 버튼을 선택하려면 스페이스 바 또는 〈Enter〉 키를 누르면 된다.

yesno 위젯을 사용하는 예는 다음과 같다.

```
$ dialog --title "Please answer" --yesno "Is this thing on?" 10 20
$ echo $?
1
$
```

이 코드는 [그림 18-3]에 나온 것과 같은 위젯을 만든다.

그림 18-3
dialog 명령에서 yesno 위젯 사용하기

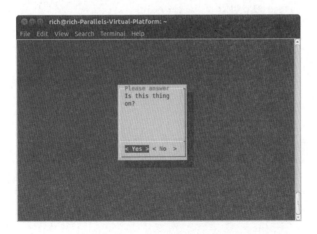

dialog 명령의 종료 상태는 사용자가 선택하는 버튼에 따라 설정된다. 〈No〉 버튼이 선택되었다면 종료 상태는 1이고 〈Yes〉 버튼이 선택되었다면 종료 상태는 0이다.

inputbox 위젯

inputbox 위젯은 사용자가 텍스트 문자열을 입력할 수 있는 간단한 텍스트 상자 영역을 제공한다
dialog 명령은 STDERR에 텍스트 문자열의 값을 전송한다. 답을 얻기 위해서는 STDERR을 리다이
렉트해야 한다. [그림 18-4]는 inputbox 위젯의 모습을 보여준다.

그림 18-4
inputbox 위젯

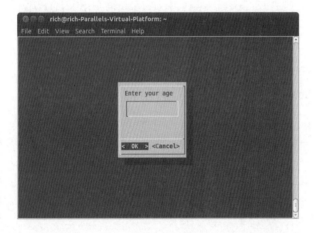

[그림 18-4]에서 볼 수 있듯이 inputbox는 〈OK〉와 〈Cancel〉 두 개의 버튼이 있다. Cancel 버튼이
선택되었다면 명령의 종료 상태는 1이고 그렇지 않으면 종료 상태는 0이다.

```
$ dialog --inputbox "Enter your age:" 10 20 2>age.txt
$ echo $?
0
$ cat age.txt
12$
```

텍스트 파일의 내용을 표시하기 위해 cat 명령을 사용해 보면 줄바꿈 문자가 없다는 사실을 알 수
있다. 그 덕분에 사용자가 입력한 문자열을 얻기 위해 파일 내용을 쉘 스크립트 안의 변수로 쉽게
전달할 수 있다.

textbox 위젯

textbox 위젯은 창에 많은 정보를 표시할 수 있는 좋은 방법이다. 이 위젯은 매개변수로 지정된 파
일에서 얻은 텍스트를 포함하는 스크롤 가능한 창을 만든다.

```
$ dialog --textbox /etc/passwd 15 45
```

[그림 18-5]에 나온 바와 같이 /etc/ passwd 파일 내용이 스크롤 가능한 텍스트 창 안에 표시된다.

그림 18-5

textbox 위젯

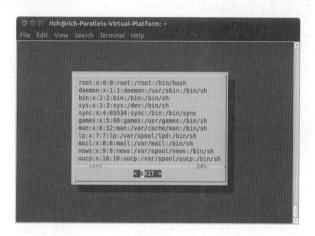

사용자는 화살표 키로 텍스트 파일을 위아래뿐만 아니라 좌우로도 스크롤할 수 있다. 윈도우 가장 아랫줄은 현재 보고 있는 파일 안의 위치를 % 단위로 보여준다. textbox 위젯은 〈Exit〉 버튼 하나만을 있으며, 위젯을 종료하려면 이 버튼을 선택해야 한다.

menu 위젯

menu 위젯은 우리가 이 장 앞에서 만든 텍스트 메뉴의 윈도우 버전을 만들 수 있다. 선택 태그와 텍스트만 지정해 주면 된다.

```
$ dialog --menu "Sys Admin Menu" 20 30 10 1 "Display disk space"
2 "Display users" 3 "Display memory usage" 4 "Exit" 2> test.txt
```

첫 번째 매개변수는 메뉴의 제목을 정의한다. 다음 두 개의 매개변수는 메뉴 윈도우의 폭과 높이를 정의하며, 세 번째 매개변수는 한 번에 윈도우에 표시할 메뉴 항목의 수를 정의한다. 더 많은 메뉴 항목이 있다면 화살표 키로 스크롤할 수 있다.

이러한 매개변수에 구조에 따라 메뉴 항목의 쌍을 추가해야 한다. 첫 번째 요소는 메뉴 항목을 선택하는 데 사용되는 태그다. 각 태그는 각 메뉴 항목마다 고유해야 하며 키보드에서 해당 키를 누름으로써 선택될 수 있다. 두 번째 요소는 메뉴에 사용될 텍스트다. [그림 18-6]은 앞의 예제 명령으로 만든 메뉴다.

그림 18-6

menu 위젯과 메뉴 항목

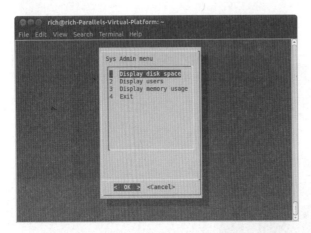

사용자가 태그에 맞는 키를 눌러서 메뉴 아이템을 선택했다면 그 메뉴 항목은 강조되지만 선택되지는 않는다. 〈OK〉 버튼을 마우스나 〈Enter〉 키를 사용하여 선택할 때까지는 메뉴 선택이 이루어지지 않는다. dialog 명령은 선택한 메뉴 항목의 텍스트를 STDERR로 보내므로 원하는 대로 리다이렉트할 수 있다.

fselect 위젯

dialog 명령이 제공하는 몇 가지 멋진 내장 위젯이 있다. 파일 이름에 관한 작업을 할 때 fselect 위젯은 매우 편리하다. 사용자가 파일 이름을 키보드로 입력하는 대신 fselect 위젯을 사용하면 [그림 18-7]에서와 같이 파일 위치를 찾아 파일을 선택할 수 있다.

fselect 위젯 형식은 아래와 같다.

```
$ dialog --title "Select a file" --fselect $HOME/ 10 50 2>file.txt
```

fselect 옵션 후 첫 번째 매개변수는 창에서 사용되는 시작 폴더의 위치다. fselect 위젯 윈도우는 왼쪽은 디렉토리 목록으로, 오른쪽은 선택된 디렉토리의 모든 파일을 보여주는 파일 목록, 현재 선택된 파일이나 디렉토리를 포함하는 간단한 텍스트 박스로 구성되어 있다. 텍스트 상자에 직접 파일 이름을 입력할 수도 있고, 디렉토리와 파일 목록을 사용해서 하나를 고를 수도 있다(파일을 선택하고 텍스트 상자에 추가하려면 스페이스 바를 누른다).

그림 18-7
|||||||||||||||||||||||||
fselect 위젯

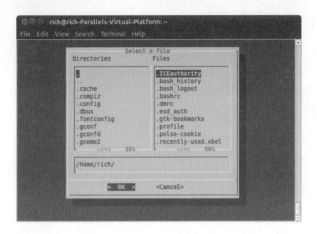

dialog 옵션

표준 위젯 말고도 dialog 명령은 수많은 옵션을 사용하여 입맛에 맞게 위젯을 바꿀 수 있다. 이미 실제 예에서 --title 매개변수를 보았다. 이렇게 하면 윈도우의 위쪽 끝에 표시되는 위젯의 제목을 설정할 수 있다.

수많은 옵션들을 사용하여 윈도우의 외관과 동작을 완벽하게 사용자 정의할 수 있다. [표 18-2]는 dialog 명령에 사용할 수 있는 옵션을 보여준다.

표 18-2 dialog 명령 옵션

옵션	설명
--add-widget	<Esc> 또는 <Cancel> 버튼을 누르지 않으면 다음 대화상자로 넘어간다
--aspect	윈도우의 너비 / 높이 비율을 지정한다
--backtitle	title 화면의 위쪽 끝에 배경으로 표시할 제목을 지정한다
--begin XY	윈도우의 왼쪽 상단이 시작되는 위치를 지정한다
--cancel-label	label Cancel 버튼의 대체 레이블을 지정한다
--clear	기본 대화상자 배경색을 사용하여 디스플레이를 지운다
--colors	대화상자 텍스트에 ANSI 컬러 코드를 넣는다
--cr-wrap	대화상자 텍스트에서 줄바꿈 문자를 허용하고 강제로 줄 바꿈을 한다
--create-rc file	샘플 구성 파일을 지정된 파일로 덤프한다

--defaultno	예/아니오 대화상자의 기본 버튼을 <No>로 만든다
--default-item string	checklist, form, menu 위젯의 기본값 항목을 정한다
--exit-label label	<Exit> 버튼의 대체 레이블을 지정한다
--extra-button	<OK>와 <Cancel> 버튼 사이에 <Extra> 버튼을 표시한다
--extra-label label	<Extra> 버튼의 대체 레이블을 지정한다
--help	dialog 명령의 도움말 메시지를 표시한다
--help-button	<OK>와 <Cancel> 버튼 다음에 <Help> 버튼을 표시한다
--help-label label	<Help> 버튼의 대체 레이블을 지정한다
--help-status	<Help> 버튼을 눌렀을 때 보여주는 도움말 정보 다음에 checklist, radiolist, form 정보를 표시한다
--ignore	대화상자가 인식하지 못하는 옵션은 무시한다
--input-fd fd	STDIN 이외의 다른 파일 디스크립터를 지정한다
--insecure	password 위젯이 입력 때 별표를 표시하도록 바꾼다
--item-help	화면의 가장 아래에 checklist, radiolist, menu의 각 태그에 대한 도움말 열을 추가한다
--keep-window	화면에서 이전 위젯을 지우지 않는다
--max-input size	입력 문자열의 최대 크기를 지정한다; 기본값은 2048이다
--nocancel	<Cancel> 버튼을 표시하지 않는다
--no-collapse	대화상자의 텍스트에서 탭을 빈 칸으로 변환하지 않는다
--no-kill	모든 tailboxbg 대화상자을 백그라운드로 두고 프로세스의 SIGHUP을 비활성화시킨다
--no-label label	<No> 버튼의 대체 레이블을 지정한다
--no-shadow	대화상자 윈도우에 그림자를 표시하지 않는다
--ok-label	<OK> 버튼의 대체 레이블을 지정한다
--output-fd fd	STDERR 이외의 다른 출력 파일 디스크립터를 지정한다
--print-maxsize	출력을 위해 허용되는 대화상자 윈도우의 최대 크기를 표시한다
--print-size	각 다이얼로그 윈도우의 크기를 표시한다
--print-version	dialog 버전을 표시한다
--separate-output checklist	위젯의 결과를 한 줄에 인용부호 없이 표시한다
--separator string	각 위젯의 출력을 구분하는 문자열을 지정한다
--separate-widget string	각 위젯의 출력을 구분하는 문자열을 지정한다
--shadow	각 윈도우의 오른쪽 아래에 그림자를 그린다
--single-quoted	checklist 출력에 필요한 경우 홑따옴표를 사용한다

--sleep sec	대화상자 창을 처리한 후 지정된 시간 (초) 동안 지연시킨다
--stderr	출력을 STDERR로 출력을 보내며 기본값이다
--stdout	STDOUT으로 출력을 보낸다
--tab-correct	탭을 빈 칸으로 변환한다
--tab-len n	탭 문자가 차지하는 공간의 수를 지정하며 기본값은 8이다
--timeout sec	사용자가 아무런 입력도 하지 않을 때 오류 코드를 내고 종료할 때까지의 시간(초)을 지정한다
--title title	대화상자의 제목을 지정한다
--trim	대화상자 텍스트의 앞에 있는 빈 칸과 줄바꿈 문자를 없앤다
--visit-items	항목의 목록을 포함하는 대화상자 윈도우에서 탭으로 선택되는 순서를 바꾼다
--yes-label label	Yes 버튼의 대체 레이블을 지정한다

--backtitle 옵션은 스크립트 전체에 걸쳐서 메뉴의 공통 제목을 만들 수 있는 편리한 방법이다. 각 대화상자 윈도우마다 이를 지정하면 애플리케이션 전체에 걸쳐서 지속되어 스크립트의 모습을 갖추게 된다.

[표 18-2]에서 알 수 있듯이 대화상자 윈도우의 버튼 레이블 중 하나를 덮어쓸 수도 있다. 이 기능을 사용하면 상황에 따라 필요한 어떤 윈도우든 만들 수 있다.

스크립트에서 dialog 명령 사용하기

스크립트에서 dialog 명령을 사용하는 방법을 간단하다. 기억해야 할 점이 두 가지 있다.

- 사용할 수 있는 Cancel 또는 No 버튼이 있다면 dialog 명령의 종료 상태값을 확인하기

- 결과값을 얻기 위해서는 STDERR를 리다이렉트하기

이 두 규칙을 따른다면 전문가 수준의 대화형 스크립트를 순식간에 만들 수 있다. 다음은 이 장 앞에서 만든 시스템 관리 메뉴를 dialog 위젯으로 다시 만든 예다.

```
$ cat menu3
#!/bin/bash
# using dialog to create a menu

temp=$(mktemp -t test.XXXXXX)
temp2=$(mktemp -t test2.XXXXXX)

function diskspace {
    df -k > $temp
```

```
        dialog --textbox $temp 20 60
}

function whoseon {
    who > $temp
    dialog --textbox $temp 20 50
}

function memusage {
    cat /proc/meminfo > $temp
    dialog --textbox $temp 20 50
}

while [ 1 ]
do
dialog --menu "Sys Admin Menu" 20 30 10 1 "Display disk space" 2
"Display users" 3 "Display memory usage" 0 "Exit" 2> $temp2
if [ $? -eq 1 ]
then
    break
fi

selection=$(cat $temp2)

case $selection in
1)
    diskspace ;;
2)
    whoseon ;;
3)
    memusage ;;
0)
    break ;;
*)
    dialog --msgbox "Sorry, invalid selection" 10 30
esac
done
rm -f $temp 2> /dev/null
rm -f $temp2 2> /dev/null
$
```

스크립트는 메뉴 대화창을 표시하는 무한 루프를 만들기 위해서 항상 true 값인 while 루프를 사용한다. 이는 어떤 함수가 호출되든 그 다음에는 메뉴 표시로 돌아온다는 것을 뜻한다.

538

menu 대화상자는 〈Cancel〉 버튼을 포함하고 있으므로 스크립트는 사용자가 Cancel 버튼을 눌렀을 때를 위해 dialog 명령의 종료 상태를 확인한다. while 루프 안에 있으므로 빠져 나가려면 break 명령을 사용하면 그만이다.

스크립트는 dialog 명령의 데이터를 저장할 두 개의 임시 파일을 만들기 위해 mktemp 명령을 사용한다. 먼저 $temp는 df, whoeson, meminfo 명령의 출력을 저장하는 데 쓰이며 따라서 textbox 대화상자 안에 그 내용이 표시될 수 있다(그림 18-8 참조). 두 번째 임시파일인 $temp2는 메인 menu 대화상자에서 선택된 값을 저장하기 위해 사용된다.

그림 18-8

meminfo 명령의 출력을 textbox 대화상자 옵션을 사용하여 표시하기

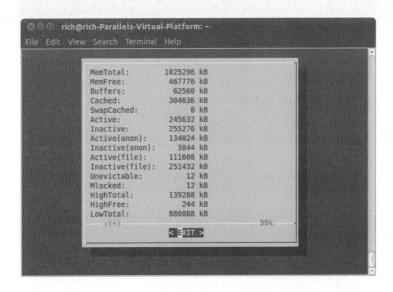

이제 사람들에게 보여줄 수 있는 진짜 애플리케이션처럼 보이기 시작한다!

그래픽 사용하기

대화형 스크립트에 더 많은 그래픽 요소를 넣고 싶다면 한 단계 더 나아가 보자. KDE와 GNOME 데스크톱 환경(제1장 참조)은 모두 dialog 명령의 아이디어를 확장해서 X 윈도우 그래픽 위젯을 만들 수 있는 명령을 포함하고 있다. 이 절에서는 각각 KDE와 GNOME 데스크톱에 그래픽 윈도우 위젯을 제공하는 kdialog와 zenity 패키지를 설명한다.

KDE 환경

KDE 그래픽 환경은 기본적으로 kdialog 패키지를 포함하고 있다. kdialog 패키지는 KDE 데스크톱 안에서 대화 다이얼로그 스타일의 위젯과 비슷한 표준 윈도우를 만드는 kdialog 명령을 사용한다. 그러나 아까와 같은 좀 투박한 모습 대신 여기서 제공하는 윈도우는 다른 KDE 애플리케이션 윈도우와 잘 어울린다! 셸 스크립트에서 직접 윈도우 품질의 사용자 인터페이스를 만들 수 있는 것이다.

> **NOTE**
> 사용하고 있는 리눅스 배포판이 KDE 데스크톱을 사용하고 있다고 해서 반드시 kdialog 패키지가 기본 설치되어 있다는 뜻은 아니다. 배포 저장소에서 직접 설치해야 할 수도 있다.

kdialog 위젯

dialog 명령과 마찬가지로 kdialog 명령은 윈도우 위젯의 유형을 지정하는 커맨드라인 옵션을 사용한다. 다음은 kdialog 명령의 형식이다.

```
kdialog display-options window-options arguments
```

window-options 옵션은 사용할 윈도우 위젯의 종류를 지정할 수 있다. 사용할 수 있는 옵션은 [표 18-3]에 나와 있다.

표 18-3 kdialog 윈도우 옵션

옵션	설명
--checklist title [tag item status]	체크리스트 메뉴. 항목(item)이 체크되어 있는지 아닌지를 status로 지정한다.
--error text	오류 메시지 상자
--inputbox text [init]	입력 텍스트 상자. init로 초깃값을 지정할 수 있다
--menu title [tag item]	메뉴 선택 상자로 제목(title)과 태그로 식별되는 항목의 목록(tag item)으로 구성된다
--msgbox text	지정된 텍스트를 표시하는 간단한 메시지 상자
--password text	사용자 입력을 숨기는 암호 입력 텍스트 상자
--radiolist title [tag item status]	라디오버튼 목록 메뉴. 항목(item)이 체크되어 있는지 아닌지를 status로 지정한다
--separate-output	checklist 및 radiolist 메뉴에 대해 항목을 별도의 줄에 돌려준다
--sorry text	\<Sorry> 메시지 상자
--textbox file [width] [height]	파일 내용을 표시하는 텍스트 박스, width와 height로 크기를 지정할 수 있다

--title title	대화상자 창의 제목 표시줄 영역에 제목을 지정한다
--warningyesno text	\<Yes\>와 \<No\> 버튼이 있는 경고 메시지 상자
--warningcontinuecancel text	\<Continue\>와 \<Cancel\> 버튼이 있는 경고 메시지 상자
--warningyesnocancel text	\<Yes\>, \<No\>, \<Cacnel\> 버튼이 있는 경고 메시지 상자
--yesno text	\<Yes\>와 \<No\> 버튼이 있는 질문 상자
--yesnocancel text	\<Yes\>, \<No\>, \<Cancel\> 버튼이 있는 질문 상자

[표 18-3]에서 볼 수 있는 것처럼 모든 표준 윈도우 대화상자 유형이 제공된다. 하지만 kdialog 윈도우 위젯을 사용할 때에는 터미널 에뮬레이터 세션 안이 아니라 KDE 데스크톱 안의 별도 창에 나타난다!

checklist 및 radiolist 위젯은 목록의 개별 항목을 정의할 수 있고 기본값으로 어떤 항목이 선택될 것인지도 정할 수 있다.

```
$kdialog --checklist "Items I need" 1 "Toothbrush" on 2 "Toothpaste"
  off 3 "Hair brush" on 4 "Deodorant" off 5 "Slippers" off
```

그 결과 표시되는 checklist 창은 [그림 18-9]과 같다.

"on"으로 지정된 항목이 체크리스트에 강조 표시되어 있다. 체크리스트의 항목을 선택 또는 선택 해제하려면 클릭하면 된다. 〈OK〉 버튼을 선택하면, kdialog는 STDOUT에 태그 값을 보낸다.

```
"1" "3"
$
```

〈Enter〉 키를 누르면 kdialog 상자가 선택 항목과 함께 나타난다. 〈OK〉 또는 〈Cancel〉 버튼을 누르면 kdialog 명령은 각 태그를 STDOUT에 문자열 값으로 보낸다(이 예에서 볼 수 있는 '1' 그리고 '3' 값이다). 스크립트는 결과값을 분석하고 원래의 값과 대조할 수 있어야 한다.

그림 18-9

kdialog 체크리스트 대화상자 윈도우

kdialog 사용하기

dialog 위젯을 사용하는 방법과 비슷하게 쉘 스크립트에서 kdialog 윈도우 위젯을 사용할 수 있다. 큰 차이는 kdialog 창은 위젯의 출력값으로 STDERR 대신 STDOUT을 사용한다는 것이다.

다음은 이전에 만들었던 시스템 관리 메뉴를 KDE 애플리케이션으로 변환한 스크립트다.

```
$ cat menu4
#!/bin/bash
# using kdialog to create a menu

temp=$(mktemp -t temp.XXXXXX)
temp2=$(mktemp -t temp2.XXXXXX)

function diskspace {
    df -k > $temp
    kdialog --textbox $temp 1000 10
}

function whoseon {
    who > $temp
    kdialog --textbox $temp 500 10
}

function memusage {
    cat /proc/meminfo > $temp
    kdialog --textbox $temp 300 500
}

while [ 1 ]
do
kdialog --menu "Sys Admin Menu" "1" "Display diskspace" "2" "Display
users" "3" "Display memory usage" "0" "Exit" > $temp2
if [ $? -eq 1 ]
then
    break
fi

selection=$(cat $temp2)

case $selection in
1)
    diskspace ;;
2)
    whoseon ;;
```

```
    #
        memusage ;;
    0)
        break ;;
    *)
        kdialog --msgbox "Sorry, invalid selection"
    esac
    Done
    $
```

kdialog 명령과 dialog 명령을 사용하는 스크립트 사이에는 큰 차이가 없다. 그 결과 표시되는 메인
메뉴는 [그림 18-10]에 나와 있는 바와 같다.

그림 18-10

kdialog를 사용한 시스템 관리 메뉴 스크립트

이제 간단한 쉘 스크립트가 실제 KDE 애플리케이션처럼 보인다! 이제 대화형 스크립트로 수행할
수 있는 작업에는 제한이 없다.

GNOME 환경

GNOME 그래픽 환경은 표준 윈도우를 만들 수 있는 두 가지 인기있는 패키지를 지원한다.

- gdialog
- zenity

지금까지는 zenity가 GNOME 데스크톱 리눅스 배포판에서 가장 널리 사용되는 패키지다(우분투와
페도라 모두 기본적으로 설치되어 있다). 이 절에서는 zenity의 기능을 설명하고 쉘 스크립트를 사용하
는 방법을 보여준다.

zenity 위젯

zenity도 커맨드라인 옵션을 사용하여 여러 가지 창 위젯을 만들 수 있다. [표 18-4]은 zenity가 만들 수 있는 다양한 위젯을 보여준다.

표 18-4 zenity 창 위젯

옵션	설명
--calendar	완전한 한 달치의 달력을 표시한다
--entry	텍스트 입력 대화상자를 표시한다
--error	오류 메시지 대화상자를 표시한다
--file-selection	전체 경로와 파일 이름을 표시하는 대화상자를 표시한다
--info	정보 대화상자를 표시한다
--list	체크리스트 또는 라디오버튼 목록 대화상자를 표시한다
--notification	알림 아이콘을 표시한다
--progress	진행 표시줄 대화상자를 표시한다
--question	예/아니오 질문 대화상자를 표시한다
--scale	스케일 대화상자를 표시한다
--text-info	텍스트를 포함하는 텍스트 상자를 표시한다
--warning	경고 대화상자를 표시한다

zenity 커맨드라인 프로그램은 kdialog 및 dialog 프로그램과는 약간 다르게 동작한다. 위젯 유형의 대부분은 옵션의 매개변수 대신 커맨드라인의 추가 옵션으로 정의된다.

zenity 명령은 꽤 멋진 고급 대화상자를 제공한다. [그림 18-11]과 같이 calendar 옵션은 한 달 전체를 표시하는 달력을 만든다.

그림 18-11

zenity calendar 대화상자

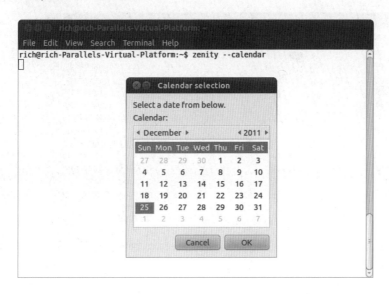

달력에서 날짜를 선택하면 zenity 명령은 kdialog와 같이 STDOUT으로 값을 돌려준다.

```
$ zenity --calendar
12/25/2011
$
```

zenity의 다른 윈도우는 [그림 18-12]에 나와 있는 것과 같은 파일 선택 옵션이다. 이 대화상자로 시스템에 있는 어떤 디렉토리 장소든 검색해서(디렉토리를 볼 권한이 있다면) 파일을 선택할 수 있다. 사용자가 파일을 선택하면 zenity 명령은 전체 파일 및 경로 이름을 돌려준다.

```
$ zenity --file-selection
/home/ubuntu/menu5
$
```

원하는 대로 쓸 수 있는 이러한 도구로 쉘 스크립트를 무한히 확장시킬 수 있다!

스크립트에서 zenity 사용하기

zenity는 쉘 스크립트에서 잘 동작한다. 하지만 zenity는 dialog 및 kdialog에서 사용하는 옵션 규칙을 따르지 않으므로 기존의 대화형 스크립트를 zenity로 변환하려면 노력해야 한다.

그림 18–12

zenity 파일 선택 대화상자 윈도우

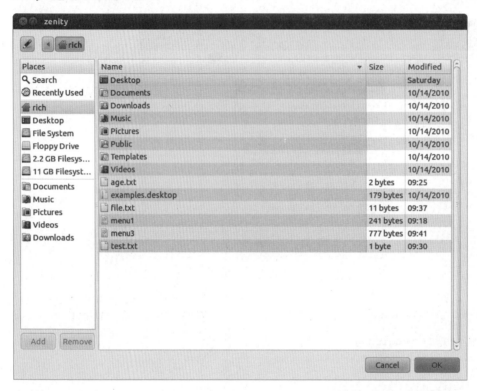

kdialog를 사용한 시스템 관리 메뉴를 zenity로 변환하는 과정에서 위젯 정의를 약간 변형시켰다.

```
$cat menu5
#!/bin/bash
# using zenity to create a menu

temp=$(mktemp -t temp.XXXXXX)
temp2=$(mktemp -t temp2.XXXXXX)

function diskspace {
    df -k > $temp
    zenity --text-info --title "Disk space" --filename=$temp
--width 750 --height 10
}

function whoseon {
```

```
    who > $temp
    zenity --text-info --title "Logged in users" --filename=$temp
--width 500 --height 10
}

function memusage {
    cat /proc/meminfo > $temp
    zenity --text-info --title "Memory usage" --filename=$temp
--width 300 --height 500
}

while [ 1 ]
do
zenity --list --radiolist --title "Sys Admin Menu" --column "Select"
--column "Menu Item" FALSE "Display diskspace" FALSE "Display users"
FALSE "Display memory usage" FALSE "Exit" > $temp2
if [ $? -eq 1 ]
then
    break
fi

selection=$(cat $temp2)
case $selection in
"Display disk space")
    diskspace ;;
"Display users")
    whoseon;
"Display memory usage")
    memusage ;;
Exit)
    break ;;
*)
    zenity --info "Sorry, invalid selection"
esac
done
$
```

zenity는 menu 대화상자를 지원하지 않기 때문에 [그림 18-13]에 나온 바와 같이 우리는 메인 메뉴에 radiolist 유형의 윈도우를 사용했다.

radiolist는 두 개의 열을 사용하며 각각 열의 제목을 가지고 있다. 첫 번째 열은 선택을 위한 라디오 버튼이 포함되어 있다. 두 번째 열은 항목의 텍스트다. radiolist는 항목에 대해 태그를 사용하지 않는다. 항목을 선택하면 해당 항목의 전체 내용을 STDOUT에 돌려준다. 이 경우 case 명령은 좀 흥미로워진다. case 옵션에서 항목의 전체 텍스트를 사용해야 한다. 텍스트에 빈 칸이 있다면 텍스트 주위에 따옴표를 사용해야 한다.

zenity 패키지를 사용하면 GNOME 데스크톱에서 대화형 쉘 스크립트에 윈도우의 느낌을 추가할 수 있다.

그림 18-13

zenity를 사용한 시스템 관리 메뉴

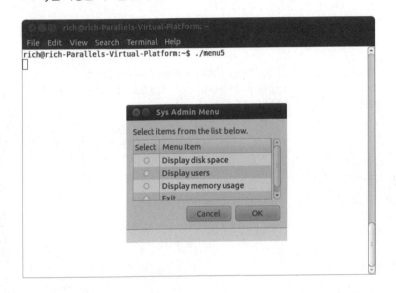

요약

대화형 쉘 스크립트는 지루한 것으로 악명이 높다. 대부분의 리눅스 시스템에서 사용할 수 있는 몇 가지 다른 기술과 도구를 사용하여 변화를 줄 수 있다. 첫째, case 명령과 쉘 스크립트 함수를 사용하여 대화형 스크립트 메뉴 시스템을 만들 수 있다.

menu 명령은 echo 명령을 사용하여 메뉴를, read 명령을 사용하여 사용자로부터의 응답을 받을 수 있다. case 명령은 입력한 값에 따라 적절한 쉘 스크립트 함수를 선택한다.

dialog 프로그램은 텍스트 기반의 터미널 에뮬레이터에서 윈도우와 같은 개체를 만들기 위해 몇 가지 미리 만들어진 텍스트 위젯을 제공한다. dialog 프로그램을 이용하면 텍스트를 표시하고, 텍스트를 입력하고, 파일 및 날짜를 선택하기 위한 대화상자를 만들 수 있다. dialog 명령은 쉘 스크립트에 더 많은 활력을 가져다 준다.

그래픽 X 윈도우 환경에서 쉘 스크립트를 실행할 때 대화형 스크립트에 더 많은 도구를 활용할 수 있다. KDE 데스크톱이라면 kdialog 프로그램이 있다. 이 프로그램은 모든 기본적인 윈도우 기능에 대한 윈도우 위젯을 작성하는 간단한 명령을 제공한다. GNOME 데스크톱이라면 gdialog와 zenity 프로그램이 있다. 이들 프로그램은 각자 실제 윈도우 애플리케이션처럼 GNOME 데스크톱에 잘 어울리는 윈도우 위젯을 제공한다.

다음 장은 텍스트 데이터 파일을 편집하고 조작하는 방법으로 들어갈 것이다. 쉘 스크립트가 가장 큰 도움이 되는 곳은 로그 및 오류 파일과 같은 파일을 분석하고 표시하는 일과 관련이 있다. 리눅스 환경은 쉘 스크립트에서 텍스트 데이터로 작업을 할 때 쓸모가 많은 도구인 sed와 gawk를 포함하고 있다. 다음 장에서는 이러한 도구와 그 사용법을 보여준다.

18

sed와 gawk 소개

이 장의 내용

    sed 편집기 배우기
    gawk 편집기 소개
    sed 편집기의 기초 살펴보기

람들이 지금까지 쉘 스크립트를 사용하는 가장 일반적인 기능 중 하나는 텍스트 파일에 관한 작업일 것이다. 로그 파일을 검사하는 구성 파일을 검사하고, 구성 파일을 읽고, 데이터 요소를 처리하는 사이에 쉘 스크립트는 텍스트 파일에 포함된 모든 종류의 데이터를 조작함으로써 일상의 업무를 자동화할 수 있다. 쉘 스크립트 명령만으로 텍스트 파일의 내용을 조작하려고 하면 좀 힘에 부친다. 쉘 스크립트에서 어떤 유형의 데이터 조작을 하든, 리눅스에서 사용할 수 있는 도구인 sed와 gawk에 익숙해지는 것이 좋다. 이 도구들로 수행해야 할 데이터 처리 작업을 크게 단순화할 수 있다.

텍스트 조작

제10장에서는 리눅스 환경에서 사용할 수 있는 여러 편집기 프로그램으로 텍스트 파일을 편집하는 방법을 알아보았다. 이러한 편집기는 간단한 명령이나 마우스를 클릭하여 텍스트 파일에 포함된 텍스트를 쉽게 조작할 수 있다.

하지만 완전한 기능을 갖춘 대화형 텍스트 편집기를 꺼내들지 않고서도 텍스트 파일에 있는 텍스트를 빨리 조작하고 싶을 때가 있다. 이럴 때 텍스트 요소에 대해 서식화, 삽입, 변경, 삭제를 자동으로 할 수 있는 간단한 커맨드라인 편집기가 있다면 유용할 것이다.

리눅스 시스템은 이러한 일을 위해 널리 쓰이는 두 가지 도구를 제공한다. 이 절에서는 리눅스 세계에서 가장 있기 있는 커맨드라인 편집기인 sed와 gawk를 설명한다.

sed 편집기 배우기

sed 편집기는 일반적인 대화형 텍스트 편집기와는 반대 개념인 스트림 편집기다. vim과 같은 대화형 텍스트 편집기에서는 데이터에 있는 텍스트의 삽입, 삭제, 또는 바꾸기 작업을 키보드를 사용한 상호작용으로 처리한다. 스트림 편집기는 편집기가 데이터를 처리하기 전에 미리 제공 받은 일련의 규칙에 따라서 데이터의 스트림을 편집한다.

sed 편집기는 커맨드라인 또는 명령 텍스트 파일에 저장한 명령에 따라서 데이터 스트림의 데이터를 조작할 수 있다. sed 편집기는 다음과 같은 일을 한다.

1. 입력 수단으로부터 한 번에 하나씩 데이터 줄을 읽어 들인다

2. 제공된 편집기 명령으로 데이터를 대조한다

3. 명령에서 지정된 대로 스트림의 데이터를 바꾼다

4. STDOUT으로 새로운 데이터를 출력한다

스트림 편집기가 한 줄의 데이터를 모든 명령과 대조하고 나면 다음 줄을 읽어 들이고, 프로세스를 되풀이한다. 스트림 편집기는 데이터 스트림의 모든 줄을 처리하고 난 뒤 종료된다.

커맨드라인에서 차례대로 한 줄씩 읽어 들이므로 편집할 데이터 스트림은 sed 편집기를 한 번씩만 통과한다. 그 덕택에 sed 편집기는 대화형 편집기보다 훨씬 빠르고 파일을 그때그때 빠르게 바꿀 수 있다.

sed 명령을 사용하기 위한 형식은 다음과 같다.

```
sed options script file
```

options 매개변수로 sed 명령의 동작을 사용자 정의할 수 있으며 표 19-1에 표시된 옵션들을 포함하고 있다.

표 19-1 sed 명령 옵션

옵션	설명
-e script	입력을 처리하는 동안 실행 중인 명령에 스크립트에 지정된 명령을 추가한다
-f file	입력을 처리하는 동안 실행 중인 명령에 파일에 지정된 명령을 추가한다
-n	각 명령에 대한 출력을 만들어 내지는 않지만 print 명령을 기다린다

script 매개변수는 스트림 데이터에 적용할 단일한 명령을 지정한다. 하나 이상의 명령이 필요하다면 -e 옵션으로 커맨드라인에 지정하거나 -f 옵션으로 별도의 파일에 지정해야 한다. 데이터를 조작할 수 있는 수많은 명령이 있다. 이 장에서는 sed 편집기의 몇 가지 기초 명령을 알아본 다음, 제21장에서 더 많은 고급 명령들을 살펴볼 것이다.

커맨드라인에서 편집기 명령 정의하기

기본적으로 sed 편집기는 지정된 명령을 STDIN 입력 스트림에 적용한다. 따라서 처리할 데이터를 sed 편집기에 직접 파이프로 보낼 수 있다. 다음은 이와 같은 작업을 수행하는 방법을 보여주는 간단한 예다.

```
$ echo "This is a test" | sed 's/test/big test/'
This is a big test
$
```

이 예는 sed 편집기의 s 명령을 사용한다. s 명령은 슬래시 사이에 지정된 첫 번째 텍스트 문자열을 두 번째 텍스트 문자열로 바꾼다. 이 예에서는 test가 big test로 바뀌었다.

이 예제를 실행하면 거의 즉시 결과가 표시된다. 이것이 sed 편집기가 가진 힘이다. 대화형 편집기가 이제 막 실행되었을 때쯤이면 거의 동시에 여러 가지의 편집을 처리할 수 있다.

물론 이 간단한 테스트는 하나의 데이터 줄을 편집했다. 완전한 데이터 파일을 편집할 때에도 이와 같은 빠른 결과를 얻게 될 것이다.

```
$ cat data1.txt
The quick brown fox jumps over the lazy dog.
The quick brown fox jumps over the lazy dog.
The quick brown fox jumps over the lazy dog.
The quick brown fox jumps over the lazy dog.
$
$ sed 's/dog/cat/' data1.txt
The quick brown fox jumps over the lazy cat.
The quick brown fox jumps over the lazy cat.
The quick brown fox jumps over the lazy cat.
The quick brown fox jumps over the lazy cat.
$
```

sed 명령은 실행과 동시에 거의 즉시 데이터를 돌려준다. 데이터의 각 줄을 처리할 때마다 결과가 표시된다. sed 편집기가 전체 파일의 처리를 완료하기 전에 결과를 보기 시작할 것이다.

sed 편집기는 텍스트 파일 자체의 데이터를 바꾸지 않는다는 점이 중요하다. sed 편집기는 단지 STDOUT에 변경된 텍스트를 보낼 뿐이다. 텍스트 파일을 보면 여전히 원래의 데이터를 담고 있다.

```
$ cat data1.txt
The quick brown fox jumps over the lazy dog.
The quick brown fox jumps over the lazy dog.
The quick brown fox jumps over the lazy dog.
The quick brown fox jumps over the lazy dog.
$
```

19

커맨드라인에서 여러 편집 명령 사용하기

sed 커맨드라인에서 하나 이상의 명령을 실행하려면 -e 옵션을 사용한다.

```
$ sed -e 's/brown/green/; s/dog/cat/' data1.txt
The quick green fox jumps over the lazy cat.
The quick green fox jumps over the lazy cat.
The quick green fox jumps over the lazy cat.
The quick green fox jumps over the lazy cat.
$
```

두 명령은 파일 데이터의 각 줄에 적용된다. 명령은 세미콜론으로 구분해야 하며 명령과 세미콜론의 끝 사이에 빈 칸이 있으면 안 된다.

명령을 구분하기 위해 세미콜론을 사용하는 대신 bash 쉘에서 보조 프롬프트를 사용할 수도 있다. sed 프로그램 스크립트(sed 편집기 명령 목록)를 열기 위해 홑따옴표 하나를 입력하면, bash는 닫는 홑따옴표가 입력될 때까지 더 많은 명령을 받는 프롬프트를 표시한다.

```
$ sed -e '
> s/brown/green/
> s/fox/elephant/
> s/dog/cat/' data1.txt
The quick green elephant jumps over the lazy cat.
The quick green elephant jumps over the lazy cat.
The quick green elephant jumps over the lazy cat.
The quick green elephant jumps over the lazy cat.
$
```

명령을 마무리하는 그 줄에 닫는 홑따옴표가 나와야 한다는 것을 꼭 기억해야 한다. bash 쉘은 닫는 홑따옴표를 감지한 후에 명령을 처리한다. 처리가 시작되면 sed 명령은 텍스트 파일에 있는 데이터의 각 줄에 지정된 각 명령을 적용한다.

파일에서 편집기 명령을 읽기

마지막으로 처리해야 할 sed 명령이 많이 있다면 별도의 파일에 저장하는 것이 더 쉬울 때가 많다. sed 명령에서 이러한 파일을 지정하기 위해서는 -f 옵션을 사용한다.

```
$ cat script1.sed
s/brown/green/
s/fox/elephant/
s/dog/cat/
$
$ sed -f script1.sed data1.txt
The quick green elephant jumps over the lazy cat.
```

```
The quick green elephant jumps over the lazy cat.
The quick green elephant jumps over the lazy cat.
The quick green elephant jumps over the lazy cat.
$
```

이 경우, 각 명령 끝에 세미콜론을 넣으면 안 된다. sed 편집기는 각 줄마다 별개의 명령이 포함되어 있다는 것을 알고 있다. 커맨드라인에 명령을 입력할 때와 마찬가지로 sed 편집기는 지정된 파일에서 명령을 읽어 데이터 파일의 각 줄에 적용한다.

> **TIP**
> sed 편집기 스크립트 파일을 bash 쉘 스크립트 파일과 헷갈리기 쉬울 수 있다. 혼란을 막으려면 sed 스크립트 파일에는 .sed 파일 확장자를 사용한다.

"sed 편집기 기본 마스터하기" 절에서 데이터를 조작하기 위한 sed 편집 명령을 살펴 볼 것이다. 그 전에, 리눅스 데이터 편집기를 잠깐 살펴보자.

gawk 프로그램 배우기

sed 편집기는 즉석에서 텍스트 파일을 수정하기 위한 편리한 도구지만 한계가 있다. 파일의 데이터를 수정하고 재구성할 수 있는 좀 더 프로그래밍에 가까운 환경을 제공하는 고급 데이터 조작 도구가 필요하다. 여기서 gawk이 등장한다.

> **NOTE**
> gawk 프로그램은 모든 배포판에 기본으로 설치되어 있지는 않다. 사용하는 리눅스 배포판에 gawk 프로그램이 없다면 제9장을 가이드 삼아 사용하여 gawk 패키지를 설치한다.

gawk 프로그램은 원래 유닉스에 있던 awk 프로그램의 GNU 버전이다. gawk 프로그램은 sed 편집기보다 한 단계 더 나아가 편집 명령을 위한 프로그래밍 언어를 제공함으로써 스트림 편집을 한다. gawk 프로그래밍 언어 안에서는 다음과 같은 일을 할 수 있다.

- 데이터를 저장하는 변수 정의
- 데이터를 다룰 수 있도록 산술 및 문자열 연산자 사용
- if-then 및 루프문과 같이 데이터 처리에 로직을 추가하는 구조적 프로그래밍 개념 사용
- 데이터 파일 안에서 데이터 요소를 추출하고 다른 순서 또는 형식으로 재구성하여 형식화된 보고서 생성

gawk 프로그램이 보고서를 만들어내는 능력은 종종 큰 부피가 큰 텍스트 파일에서 데이터 요소를

추출하고 사람이 읽을 수 있는 보고서로 서식화 하는 데 쓰인다. 이에 관한 완벽한 예는 로그 파일 서식화다. 로그 파일에 있는 오류 줄을 찾기는 힘들 수 있다. gawk 프로그램은 로그 파일에서 보고 싶은 데이터 요소만을 걸러낼 수 있다. 그리고 중요한 데이터를 좀 더 쉽게 읽을 수 있는 방식으로 서식을 만들 수 있다.

gawk 명령 형식 살펴보기

gawk 프로그램의 기본 형식은 다음과 같고 [표 19-2]는 gawk 프로그램에서 사용할 수 있는 옵션을 보여준다.

```
gawk options program file
```

표 19-2 gawk 옵션

옵션	설명
-F fs	한 줄에서 데이터 필드의 경계를 식별하기 위한 파일 구분자를 지정한다
-f file	프로그램이 읽어 들일 파일 이름을 지정한다
- var=value	gawk 프로그램에서 사용할 변수의 기본값을 정의한다
-mf N	데이터 파일에서 처리할 필드의 최대 수를 지정한다
-mr N	데이터 파일의 최대 레코드 크기를 지정한다
-W keyword	gawk의 호환성 모드 또는 경고 수준을 지정한다

커맨드라인 옵션은 gawk 프로그램의 기능을 사용자 정의할 수 있는 손쉬운 방법을 제공한다. gawk 프로그램을 좀 더 파고 들어가면서 이러한 방법을 더 자세히 살펴볼 것이다.

gawk의 힘은 스크립트 프로그램이다. 텍스트 줄 안에서 데이터를 읽어 들인 다음 조작하고, 어떤 유형의 결과 보고서를 위한 데이터든 만들고 표시할 수 있는 스크립트를 작성할 수 있다.

커맨드라인에서 프로그램 스크립트 읽기

gawk 프로그램 스크립트는 열고 닫는 괄호로 정의된다. 스크립트 명령은 두 중괄호 ({ }) 사이에 있어야 한다. gawk 스크립트를 둘러싸는 대신 중괄호를 잘못 사용하면 다음과 비슷한 오류 메시지를 보게 된다.

```
$ gawk '(print "Hello World!"}'
gawk: (print "Hello World!"}
gawk: ^ syntax error
```

gawk 커맨드라인은 스크립트를 하나의 텍스트 문자열로 가정하기 때문에 홑따옴표로 스크립트를 묶어야 한다. 다음은 커맨드라인에 간단한 gawk 프로그램 스크립트를 지정하는 예다.

```
$ gawk '{print "Hello World!"}'
```

이 프로그램 스크립트는 한 개의 명령인 print 명령을 정의한다. print 명령은 말 그대로다.
STDOUT에 텍스트를 출력한다. 이 명령을 실행하려고 하면 아무 일도 일어나지 않기 때문에 조
금 실망할 것이다. 커맨드라인에는 어떤 파일 이름도 정의되지 않았기 때문에 gawk 프로그램은
STDIN에서 데이터를 검색한다. 프로그램을 실행하면 그냥 STDIN을 통해 들어오는 텍스트를 기다
린다.

텍스트를 한 줄 입력하고 〈Enter〉 키를 누르면 gawk 프로그램은 그제서야 스크립트를 통해 텍스
트를 처리한다. sed 편집기처럼 gawk 프로그램은 데이터 스트림에서 사용할 수 있는 텍스트의 각
줄에 대해 프로그램 스크립트를 실행한다. 위의 프로그램 스크립트는 고정된 텍스트 스트링을 표시
하도록 설정되어 있기 때문에 데이터 스트림에 어떤 텍스트를 입력해도 텍스트 출력으로 얻는 것
은 똑같다.

```
$ gawk '{print "Hello World!"}'
This is a test
Hello World!
hello
Hello World!
This is another test
Hello World!
```

gawk 프로그램을 종료하려면 데이터 스트림이 종료되었다는 신호를 보낸다. bash 쉘은 파일 끝
(EOF) 문자를 만드는 키 조합을 제공한다. 〈Ctrl〉 + 〈D〉 키 조합은 bash에서 EOF 문자를 만들어낸
다. 이 키 조합은 gawk 프로그램을 종료시키고 커맨드라인 인터페이스 프롬프트로 돌아간다.

데이터 필드 변수 사용하기

gawk의 주요 기능 중 하나는 텍스트 파일 데이터를 조작할 수 있는 능력에 있다. 자동으로 입력받
은 줄의 각 데이터 요소를 변수에 할당함으로써 이러한 능력이 발휘된다. 기본적으로 gawk는 텍스
트의 줄 안에서 검출된 각 데이터 필드에 다음 변수를 대입한다.

- $0 : 텍스트의 전체 줄
- $1 : 텍스트의 줄에서 첫 번째 데이터 필드
- $2 : 텍스트의 줄에서 두 번째 데이터 필드
- $n : 텍스트의 줄에서 n 번째 데이터 필드

한 줄 안에서 각 데이터 필드는 필드 구분자로 결정된다. gawk가 텍스트 한 줄을 읽을 때 이 줄은
지정된 필드 구분자를 사용해서 각 데이터 필드로 분리된다. gawk의 기본 필드 구분자는 화이트스

페이스 문자다(예를 들어 탭이나 빈 칸 문자).

다음은 텍스트 한 줄을 읽고 첫 데이터 필드 값만 표시하는 gawk 프로그램의 예다.

```
$ cat data2.txt
One line of test text.
Two lines of test text.
Three lines of test text.
$
$ gawk '{print $1}' data2.txt
One
Two
Three
$
```

이 프로그램은 텍스트의 각 줄에 있는 첫 번째 데이터 필드만을 표시하기 위해 $1로 필드 변수를 사용한다.

다른 필드 구분자를 사용하는 파일을 읽는다면 -F 옵션을 사용하여 구분자를 지정할 수 있다.

```
$ gawk -F: '{print $1}' /etc/passwd
root
bin
daemon
adm
lp
sync
shutdown
halt
mail
[...]
```

이 짧은 프로그램은 시스템의 password 파일에 있는 첫 번째 데이터 필드만을 표시한다. /etc/passwd 파일은 각 데이터 요소를 콜론으로 구분하므로 각 데이터 요소를 분리하고 싶다면 gawk 옵션의 구분자로 콜론을 지정해야 한다.

프로그램 스크립트에서 여러 명령 사용하기

프로그래밍 언어가 단지 하나의 명령만 실행할 수 있다면 별 쓸모가 없을 것이다. gawk 프로그래밍 언어는 여러 가지 명령어를 프로그램에 넣을 수 있다. 커맨드라인에 지정된 프로그램 스크립트에서 여러 명령을 사용하려면 각 명령 사이에 세미콜론을 넣으면 된다.

```
$ echo "My name is Rich" | gawk '{$4="Christine"; print $0}'
My name is Christine
$
```

첫 번째 명령은 $4 필드 변수에 값을 할당한다. 두 번째 명령은 전체 데이터 필드를 출력한다. gawk 프로그램이 원래 텍스트의 네 번째 데이터 필드를 새로운 값으로 바꾼 것에 주목하자.

한 번에 하나의 프로그램 스크립트 명령을 입력할 수 있도록 보조 프롬프트를 사용할 수도 있다.

```
$ gawk '{
> $4="Christine"
> print $0}'
My name is Rich
My name is Christine
$
```

여는 홑따옴표를 입력한 후, bash 쉘은 더 많은 데이터를 요구하기 위한 보조 프롬프트를 표시한다. 닫는 홑따옴표를 입력할 때까지 각 줄에 명령을 하나씩 추가할 수 있다. 어떤 파일 이름도 커맨드라인에 정의되지 않았기 때문에 gawk 프로그램은 STDIN에서 데이터를 검색한다. 프로그램을 실행하면 STDIN을 통해 들어오는 텍스트를 기다린다. 프로그램을 종료하려면 데이터의 끝을 알리기 위해 〈Ctrl〉 + 〈D〉 키 조합을 누른다.

파일로부터 프로그램 읽기

sed 편집기와 마찬가지로 gawk 편집기를 사용하면 파일에 프로그램을 저장하고 커맨드라인에서 이를 참조할 수 있다.

```
$ cat script2.gawk
{print $1 "'s home directory is " $6}
$
$ gawk -F: -f script2.gawk /etc/passwd
root's home directory is /root
bin's home directory is /bin
daemon's home directory is /sbin
adm's home directory is /var/adm
lp's home directory is /var/spool/lpd
[...]
Christine's home directory is /home/Christine
Samantha's home directory is /home/Samantha
Timothy's home directory is /home/Timothy
$
```

script2.gawk 프로그램 스크립트는 /etc/passwd 파일의 홈 디렉토리 데이터 필드(필드 변수 $6) 및 사용자 ID 데이터 필드(필드 변수 $1)를 출력하기 위해 print 명령을 사용한다.

프로그램 파일에 여러 명령을 지정할 수 있다. 이를 위해서는 각 명령을 별개의 줄에 넣는다. 세미콜론은 사용할 필요 없다.

19

```
$ cat script3.gawk
{
text = "'s home directory is "
print $1 text $6
}
$
$ gawk -F: -f script3.gawk /etc/passwd
root's home directory is /root
bin's home directory is /bin
daemon's home directory is /sbin
adm's home directory is /var/adm
lp's home directory is /var/spool/lpd
[...]
Christine's home directory is /home/Christine
Samantha's home directory is /home/Samantha
Timothy's home directory is /home/Timothy
$
```

script3.gawk 프로그램 스크립트는 print 명령에 사용할 텍스트 문자열을 저장하기 위한 변수를 정의한다. 쉘 스크립트처럼 gawk 프로그램도 변수의 값을 참조할 때 달러 기호를 사용하지 않는 것을 알 수 있다.

데이터를 처리하기 전에 스크립트 실행하기

gawk 프로그램은 또한 언제 프로그램의 스크립트를 실행할 수 있을지를 지정할 수 있다. 기본적으로 gawk는 입력 스트림을 통해 한 줄의 텍스트를 읽고 그 텍스트 줄의 데이터에 대해 프로그램 스크립트를 실행한다. 때로는 보고서의 머리말 부분을 만들 때처럼 데이터를 처리하기 전에 스크립트를 실행해야 할 수도 있다. BEGIN 키워드는 이러한 일을 위해서 사용된다. 이 키워드는 gawk가 데이터를 읽기 전에 지정된 프로그램 스크립트를 실행하도록 강제한다.

```
$ gawk 'BEGIN {print "Hello World!"}'
Hello World!
$
```

이번에는 데이터를 읽기 전에 print 명령이 텍스트를 표시한다. 그러나 텍스트를 표시한 뒤에는 데이터를 기다리지 않고 곧바로 종료된다.

이유는 BEGIN 키워드는 데이터를 처리하기 전에만 지정된 스크립트를 적용하기 때문이다. 보통의 프로그램 스크립트를 사용하여 데이터를 처리하려는 경우에는 다른 스크립트 부분을 사용하여 프로그램을 정의해야 한다.

```
$ cat data3.txt
Line 1
```

```
Line 2
Line 3
$
$ gawk 'BEGIN {print "The data3 File Contents:"}
> {print $0}' data3.txt
The data3 File Contents:
Line 1
Line 2
Line 3
$
```

이제는 gawk가 BEGIN 스크립트를 실행 한 뒤 파일 데이터를 처리하기 위해 두 번째 스크립트를
사용한다. 이 작업을 수행할 때에는 주의가 필요하다. 두 스크립트는 여전히 gawk 커맨드라인에서
하나의 문자열로 간주되기 때문이다. 그에 따라 홑따옴표를 두어야 한다.

데이터를 처리한 후 스크립트 실행하기

BEGIN 키워드와 마찬가지로, END 키워드를 사용하면 gawk가 데이터를 읽은 후에 실행할 프로그
램 스크립트를 지정할 수 있다.

```
$ gawk 'BEGIN {print "The data3 File Contents:"}
> {print $0}
> END {print "End of File"}' data3.txt
The data3 File Contents:
Line 1
Line 2
Line 3
End of File
$
```

gawk 프로그램이 파일 내용 출력을 완료하면 END 스크립트의 명령이 실행된다. 모든 일반 데이터
를 처리한 후 보고서 꼬리말 데이터를 추가할 수 있는 좋은 방법이다.

이제 작은 프로그램 스크립트 파일에 간단한 데이터로부터 완전한 보고서를 만들 수 있는 모든 도
구를 갖추게 되었다.

```
$ cat script4.gawk
BEGIN {
print "The latest list of users and shells"
print " UserID \t Shell"
print "-------- \t -------"
FS=":"
}
```

19

```
{
print $1 "      \t  "  $7
}

END {
print "This concludes the listing"
}
$
```

이 스크립트는 보고서의 머리말 섹션을 만들기 위해서 BEGIN 스크립트를 사용한다. FS라는 특별한 변수를 정의한다. 이는 필드 구분자를 정의하는 또 다른 방법이다. 이 방법을 쓰면 스크립트 사용자가 커맨드라인에 필드 구분자를 정의할 필요가 없다.

다음은 이 gawk 프로그램 스크립트를 실행한 결과를 일부 생략한 출력이다.

```
$ gawk -f script4.gawk /etc/passwd
The latest list of users and shells
 UserID         Shell
--------        -------
root            /bin/bash
bin             /sbin/nologin
daemon          /sbin/nologin
[...]
Christine       /bin/bash
mysql           /bin/bash
Samantha        /bin/bash
Timothy         /bin/bash
This concludes the listing
$
```

예상대로 BEGIN 스크립트는 머리말 텍스트를 만들었고 프로그램 스크립트는 지정된 데이터 파일 (/etc/passwd 파일)의 정보를 처리했고, END 스크립트는 바닥글 텍스트를 만들었다. print 명령 안에 있는 \t는 탭으로 틀을 잘 잡은 출력을 만들어낸다.

이 기능은 간단한 gawk 스크립트를 사용할 때 짧게나마 gawk의 강력함이 느껴진다. 제22장에서는 gawk 프로그램 스크립트에서 사용할 수 있는 몇 가지 기본 프로그래밍 원리를 설명하고, 아울러 가장 난해한 데이터 파일로부터 전문적인 보고서를 만들기 위해 gawk 스크립트에서 사용할 수 있는 더욱 수준 높은 프로그래밍 개념도 함께 설명한다.

sed 편집기 기본 마스터하기

성공적으로 sed 편집기를 사용하기 위한 열쇠는 무수히 많은 명령과 형식을 아는 것이다. 이는 입맛에 맞게 텍스트를 편집하는 데 도움이 된다. 이 절에서는 sed 편집기 사용을 시작하는 단계에서 스크립트에 통합할 수 있는 기본 명령과 기능을 설명한다.

더 많은 바꾸기 옵션 소개

한 줄 안에 있는 텍스트를 새로운 텍스트로 바꾸는 s 명령을 사용하는 방법은 앞에서 살펴보았다. 그러나 바꾸기 명령에 쓸 수 있는 몇 가지 추가 옵션은 일을 더욱 쉽게 만드는 데 도움이 될 것이다.

바꾸기 플래그

텍스트 문자열에서 일치하는 패턴을 다른 것으로 바꾸는 명령을 사용할 때 주의해야 할 점이 있다. 아래 예에서 어떤 일이 일어나는지 살펴보자.

```
$ cat data4.txt
This is a test of the test script.
This is the second test of the test script.
$
$ sed 's/test/trial/' data4.txt
This is a trial of the test script.
This is the second trial of the test script.
$
```

바꾸기 명령은 여러 줄에 걸친 텍스트를 바꿀 때에는 잘 동작하지만 기본적으로는 각 줄에 처음 나오는 문자열만을 바꾼다. 바꾸기 명령이 텍스트에서 다른 장소에 나오는 문자열에도 적용되게 하려면 바꾸기 명령의 플래그를 사용해야 한다. 바꾸기 플래그는 바꾸기 명령 문자열 뒤에 설정한다.

s/pattern/replacement/flags

네 가지 유형의 바꾸기 플래그를 사용할 수 있다.

- 숫자 : 몇 번째로 나타나는 패턴을 새로운 텍스트로 바꿀지를 뜻함
- g : 기존의 텍스트에서 나타나는 모든 패턴을 바꿔야 한다는 것을 뜻함
- p : 원래 줄의 내용이 출력되어야 한다는 것을 뜻함
- w file : 바꾼 결과를 파일에 써야 한다는 것을 뜻함

첫 번째 유형에서는 sed 편집기가 일치하는 패턴 중 몇 번째 것을 새로운 텍스트로 바꿀지를 지정

할 수 있다.

```
$ sed 's/test/trial/2' data4.txt
This is a test of the trial script.
This is the second test of the trial script.
$
```

바꾸기 플래그를 2로 지정한 결과, sed 편집기는 각 줄에서 두 번째 나타나는 패턴만을 바꾼다. g 바꾸기 플래그는 나타나는 모든 텍스트 패턴을 바꾼다.

```
$ sed 's/test/trial/g' data4.txt
This is a trial of the trial script.
This is the second trial of the trial script.
$
```

p 바꾸기 플래그는 바꾸기 명령에서 일치하는 패턴을 포함하는 줄을 인쇄한다. 이 플래스는 -n sed 옵션과 함께 가장 자주 사용된다.

```
$ cat data5.txt
This is a test line.
This is a different line.
$
$ sed -n 's/test/trial/p' data5.txt
This is a trial line.
$
```

-n 옵션은 sed 편집기의 출력을 억제하며 p 바꾸기 플래그는 수정된 모든 줄을 출력한다. 이 두 가지를 조합하면 바꾸기 명령으로 변경된 줄만을 출력하게 된다.

w 바꾸기 플래그는 같은 출력을 내놓지만 지정된 파일에 출력을 저장한다.

```
$ sed 's/test/trial/w test.txt' data5.txt
This is a trial line.
This is a different line.
$
$ cat test.txt
This is a trial line.
$
```

sed 에디터의 정상 출력은 STDOUT에 표시되지만 일치하는 패턴을 포함하는 줄만 지정된 출력 파일에 저장된다.

564

글자 바꾸기

문자열 속에서 바꾸기 패턴을 쉽게 쓸 수 없는 글자를 만날 때가 있다. 리눅스 세계에서 가장 자주 보게 되는 사례 가운데 하나는 슬래시(/)다.

파일의 경로 이름을 대체할 때에는 좀 곤란할 수 있다. 예를 들어 /etc/passwd 파일에서 C 쉘을 bash 쉘로 바꾸고자 한다면 다음과 같이 해야 할 것이다.

```
$ sed 's/\/bin\/bash/\/bin\/csh/' /etc/passwd
```

슬래시는 문자열 구분자로 사용되기 때문에 패턴 텍스트에 나타나는 경우에는 이스케이프를 위한 백슬래시를 사용해야 한다. 이러다 보면 종종 혼란과 실수가 벌어진다. 이 문제를 해결하기 위해 sed 편집기는 바꾸기 명령에서 구분자를 다른 문자로 선택할 수 있다.

```
$ sed 's!/bin/bash!/bin/csh!' /etc/passwd
```

이 예에서는 문자열 구분자로 느낌표가 사용되어 경로 이름을 훨씬 쉽게 읽고 이해할 수 있다.

주소 사용하기

sed 편집기에서 사용하는 명령은 텍스트 데이터의 모든 줄에 적용된다. 특정 줄 또는 줄의 그룹에 만 명령을 적용하고 싶다면 줄의 주소를 사용해야 한다. 줄의 주소에는 두 가지 형태가 있다.

- 숫자 범위로 된 줄
- 줄을 걸러낼 텍스트 패턴

두 가지 형태 모두 주소를 지정하기 위한 형식은 같다.

```
[address]command
```

또한 특정한 주소에 대해서 두 개 이상의 명령을 함께 묶어서 적용할 수 있다.

```
address {
    command1
    command2
    command3
}
```

sed 편집기는 지정된 주소와 일치하는 줄에 사용자가 지정한 각 명령을 적용한다. 이 절에서는 sed 편집기 스크립트에서 이러한 주소 지정 방식을 모두 사용하는 방법을 보여준다.

숫자로 줄 주소 지정하기

숫자 줄 주소를 사용하는 경우 텍스트 스트림에서의 줄의 위치를 사용하여 줄을 참조한다. sed 편집기는 텍스트 스트림의 첫 번째 줄을 줄 번호 1로 하고 각각의 새로운 줄에 차례대로 번호를 매긴다.

명령에서 지정한 주소는 단 한 줄의 번호, 또는 시작 줄 번호, 쉼표, 마지막 줄 번호로 지정한 줄의 범위가 될 수 있다. 다음은 sed 명령이 적용되는 줄 번호를 지정하는 예다.

```
$ sed '2s/dog/cat/' data1.txt

The quick brown fox jumps over the lazy dog
The quick brown fox jumps over the lazy cat
The quick brown fox jumps over the lazy dog
The quick brown fox jumps over the lazy dog
$
```

sed 편집기는 지정된 주소에 따라 두 번째 줄만 텍스트를 바꾸었다. 다음은 줄의 주소 범위를 사용하한 또 다른 예다.

```
$ sed '2,3s/dog/cat/' data1.txt
The quick brown fox jumps over the lazy dog
The quick brown fox jumps over the lazy cat
The quick brown fox jumps over the lazy cat
The quick brown fox jumps over the lazy dog
$
```

텍스트 안에서 텍스트의 어떤 지점에서 시작하지만 텍스트 끝까지 가는 줄의 그룹에 명령을 적용하고 싶다면 특별한 주소인 달러 기호를 쓸 수 있다.

```
$ sed '2,$s/dog/cat/' data1.txt
The quick brown fox jumps over the lazy dog
The quick brown fox jumps over the lazy cat
The quick brown fox jumps over the lazy cat
The quick brown fox jumps over the lazy cat
$
```

텍스트 안에 얼마나 많은 데이터 줄이 있는지 모를 수 있으므로 달러 기호는 종종 유용하다.

텍스트 패턴 필터 사용하기

명령이 적용되는 줄을 한정하는 다른 방법은 좀 복잡하다. sed 편집기는 명령을 적용할 줄을 걸러내기 위한 텍스트 패턴을 지정할 수 있다. 형식은 다음과 같다.

/pattern/command

지정한 패턴은 슬래시로 감싸야 한다. sed 편집기는 사용자가 지정한 텍스트 패턴을 포함하는 줄에만 명령을 적용한다. 사용자 Samantha에 대해서만 기본 쉘을 바꾸고 싶다면 다음과 같이 sed 명령을 사용할 수 있다.

```
$ grep Samantha /etc/passwd
Samantha:x:502:502::/home/Samantha:/bin/bash
$
$ sed '/Samantha/s/bash/csh/' /etc/passwd
root:x:0:0:root:/root:/bin/bash
bin:x:1:1:bin:/bin:/sbin/nologin
[...]
Christine:x:501:501:Christine B:/home/Christine:/bin/bash
Samantha:x:502:502::/home/Samantha:/bin/csh
Timothy:x:503:503::/home/Timothy:/bin/bash
$
```

명령은 일치하는 텍스트 패턴이 있는 줄에만 적용되었다. 고정된 텍스트 패턴을 사용하면 사용자 ID의 예와 같이 특정 값을 걸러내는 데에는 유용할 수 있지만 이것으로 할 수 있는 일은 좀 제한되어 있다. sed 편집기는 훨씬 복잡한 패턴을 만들 수 있도록 텍스트 패턴에 정규표현식이라는 기능을 사용할 수 있다.

정규표현식은 모든 종류의 데이터에 맞는 고급 텍스트 패턴 일치식을 만들 수 있다. 이러한 일치식은 와일드카드 문자, 특수 문자 및 고정된 텍스트 문자를 연속으로 결합함으로써 이루어지며, 어떠한 텍스트 상황에 대해서도 일치시킬 수 있는 간결한 패턴을 만들 수 있다. 정규표현식은 쉘 스크립트 프로그래밍에서 무시무시할 정도로 굉장한 부분 중 하나이며 제20장에서 이를 아주 자세하게 다룬다.

명령을 그룹화하기

개별 줄에 하나 이상의 명령을 수행해야 하는 경우 중괄호로 명령을 그룹화한다. sed 편집기는 그룹 안에 속해 있는 각 명령으로 주소 줄을 처리한다.

```
$ sed '2{
> s/fox/elephant/
> s/dog/cat/
> }' data1.txt
The quick brown fox jumps over the lazy dog.
The quick brown elephant jumps over the lazy cat.
The quick brown fox jumps over the lazy dog.
The quick brown fox jumps over the lazy dog.
$
```

지정된 주소에 두 가지 명령이 모두 적용되었다. 물론 그룹화 명령 앞에 주소 범위를 지정할 수 있다.

```
$ sed '3,${
> s/brown/green/
> s/lazy/active/
> }' data1.txt
The quick brown fox jumps over the lazy dog.
The quick brown fox jumps over the lazy dog.
The quick green fox jumps over the active dog.
The quick green fox jumps over the active dog.
$
```

sed 편집기는 주소 범위에 있는 모든 줄에 모든 명령을 적용한다.

줄 지우기

텍스트 바꾸기 명령만이 sed 편집기에서 사용할 수 있는 유일한 명령은 아니다. 텍스트 스트림에서 특정한 텍스트 줄을 지워야 하는 경우에는 삭제 명령을 사용할 수 있다.

삭제(delete) 명령은 d로 꽤 쉽게 유추할 수 있다. 제공된 줄 주소 체계와 일치하는 모든 텍스트 줄을 지운다. 주소 체계를 포함하는 것을 잊어버리면 모든 줄이 스트림에서 삭제되기 때문에 삭제 명령을 쓸 때에는 주의해야 한다.

```
$ cat data1.txt
The quick brown fox jumps over the lazy dog
The quick brown fox jumps over the lazy dog
The quick brown fox jumps over the lazy dog
The quick brown fox jumps over the lazy dog
$
$ sed 'd' data1.txt
$
```

분명 삭제 명령은 지정된 주소와 함께 사용할 때 가장 유용하다. 이 기능으로 데이터 스트림에서 특정한 텍스트 줄을 지울 수 있다. 다음과 같이 줄 번호이거나,

```
$ cat data6.txt
This is line number 1.
This is line number 2.
This is line number 3.
This is line number 4.
$
$ sed '3d' data6.txt
```

```
This is line number 1.
This is line number 2.
This is line number 4.
$
```

줄의 특정 범위이거나,

```
$ sed '2,3d' data6.txt
This is line number 1.
This is line number 4.
$
```

특수한 EOF 문자다.

```
$ sed '3,$d' data6.txt
This is line number 1.
This is line number 2.
$
```

sed 편집기의 패턴 일치 기능은 삭제 명령에도 적용될 수 있다.

```
$ sed '/number 1/d' data6.txt
This is line number 2.
This is line number 3.
This is line number 4.
$
```

sed 편집기는 사용자가 지정한 패턴과 일치하는 텍스트를 포함하는 행을 없앤다.

> **NOTE**
> sed 편집기는 원본 파일을 건드리지 않는다는 것을 잊지 말자. 삭제된 모든 줄은 sed 편집기의 출력에서는 사라졌다. 원본 파일은 여전히 '삭제된' 줄을 포함하고 있다.

두 개의 텍스트 패턴을 사용하며 일정 범위의 줄을 지울 수 있지만 이럴 때에는 주의해야 한다. 지정된 첫 번째 패턴은 줄 삭제 기능을 '켜고', 두 번째 패턴을 줄 삭제 기능을 '끈다'. sed 편집기는 지정된 두 줄 사이에 있는 줄을 지운다(지정된 줄도 포함된다).

```
$ sed '/1/,/3/d' data6.txt
This is line number 4.
$
```

이에 더해서 sed 편집기 데이터 스트림의 시작 패턴을 감지할 때마다 삭제 기능이 '켜지기' 때문에 주의가 필요하다. 이 문제 때문에 예기치 못했던 결과가 일어날 수도 있다.

```
$ cat data7.txt
This is line number 1.
This is line number 2.
This is line number 3.
This is line number 4.
This is line number 1 again.
This is text you want to keep.
This is the last line in the file.
$
$ sed '/1/,/3/d' data7.txt
This is line number 4.
$
```

숫자 1이 두 번째로 나타나는 줄에서는 삭제 명령이 다시 작동되며, 데이터 스트림의 남은 줄을 모두 지워버린다. 정지 패턴이 인식하지 못했기 때문이다. 당신은 텍스트에 나타나지 않는 정지 패턴을 지정하면 여러 가지 명백한 문제가 일어난다.

```
$ sed '/1/,/5/d' data7.txt
$
```

삭제 기능은 첫 번째 패턴 일치에서 '켜졌다'. 종료 패턴 일치를 발견하지 못했기 때문에 전체 데이터 스트림이 지워졌다.

텍스트 삽입 및 첨부하기

예상했던 것처럼 다른 편집기와 마찬가지로 sed 편집기는 데이터 스트림에 텍스트 줄을 삽입하고 추가할 수 있다. 두 작업 사이의 차이는 혼란스러울 수 있다.

- 삽입(insert) 명령 : 지정된 줄 바로 앞에 새로운 줄 추가
- 첨부(append) 명령 : 지정된 줄 다음에 새로운 줄 추가

이 두 가지 명령이 헷갈리는 것은 그 형식 때문이다. 이들 명령은 한 줄의 커맨드라인에서는 쓸 수 없다. 삽입 또는 첨부할 줄은 별개로 다른 줄에 지정해야 한다. 그 형식은 다음과 같다.

```
sed '[address]command\
new line'
```

new line에 있는 텍스트가 sed 편집기 출력에서 사용자가 지정하는 장소에 나타난다. 삽입 명령을 사용할 때에는 텍스트가 데이터 스트림 텍스트 앞에 나타난다는 것을 기억하자.

```
$ echo "Test Line 2" | sed 'i\Test Line 1'
Test Line 1
Test Line 2
$
```

첨부 명령을 사용할 때에는 지정한 텍스트는 텍스트 데이터 스트림 텍스트 뒤에 나타난다.

```
$ echo "Test Line 2" | sed 'a\Test Line 1'
Test Line 2
Test Line 1
$
```

커맨드라인 인터페이스 프롬프트에서 sed 편집기를 사용하는 과정에서 새롭게 삽입 또는 첨부할 데이터를 입력할 때에는 보조 프롬프트를 보게 된다. 이 줄에 sed 편집 명령을 모두 넣어야 한다. 닫는 홑따옴표를 입력하고 나면 bash 쉘은 명령을 처리한다.

```
$ echo "Test Line 2" | sed 'i\
> Test Line 1'
Test Line 1
Test Line 2
$
```

데이터 스트림에서 텍스트의 앞 또는 뒤에 텍스트가 잘 들어간다. 하지만 데이터 스트림 내부에 텍스트를 넣으려면? 데이터 스트림 라인 안쪽에 새 데이터를 추가하려면 sed 편집기에 데이터가 표시되어야 할 곳을 알려주기 위해 주소를 사용해야 한다. 이러한 명령을 사용할 때에는 단 한 줄의 주소만을 지정할 수 있다. 숫자 줄 번호 또는 텍스트 패턴 중 하나로 조건을 지정할 수는 있지만 주소의 범위를 사용할 수는 없다. 이는 논리적으로 맞다. 줄의 범위가 아닌 어떤 한 줄의 앞이나 뒤에만 텍스트를 넣을 수 있기 때문이다. 다음은 데이터 스트림의 세 번째 줄 전에 새로운 줄을 삽입하는 예다.

```
$ sed '3i\
> This is an inserted line.' data6.txt
This is line number 1.
This is line number 2.
This is an inserted line.
This is line number 3.
This is line number 4.
$
```

데이터 스트림의 세 번째 줄 뒤에 새로운 줄을 추가하는 예는 다음과 같다.

```
$ sed '3a\
```

```
> This is an appended line.' data6.txt
This is line number 1.
This is line number 2.
This is line number 3.
This is an appended line.
This is line number 4.
$
```

이 예는 삽입 명령과 같은 절차를 사용하고 있다. 다만 지정된 줄 번호 뒤에 새 텍스트 줄을 놓을 뿐이다. 여러 줄로 된 데이터 스트림을 가지고 있으며 스트림의 끝에 텍스트의 새로운 줄을 덧붙이려면 데이터의 마지막 줄을 나타내는 달러 기호를 사용하면 된다.

```
$ sed '$a\
> This is a new line of text.' data6.txt
This is line number 1.
This is line number 2.
This is line number 3.
This is line number 4.
This is a new line of text.
$
```

데이터 스트림의 시작 부분에 새로운 줄을 추가하려고 할 때에도 같은 개념이 적용된다. 줄 번호 1 앞에 새 줄을 삽입하면 된다. 한 줄이 넘어가는 텍스트를 삽입 또는 첨부하려면 새 텍스트가 마지막 줄에 이를 때까지 텍스트의 각 줄에 백슬래시를 넣어야 한다.

```
$ sed '1i\
> This is one line of new text.\
> This is another line of new text.' data6.txt
This is one line of new text.
This is another line of new text.
This is line number 1.
This is line number 2.
This is line number 3.
This is line number 4.
$
```

지정된 두 줄 모두 데이터 스트림에 추가되었다.

줄 바꾸기

변경(change) 명령을 사용하면 데이터 스트림에서 텍스트 줄의 전체 내용을 바꿀 수 있다. 이 명령은 삽입이나 첨부 명령과 같은 방식으로 동작하고, sed 명령의 나머지 부분과는 별도로 새로운 줄을 지정해야 한다.

```
$ sed '3c\
> This is a changed line of text.' data6.txt
This is line number 1.
This is line number 2.
This is a changed line of text.
This is line number 4.
$
```

sed 편집기는 줄 번호 3의 텍스트를 바꾸었다. 주소에 텍스트 패턴을 사용할 수도 있다.

```
$ sed '/number 3/c\
> This is a changed line of text.' data6.txt
This is line number 1.
This is line number 2.
This is a changed line of text.
This is line number 4.
$
```

텍스트 패턴 변경 명령은 데이터 스트림에서 조건에 일치하는 어떤 줄의 텍스트든 바꾼다.

```
$ cat data8.txt
This is line number 1.
This is line number 2.
This is line number 3.
This is line number 4.
This is line number 1 again.
This is yet another line.
This is the last line in the file.
$
$ sed '/number 1/c\
> This is a changed line of text.' data8.txt
This is a changed line of text.
This is line number 2.
This is line number 3.
This is line number 4.
This is a changed line of text.
This is yet another line.
This is the last line in the file.
$
```

19

573

변경 명령에 주소 범위를 사용할 수 있지만 결과는 기대한 것과는 다를 수 있다.

```
$ sed '2,3c\
> This is a new line of text.' data6.txt
This is line number 1.
This is a new line of text.
This is line number 4.
$
```

텍스트의 두 개 줄을 각각 바꾸는 대신 sed 편집기는 두 라인을 한 줄의 텍스트로 대체했다.

문자 변환하기

변환 (transform) 명령(y)은 한 개의 문자에 대해 실행되는 유일한 sed 편집기 명령이다. 변환 명령은 다음과 같은 형식을 사용한다.

[*address*]*y/inchars/outchars/*

변환 명령은 inchars와 outchars 값을 일대일로 대응시킨다. inchars의 첫 번째 문자는 outchars의 첫 번째 문자로 변환된다. inchars의 두 번째 문자는 outchars의 두 번째 문자로 변환된다. 이러한 대응은 지정된 문자의 길이 동안 계속 된다. inchars 및 outchars의 길이가 같지 않은 경우 sed 편집기는 오류 메시지를 낸다.

다음은 변환 명령을 사용하는 간단한 예다.

```
$ sed 'y/123/789/' data8.txt
This is line number 7.
This is line number 8.
This is line number 9.
This is line number 4.
This is line number 7 again.
This is yet another line.
This is the last line in the file.
$
```

출력에서 볼 수 있듯이 inchars 패턴에 지정된 문자의 각 요소는 outchars 패턴의 같은 위치에 있는 문자로 대체되었다.

변환 명령은 전역 명령이다. 어디에서 나타나든 관계없이 텍스트 줄에서 발견되는 모든 문자에 대해 변환을 수행한다.

```
$ echo "This 1 is a test of 1 try." | sed 'y/123/456/'
This 4 is a test of 4 try.
$
```

sed 편집기는 텍스트 줄에서 패턴과 일치하는 글자 1 두 개를 모두 바꾸었다. 사용자는 글자가 나타나는 특정한 장소에서만 변환이 일어나도록 제한할 수 없다.

출력 다시 살펴보기

'더 많은 바꾸기 옵션 소개' 절에서는 sed 편집기가 변경한 줄을 표시하기 위해 바꾸기 명령에 p 플래그를 사용하는 방법을 보여주었다. 또한 데이터 스트림의 정보를 출력할 수 있는 세 가지 명령을 사용할 수 있다.

- p 명령 : 텍스트 줄을 인쇄
- 등호(=) 명령 : 줄 번호를 출력
- l (소문자 L) 명령 : 줄의 내용을 모두 출력

다음 절에서는 sed 편집기의 세 가지 인쇄 명령을 살펴본다.

줄 인쇄하기

바꾸기 명령의 p 플래그와 같이, p 명령은 sed 편집기의 출력 과정에서 한 줄을 인쇄(print)한다. 이 명령은 그 자체로는 대단할 것은 없다.

```
$ echo "this is a test" | sed 'p'
this is a test
this is a test
$
```

한 일이라고는 원래 알고 있었던 텍스트 데이터를 출력한 것뿐이다. 인쇄 명령을 가장 많이 널리 사용할 때는 텍스트 패턴과 일치하는 텍스트를 포함하는 줄을 출력할 때다.

```
$ cat data6.txt
This is line number 1.
This is line number 2.
This is line number 3.
This is line number 4.
$
$ sed -n '/number 3/p' data6.txt
This is line number 3.
$
```

커맨드라인에서 -n 옵션을 사용하면 다른 모든 줄은 억제하고 일치하는 텍스트 패턴이 포함된 줄만을 인쇄할 수 있다.

19

이 기능을 데이터 스트림에서 일부 줄만을 인쇄하는 빠른 방법으로 사용할 수도 있다.

```
$ sed -n '2,3p' data6.txt
This is line number 2.
This is line number 3.
$
```

바꾸기 또는 변경 명령과 같이, 텍스트를 변경하기 전에 그 내용을 보기 위해서도 인쇄 명령을 사용할 수 있다. 다음과 같이 변경되기 전에 그 줄을 표시하는 스크립트를 만들 수 있다.

```
$ sed -n '/3/{
> p
> s/line/test/p
> }' data6.txt
This is line number 3.
This is test number 3.
$
```

sed 편집기 명령은 숫자 3을 포함하는 줄을 찾아서 두 개의 명령을 실행한다. 먼저 스크립트는 줄의 원래 버전을 출력하기 위해 p 명령을 사용했다. 그 다음 텍스트를 바꾸기 위해 s 명령을 사용하면서 결과 텍스트를 표시하기 위해서 p 플래그를 함께 사용했다. 출력은 원래의 텍스트 줄과 새로운 텍스트 줄 모두를 보여준다.

줄 번호 인쇄하기

등호 명령은 데이터 스트림 안에서 줄의 현재 번호를 출력한다. 줄 번호는 데이터 스트림에 줄바꿈 문자를 사용하여 결정된다. 줄바꿈 문자가 데이터 스트림에 나타날 때마다 sed 편집기는 텍스트의 한 줄이 끝났다고 가정한다.

```
$ cat data1.txt
The quick brown fox jumps over the lazy dog.
The quick brown fox jumps over the lazy dog.
The quick brown fox jumps over the lazy dog.
The quick brown fox jumps over the lazy dog.
$
$ sed '=' data1.txt
1
The quick brown fox jumps over the lazy dog.
2
The quick brown fox jumps over the lazy dog.
3
The quick brown fox jumps over the lazy dog.
4
```

```
The quick brown fox jumps over the lazy dog.
$
```

sed 편집기는 텍스트의 실제 줄 앞에 줄 번호를 출력한다. 데이터 스트림에서 특정한 텍스트 패턴을 검색할 때에 등호 명령이 편리하다.

```
$ sed -n '/number 4/{
> =
> p
> }' data6.txt
4
This is line number 4.
$
```

-n 옵션을 사용하면 sed 편집기는 일치하는 텍스트 패턴이 포함된 줄의 줄 번호와 텍스트를 모두 표시한다.

줄의 내용 모두 표시하기

목록(list) 명령(l)은 데이터 스트림에서 텍스트와 인쇄할 수 없는 글자를 모두 출력할 수 있다. 인쇄할 수 없는 글자는 백슬래시를 앞에 놓은 8진수 값으로 표시하거나, 탭문자를 \t로 표시하는 것처럼 표준 C 스타일의 기호로 표시된다.

```
$ cat data9.txt
This    line    contains         tabs.
$
$ sed -n 'l' data9.txt
This\tline\tcontains\ttabs.$
$
```

탭 문자의 위치가 \t라는 기호로 표시되었다. 줄 끝에 있는 달러 기호는 줄바꿈 문자를 나타낸다. 이 스케이프 글자를 포함한 데이터 스트림이 있다면 목록 명령은 필요한 경우 8진수 코드를 사용하여 이를 표시한다.

```
$ cat data10.txt
This line contains an escape character.
$
$ sed -n 'l' data10.txt
This line contains an escape character. \a$
$
```

data10.txt 파일은 '삑' 소리를 만들어 내는 이스케이프 제어 코드가 포함되어 있다. 텍스트 파일을 표시하는 cat 명령을 사용하고 있다면 이 이스케이프 제어 코드를 볼 수 없다(스피커가 켜져 있다면). 대신 소리를 들을 수 있다. 그러나 목록 명령을 사용하면 이스케이프 제어 코드를 사용하여 이를 볼 수 있다.

sed에 파일 사용하기

바꾸기 명령에는 파일 작업을 할 수 있도록 플래그가 포함되어 있다. 바꾸기 명령을 쓰지 않고도 이러한 일을 할 수 있는 정식 sed 편집기 명령도 있다.

파일에 쓰기

w 명령은 파일에 줄을 기록하는 데 사용된다. 다음은 w 명령의 형식이다.

```
[address]w filename
```

파일 이름(filename)은 상대 및 절대 경로로 지정될 수 있지만, 어떤 경우든 sed 편집기를 실행하는 사람이 해당 파일에 대한 쓰기 권한이 있어야 한다. 주소(address)는 하나의 줄, 하나의 텍스트 패턴이나 줄 번호나 텍스트 패턴의 범위와 같이 sed 편집기에서 주소 지정에 쓸 수 있는 어떤 방법이든 사용할 수 있다.

다음은 텍스트 파일의 데이터 스트림 가운데 처음 두 줄을 출력하는 예다.

```
$ sed '1,2w test.txt' data6.txt
This is line number 1.
This is line number 2.
This is line number 3.
This is line number 4.
$
$ cat test.txt
This is line number 1.
This is line number 2.
$
```

물론 이 줄들을 STDOUT에 표시하지 않고 싶다면 sed 명령의 -n 옵션을 사용할 수 있다.

이는 메일링 리스트와 같이 공통으로 쓰이는 텍스트 값에 기초하여 마스터 파일로부터 데이터 파일을 만들어낼 경우에 쓸 수 있는 유용한 도구다.

```
$ cat data11.txt
Blum, R        Browncoat
McGuiness, A   Alliance
Bresnahan, C   Browncoat
Harken, C      Alliance
```

```
$
$ sed -n '/Browncoat/w Browncoats.txt' data11.txt
$
$ cat Browncoats.txt
Blum, R        Browncoat
Bresnahan, C  Browncoat
$
```

sed 편집기는 텍스트 패턴을 포함한 데이터 줄만을 대상 파일에 기록한다.

파일로부터 데이터 읽기

앞에서 sed 커맨드라인에서 데이터를 삽입하고 첨부하는 방법을 알아보았다. 읽기(read) 명령(r)은 별도의 파일에 포함된 데이터를 삽입할 수 있다.

읽기 명령의 형식은 다음과 같다.

   [*address*]r *filename*

filename 매개변수는 데이터를 포함하는 파일의 절대 또는 상대 경로를 지정한다. 읽기 명령에서는 주소의 범위를 사용할 수 없다. 하나의 줄 번호 또는 텍스트 패턴 주소만을 지정할 수 있다. sed 편집기는 주소 뒤에 파일에서 가져온 텍스트를 삽입한다.

```
$ cat data12.txt
This is an added line.
This is the second added line.
$
$ sed '3r data12.txt' data6.txt
This is line number 1.
This is line number 2.
This is line number 3.
This is an added line.
This is the second added line.
This is line number 4.
$
```

sed 편집기는 데이터 파일 안에 있는 모든 텍스트 줄을 데이터 스트림 안에 삽입했다. 텍스트 패턴 주소를 사용할 때와 동일한 기법도 잘 된다.

```
$ sed '/number 2/r data12.txt' data6.txt
This is line number 1.
This is line number 2.
This is an added line.
```

```
This is the second added line.
This is line number 3.
This is line number 4.
$
```

데이터 스트림의 마지막에 텍스트를 추가하려면 달러 기호를 주소 기호로 사용하면 된다.

```
$ sed '$r data12.txt' data6.txt
This is line number 1.
This is line number 2.
This is line number 3.
This is line number 4.
This is an added line.
This is the second added line.
$
```

읽기 명령을 멋지게 응용할 수 있는 방법 가운데 하나는, 삭제 명령과 함께 사용함으로써 파일 안에 있는 위치 표시 기호를 다른 파일에서 가져온 데이터로 대체하는 것이다. 예를 들어 텍스트 파일에 다음과 같이 저장되어 있는 데이터 형식이 있다고 가정하자.

```
$ cat notice.std
Would the following people:
LIST
please report to the ship's captain.
$
```

위의 편지 양식은 사람들의 목록이 들어갈 자리에 LIST라는 위치 표시 기호를 사용한다. LIST 기호 뒤에 목록을 넣으려면 읽기 명령을 사용하면 된다. 하지만 텍스트 안에는 위치 표시 기호가 남아 있다. 이를 없애려면 삭제 명령을 사용한다. 그 결과는 다음과 같다.

```
$ sed '/LIST/{
> r data11.txt
> d
> }' notice.std
Would the following people:
Blum, R         Browncoat
McGuiness, A  Alliance
Bresnahan, C  Browncoat
Harken, C       Alliance
please report to the ship's captain.
$
```

이제 자리 표시 기호 텍스트는 데이터 파일에 있던 이름 목록으로 대체되었다.

요약

쉘 스크립트는 그 자체만으로도 많은 일을 할 수 있지만 쉘 스크립트로 데이터를 조작하기에는 어려운 점이 많다. 리눅스는 텍스트 데이터 처리에 도움이 되는 편리한 유틸리티를 제공한다. sed 편집기는 데이터를 읽어가면서 즉석으로 처리하는 스트림 편집기다. sed 편집기에 편집 명령의 목록을 제공해야 하며 이 명령들이 데이터에 적용된다.

gawk 프로그램은 유닉스 awk 프로그램의 기능을 모방하고 확장한 GNU 유틸리티다. gawk 프로그램은 데이터를 다루고 처리하는 스크립트를 만들 때 사용할 수 있는 내장 프로그래밍 언어가 포함되어 있다. 대용량 데이터 파일로부터 데이터 요소를 추출하고 원하는 거의 어떤 형식으로든 출력할 목적으로 gawk 프로그램을 사용할 수 있다. 이러한 기능으로 큰 로그를 빠르게 걸러 내거나 데이터 파일로부터 맞춤형 보고서를 만들 수 있다.

sed와 gwak 프로그램 모두 정규표현식을 사용하는 방법을 알고 있다는 점이 아주 중요하다. 정규표현식은 텍스트 파일에서 데이터를 추출하고 조작하는 사용자 정의 필터를 만드는 열쇠다. 다음 장에서는 정규표현식의 세계로 들어간다. 어떤 유형의 데이터든 조작할 수 있는 정규표현식을 구축하는 방법을 배워본다.

19

정규표현식

이 장의 내용
정규표현식을 정의하기
기초 살펴보기
패턴 확장하기
표현식 만들기

쉘 스크립트에서 sed 편집기와 gawk 프로그램으로 성공적인 작업을 하기 위해서는 반드시 정규표현식을 능숙하게 쓸 수 있어야 한다. 이는 일을 쉽게 하기 위한 것에 그치지 않는다. 많은 양의 데이터에서 특정한 데이터를 걸러내는 일은 까다롭다(게다가 그런 일은 자주 생긴다). 이 장에서는 sed 편집기와 gawk 프로그램이 필요한 데이터를 걸러낼 수 있는 정규표현식을 만드는 방법에 대해 설명한다.

정규표현식이란 무엇인가?

정규표현식을 이해하는 첫 번째 단계는 정확히 그게 무엇인지 정의하는 것이다. 이 절에서는 정규표현식이란 무엇인지, 리눅스는 정규표현식을 어떻게 사용하는지를 설명한다.

정의

정규표현식은 리눅스 유틸리티가 텍스트를 걸러내는 데 사용하는 정의 패턴 템플릿이다. 리눅스 유틸리티(이를테면 sed 편집기나 gawk 프로그램)는 유틸리티에 데이터가 들어오면 정규표현식 패턴과 대조하여 데이터 패턴과 일치하면 처리되고 일치하지 않으면 처리는 거부된다. [그림 20-1]에 이러한 과정이 표현되어 있다.

정규식 패턴은 데이터 스트림의 하나 이상의 문자를 뜻하는 와일드카드 문자를 사용한다. 리눅스에서는 알 수 없는 데이터를 표현하기 위해 와일드카드 문자를 지정해야 할 상황이 수도 없이 많다. 파일 및 디렉토리의 목록을 보는 리눅스 ls 명령으로 와일드카드 문자를 사용하는 예를 살펴보았다(제3장 참조).

그림 20-1

정규표현식 패턴과 데이터 대조

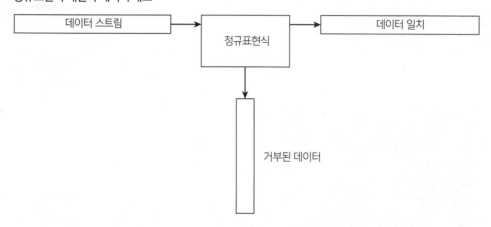

와일드카드 별표 문자를 쓰면 특정 조건에 맞는 파일만 목록에 보여준다. 예를 들어

```
$ ls -al da*
-rw-r--r--    1 rich     rich           45 Nov 26 12:42 data
-rw-r--r--    1 rich     rich           25 Dec  4 12:40 data.tst
-rw-r--r--    1 rich     rich          180 Nov 26 12:42 data1
-rw-r--r--    1 rich     rich           45 Nov 26 12:44 data2
-rw-r--r--    1 rich     rich           73 Nov 27 12:31 data3
-rw-r--r--    1 rich     rich           79 Nov 28 14:01 data4
-rw-r--r--    1 rich     rich          187 Dec  4 09:45 datatest
$
```

da* 매개변수는 ls 명령이 이름이 da로 시작하는 파일만 보여주도록 지시한다. 파일 이름에서 da 뒤에는 몇 개든(아무 것도 없는 경우를 포함) 글자가 있을 수 있다. ls 명령은 디렉토리의 모든 파일에 대한 정보를 읽지만 와일드카드 문자와 일치하는 것만 표시된다.

정규표현식은 와일드카드 패턴과 비슷한 방식으로 동작한다. 정규표현식 패턴은 sed 편집기 및 gawk 프로그램이 데이터 대조를 위해 따라야 하는 템플릿을 정의하는 텍스트와 특수문자를 포함한다. 데이터 필터링의 특정한 패턴을 정의하기 위해 정규표현식에서 다양한 특수 문자를 사용할 수 있다.

정규표현식의 유형

정규표현식을 사용할 때 가장 큰 문제는 딱 한 가지 유형만 존재하지 않는다는 것이다. 리눅스 환경에서 여러 가지 애플리케이션은 여러 가지 정규표현식의 유형을 사용한다. 이런 애플리케이션 가운데는 프로그래밍 언어(자바, 펄, 파이썬), 리눅스 유틸리티(sed 편집기, gawk 프로그램 및 grep 유틸리티 등), 주요 애플리케이션(이를테면 MySQL과 PostgreSQL을 비롯한 데이터베이스 서버)과 같은 광범위한 애플리케이션들이 포함된다.

정규표현식은 정규표현식 엔진을 사용하여 구현된다. 정규표현식 엔진은 정규표현식 패턴을 해석하고 텍스트와 대조할 때 그 패턴을 사용하는 기본 소프트웨어다.

리눅스 세계에는 두 개의 인기 있는 정규표현식 엔진이 있다.

- POSIX 기본 정규표현식(BRE) 엔진

- POSIX 확장 정규표현식(ERE) 엔진

대부분의 리눅스 유틸리티는 최소한 POSIX BRE 엔진 제원을 준수하며, 여기에 정의된 모든 기호를 인식한다. 하지만 BRE 엔진 제원의 일부만을 준수하는 유틸리티(sed 편집기)도 있다. 이는 속도 문제 때문인데 sed 편집기는 될 수 있는 대로 빨리 데이터 스트림에서 텍스트를 처리하려고 시도하기 때문이다.

POSIX ERE 엔진은 텍스트 필터링을 정규표현식에 의존하는 프로그래밍 언어에서 볼 수 있다. 여기서는 숫자, 단어 및 영숫자와 같은 일반적인 패턴을 위한 특수 기호뿐만이 아니라 고급 패턴 기호도 제공한다. gawk 프로그램은 ERE 엔진을 사용하여 정규표현식 패턴을 처리한다.

정규식을 구현하는 수많은 방법이 있기 때문에 가능한 모든 정규표현식에 대한 단일하고도 간결한 설명을 제공하기는 어렵다. 다음 절에서는 가장 널리 볼 수 있는 정규표현식에 대해 이야기하고 sed 편집기와 gawk 프로그램에서 이를 사용하는 방법을 보여준다.

BRE 패턴 정의하기

가장 기본적인 BRE 패턴은 데이터 스트림에서 텍스트 문자와 대조한다. 이 절에서는 정규표현식 패턴에서 텍스트를 어떻게 정의하며 어떤 결과를 기대할 수 있는지 보여준다.

일반 텍스트

제18장에서는 sed 편집기와 gawk 프로그램이 데이터를 걸러내기 위해 일반적인 텍스트 문자열을 사용하는 방법을 보여주었다. 아래 예를 보면서 기억을 새롭게 하자.

```
$ echo "This is a test" | sed -n '/test/p'
This is a test
$ echo "This is a test" | sed -n '/trial/p'
$
$ echo "This is a test" | gawk '/test/{print $0}'
This is a test
```

20

```
$ echo "This is a test" | gawk '/trial/{print $0}'
$
```

첫 번째 패턴은 하나의 단어인 test를 정의한다. sed 편집기와 gawk 프로그램 스크립트는 정규표현식 패턴과 일치하는 줄을 출력하기 위해 각자 자기 버전의 인쇄 명령을 사용한다. echo 문의 텍스트 문자열에 단어 'test'가 포함되어 있기 때문에 데이터 스트림의 텍스트는 정의된 정규표현식 패턴과 일치하고 sed 편집기는 줄을 표시한다.

두 번째 패턴은 다시 단 하나의 단어만을 정의하는데, 이번에는 'trial'이다. echo 문의 텍스트 문자열에는 해당 단어가 포함되어 있지 않기 때문에 정규표현식 패턴은 일치하지 않으며, sed 편집기나 gawk 프로그램 모두 이 줄을 출력하지 않는다.

이미 정규표현식이 데이터 스트림의 어디에서 패턴이 발생하는지는 상관하지 않는다는 것을 알았을 것이다. 또한 패턴이 발생하는 횟수도 중요하지 않다. 정규표현식이 텍스트 문자열의 아무 곳에서나 패턴과 일치되는 것을 발견하면 이를 사용하는 리눅스 유틸리티에 그 문자열을 전달한다.

데이터 스트림과 텍스트 정규식 패턴을 대조하는 것이 핵심이다. 정규표현식은 패턴 일치에 관해 대단히 까다롭다는 것을 기억하는 것이 중요하다. 기억해야 할 첫 번째 규칙은, 정규표현식 패턴은 대소문자를 구분한다는 것이다. 이는 패턴이 그에 맞는 대소문자하고만 일치할 수 있다는 뜻이다.

```
$ echo "This is a test" | sed -n '/this/p'
$
$ echo "This is a test" | sed -n '/This/p'
This is a test
$
```

첫 번째 시도는 단어 'this'가 모두 소문자로 되어 있어서 결과가 나타나지 않지만 대문자를 사용한 두 번째 시도에서는 원하는 결과를 얻게 된다.

정규표현식이 반드시 전체 단어만 대조하는 것은 아니다. 정의된 텍스트가 데이터 스트림 어디에서나 나타나면 다음과 같이 정규표현식과 일치한다.

```
$ echo "The books are expensive" | sed -n '/book/p'
The books are expensive
$
```

데이터 스트림에 있는 텍스트는 books지만 스트림의 데이터가 정규표현식 book을 포함하므로 정규식 패턴 데이터와 일치한다. 물론 그 반대로 하려고 하면 실패한다.

```
$ echo "The book is expensive" | sed -n '/books/p'
$
```

전체 정규표현식 텍스트가 데이터 스트림에 보이지 않으므로 대조 작업은 실패하며 sed 편집기는 텍스트를 표시하지 않았다.

정규표현식에서 한 개의 문자 단어만 쓰라는 법도 없다. 텍스트 문자열에 빈 칸 및 숫자를 포함할 수도 있다.

```
$ echo "This is line number 1" | sed -n '/ber 1/p'
This is line number 1
$
```

빈 칸은 정규표현식에서 하나의 문자처럼 간주된다.

```
$ echo "This is line number1" | sed -n '/ber 1/p'
$
```

정규식에 빈 칸을 정의하면 데이터 스트림에도 빈 칸이 있어야 한다. 심지어 여러 개의 연속된 빈 칸이 있는지 대조하는 정규표현식 패턴도 만들 수 있다.

```
$ cat data1
This is a normal line of text.
This is  a line with too many spaces.
$ sed -n '/  /p' data1
This is  a line with too many spaces.
$
```

단어 사이에 두 개의 빈 칸이 있는 줄은 정규표현식 패턴과 일치한다. 이는 텍스트 파일에 간격 문제가 있는지 확인할 수 있는 좋은 방법이다!

특수 문자

정규표현식 패턴에서 텍스트 문자열을 사용할 때에는 알아야 할 것들이 있다. 정규표현식에서 텍스트 문자를 정의할 때에는 몇 가지 예외가 있다. 정규표현식 패턴은 몇 가지 글자에 특별한 의미를 부여한다. 텍스트 패턴에 이러한 문자를 사용하려고 하면 기대했던 결과를 얻을 수 없다.

이러한 특수 문자는 정규표현식으로 인식된다.

```
.*[]^${}\+?#
```

이 장을 진행해 나가면서 이러한 특수 문자들이 정규표현식에서 무엇을 하는지 알게 될 것이다. 그러나 지금은 텍스트 패턴에 이러한 문자를 그대로 사용할 수 없다는 것만 기억하자.

특수 문자 중 하나를 텍스트 문자처럼 사용하려고 하면 이스케이프시켜야 한다. 특수 문자를 이스케이프할 때에는 그 앞에 특수 문자를 두어서 이를 해석하는 정규표현식 엔진이 다음 글자가 일반 텍스트 문자라는 사실을 알게 해야 한다. 이러한 기능을 하는 특수 문자는 백슬래시 문자(\)다.

20

텍스트에서 달러 기호를 검색하려고 한다면 그 앞에 백슬래시 문자를 둔다.

```
$ cat data2
The cost is $4.00
$ sed -n '/\$/p' data2
The cost is $4.00
$
```

백슬래시는 특수 문자이기 때문에 이 글자를 정규표현식 패턴에 사용해야 한다면 백슬래시 자체도 이스케이프시켜야 하며 따라서 이중 백슬래시를 써야 한다.

```
$ echo "\ is a special character" | sed -n '/\\/p'
\ is a special character
$
```

마지막으로 일반 슬래시는 정규표현식 특수 문자는 아니지만 sed 편집기나 gawk 프로그램에서 정규표현식 패턴 안에 사용하면 오류가 난다.

```
$ echo "3 / 2" | sed -n '///p'
sed: -e expression #1, char 2: No previous regular expression
$
```

슬래시를 사용하려면 이것 역시 이스케이프 처리해야 한다.

```
$ echo "3 / 2" | sed -n '/\//p'
3 / 2
$
```

이제 sed 편집기는 제대로 정규표현식 패턴을 해석할 수 있으며, 모두 잘 된다.

앵커 문자

'일반 텍스트' 절에 나타낸 바와 같이, 기본적으로는 정규표현식 패턴을 지정했을 때 패턴이 데이터 스트림에서 어디에 나타나든 일치한다. 데이터 스트림의 줄 처음 또는 끝으로 패턴을 고정시키기 위한 두 가지 특수 문자인 앵커 문자를 사용할 수 있다.

처음에서 시작하기

캐럿 문자(^)는 데이터 스트림 안의 텍스트 줄 시작 부분에서 시작하는 패턴을 정의한다. 패턴이 텍스트의 줄의 시작이 아닌 다른 장소에 있다면 정규표현식 패턴은 실패한다.

캐럿 문자를 사용하려면 정규표현식에서 지정한 패턴 앞에 두어야 한다.

```
$ echo "The book store" | sed -n '/^book/p'
$
$ echo "Books are great" | sed -n '/^Book/p'
Books are great
$
```

캐럿 앵커 문자는 줄바꿈 문자로 결정되는 데이터의 새로운 각 줄의 시작 부분에서만 패턴을 확인한다.

```
$ cat data3
This is a test line.
this is another test line.
A line that tests this feature.
Yet more testing of this
$ sed -n '/^this/p' data3
this is another test line.
$
```

패턴이 새로운 줄의 시작 부분에 표시될 때에만 캐럿 앵커는 패턴을 인식한다.

패턴의 시작 부분이 아닌 다른 곳에 캐럿 문자를 두면 특수 문자가 아닌 보통 문자와 같은 구실을 한다.

```
$ echo "This ^ is a test" | sed -n '/s ^/p'
This ^ is a test
$
```

캐럿 문자가 정규표현식 패턴의 마지막에 나와 있기 때문에 sed 편집기는 이 글자를 텍스트와 대조하는 일반 문자로 사용한다.

> **NOTE**
> 캐럿 문자만으로 정규표현식 패턴을 지정해야 하면 백슬래시로 이스케이프할 필요가 없다. 캐럿 문자가 처음에 나타나고 패턴의 추가 텍스트가 뒤따른다면 캐럿 문자 앞에 이스케이프 문자를 사용해야 한다.

마지막에서 찾기

줄의 시작에서 패턴을 찾는 것의 반대는 줄의 마지막에서 찾는 것이다. 달러 기호($) 특수 문자는 끝 앵커를 정의한다. 텍스트 패턴 뒤에 이 특수 문자를 추가하면 데이터의 줄이 지정된 텍스트 패턴으로 끝나야 한다는 뜻이다.

```
$ echo "This is a good book" | sed -n '/book$/p'
This is a good book
```

20

```
$ echo "This book is good" | sed -n '/book$/p'
$
```

끝단 텍스트 패턴의 문제는 찾고 있는 것이 무엇인가에 대해 주의가 필요하다는 점이다.

```
$ echo "There are a lot of good books" | sed -n '/book$/p'
$
```

줄의 끝에 있는 단어 'book'을 복수로 만들면 데이터 스트림에 book이 있더라도 더 이상 정규식 패턴과 일치하지 않는다. 텍스트 패턴은 대조할 줄의 가장 마지막에 있어야 한다.

앵커를 결합하기

몇몇 상황에서는 같은 줄에 시작과 끝 앵커를 모두 결합할 수 있다. 첫 번째 상황에서는 단지 특정한 텍스트 패턴을 포함하는 데이터의 줄을 찾고 싶다고 가정해보자.

```
$ cat data4
this is a test of using both anchors
I said this is a test
this is a test
I'm sure this is a test.
$ sed -n '/^this is a test$/p' data4
this is a test
$
```

sed 편집기는 지정된 텍스트가 아닌 다른 텍스트를 포함한 줄은 무시한다.

두 번째 상황은 처음에는 조금 이상하게 보일 수 있지만 매우 유용하다. 텍스트가 없는 패턴에 두 앵커를 결합하면 데이터 스트림에서 빈 줄을 걸러낼 수 있다. 다음 예제를 보자.

```
$ cat data5
This is one test line.

This is another test line.
$ sed '/^$/d' data5
This is one test line.
This is another test line.
$
```

정의된 정규표현식 패턴은 시작과 끝 사이에 아무것도 없는 줄을 찾는다. 빈 줄은 두 줄 바꿈 문자 사이에 텍스트를 포함하지 않기 때문에 정규표현식 패턴과 일치한다. sed 편집기는 d 삭제 명령을 사용해서 정규식 패턴과 일치하는 줄을 삭제하므로 텍스트 안의 모든 빈 줄이 지워진다. 이는 문서에서 빈 줄을 없애는 효과적인 방법이다.

점 문자

점 특수 문자는 줄바꿈 문자를 제외한 모든 문자 한 개와 일치시키기 위해 사용된다. 하지만 점 문자는 문자와 일치해야 한다. 점의 위치에 어떤 문자도 없다면 패턴은 실패한다.

정규표현식 패턴에 점 문자를 사용하는 몇 가지 예를 살펴보자.

```
$ cat data6
This is a test of a line.
The cat is sleeping.
That is a very nice hat.
This test is at line four.
at ten o'clock we'll go home.
$ sed -n '/.at/p' data6
The cat is sleeping.
That is a very nice hat.
This test is at line four.
$
```

첫 번째 줄이 실패한 이유와 두 번째와 세 번째 줄은 성공한 이유는 알 수 있을 것이다. 네 번째 줄은 조금 까다롭다. at은 일치하지만 그 앞에는 점 문자와 일치시킬 수 있는 어떤 글자도 없다. 아, 있다! 정규표현식에서는 빈 칸도 글자로 간주하므로 앞에 있는 빈 칸이 패턴과 일치한다. 다섯 번째 줄이 그 점을 증명하는데, at을 줄 가장 앞에 넣음으로써 패턴과 일치하지 못하게 된다.

문자 클래스

점 특수 문자는 어떤 글자 위치에 있는 임의의 문자와 대조하기에는 좋은 방법이다. 대조할 문자를 제한하려면? 이는 정규표현식에서 문자 클래스라고 한다.

사용자는 텍스트 패턴의 어떤 위치에서 대조할 문자의 클래스를 정의할 수 있다. 문자 클래스의 문자 중 하나가 데이터 스트림에 있다면 패턴은 일치한다.

문자 클래스를 정의하려면 대괄호를 사용한다. 대괄호는 클래스에 들어갈 문자를 포함해야 한다. 그러면 패턴 안에서 그 클래스의 전체 값을 다른 와일드카드 문자처럼 쓸 수 있다. 처음에 익숙해지려면 조금 시간이 걸리지만 이해하고 나면 상당히 놀라운 결과를 만들 수 있다.

다음은 문자 클래스를 만드는 예제다.

```
$ sed -n '/[ch]at/p' data6
The cat is sleeping.
That is a very nice hat.
$
```

20

점 특수 문자의 예제와 같은 데이터 파일을 사용했지만 다른 결과가 나왔다. 이번에는 at 단어만을 포함하는 줄은 걸러서 없앴다. 위의 패턴과 일치하는 유일한 단어는 cat과 hat이다. 또한 at으로 시작하는 줄도 일치하지 않는 것을 알 수 있다. 적절한 위치에 문자 클래스와 일치하는 문자가 있어야 한다.

글자의 대소문자를 확신할 수 없다면 문자 클래스는 편리하다.

```
$ echo "Yes" | sed -n '/[Yy]es/p'
Yes
$ echo "yes" | sed -n '/[Yy]es/p'
yes
$
```

하나의 표현식에서 클래스를 두 개 또는 그 이상 사용할 수도 있다.

```
$ echo "Yes" | sed -n '/[Yy][Ee][Ss]/p'
Yes
$ echo "yEs" | sed -n '/[Yy][Ee][Ss]/p'
yEs
$ echo "yeS" | sed -n '/[Yy][Ee][Ss]/p'
yeS
$
```

정규표현식은 세 개의 글자 위치 모두에 대문자와 소문자 모두를 잡아낼 수 있는 문자 클래스를 사용했다.

문자 클래스는 문자만 포함해야 하는 것은 아니다. 숫자도 사용할 수 있다.

```
$ cat data7
This line doesn't contain a number.
This line has 1 number on it.
This line a number 2 on it.
This line has a number 4 on it.
$ sed -n '/[0123]/p' data7
This line has 1 number on it.
This line a number 2 on it.
$
```

정규표현식 패턴은 숫자 0, 1, 2, 3을 포함하는 줄과 일치한다. 다른 모든 숫자는 무시되며 클래스 안의 숫자가 없는 줄도 무시된다.

문자 클래스를 결합해서 전화번호와 우편번호와 같이 정확한 형식을 가진 숫자를 확인할 수 있다. 특정 형식과 대조하려고 할 때에는 주의가 필요하다. 다음은 잘못된 우편번호 패턴 대조의 예다.

```
$ cat data8
60633
46201
223001
4353
#
$ sed -n '
>/[0123456789][0123456789][0123456789][0123456789][0123456789]/p
>' data8
60633
#
223001
#
$
```

이는 원했던 결과가 아닐 수 있다. 우편번호로는 너무 짧았던 숫자는 잘 걸러냈는데, 마지막 문자 클래스에 일치하는 문자를 가지고 있지 않았기 때문이다. 하지만 다섯 개의 문자 클래스를 정의하더라도 6 자리 수는 통과시켰다.

정규식 패턴은 데이터 스트림의 텍스트 어디에서든 발견될 수 있다는 점에 유의하자. 언제나 패턴과 대조할 문자 말고도 추가 글자가 있을 수 있다. 다섯 자리 숫자와 일치하는지 확인하려면 빈 줄을 없앨 때의 예처럼, 또는 아래 예에서처럼 패턴이 줄의 시작과 끝에 있다는 것을 알려줌으로써 좀 더 명확하게 만들어 줘야 한다.

```
$ sed -n '
> /^[0123456789][0123456789][0123456789][0123456789][0123456789]$/p
> ' data8
60633
#
#
$
```

이제 훨씬 낫다. 이 장 후반에서 이를 더욱 단순화하는 방법을 살펴보자.

굉장히 인기 있는 문자 클래스 활용 방법은 사용자 양식에 입력된 내용과 같은 곳에서 오타를 잡아내는 것이다. 데이터에서 자주 나타나는 오타를 잡아내는 정규표현식을 만들 수 있다.

```
$ cat data9
I need to have some maintenence done on my car.
I'll pay that in a seperate invoice.
After I pay for the maintenance my car will be as good as new.
$ sed -n '
/maint[ea]n[ae]nce/p
/sep[ea]r[ea]te/p
```

```
' data9
I need to have some maintenence done on my car.
I'll pay that in a seperate invoice.
After I pay for the maintenance my car will be as good as new.
$
```

위 예에서 두 개의 sed 인쇄 명령은 텍스트 안의 maintenance 및 separate 단어에서 오타를 잡아내는 데 도움이 되는 정규표현식 문자 클래스를 사용한다. 같은 정규표현식 패턴은 또한 철자가 올바른 'maintenance'가 있는 줄도 찾아냈다.

부정형 문자 클래스

정규표현식 패턴에서는 문자 클래스의 효과를 뒤집을 수도 있다. 클래스에 포함된 문자를 찾는 대신 클래스에 없는 모든 문자를 찾을 수 있다. 이를 위해서는 문자 클래스 범위의 시작 부분에 캐럿 문자를 놓으면 된다.

```
$ sed -n '/[^ch]at/p' data6
This test is at line four.
$
```

문자 클래스를 부정함으로써 정규표현식 패턴은 텍스트 패턴 at 앞에 c도 h도 아닌 어떤 글자든 오면 일치한다. 빈 칸 문자도 이 조건에 맞기 때문에 패턴 대조를 통과했다. 부정형이라고 해도 문자 클래스는 여전히 글자와 일치해야 하므로 줄의 시작에 온 at 여전히 패턴과 일치하지 않는다.

범위 사용하기

앞에서 우편번호 예제를 보여주었을 때 각 문자 클래스 안에 가능한 모든 숫자를 집어넣었기 때문에 뭔가 무식해 보였을 수도 있다. 다행히 그렇게 하지 않도록 짧게 해결할 수 있는 방법이 있다.

사용자는 대시 기호를 이용하여 문자 클래스 안에서 문자 범위를 사용할 수 있다. 첫 번째 문자, 대시, 그 다음 마지막 문자를 지정하면 된다. 정규표현식은 리눅스 시스템에서 사용되는 문자 집합(제2장 참조)에 따라 지정된 문자 범위 안에 있는 모든 문자를 포함한다.

이제 숫자의 범위를 지정하여 우편번호의 예를 단순화할 수 있다.

```
$ sed -n '/^[0-9][0-9][0-9][0-9][0-9]$/p' data8
60633
46201
45902
$
```

입력이 많이 줄었다! 각 문자 클래스는 0-9 사이의 모든 숫자와 일치한다. 데이터 어디에든 글자가 존재하면 패턴은 실패한다.

```
$ echo "a8392" | sed -n '/^[0-9][0-9][0-9][0-9][0-9]$/p'
$
$ echo "1839a" | sed -n '/^[0-9][0-9][0-9][0-9][0-9]$/p'
$
$ echo "18a92" | sed -n '/^[0-9][0-9][0-9][0-9][0-9]$/p'
$
```

문자에도 같은 기법을 사용할 수 있다.

```
$ sed -n '/[c-h]at/p' data6
The cat is sleeping.
That is a very nice hat.
$
```

새로운 패턴 [c-h]at은 첫번째 글자가 글자 c와 글자 h 사이에 있면 일치한다. 이 경우, at만 있는 줄은 패턴 일치에 실패한다.

하나의 문자 클래스에 여러 개의 비연속 범위를 지정할 수도 있다.

```
$ sed -n '/[a-ch-m]at/p' data6
The cat is sleeping.
That is a very nice hat.
$
```

문자 클래스는 at 텍스트가 나타나기 전에 a에서 c, h에서 m 범위를 수용한다. d와 g 사이에 있는 모든 문자는 거부된다.

```
$ echo "I'm getting too fat." | sed -n '/[a-ch-m]at/p'
$
```

이 패턴은 fat 텍스트를 거부했다. 범위 안에 없기 때문이다.

특수 문자 클래스

사용자가 문자 클래스를 정의하는 것 말고도 BRE는 문자의 특정 유형과 대조할 때 쓸 수 있는 특수 문자 클래스를 포함하고 있다. [표 20-1]에 사용할 수 있는 BRE 특수 문자들이 나와 있다.

20

표 20-1 BRE 특수 문자 클래스

클래스	설명
[[:alpha:]]	대문자든 소문자든 모든 알파벳 글자와 일치한다
[[:alnum:]]	영숫자 및 문자 0-9, A-Z, 또는 a-z와 일치한다
[[:blank:]]	빈 칸이나 탭 문자와 일치한다
[[:digit:]]	0에서 9까지의 숫자와 일치한다
[[:lower:]]	모든 소문자 알파벳 문자 a-z와 일치한다
[[:print:]]	인쇄할 수 있는 모든 문자와 일치한다
[[:punct:]]	문장 부호 문자와 일치한다
[[:space:]]	모든 화이트스페이스 문자와 일치한다. 즉, 빈 칸, 탭, NL, FF, VT, CR 문자다
[[:upper:]]	모든 대문자 알파벳 문자 A-Z와 일치한다

정규표현식 패턴에서 일반 문자 클래스를 쓰듯이 특수 문자 클래스를 쓰면 된다.

```
$ echo "abc" | sed -n '/[[:digit:]]/p'
$
$ echo "abc" | sed -n '/[[:alpha:]]/p'
abc
$ echo "abc123" | sed -n '/[[:digit:]]/p'
abc123
$ echo "This is, a test" | sed -n '/[[:punct:]]/p'
This is, a test
$ echo "This is a test" | sed -n '/[[:punct:]]/p'
$
```

특수 문자 클래스는 범위를 정의할 수 있는 손쉬운 방법이다. [0-9] 범위를 사용하는 대신 [[:digit:]]를 사용할 수 있다.

별표

글자 다음에 별표를 놓으면 대조하는 텍스트에서 그 글자가 0번 또는 그보다 많이 나와야 한다.

```
$ echo "ik" | sed -n '/ie*k/p'
ik
$ echo "iek" | sed -n '/ie*k/p'
iek
$ echo "ieek" | sed -n '/ie*k/p'
ieek
$ echo "ieeek" | sed -n '/ie*k/p'
ieeek
$ echo "ieeeek" | sed -n '/ie*k/p'
ieeeek
$
```

이 패턴 기호는 언어 철자의 일반적인 맞춤법 오류나 변형을 다룰 때 널리 쓰인다. 예를 들어 미국식 또는 영국식 영어에서 사용될 수 있는 스크립트를 만들어야 할 경우에 다음과 같이 쓴다.

```
$ echo "I'm getting a color TV" | sed -n '/colou*r/p'
I'm getting a color TV
$ echo "I'm getting a colour TV" | sed -n '/colou*r/p'
I'm getting a colour TV
$
```

패턴에 있는 u*는 대조할 텍스트에 글자 u가 없거나 있을 수 있다는 것을 뜻한다. 이와 비슷하게, 자주 맞춤법이 틀리는 어떤 단어를 알고 있다면 별표를 사용하여 이 오타를 수정할 수 있다.

```
$ echo "I ate a potatoe with my lunch." | sed -n '/potatoe*/p'
I ate a potatoe with my lunch.
$ echo "I ate a potato with my lunch." | sed -n '/potatoe*/p'
I ate a potato with my lunch.
$
```

사족에 해당되는 e에 별표를 붙여서 맞춤법이 틀린 단어를 받아들일 수 있다.

별표 특수 문자와 점 특수 문자를 조합하는 기능도 편리하다. 이 조합은 어떤 문자가 몇 개든 나와도 일치하는 패턴을 제공한다. 이 조합은 데이터 스트림에서 서로 이웃하지 않을 수도 있는 두 개의 텍스트 문자열 사이에서 쓰인다.

```
$ echo "this is a regular pattern expression" | sed -n '
> /regular.*expression/p'
this is a regular pattern expression
$
```

20

이 패턴을 쓰면 데이터 스트림에서 텍스트 줄 어디에서 나타날 수 있는 여러 개의 단어를 손쉽게 검색할 수 있다.

별표는 또한 문자 클래스에도 적용될 수 있다. 텍스트에 한 번 이상 나타날 수 있는 문자의 그룹 또는 범위를 지정할 수 있다.

```
$ echo "bt" | sed -n '/b[ae]*t/p'
bt
$ echo "bat" | sed -n '/b[ae]*t/p'
bat
$ echo "bet" | sed -n '/b[ae]*t/p'
bet
$ echo "btt" | sed -n '/b[ae]*t/p'
btt
$
$ echo "baat" | sed -n '/b[ae]*t/p'
baat
$ echo "baaeeet" | sed -n '/b[ae]*t/p'
baaeeet
$ echo "baeeaeeat" | sed -n '/b[ae]*t/p'
baeeaeeat
$ echo "baakeeet" | sed -n '/b[ae]*t/p'
$
```

b와 t 글자 사이에 a와 e 글자가 어떤 조합으로든 나타나면(둘 다 전혀 나타나지 않는 경우도 포함한다) 패턴이 일치한다. 정의된 문자 클래스가 아닌 다른 문자가 나타나면 패턴 일치는 실패한다.

확장 정규표현식

POSIX ERE 패턴은 일부 리눅스 응용 프로그램 및 유틸리티에 사용되는 몇 가지 추가 기호를 포함한다. gawk 프로그램은 ERE 패턴을 인식하지만 sed 편집기는 인식하지 못한다.

> **NOTE**
> sed 편집기와 gawk 프로그램은 정규표현식 엔진이 다르다는 것을 기억하라. gawk 프로그램은 확장 정규식 패턴 기호 대부분을 사용할 수 있으며, sed 편집기에는 없는 추가 필터링 기능을 제공한다. 그 때문에 gawk 프로그램은 데이터 스트림 처리가 느려진다.

이 절에서는 gawk 프로그램 스크립트에서 사용할 수 있으며 좀 더 일반적인 ERE 패턴 기호를 설명한다.

물음표

물음표는 별표와 비슷하지만 약간 다르다. 물음표는 그 앞에 있는 문자가 없거나 한 번 나타나는 것을 뜻하는데, 그게 전부다. 문자가 되풀이해서 나타나는 것과는 일치하지 않는다.

```
$ echo "bt" | gawk '/be?t/{print $0}'
bt
$ echo "bet" | gawk '/be?t/{print $0}'
bet
$ echo "beet" | gawk '/be?t/{print $0}'
$
$ echo "beeet" | gawk '/be?t/{print $0}'
$
```

텍스트에 e 문자가 나타나지 않거나 텍스트에서 딱 한 번만 나타나면 패턴이 일치한다.

별표와 마찬가지로 물음표 기호를 문자 클래스와 함께 사용할 수 있다.

```
$ echo "bt" | gawk '/b[ae]?t/{print $0}'
bt
$ echo "bat" | gawk '/b[ae]?t/{print $0}'
bat
$ echo "bot" | gawk '/b[ae]?t/{print $0}'
$
$ echo "bet" | gawk '/b[ae]?t/{print $0}'
bet
$ echo "baet" | gawk '/b[ae]?t/{print $0}'
$
$ echo "beat" | gawk '/b[ae]?t/{print $0}'
$
$ echo "beet" | gawk '/b[ae]?t/{print $0}'
$
```

문자 클래스가 안 나타나거나 한 번 나타나면 패턴 일치를 통과한다. 클래스 안의 두 개 문자가 모두 나타나거나 한 개의 문자가 두 번 나타나면 패턴 일치는 실패한다.

더하기 기호

별표와 비슷하지만, 물음표와는 또 다른 방식으로 차이가 있다. 더하기 기호는 앞의 문자가 한 번이상 나타날 수 있지만 한 번 이상은 있어야 한다는 뜻이다. 문자가 아예 없다면 패턴은 일치하지 않는다.

```
$ echo "beeet" | gawk '/be+t/{print $0}'
```

```
beeet
$ echo "beet" | gawk '/be+t/{print $0}'
beet
$ echo "bet" | gawk '/be+t/{print $0}'
bet
$ echo "bt" | gawk '/be+t/{print $0}'
$
```

e 문자가 없으면 패턴 일치는 실패한다. 더하기 기호는 또한 문자 클래스와 함께 쓸 수 있으며 별표 및 물음표와 마찬가지로 동작한다.

```
$ echo "bt" | gawk '/b[ae]+t/{print $0}'
$
$ echo "bat" | gawk '/b[ae]+t/{print $0}'
bat
$ echo "bet" | gawk '/b[ae]+t/{print $0}'
bet
$ echo "beat" | gawk '/b[ae]+t/{print $0}'
beat
$ echo "beet" | gawk '/b[ae]+t/{print $0}'
beet
$ echo "beeat" | gawk '/b[ae]+t/{print $0}'
beeat
$
```

이번에는 문자 클래스에 정의된 문자 중 하나가 나타났을 때 텍스트는 지정된 패턴과 일치한다.

중괄호 사용하기

ERE에서 사용할 수 있는 중괄호는 제한적으로 정규표현식을 되풀이 할 수 있는데 인터벌이라고 한다. 두 가지 형식으로 인터벌을 표현할 수 있다.

- m : 정규표현식이 정확히 m번 나타남
- m, n : 정규표현식이 적어도 m 번 나타나지만 n번보다 많이 나타나지는 않음

이 기능을 사용하면 패턴에서 문자(또는 문자 클래스)가 정확하게 얼마나 많이 나오는지를 자세하게 조절할 수 있다.

> **TIP**
> 기본적으로 gawk 프로그램은 정규표현식의 인터벌을 인식하지 못한다. gawk 프로그램이 정규표현식의 인터벌을 인식하도록 하려면 --re-interval 커맨드라인 옵션을 지정해야 한다.

다음은 간단하게 단일 인터벌 값을 사용하는 예다.

```
$ echo "bt" | gawk --re-interval '/be{1}t/{print $0}'
$
$ echo "bet" | gawk --re-interval '/be{1}t/{print $0}'
bet
$ echo "beet" | gawk --re-interval '/be{1}t/{print $0}'
$
```

인터벌을 단일 값으로 지정하면 패턴과 대조할 문자열에서 e 문자가 나타나는 횟수를 제한할 수 있다. 캐릭터가 그 이상 나타나면 패턴 일치는 실패한다.

횟수의 하한과 상한을 정하면 편리하다.

```
$ echo "bt" | gawk --re-interval '/be{1,2}t/{print $0}'
$
$ echo "bet" | gawk --re-interval '/be{1,2}t/{print $0}'
bet
$ echo "beet" | gawk --re-interval '/be{1,2}t/{print $0}'
beet
$ echo "beeet" | gawk --re-interval '/be{1,2}t/{print $0}'
$
```

이 예에서, e 글자가 한 번 또는 두 번 나타나면 패턴 일치를 통과할 수 있다. 그렇지 않으면 패턴 일치는 실패한다.

인터벌 패턴 일치는 문자 클래스에도 적용된다.

```
$ echo "bt" | gawk --re-interval '/b[ae]{1,2}t/{print $0}'
$
$ echo "bat" | gawk --re-interval '/b[ae]{1,2}t/{print $0}'
bat
$ echo "bet" | gawk --re-interval '/b[ae]{1,2}t/{print $0}'
bet
$ echo "beat" | gawk --re-interval '/b[ae]{1,2}t/{print $0}'
beat
$ echo "beet" | gawk --re-interval '/b[ae]{1,2}t/{print $0}'
beet
$ echo "beeat" | gawk --re-interval '/b[ae]{1,2}t/{print $0}'
$
$ echo "baeet" | gawk --re-interval '/b[ae]{1,2}t/{print $0}'
$
$ echo "baeaet" | gawk --re-interval '/b[ae]{1,2}t/{print $0}'
$
```

20

601

이 정규표현식 패턴은 텍스트 패턴 안에 a 또는 e 글자가 정확히 한 번 또는 두 번 있을 때에만 일치하지만 어떤 조합이든 그보다 많이 있으면 실패한다.

파이프 기호

파이프 기호는 데이터 스트림을 검사할 때 정규표현식 엔진이 논리 OR 식에 사용할 두 개 또는 그 이상의 패턴을 지정할 수 있다. 패턴 중 어느 것이든 데이터 스트림의 텍스트와 일치한다면 텍스트는 패턴 일치를 통과한다. 패턴 중 어느 것도 일치하지 않는다면 데이터 스트림 텍스트는 실패한다.

다음은 파이프 기호를 사용하는 형식이다.

```
expr1|expr2|...
```

다음은 그 예다.

```
$ echo "The cat is asleep" | gawk '/cat|dog/{print $0}'
The cat is asleep
$ echo "The dog is asleep" | gawk '/cat|dog/{print $0}'
The dog is asleep
$ echo "The sheep is asleep" | gawk '/cat|dog/{print $0}'
$
```

이 예에서는 정규표현식이 데이터 스트림에서 cat 또는 dog를 찾는다. 정규표현식과 파이프 기호 사이에는 빈 칸을 둘 수 없다. 빈 칸을 두면 정규표현식 패턴에 추가될 것이다.

파이프 기호의 양쪽에 있는 정규표현식은 어떤 정규표현식 패턴이든 쓸 수 있으며 텍스트를 정의하기 위한 문자 클래스도 포함된다.

```
$ echo "He has a hat." | gawk '/[ch]at|dog/{print $0}'
He has a hat.
$
```

이 예는 데이터 스트림 텍스트에서 cat, hat, dog와 일치한다.

표현식 그룹화하기

정규식 패턴은 또한 괄호로 그룹화할 수 있다. 정규표현식 패턴을 그룹화하면 표준 문자처럼 취급된다. 일반 문자에서처럼 그룹에도 특수 문자를 적용할 수 있다. 예를 들어

```
$ echo "Sat" | gawk '/Sat(urday)?/{print $0}'
Sat
$ echo "Saturday" | gawk '/Sat(urday)?/{print $0}'
```

```
Saturday
$
```

'urday' 그룹의 끝에 물음표를 붙이면 패턴은 토요일의 완전한 영어 단어인 Saturday나 그 약칭인 Sat 중 어느 것이든 받아들인다.

그룹은 패턴 일치가 가능한 여러 가지 경우를 제공할 수 있도록 파이프 기호와 함께 쓰는 것이 일반적이다.

```
$ echo "cat" | gawk '/(c|b)a(b|t)/{print $0}'
cat
$ echo "cab" | gawk '/(c|b)a(b|t)/{print $0}'
cab
$ echo "bat" | gawk '/(c|b)a(b|t)/{print $0}'
bat
$ echo "bab" | gawk '/(c|b)a(b|t)/{print $0}'
bab
$ echo "tab" | gawk '/(c|b)a(b|t)/{print $0}'
$
$ echo "tac" | gawk '/(c|b)a(b|t)/{print $0}'
$
```

패턴 (c|b)a(b|t)는 첫 번째 그룹의 어떤 글자 조합이든 그리고 두 번째 그룹의 어떤 글자 조합이든 일치한다.

정규표현식을 실제 활용하기

이제 정규표현식 패턴의 규칙과 이들을 사용하는 몇 가지 간단한 예제를 보았으므로 지금까지 얻은 지식을 실제로 활용해 볼 때다. 다음 절에서는 쉘 스크립트 안에서 쓰는 일반적인 정규표현식 예제를 살펴본다.

디렉토리 파일 세기

그 시작으로 PATH 환경 변수에 정의된 디렉토리에 존재하는 실행 파일을 계산하는 쉘 스크립트를 살펴보자. 이를 위해 PATH 변수를 별개의 디렉토리로 분리해야 한다. 제6장에서 PATH 환경 변수를 표시하는 방법을 보여 주었다.

```
$ echo $PATH
/usr/local/sbin:/usr/local/bin:/usr/sbin:/usr/bin:/sbin:/bin:/usr/
```

20

603

```
games:/usr/
local/games
$
```

PATH 환경 변수는 리눅스 시스템에서 애플리케이션이 어디에 있는가에 따라 달라진다. 핵심은 PATH의 각 디렉토리가 콜론으로 구분되어 있다는 사실을 아는 것이다. 스크립트에서 사용할 수 있는 디렉토리의 목록을 얻으려면 각 콜론을 빈 칸으로 대체해야 한다. 이제 sed 편집기가 간단한 정규표현식을 사용하여 이를 인식할 수 있다.

```
$ echo $PATH | sed 's/:/ /g'
/usr/local/sbin /usr/local/bin /usr/sbin /usr/bin /sbin /bin
/usr/games /usr/local/games
$
```

디렉토리를 분리하면 각 디렉토리를 차례대로 되풀이하기 위해 표준 for 구문을 사용할 수 있다(제 13장 참조).

```
mypath=$(echo $PATH | sed 's/:/ /g')
for directory in $mypath
do
...
done
```

각 디렉토리를 분리한 후 각 디렉토리의 파일 목록을 얻기 위해 ls 명령을 쓸 수 있으며 각 파일을 차례대로 되풀이하면서 파일마다 카운터를 하나씩 증가시키는, 또 하나의 for 구문을 쓸 수 있다. 스크립트의 최종 버전은 다음과 같다.

```
$ cat countfiles
#!/bin/bash
# count number of files in your PATH
mypath=$(echo $PATH | sed 's/:/ /g')
count=1
for directory in $mypath
do
   check=$(ls $directory)
   for item in $check
   do
        count=$[ $count + 1 ]
   done
   echo "$directory - $count"
   count=0
done
$ ./countfiles /usr/local/sbin - 0
```

604

```
/usr/local/bin - 2
/usr/sbin - 213
/usr/bin - 1427
/sbin - 186
/bin - 152
/usr/games - 5
/usr/local/games - 0
$
```

이제 정규표현식이 가진 힘을 조금 맛보자!

전화번호 검증하기

앞의 예는 데이터를 처리하기 위해 sed 편집기에 간단한 정규표현식을 사용하여 데이터 스트림에 있는 문자를 대체하는 방법을 보여주었다. 정규표현식은 데이터가 올바른 형식으로 되어 있는지를 스크립트가 확인하기 위해 데이터의 유효성을 검사하는 데 사용된다.

데이터 검증이 널리 쓰이는 곳 가운데 하나는 전화번호 확인이다. 데이터 입력 양식이 전화번호를 요청할 때 사용자는 올바른 형식의 전화번호를 입력하지 못할 때가 많다. 미국 사람들은 전화번호를 표시하는 몇 가지 공통적인 방법을 사용한다.

```
(123)456-7890
(123) 456-7890
123-456-7890
123.456.7890
```

이는 사용자가 양식에 전화번호를 입력할 수 있는 방법에 네 가지 가능성이 있다는 것을 의미한다. 정규표현식은 이러한 상황 중 어느 것이든 처리할 수 있을 만큼 잘 짜여 있어야 한다.

정규표현식을 구축할 때에는 왼쪽에서 시작해서 만나게 될 문자에 대한 패턴을 만들어 가는 것이 좋다. 이 예에서는 전화번호에 왼쪽 괄호가 있을 수도 없을 수도 있다. 이는 패턴을 사용해서 다음과 같이 표현할 수 있다.

```
^\(?
```

캐럿은 데이터의 시작을 나타내기 위해 사용된다. 왼쪽 괄호가 특수 문자이기 때문에 일반 문자로 사용하려면 이스케이프시켜야 한다. 물음표는 왼쪽 괄호가 대조할 데이터에 있을 수도 없을 수도 있다는 뜻이다.

다음은 세 자리 지역 코드다. 미국의 지역 코드는 2번(숫자 0이나 1로는 시작하는 코드는 없다)으로 시작해서 9까지 있다. 지역 코드를 대조해 보려면 다음과 같은 패턴을 사용하라.

```
[2-9][0-9]{2}
```

이 패턴은 첫 번째 문자에 2-9 사이의 숫자가 올 것을 요구하며 그 뒤로는 두 개의 숫자가 따른다. 지역 코드 다음에는 오른쪽 괄호가 올 수도 오지 않을 수도 있다.

```
\)?
```

지역 코드 다음에는 빈 칸이 있을 수도 없을 수도 있으며, 대시나 점이 올 수도 있다. 파이프 기호와 함께 문자 그룹을 사용하면 이들을 그룹으로 묶을 수 있다.

```
( | |-|\.)
```

첫 번째 파이프 기호는 왼쪽 괄호 바로 다음에 나타나서 빈 칸이 없는 상태를 수용한다. 점에는 이 스케이프 문자를 사용해야 한다. 그렇지 않으면 점은 모든 문자와 일치하는 것으로 해석된다.

다음은 세 자리 국번이다. 특별히 필요한 것은 없다.

```
[0-9]{3}
```

국번 다음에는 빈 칸, 대시, 점이 온다. (국번과 나머지 번호 사이에는 적어도 빈 칸이 있어야 하기 때문에 빈 칸이 없는 경우는 걱정하지 않아도 된다)

```
( |-|\.)
```

일을 마무리하기 위해, 문자열의 끝이 네 자리 번호인지 대조해야 한다.

```
[0-9]{4}$
```

이제 전체 패턴을 한데 모으면 다음과 같다.

```
^\(?[2-9][0-9]{2}\)?( | |-|\.)[0-9]{3}( |-|\.)[0-9]{4}$
```

이제 gawk 프로그램이 잘못된 전화번호를 걸러내는 정규표현식 패턴을 사용할 수 있게 되었다. 이제 gawk 프로그램에 정규표현식을 사용하는 간단한 스크립트를 작성하고 스크립트를 통해 전화 목록을 걸러내보자. gawk 프로그램에서 정규표현식 인터벌을 사용할 때에는 --re-interval 커맨드라인 옵션을 사용해야 한다. 그렇지 않으면 올바른 결과를 얻을 수 없다는 것을 명심하자.

스크립트는 다음과 같다.

```
$ cat isphone
#!/bin/bash
# script to filter out bad phone numbers
gawk --re-interval '/^\(?[2-9][0-9]{2}\)?( | |-|\¬
[0-9]{3}( |-|\.)[0-9]{4}/{print $0}'
$
```

그렇게 보이지는 않을 수 있겠지만 gawk 명령은 쉘 스크립트에서 한 줄에 쓰여 있다. 그런 다음 처리를 위해 스크립트에 전화번호를 리다이렉트할 수 있다.

```
$ echo "317-555-1234" | ./isphone
317-555-1234
$ echo "000-555-1234" | ./isphone
$ echo "312 555-1234" | ./isphone
312 555-1234
$
```

잘못된 번호를 걸러내기 위해 전화번호의 전체 파일을 리다이렉트할 수 있다.

```
$ cat phonelist
000-000-0000
123-456-7890
212-555-1234
(317)555-1234
(202) 555-9876
33523
1234567890
234.123.4567
$ cat phonelist | ./isphone
212-555-1234
(317)555-1234
(202) 555-9876
234.123.4567
$
```

정규표현식 패턴과 일치하는 유효한 전화번호만이 표시된다.

이메일 주소 분석하기

요즘은 이메일이 통신의 중요한 형태가 되었다. 이메일 주소를 만들 수 있는 방법이 아주 많기 때문에 스크립트를 만드는 이들에게 이메일 주소의 유효성 검사는 빌더에 매우 까다롭다. 다음은 이메일 주소의 기본적인 형태다.

username@hostname

username 값은 영숫자 문자를 다음의 몇 가지 특수 문자와 함께 사용할 수 있다.

- 점
- 대시

■ 더하기 기호

■ 밑줄

이러한 문자들은 유효한 이메일 사용자 ID 문자열에 나타날 수 있다. 이메일 주소의 hostname 부분은 하나 이상의 도메인 이름 및 서버 이름으로 구성되어 있다. 서버 및 도메인 이름은 영숫자 문자와 다음과 같은 특수 문자만을 허용하는 엄격한 명명 규칙을 따라야 한다.

■ 점

■ 밑줄

서버 및 도메인 이름은 각각 점으로 구분된다. 서버가 처음에 오고 지정된 하위 도메인 이름이 그 다음에 오며 마지막으로 최상위 도메인 이름이 오며 그 뒤에는 점이 붙지 않는다.

한때 최상위 도메인은 상당히 제한되어 있었고 정규표현식 패턴을 만드는 이들은 패턴에 최상위 도메인 이름 모두를 추가하려고 했다. 하지만 인터넷이 성장하면서 쓸 수 있는 최상위 도메인도 많아졌다. 이 기술은 더 이상 현실성 있는 해결책이 아니다.

왼쪽에서부터 정규표현식 패턴 구축을 시작하자. 우리는 사용자 이름에 여러 유효한 문자가 있을 수 있다는 것을 알고 있다. 이 부분은 그럭저럭 쉬운 편이다.

```
^([a-zA-Z0-9_\-\.\+]+)@
```

이 그룹은 username 부분에 적어도 하나의 문자가 있어야 한다는 뜻으로 더하기 기호와 함께 허용되는 문자를 지정한다. 다음으로 올 문자는 물론 @ 기호다.

hostname 부분의 패턴은 호스트 서버 이름 및 서브 도메인 이름과 대조하는 부분에서는 같은 기술을 사용한다.

```
([a-zA-Z0-9_\-\.]+)
```

이 패턴은 다음 텍스트와 일치한다.

```
server
server.subdomain
server.subdomain.subdomain
```

최상위 도메인에 대해서는 특별한 규칙이 있다. 최상위 도메인은 알파벳 글자이며 두 글자(국가 코드에 사용)보다는 적지 않으며 다섯 글자보다는 많지 않아야 한다. 다음 최상위 도메인을 위한 정규표현식 패턴이다.

```
\.([a-zA-Z]{2,5})$
```

이들을 한데 모은 전체 패턴은 다음과 같다.

608

```
^([a-zA-Z0-9_\-\.\+]+)@([a-zA-Z0-9_\-\.]+)\.([a-zA-Z]{2,5})$
```

이 패턴은 데이터 리스트에서 잘못된 형식의 이메일 주소를 걸러낸다. 이제 정규표현식을 구현하는 스크립트를 만들 수 있다.

```
$ echo "rich@here.now" | ./isemail
rich@here.now
$ echo "rich@here.now." | ./isemail
$
$ echo "rich@here.n" | ./isemail
$
$ echo "rich@here-now" | ./isemail
$
$ echo "rich.blum@here.now" | ./isemail
rich.blum@here.now
$ echo "rich_blum@here.now" | ./isemail
rich_blum@here.now
$ echo "rich/blum@here.now" | ./isemail
$
$ echo "rich#blum@here.now" | ./isemail
$
$ echo "rich*blum@here.now" | ./isemail
$
```

20

/////////

요약

/////////

쉘 스크립트에서 데이터 파일을 조작할 경우 정규표현식에 익숙해져야 한다. 정규표현식은 리눅스 유틸리티, 프로그래밍 언어, 애플리케이션에서 정규표현식 엔진을 사용하여 구현된다.

수많은 다양한 정규표현식 엔진을 리눅스 세계에서 사용할 수 있다. 그 중 가장 인기 있는 것은 POSIX 기본 정규표현식 (BRE) 엔진과 POSIX 확장 정규표현식 (ERE) 엔진, 이렇게 두 가지다. gawk 프로그램은 주로 BRE 엔진을 준수하는 반면 sed 편집기는 ERE 엔진에 있는 대부분의 기능을 활용한다.

정규표현식은 데이터 스트림에서 텍스트를 걸러내는 데 사용할 패턴 템플릿을 정의한다. 패턴은 표준 텍스트 문자와 특수 문자의 조합으로 구성되어 있다. 정규표현식 엔진은 다른 애플리케이션에서 와일드카드 문자를 쓰는 것과 비슷하게, 하나 또는 그보다 많은 문자와 패턴을 대조하기 위해 특수 문자를 사용한다.

문자 및 특수 문자를 조합하면 데이터의 거의 모든 유형과 일치하는 패턴을 정의할 수 있다. 그런 다음 큰 데이터 스트림으로부터 특정 데이터를 걸러 내거나 데이터 입력 애플리케이션에서 받은 입력 데이터를 검증하기 위해 sed 편집기 gawk 프로그램을 사용할 수 있다.

다음 장에서는 sed 편집기를 사용한 고급 텍스트 조작 방법을 더욱 깊이 알아본다. sed 편집기에는 큰 데이터 스트림을 처리하고 필요한 데이터를 걸러낼 때 유용하게 쓸 수 있는 고급 기능이 많이 있다.

고급 sed

이 장의 내용

제19장에서는 데이터 스트림의 텍스트를 조작하기 위한 sed 편집기의 기본을 사용하는 방법을 알아보았다. 기본 sed 편집기 명령은 일상적인 텍스트 편집에 필요한 대부분을 처리할 수 있다. 이 장에서는 sed 편집기가 제공하는 고급 기능을 살펴본다. 자주 사용하지 않는 기능들이기는 하다. 알아두면 유용할 것이다.

멀티라인 명령 보기

기본 sed 편집 명령을 사용하다 보면 뭔가 제한이 있다는 것을 눈치챌 수 있을 것이다.

모든 sed 편집기 명령은 하나의 데이터 줄에서 기능을 수행한다. sed 편집기는 데이터 스트림을 읽고 줄바꿈 문자가 있는지 여부에 따라서 데이터를 나눈다. sed 편집기는 한 번에 한 줄씩을 처리하며 정의된 스크립트 데이터로 데이터 줄을 처리한 후 다음 줄로 가서 처리를 되풀이한다.

한 줄 이상에 걸쳐 데이터 작업을 수행해야 한다. 특히 문구를 찾거나 바꾸어야 할 때는 더욱 필요하다. 데이터 안에서 Linux System Administrators Group 이라는 문구를 찾고 있다면 이 구절이 두 줄에 걸쳐 나뉘어 있을 가능성이 상당하다. 정상적인 sed 편집 명령을 사용하여 텍스트를 처리하면 이렇게 나뉘어 있는 문구를 찾아낼 수 없다.

다행히 sed 편집기를 설계한 사람은 그 상황을 생각하고 해결책을 고안했다. sed 편집기는 여러 줄의 텍스트를 처리할 때 쓸 수 있는 세 가지 특별한 명령을 포함하고 있다.

- N(next) : 멀티라인 그룹을 만들기 위해 데이터 스트림에서 다음 줄을 추가

- D(delete) : 멀티라인 그룹에서 한 줄을 삭제

- P(print) : 멀리타인 그룹의 한 줄을 인쇄

다음 절에서는 이와 같은 멀티라인 명령을 자세히 알아보고 스크립트에서 사용할 수 있는 방법을 살펴본다.

다음 줄 명령 살펴보기

멀티라인 다음 줄(next) 명령을 써 보기 전에 먼저 단일 줄 버전의 다음 줄 명령이 어떻게 동작하는 지 살펴볼 필요가 있다. 이 명령 수행 방식을 알고 나면 멀티라인 버전을 이해하기가 훨씬 쉽다.

한 줄 버전의 다음 줄 명령 사용하기

소문자 n 명령은 sed 편집기에게 명령의 시작 부분으로 돌아가지 않고 데이터 스트림 텍스트의 다음 줄로 가라고 지시한다. sed 편집기는 데이터 스트림에서 텍스트의 다음 줄로 옮겨가기 전에 한 줄에 정의된 모든 명령을 처리한다는 점을 기억하라. 한 줄 버전의 다음 줄 명령은 이러한 흐름을 바꾼다.

이는 좀 헷갈릴 수 있다. 다음 예제에서는 다섯 줄을 포함하는 데이터 파일이 있는데 그 중 두 줄은 비어 있다. 예제의 목표는 머리글 줄 이후에 있는 빈 줄을 없애지만 마지막 줄 전의 빈 줄은 건드리지 않는 것이다. 그냥 빈 줄을 제거하는 sed 스크립트를 작성하면 빈 줄이 모두 사라진다.

```
$ cat data1.txt
This is the header line.

This is a data line.

This is the last line.
$
$ sed '/^$/d' data1.txt
This is the header line.
This is a data line.
This is the last line.
$
```

없애려는 줄은 빈 줄이므로 그러한 줄을 식별하기 위해 검색할 수 있는 텍스트는 없다. 해법은 n 명령을 사용하는 것이다. 다음 예에서 스크립트는 단어 header를 포함하는 고유한 줄을 찾는다. 스크립트가 그 줄을 식별하고 나면 n 명령은 텍스트의 다음 줄인 빈 줄로 옮겨간다.

```
$ sed '/header/{n ; d}' data1.txt
```

```
This is the header line.
This is a data line.

This is the last line.
$
```

이 때 sed 편집기는 명령 리스트를 계속 처리하며 d 명령은 빈 줄을 지운다. sed 편집기가 명령 스크립트의 끝에 이르면 데이터 스트림에서 다음 텍스트 줄을 읽어 들이고 명령어 스크립트의 시작 부분부터 명령을 처리하기 시작한다. sed 편집기는 header 단어가 들어 있는 다른 줄을 찾을 수 없으므로 더 이상 지워지는 줄은 없다.

텍스트 줄 결합하기

한 줄 버전의 다음 줄 명령을 보았으므로 이제 멀티라인 버전을 살펴볼 수 있다. 한 줄 버전의 다음 줄 명령은 텍스트의 다음 줄을 sed 편집기의 처리 영역(패턴 영역(pattern space)이라고 한다)으로 옮겨 놓는다. 멀티라인 버전의 다음 줄 명령(대문자 N을 사용한다)은 이미 패턴 영역에 있는 텍스트의 다음 줄을 추가시킨다.

이렇게 되면 같은 패턴 영역에 데이터 스트림의 텍스트 두 줄을 추가한 효과가 있다. 텍스트의 줄은 여전히 줄바꿈 문자로 구분되지만 sed 에디터는 이제 텍스트의 두 줄을 한 줄처럼 처리할 수 있다.

다음은 N 명령이 동작하는 방법을 보여주는 보기다.

```
$ cat data2.txt
This is the header line.
This is the first data line.
This is the second data line.
This is the last line.
$
$ sed '/first/{ N ; s/\n/ / }' data2.txt
This is the header line.
This is the first data line. This is the second data line.
This is the last line.
$
```

sed 편집기 스크립트 'first'라는 단어가 포함되어 있는 텍스트 줄을 검색한다. 이러한 줄을 발견하면 그 줄과 다음 줄을 결합하는 N 명령을 사용한다. 바꾸기 명령(s)으로 줄바꿈 문자를 빈 칸으로 바꾼다. 그 결과 sed 편집기의 출력에서는 텍스트 파일의 두 줄이 한 줄로 표시된다.

데이터 파일의 두 줄에 나뉘어 있을 수 있는 텍스트 구문을 찾을 때 이 방법을 실제로 적용시킬 수 있다. 다음은 그 예다.

```
$ cat data3.txt
```

```
On Tuesday, the Linux System
Administrator's group meeting will be held.
All System Administrators should attend.
Thank you for your attendance.
$
$ sed 'N ; s/System Administrator/Desktop User/' data3.txt
On Tuesday, the Linux System
Administrator's group meeting will be held.
All Desktop Users should attend.
Thank you for your attendance.
$
```

바꾸기 명령은 텍스트 파일에서 System Administrator라는 특정한 두 단어로 된 문구를 찾고 있다.

문구가 한 줄에 들어 있으면 아무런 문제도 없다. 바꾸기 명령은 텍스트를 바꿀 수 있다. 그러나 문구가 두 줄로 나뉘어 있는 상황이라면 바꾸기 명령은 일치하는 패턴을 인식하지 못한다.

N 명령은 이 문제를 해결하는 데 도움이 된다.

```
$ sed 'N ; s/System.Administrator/Desktop User/' data3.txt
On Tuesday, the Linux Desktop User's group meeting will be held.
All Desktop Users should attend.
Thank you for your attendance.
$
```

첫 단어를 찾은 줄을 다음 줄과 결합하기 위해 N 명령을 사용함으로써 두 줄로 나뉘어 있는 문구를 찾아낼 수 있다.

바꾸기 명령은 System과 Administrator 단어 사이에 빈 칸 혹은 줄바꿈이 들어있을 경우를 모두 인식할 수 있는 와일드카드 패턴(.)을 사용하고 있다는 점에 주목하자. 와일드카드가 줄바꿈 문자와 일치할 경우에는 이를 문자열에서 제거하며 따라서 두 줄이 한 줄로 결합된다. 이는 정확하게 원하는 바가 아닐 수 있다.

이 문제를 해결하기 위해서는 sed 편집기 스크립트에서 두 개의 바꾸기 명령을 사용할 수 있다. 하나는 여러 줄에 걸쳐 있는 검색어를 찾고, 또 하나는 한 줄에 들어 있는 검색어를 찾기 위해서다.

```
$ sed 'N
> s/System\nAdministrator/Desktop\nUser/
> s/System Administrator/Desktop User/
> ' data3.txt
On Tuesday, the Linux Desktop
User's group meeting will be held.
All Desktop Users should attend.
Thank you for your attendance.
$
```

첫 번째 바꾸기 명령은 두 개의 검색 단어 사이에 줄바꿈 문자가 있는지 특정해서 검색하며 이를 대체 문자열로 바꾼다. 이러면 새로운 텍스트 안의 같은 지점에 줄바꿈 문자를 추가할 수 있다.

하지만 이 스크립트에는 아직 문제가 남아 있다. 스크립트는 항상 sed 편집 명령을 실행하기 전에 다음 줄의 텍스트를 읽어서 패턴 영역에 놓는다. 텍스트의 마지막 줄에 다다르면 읽을 수 있는 다음 줄이 없으므로 N 명령은 sed 편집기를 중단시킨다. 일치하는 텍스트가 데이터 스트림의 마지막 줄에 있으면 명령은 일치하는 데이터를 잡아낼 수 없다.

```
$ cat data4.txt
On Tuesday, the Linux System
Administrator's group meeting will be held.
All System Administrators should attend.
$
$ sed 'N
> s/System\nAdministrator/Desktop\nUser/
> s/System Administrator/Desktop User/
> ' data4.txt
On Tuesday, the Linux Desktop
User's group meeting will be held.
All System Administrators should attend.
$
```

System Administrator 텍스트가 텍스트 데이터 스트림의 마지막 줄에 나타나기 때문에 N 명령이 이를 놓친다. 읽어서 패턴 영역으로 옮겨 결합시킬 다음 줄이 없기 때문이다. 한 줄 버전의 명령을 N 명령 앞으로 옮겨 놓고 멀티라인 명령이 N 명령 다음에 나타나도록 함으로써 이 문제는 쉽게 해결할 수 있다.

```
$ sed '
> s/System Administrator/Desktop User/
> N
> s/System\nAdministrator/Desktop\nUser/
> ' data4.txt
On Tuesday, the Linux Desktop
User's group meeting will be held.
All Desktop Users should attend.
$
```

이제 한 줄 안에 있는 구문을 찾는 명령이 데이터 스트림 마지막 줄에 대해 잘 동작하고, 멀티라인 바꾸기 명령은 데이터 스트림 중간에 나타나는 구문을 다룬다.

멀티라인 삭제 명령 살펴보기

제19장에서는 한 줄 버전의 삭제 명령(d)을 소개했다. sed 편집기는 패턴 영역의 현재 줄을 삭제하는 데 이 명령을 사용한다. N 명령으로 작업하는 동안 한 줄 버전의 삭제 명령을 사용할 때에는 주의해야 한다.

```
$ sed 'N ; /System\nAdministrator/d' data4.txt
All System Administrators should attend.
$
```

삭제 명령은 두 줄에 걸쳐 있는 System and Administrator 문구를 찾고 패턴 영역에 있는 두 줄 모두를 지웠다. 이는 원하지 않은 결과가 될 수 있다.

sed 편집기는 패턴 영역의 첫 번째 줄만을 지우는 멀티라인 삭제 명령(D)을 제공한다. 이 명령은 줄바꿈 문자까지에 있는 모든 문자를 지우며 줄바꿈 문자도 지운다.

```
$ sed 'N ; /System\nAdministrator/D' data4.txt
Administrator's group meeting will be held.
All System Administrators should attend.
$
```

N 명령으로 패턴 영역에 있던 텍스트의 두 번째 줄은 그대로 유지된다. 이는 찾으려는 데이터가 있는 줄을 바로 앞에 나오는 텍스트의 줄을 지울 필요가 있을 때 편리하다.

다음은 데이터 스트림의 첫 번째 줄 앞에 나타나는 빈 줄을 제거하는 예다.

```
$ cat data5.txt

This is the header line.
This is a data line.

This is the last line.
$
$ sed '/^$/{N ; /header/D}' data5.txt
This is the header line.
This is a data line.

This is the last line.
$
```

이 sed 편집기 스크립트는 빈 줄을 찾으면 N 명령으로 다음 줄을 패턴 영역에 추가한다. 패턴 영역의 새로운 내용이 header 단어를 포함하는 경우, D 명령은 패턴 영역의 첫 번째 줄을 없앤다. N과 D 명령의 조합이 없다면 스크립트는 다른 모든 빈 줄을 없애지 않고서 첫 번째 빈 줄을 지울 수는 없었을 것이다.

멀티라인 인쇄 명령 살펴보기

지금까지 같은 명령의 한 줄 버전과 멀티라인 버전 사이의 차이점을 이해했을 것이다. 멀티라인 인쇄 명령(P) 역시 같은 기법을 따른다. 이 명령은 패턴 영역의 여러 줄 가운데 첫 번째 줄만 인쇄한다. 이 명령은 패턴 영역에서 줄바꿈 문자에 이를 때까지 모든 문자를 포함한다. 이 명령은 스크립트의 출력을 억제하는 -n 옵션을 사용할 때 텍스트를 표시하기 위한 한 줄 버전의 p 명령과 거의 비슷한 방법으로 쓰인다.

```
$ sed -n 'N ; /System\nAdministrator/P' data3.txt
On Tuesday, the Linux System
$
```

멀티라인 패턴 일치가 이루어지면 P 명령은 패턴 영역의 첫 줄만 인쇄한다. 멀티라인 P 명령은 N과 D 멀티라인 명령을 결합했을 때 제구실을 한다.

D 명령은 sed 편집기가 스크립트의 처음으로 돌아와서 같은 패턴 영역에 대해 스크립트를 되풀이 하도록 강제하는 독특한 기능이 있다(데이터 스트림에서 텍스트의 새로운 줄을 읽지 않는다). 명령 스크립트에 N 명령을 포함하면 패턴 영역에서 한 단계씩 진행하면서 여러 줄을 함께 대조하는 작업을 효과적으로 수행할 수 있다.

그 다음 P 명령을 사용하면 첫 번째 줄을 인쇄할 수 있고, 그 다음 D 명령으로 첫 줄을 지운 다음 스크립트의 시작으로 되돌아갈 수 있다. 다시 스크립트의 시작 부분으로 돌아왔을 때 N 명령은 텍스트의 다음 줄로 돌아와서 처리를 처음부터 다시 시작한다. 데이터 스트림의 끝에 다다를 때까지 이 과정이 반복된다.

대기 영역

패턴 영역은 명령을 처리하는 동안 sed 편집기가 검사할 텍스트를 보유하는 활성 버퍼 영역이다. 그러나 sed 편집기가 텍스트 저장을 위해 쓸 수 있는 공간이 패턴 영역 하나만 있는 것은 아니다.

sed 편집기는 대기 영역이라는 또 다른 버퍼 영역을 이용한다. 패턴 영역에서 텍스트의 줄을 가지고 작업하는 동안 다른 텍스트 줄을 임시로 보관하기 위해 대기 영역에 쓸 수 있다. [표 21-1]에 대기 영역 운영과 관련된 다섯 가지 명령어가 나와 있다.

표 21-1 sed 편집기의 대기 영역 명령들

명령	설명
h	패턴 영역을 대기 영역으로 복사한다
H	패턴 영역을 대기 영역에 추가한다
g	대기 영역을 패턴 영역으로 복사한다
G	대기 영역을 패턴 영역에 추가한다
x	패턴 영역과 대기 영역을 맞바꾼다

이 명령들을 사용하면 패턴 영역에서 텍스트를 대기 영역으로 복사할 수 있다. 이렇게 하면 패턴 영역을 비워서 처리할 다른 문자열을 불러들일 수 있다.

보통은 문자열을 대기 영역으로 옮기기 위해 h 또는 H 명령을 사용한 다음에는 결국 g, G, 또는 x 명령으로 저장된 문자열을 패턴 영역으로 다시 옮기게 될 것이다(그렇지 않다면 애초에 그 문자열을 저장하는데 신경 쓸 필요가 없었을 것이다).

두 개의 버퍼 영역이 있을 때 어떤 텍스트 줄을 어떤 버퍼 영역에 두어야 할지 결정하는 게 때로는 난감할 수 있다. 다음은 sed 편집기의 버퍼 영역 사이에서 데이터를 주고받기 위해 h 및 g 명령을 사용하는 방법을 보여주는 간단한 예제다.

```
$ cat data2.txt
This is the header line.
This is the first data line.
This is the second data line.
This is the last line.
$
$ sed -n '/first/ {h ; p ; n ; p ; g ; p }' data2.txt
This is the first data line.
This is the second data line.
This is the first data line.
$
```

이 코드 예제를 단계별로 살펴보자.

1. sed 스크립트는 단어 first를 포함하는 줄을 찾기 위한 정규표현식을 사용한다

2. 단어 first를 포함하는 줄이 나타나면 { } 안의 첫 명령인 h 명령은 이 줄을 대기 영역에 둔다

3. 다음 명령인 p 명령은 패턴 영역에 있는 내용을 출력하며, 이 때 패턴 영역에는 아직 첫 번째 데이터 줄이 있다

4. n 명령은 데이터 스트림에서 다음 줄(여기서는 두 번째 데이터 줄)을 가져온 다음 패턴 영역에

놓는다

5. p 명령은 패턴 영역의 두 번째 줄을 출력하며, 여기서는 이제 두 번째 데이터 줄이다

6. g 명령은 대기 영역의 내용(여기서는 첫 번째 데이터 줄)을 패턴 영역에 놓으며, 현재 텍스트를 대체한다

7. p 명령은 패턴 영역의 현재 내용을 출력하며, 여기서는 다시 첫 번째 데이터 줄로 돌아온다

대기 영역을 사용해서 텍스트 줄을 정리하면 두 번째 데이터 줄 다음에 첫 번째 데이터 줄이 나타나도록 만들 수 있다. 첫 번째 p 명령만 빼면 두 줄을 역순으로 출력할 수도 있다.

```
$ sed -n '/first/ {h ; n ; p ; g ; p }' data2.txt
This is the second data line.
This is the first data line.
$
```

뭔가 쓸모 있는 것이 시작되었다. 파일의 전체 텍스트 줄이 나오는 순서를 뒤집는 sed 스크립트를 만들기 위해 이 기법을 사용할 수 있다! 이를 위해서는 다음 절에서 설명할, sed 편집기의 부정형 기능을 이해할 필요가 있다.

명령을 부정형으로 만들기

제19장에서는 sed 편집기가 명령을 데이터 스트림의 모든 텍스트에 적용하거나, 단일 주소나 주소 범위로 특정하게 지정한 줄에만 적용할 수 있다는 것을 보여주었다. 데이터 스트림의 특정 주소나 주소 범위에만 적용되지 않는 명령을 구성할 수도 있다.

느낌표 명령(!)은 명령을 부정형으로 만들기 위해서 쓰인다. 이 명령은 보통이라면 명령이 활성화되어야 할 때 명령이 활성화되지 않는다는 것을 뜻한다. 다음은 이 기능을 보여주는 예다.

```
$ sed -n '/header/!p' data2.txt
This is the first data line.
This is the second data line.
This is the last line.
$
```

보통의 p 명령이라면 data2 파일 안에서 header 단어가 포함된 줄만 출력할 것이다. 느낌표를 추가하면 결과가 반대가 된다. 즉, 단어 header가 포함된 줄을 제외한 모든 줄이 출력된다.

느낌표는 여러 가지로 유용하게 적용될 수 있다. 이 장 앞쪽에 있었던 '다음 줄 명령 알아보기' 절에서 sed 편집기 명령이 데이터 스트림 마지막 줄에서는 그 다음 줄이 없었기 때문에 제구실을 못 했던 상황을 보여주었던 것을 떠올려보자. 이 문제를 해결하기 위해 느낌표를 사용할 수 있다.

```
$ sed 'N;
> s/System\nAdministrator/Desktop\nUser/
> s/System Administrator/Desktop User/
> ' data4.txt
On Tuesday, the Linux Desktop
User's group meeting will be held.
All System Administrators should attend.
$
$ sed '$!N;
> s/System\nAdministrator/Desktop\nUser/
> s/System Administrator/Desktop User/
> ' data4.txt
On Tuesday, the Linux Desktop
User's group meeting will be held.
All Desktop Users should attend.
$
```

이 예에서는 달러 기호($) 특수 주소 뒤에 N 명령과 함께 느낌표를 썼다. 달러 기호는 데이터 스트림에서 텍스트의 마지막 줄을 뜻하므로 sed 편집기는 마지막 줄에 이르렀을 때 N 명령을 실행하지 않는다. 하지만 다른 모든 줄에 대해서는 명령을 실행한다.

이 기법을 사용하면 데이터 스트림에서 텍스트 줄의 순서를 반대로 할 수도 있다. 텍스트 스트림에서 나타나는 줄의 순서를 뒤집으려면(마지막 줄이 처음에, 첫 줄이 마지막에 나타난다) 대기 영역을 사용해본다.

이와 같은 일을 하기 위해 필요한 패턴은 다음과 같다.

1. 패턴 영역에 한 줄을 놓는다

2. 이 줄을 패턴 영역으로부터 대기 영역으로 옮겨놓는다

3. 패턴 영역에 다음 줄의 텍스트를 넣는다

4. 대기 영역을 패턴 영역에 추가시킨다

5. 패턴 영역에 있는 모든 내용을 대기 영역으로 옮겨 놓는다

6. 모든 줄을 대기 영역에 역순으로 놓게 될 때까지 3에서 5 사이의 작업을 되풀이한다

7. 이 줄들을 가져와서 출력한다

[그림 21-1]은 이 과정을 좀 더 자세히 그림으로 설명한다.

이 기법을 사용할 때에는 처리되는 순서대로 줄을 표시하지 않는 게 좋다. 즉, sed에서 -n 커맨드라인 옵션을 사용해야 한다는 뜻이다. 다음으로 판단해야 할 것은 대기 영역의 텍스트를 패턴 영역텍스트에 추가하는 방법이다. G 명령을 사용하면 된다. 유일한 문제는 처리된 첫 번째 텍스트 줄에 대기 영역을 추가하지 않아야 한다는 점이다. 이는 느낌표 명령을 사용하면 쉽게 해결된다.

```
1!G
```

다음 단계는 새로운 패턴 영역(순서가 반대로 된 줄들이 추가된 텍스트 줄)을 대기 영역으로 옮기는 일이다. 이는 간단하다. h 명령을 사용하면 그만이다.

패턴 영역이 전체 데이터 스트림을 반대 순서로 가지고 있게 되면 그 결과를 출력하면 된다. 데이터 스트림의 마지막 줄에 이르렀을 때 패턴 영역에 전체 데이터 스트림이 들어있음을 알 수 있다. 결과를 인쇄하려면 다음 명령을 사용하면 된다.

```
$p
```

그림 21-1

대기 영역을 이용하여 텍스트 파일의 순서를 반대로 하기

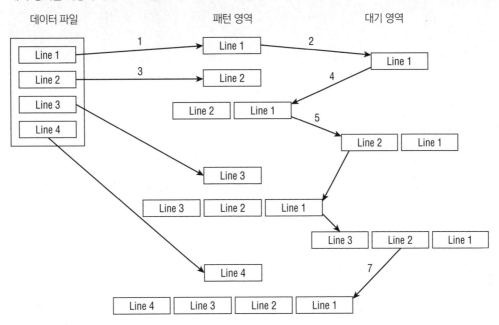

지금까지 줄의 순서를 뒤집는 sed 편집기 스크립트를 만들기 위해서 필요한 요소들을 보았다. 이제 실제로 테스트해보자.

```
$ cat data2.txt
This is the header line.
This is the first data line.
This is the second data line.
This is the last line.
$
```

```
$ sed -n '{1!G ; h ; $p }' data2.txt
This is the last line.
This is the second data line.
This is the first data line.
This is the header line.
$
```

예상대로 sed 편집기 스크립트가 실행되었다. 스크립트의 출력은 텍스트 파일의 원래의 줄 순서를 뒤집었다. 이는 sed 스크립트에서 대기 영역을 사용할 때의 능력을 보여준다. 이러한 기능은 스크립트 출력에서 줄의 순서를 조작할 수 있는 손쉬운 방법을 제공한다.

> **NOTE**
>
> 궁금한 분들을 위해, bash 쉘 명령은 텍스트 파일의 순서를 뒤집는 기능을 수행할 수 있다. tac 명령은 역순으로 텍스트 파일을 표시한다. 아마도 이 명령의 이름이 꽤 영리하다는 사실을 눈치 챌 수도 있을 것이다. 이 명령은 cat 명령의 기능을 반대 순서로 수행할 수 있기 때문이다.

흐름 바꾸기

보통 sed 편집기 처리 명령은 스크립트의 첫머리에서 시작해서 끝 방향을 향해 실행된다(예외는 D 명령으로 sed 편집기가 새로운 텍스트 줄을 읽지 않고 스크립트의 첫 머리로 돌아가게 만든다). sed 편집기 명령 스크립트의 흐름을 변경하는 구조적 프로그래밍 환경과 같은 결과를 만들기 위한 방법을 제공한다.

분기

이전 절에서 텍스트 줄에 미치는 명령의 효과를 반전시키기 위해 느낌표 명령을 사용하는 방법을 살펴보았다. sed 편집기는 주소, 주소 패턴, 주소 범위에 기반을 두고 명령의 전체 부분을 무효화시키는 방법을 제공한다. 기능으로 데이터 스트림의 특정한 부분에만 명령의 세트를 실행할 수 있도록 할 수 있다.

분기 명령의 형식은 다음과 같다.

    [*address*]b [*label*]

address 매개변수는 분기 명령을 작동시키는 줄들을 지정한다. label 매개변수는 분기할 위치를 정의한다. label 매개변수가 존재하지 않는다면, 분기 명령은 스크립트의 끝으로 간다.

```
$ cat data2.txt
This is the header line.
This is the first data line.
This is the second data line.
This is the last line.
$
$ sed '{2,3b ; s/This is/Is this/ ; s/line./test?/}' data2.txt
Is this the header test?
This is the first data line.
This is the second data line.
Is this the last test?
$
```

분기 명령은 데이터 스트림 안에서 두 번째와 세 번째 줄에 대해서는 바꾸기 명령을 건너뛴다.

스크립트의 끝으로 가는 대신 분기 명령이 건너뛸 레이블을 정의할 수도 있다. 레이블은 콜론으로 시작하고 길이는 7자까지 쓸 수 있다.

```
:label2
```

레이블을 지정하려면 이를 b 명령 다음에 추가하면 된다. 레이블을 사용하면 분기 주소와 일치할 때 일부 명령은 건너뛰지만 일부 명령은 적용시키도록 할 수 있다.

```
$ sed '{/first/b jump1 ; s/This is the/No jump on/
> :jump1
> s/This is the/Jump here on/}' data2.txt
No jump on header line
Jump here on first data line
No jump on second data line
No jump on last line
$
```

분기 명령은 줄에서 'first' 텍스트가 나타나면 프로그램이 레이블 jump1으로 건너뛰도록 지정한다. 분기 명령 패턴이 일치하지 않는 경우 sed 편집기는 스크립트 안의 명령들을 분기 레이블 이후에 있는 명령까지 포함해서 계속해서 처리한다(따라서 분기 패턴과 일치하지 않는 줄에 대해서는 세 개의 바꾸기 명령 모두가 차례대로 수행된다).

어떤 줄이 분기 패턴과 일치하면 sed 편집기는 분기 레이블로 분기한다. 따라서 마지막 바꾸기 명령만이 실행된다.

아래 예는 sed 스크립트에서 레이블 분기에 대한 또 다른 예를 보여준다. 스크립트 앞부분에 있는 레이블로 분기하도록 함으로써 반복 효과를 낼 수도 있다.

```
$ echo "This, is, a, test, to, remove, commas." | sed -n '{
```

```
> :start
> s/,//1p
> b start
> }'
This is, a, test, to, remove, commas.
This is a, test, to, remove, commas.
This is a test, to, remove, commas.
This is a test to, remove, commas.
This is a test to remove, commas.
This is a test to remove commas.
^C
$
```

스크립트에서 반복이 이루어질 때마다 텍스트 문자열에서 처음 나타나는 쉼표를 없애고 문자열을 출력한다. 이 스크립트에서는 한 가지 문제점이 있다. 절대로 끝나지 않는다는 것이다. 〈Ctrl〉 + 〈C〉 키 조합으로 직접 신호를 보내서 중지시킬 때까지 쉼표를 검색하는 무한 루프에 빠진다.

이 문제를 방지하기 위해서는 분기 명령을 찾아야 할 주소 패턴을 지정해야 한다. 패턴이 존재하지 않으면 분기는 정지한다.

```
$ echo "This, is, a, test, to, remove, commas." | sed -n '{
> :start
> s/,//1p
> /,/b start
> }'
This is, a, test, to, remove, commas.
This is a, test, to, remove, commas.
This is a test, to, remove, commas.
This is a test to, remove, commas.
This is a test to remove, commas.
This is a test to remove commas.
$
```

이제 분기 명령은 줄에 쉼표가 있을 때에만 분기한다. 마지막 쉼표가 제거된 후, 분기 명령은 실행되지 않으며 스크립트는 적절하게 종료될 수 있다.

테스트

분기 명령과 비슷하게 테스트 명령(t)도 sed 편집기 스크립트의 흐름을 바꾸기 위해 사용된다. 주소를 기반으로 레이블로 건너뛰는 대신 테스트 명령은 바꾸기 명령의 결과에 바탕을 두고 레이블로 건너뛴다.

바꾸기 명령이 성공적으로 일치하는 패턴을 찾고 바꾸기를 수행하면 테스트 명령은 지정된 레이블로 분기한다. 바꾸기 명령은 지정된 패턴과 일치하지 않으면 테스트 명령은 분기되지 않는다.

테스트 명령은 분기 명령과 같은 형식을 사용한다.

[*address*]t [*label*]

분기 명령과 마찬가지로 사용자가 레이블을 지정하지 않으면 테스트가 성공했을 때 sed는 스크립트의 끝 지점으로 분기한다.

테스트 명령은 데이터 스트림에서 텍스트에 기반을 둔 if-then 구문을 실행하는 간편한 방법을 제공한다. 예를 들어 어떤 한 바꾸기 작업이 수행된 다음에는 다른 바꾸기 작업이 실행되기를 원치 않는다면 테스트 명령이 도움이 될 수 있다.

```
$ sed '{
> s/first/matched/
> t
> s/This is the/No match on/
> }' data2.txt
No match on header line
This is the matched data line
No match on second data line
No match on last line
$
```

첫 번째 바꾸기 명령은 먼저 패턴 텍스트를 찾는다. 패턴과 일치하는 줄이 있으면 텍스트를 바꾸고 테스트 명령은 두 번째 바꾸기 명령은 건너뛴다. 첫 번째 바꾸기 명령이 패턴과 일치하지 않는 경우 두 번째 바꾸기 명령이 수행된다.

테스트 명령을 사용하면 분기 명령을 사용할 때 루프에서 빠져나오도록 할 수 있다.

```
$ echo "This, is, a, test, to, remove, commas. " | sed -n '{
> :start
> s/,//1p
> t start
> }'
This is, a, test, to, remove, commas.
This is a, test, to, remove, commas.
This is a test, to, remove, commas.
This is a test to, remove, commas.
This is a test to remove, commas.
This is a test to remove commas.
$
```

더 이상 바꿀 것이 없으면 테스트 명령은 분기하지 않으며 스크립트의 나머지 부분으로 진행한다.

패턴으로 바꾸기

데이터 스트림 안에 있는 텍스트를 바꾸기 위해 sed 명령의 패턴을 사용하는 방법을 살펴보았다. 그러나 와일드카드를 사용하면 정확히 어떤 텍스트가 그 패턴에 맞는지 알기가 쉽지 않다. 예를 들어 줄에서 일치하는 단어 주위에 겹따옴표를 붙이고 싶다고 가정해보자. 대조할 패턴으로 단지 하나의 단어를 찾는 것이라면 무척 간단하다.

```
$ echo "The cat sleeps in his hat." | sed 's/cat/"cat"/'
The "cat" sleeps in his hat.
$
```

하지만 둘 이상의 단어와 일치하는 패턴에 와일드카드 문자(.)를 사용하는 경우라면?

```
$ echo "The cat sleeps in his hat." | sed 's/.at/".at"/g'
The ".at" sleeps in his ".at".
$
```

대체 문자열은 'at' 다음에 무엇이든 한 글자가 오면 일치하는 점(.) 와일드카드 패턴을 사용했다. 하지만 대체 문자열은 일치하는 단어의 와일드카드 문자의 값에 대응되지 않는다.

앰퍼샌드 사용하기

sed 편집기는 이를 위한 해법이 있다. 앰퍼샌드 기호(&)는 바꾸기 명령에서 대응되는 패턴을 표시하기 위해 사용된다. 어떤 텍스트든 정의된 패턴과 일치한다면 앰퍼샌드 기호를 써서 대체 패턴에 이를 불러올 수 있다. 이 기능으로 정의환 패턴과 일치하는 어떤 단어든 조작할 수 있다.

```
$ echo "The cat sleeps in his hat." | sed 's/.at/"&"/g'
The "cat" sleeps in his "hat".
$
```

패턴이 단어 cat과 일치하면 바뀐 문자열에 안에 'cat'이 나온다. 만약 패턴이 hat과 일치하면 'hat' 이 바뀐 문자열에 나타난다.

21

개별 단어 바꾸기

앰퍼샌드 기호는 바꾸기 명령에서 지정한 패턴과 일치하는 전체 문자열을 검색한다. 그 문자열 가운데 일부만 가져와야 할 때도 있다. 그렇게 할 수도 있긴 하지만 조금 까다롭다.

sed 편집기는 대체 패턴 안에서 부속 문자열을 정의하기 위해 괄호를 사용한다. 그런 다음 대체 패턴에 특수 문자를 사용하면 각각의 부속 문자열 구성요소를 참조할 수 있다. 대체 문자는 백슬래시와 숫자로 구성되어 있다. 숫자는 부속 문자열 구성요소의 위치를 나타낸다. sed 편집기는 첫 번째 구성요소를 \1 문자에 할당하고, 두 번째 구성요소를 \2에 할당하는 식으로 계속해 나간다.

> **TIP**
> 대체 명령에 괄호를 사용할 때에는 이것이 일반 괄호 문자가 아니라 문자들을 묶기 위해 쓴다는 뜻으로 이스케이프 문자를 사용해야 한다. 이는 다른 특수문자를 이스케이프할 때와는 반대 개념이다.

sed 편집기 스크립트에서 이 기능을 사용하는 예를 살펴보자.

```
$ echo "The System Administrator manual" | sed '
> s/\(System\) Administrator/\1 User/'
The System User manual
$
```

이 바꾸기 명령은 단어 System 주위에 괄호를 두름으로써 부속 문자열의 구성요소를 식별한다. 그다음 처음으로 식별된 구성요소를 불러오기 위해서 대체 패턴에 \1을 사용한다. 대단한 건 없지만 와일드카드 패턴으로 작업을 할 때에는 매우 유용하다.

구문을 단지 하나의 단어로 대체해야 하며 대체하는 단어는 구문에 있는 부속 문자열이지만 그 부속 문자열이 와일드카드 문자를 통해 식별된다면 부속 문자열 구성요소가 구원의 손길을 미친다.

```
$ echo "That furry cat is pretty" | sed 's/furry \(.at\)/\1/'
That cat is pretty
$
$ echo "That furry hat is pretty" | sed 's/furry \(.at\)/\1/'
That hat is pretty
$
```

이 상황에서는 앰퍼샌드 기호를 사용하면 일치하는 패턴 전체를 바꾸므로 이 기호는 사용할 수 없다. 부속 문자열 구성요소는 해답을 제공한다. 패턴의 어떤 부분을 대체 패턴에서 사용할지 선택할 수 있다.

이러한 기능은 두 개 이상의 문자열 구성요소 사이에 텍스트를 삽입해야 할 때 특히 도움이 된다. 다음은 긴 숫자에 쉼표를 삽입하기 위해 문자열 구성 요소를 사용하는 스크립트다.

```
$ echo "1234567" | sed '{
```

```
> :start
> s/\(.*[0-9]\)\([0-9]\{3\}\)/\1,\2/
> t start
> }'
1,234,567
$
```

이 스크립트는 일치하는 패턴을 두 가지 구성요소로 분리한다.

```
*.*[0-9]
*[0-9]{3}
```

이 패턴은 두 개의 부속 문자열을 찾는다. 첫 번째 부속 문자열은 개수에 관계없는 문자들로 숫자로 끝난다. 두 번째 문자열은 세 자리 문자열의 연속이다(정규표현식에 괄호를 사용하는 방법에 대한 자세한 내용은 제20장 참조). 이 패턴이 텍스트에서 발견되면 대체 텍스트는 두 구성요소 사이에 쉼표를 넣으며, 각 구성요소는 그 위치에 따라서 식별된다. 이 스크립트는 쉼표가 모두 들어갈 때까지 숫자를 차례대로 반복하는 테스트 명령을 사용한다.

스크립트에 sed 명령 넣기

sed 편집기의 다양한 부분을 알아보았으므로 이들을 모아서 쉘 스크립트에서 사용할 때가 왔다. 이 절에서는 bash 쉘 스크립트에서 sed 편집기를 사용할 때 알아야 할 몇 가지 기능을 알아본다.

래퍼 사용하기

sed 편집기 스크립트를 실제 사용하기는 복잡하고 성가신 면이 있는데 특히 스크립트가 길어지면 더욱 귀찮다고 느낄 수 있을 것이다. 사용할 때마다 전체 스크립트를 다시 입력하는 대신 sed 편집기 명령을 쉘 스크립트에 넣을 수 있다. 래퍼(wrapper)는 sed 편집기 스크립트와 커맨드라인 사이에서 중개자 역할을 한다.

쉘 스크립트 안에 명령을 넣고 나면 일반적인 쉘 변수와 매개변수를 sed 편집기 스크립트에 쓸 수 있다. 다음은 sed 스크립트의 입력으로 커맨드라인 매개변수를 사용하는 예다.

```
$ cat reverse.sh
#!/bin/bash
# Shell wrapper for sed editor script.
#               to reverse text file lines.
#
sed -n '{ 1!G ; h ; $p }' $1
```

```
#
$
```

쉘 스크립트는 데이터 스트림의 텍스트 줄들을 역순으로 바꾸기 위해 sed 편집기 스크립트를 사용한다. 스크립트는 커맨드라인에서 첫 번째 파라미터를 가져오기 위해 $1 쉘 매개변수를 사용하며, 이는 역순으로 바꿀 파일의 이름이다.

```
$ ./reverse.sh data2.txt
This is the last line.
This is the second data line.
This is the first data line.
This is the header line.
$
```

이제 매번 커맨드라인에 전체 명령을 다시 입력할 필요 없이, 어떤 파일에 대해서든 sed 편집기 스크립트를 사용할 수 있게 되었다.

sed 출력을 리다이렉트하기

기본적으로 sed 편집기는 스크립트의 결과를 STDOUT에 출력한다. 쉘 스크립트에서는 sed 편집기의 출력을 리다이렉트할 수 있는 모든 표준 방법을 사용할 수 있다.

스크립트에서 나중에 사용할 목적으로 sed 편집기 명령의 출력을 변수로 리다이렉트하기 위해 달러 기호/괄호, 즉 $() 기호를 사용할 수 있다. 다음은 숫자 계산의 결과에 쉼표를 추가하기 위해 sed 스크립트를 사용하는 예다.

```
$ cat fact.sh
#!/bin/bash
# Add commas to number in factorial answer
#
factorial=1
counter=1
number=$1
#
while [ $counter -le $number ]
do
    factorial=$[ $factorial * $counter ]
    counter=$[ $counter + 1 ]
done
#
result=$(echo $factorial | sed '{
:start
```

```
s/\(.
t start
}')
#
echo "The result is $result"
#
$
$ ./fact.sh 20
The result is 2,432,902,008,176,640,000
$
```

일반적인 계승 계산 스크립트를 사용한 다음 스크립트의 결과는 쉼표를 추가하기 위해 sed 편집기 스크립트의 입력으로 사용된다. 그 다음 이 값은 결과를 만들어내기 위해 echo 문에 사용된다.

sed 유틸리티 만들기

이 장에서 지금까지 제시된 짧은 예에서 보았듯이, sed 편집기로 데이터의 모양을 멋지게 바꾸기 위해 할 수 있는 일이 많았다. 이 절은 일반적인 데이터 처리 기능을 수행하기 위한 몇 가지 편리한 공통 sed 편집기 스크립트를 소개한다.

두 줄 간격으로 띄우기

텍스트 파일의 줄 사이에 빈 줄을 삽입하는 간단한 sed 스크립트로 시작해보자.

```
$ sed 'G' data2.txt
This is the header line.

This is the first data line.

This is the second data line.

This is the last line.

$
```

정말 간단하다! 이 스크립트의 핵심은 대기 영역의 기본값이다. G 명령은 대기 영역의 내용을 현재의 패턴 영역에 추가하는 것이 전부라는 점을 기억하자. sed 편집기를 시작하면 대기 영역에는 빈 줄이 포함되어 있다. 이를 기존 줄에 추가하면 기존 줄에 다음에 빈 줄을 넣게 된다.

이 스크립트는 파일의 끝 부분에도 빈 줄을 넣게 되므로 데이터 스트림의 마지막 줄에 빈 줄을 추가하는 것을 알 수 있다. 마지막의 빈 줄을 없애고 싶다면 부정형 기호와 마지막 줄 기호를 써서 스크립트가 데이터 스트림의 마지막 줄에 빈 줄을 추가하지 않도록 할 수 있다.

```
$ sed '$!G' data2.txt
This is the header line.

This is the first data line.

This is the second data line.

This is the last line.
$
```

이제 조금 더 나아 보인다. 마지막 줄이 아니라면 G 명령은 대기 영역의 내용을 추가한다. sed 에디터가 마지막 줄에 이르렀을 때에는 G 명령을 건너뛴다.

빈 칸이 있을 수 있는 파일의 간격 조정

한 줄 띄우기에서 한 발짝 더 나아가 보자. 어떤 텍스트 파일이 이미 몇 군데에 빈 줄이 있지만 모든 줄을 두 줄 간격으로 만들고 싶다면? 이전의 스크립트를 사용하면 기존의 빈 줄이 각각에도 빈 줄이 하나씩 더 들어가므로 몇몇 곳에서는 빈 줄이 너무 많아질 것이다.

```
$ cat data6.txt
This is line one.
This is line two.

This is line three.
This is line four.
$
$ sed '$!G' data6.txt
This is line one.

This is line two.


This is line three.

This is line four.
$
```

원래 빈 줄이 있었던 곳에 빈 줄이 세 개가 되었다. 이 문제에 대한 해결책은 먼저 데이터 스트림에서 빈 줄을 지운 다음 G 명령을 사용해서 새로운 빈 줄을 삽입하는 것이다. 기존의 빈 줄을 지우려면 d 명령을 빈 줄과 일치하는 패턴과 함께 사용하면 된다.

```
/^$/d
```

이 패턴은 줄 시작 태그(^ 기호) 및 줄 끝 태그($ 기호)를 사용한다. 스트립트에 이 패턴을 추가하면 원하는 결과가 만들어진다.

```
$ sed '/^$/d ; $!G' data6.txt
This is line one.

This is line two.

This is line three.

This is line four.
$
```

완벽하다! 이제 예상대로 동작한다.

파일에 줄 번호 매기기

제19장에서는 데이터 스트림 줄에 줄 번호를 표시하기 위해 등호를 사용하는 방법을 보여주었다.

```
$ sed '=' data2.txt
1
This is the header line.
2
This is the first data line.
3
This is the second data line.
4
This is the last line.
$
```

줄 번호가 데이터 스트림의 실제 줄 위에 있기 때문에 읽기에 어색할 수 있다. 더 나은 해법은 텍스트와 같은 줄에 줄 번호를 놓는 것이다.

N 명령을 사용해서 라인을 결합하는 방법을 보았으므로 이를 sed 편집기 스크립트에 활용하는 것은 그리 어려운 일은 아니다. 그러나 이 유틸리티의 까다로운 점은 같은 스크립트에서 두 명령을 결합할 수 없다는 것이다.

등호 명령의 결과를 얻은 다음, 두 줄을 결합하는 N 명령을 사용하는 또 다른 sed 편집기 스크립트로 그 출력을 파이프할 수 있다. 줄바꿈 문자를 빈 칸이나 탭 문자로 바꾸는 바꾸기 명령을 사용해야 한다. 최종 해법은 다음과 같은 모양일 것이다.

```
$ sed '=' data2.txt | sed 'N; s/\n/ /'
1 This is the header line.
2 This is the first data line.
3 This is the second data line.
4 This is the last line.
$
```

이제 훨씬 더 나아 보인다. 프로그램으로 작업을 할 때 오류 메시지에 사용되는 줄 번호를 봐야 할 경우에 쓸 수 있는 작지만 좋은 유틸리티다.

줄 번호를 더할 수 있는 bash 쉘 명령이 있다. 그러나 몇 가지가 추가된다(또한 원하지 않을 수 있는 간격도 생긴다).

```
$ nl data2.txt
     1  This is the header line.
     2  This is the first data line.
     3  This is the second data line.
     4  This is the last line.
$
$ cat -n data2.txt
     1  This is the header line.
     2  This is the first data line.
     3  This is the second data line.
     4  This is the last line.
$
```

앞에서 만든 sed 편집기 스크립트는 간격을 추가로 만들지 않고도 출력을 처리한다.

마지막 줄 출력하기

지금까지는 데이터 스트림에 있는 모든 줄 또는 특정 패턴과 일치하는 줄만을 출력하기 위한 p 명령을 사용하는 방법을 살펴보았다. 하지만 로그 파일 같은 긴 목록의 마지막 몇 줄만 보고 싶다면?

달러 기호는 데이터 스트림의 마지막 줄을 나타내므로 마지막 줄만을 표시하는 것은 쉽다.

```
$ sed -n '$p' data2.txt
This is the last line.
$
```

그렇다면 데이터 스트림의 끝에 있는 여러 줄을 표시하려면 달러 기호를 어떻게 써야 할까? 해답은 롤링 윈도우를 만드는 것이다.

롤링 윈도우는 N 명령을 사용하여 조합한 패턴 영역 안의 텍스트 행의 블록을 다루기 위해 널리 쓰이는 방법이다. N 명령은 패턴 영역에 이미 있는 텍스트에 다음 줄의 텍스트를 추가한다. 패턴 영역에 10줄 분량의 텍스트 블록을 저장한 다음, 달러 기호를 사용하여 데이터 스트림의 마지막에 이르렀는지 확인할 수 있다. 아직 마지막에 이르지 못했다면 패턴 영역에 더 많은 줄을 계속 추가하는 한편으로 원래의 줄을 제거한다(패턴 영역의 첫 번째 행을 지우는 D 명령을 기억하라).

N과 D 명령을 되풀이함으로써 패턴 영역의 블록에 새로운 줄을 추가하면서 가장 오래된 줄은 지운다. 이러한 루프에 분기 명령은 완벽하게 들어맞는다. 루프를 종료하려면 마지막 줄인지 확인한 다음 종료하기 위해 q 명령을 사용하면 된다.

최종적인 sed 편집기 스크립트는 다음과 같다.

```
$ cat data7.txt
This is line 1.
This is line 2.
This is line 3.
This is line 4.
This is line 5.
This is line 6.
This is line 7.
This is line 8.
This is line 9.
This is line 10.
This is line 11.
This is line 12.
This is line 13.
This is line 14.
This is line 15.
$
$ sed '{
> :start
> $q ; N ; 11,$D
> b start
> }' data7.txt
This is line 6.
This is line 7.
This is line 8.
This is line 9.
This is line 10.
This is line 11.
This is line 12.
This is line 13.
```

```
This is line 14.
This is line 15.
$
```

스크립트의 첫 번째 줄은 데이터 스트림의 마지막 줄인지를 검사한다. 마지막 줄이라면 종료 명령으로 루프를 중단시킨다. N 명령은 패턴 영역에 있는 현재 줄에 다음 줄을 추가한다. 11,$D 명령은 현해 줄이 10번째 줄 이후라면 패턴 영역의 첫 번째 행을 지운다. 이 명령은 패턴 영역에서 슬라이딩 윈도우 효과를 만든다. sed 프로그램 스크립트는 data7.txt 파일의 마지막 10줄을 표시한다.

줄 지우기

sed 편집기의 또 다른 유용한 유틸리티는 데이터 스트림에서 불필요한 빈 줄을 없애는 것이다. 데이터 스트림에서 모든 빈 줄을 제거하기는 쉽지만 선택적으로 빈 줄을 제거하려면 약간의 독창성이 필요하다. 이 절에서는 데이터에서 불필요한 빈 줄을 제거하는 데 사용할 수 있는 빠른 sed 편집기 스크립트 몇 가지를 안내한다.

연속된 빈 줄 지우기

데이터 파일에 빈 줄이 갑자기 나타나면 귀찮은 일이 될 수 있다. 빈 줄을 포함한 데이터 파일은 자주 등장하지만 어떤 데이터 줄은 빈 줄이 너무 많다(이전에 한 줄 띄우기의 예에서 본 바와 같이).

연속된 빈 줄을 없애는 가장 쉬운 방법은 주소 범위를 사용하여 데이터 스트림을 검사하는 것이다. 제19장에서는 주소 범위에 패턴을 결합시키는 방법을 포함해서 주소의 범위를 사용하는 방법을 보았다. sed 편집기는 지정된 주소 범위 안에서 일치하는 모든 줄에 대해 명령을 실행한다.

연속된 빈 줄을 지우기 위한 열쇠는 빈 줄이 아닌 줄과 빈 줄을 포함하는 주소 범위를 만드는 것이다. sed 에디터가 이 범위에 오면 줄을 지우지 말아야 한다. 반면 그러한 범위(두 줄 이상 연속으로 빈 줄인 경우)와 일치하지 않는 줄이라면 줄을 지워야 한다.

다음은 이 작업을 수행하는 스크립트다.

```
/./,/^$/!d
```

범위는 /./ to /^$/ 이다. 범위의 시작 주소는 적어도 하나의 문자가 포함된 줄과 일치한다. 범위의 마지막 주소는 빈 줄과 일치한다. 이 범위 안에 들어가는 줄은 지워지지 않는다.

실제 스크립트를 사용해 보면 다음과 같다.

```
$ cat data8.txt
This is line one.


This is line two.
```

```
This is line three.



This is line four.
$
$ sed '/./,/^$/!d' data8.txt
This is line one.

This is line two.

This is line three.

This is line four.
$
```

파일의 데이터 줄 사이에 얼마나 많은 빈 줄이 있는지에 관계없이 출력은 줄 사이에 빈 줄을 하나만 놓는다.

시작 부분의 빈 줄 지우기

데이터 파일이 시작할 때 빈 줄을 여러 개 포함하고 있는 것도 성가시다. 텍스트 파일로부터 데이터 베이스로 데이터를 옮기려고 할 때 빈 줄은 아무 것도 없는 항목을 만들고, 이 데이터를 사용해서 계산을 하려다가 문제가 생길 수 있다.

데이터 스트림의 앞에 있는 빈 줄을 제거하는 것은 어렵지 않다. 그와 같은 기능을 수행하는 스크립트는 다음과 같다.

```
/./,$!d
```

스크립트는 어떤 줄을 지울지를 판단하기 위해 주소 범위를 사용한다. 범위는 문자를 포함한 줄로 시작해서 데이터 스트림의 끝까지 이어진다. 이 범위 안에 들어가는 모든 줄은 출력에서 삭제되지 않는다. 이는 문자를 포함하는 첫 번째 줄 앞에 있는 줄은 삭제된다는 것을 뜻한다.

실제 사용 예를 보자.

```
$ cat data9.txt


This is line one.

This is line two.
$
$ sed '/.123-456-7890d' data9.txt
```

```
This is line one.

This is line two.
$
```

테스트 파일은 데이터 줄 전에 두 개의 빈 줄을 포함하고 있다. 스크립트는 데이터 안에 있는 빈 줄은 건드리지 않으면서 처음에 나오는 빈 줄은 모두 없앤다.

끝에 있는 빈 줄 지우기

하지만 끝에 있는 빈 줄을 지우는 일은 처음에 나오는 빈 줄을 지우는 것만큼 간단하지가 않다. 데이터 스트림의 마지막 부분을 지우는 것처럼 데이터 스트림의 끝에 있는 빈 줄을 지우는 일은 약간의 독창성과 작은 루프를 필요로 한다.

설명을 시작하기 전에 먼저 스크립트가 어떤 식인지 보자.

```
sed '{
:start
/^\n*$/{$d; N; b start }
}'
```

처음에는 조금 이상하게 보일 수 있다. 일반적인 스크립트 사이에 중괄호가 있는 것을 볼 수 있다. 이렇게 하면 전체 명령 스크립트 안에서 명령을 그룹화할 수 있다. 명령의 그룹은 지정된 주소 패턴에 적용된다. 주소 패턴은 줄바꿈 문자가 포함된 줄과 일치한다. 이러한 줄을 찾았을 때 이것이 마지막 줄이면 삭제 명령이 그 줄을 지운다. 마지막 줄이 아니라면 N 명령은 다음 줄을 추가하고 분기 명령이 처음으로 돌아가서 되풀이한다.

다음 스크립트의 실제 사용 예다.

```
$ cat data10.txt
This is the first line.
This is the second line.



$ sed '{
> :start
> /^\n*$/{$d ; N ; b start }
> }' data10.txt
This is the first line.
This is the second line.
$
```

스크립트는 성공적으로 텍스트 파일의 끝에서 빈 줄을 없앴다.

HTML 태그 없애기

요즘은 웹 사이트에서 텍스트를 다운로드해서 저장하거나 애플리케이션에서 사용하는 것은 드문 일이 아니다. 그러나 웹 사이트에서 텍스트를 다운로드 할 때 데이터의 형식을 만드는 데 사용되는 HTML 태그도 같이 따라온다. 그저 데이터를 보는 것이라면 이는 문제가 된다.

표준 HTML 웹 페이지는 페이지 정보를 적절하게 표시하는 데 필요한 서식 기능을 지정하는 여러 가지 HTML 태그를 포함한다. 다음은 HTML 파일의 보기다.

```
$ cat data11.txt
<html>
<head>
<title>This is the page title</title>
</head>
<body>
<p>
This is the <b>first</b> line in the Web page.
This should provide some <i>useful</i>
information to use in our sed script.
</body>
</html>
$
```

HTML 태그는 〈 부등호와 〉 부등호로 식별된다. 대부분의 HTML 태그는 쌍으로 되어 있다. 하나의 태그는 서식화 작업을 시작하고(예를 들어 굵은 글씨를 위한 〈b〉 태그) 다른 태그는 서식화 작업을 끝낸다. (예를 들어 굵은 글씨를 해제하는 〈/b〉 태그) 주의하지 않으면 HTML 태그를 작업이 문제가 생긴다. 언뜻 보기에 HTML 태그를 제거하는 방법은 그저 〈 기호로 시작되고 〉 기호로 끝나며 두 기호 사이에 데이터가 있는 문자열을 찾아서 없애는 것이라고 생각할 수 있다.

```
s/<.*>//g
```

하지만 이 명령은 의도하지 않은 결과를 낳을 수 있다.

```
$ sed 's/<.*>//g' data11.txt




This is the  line in the Web page.
This should provide some
information to use in our sed script.
```

```
$
```

제목 텍스트, 굵고 기울임꼴로 된 텍스트가 사라진 것을 알 수 있다. sed 편집기는 스크립트의 뜻이 〈 기호와 〉 기호 사이에 있는 모든 텍스트 뜻한다고 해석한다. 심지어 다른 〈 및 〉 기호까지 포함해서! 텍스트가 HTML 태그로 묶일 때마다 (〈b〉first〈/b〉) sed 스크립트는 그 안에 있는 텍스트를 모두 지워버린다.

이 문제에 대한 해결책은 sed 편집기가 원래의 태그 안에 들어 있는 모든 〈 기호를 무시하는 것이다. 이를 위해 〈 기호를 부정형으로 만드는 문자 클래스를 만들 수 있다. 스크립트는 다음과 같이 바뀐다.

```
s/<[^>]*>//g
```

이 스크립트는 이제 웹 페이지 HTML에서 보아야 할 데이터만 올바르게 보여준다.

```
$ sed 's/<[^>]*>//g' data11.txt


This is the page title



This is the first line in the Web page.
This should provide some useful
information to use in our sed script.


$
```

이제 좀 나아졌다. 좀 더 깔끔하게 하려면 성가신 빈 줄을 없애는 삭제 명령을 추가할 수 있다.

```
$ sed 's/<[^>]*>//g ; /^$/d' data11.txt
This is the page title
This is the first line in the Web page.
This should provide some useful
information to use in our sed script.
$
```

훨씬 간결해졌다. 이제 봐야 할 데이터만 남아 있다.

요약

sed 편집기는 여러 줄에 걸친 텍스트 패턴에 대한 작업을 할 수 있는 고급 기능을 제공한다. 이 장에서는 데이터 스트림의 다음 줄을 가져와서 패턴 영역에 배치하기 위한 다음 줄 명령을 사용하는 방법을 보여주었다. 패턴 영역 안에서는 두 줄 이상에 분산된 구문을 바꿀 수 있는 바꾸기 명령을 수행할 수 있다.

멀티라인 삭제 명령은 패턴 영역이 두 개 이상의 줄을 포함할 때 첫 번째 줄만 지울 수 있다. 이는 데이터 스트림에서 여러 줄을 차례대로 되풀이할 때 편리한 방법이다. 마찬가지로 멀티라인 인쇄 명령은 패턴 영역이 두 줄 이상의 텍스트를 포함했을 때 첫 번째 줄만 인쇄할 수 있다. 멀티라인 명령의 조합을 사용하면 데이터 스트림을 차례대로 되풀이하고 여러 줄에 걸쳐서 바꾸기 작업을 하는 시스템을 만들 수 있다.

다음으로는 대기 영역을 다루었다. 대기 영역을 사용하면 텍스트 줄을 보관해 놓은 다음 다른 텍스트 줄을 처리할 수 있다. 언제든지 대기 영역의 내용을 불러와서 패턴 영역에 있는 텍스트를 대체하거나 패턴 영역의 텍스트에 대기 영역의 내용을 덧붙일 수도 있다. 대기 영역을 사용하면 데이터 스트림을 정렬할 수 있으며, 데이터에 나타나는 텍스트 줄의 순서를 반대로 할 수 있다.

다음으로는 다양한 sed 편집기 흐름 제어 명령들을 검토했다. 분기 명령은 루프를 만들거나 특정 조건에서 명령을 건너뜀으로써 스크립트에서 sed 편집기 명령의 정상적인 흐름을 변경하는 방법을 제공한다. 테스트 명령은 sed 편집기 명령 스크립트에 if-then 유형의 구문을 제공한다. 테스트 명령은 그 앞의 바꾸기 명령이 줄 안의 텍스트를 성공적으로 바꾸었을 때에만 분기한다.

이 장에서는 쉘 스크립트에서 sed 스크립트를 사용하는 방법을 논의하면서 마무리했다. 규모가 큰 sed 스크립트를 위해 널리 쓰이는 기법은 쉘 래퍼 안에 스크립트를 넣는 것이다. 커맨드라인 값을 전달하기 위해 sed 스크립트 안에서 커맨드라인 매개변수를 사용할 수 있다. 이렇게 하면 커맨드라인에서, 심지어 쉘 스크립트에서 곧바로 sed 스크립트를 편리하게 활용할 수 있다.

다음 장에서는 gawk 세상을 더욱 깊이 파고 들어간다. gawk 프로그램은 높은 수준의 프로그래밍 언어의 여러 기능을 지원한다. gawk 만으로도 상당히 복잡한 데이터 조작 및 보고 프로그램을 만들 수 있다. 다음 장에서는 다양한 프로그래밍 기능에 대해 설명하고 이러한 기능을 간단한 데이터로부터 나만의 멋진 보고서를 만드는 데 사용하는 방법을 보여줄 것이다.

고급 gawk

이 장의 내용

gawk 다시 살펴보기

gawk에서 변수 사용하기

구조적 명령 사용하기

맞춤령 출력 서식 만들기

함수로 작업하기

제19장에서는 원본 데이터 파일로부터 서식화된 보고서를 만들기 위해 쓰이는 gawk 프로그램의 기본을 설명했다. 이 장에서는 보고서를 만들어내기 위해 gawk 프로그램을 사용자 정의하는 방법을 더욱 깊이 있게 알아볼 것이다. gawk 프로그램은 데이터를 조작하는 고급 프로그램을 작성할 수 있는 기능을 제공하는 본격적인 프로그래밍 언어다. 다른 프로그래밍 언어로부터 쉘 스크립트의 세계로 뛰어들었다면 gawk를 쓸 때 고향에 돌아온 듯한 편안함을 느낄 수 있을 것이다. 이 장에서는 앞으로 다루어야 할 어떠한 데이터 형식화 문제도 처리할 수 있는 프로그램을 만들기 위해 gawk 프로그래밍 언어를 사용하는 방법을 알아본다.

변수 사용하기

프로그래밍 언어에서 중요한 기능은 변수를 사용하여 값을 저장하고 불러오는 것이다. gawk 프로그래밍 언어는 두 가지 유형의 변수를 지원한다.

- 내장 변수

- 사용자 정의 변수

gawk를 사용할 때에는 여러 가지 내장 변수를 사용할 수 있다. 내장 변수는 데이터 파일 안의 데이터 필드와 레코드를 다룰 때 사용할 정보를 포함하고 있다. gawk 프로그램에서 변수를 새로 정의할 수도 있다. 다음 절에서는 gawk 프로그램에서 변수를 사용하는 방법을 안내한다.

내장 변수

gawk 프로그램은 프로그램 데이터의 특정한 특징을 참조하기 위해 내장 변수를 사용한다. 이 절에서는 gawk 프로그램에서 사용할 수 있는 내장 변수를 설명하고 이를 사용하는 방법을 보여준다.

필드와 레코드 분리 변수

제19장에서는 gawk에서 사용할 수 있는 내장 변수 중 한 가지를 보여주었다. 바로 데이터 필드 변수다. 데이터 필드 변수는 달러 기호 및 레코드 안에서 데이터 필드의 위치를 나타내는 숫자를 사용하여 데이터 레코드 안에서 데이터 필드의 위치를 참조할 수 있다. 따라서 레코드의 첫 번째 데이터 필드를 참조하려면 $1 변수를 사용한다. 두 번째 데이터 필드를 참조하려면 $2 변수를 사용하는 식으로 계속 이어진다.

데이터 필드는 필드 구분자로 구분된다. 기본적으로 필드 구분자는 빈 칸이나 탭과 같은 화이트스페이스 문자다. 제19장에서는 -F 커맨드라인 매개변수를 사용하거나 gawk 프로그램 안에서 특수한 내장 변수인 FS를 사용하여 필드 구분자를 바꾸는 방법을 보여주었다.

FS 내장 변수는 gawk 프로그램이 입력 및 출력 데이터에서 필드와 레코드를 처리하는 방법을 제어하는 방법을 통제하는 내장 변수 그룹에 속해 있다. [표 22-1]은 이 그룹에 포함 내장 변수를 보여준다.

표 22-1 gawk 데이터 필드 및 레코드 변수

변수	설명
FIELDWIDTHS	각 데이터 필드의 정확한 폭(칸의 수)을 정의한 숫자의 목록으로 빈 칸으로 구분된다
FS	입력 필드 구분자
RS	입력 레코드 구분자
OFS	출력 필드 구분자
ORS	출력 레코드 구분자

FS 및 OFS 변수는 gawk 프로그램이 데이터 스트림에서 데이터 필드를 처리하는 방법을 정의한다. 어떤 문자로 레코드에서 데이터 필드를 구분할지를 정의하는 FS 변수를 사용하는 방법은 이미 살펴보았다. OFS 변수는 같은 기능을 수행하지만 인쇄 명령을 사용한 출력에 관한 변수다.

gawk는 OFS 변수에 빈 칸을 설정하며, 다음과 같은 명령어를 사용할 때에는,

```
print $1,$2,$3
```

다음과 같은 출력을 보게 될 것이다.

```
    field1 field2 field3
```

이러한 기능을 다음 예에서 볼 수 있다.

```
$ cat data1
data11,data12,data13,data14,data15
data21,data22,data23,data24,data25
data31,data32,data33,data34,data35
$ gawk 'BEGIN{FS=","} {print $1,$2,$3}' data1
data11 data12 data13
data21 data22 data23
data31 data32 data33
$
```

인쇄 명령은 출력의 각 데이터 필드 사이에 자동으로 OFS 변수 값을 놓는다. OFS 변수를 설정함으로써 출력 데이터 필드를 구분하기 위해 임의의 문자열을 사용할 수 있다.

```
$ gawk 'BEGIN{FS=","; OFS="-"} {print $1,$2,$3}' data1
data11-data12-data13
data21-data22-data23
data31-data32-data33
$ gawk 'BEGIN{FS=","; OFS="--"} {print $1,$2,$3}' data1
data11--data12--data13
data21--data22--data23
data31--data32--data33
$ gawk 'BEGIN{FS=","; OFS="<-->"} {print $1,$2,$3}' data1
data11<-->data12<-->data13
data21<-->data22<-->data23
data31<-->data32<-->data33
$
```

FIELDWIDTHS 변수를 쓰면 필드 구분자를 사용하지 않고 레코드를 읽을 수 있다. 일부 애플리케이션에서는 필드 구분자를 사용하는 대신 데이터가 레코드 안에서 특정한 열에 놓인다. 이러한 상황에서는 레코드 안의 데이터의 레이아웃과 일치하도록 FIELDWIDTHS 변수를 설정한다.

FIELDWIDTHS 변수를 설정하면 gawk는 FS를 무시하고 제공된 필드 폭의 크기에 따라 데이터 필드를 계산한다. 필드 구분자 대신 필드 폭을 사용하는 예는 다음과 같다.

```
$ cat data1b
1005.3247596.37
115-2.349194.00
05810.1298100.1
$ gawk 'BEGIN{FIELDWIDTHS="3 5 2 5"}{print $1,$2,$3,$4}' data1b
```

```
100 5.324 75 96.37
115 -2.34 91 94.00
058 10.12 98 100.1
$
```

FIELDWIDTHS 변수는 네 개의 데이터 필드를 정의하고 gawk 프로그램은 그 기준으로 데이터 레코드를 분리한다. 각 레코드에서 숫자의 문자열은 정의된 필드 폭 값을 기준으로 분리된다.

RS 및 ORS 변수는 gawk 프로그램이 데이터 스트림에서 레코드를 처리하는 방법을 정의한다. 기본적으로 gawk는 RS와 ORS 변수를 줄바꿈 문자로 설정한다. 기본 변수값 RS는 입력 데이터 스트림에서 각각의 새로운 텍스트의 줄이 새로운 레코드임을 뜻한다.

데이터 필드가 데이터 스트림에서 여러 줄에 걸쳐 퍼져있을 때가 있다. 이러한 전형적인 예는 주소와 전화번호를 각각 별개의 줄에 포함하고 있는 데이터다.

```
Riley Mullen
123 Main Street
Chicago, IL 60601
(312)555-1234
```

기본 FS 및 RS 변수값을 사용하여 이 데이터를 읽으려고 하면 gawk는 각 줄을 별개의 레코드로 읽어 들이고 레코드 안에 있는 각 빈 칸을 필드 구분자로 해석한다. 이는 원했던 결과가 아니다.

이 문제를 해결하기 위해서는 FS 변수를 줄바꿈 문자로 설정할 필요가 있다. 이는 데이터 스트림의 각 줄이 필드를 구분하며 한 줄 안에 있는 모든 데이터가 하나의 데이터 필드임을 뜻한다. 하지만 이렇게 했을 때에는 새로운 레코드가 어디서 시작할지를 알 수 없다.

이 문제를 해결하기 위해서는 빈 RS 변수를 빈 문자열로 설정하고 데이터 스트림에서 데이터 레코드 사이에 빈 줄을 둔다. gawk 프로그램은 각각의 빈 줄을 레코드 구분자로 해석한다.

다음은 이 기법을 사용한 예다.

```
$ cat data2
Riley Mullen
123 Main Street
Chicago, IL  60601
(312)555-1234

Frank Williams
```

```
456 Oak Street
Indianapolis, IN  46201
(317)555-9876

Haley Snell
4231 Elm Street
Detroit, MI 48201
3.
$ gawk 'BEGIN{FS="\n"; RS=""} {print $1,$4}' data2
Riley Mullen (312)555-1234
Frank Williams (317)555-9876
Haley Snell (313)555-4938
$
```

완벽하다! gawk 프로그램은 파일에 있는 각각의 줄을 데이터 필드로 간주하고 빈 줄을 레코드 구분자로 해석했다.

데이터 변수

필드와 레코드 분리 변수 말고도 gawk는 당신이 데이터에서 무슨 일이 일어나고 있는지 파악하고 쉘 환경에서 정보를 추출하는 데 도움이 되는 내장 변수를 제공한다. [표 22-2]는 gawk의 다른 내장 변수를 보여준다.

표 22-2 더 많은 gawk 내장 변수

변수	설명
ARGC	제공되는 커맨드라인 매개변수의 수
ARGIND	현재 처리되고 있는 파일의 ARGV 인덱스
ARGV	커맨드라인 매개변수의 배열
CONVFMT	번호 변환 형식 (print 문 참조), 기본값은 %.6 g다
ENVIRON	현재 쉘 환경 변수와 그 값의 연관 배열
ERRNO	입력 파일을 읽거나 닫을 때 오류가 일어났다면 그 시스템 오류
FILENAME	gawk 프로그램에서 입력을 위해 사용되는 데이터 파일의 이름
FNR	데이터 파일의 현재 레코드 번호
IGNORECASE	0이 아닌 값으로 설정하면 gawk 명령에서 사용되는 문자열의 대소문자 구분을 무시한다
NF	데이터 파일에서 데이터 필드의 전체 개수
NR	처리된 입력 레코드의 수

OFMT	숫자를 표시하기 위한 출력 형식, 기본값은 %.6 g다
RLENGTH	match 함수에서 일치하는 부속 문자열의 길이
RSTART	match 함수에서 일치하는 부속 문자열의 시작 인덱스

쉘 스크립트 프로그래밍에서는 이러한 변수 가운데 몇 가지를 인식해야 한다. ARGC 및 ARGV 변수를 쓰면 쉘로부터 커맨드라인 매개변수의 수와 그 값을 얻을 수 있다. gawk 프로그램은 프로그램 스크립트를 커맨드라인 매개변수의 일부로 포함하지 않음을 주의하자.

```
$ gawk 'BEGIN{print ARGC,ARGV[1]}' data1
2 data1
$
```

ARGC 변수는 두 개의 매개변수가 커맨드라인에 있음을 나타낸다. 여기에는 gawk 명령과 data1 매개변수(프로그램 스크립트는 매개변수에 포함되지 않는다는 점을 기억하라)가 포함된다. ARGV 배열은 인덱스 0으로 시작되며 이는 명령을 뜻한다. 첫 번째 배열 값은 gawk 명령 다음에 나오는 첫 번째 커맨드라인 매개변수다.

> **NOTE**
>
> 스크립트에서 gawk 변수를 참조할 때에는 쉘 변수와는 달리 변수 이름 앞에 달러 기호를 붙이지 않는다.

ENVIRON 변수는 조금 이상하게 보일 수 있다. 이 변수는 쉘 환경 변수를 얻기 위해 연관 배열을 사용한다. 연관 배열이란 인덱스 값으로 숫자 대신 텍스트를 사용한다.

배열 인덱스의 텍스트는 쉘 환경 변수다 배열의 값은 쉘 환경 변수의 값이다. 다음은 이 배열의 예다.

```
$ gawk '
> BEGIN{
> print ENVIRON["HOME"]
> print ENVIRON["PATH"]
> }'
/home/rich
/usr/local/bin:/bin:/usr/bin:/usr/X11R6/bin
$
```

ENVIRON["HOME"] 변수는 쉘에서 HOME 환경 변수 값을 가져온다. 마찬가지로 ENVIRON["PATH"] 변수는 PATH 환경 변수 값을 가져온다. gawk 프로그램에서 사용하기 위해서 쉘에서 어떠한 환경 변수 값이든 가져와야 할 때 이 기법을 사용할 수 있다.

FNR, NF 및 NR 변수는 gawk 프로그램에서 데이터 필드와 레코드를 추적하려고 할 때 편리하다.
필드 레코드에 정확히 얼마나 많은 데이터가 있는지 모르는 상황에 놓일 수 있다. NF 변수를 써서
위치를 알 필요 없이 레코드에서 마지막 데이터 필드를 지정할 수 있다.

```
$ gawk 'BEGIN{FS=":"; OFS=":"} {print $1,$NF}' /etc/passwd
rich:/bin/bash
testy:/bin/csh
mark:/bin/bash
dan:/bin/bash
mike:/bin/bash
test:/bin/bash
$
```

NF 변수는 데이터 파일의 마지막 데이터 필드의 숫자 값을 포함하고 있다. 그 앞에 달러 기호를 붙
이면 데이터 필드 변수로 사용할 수 있다.

FNR 및 NR 변수는 서로 비슷하지만 약간은 다르다. FNR 변수는 현재 데이터 파일에서 처리된 레
코드의 수를 포함한다. NR 변수는 처리된 레코드의 전체 수를 포함한다. 둘 사이의 차이를 보기 위
해 몇 가지 예를 살펴보자.

```
$ gawk 'BEGIN{FS=","}{print $1,"FNR="FNR}' data1 data1
data11 FNR=1
data21 FNR=2
data31 FNR=3
data11 FNR=1
data21 FNR=2
data31 FNR=3
$
```

이 예에서 gawk 프로그램 커맨드라인은 두 개의 입력 파일을 정의한다(여기서는 같은 입력 파일을 두
번 지정했다). 스크립트는 첫 번째 데이터 필드 값과 FNR 변수의 현재 값을 출력한다. gawk 프로그
램이 두 번째 데이터 파일을 처리할 때 FNR 값이 1로 초기화된 것에 주목하라.

이제, NR 변수를 추가하고 어떤 결과가 나오는지 보자.

```
$ gawk '
> BEGIN {FS=","}
> {print $1,"FNR="FNR,"NR="NR}
> END{print "There were",NR,"records processed"}' data1 data1
data11 FNR=1 NR=1
data21 FNR=2 NR=2
data31 FNR=3 NR=3
data11 FNR=1 NR=4
data21 FNR=2 NR=5
```

```
data31 FNR=3 NR=6
There were 6 records processed
$
```

gawk 프로그램이 두 번째 데이터 파일을 처리할 때 FNR 변수는 값이 초기화되지만 NR 변수는 두 번째 데이터 파일에서도 수를 유지하면서 카운트된다. 결론은 입력에 데이터 파일을 하나만 사용할 때에는 FNR과 NR 값이 같다는 것이다. 입력을 위해 다수의 데이터 파일을 사용하는 경우, FNR 값은 각각의 데이터 파일마다 초기화되지만 NR 값은 모든 데이터 파일에 걸쳐 값을 유지하면서 카운트된다.

> **NOTE**
>
> gawk 프로그램을 사용할 때 gawk 스크립트가 쉘 스크립트의 나머지 부분보다 커질 수 있다는 사실을 알 수 있다. 이 장의 예에서는 이야기를 단순화시키기 위해 쉘의 멀티라인 기능을 이용해서 커맨드라인에서 직접 gawk 스크립트를 실행한다. 쉘 스크립트에 gawk를 사용하면 각각의 gawk 명령을 별개의 줄에 배치해야 한다. 이렇게 하면 쉘 스크립트에서 한 줄에 모든 것을 우겨넣는 것보다 읽거나 따라 하기가 훨씬 쉽다. gawk 스크립트를 다른 쉘 스크립트에서 사용할 때에는 별도의 파일에 gawk 스크립트를 저장하고 -f 매개변수를 사용하여 이를 참조할 수 있다(제19장 참조).

사용자 정의 변수

다른 명실상부한 프로그래밍 언어처럼 gawk 프로그램은 프로그램 코드 안에서 사용자 정의 변수를 정의할 수 있다. gawk 사용자 정의 변수 이름으로는 문자, 숫자 및 밑줄을 몇 자든 쓸 수 있지만 숫자로 시작할 수는 없다. gawk 변수 이름이 대소문자를 구분한다는 점을 잊지 말자.

스크립트에서 변수 할당하기

gawk 프로그램에서 변수에 값을 할당하려면 쉘 스크립트와 비슷하게 할당문을 사용한다.

```
$ gawk '
> BEGIN{
> testing="This is a test"
> print testing
> }'
This is a test
$
```

print 명령문의 출력은 testing 변수의 현재 값이다. 쉘 스크립트 변수와 마찬가지로 gawk 변수에는 숫자 또는 텍스트 중 하나의 값을 저장할 수 있다.

```
$ gawk '
> BEGIN{
> testing="This is a test"
> print testing
> testing=45
> print testing
> }'
This is a test
3.
$
```

이 예에서 testing 변수의 값은 텍스트 값으로부터 숫자 값으로 변환되었다.

할당문은 숫자 값을 처리하기 위한 수학적 알고리즘을 포함할 수 있다.

```
$ gawk 'BEGIN{x=4; x= x * 2 + 3; print x}'
11
$
```

이 예에서 볼 수 있듯이 gawk 프로그래밍 언어는 숫자 값을 처리하기 위한 표준 수학 연산자를 지원한다. 여기에는 나머지 기호(%) 및 지수 기호(^ 또는 ** 기호를 사용한다)도 포함될 수 있다.

커맨드라인에서 변수 할당하기

gawk 프로그램 변수에 값을 할당하기 위해서 gawk 커맨드라인을 사용할 수도 있다. 이 기능으로 일반적인 코드의 바깥에서 값을 설정하고 그때그때 값을 바꿀 수도 있다. 다음은 파일에서 특정 데이터 필드를 표시하기 위해 커맨드라인 변수를 사용하는 예다.

```
$ cat script1
BEGIN{FS=","}
{print $n}
$ gawk -f script1 n=2 data1
data12
data22
data32
$ gawk -f script1 n=3 data1
data13
data23
data33
$
```

이 기능을 사용하면 실제 스크립트 코드를 변경할 필요 없이 스크립트의 동작을 바꿀 수 있다. 첫 번째 예는 파일의 두 번째 데이터 필드를 표시하는 반면 두 번째 커맨드라인에서는 n 변수의 값을 설정함으로써 세 번째 데이터 필드를 표시한다.

변수 값을 정의하기 위해 커맨드라인 매개변수를 사용할 때에는 한 가지 문제가 있다. 변수를 설정하면 그 값은 코드의 BEGIN 부분에서는 사용할 수 없다.

```
$ cat script2
BEGIN{print "The starting value is",n; FS=","}
{print $n}
$ gawk -f script2 n=3 data1
The starting value is
data13
data23
data33
$
```

-v 커맨드라인 매개변수를 사용하면 문제를 해결할 수 있다. 이렇게 하면 코드의 BEGIN 부분 앞에서 설정할 변수를 지정할 수 있다. -v 커맨드라인 매개변수는 커맨드라인에서 스크립트 코드 앞에 있어야 한다.

```
$ gawk -v n=3 -f script2 data1
The starting value is 3
data13
data23
data33
$
```

이제 n 변수는 코드의 BEGIN 부분 안에서도 커맨드라인에서 설정한 값을 포함하고 있다.

배열로 작업하기

많은 프로그래밍 언어는 하나의 변수에 여러 값을 저장하기 위한 배열을 제공한다. gawk 프로그래밍 언어는 연관 배열을 사용하여 배열 기능을 제공한다.

연관 배열은 인덱스 값이 텍스트 문자열이 될 수 있다는 점에서 수치 배열과는 다르다. 배열에 포함되는 데이터 요소를 식별하기 위해서 일련번호를 사용할 필요가 없다. 대신, 연관 배열은 값을 참조하기 위한 이런저런 문자열들로 구성되어 있다. 각 인덱스 문자열은 유일해야 하며 할당된 데이터 요소를 유일하게 식별해야 한다. 다른 프로그래밍 언어에 익숙하다면 연관배열은 해시 맵 또는 사전과 같은 개념이다.

다음 절에서는 gawk 프로그램에서 연관 배열 변수를 사용하는 법을 안내한다.

배열 변수 정의하기

표준 할당 문을 사용하여 배열 변수를 정의할 수 있다. 배열 변수를 할당하는 형식은 다음과 같다.

```
var[index] = element
```

이 예에서 var는 변수의 이름이며, Index는 연관되는 배열 인덱스 값, element는 데이터 요소의 값이다. 다음은 gawk 배열 변수의 몇 가지 예다.

```
capital["Illinois"] = "Springfield"
capital["Indiana"] = "Indianapolis"
capital["Ohio"] = "Columbus"
```

배열 변수를 참조할 때에는 해당 데이터 요소 값을 얻기 위해서 인덱스 값을 포함해야 한다.

```
$ gawk 'BEGIN{
> capital["Illinois"] = "Springfield"
> print capital["Illinois"]
> }'
Springfield
$
```

배열 변수를 참조하면 데이터 요소 값이 나타난다. 이는 또한 숫자 데이터 요소 값에 대해서도 잘 동작한다.

```
$ gawk 'BEGIN{
> var[1] = 34
> var[2] = 3
> total = var[1] + var[2]
> print total
> }'
37
$
```

이 예에서 볼 수 있듯이 배열 변수는 gawk 프로그램의 다른 변수들처럼 사용할 수 있다.

배열 변수를 통해 반복 작업하기

연관 배열 변수의 문제는 인덱스 값이 무엇인지 알 수 있는 방법이 없을지도 모른다는 것이다. 인덱스 값에 대해 일련번호를 사용하는 수치 배열과는 달리, 연관 배열 인덱스는 무엇이든 될 수 있기 때문이다.

gawk에서 연관 배열을 사용해서 차례대로 반복 작업을 해야 하는 경우에는 특별한 형식의 for 구문을 사용할 수 있다.

```
for (var in array)
{
  statements
}
```

for 문이 statement 부분을 되풀이할 때마다 변수 var에는 연관 배열 array의 다음 인덱스 값이 지정된다. var 변수에 데이터 요소 값이 아니라 인덱스의 값이 지정된다는 것을 기억하는 것이 중요하다. 배열 인덱스 값으로서 이 변수를 사용하면 데이터 요소 값을 쉽게 가져올 수 있다.

```
$ gawk 'BEGIN{
> var["a"] = 1
> var["g"] = 2
> var["m"] = 3
> var["u"] = 4
> for (test in var)
> {
>     print "Index:",test," - Value:",var[test]
> }
> }'
Index: u  - Value: 4
Index: m  - Value: 3
Index: a  - Value: 1
Index: g  - Value: 2
$
```

인덱스 값이 특정한 순서로 지정되는 것은 아니지만 각각 그에 대응되는 데이터 값을 참조한다는 점에 주목하자. 이 점을 알고 있는 것이 중요하다. 인덱스 값이 같은 순서대로 지정될 것이라고는 확신할 수 없다. 다만 인덱스 값과 데이터 값이 대응될 뿐이기 때문이다.

배열 변수 지우기

연관 배열에서 배열 인덱스를 제거하려면 특별한 명령이 필요하다.

```
delete array[index]
```

delete 명령은 배열로부터 연관 인덱스 값에 대응되는 데이터 요소 값을 제거한다.

```
$ gawk 'BEGIN{
> var["a"] = 1
```

```
> var["g"] = 2
> for (test in var)
> {
>    print "Index:",test," - Value:",var[test]
> }
> delete var["g"]
> print "---"
> for (test in var)
>    print "Index:",test," - Value:",var[test]
> }'
Index: a  - Value: 1
Index: g  - Value: 2
---
Index: a  - Value: 1
$
```

연관 배열에서 인덱스 값을 지운 뒤에는 이를 검색할 수 없다.

패턴 사용하기

gawk 프로그램은 sed 편집기와 마찬가지로 데이터 레코드를 걸러내기 위한 여러 종류의 패턴 대조를 지원한다. 제19장에서는 두 가지 특수한 패턴을 실제로 사용하는 것을 보여주었다. BEGIN 및 END 키워드는 명령문을 데이터 스트림 데이터를 읽기 전 또는 읽은 다음에 실행시키는 특수한 패턴이다. 이와 비슷하게 데이터 스트림에 나타나는 데이터와 일치할 때 명령문을 실행시키기 위한 다른 패턴을 만들 수 있다.

이 절에서는 gawk 스크립트에서 프로그램 스크립트가 적용되는 레코드를 제한하기 위해 패턴 대조를 사용하는 방법을 보여줄 것이다.

정규표현식

제20장에서는 패턴 대조를 위해 정규표현식을 사용하는 방법을 보여주었다. 데이터 스트림에서 어떤 줄에 프로그램 스크립트를 적용할지 걸러내기 위해 기본 정규표현식(BRE) 또는 확장 정규표현식(ERE)을 사용할 수 있다.

정규표현식을 사용할 때 정규표현식은 이를 제어하는 프로그램 스크립트의 왼쪽 중괄호 앞에 나와야 한다.

```
$ gawk 'BEGIN{FS=","} /11/{print $1}' data1
```

```
data11
$
```

정규표현식 /11/은 데이터 필드의 아무 곳에서나 문자열 11을 포함하는 레코드와 일치한다. gawk 프로그램은 필드 구분자를 포함하여 레코드의 모든 데이터 필드에 대해서 정규표현식을 대조한다.

```
$ gawk 'BEGIN{FS=","} /,d/{print $1}' data1
data11
data21
data31
$
```

이 예는 정규표현식이 필드 구분 기호로 사용되는 쉼표와 일치한다. 이는 언제나 좋지는 않다. 다른 데이터 필드에 나타날 수 있는 데이터를 한 데이터 필드에만 특정해서 대조하려고 할 때에는 문제가 될 수 있기 때문이다. 특정 데이터 인스턴스에 정규표현식을 대조해야 하는 경우에는 대조 연산자를 사용해야 한다.

대조 연산자

대조 연산자를 사용하면 레코드에서 특정 데이터 필드로 정규표현식을 제한할 수 있다. 대조 연산자는 물결표 기호(~)다. 사용자는 데이터 필드 변수, 대조할 정규표현식과 함께 대조 연산자를 지정할 수 있다.

```
$1 ~ /^data/
```

$1 변수는 레코드의 첫 번째 데이터 필드를 뜻한다. 이 구문은 첫 번째 데이터 필드가 텍스트 data로 시작되는 레코드를 걸러낸다. 다음은 gawk 프로그램 스크립트에 대조 연산자를 사용한 예다.

```
$ gawk 'BEGIN{FS=","} $2 ~ /^data2/{print $0}' data1
data21,data22,data23,data24,data25
$
```

대조 연산자는 /^data2/ 정규표현식을 두 번째 데이터 필드와 비교한다. 표현식은 텍스트 data2로 시작되는 문자열을 뜻한다.

이는 데이터 파일의 특정 데이터 요소를 검색하기 위해 gawk 프로그램 스크립트에서 널리 사용되는 강력한 도구다.

```
$ gawk -F: '$1 ~ /rich/{print $1,$NF}' /etc/passwd
rich /bin/bash
$
```

이 예에서는 첫 번째 데이터 필드에서 텍스트 rich를 검색한다. 레코드에서 패턴을 찾으면 레코드의 첫 번째와 마지막 필드 값을 출력한다.

또한 ! 기호를 사용하여 정규표현식을 부정형으로 대조할 수 있디.

```
$1 !~ /expression/
```

정규표현식이 레코드에서 발견되지 않으면 프로그램 스크립트가 레코드 데이터에 적용된다.

```
$ gawk —F: '$1 !~ /rich/{print $1,$NF}' /etc/passwd
root              /bin/bash
daemon /bin/sh
bin /bin/sh
sys /bin/sh
--- output truncated ---
$
```

이 예에서 gawk 프로그램 스크립트는 /etc/passwd 파일에서 사용자 ID가 rich와 일치하지 않는 모든 항목의 사용자 ID와 쉘을 출력한다!

수학식

정규표현식 말고도 수학 표현식을 패턴 대조에 사용할 수 있다. 데이터 필드에 숫자 값을 대조할 때 이 기능은 유용하다. 예를 들어 루트 사용자 그룹(그룹 번호 0)에 속하는 모든 시스템 사용자를 표시하려면 다음 스크립트를 사용할 수 있다.

```
$ gawk -F: '$4 == 0{print $1}' /etc/passwd
root
sync
shutdown
halt
operator
$
```

이 스크립트는 네 번째 데이터 필드의 값이 0인 레코드를 검사한다. 이 예의 리눅스 시스템에서는 다섯 개의 사용자 계정이 루트 사용자 그룹에 속한다.

일반적인 수학 비교식을 모두 사용할 수 있다.

- x == y : 값 x와 y가 같다

- x <= y: 값 x가 y보다 작거나 같다

- x < y: 값 x는 y보다 작다

- x >= y: 값 x는 y:보다 크거나 같다

- x > y: 값 x는 y보다 크다

텍스트 데이터에도 이러한 식을 사용할 수 있지만 주의해야 한다. 정규표현식과는 달리 수학식은 정확히 일치해야 한다. 데이터는 패턴과 정확히 일치해야 한다.

```
$ gawk -F, '$1 == "data"{print $1}' data1
$
$ gawk -F, '$1 == "data11"{print $1}' data1
data11
$
```

어떤 레코드도 첫 번째 데이터 필드 값이 data가 아니기 때문에 첫 번째 테스트에서는 일치하는 레코드가 없다. 두 번째 테스트는 값이 data11인 한 개 레코드와 일치한다.

구조적 명령

gawk 프로그래밍 언어는 구조적 프로그래밍 명령의 일반적인 형태를 지원한다. 이 절에서는 이러한 명령을 설명하고 gawk 프로그래밍 환경 안에서 사용하는 방법을 보여줄 것이다.

if 구문

gawk 프로그래밍 언어는 표준 if -then-else 형식의 if 구문을 지원한다. if 문의 괄호 안에는 평가할 조건을 지정해야 한다. 조건이 TRUE 상태로 평가되면 if 문 바로 뒤에 나오는 명령문이 실행된다. 조건이 FALSE로 평가되면 명령문은 생략된다. 다음과 같은 형식을 사용한다.

```
if (condition)
    statement1
```

다음과 같이 한 줄에 놓을 수도 있다.

```
if (condition) statement1
```

다음은 이러한 형식을 보여주는 간단한 예다.

```
$ cat data4
10
5
13
```

```
50
34
$ gawk '{if ($1 > 20) print $1}' data4
50
34
$
```

그렇게 복잡하지는 않다. if 구문에서 여러 명령문을 실행해야 한다면 중괄호로 묶어야 한다.

```
$ gawk '{
> if ($1 > 20)
> {
>   x = $1 * 2
>   print x
> }
> }' data4
100
68
$
```

if 문의 중괄호와 프로그램을 스크립트를 시작하고 끝내기 위한 중괄호를 혼동하지 않도록 주의하라. 헷갈리면 gawk 프로그램은 누락된 중괄호를 감지하고 오류 메시지를 낸다.

```
$ gawk '{
> if ($1 > 20)
> {
> X = $ 1 * 2
>   print x
> }' data4
gawk: cmd. line:6: }
gawk: cmd. line:6:  ^ unexpected newline or end of string
$
```

gawk if 문은 조건이 실패할 경우에 하나 이상의 명령문을 실행할 수 있도록 else 구문을 지원한다. 다음은 else 구문을 사용하는 예다.

```
$ gawk '{
> if ($1 > 20)
> {
>   x = $1 * 2
>   print x
> } else
> {
```

```
>    x = $1 / 2
>    print x
> }}' data4
5
2.5
6.5
100
68
$
```

else 구문을 같은 줄에 쓸 수도 있지만 if 구문 부분 다음에 세미콜론을 사용해야 한다.

```
if (condition) statement1; else statement2
```

다음은 한 줄 형식을 사용한 예다.

```
$ gawk '{if ($1 > 20) print $1 * 2; else print $1 / 2}' data4
5
2.5
6.5
100
68
$
```

이 형식은 더 간결하지만 따라하기 어려울 수 있다.

while 문

while 문은 gawk 프로그램에 기본 루프 기능을 제공한다. 다음은 while 문의 형식이다.

```
while (condition)
{
   statements
}
```

while 루프는 데이터의 세트를 차례대로 되풀이하면서 반복 작업을 중단할 조건을 검사한다. 각 레코드마다 계산에 사용할 여러 가지 데이터 값이 있을 때 유용하다.

```
$ cat data5
130 120 135
160 113 140
145 170 215
```

```
$ gawk '{
> total = 0
> i = 1
> while (i < 4)
> {
>    total += $i
>    i++
> }
> avg = total / 3
> print "Average:",avg
> }' data5
Average: 128.333
Average: 137.667
Average: 176.667
$
```

while 문은 레코드의 데이터 필드를 차례대로 거쳐 가면서 각각의 값을 total 변수에 더하고 카운터 변수 i를 증가시키는 반복 작업을 한다. 카운터 값이 4가 되면 while 조건은 FALSE가 되고 루프는 중단되며, 스크립트에 있는 다음 명령문으로 넘어간다. 이 명령문은 평균을 계산하고 평균을 출력 한다. 이 과정은 데이터 파일의 각 레코드에 대하여 되풀이된다. gawk 프로그래밍 언어는 while 루프 중간에서 빠져나갈 수 있는 break과 continue 문을 지원한다.

```
$ gawk '{
> total = 0
> i = 1
> while (i < 4)
> }'
>    total += $i
>    if (i == 2)
>        break
>    i++
> }
> avg = total / 2
> print "The average of the first two data elements is:",avg
> }' data5
The average of the first two data elements is: 125
The average of the first two data elements is: 136.5
The average of the first two data elements is: 157.5
$
```

i 변수의 값이 2면 while 루프에서 벗어나기 위해 break 문이 사용되었다.

do-while 문

do-while 문은 while 문과 비슷하지만 조건문을 확인하기 전에 명령문을 수행한다. do-while 문의 형식은 다음과 같다.

```
do
{
  statements
} while (condition)
```

이 형식은 조건을 평가하기 전에 명령문이 적어도 한 번 실행된다는 것을 보장한다. 이는 조건을 평가하기 전에 명령문을 수행해야 하는 경우에 유용하다.

```
$ gawk '{
> total = 0
> i = 1
> do
> {
>    total += $i
>    i++
> } while (total < 150)
> print total }' data5
250
160
315
$
```

스크립트는 각 레코드의 필드 데이터를 읽어 들이고, 누적값이 150에 이를 때까지 합계를 낸다. 첫 데이터 필드가 150이 넘어가면(두 번째 레코드에서 보듯이) 스크립트는 조건을 평가하기 전에 적어도 첫 데이터 필드를 읽어 들이는 것은 보장한다.

for 문

for 문은 많은 프로그래밍 언어에서 널리 쓰이는 방법이다. gawk 프로그래밍 언어는 C 스타일의 루프를 지원한다.

```
for( variable assignment; condition; iteration process)
```

이는 하나의 명령문에 여러 가지 기능을 결합하여 루프를 간소화한다.

```
$ gawk '{
> total = 0
```

```
> for (i = 1; i < 4; i++)
> {
>    total += $i
> }
> avg = total / 3
> print "Average:",avg
> }' data5
Average: 128.333
Average: 137.667
Average: 176.667
$
```

22

for 루프의 반복 카운터를 정의하면 while 문을 사용할 때처럼 이를 직접 증가시키느라 신경쓸 필요가 없다.

서식화된 출력

print 문은 gawk 프로그램이 데이터를 표시하는 방법에 많은 제어권을 주지는 않는다. 할 수 있는 일이라고는 출력 필드 구분자(OFS)를 제어하는 게 전부다. 상세한 보고서를 작성할 때에는 데이터를 특정 형식으로 특정 위치에 놓아야 한다.

해법은 형식화된 인쇄 명령인 printf를 부르는 것이다. C 프로그래밍에 익숙한 분이라면 gawk의 printf 명령도 똑같은 방식으로 동작하므로 데이터를 표시하는 방법에 대한 자세한 지침을 쉽게 알 수 있을 것이다.

printf 명령의 형식은 다음과 같다.

```
printf "format string", var1, var2 . . .
```

형식 문자열은 서식화된 출력의 열쇠다. 형식 문자열은 텍스트 구성요소 및 형식 지정자를 사용하여 형식화된 출력이 어떻게 표시되는지를 정확하게 지정한다. 형식 지정자는 표시할 변수의 유형과 이 변수가 표시되는 방법을 나타내는 특별한 코드다. gawk 프로그램은 각각의 형식 지정자를 명령에 나열된 각 변수에 대한 위치 표시로 사용한다. 첫 번째 형식 지정자는 나열된 첫 번째 변수와 일치하고 두 번째는 두 번째 변수와 일치하는 식이다.

서식 지정자는 다음 형식을 사용한다.

```
%[modifier]control-letter
```

이 예에서 control-letter(제어 문자)는 어떤 데이터 값 유형이 표시될지를 지정하는 한 개의 글자이며, modifier(변경자)는 선택적인 서식화 기능을 정의한다.

[표 22-3]은 서식 지정자에 사용할 수 있는 제어 문자를 보여준다.

표 22-3 서식 지정자 제어 글자

제어 글자	설명
c	번호를 ASCII 문자로 표시한다
d	정수 값을 표시한다
i	정수 값을 표시한다(d와 같다)
e	숫자를 과학적 표기법으로 표시한다
f	부동 소수점 값을 표시한다
g	과학적 표기법 또는 부동 소수점 중 짧은 쪽으로 표시한다
o	8진수 값을 표시한다
s	텍스트 문자열을 표시한다
x	16진수 값을 표시한다
X	16진수 값을 표시하지만 A부터 F까지의 대문자를 사용한다

따라서 문자열 변수를 표시해야 하는 경우에는 형식 지정자 %s를 사용한다. 정수 변수를 표시해야 한다면 %d 또는 %i를 사용한다(%d는 10진수에 대한 C 스타일 지정자다). 과학적 표기법으로 큰 값을 표시하려면 %e 형식 지정자를 사용한다.

```
$ gawk 'BEGIN{
> x = 10 * 100
> printf "The answer is: %e\n", x
> }'
The answer is: 1.000000e+03
$
```

제어 문자 말고도 출력을 더욱 많이 제어하기 위한 세 가지 변경자를 사용할 수 있다.

- 폭 : 출력 필드의 최소 폭을 지정하는 숫자 값이다. 출력이 그보다 짧은 경우, printf는 텍스트를 오른쪽 정렬하는 방법으로 남는 공간을 빈 칸으로 채운다. 출력이 지정된 폭보다 크면 폭의 값보다 우선함

- 자릿수 : 부동 소수점 숫자의 소수점 이하 부분에 표시할 숫자의 수, 또는 텍스트 문자열에 표시되는 문자의 최대 숫자를 지정하는 숫자 값

■ - (빼기 부호) : 마이너스 기호는 형식화된 공간에 데이터를 표시할 때 오른쪽 정렬 대신 왼쪽 정렬을 사용할 것을 지정

printf 문을 사용하면 출력이 표시되는 방식을 완벽하게 제어할 수 있다. 예를 들어, '내장 변수' 절에서는 print 명령을 사용해서 데이터 필드를 표시했다.

```
$ gawk 'BEGIN{FS="\n"; RS=""} {print $1,$4}' data2
Riley Mullen (312)555-1234
Frank Williams (317)555-9876
Haley Snell (313)555-4938
$
```

출력을 좀 더 보기 좋게 만들기 위한 도움을 받을 목적으로 printf 명령을 사용할 수 있다. 먼저 print 문을 printf로 변환하는 것까지만 하고 어떻게 되는지 보자.

```
$ gawk 'BEGIN{FS="\n"; RS=""} {printf "%s %s\n", $1, $4}' data2
Riley Mullen  (312)555-1234
Frank Williams  (317)555-9876
Haley Snell  (313)555-4938
$
```

print 명령과 같은 출력을 만들어냈다. printf 명령은 두 개의 문자열 값에 대한 위치 표시로 %s 서식 지정자를 사용한다.

printf 명령의 마지막에는 줄바꿈 문자를 추가해서 강제로 줄을 바꾸어야 한다는 점에 유의하라. 이렇게 하지 않으면 printf 명령은 같은 줄에 다음 출력을 한다.

이는 같은 줄에 여러 가지를 인쇄해야 하지만 별개의 printf를 써야 할 때에는 유용하다.

```
$ gawk 'BEGIN{FS=","} {printf "%s ", $1} END{printf "\n"}' data1
data11 data21 data31
$
```

두 printf 출력이 같은 줄에 나타난다. 줄을 끝내기 위해서는 END 섹션에서 줄바꿈 문자 하나를 출력한다.

다음으로, 첫 번째 문자열 값의 서식을 바꾸기 위해서 변경자를 사용하자.

```
$ gawk 'BEGIN{FS="\n"; RS=""} {printf "%16s  %s\n", $1, $4}' data2
   Riley Mullen  (312)555-1234
Frank Williams  (317)555-9876
   Haley Snell  (313)555-4938
$
```

변경자 16을 추가하면 첫 번째 문자열의 출력을 16칸으로 강제했다. 기본적으로 printf 명령 서식 공간에 데이터를 배치할 때 오른쪽 정렬을 사용한다. 왼쪽으로 정렬하려면 변경자에 − 기호를 더하면 된다.

```
$ gawk 'BEGIN{FS="\n"; RS=""} {printf "%-16s  %s\n", $1, $4}' data2
Riley Mullen        (312)555-1234
Frank Williams      (317)555-9876
Haley Snell         (313)555-4938
$
```

이제 그럭저럭 전문가의 솜씨처럼 보인다!

부동 소수점 값을 처리할 때에도 printf 명령은 편리하다. 변수의 서식을 지정하면 출력을 좀 더 일정하게 만들 수 있다.

```
$ gawk '{
> total = 0
> for (i = 1; i < 4; i++)
> {
>    total += $i
> }
> avg = total / 3
> printf "Average: %5.1f\n",avg
> }' data5
Average: 128.3
Average: 137.7
Average: 176.7
$
```

%5.1f 서식 지정자를 사용하면 부동 소수점 값을 소수점 한 자리까지만 표시하도록 printf 명령에게 강제할 수 있다.

내장 함수

gawk 프로그래밍 언어는 일반적인 수학, 문자열, 심지어 시간 기능을 수행하는 내장 함수를 제공한다. gawk 프로그램에서 이러한 함수들을 활용하면 스크립트 코딩에 필요한 내용을 줄이는 데 도움이 된다. 이 절에서는 gawk에서 사용할 수 있는 여러 가지 내장 함수를 안내한다.

수학 함수

어떤 종류의 언어로 프로그래밍을 했든지 아마도 일반적인 수학 기능을 수행하는 내장 함수를 코드에서 익숙하게 사용해 보았을 것이다. gawk 프로그래밍 언어는 고급 수학 기능을 원하는 이들을 실망시키지 않는다.

[표 22-4]는 gawk에서 사용할 수 있는 수학 내장 함수를 보여준다.

표 22-4 gawk 수학 함수

함수	설명
atan2(x, y)	x / y의 아크탄젠트 값, x와 y 값은 라디안 단위
cos(x)	x의 코사인 값, x는 라디안 단위
exp(x)	x의 지수
int(x)	x의 정수값으로, 0에 가까운 쪽으로 내림한다
log(x)	x의 자연 로그
rand()	0보다는 크고 1보다는 작은 무작위 부동 소수점 값
sin(x)	x의 사인 값, x는 라디안 단위
sqrt(x)	x의 제곱근
srand(x)	무작위 값을 계산하기 위한 종자값을 지정한다

광범위한 수학 함수 목록을 가지고 있지는 않지만 gawk는 표준 수학 처리에 필요한 기본 요소 중 일부를 제공한다. int() 함수는 값의 정수 부분을 돌려주지만 이 값을 반올림하지는 않는다. 이는 많은 다른 프로그래밍 언어에서 볼 수 있는 floor 함수처럼 동작한다. 이 함수는 이 값과 0 사이에서 가장 가까운 정수값을 돌려준다.

즉 값 5.6의 Int() 함수는 5를 돌려주며 -5.6의 int() 함수는 -5를 돌려준다.

rand() 함수는 임의의 숫자를 생성하기 위한 좋은 방법이지만 의미 있는 값을 얻으려면 요령이 필요하다. rand() 함수는 난수를 반환하지만 돌려주지만 0과 1 사이의 값으로 한정된다(0과 1은 포함되지 않는다). 더 큰 수를 얻으려면 돌려받은 값의 크기를 조절해야 한다.

큰 정수 난수를 만들기 위한 일반적인 방법은 rand() 함수와 int() 함수를 같이 사용하는 알고리즘을 만드는 것이다.

```
x = int(10 * rand())
```

이렇게 하면 0과 9 사이(이 두 수도 포함된다)의 임의의 정수를 만들 수 있다. 애플리케이션에 맞는 상한값을 설정하려면 10을 다른 수로 바꾸면 된다. 그러면 사용할 준비가 된 것이다.

일부 수학 함수를 사용할 때에는 주의가 필요하다. gawk 프로그래밍 언어는 작업에 쓸 수 있는 숫자 값의 범위에 제한이 있기 때문이다. 그 범위를 넘으면 오류 메시지가 나온다.

```
$ gawk 'BEGIN{x=exp(100); print x}'
26881171418161356094253400435962903554686976
$ gawk 'BEGIN{x=exp(1000); print x}'
gawk: warning: exp argument 1000 is out of range
inf
$
```

첫 번째 예는 100의 자연지수를 계산하며 이는 매우 큰 수지만 시스템의 범위 안에 있다. 두 번째 예는 1,000의 자연 지수 함수를 계산하려고 하는데 이는 시스템의 수치 범위 제한을 벗어났기 때문에 오류 메시지가 뜬다.

표준 수학 함수 말고도 gawk 프로그램은 데이터의 비트 조작을 위한 몇 가지 함수 또한 제공한다.

- and(v1, v2) : v1과 v2에 대해 비트 AND 연산을 수행
- compl(val) : val에 대한 비트 단위 보수 계산을 수행
- lshift(val, count): val의 비트를 count 수만큼 왼쪽으로 이동
- or(v1, v2) : v1과 v2에 대해 비트 OR 연산을 수행
- rshift(val, count) : val의 비트를 count 수만큼 오른쪽으로 옮김
- xor(v1, v2): v1과 v2에 대해 비트 XOR 연산을 수행

데이터의 이진 값으로 작업을 할 때에는 비트 조작 함수가 유용

문자열 함수

gawk 프로그래밍 언어는 또한 [표 22-5]에 나오는 것과 같이 문자열 값을 조작하는 데 사용할 수 있는 여러 가지 함수를 제공한다.

표 22-5 gawk 문자열 함수

함수	설명
asort(s [,d])	배열의 데이터 요소 값에 바탕을 두고 정렬을 한다. 인덱스 값은 새 정렬 순서를 나타내는 일련번호로 대체된다. 배열 d가 지정되어 있다면 정렬된 새로운 배열은 d에 저장된다
asorti(s [,d])	배열의 인덱스 값에 바탕을 두고 정렬을 한다. 결과로 얻는 배열은 인덱스 값을 데이터 요소 값으로 가지고 있으며, 일련번호는 정렬 순서의 인덱스다. 배열 d가 지정되어 있다면 정렬된 새로운 배열은 d에 저장된다

gensub(r, s, h [, t])	$0 변수 또는 제공된다면 대상 문자열 t를 검색해서 정규표현식 r과 대조한다. h가 g 또는 G로 시작하는 문자열이라면 함수는 일치하는 문자열을 s로 바꾼다. h가 숫자라면 몇 번째로 나타나는 r를 대체할 것인지를 지정한다
gsub(r, s [, t])	$0 변수 또는 제공된다면 대상 문자열 t를 검색해서 정규표현식 r과 대조한다. 만약 일치하는 것이 있다면 전부 문자열 s로 바꾼다
index(s, t)	문자열 s에서 문자열 t의 위치 인덱스를 돌려주거나 t가 발견되지 않으면 0을 돌려준다
length([s])	문자열 s의 길이, s가 지정되지 않았다면 $0의 길이를 돌려준다
match(s, r [, a])	문자열 s에서 정규표현식 r이 나타나는 위치 인덱스를 돌려주며, 배열 a가 지정된 경우에는 정규표현식과 일치하는 s의 부분을 포함한다
split(s, a [, r])	FS 문자 또는 정규표현식 r을 사용하여 s를 배열 a에 분할하며, 이 함수는 필드의 수를 돌려준다
sprintf(format, variables)	제공된 형식 및 변수를 사용하여 printf의 출력과 비슷한 결과를 돌려준다
sub(r, s [, t])	변수 $0, 또는 대상 문자열 t를 검색해서 정규표현식 r과 대조하며, 일치하는 것이 있다면 처음 나타나는 문자열 s를 바꾼다
sub(r, s [, t])	인덱스 i에서 시작해서 n개의 글자로 구성된 s의 부속 문자열을 돌려주며, n이 없다면 i에서 시작해서 s의 끝까지 가는 부속 문자열을 돌려준다
tolower(s)	모든 문자를 소문자로 변환한다
toupper(s)	모든 문자를 대문자로 변환한다

일부 문자열 함수는 비교적 이름 그대로다.

```
$ gawk 'BEGIN{x = "testing"; print toupper(x); print length(x) }'
TESTING
7
$
```

그러나 일부 문자열 함수는 상당히 헷갈린다. asort 및 asorti 함수는 데이터 요소 값 (asort) 또는 인덱스 값 (asorti) 중 하나를 기반으로 배열 변수를 정렬 할 수 있는 새로운 gawk 함수다. asort를 사용하는 예는 다음과 같다.

```
$ gawk 'BEGIN{
> var["a"] = 1
> var["g"] = 2
> var["m"] = 3
> var["u"] = 4
> asort(var, test)
> for (i in test)
>     print "Index:",i," - value:",test[i]
> }'
Index: 4  - value: 4
```

```
Index: 1  - value: 1
Index: 2  - value: 2
Index: 3  - value: 3
$
```

새로운 배열인 test는 원래 배열을 새롭게 정렬한 데이터 요소를 포함하지만 인덱스 값은 이제 적절한 정렬 순서를 뜻하는 숫자값으로 바뀌었다.

split 함수는 추가 처리를 위해 배열에 데이터 필드를 나눠 담을 수 있는 좋은 방법이다.

```
$ gawk 'BEGIN{ FS=","}{
> split($0, var)
> print var[1], var[5]
> }' data1
data11 data15
data21 data25
data31 data35
$
```

새로운 배열은 배열 인덱스로 숫자를 사용하며, 첫 번째 데이터 필드를 포함하는 인덱스 값 1로 시작한다.

시간 함수

gawk 프로그래밍 언어는 [표 22-6]에 나온 것과 같이 시간 값을 처리하는 함수를 포함하고 있다.

표 22-6 gawk 시간 함수

함수	설명
mktime(*datespec*)	YYYY MM DD HH MM SS [DST] 형식으로 지정된 시간 값을 타임스탬프 값으로 바꾼다
strftime(*format*[,*timestamp*])	현재 시간의 날짜 타임스탬프, 또는 제공되는 타임스탬프를 date() 쉘 함수 형식을 사용하여 형식화된 시간과 날짜 형식으로 만든다
systime()	현재 시간에 대한 타임스탬프를 돌려준다

비교해야 할 날짜를 포함하는 로그 파일로 작업할 때 시간 함수가 자주 사용된다. 날짜의 텍스트 표현을 기점 이후 시간(1970년 1월 1일 자정으로부터 시작되는 초 단위 시간)으로 바꾸면 날짜를 쉽게 비교할 수 있다.

다음은 gawk 프로그램에 시간 함수를 사용한 예다.

```
$ gawk 'BEGIN{
> date = systime()
> day = strftime("%A, %B %d, %Y", date)
> print day
> }'
Friday, December 26, 2014
$
```

이 예에서는 시스템에서 현재 기점 기준 시간 타임스탬프를 가져온 다음 strftime 함수에 date 쉘
명령의 날짜 형식화 문자를 사용하여 사람이 읽을 수 있는 형식으로 바꾼다.

사용자 정의 함수

gawk에서 사용할 수 있는 함수는 내장 함수만으로 그치지 않는다. gawk 프로그램에 사용하기 위
한 자신만의 함수를 만들 수 있다. 이 절에서는 gawk 프로그램에서 사용자 정의 함수를 정의하고
사용하는 방법을 보여줄 것이다.

함수 정의하기

사용자 정의 함수를 정의하려면 function 키워드를 사용해야 한다.

```
function name([variables])
{
statements
}
```

함수 이름은 함수를 고유하게 식별할 수 있어야 한다. gawk 프로그램에서는 함수에 하나 이상의
변수를 전달할 수 있다. 이 기능은 레코드의 세 번째 데이터 필드를 출력한다.

```
function printthird()
{
    print $3
}
```

함수는 return 문을 사용하여 값을 돌려줄 수 있다.

```
return value
```

값은 변수 또는 값을 평가하는 수식이 될 수 있다.

```
function myrand(limit)
{
    return int(limit * rand())
}
```

gawk 프로그램의 변수에 함수에서 돌려준 값을 할당할 수 있다.

```
x = myrand(100)
```

변수는 함수에서 돌려준 값을 가지게 된다.

사용자 정의 함수 사용하기

함수를 정의할 때에는 모든 프로그래밍 부분(BEGIN 부분 포함) 정의 앞에 나와야 한다. 처음에는 약간 이상해 보이지만, 함수 코드를 gawk 프로그램의 나머지 부분으로부터 구분하는 데에는 도움이 된다.

```
$ gawk '
> function myprint()
> {
>     printf "%-16s - %s\n", $1, $4
> }
> BEGIN{FS="\n"; RS=""}
> {
>     myprint()
> }' data2
Riley Mullen     - (312)555-1234
Frank Williams   - (317)555-9876
Haley Snell      - (313)555-4938
$
```

함수는 레코드의 첫 번째와 네 번째 데이터 필드를 서식화 하는 myprint() 함수를 정의한다.

gawk 프로그램은 데이터 파일로부터 데이터를 표시하기 위해 이 함수를 사용한다.

함수를 정의한 후에는 코드의 프로그램 부분에서 필요한 대로 사용할 수 있다. 긴 알고리즘을 사용하면 작업을 많이 절약할 수 있다.

함수 라이브러리 만들기

필요할 때마다 gawk 함수를 다시 작성하는 일은 즐거운 일은 아니다. 그러나 gawk 프로그램은 gawk 프로그래밍을 할 때마다 사용할 수 있는 하나의 라이브러리 파일로 함수를 결합하는 방법을 제공한다.

먼저 할 일은 gawk 함수를 포함한 파일을 만드는 것이다.

```
$ cat funclib
function myprint()
{
  printf "%-16s - %s\n", $1, $4
}
function myrand(limit)
{
  return int(limit * rand())
}
function printthird()
{
  print $3
}
$
```

funclib 파일은 세 가지 함수의 정의를 포함하고 있다. 이를 사용하려면 -f 커맨드라인 매개변수를 사용해야 한다. 하지만 인라인 gawk 스크립트를 -f 커맨드라인 매개변수와 함께 쓸 수는 없다. 그 래도 같은 커맨드라인에서 -f 매개변수를 여러 번 사용할 수 있다.

따라서 라이브러리를 사용하기 위해서는 사용자 정의 gawk 프로그램을 포함하는 파일을 만들고, 커맨드라인에서 라이브러리 파일과 프로그램 파일을 모두 지정한다.

```
$ cat script4
BEGIN{ FS="\n"; RS=""}
{
    myprint()
}
$ gawk -f funclib -f script4 data2
Riley Mullen     - (312)555-1234
Frank Williams   - (317)555-9876
Haley Snell      - (313)555-4938
$
```

이제 라이브러리에 저장된 함수를 사용해야 할 때마다 gawk 커맨드라인에 funclib 파일을 추가해 야 한다.

활용 사례 만들어 보기

고급 gawk 기능은 판매 수치를 집계하거나 볼링 점수를 계산하는 것 같이 데이터 파일의 데이터 값을 처리해야 할 때 편리하다. 데이터 파일을 사용하여 작업하는 경우, 핵심은 관련된 레코드 데이터를 모으고 관련된 데이터에 대한 계산 작업을 수행하는 것이다.

각각 두 선수로 구성된 두 팀 사이의 볼링 게임의 점수를 포함하는 데이터 파일로 작업해 보자.

```
$ cat scores.txt
Rich Blum,team1,100,115,95
Barbara Blum,team1,110,115,100
Christine Bresnahan,team2,120,115,118
Tim Bresnahan,team2,125,112,116
$
```

각 플레이어는 데이터 파일 안의 세 차례 게임에서 득점을 했고, 각각의 플레이어는 두 번째 열에 있는 팀 이름으로 식별된다. 다음은 각 팀에 대한 데이터를 정렬하고 합계 및 평균을 계산하는 셸 스크립트다.

```
$ cat bowling.sh
#!/bin/bash

for team in $(gawk -F, '{print $2}' scores.txt | uniq)
do
    gawk -v team=$team 'BEGIN{FS=","; total=0}
    {
        if ($2==team)
        {
            total += $3 + $4 + $5;
        }
    }
    END {
        avg = total / 6;
        print "Total for", team, "is", total, ",the average is",avg
    }' scores.txt
done
$
```

for 루프 안쪽의 첫 번째 gawk 문은 데이터 파일에서 팀 이름을 걸러내고 uniq 함수를 사용하여 각각의 개별 팀 이름에 대한 값을 받는다. for 루프는 각 팀 이름에 대한 반복 처리를 수행한다.

for 루프 안에 있는 gawk 문은 계산을 수행한다. 각 팀 레코드에 대해서는, 먼저 팀 이름이 루프문의 team과 일치하는지 검사한다. 이는 gawk에 -v 옵션을 사용함으로써 가능하다. 이 옵션은 gawk

프로그램 안에서 쉘 변수를 전달할 수 있다. 팀 이름이 일치하면 코드는 데이터 레코드 안에 있는 세 개의 득점값을 더하며 팀 이름과 일치하는 레코드에 대해서 값을 더한다.

for 루프 반복이 끝났을 때, gawk 코드는 점수 합계뿐만 아니라 점수의 평균을 표시한다. 출력은 다음과 같을 것이다.

```
$ ./bowling.sh
Total for team1 is 635, the average is 105.833
Total for team2 is 706, the average is 117.667
$
```

이제 볼링 경기 대회의 결과를 계산하기 편리한 쉘 스크립트를 얻게 되었다. 각 선수의 데이터를 데이터 텍스트 파일에 포함시키고 스크립트를 실행하기면 하면 된다!

요약

이 장에서는 gawk 프로그래밍 언어의 고급 기능을 안내했다. 모든 프로그래밍 언어는 변수 사용을 필요로 하며 gawk도 다르지 않다. gawk 프로그래밍 언어는 특정 데이터 필드의 값을 참조하고 데이터 파일에서 처리된 데이터 필드와 레코드의 수에 대한 정보를 검색할 때 사용할 수 있는 몇 가지 내장 변수를 포함한다. 스크립트에서 사용하기 위한 사용자 변수를 만들 수도 있다.

gawk 프로그래밍 언어는 또한 프로그래밍 언어에서 기대할 수 있는 여러 가지 표준 구조적 명령을 제공한다. if-then 논리문 및 while, do-while, for 루프문으로 멋진 프로그램을 쉽게 만들 수 있다. 각 명령은 상세한 데이터 보고서를 만들기 위해 데이터 필드 값을 차례로 되풀이할 수 있도록 gawk 프로그램 스크립트의 흐름을 바꿀 수 있다.

printf 명령은 보고서 출력을 사용자 정의해야 하는 경우에 쓸 수 있는 좋은 도구다. 이 명령으로 gawk 프로그램 스크립트에서 데이터를 표시하기 위한 정확한 서식을 지정할 수 있다. 정확하게 올바른 위치에 데이터 요소를 배치해서 서식화된 보고서를 쉽게 만들 수 있다.

마지막으로 이 장에서는 gawk 프로그래밍 언어에서 사용할 수 있는 많은 내장 함수와 사용자 정의 함수를 만드는 방법을 보여주었다. gawk 프로그램은 표준 제곱근과 로그 함수를 비롯해서 삼각함수에 이르는 수학 기능을 처리하기 위한 여러 유용한 함수들을 포함하고 있다. 큰 문자열에서 부속 문자열을 손쉽게 추출할 수 있는 여러 문자열 관련 함수도 있다.

gawk 프로그램에 내장된 함수만 쓸 수 있는 것은 아니다. 특별한 알고리즘을 많이 사용하는 애플리케이션으로 작업하는 경우 알고리즘을 처리하는 사용자 함수를 만들고 코드에서 이 함수를 사용할 수 있다. 또한 내가 만든 gawk 프로그램에서 사용할 모든 함수를 포함하는 라이브러리 파일을 설정함으로써 코딩에 시간과 노력을 절약할 수 있다.

다음 장에서는 주제를 약간 바꾼다. 리눅스 쉘 스크립트를 사용하다 보면 만날 수 있는 몇 가지 다

른 쉘 환경을 알아볼 것이다. bash 쉘 리눅스에서 가장 널리 사용되는 쉘이지만 그것만 있는 것은
아니다. 다음 장은 사용할 수 있는 쉘 및 bash 쉘과 어떻게 다른지 알아본다.

다른 쉘로 작업하기

이 장의 내용

> dash 쉘 이해하기
>
> dash 쉘 프로그래밍
>
> zsh 쉘 소개
>
> zsh 스크립트 작성하기

bash 쉘은 리눅스 배포판에서 가장 널리 사용되는 쉘이지만 bash 쉘만 있는 것은 아니다. 이제 표준 리눅스 bash 쉘을 살펴보았고 이를 다룰 수 있게 되었으니, 리눅스 세계에서 사용할 수 있는 다른 쉘을 써 볼 때다. 이 장에서는 리눅스의 여정에서 만날 수 있는 두 가지 다른 쉘과 이들이 bash 쉘과 어떻게 다른지에 대하여 설명할 것이다.

dash 쉘이란 무엇인가?

데비안 dash 쉘은 흥미로운 과거가 있다. 이 쉘은 유닉스 시스템에서 쓸 수 있는 원조격인 Borne 쉘의 단순 속사판인 ash 쉘의 직계 후손이다(제1장 참조). 케네스 암퀴스트(Kenneth Almquist)는 유닉스 시스템을 위한 Bourne 쉘의 소규모 버전을 만들었고 이것을 암퀴스트 쉘(Almquist shell)이라고 불렀는데, 이 이름이 줄어서 ash가 되었다. 원래 버전의 ash 쉘은 아주 작고 빨랐지만 커맨드라인 편집이나 이력 기능과 같은 많은 고급 기능이 빠져 있어서 쓰기 어려운 대화형 쉘이 되었다.

NetBSD 유닉스 운영체제는 ash 쉘을 채택하고 지금까지도 기본 쉘로 사용하고 있다. NetBSD 개발자들은 ash 쉘에 여러 가지 새로운 기능을 추가시켜서 Borne 쉘에 좀 더 가깝게 만들었다. 새로운 기능은 emacs와 vi 편집기 명령을 모두 사용하는 커맨드라인 편집 그리고 이전에 입력한 명령을 기억하는 history 명령을 포함한다. 이 버전의 ash 쉘은 FreeBSD 운영체제에서 기본 로그인 쉘로 사용된다.

데비안 리눅스 배포판은 자신의 리눅스에 포함시키기 위해 자체 ash 쉘 버전을 만들었다(이를 데비한 ash 또는 dash라고 한다). dash는 NetBSD 버전 ash 쉘의 기능을 그대로 가져와서, 고급 커맨드라인 편집 기능을 제공한다.

쉘이 범람하면서 dash 쉘은 사실 많은 데비안 기반 리눅스 배포판에서 기본 쉘로 쓰이지 않는다.

리눅스에서 bash 쉘이 워낙에 인기가 있다 보니 대부분의 데비안 기반 리눅스 배포판들도 기본 로그인 쉘로 bash 쉘을 사용하여 ash 쉘은 배포 파일을 설치하기 위한 설치 스크립트를 위해 빠르게 실행되는 쉘로서만 쓰이고 있다.

예외는 인기 있는 우분투 배포판이다. 이는 종종 쉘 스크립트 프로그래머를 혼란스럽게 만들고 리눅스 환경에서 쉘 스크립트를 실행시킬 때 수많은 문제를 일으킨다. 우분투 리눅스 배포판은 기본 대화형 쉘로는 bash 쉘을 사용하지만 기본 /bin/sh 쉘로는 dash 쉘을 사용한다. 이 특징은 쉘 프로그래머들을 정말로 헷갈리게 만든다.

제11장에서 보았듯이, 모든 쉘 스크립트는 스크립트에 사용되는 쉘을 선언하는 줄로 시작해야 한다. bash 쉘 스크립트에서, 우리는 다음과 같은 줄을 사용하고 있다.

```
#!/bin/bash
```

이는 스크립트실행을 위해 /bin/bash에 있는 쉘 프로그램을 사용할 것이라고 지시한다. 유닉스 세계에서 기본 쉘은 언제나 /bin/sh였다. 유닉스 환경에 익숙한 많은 쉘 스크립트 프로그래머는 이를 리눅스 쉘 스크립트로 그대로 옮겨 왔다.

```
#!/bin/sh
```

대부분의 리눅스 배포판에서 /bin/sh 파일은 /bin/bash 쉘 프로그램에 대한 심볼릭 링크다(제3장 참조). 이렇게 하면 유닉스 Bourne 쉘을 위해 설계된 쉘 스크립트를 수정할 필요없이 리눅스 환경에 손쉽게 포팅할 수 있다.

그러나 우분투 리눅스 배포판은 /bin/sh 파일을 /bin/bash 쉘 프로그램으로 링크한다. bash 쉘은 원래 Bourne 쉘에서 사용할 수 있는 명령의 일부만 포함하고 있기 때문 일부 쉘 스크립트가 제대로 작동하지 않는 원인이 될 수 있으며 실제로 종종 문제가 생긴다.

다음 절에서는 bash 쉘의 기본, bash 쉘과는 어떻게 다른지를 안내한다. 이는 bash는 쉘 스크립트를 작성하고 있지만 이를 우분투 환경에서 실행해야 할 수도 있을 때에는 특히 중요하다.

dash 쉘의 특징

bash 쉘 및 dash 쉘 모두 Bourne 쉘을 모델로 하고 있지만 둘 사이에는 약간 차이가 있다. 이 절에서는 쉘 스크립트 기능으로 바로 들어가기 전에 bash 쉘이 작동하는 방법에 익숙해지기 이해 dash 쉘에서 볼 수 있는 특징을 안내한다.

dash 커맨드라인 매개변수

dash 쉘은 동작을 제어하는 커맨드라인 매개변수를 사용한다. 표 23-1은 커맨드라인 매개변수 그리고 각각이 어떤 일을 하는지를 설명한다.

표 23-1 dash 커맨드라인 매개변수

매개변수	설명
-a	쉘에 할당된 모든 변수를 익스포트한다
-c	지정된 명령 문자열에서 명령을 읽어온다
-e	대화형이 아닌 경우 검증되지 않은 명령이 실패하면 즉시 종료된다
-f	경로 이름의 와일드카드 문자를 표시한다
-n	대화형이 아닌 경우 명령을 읽지만 실행하지는 않는다
-u	설정되지 않은 변수를 확장하려고 할 때 STDERR에 오류 메시지를 기록한다
-v	입력을 읽을 때 이를 STDERR에 기록한다
-x	각 명령이 실행될 때 이를 STDERR에 기록한다
-I	대화식 모드에 있을 때 입력에서 EOF 문자를 무시한다
-i	쉘을 대화형 모드에서 동작하도록 강제한다
-m	작업 제어를 켠다(대화형 모드에서는 기본적으로 활성화되어 있다)
-s	STDIN으로부터 명령을 읽는다(아무런 파일 매개변수도 존재하지 않는 경우 기본 동작 방식이다)
-E	emacs 커맨드라인 편집기를 사용할 수 있게 한다
-V	vi 커맨드라인 편집기를 사용할 수 있게 한다

데비안은 원래의 ash 쉘 커맨드라인 매개변수 목록에 몇 가지 추가 커맨드라인 매개변수를 넣었다. -E와 -V 커맨드라인 매개변수는 dash 쉘의 특수한 커맨드라인 편집 기능을 활성화한다.

-E 커맨드라인 매개변수는 커맨드라인 텍스트(제10장 참조) 편집을 위해 emacs 편집기 명령을 사용할 수 있게 한다. 〈Ctrl〉 키와 메타 키 조합을 사용하여 한 줄에 있는 텍스트를 조작하기 위한 emacs 명령을 모두 사용할 수 있다.

-V 커맨드라인 매개변수는 커맨드라인 텍스트를 편집하기 위한 vi 편집기 명령을 사용할 수 있게 한다(다시 한 번 제10장 참조). 이 기능을 사용하면 〈Esc〉 키를 사용하여 커맨드라인에서 일반 모드와 vi 편집기 모드 사이를 오갈 수 있다. vi 편집기 모드에 있을 때에는 표준 vi 편집기 명령(예를 들어 글자를 지우는 x 명령, 텍스트를 삽입하는 i 명령)을 모두 사용할 수 있다. 커맨드라인 편집을 완료한 후 vi 편집기 모드를 종료하려면 다시 〈Esc〉 키를 눌러야 한다.

dash 환경 변수

dash 쉘은 정보를 추적하는 데 사용하는 여러 가지 기본 환경 변수를 사용하며, 나만의 환경 변수를 만들 수도 있다. 이 절에서는 환경 변수, dash가 이를 어떻게 처리하는지를 설명한다.

기본 환경 변수

dash 환경 변수는 bash에서 사용되는 환경 변수와 매우 비슷한데(제6장 참조) 이는 우연이 아니다. dash와 bash 쉘 모두 Bourne 쉘의 확장이란 점을 떠올려보자. 그래서 둘 다 Bourne 쉘의 기능 대다수를 가지고 있다. 그러나 단순함을 목표로 하는 dash 쉘은 bash 쉘보다 훨씬 적은 환경 변수를 포함하고 있다. dash 쉘 환경에서 쉘 스크립트를 작성할 때에는 이를 감안해야 한다.

dash 쉘 환경 변수를 표시하려면 set 명령을 사용한다.

```
$set
COLORTERM=''
DESKTOP_SESSION='default'
DISPLAY=':0.0'
DM_CONTROL='/var/run/xdmctl'
GS_LIB='/home/atest/.fonts'
HOME='/home/atest'
IFS='
'
KDEROOTHOME='/root/.kde'
KDE_FULL_SESSION='true'
KDE_MULTIHEAD='false'
KONSOLE_DCOP_SESSION='DCOPRef(konsole-5293,session-1)'
LANG='en_US'
LANGUAGE='en'
LC_ALL='en_US'
LOGNAME='atest'
OPTIND='1'
PATH='/usr/local/sbin:/usr/local/bin:/usr/sbin:/usr/bin:/sbin:/bin'
PPID='5293'
PS1='$ '
PS2='> '
PS4='+ '
PWD='/home/atest'
SESSION_MANAGER='local/testbox:/tmp/.ICE-unix/5051'
SHELL='/bin/dash'
SHLVL='1'
TERM='xterm'
USER='atest'
XCURSOR_THEME='default'
```

```
_='ash'
$
```

각자 쓰고 있는 기본 dash 셸 환경은 다를 가능성이 높다. 리눅스 배포판이 다르면 로그인할 때 다른 기본 환경 변수를 할당하기 때문이다.

위치 매개변수

기본 환경 변수에 더하여, dash 셸은 커맨드라인에 정의된 모든 매개변수에 대한 특별한 변수를 할당한다. dash 셸에서 사용할 수 있는 위치 매개변수는 다음과 같다.

- $0 : 셸의 이름

- $n : n번째 위치 매개변수

- $* : 모든 매개변수의 내용을 가진 단일한 값으로 IFS 환경 변수의 첫 번째 문자 또는 IFS가 정의되어 있지 않으면 빈 칸으로 구분

- $@ : 모든 커맨드라인 매개변수로 구성된 여러 인수로 확장

- $# : 위치 매개변수의 개수

- $? : 가장 최근 명령의 종료 상태

- $- : 현재 옵션 플래그

- $$: 현재 셸의 프로세스 ID(PID)

- $! : 최근 백그라운드 명령의 프로세스 ID(PID)

모든 dash 위치 매개변수는 bash 셸에 있는 같은 위치 매개변수를 모방하고 있다. bash 셸에서와 같이 셸 스크립트에서 위치 매개변수를 사용할 수 있다.

사용자 정의 환경 변수

dash 셸에서는 또한 사용자 정의 환경 변수를 설정할 수 있다. bash와 마찬가지로 할당문을 사용하여 커맨드라인에서 새로운 환경 변수를 정의할 수 있다.

```
$ testing=10 ; export testing
$ echo $testing
10
$
```

export 명령이 없으면 사용자 정의 환경 변수는 현재 셸 또는 프로세스에서만 볼 수 있다.

23

> **NOTE**
> dash 변수와 bash는 변수 사이에 큰 차이가 하나 있다. dash 쉘 변수는 배열을 지원하지 않는다. 이 작은 특징이 고급 쉘 스크립트를 만들 때 온갖 종류의 문제를 일으킨다.

dash 내장 명령

bash 쉘과 마찬가지로 dash 쉘에도 내장 명령이 포함되어 있다. 커맨드라인 인터페이스에서 직접이 명령을 사용하거나 쉘 스크립트에 넣을 수도 있다. [표 23-2]는 dash 쉘 내장 명령을 보여준다.

표 23-2 dash 쉘 내장 명령

명령	설명
alias	텍스트 문자열을 나타내는 별칭 문자열을 만든다
bg	백그라운드 모드에서 특정 작업을 계속한다
cd	지정된 디렉토리로 전환한다
echo	텍스트 문자열과 환경 변수를 표시한다
eval	모든 매개변수를 빈 칸으로 연결시킨다
exec	지정된 명령으로 쉘 프로세스를 대체한다
exit	쉘 프로세스를 종료한다
export	모든 자식 쉘에서 사용하기 위해 지정된 환경 변수를 익스포트한다
fg	포그라운드 모드에서 특정 작업을 계속한다
getopts	매개변수 목록에서 옵션 및 파라미터를 가져온다
hash	최근 명령 및 그 위치의 해시 테이블을 검색하고 가져온다
pwd	현재 작업 디렉토리의 값을 표시한다
read	STDIN에서 한 줄을 읽어들여 그 내용을 변수에 할당한다
readonly	변수 STDIN에서 한 줄을 읽어들여 그 내용을 값을 변경할 수 없는 변수에 할당한다
printf	형식 문자열을 사용하여 텍스트 및 변수를 표시한다
set	옵션 플래그와 환경 변수의 목록을 보여주거나 설정한다
shift	위치 매개변수를 지정된 횟수만큼 이동시킨다
test	식을 평가하고 참이면 0, 거짓이면 1을 돌려준다
times	쉘과 모든 쉘 프로세스의 누적된 사용자 및 시스템 시간을 표시한다
trap	쉘이 지정된 신호를 받을 때 실행할 작업을 구문 분석 및 실행시킨다
type	지정된 이름을 해석하고 그 종류(resolution)를 표시한다(별칭, 내장, 명령, 키워드)

ulimit	프로세스에 한계를 조회하거나 설정한다
umask	기본 파일 및 디렉토리 권한의 값을 설정한다
unalias	지정된 별칭을 지운다
unset	익스포트한 변수에서 지정된 변수 또는 옵션 플래그를 없앤다
wait	지정된 작업이 완료되고 종료 상태를 돌려줄 때까지 기다린다

아마 이들 모든 내장 명령이 bash 쉘에서 온 것이라는 점을 알아차릴 수 있을 것이다. dash 쉘은 bash 쉘과 같은 내장 명령을 다수 지원한다. 히스토리 파일이나 디렉토리 스택 명령 같은 명령은 없다는 것도 알 수 있을 것이다. dash 쉘은 이 기능을 지원하지 않는다.

dash 스크립트

아쉽지만 dash 쉘은 bash 쉘의 모든 스크립트 기능을 인식하지 못한다. bash 환경용으로 만든 쉘 스크립트는 dash 쉘에서 실행에 실패하며, 쉘 스크립트 프로그래머들에게는 온갖 종류의 고난을 안겨준다. 이 절에서는 dash 쉘 환경에서 제대로 실행되는 쉘 스크립트를 만들기 위해 알아야 할 차이점을 설명한다.

dash 스크립트 만들기

지금쯤이면 dash 쉘을 위한 쉘 스크립트를 만드는 일이 bash 쉘을 위한 쉘 스크립트를 만드는 것과 꽤 비슷하다고 생각할 것이다. 스크립트가 적절한 쉘에서 실행될 수 있도록 분명히 하기 위해서는 항상 스크립트에서 사용할 쉘을 지정해야 하다.

쉘의 첫 번째 줄에서 이 일을 해야 한다.

```
#!/bin/dash
```

이전에 'dash 커맨드라인 매개변수' 절에서 설명했던 것처럼 이 줄에서는 쉘 커맨드라인 매개변수를 지정할 수도 있다.

잘 동작하지 않는 것들

dash 쉘은 Bourne 쉘의 기능의 일부만을 가지고 있기 때문에 bash 쉘 스크립트 가운데 일부는 dash 쉘에서 제대로 실행되지 않는다. 이를 종종 bash주의(bashism)라고 한다. 이 절에서는

bash 쉘 스크립트에서 사용될 수 있는 bash 쉘의 기능 중에 dash 쉘 환경에 있다면 잘 실행되지 않는 것들을 간략하게 요약한다.

산술문 사용

제11장에서는 bash 쉘 스크립트에서 수학 연산을 표현하는 세 가지 방법을 보여 주었다.

- expr 명령 사용 : expr 계산식

- 대괄호 사용 : $ [계산식]

- 이중 괄호 사용 : $ ((계산식))

dash 쉘은 expr 명령 및 이중 괄호 방식은 지원하지만 대괄호 방식은 지원하지 않는다. 많은 수학 연산을 대괄호를 사용하여 수행한다면 문제가 될 수 있다.

dash 쉘 스크립트에서 수학 연산을 할 때 적절한 형식은 이중 괄호 방식을 사용하는 것이다.

```
$ cat test5b
#!/bin/dash
# testing mathematical operations

value1=10
value2=15

value3=$(( $value1 * $value2 ))
echo "The answer is $value3"
$ ./test5b
The answer is 150
$
```

이제 쉘은 올바르게 계산을 수행 할 수 있다.

테스트 명령

dash 쉘은 테스트 명령을 지원하지만 이를 사용할 때는 주의하자. bash 쉘 버전의 테스트 명령은 dash 쉘 버전과는 약간 다르다.

bash 쉘의 테스트 명령에서는 두 문자열이 같은지 여부를 테스트하기 위해 이중 등호(==)를 사용 할 수 있다. 이는 다른 프로그래밍 언어에서 이 형식을 사용하는데 익숙한 프로그래머를 수용하기 위한 추가 기능이다.

그러나 dash 쉘에서 사용할 수 있는 테스트 명령은 텍스트 비교를 위한 기호를 인식하지 못한다. 대신 = 기호만을 인식한다. bash 스크립트에서 == 기호를 사용하는 경우에는 등호를 하나만 쓰는 방식으로 텍스트 비교 기호를 바꾸어야 한다.

```
$ cat test7
#!/bin/dash
# testing the = comparison

test1=abcdef
test2=abcdef

if [ $test1 = $test2 ]
then
   echo "They're the same!"
else
   echo "They're different"
fi
$ ./test7
They're the same!
$
```

이 작은 bash주의가 오랫동안 쉘 프로그래머들을 당황하게 만든 원흉이었다!

function 명령

제17장에서는 쉘 스크립트에서 자체 함수를 정의하는 방법을 보여주었다. bash 쉘은 함수를 정의하는 두 가지 방법을 지원한다.

- function() 구문 사용
- 함수의 이름만 사용

dash 쉘은 function 문을 지원하지 않는다. 대신 dash 쉘에서는 함수 이름과 괄호를 사용하여 함수를 정의해야 한다.

dash 환경에서 사용할 수 있는 쉘 스크립트를 작성하려면 항상 function() 문이 아닌 함수 이름을 사용해서 함수를 정의해야 한다.

```
$ cat test10
#!/bin/dash
# testing functions

func1() {
   echo "This is an example of a function"
}

count=1
while [ $count -le 5 ]
do
```

```
    func1
    count=$(( $count + 1 ))
done
echo "This is the end of the loop"
func1
echo "This is the end of the script"
$ ./test10
This is an example of a function
This is an example of a function
This is an example of a function
This is an example of a function
This is an example of a function
This is the end of the loop
This is an example of a function
This is the end of the script
$
```

이제 dash 쉘은 스크립트에 정의된 함수를 잘 인식하고 스크립트 안에서 이를 사용한다.

zsh 쉘

리눅스에서 만날 수 있는 또 다른 인기 있는 쉘 중에 하나는 Z 쉘(zsh)이다. zsh 쉘은 폴 폴스태드 (Paul Falstad)가 개발한 오픈소스 유닉스 쉘이다. 이 쉘은 프로그래머를 위한 본격적인 고급 쉘을 만들기 위해 기존의 모든 쉘에서 아이디어를 받아 수많은 독특한 기능을 추가했다.

zsh 쉘만의 특별하고 고유한 기능은 다음과 같다.

- 개선된 쉘 옵션 처리

- 쉘 호환 모드

- 로드할 수 있는 모듈

이러한 모든 기능들 중에서 로드할 수 있는 모듈은 쉘 설계에서 가장 진보된 기능이다. bash와 dash 쉘에서 보았듯이, 각 쉘은 외부 유틸리티 프로그램 없이도 사용할 수 있는 내장 명령 세트를 포함하고 있다. 내장 명령의 장점은 실행 속도다. 쉘은 이를 실행하기 전에 메모리에 유틸리티 프로그램을 로드할 필요가 없다. 내장 명령은 이미 쉘 메모리에 있기 때문에 실행할 준비가 되어 있다.

zsh 쉘 내장 명령의 핵심 세트를 제공하고 여기에 더해서 더 많은 명령 모듈을 추가할 수 있다. 각 명령 모듈은 네트워크 지원 및 고급 수학 함수와 같이 특정 상황을 위한 추가 내장 명령 세트를 제공한다. 특정 상황을 위해 필요하다고 생각할 때에만 이러한 모듈을 추가할 수 있다.

이 기능은 작은 쉘 크기와 적은 수의 명령을 필요로 할 때 zsh 쉘 크기를 한정하거나, 빠른 실행 속도를 요구할 때에는 내장 명령의 수를 확장할 수 있는 멋진 방법을 제공한다.

zsh 쉘의 요소들

이 절에서는 zsh 쉘에서 사용할 수 있는(또는 모듈 설치로 추가할 수 있는) 내장 명령뿐만 아니라, 커맨드라인 매개변수와 환경 변수를 보여줌으로써 zsh 쉘의 기본을 안내한다.

쉘 옵션

대부분의 쉘은 동작 방식을 정의하기 위해 커맨드라인 매개변수를 사용한다. zsh 쉘은 동작 방식을 정의하기 위해 몇 가지 커맨드라인 매개변수를 사용하지만, 쉘의 동작을 사용자 정의하기 위해서는 옵션을 주로 사용한다. 커맨드라인에서 또는 쉘 안에서 set 명령을 사용하여 쉘 옵션을 설정할 수 있다.

[표 23-3]은 zsh 쉘에 사용할 수 있는 커맨드라인 매개변수를 보여준다.

표 23-3 zsh 쉘 커맨드라인 매개변수

매개변수	설명
-c	지정된 명령만을 실행하고 종료한다
-i	커맨드라인 인터페이스 프롬프트를 제공하면서 대화형 쉘로 실행한다
-s	쉘이 STDIN에서 명령을 읽도록 강제한다
-o	커맨드라인 옵션을 지정한다

커맨드라인 매개변수는 몇 가지 없는 것처럼 보이지만 -o 매개변수는 약간 오해 받을 여지가 있다. 이 매개변수로 쉘 안의 기능을 정의할 수 있는 쉘 옵션을 설정할 수 있다. 지금까지 나온 쉘 중에서 zsh 쉘은 가장 사용자 정의의 폭이 넓다. 나에게 맞는 쉘 환경을 위해 많은 기능을 변경할 수 있다. 다양한 옵션들을 다음과 같은 여러 가지 범주로 분류할 수 있다.

- 디렉토리 변경 : cd 및 dirs 명령이 디렉토리 변경을 처리하는 방법을 제어하는 옵션

- 완료 : 명령 완성 기능을 제어하는 옵션

- 확장과 글로빙 : 명령에서 파일 확장을 제어하는 옵션

- 이력 : 명령 이력 호출을 제어하는 옵션

- 초기화 : 시작할 때 쉘이 변수와 시작 파일을 처리하는 방법을 제어하는 옵션

- 입/출력 : 명령 처리를 제어하는 옵션

- 작업 제어 : 쉘이 작업을 다루고 실행하는 방법을 정의하는 옵션

- 메시지 표시 : 쉘이 커맨드라인 프롬프트를 동작시키는 방법을 정의하는 옵션

- 스크립트 및 기능 : 쉘이 쉘 스크립트 및 쉘 함수를 정의하는 방법을 제어하는 옵션

- 쉘 에뮬레이션 : 다른 유형의 쉘 특성을 모방하도록 zsh 쉘의 특성을 설정할 수 있는 옵션

- 쉘 상태 : 어떤 유형의 쉘을 실행시킬지 정의하는 옵션

- zle : zsh 라인 편집기(zle)를 제어하기 위한 옵션

- 옵션 별명 : 다른 옵션 이름에 대한 별칭으로 사용할 수 있는 특수 옵션

이와 같이 쉘 옵션은 많은 범주들에 걸쳐 있으므로 zsh 쉘이 얼마나 많은 실제 옵션을 지원하는지 상상이 갈 것이다.

내장 명령

zsh 쉘은 쉘에서 사용할 수 있는 내장 명령을 확장할 수 있다는 점에서 독특하다. 다양한 애플리케이션에서 풍부하고 빠른 유틸리티들을 즉시 사용할 수 있게 하는 특징이 있다.

이 절에서는 핵심 내장 명령은 물론 이 책을 쓰는 시점에서 사용할 수 있는 다양한 모듈을 설명한다.

핵심 내장 명령

zsh 쉘의 핵심 내장 명령은 다른 쉘에서 자주 보아 왔던 기본 내장 명령을 포함하고 있다. [표 23-4]는 사용할 수 있는 내장 명령을 설명한다.

표 23-4 zsh 핵심 내장 명령

명령	설명
alias	명령 및 매개변수에 대한 대체 이름을 정의한다
autoload	빠른 접근을 위해 쉘 기능을 미리 메모리로 불러온다
bg	백그라운드 모드에서 작업을 실행한다
bindkey	명령에 키보드 조합을 할당한다
builtin	같은 이름의 실행 파일 대신 지정된 내장 명령을 실행한다
bye	exit와 같다

cd	현재 작업 디렉토리를 바꾼다
chdir	현재 작업 디렉토리를 바꾼다
command	지정된 명령을 함수 또는 내장 명령 대신 외부 파일로 실행한다
declare	변수의 데이터 타입을 설정한다(typeset과 같다)
dirs	디렉토리 스택의 내용을 표시한다
disable	지정된 해시 테이블 요소를 일시적으로 사용할 수 없도록 한다
disown	작업 테이블에서 지정된 작업을 제거한다
echo	변수와 텍스트를 표시한다
emulate	zsh가 Bourne, Korn 또는 C 쉘과 같은 다른 쉘을 에뮬레이션하도로 설정한다
enable	지정된 해시 테이블 요소를 사용할 수 있도록 한다
eval	현재 쉘 프로세스에서 지정된 명령 및 매개변수를 실행한다
exec	현재 쉘 프로세스를 대체하여 지정된 명령 및 매개변수를 실행한다
exit	지정된 종료 상태로 쉘을 종료, 아무것도 지정하지 않으면 마지막 명령의 종료 상태를 사용한다
export	지정된 환경 변수의 이름과 값을 자식 쉘 프로세스에서 사용할 수 있도록 지정한다
false	종료 상태 1을 돌려준다
fc	히스토리 목록에서 명령의 범위를 선택한다
fg	포그라운드 모드에서 지정된 작업을 실행한다
float	부동 소수점 변수로 사용하기 위해 지정된 변수를 설정한다
functions	지정된 이름을 함수로 설정한다
getln	버퍼 스택의 다음 값을 읽어 들여 지정된 변수에 할당한다
getopts	커맨드라인 매개변수에서 다음 유효한 옵션을 가져와서 지정된 변수에 할당한다
hash	명령 해시 테이블의 내용을 직접 수정한다
history	이력 파일에 포함된 명령의 목록을 보여준다
integer	정수 값으로서 사용하기 위해 지정된 변수를 설정한다
jobs	쉘 프로세스에 할당된 특정한 작업 또는 모든 작업에 대한 정보의 목록을 보여준다
kill	지정된 프로세스 또는 작업에 신호(기본 SIGTERM)를 보낸다
let	수학 연산을 평가하고 그 결과를 변수에 할당한다
limit	자원의 한계를 설정하거나 표시한다
local	지정된 변수에 대한 데이터 기능을 설정한다
log	watch 매개변수에 영향을 받는 현재 로그인 된 모든 사용자를 표시한다

23

logout	exit와 같지만 쉘이 로그인 쉘인 경우에만 동작한다
popd	디렉토리 스택에서 다음 항목을 제거한다
print	변수와 텍스트를 표시한다
printf	C 형식의 형식 문자열을 사용하여 변수 및 텍스트를 표시한다
pushd	현재 작업 디렉토리를 변경하고 디렉토리 스택에 이전 디렉토리를 둔다
pushln	지정한 매개변수를 편집 버퍼 스택에 배치한다
pwd	현재 작업 디렉토리의 전체 경로 이름을 표시한다
read	한 줄을 읽어 들이고 IFS 문자를 사용하여 지정된 변수에 데이터 필드를 할당한다
readonly	값을 변경할 수 없는 변수에 값을 할당한다
rehash	명령 해시 테이블을 재구성한다
set	쉘에 대한 옵션이나 위치 매개변수를 설정한다
setopt	쉘에 대한 옵션을 설정한다
shift	첫 번째 위치 매개변수를 읽어 들이고 지운 뒤 남아있는 것들을 한 단계씩 아래로 옮긴다
source	지정된 파일을 찾고 그 내용을 현재 위치에 복사한다
suspend	SIGCONT 신호를 받을 때까지 쉘의 실행을 일시 중지한다
test	지정된 조건이 TRUE면 종료 상태 0을 돌려준다
times	쉘과 쉘 안에서 실행되는 프로세스에 대한 사용자 및 시스템 시간을 표시한다
trap	지정된 쉘이 처리하지 못하도록 막고 그 신호를 받았을 때 지정된 명령을 실행한다
true	종료 상태 0을 돌려준다
ttyctl	디스플레이를 잠그거나 잠금을 해제한다
type	지정된 명령을 쉘이 어떻게 해석하는지를 보여준다
typeset	변수의 속성을 설정하거나 표시한다
ulimit	쉘 또는 쉘에서 실행되는 프로세스의 자원 제한을 설정하거나 표시한다
umask	파일 및 디렉토리를 작성하기 위한 기본 권한을 설정하거나 표시한다
unalias	지정된 명령 별칭을 없앤다
unfunction	지정된 정의 함수를 제거한다
unhash	해시 테이블에서 지정된 명령을 제거한다
ulimit	지정된 자원 제한을 제거한다
unset	지정된 변수 속성을 삭제한다
unsetopt	지정된 쉘 옵션을 제거한다

wait	지정된 작업이나 프로세스가 완료될 때까지 대기한다
whence	지정된 명령을 쉘이 어떻게 해석하는지 표시한다
where	지정된 명령을 쉘이 찾으면 그 경로 이름을 표시한다
Which	sch 스타일의 출력을 사용하여 지정된 명령의 경로 이름을 표시한다
zcompile	빠른 자동 로딩을 위해 지정된 함수나 스크립트를 컴파일 한다
zmodload	로드할 수 있는 zsh 모듈에 대한 작업을 수행한다

내장 명령을 제공할 때에는 zsh 쉘은 정말 빠르다! 이들 명령 대부분은 bash에 대응되는 명령이 있음을 알 수 있다. zsh 쉘 내장 명령의 가장 중요한 기능은 모듈이다.

추가 모듈

zsh 쉘 대한 추가 내장 명령을 제공하는 모듈의 목록은 무척 길다. 그리고 수완 좋은 프로그래머들이 새로운 모듈을 계속 만들고 있기 때문에 목록은 계속 길어지고 있다. [표 23-5]는 사용할 수 있는 인기 있는 모듈 가운데 일부다.

표 23-5 zsh 모듈

모듈	설명
zsh/datetime	추가 날짜 및 시간 명령과 변수
zsh/files	기본 파일 처리를 위한 명령
zsh/mapfile	연관 배열을 통한 외부 파일 사용
zsh/mathfunc	추가 과학 관련 기능
zsh/pcre	확장 정규표현식 라이브러리
zsh/net/socket	유닉스 도메인 소켓 지원
zsh/stat	시스템 통계를 제공하는 통계 시스템 호출
zsh/system	다양한 로레벨 시스템 기능을 위한 인터페이스
zsh/net/tcp	TCP 소켓 접근
zsh/zftp	특화된 FTP 클라이언트 명령
zsh/zselect	파일 디스크립터가 준비되었을 때 이를 차단하고 돌려준다
zsh/zutil	다양한 쉘 유틸리티

zsh 셸 모듈은 간단한 커맨드라인 편집 기능에서부터 고급 네트워킹 기능까지 광범위한 분야를 다룬다. zsh 셸 배경에 깔린 아이디어는 셸의 기본 환경은 최소로 하고 프로그래밍 작업을 수행하는 데 필요한 부분들을 추가할 수 있도록 하자는 것이다.

모듈 보기, 추가하기, 제거하기

zmodload 명령은 zsh 모듈의 인터페이스다. zsh 셸 세션에서 모듈을 보고 추가하고 제거하려면 이 명령을 사용한다.

zmodload 명령을 커맨드라인 매개변수 없이 사용하면 zsh 셸에서 현재 설치된 모듈을 표시한다.

```
% zmodload
zsh/zutil
zsh/complete
zsh/main
zsh/terminfo
zsh/zle
zsh/parameter
%
```

여러 가지 zsh 셸 구현마다 기본적으로 포함되어 있는 모듈이 다르다. 새 모듈을 추가하려면 zmodload 커맨드라인에 모듈 이름을 지정하면 된다.

```
% zmodload zsh/zftp
%
```

모듈을 불러왔다는 어떠한 표시도 없다. 다시 zmodload 명령을 수행하면 새로운 모듈이 설치 모듈 목록에 나타난다.

모듈을 불러오고 나면 그 모듈과 관련된 명령을 내장 명령으로 사용할 수 있다.

```
% zftp open myhost.com rich testing1
Welcome to the myhost FTP server.
% zftp cd test
% zftp dir
01-21-11 11:21PM     120823 test1
01-21-11 11:23PM     118432 test2
% zftp get test1 > test1.txt
% zftp close
%
```

zftp 명령을 쓰면 zsh 셸 커맨드라인에서 직접 FTP 세션을 완벽하게 수행할 수 있다! 이러한 명령들을 zsh 셸 스크립트에 집어넣어서 스크립트에서 직접 파일을 전송할 수도 있다.

690

설치된 모듈을 제거하려면 모듈 이름과 함께, -u 매개변수를 사용한다.

```
% zmodload -u zsh/zftp
% zftp
zsh: command not found: zftp
%
```

> **NOTE**
> zmodload 명령을 $HOME/.zshrc 시동 파일에 두어서 당신의 마음에 드는 기능을 자동으로 불러오도록 하는 것이 보통이다.

zsh와 스크립트

zsh 쉘의 주요 목적은 쉘 프로그래머에게 고급 프로그래밍 환경을 제공하는 것이다. 이를 염두에 두면 zsh 쉘은 쉘 스크립트를 쉽게 만들 수 있는 많은 기능을 제공하는 것이 별로 놀라운 일은 아닐 것이다.

수학 연산

이미 예상했겠지만 zsh 쉘에서는 수학 기능을 쉽게 수행할 수 있다. 예전에는 Korn 쉘이 부동 소수점 숫자 지원을 제공하여 수학적 연산을 지원하는 방법을 주도했다. zsh 쉘은 모든 수학 연산에 부동 소수점 숫자를 완벽하게 지원한다!

계산 수행하기
zsh 쉘은 수학 연산을 수행하기 위한 두 가지 방법을 지원한다.

- let 명령
- 이중 괄호

let 명령을 사용할 때에는 연산을 겹따옴표로 묶는 것이 좋다. 그러면 그 안에 빈 칸이 있어도 된다.

```
% let value1=" 4 * 5.1 / 3.2 "
% echo $value1
6.3750000000
%
```

여기서 주의하자. 부동 소수점 숫자를 사용하면 정확도에 문제가 생길 수 있다. 이를 해결하기 위해서는 printf의 명령을 사용하고 정확하게 답을 표시하는 데 필요한 소수점 정밀도를 지정하는 것이 좋다.

```
% printf "%6.3f\n" $value1
6.375
%
```

이제 훨씬 낫다! 두 번째 방법은 이중 괄호를 사용하는 것이다. 이 방법으로는 수학적 연산을 정의 하기 위한 두 가지 기법을 쓸 수 있다.

```
% value1=$(( 4 * 5.1 ))
% (( value2 = 4 * 5.1 ))
% printf "%6.3f\n" $value1 $value2
20.400
20.400
%
```

이중 괄호를 연산 주위에만 두르거나(이럴 때는 달러 기호를 앞에 붙여야 한다) 전체 대입문 주위에 두를 수 있다는 것을 알 수 있다. 두 방법 모두 같은 결과를 낸다.

미리 변수의 데이터 유형을 선언하기 위한 typerset 명령을 사용하지 않으면, zsh 쉘은 자동으로 데이터 유형을 지정하려고 한다. 이는 정수 및 부동 소수점 숫자를 함께 쓸 때에는 위험할 수 있다. 아래 예를 보자.

```
% value1=10
% value2=$(( $value1 / 3 ))
% echo $value2
3
%
```

자, 아마 계산에서 원하는 답이 아닐 것이다. 소수 자릿수 없이 숫자를 지정하면 zsh 쉘은 이를 정수 값으로 해석하고 정수 계산을 수행한다. 결과가 부동 소수점 숫자로 나오도록 확실하게 하려면 숫자에 소수 자릿수를 지정해야 한다.

```
% value1=10.
% value2=$(( $value1 / 3. ))
% echo $value2
3.3333333333333335
%
```

이제 결과는 부동 소수점 형식이 되었다.

수학 함수

zsh 쉘에는 내장 수학 함수는 배부르거나 배고프거나 둘 중 하나다. 기본 zsh 쉘은 특별히 수학 함수를 포함하고 있지 않다, zsh/mathfunc 모듈을 설치하는 경우에는 아마도 그동안 원했던 것보다도 더 많은 수학 함수를 가지게 될 것이다.

```
% value1=$(( sqrt(9) ))
zsh: unknown function: sqrt
% zmodload zsh/mathfunc
% value1=$(( sqrt(9) ))
% echo $value1
3.
%
```

정말 간단하다! 이제 바로 쓸 수 있는 완벽한 수학 라이브러리가 생겼다

NOTE

많은 수학 함수가 zsh에서 지원된다. zsh/mathfunc 모듈이 제공하는 수학 함수의 전체 목록을 보려면 zsh 모듈의 안내서 페이지를 보도록 하자.

23

구조적 명령

zsh 쉘은 쉘 스크립트를 위한 일반적인 구조적 명령의 세트를 제공한다.

- if-then-else 구문

- for 루프 (C 스타일 포함)

- while 루프

- until 루프

- select 루프

- case 루프

zsh 쉘은 이들 명령 각각에 대하여 bash 쉘에서 사용하는 것과 같은 구문을 사용한다. zsh 쉘은 또한 repeat라는 또 다른 구조적 명령을 포함하고 있다. repeat 명령은 다음과 같은 형식을 사용한다.

- repeat param

- do

- commands

- done

param 매개변수는 숫자 또는 숫자로 평가되는 수학적 연산이어야 한다. repeat 명령은 그 숫자에 해당하는 횟수만큼 지정된 명령을 수행한다. 이 명령을 사용하면 계산을 기반으로 그 횟수만큼 한 묶음의 코드를 되풀이할 수 있다.

```
% cat test1
#!/bin/zsh
# using the repeat command

value1=$(( 10 / 2 ))
repeat $value1
do
    echo "This is a test"
done
$ ./test1
This is a test
This is a test
This is a test
This is a test
This is a test
%
```

함수

zsh 쉘에서는 function 명령을 사용하거나 또는 함수 이름과 괄호로 사용자 정의 함수를 만들 수 있다.

```
% function functest1 {
> echo "This is the test1 function"
}
% functest2() {
> echo "This is the test2 function"
}
% functest1
This is the test1 function
% functest2
This is the test2 function
%
```

bash 쉘 함수(제17장 참조)와 마찬가지로, 쉘 스크립트 안에서 함수를 정의하고 전역 변수를 사용하거나 함수에 매개변수를 전달할 수 있다.

요약

이 장에서는 인기 있는 두 가지 리눅스 쉘에 대해 이야기했다. dash 쉘은 데비안 리눅스 배포판의 일부로 개발되었으며 주로 우분투 리눅스 배포판에서 볼 수 있다. 이는 Bourne 쉘을 간소화한 버전이기 때문에 bash 쉘만큼 많은 기능을 지원하지 않으므로 스크립트를 만들 때에는 문제가 될 수 있다.

zsh 쉘은 프로그래밍 환경에서 종종 볼 수 있다. 쉘 스크립트 프로그래머를 위한 멋진 기능을 많이 제공하기 때문이다. zsh 쉘은 별개의 코드 라이브러리를 불러들일 수 있도록 로드할 수 있는 모듈 기능을 사용하며 이를 통해 고급 기능을 커맨드라인 명령만큼이나 쉽게 사용할 수 있다! 복잡한 수학 알고리즘에서부터 FTP 및 HTTP와 같은 네트워크 응용 프로그램에 이르기까지 수많은 다양한 기능을 위한 로드할 수 있는 모듈이 있다.

이제 리눅스 환경에서 실행할 수 있는 몇 가지 스크립트 응용 프로그램으로 들어간다. 다음 장에서는 일상적인 리눅스 관리 기능에 도움이 될 만한 간단한 유틸리티를 작성하는 방법을 알아본다. 이러한 스크립트는 시스템에서 자주 하게 되는 일을 단순하게 만들어 줄 것이다.

23

제4부

실제 활용할 수 있는
스크립트 만들기

간단한 스크립트 유틸리티
만들기

이 장의 내용

    백업 자동화하기

    사용자 계정 관리하기

    디스크 공간 감시하기

리눅스 시스템 관리자를 위한 스크립트 유틸리티를 만드는 것만큼이나 쉘 스크립트 프로그래밍의 효용성이 빛나는 곳도 없다. 일반적인 리눅스 시스템 관리자는 중요한 파일을 백업하기 위해 디스크 공간을 감시하는 일에서부터 사용자 계정 관리까지 날마다 해야 할 일들이 많이 있다. 쉘 스크립트 유틸리티는 이러한 작업을 훨씬 쉽게 만들 수 있다! 이 장에서는 bash 쉘에서 스크립트 유틸리티를 만듦으로써 얻을 수 있는 능력 가운데 일부를 보여줄 것이다.

아카이브 수행하기

비즈니스 환경에서든 그저 집에서 쓰고 있든 당신이 리눅스 시스템을 책임지고 있다면 데이터 손실은 치명적이다. 이러한 재앙이 일어나는 것을 막기 위해 항상 정기적으로 백업(또는 아카이브)을 수행하는 것이 좋다.

그러나 무엇이 좋은 아이디어이고 무엇이 현실성이 있는지는 다른 얘기다. 중요한 파일을 저장하는 백업 일정을 잡다 보면 귀찮기도 하다. 이럴 때 쉘 스크립트는 종종 구원의 손길을 내민다.

이 절에서는 리눅스 시스템에 데이터를 아카이브하는 쉘 스크립트를 사용하는 두 가지 방법을 보여줄 것이다.

아카이브 데이터 파일

중요한 프로젝트를 수행하기 위해 리눅스 시스템을 사용하는 경우 자동으로 특정 디렉토리의 스냅샷을 자동으로 저장하는 셸 스크립트를 만들 수 있다. 구성 파일에 그러한 디렉토리를 지정하면 특정 프로젝트가 변경될 때 이러한 변경을 반영할 수 있다. 이를 통해 메인 아카이브 파일로부터 복원하는 작업에서 시간을 잡아먹는 문제를 방지할 수 있다.

이 절에서는 지정된 디렉토리의 스냅샷을 자동으로 저장하고 데이터의 지난 버전에 대한 아카이브를 유지하는 일을 자동화할 수 있는 셸 스크립트를 만드는 방법을 알아본다.

필요한 기능 배우기

리눅스 세계에서 데이터 보관에 널리 쓰이는 주역은 tar 명령이다(제4장 참조). tar 명령은 하나의 파일에 전체 디렉토리를 보관하는 데 사용된다. 다음은 tar 명령을 사용하여 작업 디렉토리의 아카이브 파일을 만드는 예다.

```
$ tar -cf archive.tar /home/Christine/Project/*.*
tar: Removing leading '/' from member names
$
$ ls -l archive.tar
-rw-rw-r--. 1 Christine Christine 51200 Aug 27 10:51 archive.tar
$
```

tar 명령은 절대 경로를 상대 경로로 바꾸기 위하여(제3장 참조) 경로 이름에서 가장 앞에 있는 슬래시를 제거한다는 경고 메시지로 응답한다. 이렇게 하면 tar 아카이브 파일을 파일 시스템에서 원하는 어느 곳에든 풀 수 있다. 스크립트에서는 이러한 메시지를 제거하는 것이 좋을 것이다. 이를 위해서는 /dev/null 파일로 STDERR를 리다이렉트한다(제15장 참조).

```
$ tar -cf archive.tar /home/Christine/Project/*.* 2>/dev/null
$
$ ls -l archive.tar
-rw-rw-r--. 1 Christine Christine 51200 Aug 27 10:53 archive.tar
$
```

tar 아카이브 파일은 디스크 공간을 많이 소비할 수 있기 때문에, 파일을 압축하는 것이 좋다. 이를 위해서는 -z 옵션을 추가하기만 하면 된다. 이 옵션은 tar 압축 파일을 gzip으로 압축하며, 이를 타르볼(tarball)이라고 한다. 파일이 타르볼이라는 것을 나타내기 위해 적절한 파일 확장자를 사용하라. .tar.gz 아니면 .tgz 중 한 가지를 쓰면 된다. 다음은 프로젝트 디렉토리의 타르볼을 만드는 예다.

```
$ tar -zcf archive.tar.gz /home/Christine/Project/*.* 2>/dev/null
$
$ ls -l archive.tar.gz
-rw-rw-r--. 1 Christine Christine 3331 Aug 27 10:53 archive.tar.gz
$
```

700

이제 아카이브 스크립트의 주요 구성요소를 다 만들었다.

백업하고자 하는 각각의 새로운 디렉토리 또는 파일마다 새로운 아카이브 스크립트를 만드는 대신 구성 파일을 사용할 수 있다. 구성 파일은 아카이브에 포함하고자 하는 각각의 디렉토리나 파일을 포함한다.

```
$ cat Files_To_Backup
/home/Christine/Project
/home/Christine/Downloads
/home/Does_not_exist
/home/Christine/Documents
$
```

NOTE
그래픽 기반 데스크톱을 포함하는 리눅스 배포판을 사용하는 경우 전체 $HOME 디렉토리를 아카이브할 때에는 주의해야 한다. 그렇게 아카이브하고 싶을 수도 있겠지만 $HOME 디렉토리는 그래픽 기반 데스크톱과 관련된 수많은 설정 및 임시 파일을 포함하고 있다. 그 결과 아마도 예상했던 것보다 훨씬 큰 아카이브 파일이 만들어질 것이다. 작업 파일을 저장할 하위 디렉토리를 선택하고, 아카이브 설정 파일에는 그 디렉토리를 사용한다.

설정 파일을 읽어들여서 아카이브 목록에 각 디렉토리의 이름을 추가하는 스크립트를 만들 수 있다. 이를 위해서는 파일에서 각각의 레코드를 읽어 들이는 단순한 read 명령(제14장 참조)을 사용한다. 하지만 cat 명령을 while 루프로 파이프하는 대신(제13장 참조), 이 스크립트는 exec 명령을 사용하여 표준 입력(STDIN)을 리다이렉트한다(제15장 참조). 명령의 형식은 다음과 같다.

```
exec < $CONFIG_FILE

read FILE_NAME
```

아카이브 구성 파일을 위한 변수 CONFIG_FILE이 사용되는 것을 알 수 있다. 각 레코드는 구성 파일에서 읽어 들인다. read 명령이 읽어 들일 구성 파일 레코드를 발견하는 동안에는 성공을 뜻하는 0을 ? 변수에 돌려준다(제11장 참조). 구성 파일에 있는 모든 레코드를 읽기 위해 while 루프에서 이 변수를 테스트로 사용할 수 있다.

```
while [ $? -eq 0 ]
do
[...]
read FILE_NAME
done
```

read 명령이 구성 파일의 끝에 오면 0이 아닌 상태를 돌려주며 이 시점에 while 루프는 종료된다.

while 루프 안에서는 할 일이 두 가지 있다. 첫째로, 아카이브 목록에 디렉토리 이름을 추가해야 한다. 더 중요한 것은 그 디렉토리가 실제로 존재하는지 확인하는 것이다! 파일 시스템에서 디렉토리

24

를 제거한 다음 아카이브 구성 파일을 업데이트하는 것을 까먹는 일은 흔히 일어난다. 간단한 if 문을 사용하여 디렉토리가 실제로 있는지 확인할 수 있다(제12장 참조). 디렉토리가 존재한다면 이를 아카이브를 위한 디렉토리 목록인 FILE_LIST에 추가한다. 그렇지 않다면, 경고 메시지를 낸다. 이러한 if 문은 다음과 같을 것이다.

```
if [ -f $FILE_NAME -o -d $FILE_NAME ]
        then
                # If file exists, add its name to the list.
                FILE_LIST="$FILE_LIST $FILE_NAME"
        else
                # If file doesn't exist, issue warning
                echo
                echo "$FILE_NAME, does not exist."
                echo "Obviously, I will not include it in this
archive."
                echo "It is listed on line $FILE_NO of the config
file."
                echo "Continuing to build archive list..."
                echo
        fi
#
        FILE_NO=$[$FILE_NO + 1]  # Increase Line/File number by one.
```

아카이브 구성 파일에 있는 레코드는 파일 이름 혹은 디렉토리일 수 있으므로 -f -d 옵션으로 if 문이 두 가지 가능성을 함께 검사할 수 있도록 한다. OR 옵션인 -o는 파일 또는 디렉토리 중 어느 한쪽의 테스트가 0이 아닌 값을 돌려주면 전체 if 문을 참으로 간주한다.

존재하지 않는 디렉토리와 파일을 추적하는데 조금 더 도움을 주기 위해 변수 FILE_NO가 추가된다. 따라서 스크립트는 아카이브 구성 파일의 정확히 어떤 줄 번호가 잘못되거나 누락되었는지를 파일이나 디렉토리를 포함해서 정확히 알려줄 수 있다.

매일 아카이브를 저장할 장소 만들기
몇 개의 파일을 백업만 하는 경우라면 자신의 개인 디렉토리에 아카이브를 유지해도 괜찮지만 여러 디렉토리가 백업된다면 중앙집중식 아카이브 디렉토리를 만드는 것이 좋다.

```
$ sudo mkdir /archive
[sudo] password for Christine:
$
$ ls -ld /archive
drwxr-xr-x. 2 root root 4096 Aug 27 14:10 /archive
$
```

중앙집중식 아카이브 디렉토리를 만든 뒤에는 특정 사용자에 대한 접근 권한을 부여해야 한다. 이렇게 하지 않으면 이 디렉토리에 파일을 만들려고 할 때 실패한다.

```
$ mv Files_To_Backup /archive/
mv: cannot move 'Files_To_Backup' to
'/archive/Files_To_Backup': Permission denied
$
```

sudo나 사용자 그룹을 만드는 방법을 통해 이 디렉토리에 파일을 만들기 위해 필요한 권한을 사용자에게 부여할 수 있다. 그룹을 만드는 방법을 쓰려면 특정한 사용자 그룹인 Archivers를 만든다.

```
$ sudo groupadd Archivers
$
$ sudo chgrp Archivers /archive
$
$ ls -ld /archive
drwxr-xr-x. 2 root Archivers 4096 Aug 27 14:10 /archive
$
$ sudo usermod -aG Archivers Christine
[sudo] password for Christine:
$
$ sudo chmod 775 /archive
$
$ ls -ld /archive
drwxrwxr-x. 2 root Archivers 4096 Aug 27 14:10 /archive
$
```

사용자가 Archivers 그룹에 추가된 뒤 해당 사용자가 그룹 구성원의 효력을 가지려면 로그아웃한 다음 다시 로그인해야 한다. 이제 슈퍼 유저 권한을 사용하지 않고도 이 그룹의 구성원들이 파일을 만들 수 있다.

```
$ mv Files_To_Backup /archive/
$
$ ls /archive
Files_To_Backup
$
```

Archivers 그룹의 모든 구성원이 이 디렉토리에 파일을 추가하고 삭제할 수 있다는 것을 염두에 두자. 그룹 구성원들이 서로의 아카이브 타르볼을 지우지 못하도록 보호하기 위해 디렉토리에 스티키 비트(제7장 참조)를 추가하는 것이 좋다.

이제 스크립트 구축을 시작하기 위한 충분한 정보를 가지게 되었을 것이다. 다음 절에서는 일상적인 아카이브 스크립트를 만드는 과정을 안내한다.

24

날마다 사용할 아카이브 스크립트 만들기

Daily_Archive.sh 스크립트는 파일을 고유하게 식별하기 위해 현재의 날짜를 이용하여 지정된 위치에 아카이브를 자동으로 만든다. 다음은 스크립트에서 이에 해당하는 부분의 코드다.

```
DATE=$(date +%y%m%d)
#
# Set Archive File Name
#
FILE=archive$DATE.tar.gz
#
# Set Configuration and Destination File
#
CONFIG_FILE=/archive/Files_To_Backup
DESTINATION=/archive/$FILE
#
```

DESTINATION 변수는 아카이브 파일의 전체 경로 이름을 추가한다. CONFIG_FILE 변수는 아카이브될 디렉토리를 포함하는 구성 파일을 가리킨다. 둘 모두 필요한 경우에는 쉽게 디렉토리와 파일 사이를 오갈 수 있다.

> **NOTE**
>
> 스크립트 만드는 일이 처음이고 전체 스크립트를 받았다면(곧 나올 스크립트와 같이) 전체 스크립트를 읽어 보는 습관을 들이자. 논리와 스크립트의 흐름을 따라 하기 위해 노력하라. 이해하기 힘든 스크립트 구문 또는 섹션을 표시하고 그 주제를 다루는 장을 다시 읽어 보자. 이러한 검토 습관은 스크립트를 만드는 능력을 훨씬 더 빨리 다지는 데 도움이 된다.

이제 모든 구성요소를 넣은 Daily_Archive.sh 스크립트는 다음과 같다.

```
#!/bin/bash
#
# Daily_Archive - Archive designated files & directories
###########################################################
#
# Gather Current Date
#
DATE=$(date +%y%m%d)
#
# Set Archive File Name
#
FILE=archive$DATE.tar.gz
#
# Set Configuration and Destination File
```

```
#
CONFIG_FILE=/archive/Files_To_Backup
DESTINATION=/archive/$FILE
#
######### Main Script #######################
#
# Check Backup Config file exists
#
if [ -f $CONFIG_FILE ]   # Make sure the config file still exists.
then                     # If it exists, do nothing but continue on.
     echo
else                     # If it doesn't exist, issue error & exit script.
     echo
     echo "$CONFIG_FILE does not exist."
     echo "Backup not completed due to missing Configuration File"
     echo
     exit
fi
#
# Build the names of all the files to backup
#
FILE_NO=1                # Start on Line 1 of Config File.
exec < $CONFIG_FILE      # Redirect Std Input to name of Config File
#
read FILE_NAME           # Read 1st record
#
while [ $? -eq 0 ]       # Create list of files to backup.
do
        # Make sure the file or directory exists.
     if [ -f $FILE_NAME -o -d $FILE_NAME ]
     then
          # If file exists, add its name to the list.
          FILE_LIST="$FILE_LIST $FILE_NAME"
     else
          # If file doesn't exist, issue warning
          echo
          echo "$FILE_NAME, does not exist."
          echo "Obviously, I will not include it in this archive."
          echo "It is listed on line $FILE_NO of the config file."
          echo "Continuing to build archive list..."
          echo
     fi
  #
```

```
        FILE_NO=$[$FILE_NO + 1]   # Increase Line/File number by one.
        read FILE_NAME            # Read next record.
done
#
#######################################
#
# Backup the files and Compress Archive
#
echo "Starting archive..."
echo
#
tar -czf $DESTINATION $FILE_LIST 2> /dev/null
#
echo "Archive completed"
echo "Resulting archive file is: $DESTINATION"
echo
#
exit
```

날마다 아카이브 스크립트 실행하기

스크립트를 테스트하기 전에 스크립트 파일에 대한 사용 권한을 변경해야 한다는 것을 기억하라
(제11장 참조). 스크립트가 실행되기 전에 파일의 소유자는 시행 권한(x)을 부여 받아야 한다.

```
$ ls -l Daily_Archive.sh
-rw-rw-r--. 1 Christine Christine 1994 Aug 28 15:58 Daily_Archive.sh
$
$ chmod u+x Daily_Archive.sh
$
$ ls -l Daily_Archive.sh
-rwxrw-r--. 1 Christine Christine 1994 Aug 28 15:58 Daily_Archive.sh
$
```

Daily_Archive.sh 스크립트 테스트는 간단하다.

```
$ ./Daily_Archive.sh

/home/Does_not_exist, does not exist.
Obviously, I will not include it in this archive.
It is listed on line 3 of the config file.
Continuing to build archive list...

Starting archive...
```

```
Archive completed
Resulting archive file is: /archive/archive140828.tar.gz

$ ls /archive
archive140828.tar.gz  Files_To_Backup
$
```

스크립트가 존재하지 않는 /home/Does_not_exist 디렉토리를 잡아낸 것을 볼 수 있다. 스크립트는 설정 파일에 잘못된 디렉토리가 들어있는 줄 번호가 어디인지를 알려준 다음 계속해서 목록을 만들고 데이터를 아카이브 한다. 이제 당신의 데이터는 안전하게 타르볼 파일에 보관된다.

매 시간마다 사용할 아카이브 스크립트 만들기

파일이 빠르게 변화하는 대량 생산 환경일 때는 매일 아카이브를 실행하는 것만으로는 충분하지 않다. 빈도를 시간 단위로 올리려는 경우 또 다른 문제를 고려해야 한다.

매 시간마다 파일을 백업하고 각 타르볼에 타임스탬프를 붙이기 위해 date 명령을 사용하다 보면 상황은 금방 난잡해질 것이다. 디렉토리에서 다음처럼 보이는 이름을 가진 타르볼을 찾으려면 꽤나 귀찮을 것이다.

```
archive010211110233.tar.gz
```

같은 폴더에 모든 아카이브 파일을 두는 대신 아카이브 파일을 위한 디렉토리 계층 구조를 만들 수 있다. [그림 24-1]은 그 원리를 보여준다.

그림 24-1
아카이브 디렉토리 계층 구조 만들기

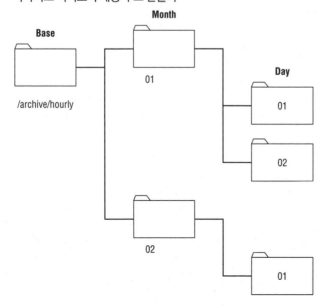

아카이브 디렉토리는 월의 수를 디렉토리 이름으로 해서 1년 안에 포함되는 각 월을 하위 디렉토리로 가진다. 각 월의 디렉토리는 다시 그 아래로 한 달 안에 포함되는 각 날짜에 대한 폴더가 있다(디렉토리 이름으로는 그 날의 숫자 값을 사용한다). 이렇게 하면 타르볼에는 타임스탬프를 붙인 후 이를 해당하는 날짜와 달에 맞는 디렉토리에 배치할 수 있다.

먼저 새로운 /archive/hourly 디렉토리를 적절한 권한과 함께 설정해서 만들어야 한다. 이 장 앞에서 Archivers 그룹의 구성원은 이 디렉토리 영역에서 아카이브를 만들 수 있는 권한이 부여되어 있다는 것을 기억하자. 따라서 새로 만들어진 디렉토리는 기본 그룹과 그룹 권한을 바꾸어야 한다.

```
$ sudo mkdir /archive/hourly
[sudo] password for Christine:
$
$ sudo chgrp Archivers /archive/hourly
$
$ ls -ld /archive/hourly/
drwxr-xr-x. 2 root Archivers 4096 Sep  2 09:24 /archive/hourly/
$
$ sudo chmod 775 /archive/hourly
$
$ ls -ld /archive/hourly
drwxrwxr-x. 2 root Archivers 4096 Sep  2 09:24 /archive/hourly
$
```

새로운 디렉토리가 구성된 후, 시간별 아카이브를 위한 Files_To_Backup 구성 파일을 새로운 디렉토리로 옮길 수 있다.

```
$ cat Files_To_Backup
/usr/local/Production/Machine_Errors
/home/Development/Simulation_Logs
$
$ mv Files_To_Backup /archive/hourly/
$
```

이제 해결해야 할 새로운 난관이 있다. 스크립트는 자동으로 각각의 월과 일에 맞는 디렉토리를 만들어야 한다. 이 디렉토리가 이미 존재하고, 스크립트가 이를 새로 만들려고 하면 오류가 일어난다. 이는 바람직한 결과가 아니다!

mkdir 명령(제3장 참조)의 커맨드라인 옵션을 잘 읽어보면 -p 커맨드라인 옵션을 찾을 수 있다. 이 옵션을 사용하면 하나의 명령으로 디렉토리와 하위 디렉토리를 만들 수 있다. 여기에 더해서 추가로 얻을 수 있는 이점은 디렉토리가 이미 존재하는 경우는 오류 메시지를 내지 않는다는 것이다. 스크립트가 필요로 하는 바에 딱 들어맞는다!

우리는 이제 Hourly_Archive.sh 스크립트를 만들 준비가 되었다. 스크립트의 위쪽 절반은 다음과 같다.

```
#!/bin/bash
#
# Hourly_Archive - Every hour create an archive
##########################################################
#
# Set Configuration File
#
CONFIG_FILE=/archive/hourly/Files_To_Backup
#
# Set Base Archive Destination Location
#
BASEDEST=/archive/hourly
#
# Gather Current Day, Month & Time
#
DAY=$(date +%d)
MONTH=$(date +%m)
TIME=$(date +%k%M)
#
# Create Archive Destination Directory
#
mkdir -p $BASEDEST/$MONTH/$DAY
#
# Build Archive Destination File Name
#
DESTINATION=$BASEDEST/$MONTH/$DAY/archive$TIME.tar.gz
#
########## Main Script ####################
[...]
```

스크립트가 Hourly_Archive.sh의 'Main Script' 부분에 도달하고 나면 그 이 후의 스크립트는 Daily_Archive.sh 스크립트를 그대로 복사해 옮겨놓은 것이다. 이미 많은 일을 해 놓았다!

Hourly_Archive.sh 스크립트는 date 명령으로 월과 일의 값을 가져오는 한편, 아카이브 파일을 고유하게 식별하기 위해서는 타임스탬프를 사용한다. 그런 해당 날짜를 위한 아카이브 디렉토리를 만들기 위해서 가져온 정보를 사용한다(이미 존재한다면 아무 말 없이 조용히 빠져나간다). 마지막으로 이 스크립트는 아카이브를 만들고 타르볼로 압축하기 위해서 tar 명령을 사용한다.

매 시간마다 아카이브 스크립트 실행하기

Daily_Archive.sh 스크립트와 마찬가지로 크론 테이블에 넣기 전에 Hourly_Archive.sh 스크립트를 테스트하는 것이 좋다. 스크립트가 실행되기 전에 권한을 수정해야 한다. 시와 분은 date 명령을 통해 확인한다. 현재의 시와 분을 알면 최종 아카이브 파일 이름이 올바른지 확인할 수 있다.

```
$ chmod u+x Hourly_Archive.sh
$
$ date +%k%M
1011
$
$ ./Hourly_Archive.sh

Starting archive...

Archive completed
Resulting archive file is: /archive/hourly/09/02/archive1011.tar.gz

$
$ ls /archive/hourly/09/02/
archive1011.tar.gz
$
```

스크립트는 적절하게 월, 일 디렉토리를 만든 다음 올바른 이름을 가진 아카이브 파일을 만들었으므로 첫 실행은 잘 되었다. 아카이브 파일의 이름은 적절한 시(10)와 분(11)을 이름에 포함한 archive1011.tar.gz이라는 점에 주목하자.

NOTE

하루 동안 Hourly_Archive.sh 스크립트를 실행하면 시 부분이 한 자릿수일 때에는 아카이브 파일의 이름이 세 자리 숫자로만 되어 있을 것이다.

예를 들어 오전 1:15에 스크립트를 실행하는 경우, 아카이브 파일의 이름은 archive115.tar.gz다. 항상 아카이브 파일 이름이 네 자리 숫자를 포함하게 만드는 편을 좋아한다면 스크립트에서 TIME=$(date +%k%M) 줄을 TIME=$(date +%k0%M)로 바꾸어라. %k 다음에 0을 추가함으로써 시 부분이 한 자리일 때에도 앞에 0이 오는 두 자릿수로 고정된다. 따라서 이름은 archive115.tar.gz 대신 archive0115.tar.gz가 된다.

좀 더 시험해 보기 위해 스크립트를 두 번째로 실행해 보았다. 혹시 /archive 아래에 hourly/09/02 디렉토리가 이미 있을 때에는 문제가 생기는지 확인하기 위해서다.

```
$ date +%k%M
1017
$
$ ./Hourly_Archive.sh

Starting archive...
```

```
Archive completed
Resulting archive file is: /archive/hourly/09/02/archive1017.tar.gz

$ ls /archive/hourly/09/02/
archive1011.tar.gz   archive1017.tar.gz
$
```

디렉토리가 이미 있을 때에도 문제가 없다! 스크립트는 다시 잘 실행되고 두 번째 아카이브 파일을 만들었다. 이제 크론 테이블에 올릴 준비가 되었다.

사용자 계정 관리하기

사용자 계정을 관리한다는 것은 계정을 추가, 수정 및 삭제하는 것보다 훨씬 더 많은 일들에 관련되어 있다. 보안 문제, 작업을 보존할 필요성, 계정의 정확한 관리도 고려해야 한다. 이는 꽤나 시간을 잡아먹는 일이다. 다음은 스크립트 유틸리티를 만듦으로써 실제로 시간을 절약할 수 있는 또 다른 예다!

필요한 기능 확보하기

계정을 삭제한다는 것은 더욱 복잡 계정 관리 작업이다. 계정을 삭제하는 경우, 적어도 네 가지의 개별 조치가 필요하다.

1. 삭제할 올바른 사용자 계정 이름을 얻는다.

2. 현재 해당 계정에 속하는 시스템에서 실행 중인 모든 프로세스를 종료한다.

3. 이 계정에 속하는 시스템의 모든 파일을 확인한다.

4. 사용자 계정을 지운다.

이런 단계 중에 어느 것이든 빼먹기 쉽다. 이 섹션의 쉘 스크립트 유틸리티를 사용하면 이러한 실수를 방지할 수 있다.

올바른 계정 이름 얻기

계정 삭제 절차의 첫 번째 단계는 가장 중요하다. 바로 삭제할 사용자 계정의 올바른 이름을 얻는 것이다. 이 스크립트는 대화형이기 때문에 계정 이름을 얻기 위해 read 명령(제14장 참조)을 사용할 수 있다. 스크립트 사용자가 자리에서 떠나는 바람에 질문 상태에서 하염없이 기다릴 때를 대비해서 read 명령 다음에 -t 옵션을 주고 스크립트 사용자에게 질문에 대답할 시간으로 60초를 준다.

24

```
echo "Please enter the username of the user"
echo -e "account you wish to delete from system: \c"
read -t 60 ANSWER
```

다른 일로 간섭을 받는 것은 늘상 있는 일이므로 사용자에게 질문에 대답할 세 번의 기회를 제공하는 것이 가장 좋다. ANSWER 변수가 비어 있는지 여부를 테스트하기 위해 -z 옵션을 붙여서 while 루프(제13장)를 수행한다. 스크립트가 목적한 while 루프에 처음 들어갈 때에는 ANSWER 변수는 비어 있다. ANSWER 변수를 채우기 위한 질문은 루프의 끝에 둔다.

```
while [ -z "$ANSWER" ]
do
[...]
echo "Please enter the username of the user "
echo -e "account you wish to delete from system: \c"
read -t 60 ANSWER
done
```

첫 번째 질문 시간이 초과했을 때, 질문에 대답할 기회가 한 번 더 있을 때를 비롯한 시기에 스크립트 사용자와 소통할 수 있는 방법이 필요하다. case 문(제12장 참조)은 이 목적에 완벽하게 맞는 구조화 명령이다. 증가하는 ASK_COUNT 변수를 사용하여 스크립트 사용자와 소통할 여러 가지 메시지를 보여주도록 설정할 수 있다. 이 부분에 대한 코드는 다음과 같다.

```
case $ASK_COUNT in
2)
      echo
      echo "Please answer the question."
      echo
;;
3)
      echo
      echo "One last try...please answer the question."
      echo
;;
4)
      echo
      echo "Since you refuse to answer the question..."
      echo "exiting program."
      echo
      #
      exit
;;
esac
#
```

이제 스크립트는 어떤 사용자 계정을 삭제할지 물어보기 위해 필요한 모든 구조를 가지게 되었다. 이 스크립트 안에는 사용자에게 물어볼 질문이 몇 가지 더 있으며 단지 한 가지 질문을 하는 데에도 이렇게 많은 코드가 필요하다! 따라서 이 부분의 코드를 Delete_User.sh 스크립트의 여러 곳에서 사용하기 위해 함수로 전환하자(제17장 참조).

올바른 계정 이름을 얻기 위한 함수 만들기

해야 할 첫 번째 일은 get_answer를 함수의 이름으로 선언하는 것이다. 그 다음 unset 명령(제6장 참조)으로 스크립트 사용자가 알려준 이전의 답변을 지운다. 이 두 항목을 수행하는 코드는 다음과 같다.

```
function get_answer {
#
unset ANSWER
```

앞에서 만들었던 원래의 코드 가운데 변경할 필요가 있는 또 다른 부분은 스크립트 사용자에게 묻는 질문이다. 스크립트는 매번 같은 질문을 하지 않기 때문에 질문 출력 줄을 다룰 두 개의 새로운 변수인 LINE1과 LINE2를 만든다.

```
echo $LINE1
echo -e $LINE2" \c"
```

모든 질문을 두 줄로 표시하는 것은 아니다. 일부는 한 줄이기도 하다. if 문(제12장 참조)이 도움이 될 수 있다. 함수는 LINE2가 비어 있고 LINE1만이 쓰이는지를 테스트한다.

```
if [ -n "$LINE2" ]
then
    echo $LINE1
    echo -e $LINE2" \c"
else
    echo -e $LINE1" \c"
fi
```

마지막으로, 함수는 LINE1과 LINE2 변수를 지워서 자체 뒤처리를 할 필요가 있다. 따라서 이 함수는 이제 다음과 같을 것이다.

```
function get_answer {
#
unset ANSWER
ASK_COUNT=0
#
while [ -z "$ANSWER" ]
```

```
    do
        ASK_COUNT=$[ $ASK_COUNT + 1 ]
    #
        case $ASK_COUNT in
        2)
                echo
[...]
        esac
    #
        echo
        if [ -n "$LINE2" ]
        then                    #Print 2 lines
                echo $LINE1
                echo -e $LINE2" \c"
        else                        #Print 1 line
                echo -e $LINE1" \c"
        fi
    #
        read -t 60 ANSWER
    done
    #
    unset LINE1
    unset LINE2
    #
    } #End of get_answer function
```

스크립트가 사용자에게 어떤 계정을 지울지 물어보려면 몇 가지 변수를 설정하고 get_answer 함
수를 호출해야 한다. 새로운 함수를 쓰면 스크립트 코드를 훨씬 간단하게 사용할 수 있다.

```
    LINE1="Please enter the username of the user "
    LINE2="account you wish to delete from system:"
    get_answer
    USER_ACCOUNT=$ANSWER
```

입력한 계정 이름 확인하기
오타가 날 수도 있으므로 사용자 계정 이름을 확인해야 한다. 질문을 처리할 수 있는 코드가 이미
있으므로 이 일은 간단하다.

```
    LINE1="Is $USER_ACCOUNT the user account "
    LINE2="you wish to delete from the system? [y/n]"
    get_answer
```

질문을 한 후 스크립트는 답을 처리해야 한다. 변수 ANSWER가 다시 스크립트 사용자의 답변을 전달한다. 사용자가 'yes'라고 응답하면 삭제할 올바른 사용자 계정이 입력된 것으로 보고 스크립트를 계속할 수 있다. case 문(제12장 참조)이 응답을 처리한다. case 문은 'yes' 답으로 입력될 수 있는 여러 가지 가능성을 처리할 수 있도록 코딩되어야 한다.

```
case $ANSWER in
y|Y|YES|yes|Yes|yEs|yeS|YEs|yES )
#
;;
*)
        echo
        echo "Because the account, $USER_ACCOUNT, is not "
        echo "the one you wish to delete, we are leaving the
script..."
        echo
        exit
;;
esac
```

스크립트는 사용자로부터 예/아니오 대답을 받아 처리할 필요가 있다. 따라서 이 일을 처리할 함수를 만들 필요성이 다시금 생긴다. 앞의 코드를 함수로 만들기 위해서 바꾸어야 할 것은 몇 가지에 불과하다. 함수의 이름이 선언되어야 하고 변수 EXIT_LINE1과 EXIT_LINE2를 case 문에 추가해야 한다. 이러한 변화는 마지막에 몇 가지 변수를 정리하는 명령문과 함께 process_answer 함수를 구성한다.

```
function process_answer {
#
case $ANSWER in
y|Y|YES|yes|Yes|yEs|yeS|YEs|yES )
;;
*)
        echo
        echo $EXIT_LINE1
        echo $EXIT_LINE2
        echo
        exit
;;
esac
#
unset EXIT_LINE1
unset EXIT_LINE2
#
} #End of process_answer function
```

이제 간단한 함수 호출이 답변을 처리한다.

```
EXIT_LINE1="Because the account, $USER_ACCOUNT, is not "
EXIT_LINE2="the one you wish to delete, we are leaving the script..."
process_answer
```

계정이 있는지 여부를 판단하기

사용자는 우리에게 삭제할 계정의 이름을 알려주고 이를 확인했다. 이제 사용자 계정이 실제로 시스템에 존재하는지 다시 확인할 때가 왔다. 또한 계정의 전체 레코드를 표시하고 다시 한번 이 계정이 삭제하려 하는 계정이 맞는지 스크립트 사용자에게 확인을 받는 것이 좋다. 이러한 목적을 달성하기 위해 /etc/passwd 파일에서 grep(제4장 참조) 검색을 한 결과를 받을 USER_ACCOUNT_RECORD 변수를 설정한다. -w 옵션으로 이 특정한 사용자 계정과 정확히 일치하는 단어를 찾을 수 있다.

```
USER_ACCOUNT_RECORD=$(cat /etc/passwd | grep -w $USER_ACCOUNT)
```

/etc/passwd에서 사용자 계정이 발견되지 않는다면 계정은 이미 삭제되었거나 원래 없는 것이다. 어느 경우든 스크립트는 사용자에게 이러한 상황을 알리고 종료되어야 한다. grep 명령의 종료 상태가 여기에 도움이 된다. 계정 레코드가 발견되지 않으면 ? 변수는 1로 설정된다.

```
if [ $? -eq 1 ]
then
        echo
        echo "Account, $USER_ACCOUNT, not found. "
        echo "Leaving the script..."
        echo
        exit
fi
```

레코드가 발견된 경우에도 이것이 삭제하고자 하는 계정이 맞는지 스크립트 사용자에게 확인을 받아야 한다. 여기서 함수를 만드는 데 들어간 모든 노력이 보상을 받는다. 적절하게 변수를 설정하고 함수를 호출하는 것이 전부다.

```
echo "I found this record:"
echo $USER_ACCOUNT_RECORD
echo
#
LINE1="Is this the correct User Account? [y/n]"
get_answer
#
EXIT_LINE1="Because the account, $USER_ACCOUNT, is not"
EXIT_LINE2="the one you wish to delete, we are leaving the script..."
process_answer
```

계정의 모든 프로세스 없애기

지금까지 스크립트는 전달 받는 사용자 계정의 이름이 삭제할 계정이 맞는지를 확인했다. 시스템에서 사용자 계정을 제거하려면 계정은 현재 실행 중인 어떤 프로세스도 소유하고 있어서는 안 된다. 다음 단계는 이러한 프로세스를 찾아서 종료시키는 것이다. 이 작업은 조금 복잡할 것이다!

사용자 프로세스를 찾는 부분은 쉽다. 그 다음 스크립트는 계정이 소유하고 있으며 실행 중인 모든 프로세스를 찾기 위해 ps 명령(제4장 참조)과 -u 옵션을 사용할 수 있다. /dev/null로 출력을 리다이렉트함으로서 사용자는 그 내용을 볼 수 없다. 이렇게 하는 것이 편리하다. 아무런 프로세스도 없으면 ps 명령은 머리글 부분만을 보여줄 것이므로 스크립트 사용자에게 혼란을 줄 수 있다.

```
ps -u $USER_ACCOUNT >/dev/null #Are user processes running?
```

다음으로 수행할 단계를 결정하기 위해 ps 명령의 종료 상태와 case 구조가 쓰인다.

```
case $? in
1)    # No processes running for this User Account
      #
      echo "There are no processes for this account currently
running."
      echo
;;
0)    # Processes running for this User Account.
      # Ask Script User if wants us to kill the processes.
      #
      echo "$USER_ACCOUNT has the following processes running: "
      echo
      ps -u $USER_ACCOUNT
      #
      LINE1="Would you like me to kill the process(es)? [y/n]"
      get_answer
      #
[...]
esac
```

ps 명령이 종료 상태로 1을 돌려주면, 시스템에서 실행되는 프로세스 중 사용자 계정에 속하는 것은 없다. 그러나 종료 상태로 0을 돌려주면 이 계정이 소유한 프로세스가 시스템에서 실행된다는 뜻이다. 이 경우 스크립트는 사용자에게 이들 프로세스를 종료시킬지를 물어볼 필요가 있다. 이 일은 get_answer 함수로 할 수 있다.

스크립트가 수행할 다음 조치는 process_answer 함수를 호출하는 것이라고 생각할 수 있다. 하지만 다음 항목은 process_answer로 해결하기에는 너무 복잡하다. 스크립트 사용자의 답을 처리하기 위해서는 또 다른 case 문을 붙여야 한다. case 문의 첫 번째 부분은 process_answer 함수와 매우 비슷하다.

```
case $ANSWER in
    y|Y|YES|yes|Yes|yEs|yeS|YEs|yES ) # If user answers "yes",
                                       #kill User Account processes.
[...]
;;
*)   # If user answers anything but "yes", do not kill.
     echo
     echo "Will not kill the process(es)"
     echo
;;
esac
```

보는 것처럼 case 문 자체에는 흥미로운 부분은 없다. 흥미로운 부분은 case 문의 'yes' 부분이다. 여기서 사용자 계정의 프로세스가 종료될 필요가 있다. 하나 이상의 프로세스를 죽이기 위해 필요한 명령을 구성하려면 세 가지 명령이 필요하다. 첫 번째 명령은 다시 ps 명령이다. 현재 실행중인 사용자 계정 프로세스의 프로세스 ID(PID)를 수집할 필요가 있다. 필요한 ps 명령을 변수 COMMAND_1에 할당한다.

```
COMMAND_1="ps -u $USER_ACCOUNT --no-heading"
```

두 번째 명령은 PID만을 뽑아낸다. 간단한 gawk 명령(제19장 참조)이 ps 명령의 출력에서 첫 번째 필드만 걸러내며, 여기에 PID가 있다.

```
gawk '{print $1}'
```

세 번째 명령은 이 책에서 아직 소개하지 않은 명령인 xargs다. xargs 명령은 표준 입력인 STDIN(제15장 참조)에서 명령을 구축하고 이를 실행한다. 이 명령은 만들어진 각각의 STDIN 항목에서 명령을 구성하고 실행하므로 파이프의 끝에서 사용하기에 좋다. xargs 명령은 실제로는 PID를 통해 실제로 각각의 프로세스를 종료시키고 있다.

```
COMMAND_3="xargs -d \\n /usr/bin/sudo /bin/kill -9"
```

xargs 명령은 변수 COMMAND_3에 할당된다. 무엇을 구분자로 사용할지를 나타내기 위해 -d 옵션을 사용한다. 즉, xargs 명령은 입력으로 여러 가지 항목을 받아들이므로 하나의 항목을 다른 항목과 무엇으로 구분할까? 여기서는 \n(줄바꿈) 문자를 구분자로 사용했다.

각각의 PID를 xargs를 보낼 때에 PID는 처리해야 할 별개 항목으로 간주된다. xargs 명령은 변수에 할당되므로 \n에서 백슬래시(\)는 추가 백슬래시(\)로 이스케이프 해야 한다.

xargs는 각각의 PID에 사용할 명령의 전체 경로 이름을 필요로 한다는 점에 유의하라. 어느 사용자의 것이든 실행 중인 프로세스를 죽이기 위해서는 sudo 및 kill 명령(제4장 참조)이 모두 사용된다. 또한 kill 신호 -9를 사용하는 것도 알 수 있다.

세 가지 명령은 파이프를 통해 함께 엮여 있다. ps 명령은 각 프로세스의 PID를 포함하여 사용자의 실행 프로세스의 목록을 만든다. ps 명령은 이를 표준 출력(STDOUT)으로 전달하고 STDIN은 gawk 명령에 전달한다. 그 다음 gawk 명령은 ps 명령의 STDOUT에서 PID만을 따로 떼어낸다(제15장 참조). xargs 명령은 gawk 명령이 STDIN으로 내보낸 각각의 PID를 가져온다. 여기서는 실행 중인 사용자의 프로세스를 모두 죽이기 위해 각각의 PID에 대해 kill 명령을 만들고 실행시킨다. 명령 파이프는 다음과 같다.

```
$COMMAND_1 | gawk '{print $1}' | $COMMAND_3
```

따라서 사용자 계정의 실행 중인 모든 프로세스 죽이는 전체 case 문은 다음과 같다.

```
case $ANSWER in
    y|Y|YES|yes|Yes|yEs|yeS|YEs|yES )  # If user answers "yes",
                                       #kill User Account processes.
        echo
        echo "Killing off process(es)..."
        #
        # List user processes running code in variable, COMMAND_1
        COMMAND_1="ps -u $USER_ACCOUNT --no-heading"
        #
        # Create command to kill proccess in variable, COMMAND_3
        COMMAND_3="xargs -d \\n /usr/bin/sudo /bin/kill -9"
        #
        # Kill processes via piping commands together
        $COMMAND_1 | gawk '{print $1}' | $COMMAND_3
        #
        echo
        echo "Process(es) killed."
    ;;
```

여기가 지금까지 이 스크립트의 가장 복잡한 부분이다! 하지만 이제 사용자 계정이 소유한 모든 프로세스를 죽였으므로 스크립트는 이제 다음 단계로 넘어갈 수 있다. 사용자 계정의 모든 파일을 찾는 일이다.

계정의 파일 찾기

사용자 계정이 시스템에서 삭제되면 해당 계정에 속한 모든 파일을 따로 보관하는 것이 좋다. 이와 함께 이들 파일은 제거하거나 소유권을 다른 계정에 할당하는 것이 중요하다. 삭제하는 계정이 사용자 ID 1003을 가지고 있으며 이 계정이 소유한 파일을 지우거나 소유권을 바꾸지 않는다면 다음에 사용자 ID 1003으로 새로 만들어진 계정이 이들 파일의 소유권을 가지게 된다! 이러한 시나리오는 보안에 재앙을 가져올 수도 있다.

Delete_User.sh 스크립트가 이를 위한 모든 일을 하지는 않지만 보고서를 만들어서 Daily_
Archive.sh 스크립트가 아카이브 구성 파일로 사용할 수 있도록 한다. 그리고 이 보고서는 파일을
제거하거나 소유권을 바꾸는 데 이용할 수 있다.

사용자의 파일을 찾으려면 find 명령을 사용할 수 있다. 이 때, find 명령은 -u 옵션으로 전체 파일
시스템을 검색해서 사용자 계정이 소유한 모든 파일을 지적한다. 이 명령은 다음과 같다.

```
find / -user $USER_ACCOUNT > $REPORT_FILE
```

앞에서 본 사용자 계정 프로세스를 처리하는 과정과 비교하면 정말 간단하다! Delete_User.sh 스
크립트의 다음 단계는 더 쉽다. 실제로 사용자 계정을 제거하는 단계다.

계정 제거하기

시스템에서 사용자 계정을 제거할 때에는 항상 약간의 편집증을 가지는 것이 좋다. 스크립트 사용
자가 실제로 계정을 제거하고자 하는 것인지를 다시 한 번 물어야 한다.

```
LINE1="Remove $User_Account's account from system? [y/n]"
get_answer
#
EXIT_LINE1="Since you do not wish to remove the user account,"
EXIT_LINE2="$USER_ACCOUNT at this time, exiting the script..."
process_answer
```

마지막으로, 시스템에서 실제로 사용자 계정을 제거하는 스크립트의 주요한 목적을 수행한다. 여기
서 userdel 명령(제7장 참조)이 사용된다.

```
userdel $USER_ACCOUNT
```

이제 우리는 모든 부분들을 만들었으니 이들을 모두 합쳐서 완전하고 유용한 스크립트 유틸리티를
만들 준비가 되었다.

스크립트 만들기

Delete_User.sh 스크립트는 사용자와 상호작용한다는 것을 기억하자. 따라서 스크립트가 실행되
는 동안에 무슨 일이 일어나고 있는지에 대한 정보를 사용자에게 계속 알려주기 위해 메시지를 많
이 포함하는 것이 중요하다.

스크립트의 첫 부분에 두 개의 함수 get_answer 및 process_answer가 선언된다. 그 다음 스크립
트는 사용자 계정을 제거하기 위한 네 가지 단계를 실행한다. 사용자 계정 이름을 얻고 이를 확인하
며, 사용자의 프로세스를 찾아서 종료하고, 사용자 계정이 소유한 모든 파일에 대한 보고서를 작성

하고, 실제로 사용자 계정을 제거한다.

Delete_User.sh 스크립트는 다음과 같다.

```bash
#!/bin/bash
#
#Delete_User - Automates the 4 steps to remove an account
#
################################################################
# Define Functions
#
###################################################
function get_answer {
#
unset ANSWER
ASK_COUNT=0
#
while [ -z "$ANSWER" ]     #While no answer is given, keep asking.
do
     ASK_COUNT=$[ $ASK_COUNT + 1 ]
#
     case $ASK_COUNT in    #If user gives no answer in time allotted
     2)
          echo
          echo "Please answer the question."
          echo
     ;;
     3)
          echo
          echo "One last try...please answer the question."
          echo
     ;;
     4)
          echo
          echo "Since you refuse to answer the question..."
          echo "exiting program."
          echo
          #
```

```
            exit
      ;;
      esac
#
      echo
#
      if [ -n "$LINE2" ]
      then                      #Print 2 lines
          echo $LINE1
          echo -e $LINE2" \c"
      else                      #Print 1 line
          echo -e $LINE1" \c"
      fi
#
#     Allow 60 seconds to answer before time-out
      read -t 60 ANSWER
done
# Do a little variable clean-up
unset LINE1
unset LINE2
#
}  #End of get_answer function
#
#####################################################
function process_answer {
#
case $ANSWER in
y|Y|YES|yes|Yes|yEs|yeS|YEs|yES )
# If user answers "yes", do nothing.
;;
*)
# If user answers anything but "yes", exit script
        echo
        echo $EXIT_LINE1
        echo $EXIT_LINE2
        echo
        exit
;;
esac
#
# Do a little variable clean-up
#
unset EXIT_LINE1
```

```
unset EXIT_LINE2
#
} #End of process_answer function
#
##############################################
# End of Function Definitions
#
############# Main Script ##################
# Get name of User Account to check
#
echo "Step #1 - Determine User Account name to Delete "
echo
LINE1="Please enter the username of the user "
LINE2="account you wish to delete from system:"
get_answer
USER_ACCOUNT=$ANSWER
#
# Double check with script user that this is the correct User Account
#
LINE1="Is $USER_ACCOUNT the user account "
LINE2="you wish to delete from the system? [y/n]"
get_answer
#
# Call process_answer funtion:
#     if user answers anything but "yes", exit script
#
EXIT_LINE1="Because the account, $USER_ACCOUNT, is not "
EXIT_LINE2="the one you wish to delete, we are leaving the script..."
process_answer
#
###############################################################
# Check that USER_ACCOUNT is really an account on the system
#
USER_ACCOUNT_RECORD=$(cat /etc/passwd | grep -w $USER_ACCOUNT)
#
if [ $? -eq 1 ]  # If the account is not found, exit script
then
    echo
    echo "Account, $USER_ACCOUNT, not found. "
    echo "Leaving the script..."
    echo
    exit
fi
```

```
#
echo
echo "I found this record:"
echo $USER_ACCOUNT_RECORD
#
LINE1="Is this the correct User Account? [Y / N] "
get_answer
#
#
# Call process_answer function:
#  if user answers anything but "yes", exit script
#
EXIT_LINE1="Because the account, $USER_ACCOUNT, is not "
EXIT_LINE2="the one you wish to delete, we are leaving the script..."
process_answer
#
3.
# Search for any running processes that belong to the User Account
#
echo
echo "Step #2 - Find process on system belonging to user account"
echo
#
ps -u $USER_ACCOUNT >/dev/null #Are user processes running?
#
case $? in
1)   # No processes running for this User Account
     #
     echo "There are no processes for this account currently
running."
     echo
3.
0)   # Processes running for this User Account.
     # Ask Script User if wants us to kill the processes.
     #
     echo "$USER_ACCOUNT has the following processes running: "
     echo
     ps -u $USER_ACCOUNT
     #
     LINE1="Would you like me to kill the process(es)? [y/n]"
     get_answer
     #
     case $ANSWER in
```

```
       y|Y|YES|yes|Yes|yEs|yeS|YEs|yES )  # If user answers "yes",
                                          # kill User Account
processes.
       #
       echo
       echo "Killing off process(es)..."
       #
       # List user processes running code in variable, COMMAND_1
       COMMAND_1="ps -u $USER_ACCOUNT --no-heading"
       #
       # Create command to kill proccess in variable, COMMAND_3
       COMMAND_3="xargs -d \\n /usr/bin/sudo /bin/kill -9"
       #
       # Kill processes via piping commands together
       $COMMAND_1 | gawk '{print $1}' | $COMMAND_3
       #
       echo
       echo "Process(es) killed."
     3.
     *)   # If user answers anything but "yes", do not kill.
         echo
         echo "Will not kill the process(es)"
         echo
     ;;
     esac
;;
esac
##################################################################
# Create a report of all files owned by User Account
#
echo
echo "Step #3 - Find files on system belonging to user account"
echo
echo "Creating a report of all files owned by $USER_ACCOUNT."
echo
echo "It is recommended that you backup/archive these files,"
echo "and then do one of two things:"
echo "  1) Delete the files"
echo "  2) Change the files' ownership to a current user account."
echo
echo "Please wait. This may take a while..."
#
REPORT_DATE=$(date +%y%m%d)
```

```
REPORT_FILE=$USER_ACCOUNT"_Files_"$REPORT_DATE".rpt"
#
find / -user $USER_ACCOUNT > $REPORT_FILE 2>/dev/null
#
echo
echo "Report is complete."
echo "Name of report:      $REPORT_FILE"
echo "Location of report:  $(pwd)"
echo
####################################
#  Remove User Account
echo
echo "Step #4 - Remove user account"
echo
#
LINE1="Remove $USER_ACCOUNT's account from system? [y/n]"
get_answer
#
# Call process_answer function:
#       if user answers anything but "yes", exit script
#
EXIT_LINE1="Since you do not wish to remove the user account,"
EXIT_LINE2="$USER_ACCOUNT at this time, exiting the script..."
process_answer
#
userdel $USER_ACCOUNT          #delete user account
echo
echo "User account, $USER_ACCOUNT, has been removed"
echo
#
exit
```

많은 일을 했다! 그러나 Delete_User.sh 스크립트는 사용자 계정을 삭제할 때 겪을 수 있는 수많은 짜증나는 문제를 예방하고 많은 시간을 절약시켜 준다.

스크립트 실행하기

대화형 스크립트로 구성되어 있기 때문에 Delete_User.sh 스크립트는 크론 테이블에 배치되어서는 안 된다. 그러나 예상대로 작동하는지 확인하는 것은 중요하다.

스크립트를 테스트하기 전에 스크립트의 파일에 적절한 권한이 설정되어 있어야 한다.

```
$ chmod u+x Delete_User.sh
$
$ ls -l Delete_User.sh
-rwxr--r--. 1 Christine Christine 6413 Sep  2 14:20 Delete_User.sh
$
```

스크립트는 이 시스템에 임시로 설정한 계정인 Consultant를 제거하는 테스트를 한다.

```
$ sudo ./Delete_User.sh
[sudo] password for Christine:
Step #1 - Determine User Account name to Delete


Please enter the username of the user
account you wish to delete from system: Consultant

Is Consultant the user account
you wish to delete from the system? [y/n]
Please answer the question.

Is Consultant the user account
you wish to delete from the system? [y/n] y

I found this record:
Consultant:x:504:506::/home/Consultant:/bin/bash

Is this the correct User Account? [y/n] yes

Step #2 - Find process on system belonging to user account

Consultant has the following processes running:

  PID TTY          TIME CMD
 5443 pts/0    00:00:00 bash
 5444 pts/0    00:00:00 sleep

Would you like me to kill the process(es)? [y/n] Yes
```

```
Killing off process(es)...

Process(es) killed.

Step #3 - Find files on system belonging to user account

Creating a report of all files owned by Consultant.

It is recommended that you backup/archive these files,
and then do one of two things:
  1) Delete the files
  2) Change the files' ownership to a current user account.

Please wait. This may take a while...

Report is complete.
Name of report:      Consultant_Files_140902.rpt
Location of report:  /home/Christine

Step #4 - Remove user account

Remove Consultant's account from system? [y/n] y

User account, Consultant, has been removed

$
$ ls Consultant*.rpt
Consultant_Files_140902.rpt
$
$ cat Consultant_Files_140902.rpt
/home/Consultant
/home/Consultant/Project_393
/home/Consultant/Project_393/393_revisionQ.py
/home/Consultant/Project_393/393_Final.py
[...]
/home/Consultant/.bashrc
/var/spool/mail/Consultant
$
$ grep Consultant /etc/passwd
$
```

멋지게 제 역할을 했다! 스크립트는 sudo를 사용하여 실행된다는 점에 유의하자. 계정을 삭제하기 위해 슈퍼 유저 권한이 필요하기 때문이다. 또한 다음 질문에 대한 답을 지연시킴으로써 읽기 제한 시간도 테스트한 것에 주목하자.

```
Is Consultant the user account
you wish to delete from the system? [y/n]
Please answer the question.
```

여러 가지 질문에 대해서 'yes'라는 답의 다양한 버전으로 case 문 테스트가 제구실을 하는지 확인했다는 점도 주목하자. 그리고 마지막으로, 찾아낸 Consultant 사용자의 파일이 보고서 파일에 포함된 후 계정이 삭제되었다는 것도 알 수 있다.

이제 사용자 계정을 삭제해야 할 때 도움이 될 스크립트 유틸리티가 만들어졌다. 더 좋은 점은 당신의 조직에서 요구하는 내용을 충족시키기 위해 스크립트를 수정할 수도 있다는 것이다!

디스크 공간 감시하기

여러 사용자가 있는 리눅스 시스템의 가장 큰 문제점 중 하나는 사용 가능한 디스크 공간의 양이다. 파일 공유 서버와 같은 몇몇 상황에서는 단 한 명의 부주의한 사용자 때문에 디스크 공간이 거의 순식간에 꽉 차버릴 수도 있다.

> **TIP**
>
> 실전에서 운용되는 리눅스 시스템을 사용하는 경우, 디스크 공간이 꽉 차는 문제를 막기 위해서 디스크 공간 보고서에 의존해서는 안 된다. 대신 디스크 할당량(quota)을 설정하는 것이 좋다. quota 패키지가 설치되어 있는 경우, 쉘 프롬프트에서 man –k quota 명령을 입력하여 디스크 할당량을 관리하는 방법에 대한 자세한 내용을 확인할 수 있다. quota 패키지가 현재 시스템에 설치되어 있지 않은 경우에는 추가 정보를 찾기 위해 자주 쓰는 검색 엔진을 사용하라.

이 쉘 스크립트 유틸리티를 사용하면 지정된 디렉토리에서 가장 많은 디스크 공간을 차지하는 상위 10명의 사용자를 찾는 데 도움이 된다. 이 스크립트는 디스크 공간의 사용 동향을 감시할 수 있는, 타임스탬프가 붙은 보고서를 만들어 낸다.

중요한 기능을 확보하기

필요한 첫 번째 도구는 du 명령이다(제4장 참조). 이 명령은 개별 파일 및 디렉토리의 디스크 사용량(disk usage)을 표시한다. –s 옵션은 디렉토리 수준에서 합계를 요약할 수 있다. 개별 사용자가 사용하는 총 디스크 공간을 계산할 때 유용한 옵션이다. 다음은 /home 디렉토리에서 각 사용자의 $HOME 디렉토리를 요약하기 위해 du 명령을 사용하는 모습이다.

```
$ sudo du -s /home/*
[sudo] password for Christine:
4204      /home/Christine
56        /home/Consultant
52        /home/Development
4         /home/NoSuchUser
96        /home/Samantha
36        /home/Timothy
1024      /home/user1
$
```

-s 옵션은 사용자의 $HOME 디렉토리에 대해서는 잘 되지만 /var/log 같은 시스템 디렉토리의 디스크 사용량을 확인하고 싶다면?

```
$ sudo du -s /var/log/*
4         /var/log/anaconda.ifcfg.log
20        /var/log/anaconda.log
32        /var/log/anaconda.program.log
108       /var/log/anaconda.storage.log
40        /var/log/anaconda.syslog
56        /var/log/anaconda.xlog
116       /var/log/anaconda.yum.log
4392      /var/log/audit
4         /var/log/boot.log
[...]
$
```

목록은 금방 쓸데없이 자세해진다. -S(대문자 S) 옵션은 우리의 목적에 더 잘 맞는다. 각 디렉토리 및 하위 디렉토리에 대한 합계를 별도로 제공하기 때문이다. 이렇게 하면 신속하게 문제가 있는 곳을 지목할 수 있다.

```
$ sudo du -S /var/log/
4         /var/log/ppp
4         /var/log/sssd
3020      /var/log/sa
80        /var/log/prelink
4         /var/log/samba/old
4         /var/log/samba
4         /var/log/ntpstats
4         /var/log/cups
4392      /var/log/audit
420       /var/log/gdm
4         /var/log/httpd
```

```
152      /var/log/ConsoleKit
2976     /var/log/
$
```

디스크 공간 가운데 가장 큰 덩어리를 잡아먹고 있는 디렉토리에 관심이 있기 때문에, du가 만든 목록에 sort 명령(제4장 참조)을 사용한다.

```
$ sudo du -S /var/log/ | sort -rn
4392     /var/log/audit
3020     /var/log/sa
2976     /var/log/
420      /var/log/gdm
152      /var/log/ConsoleKit
80       /var/log/prelink
4        /var/log/sssd
4        /var/log/samba/old
4        /var/log/samba
4        /var/log/ppp
4        /var/log/ntpstats
4        /var/log/httpd
4        /var/log/cups
$
```

-n 옵션을 사용하면 숫자 순서로 정렬할 수 있다. -r 옵션은 가장 큰 숫자가 먼저(역순) 나오도록 한다. 누가 가장 디스크를 많이 잡아먹는지 찾는 데에는 완벽하다.

sed 편집기는 이 목록을 더 명확하게 만들어 준다. 가장 디스크를 많이 잡아먹는 상위 10개 디렉토리에 초점을 맞추기 위해 sed 편집기는 11번째 줄에 이르면 나머지 목록을 지워버리도록 설정한다. 다음 단계는 목록의 각 줄에 줄 번호를 추가하는 것이다. 제19장에서는 sed 명령에 등호(=)를 추가하여 이 작업을 수행하는 방법을 보여주었다. 디스크 공간을 표시하는 텍스트와 줄 번호를 같은 줄에 표시하려면 제21장에 나와 있는 바와 같이 텍스트 줄을 N 명령을 사용하여 결합한다. 필요한 sed 명령은 다음과 같다.

```
sed '{11,$D; =}' |
sed 'N; s/\n/ /' |
```

이제 gawk 명령(제22장 참조)을 사용하여 출력을 깔끔하게 만들 수 있다. sed 편집기로부터 나오는 출력을 gawk 명령으로 파이프한 다음 printf 함수를 사용하여 출력한다.

```
gawk '{printf $1 ":" "\t" $2  "\t" $3 "\n"}'
```

줄 번호 다음에 콜론(:)이 추가되고, 탭 (\t) 문자는 각각의 텍스트 출력 줄의 모든 필드 사이에 배치

24

됩니다. 이렇게 함으로써 가장 많은 디스크 공간을 차지하는 상위 10개 디렉토리의 목록을 멋지게
서식화한 목록을 만든다.

```
$ sudo du -S /var/log/ |
> sort -rn |
> sed '{11,$D; =}' |
> sed 'N; s/\n/ /' |
> gawk '{printf $1 ":" "\t" $2 "\t" $3 "\n"}'
[sudo] password for Christine:
1:      4396     /var/log/audit
2:      3024     /var/log/sa
3:      2976     /var/log/
4:      420      /var/log/gdm
5:      152      /var/log/ConsoleKit
6:      80       /var/log/prelink
7:      4        /var/log/sssd
8:      4        /var/log/samba/old
9:      4        /var/log/samba
10:     4        /var/log/ppp
$
```

이제 만반의 준비가 되었다! 다음 단계는 스크립트를 만들기 위해 이 정보를 사용하는 것이다.

스크립트 만들기

시간과 노력을 절약하기 위해 스크립트는 지정된 여러 디렉토리에 대한 보고서를 작성한다. 이를
위해 CHECK_DIRECTORIES 변수가 쓰인다. 우리의 목적을 위해 이 변수에는 두 개의 디렉토리만
설정한다.

```
CHECK_DIRECTORIES=" /var/log /home"
```

스크립트는 변수에 나열된 각 디렉토리에 대해 du 명령을 수행하는 루프를 포함한다. 이 기법(제
13장 참조)은 목록에서 값을 읽고 처리할 때 사용된다. 루프가 CHECK_DIRECTORIES 변수에 있는
값의 목록을 차례대로 되풀이할 때마다 DIR_CHECK 변수에 목록에 있는 다음 값이 할당된다.

```
for DIR_CHECK in $CHECK_DIRECTORIES
do
[...]
  du -S $DIR_CHECK
[...]
done
```

신속하게 식별할 수 있도록 보고서의 파일 이름에는 날짜 표식을 붙인다. exec 명령(제15장 참조)을 사용하여 스크립트는 출력을 날짜 표식이 붙은 보고서 파일로 리다이렉트한다.

```
DATE=$(date '+%m%d%y')
exec > disk_space_$DATE.rpt
```

이제 멋진 형식의 보고서를 만들기 위하여 스크립트는 몇 가지 보고서 제목을 넣을 목적으로 echo 명령을 사용한다.

```
echo "Top Ten Disk Space Usage"
echo "for $CHECK_DIRECTORIES Directories"
```

자, 이제 모든 것을 스크립트에 넣어 보자.

```
#!/bin/bash
#
# Big_Users - Find big disk space users in various directories
################################################################
# Parameters for Script
#
CHECK_DIRECTORIES=" /var/log /home"  #Directories to check
#
############## Main Script ###############################
#
DATE=$(date '+%m%d%y')                    #Date for report file
#
exec > disk_space_$DATE.rpt               #Make report file STDOUT
#
echo "Top Ten Disk Space Usage"          #Report header
echo "for $CHECK_DIRECTORIES Directories"
#
for DIR_CHECK in $CHECK_DIRECTORIES  #Loop to du directories
do
  echo ""
  echo "The $DIR_CHECK Directory:"    #Directory header
#
# Create a listing of top ten disk space users in this dir
  du -S $DIR_CHECK 2>/dev/null |
  sort -rn |
  sed '{11,$D; =}' |
  sed 'N; s/\n/ /' |
  gawk '{printf $1 ":" "\t" $2  "\t" $3 "\n"}'
#
done                                      #End of loop
```

```
#
exit
```

이제 다 됐다. 이 간단한 쉘 스크립트는 사용자가 선택한 각 디렉토리에 대해 가장 많은 디스크 공간을 차지하는 상위 10개 디렉토리에 대해서 날짜 표식이 붙은 보고서를 만든다.

스크립트 실행하기

Big_Users 스크립트를 자동으로 실행하기 전에 스크립트가 원하는 대로 동작하는지 확인하기 위해 몇 차례 수동으로 테스트 할 수 있다. 테스트를 하기 전에 적절한 권한을 설정해야 한다. 그러나 bash 명령어를 사용했으므로 스크립트를 실행하기 전에 chmod u+x 명령을 줄 필요는 없다.

```
$ ls -l Big_Users.sh
-rw-r--r--. 1 Christine Christine 910 Sep  3 08:43 Big_Users.sh
$
$ sudo bash Big_Users.sh
[sudo] password for Christine:
$
$ ls disk_space*.rpt
disk_space_090314.rpt
$
$ cat disk_space_090314.rpt
Top Ten Disk Space Usage
for  /var/log /home Directories

The /var/log Directory:
1:      4496    /var/log/audit
2:      3056    /var/log
3:      3032    /var/log/sa
4:      480     /var/log/gdm
5:      152     /var/log/ConsoleKit
6:      80      /var/log/prelink
7:      4       /var/log/sssd
8:      4       /var/log/samba/old
9:      4       /var/log/samba
10:     4       /var/log/ppp

The /home Directory:
1:      34084   /home/Christine/Documents/temp/reports/archive
2:      14372   /home/Christine/Documents/temp/reports
3:      4440    /home/Timothy/Project__42/log/universe
4:      4440    /home/Timothy/Project_254/Old_Data/revision.56
```

```
5:      4440    /home/Christine/Documents/temp/reports/report.txt
6:      3012    /home/Timothy/Project__42/log
7:      3012    /home/Timothy/Project_254/Old_Data/data2039432
8:      2968    /home/Timothy/Project__42/log/answer
9:      2968    /home/Timothy/Project_254/Old_Data/data2039432/answer
10:     2968    /home/Christine/Documents/temp/reports/answer
$
```

잘 된다! 이제 필요에 따라 자동으로 실행되는 쉘 스크립트를 설정할 수 있게 되었다. 크론 테이블 (제16장 참조)을 사용하여 이러한 일을 한다. 이 스크립트는 월요일 아침 일찍 실행하는 것이 좋다. 그러면 월요일 아침에 커피 한 잔을 놓고 주간 디스크 소비 보고서를 검토할 수 있다!

//////////
요약
//////////

이 장에서는 이 책에서 소개했던 쉘 스크립트 정보 가운데 일부를 잘 활용하여 리눅스 유틸리티를 만들어 보았다. 대규모의 다중 사용자 시스템이든 혼자 쓰는 시스템이든 리눅스 시스템에 대한 책임을 지고 있다면 많은 것들을 감시할 필요가 있다. 수동으로 명령을 실행하지 않고도 나를 위해서 일해 줄 쉘 스크립트 유틸리티를 만들 수 있다.

리눅스 시스템에 데이터 파일을 아카이브 및 백업하기 위해 쉘 스크립트를 사용하는 방법을 안내 했다. tar 명령은 데이터 아카이브를 위한 인기 있는 명령이다. 이 장에서는 아카이브 파일을 생성 하기 위해 쉘 스크립트를 사용하는 방법과 아카이브 디렉토리에 아카이브 파일을 관리하는 방법을 보여주었다.

사용자 계정을 삭제하는 데 필요한 네 단계를 위한 쉘 스크립트를 다루었다. 스크립트 안에서 반복 되는 쉘 코드를 함수로 만들면 코드를 읽고 수정하기가 쉬워진다. 이 스크립트는 case와 while 같 은 여러 가지 구조화 명령을 다수 결합시켰다. 이 장에서는 크론 테이블을 위한 스크립트와 대화형 스크립트에서 스크립트 구조의 차이점을 보여주었다.

이 장은 디스크 공간 사용 동향을 판단하기 위해 결정하기 위해 du 명령을 사용하는 방법으로 마무 리했다. 데이터로부터 특정한 정보를 얻기 위해 sed 및 gawk 명령이 쓰였다. 명령의 출력을 sed로 보내고 이 데이터를 gawk로 분리하는 것은 쉘 스크립트에서 널리 쓰이는 방법이므로 어떻게 하는 지 알아두면 좋다.

다음 장에서는 더욱 고급 기능을 가진 쉘 스크립트를 다룬다. 이 스크립트는 데이터베이스, 웹 및 전자우편에 관한 주제를 다룬다.

24

데이터베이스, 웹 및
이메일 스크립트 만들기

이 장의 내용

데이터베이스 쉘 스크립트 만들기
스크립트에서 인터넷 사용하기
스크립트에서 이메일로 보고하기

지금까지 우리는 쉘 스크립트의 다양한 기능을 살펴보았다. 아직 더 많은 것이 남아 있다! 또한 데이터베이스 사용, 인터넷으로부터 데이터 가져오기, 이메일 보고서와 같은 고급 기능을 제공하기 위해 쉘 스크립트 외부의 고급 애플리케이션을 활용할 수도 있다. 이 장에서는 리눅스 시스템에서 쓸 수 있는 일반적인 기능을 쉘 스크립트 안에서 모두 사용하는 방법을 소개한다.

MySQL 데이터베이스 사용하기

쉘 스크립트의 문제점 중 하나는 영속적인 데이터다. 쉘 스크립트 변수에 원하는 모든 정보를 저장할 수 있지만 스크립트가 끝나면 변수는 사라져 버린다. 때로는 스크립트가 나중에 사용할 수 있도록 데이터를 저장할 수 있도록 하는 것이 좋다.

예전에는 쉘 스크립트에서 데이터를 저장하고 읽어 들이기 위해서는 파일을 만들고, 파일에서 데이터를 읽고 데이터를 분석한 후 다시 파일에 데이터를 저장해야 했다. 데이터를 찾는다는 것은 파일의 모든 레코드를 읽고 데이터를 찾는다는 것을 의미했다. 오늘날 데이터베이스의 유행 속에서 뛰어난 기능의 오픈소스 데이터베이스와 쉘 스크립트를 연결시키는 일은 식은 죽 먹기다. 현재 리눅스 세계에서 사용되는 가장 인기 있는 오픈소스 데이터베이스는 MySQL이다. 그 인기 덕분에 온라인 상점, 블로그 및 애플리케이션 호스팅을 위한 많은 인터넷 웹 서버에 사용되는 리눅스-아파치-MySQL-PHP (LAMP) 서버 환경의 한 부분을 이룰 정도로 성장했다.

이 절에서는 리눅스 환경에서 데이터베이스 개체 만들기 위해서 MySQL 데이터베이스를 사용하는 방법, 그리고 쉘 스크립트에서 데이터베이스 개체를 사용하는 방법을 설명한다.

MySQL 사용하기

대부분의 리눅스 배포판은 소프트웨어 저장소에 MySQL 서버와 클라이언트 패키지를 포함하고 있으므로 전체 MySQL 환경을 설치하는 일은 누워서 떡먹기다. [그림 25-1]는 우분투 리눅스 배포판에서 소프트웨어 추가 기능을 보여주고 있다.

그림 25-1

우분투 리눅스 시스템에서 MySQL 서버 설치

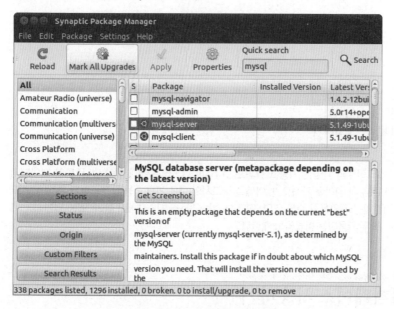

mysql-server 패키지를 검색한 후 나타나는 mysql-server 항목을 선택하고 나면 패키지 관리자는 전체 MySQL 서버 및 클라이언트 소프트웨어를 다운로드하고 설치한다. 정말 쉽다!

설치가 끝난 후, MySQL 데이터베이스로 들어가는 문은 mysql 커맨드라인 인터페이스 프로그램이다. 이 절에서는 데이터베이스와 상호 작용하는 mysql 클라이언트 프로그램을 사용하는 방법에 대해 설명한다.

서버에 연결하기

mysql 클라이언트 프로그램을 사용하면 사용자 계정과 암호를 사용하여 네트워크의 어느 곳에서나 어떤 MySQL 데이터베이스 서버에든 연결할 수 있다. 기본적으로는 커맨드라인에서 mysql 프로그램을 매개변수 없이 입력하면 같은 리눅스 시스템에서 돌아가고 있는 MySQL 서버에 리눅스 로그인 사용자 이름을 사용하여 연결을 시도한다.

대부분 데이터베이스에 이렇게는 연결하지 않는다. MySQL 서버에서 표준 사용자 계정을 사용하는 것보다는 애플리케이션에 쓸 별도의 사용자 계정을 만드는 것이 더 안전하다. 이러한 방식을 쓰면 애플리케이션에 대한 사용자 접근을 제한할 수 있으며, 애플리케이션에 보안 사고가 생겼을 경우 손쉽게 이를 삭제하고 필요한 경우 다시 만들 수 있다.

로그인할 때 사용자 이름을 지정하려면 -u 커맨드라인 매개변수를 사용한다.

```
$ mysql -u root —p
Enter password:
Welcome to the MySQL monitor.  Commands end with ; or \g.
Your MySQL connection id is 42
Server version: 5.5.38-0ubuntu0.14.04.1 (Ubuntu)

Copyright (c) 2000, 2014, Oracle and/or its affiliates. All rights
reserved.

Oracle is a registered trademark of Oracle Corporation and/or its
affiliates. Other names may be trademarks of their respective
owners.

Type 'help;' or '\h' for help. Type '\c' to clear the current input
statement.

mysql>
```

-p 매개변수는 사용자 계정으로 로그인 할 때 암호를 입력하도록 프롬프트를 표시하도록 mysql 프로그램에게 지시할 수 있다. 설치 과정 중이나 mysqladmin 유틸리티를 사용하여 루트(root) 사용자 계정에 할당한 암호를 입력한다. 서버에 로그인한 후에는 명령 입력을 시작할 수 있다.

mysql의 명령
mysql 프로그램은 두 가지 유형의 명령을 사용한다.

- 특수 mysql 명령

- 표준 SQL 문장

mysql 프로그램은 환경을 쉽게 제어하고 MySQL 서버의 정보를 검색할 수 있도록 자체 명령 세트를 사용한다. MySQL의 명령은 전체 이름(예를 들어 status) 또는 약칭 (예를 들어 \s) 중 하나를 사용할 수 있다.

mysql 명령 프롬프트에서 직접 전체 이름이나 약칭을 사용하기도 한다.

```
mysql> \s
--------------
```

25

```
mysql  Ver 14.14 Distrib 5.5.38, for debian-linux-gnu (i686) using
readline 6.3

Connection id:          43
Current database:
Current user:           root@localhost
SSL:                    Not in use
Current pager:          stdout
Using outfile:          ''
Using delimiter:        ;
Server version:         5.5.38-0ubuntu0.14.04.1 (Ubuntu)
Protocol version:       10
Connection:             Localhost via UNIX socket
Server characterset:    latin1
Db      characterset:   latin1
Client characterset:    utf8
Conn.  characterset:    utf8
UNIX socket:            /var/run/mysqld/mysqld.sock
Uptime:                 2 min 24 sec

Threads: 1 Questions: 575 Slow queries: 0 Opens: 421 Flush tables: 1
    Open tables: 41  Queries per second avg: 3.993
--------------

mysql>
```

mysql 프로그램은 표준 MySQL 서버가 지원하는 모든 표준 SQL(Structured Query Language) 명령을 구현한다. mysql 프로그램이 구현하고 있는 비표준 SQL 명령은 SHOW 명령이다. 이 명령을 사용하면 만들어진 데이터베이스와 테이블과 같이 MySQL 서버에 대한 정보를 뽑아낼 수 있다.

```
mysql> SHOW DATABASES;
+--------------------+
| Database           |
+--------------------+
| information_schema |
| mysql              |
+--------------------+
2 rows in set (0.04 sec)

mysql> USE mysql;
Database changed
mysql> SHOW TABLES;
+---------------------------+
```

```
| Tables_in_mysql             |
+-----------------------------+
| columns_priv                |
| db                          |
| func                        |
| help_category               |
| help_keyword                |
| help_relation               |
| help_topic                  |
| host                        |
| proc                        |
| procs_priv                  |
| tables_priv                 |
| time_zone                   |
| time_zone_leap_second       |
| time_zone_name              |
| time_zone_transition        |
| time_zone_transition_type   |
| user                        |
+-----------------------------+
17 rows in set (0.00 sec)
mysql>
```

이 예에서, 현재 MySQL 서버에 구성된 데이터베이스를 표시하기 위해 SHOW SQL 명령을 사용했고 하나의 데이터베이스에 연결하기 위해 USE SQL 명령을 사용했다. 우리의 mysql 세션은 한 번에 하나의 데이터베이스에만 접속할 수 있다.

각 명령 끝에 세미콜론이 붙어 있는 것을 알 수 있다. mysql 프로그램에서 세미콜론은 명령의 끝을 나타낸다. 세미콜론을 사용하지 않으면 더 많은 데이터를 요구하는 프롬프트가 나타난다.

```
mysql> SHOW
    -> DATABASES;
+--------------------+
| Database           |
+--------------------+
| information_schema |
| mysql              |
+--------------------+
2 rows in set (0.00 sec)

mysql>
```

긴 명령을 사용하여 작업할 때 이 기능을 유용하게 사용할 수 있다. 명령의 일부를 입력한 다음 〈Enter〉 키를 누르면 다음 줄에서 입력 작업을 계속할 수 있다. 명령의 끝을 나타내기 위해 세미콜론을 사용할 때까지 원하는 만큼 많은 줄에 걸쳐서 계속할 수 있다.

> **NOTE**
> 이 장 전반에 걸쳐 SQL 명령을 작성할 때 SQL 명령에 대문자를 사용했다. 하지만 mysql 프로그램은 대문자와 소문자 중 어느 것이든 사용하여 SQL 명령을 지정할 수 있다.

데이터베이스 만들기

MySQL 서버는 데이터베이스에 데이터를 구성한다. 데이터베이스는 일반적으로 단일 애플리케이션을 위한 데이터를 보유하고 같은 데이터베이스 서버를 사용하는 다른 애플리케이션으로부터 격리한다. 각 쉘 스크립트 애플리케이션마다 개별적으로 데이터베이스를 만들면 헷갈리거나 데이터가 뒤섞이는 일을 막는 데 도움이 된다.

새 데이터베이스를 작성하는 데 필요한 SQL 문은 다음과 같다.

```
CREATE DATABASE name;
```

아주 간단하다. 물론, MySQL 서버에 새 데이터베이스를 만들려면 적절한 권한이 있어야 한다. 이 작업을 수행하는 가장 쉬운 방법은 루트 사용자 계정으로 로그인하는 것이다.

```
$ mysql -u root -p
Enter password:
Welcome to the MySQL monitor.  Commands end with ; or \g.
Your MySQL connection id is 42
Server version: 5.5.38-0ubuntu0.14.04.1 (Ubuntu)

Copyright (c) 2000, 2014, Oracle and/or its affiliates. All rights
reserved.

Oracle is a registered trademark of Oracle Corporation and/or its
affiliates. Other names may be trademarks of their respective
owners.

Type 'help;' or '\h' for help. Type '\c' to clear the current input
statement.

mysql> CREATE DATABASE mytest;
Query OK, 1 row affected (0.02 sec)

mysql>
```

SHOW 명령을 사용하여 새 데이터베이스가 만들어졌는지 여부를 확인할 수 있다.

```
mysql> SHOW DATABASES;
+--------------------+
| Database           |
+--------------------+
| information_schema |
| mysql              |
| mytest             |
+--------------------+
3 rows in set (0.01 sec)

mysql>
```

좋다. 제대로 만들어졌다. 이제 새 데이터베이스에 접근할 수 있는 사용자 계정을 만들 수 있다.

사용자 계정 만들기

지금까지는 루트 관리자 계정을 사용하여 MySQL 서버에 연결하는 방법을 살펴보았다. 이 계정은 MySQL 서버의 모든 개체를 완벽하게 제어할 수 있다(루트 리눅스 계정이 리눅스 시스템을 완전히 제어할 수 있는 것과 무척 비슷하다).

일반 애플리케이션이 루트 MySQL 계정을 사용하는 것은 매우 위험하다. 보안 사고가 발생해서 누군가가 루트 사용자 계정의 암호를 알아냈다면 시스템(그리고 데이터)에 온갖 재앙들이 벌어질 수 있다. 이를 방지하기 위해 애플리케이션에 사용되는 데이터베이스에 대한 권한만 있는 MySQL 사용자 계정을 따로 만드는 게 현명하다. GRANT SQL 문을 사용하여 이 작업을 수행할 수 있다.

```
mysql> GRANT SELECT,INSERT,DELETE,UPDATE ON test.* TO test IDENTIFIED
by 'test';
Query OK, 0 rows affected (0.35 sec)

mysql>
```

꽤 긴 명령이다. 하나하나 쪼개서 각자 어떤 일을 하는지 살펴보자.

첫 번째 부분은 데이터베이스(들)의 사용자 계정이 가지고 있는 권한을 정의한다. 이 구문은 사용자 계정이 데이터베이스 데이터에 질의를 하고(select 권한), 새로운 데이터 레코드를 삽입하고(insert 권한), 기존 데이터 레코드를 삭제하고(delete 권한), 기존 데이터 레코드를 업데이트하도록(update 권한) 할 수 있다.

test.* 항목은 권한이 적용되는 데이터베이스와 테이블을 정의한다. 이 작업은 다음과 같은 형식으로 지정된다.

database.table

25

위의 예에서 볼 수 있듯이, 데이터베이스와 테이블을 지정할 때 와일드카드 문자를 사용할 수 있다. 이 형식은 test라는 이름의 데이터베이스에 포함된 모든 테이블에 지정된 권한을 적용한다.

권한이 적용되는 사용자 계정을 지정한다. grant 명령이 가진 좋은 기능 중 하나는 사용자 계정이 존재하지 않는다면 이를 만든다는 점이다. identified by 부분은 새 사용자 계정에 대한 기본 암호를 설정할 수 있도록 한다.

mysql 프로그램에서 직접 새 사용자 계정을 테스트할 수 있다.

```
$ mysql mytest -u test -p
Enter password:
Welcome to the MySQL monitor.  Commands end with ; or \g.
Your MySQL connection id is 42
Server version: 5.5.38-0ubuntu0.14.04.1 (Ubuntu)

Copyright (c) 2000, 2014, Oracle and/or its affiliates. All rights
reserved.

Oracle is a registered trademark of Oracle Corporation and/or its
affiliates. Other names may be trademarks of their respective
owners.

Type 'help;' or '\h' for help. Type '\c' to clear the current input
statement.

mysql>
```

첫 번째 매개변수는 사용할 기본 데이터베이스(mytest)를 지정하고, 이전에 보았던 것처럼 -u 매개변수는 로그인할 수 있는 사용자 계정을 정의하며, -p와 함께 써서 암호 프롬프트를 표시한다. test 사용자 계정에 할당 암호를 입력하면 서버에 연결된다.

이제 데이터베이스와 사용자 계정을 가지게 되었으니 데이터를 다룰 테이블을 만들 준비가 되었다.

테이블 만들기

MySQL 서버는 관계형 데이터베이스로 분류된다. 관계형 데이터베이스에서 데이터는 데이터 필드, 레코드 및 테이블로 구성된다. 데이터 필드는 직원의 마지막 이름이나 급여와 같은 정보의 한 부분이다. 레코드는 직원 ID 번호, 성, 이름, 주소 및 급여와 같이 관련이 있는 데이터 필드의 모음이다. 각 레코드는 데이터 필드 세트 중 하나를 가리킨다.

테이블은 관련된 데이터를 보유하는 모든 레코드를 포함한다. 따라서 각 직원에 대한 레코드를 보유하는 Employees라는 테이블을 만들게 될 것이다.

데이터베이스에 새 테이블을 만들려면 CREATE TABLE SQL 명령을 사용한다.

```
$ mysql mytest -u root -p
Enter password:
mysql> CREATE TABLE employees (
  -> empid int not null,
  -> lastname varchar(30),
  -> firstname varchar(30),
  -> salary float,
  -> primary key (empid));
Query OK, 0 rows affected (0.14 sec)

mysql>
```

먼저 새 테이블을 만들기 위해서는 MySQL에 root 사용자 계정으로 로그인해야 한다는 점에 유의하자. test 사용자에게는 새로운 테이블을 만들 권한이 없기 때문이다. 다음으로 mysql 프로그램 커맨드라인에 mytest 데이터베이스를 지정한 것에 주목하자. 그렇게 하지 않으면 test 데이터베이스에 연결하기 위해 USE SQL 명령을 사용해야 한다.

> **TIP**
> 새 테이블을 만들기 전에 올바른 데이터베이스에 연결했는지 확인하는 것이 매우 중요한다. 또한 테이블을 만들기 위해 관리자 계정(MySQL용 루트)을 사용하여 로그인하고 있는지 확인하라.

테이블의 각 데이터 필드는 데이터 유형을 사용하여 정의된다. MySQL 데이터베이스는 많은 데이터 유형을 지원한다. [표 25-1]은 그 가운데 널리 쓰이는 데이터 유형들을 보여준다.

표 25-1 MySQL 데이터 유형

데이터 유형	설명
char	고정 길이 문자열 값
varcher	가변 길이 문자열 값
int	정수 값
float	부동 소수점 값
boolean	부울 참/거짓 값
date	YYYY-MM-DD 형식의 날짜 값
time	HH:mm:ss 시간 값
timestamp	날짜와 시간 값이 함께 들어가는 값
text	긴 문자열 값
BLOB	이미지 또는 동영상 클립과 같은 대용량 이진 값

25

empid 데이터 필드에는 데이터 제약 조건(data constraint)이 지정되어 있다. 데이터 제약은 유효한 레코드를 만들기 위해서 입력할 수 있는 데이터의 유형을 제한한다. not null 데이터 제약은 모든 레코드가 empid 값을 가져야 한다는 것을 뜻한다.

마지막으로, primary key는 각 개별 레코드를 고유하게 식별하는 데이터 필드를 정의한다. 이는 각각의 데이터 레코드는 테이블에서 고유한 empid 값을 가져야한다는 것을 뜻한다.

새로운 테이블을 만든 후에는 만들어졌는지 확인하기 위해 적절한 명령을 사용할 수 있다. mysql 에서는 show tables 명령이 여기에 해당된다.

```
mysql> show tables;
+----------------+
| Tables_in_test |
+----------------+
| employees      |
+----------------+
1 row in set (0.00 sec)

mysql>
```

이제 방금 만든 테이블에 데이터를 저장할 준비가 되었다. 다음 절에서는 이 작업을 수행하는 방법을 설명한다.

데이터 삽입 및 삭제

당연한 얘기겠지만 테이블에 새로운 데이터 레코드를 삽입하려면 INSERT SQL 명령을 사용한다. 각 INSERT 명령은 MySQL 서버가 레코드를 받아들이기 위한 데이터 필드 값을 지정해야 한다.

INSERT SQL 명령의 형식은 다음과 같다.

```
INSERT INTO table VALUES (...)
```

values 다음에는 각 데이터 필드의 데이터 값을 쉼표로 구분한 목록이 나온다.

```
$ mysql mytest -u test -p
Enter password:

mysql> INSERT INTO employees VALUES (1, 'Blum', 'Rich', 25000.00);
Query OK, 1 row affected (0.35 sec)
```

위 예에서 -u 커맨드라인 프롬프트로 MySQL에서 만든 test 사용자 계정으로 로그인한다.

INSERT 명령은 지정한 데이터 값을 테이블의 데이터 필드에 집어넣는다. 같은 empid 데이터 필드 값을 가진 다른 레코드를 추가하려고 하면 오류 메시지가 표시된다.

```
mysql> INSERT INTO employees VALUES (1, 'Blum', 'Barbara', 45000.00);
ERROR 1062 (23000): Duplicate entry '1' for key 1
```

하지만 고유한 값으로 empid 값을 바꾸면 모든 것이 잘 된다.

```
mysql> INSERT INTO employees VALUES (2, 'Blum', 'Barbara', 45000.00);
Query OK, 1 row affected (0.00 sec)
```

이제 테이블에는 두 개의 데이터 레코드가 있어야 한다.

테이블에서 데이터를 제거해야 할 때에는 DELETE SQL 명령을 사용한다. 그러나 이 작업은 매우 신중해야 한다.

기본 DELETE 명령의 형식은 다음과 같다.

```
DELETE FROM table;
```

table은 레코드를 삭제하는 테이블을 지정한다. 이 명령을 사용할 때에는 한 가지 작은 문제가 있다. 이 명령은 테이블에 있는 모든 레코드를 제거한다.

단지 하나 또한 한 그룹의 레코드만을 지우려면 WHERE 절을 사용해야 한다. WHERE 절로 제거할 레코드를 식별하는 필터를 만들 수 있다. WHERE 절은 다음과 같이 사용한다.

```
DELETE FROM employees WHERE empid = 2;
```

이는 empid 값이 2인 모든 레코드를 지우는 것으로 삭제 작업을 제한한다. 이 명령을 실행하면 mysql 프로그램은 얼마나 많은 레코드가 필터와 일치하지 나타내는 메시지를 돌려준다.

```
mysql> DELETE FROM employees WHERE empid = 2;
Query OK, 1 row affected (0.29 sec)
```

예상한 바와 같이, 하나의 레코드가 필터와 일치했고 제거되었다.

데이터 질의

데이터베이스에 모든 데이터를 넣었다면 이제 정보를 뽑아내는 보고 기능을 돌려볼 차례다.

모든 질의 작업의 주력군은 SQL SELECT 명령이다. SELECT 명령은 대단히 다재다능하지만 이러한 다양성은 복잡성으로 이어진다.

SELECT 문의 기본 형식은 다음과 같다.

```
SELECT datafields FROM table
```

datafields 매개변수는 질의가 돌려줄 데이터 필드의 이름으로, 쉼표로 구분된 목록이다. 모든 데이터 필드 값을 받으려면 와일드카드 문자로 별표(*)를 사용할 수 있다.

또한 검색 질의를 할 특정 테이블을 지정해야 한다. 의미 있는 결과를 얻으려면 질의할 데이터 필드를 적절한 테이블과 대조해야 한다.

기본적으로 SELECT 명령은 지정된 테이블의 모든 데이터 레코드를 돌려준다.

```
mysql> SELECT * FROM employees;
+-------+----------+------------+--------+
| empid | lastname | firstname  | salary |
+-------+----------+------------+--------+
|     1 | Blum     | Rich       |  25000 |
|     2 | Blum     | Barbara    |  45000 |
|     3 | Blum     | Katie Jane |  34500 |
|     4 | Blum     | Jessica    |  52340 |
+-------+----------+------------+--------+
4 rows in set (0.00 sec)

mysql>
```

데이터베이스 서버는 질의로 요청된 데이터를 돌려주는 방법을 정의하는 하나 이상의 변경자를 사용할 수 있다. 다음은 널리 쓰이는 변경자의 목록이다.

- WHERE : 특정 조건을 충족하는 레코드들의 부분집합을 표시
- ORDER BY : 지정된 순서로 레코드를 표시
- LIMIT : 레코드들의 부분집합만 표시

WHERE 절은 가장 널리 쓰이는 SELECT 명령의 변경자다. WHERE 절로 결과 세트에서 데이터를 필터링하는 조건을 지정할 수 있다. 다음은 WHERE 절을 사용하는 예다.

```
mysql> SELECT * FROM employees WHERE salary > 40000;
+-------+----------+------------+--------+
| empid | lastname | firstname  | salary |
+-------+----------+------------+--------+
|     2 | Blum     | Barbara    |  45000 |
|     4 | Blum     | Jessica    |  52340 |
+-------+----------+------------+--------+
2 rows in set (0.01 sec)

mysql>
```

이제 쉘 스크립트에 데이터베이스를 사용하는 능력을 추가할 수 있게 되었다! 몇 가지 SQL 명령과

mysql 프로그램만 있으면 데이터 관리를 위해 필요한 일들을 손쉽게 제어할 수 있다. 다음 절에서는 쉘 스크립트에 이러한 기능을 통합할 수 있는 방법에 대해 설명한다.

스크립트에서 데이터베이스 사용하기

이제 사용할 수 있는 작업 데이터베이스가 만들어졌으므로 우리의 관심사를 쉘 스크립트의 세계로 되돌릴 시간이다. 이 절에서는 쉘 스크립트를 사용하여 데이터베이스와 상호작용을 할 때 필요한 작업을 설명한다.

서버에 로그인하기

쉘 스크립트를 위해서 MySQL에 사용자 계정을 만들었다면 로그인을 위해 mysql 명령에서 이 계정을 사용해야 한다. 이를 위한 몇 가지 방법이 있다. 한 가지 방법은 -p 매개변수를 이용하여 커맨드라인에 암호를 포함하는 것이다.

```
mysql mytest -u test -p test
```

이는 좋은 생각은 아니다. 이 스크립트를 볼 수 있는 사람이라면 누구나 당신의 데이터베이스의 사용자 계정과 암호를 알 수 있기 때문이다.

이 문제를 해결하기 위해서 mysql 프로그램에서 사용할 특별한 구성 파일을 사용할 수 있다. mysql 프로그램은 $HOME/.my.cnf 파일을 사용해서 특정한 시작 명령과 설정을 읽어 들인다. 이러한 설정 중 하나는 사용자 계정으로 실행되는 mysql 세션에 대한 기본 암호다.

이 파일에 기본 암호를 설정하려면 다음과 같이 만들면 된다.

```
$ cat .my.cnf
[client]
password = test
$ chmod 400 .my.cnf
$
```

chmod 명령은 .my.cnf 파일을 당신만 볼 수 있도록 제한하기 위해 사용된다. 이제 커맨드라인에서 시험해 볼 수 있다.

```
$ mysql mytest -u test
Reading table information for completion of table and column names
You can turn off this feature to get a quicker startup with -A

Welcome to the MySQL monitor.  Commands end with ; or \g.
Your MySQL connection id is 44
Server version: 5.5.38-0ubuntu0.14.04.1 (Ubuntu)
```

Type 'help;' or '\h' for help. Type '\c' to clear the current input statement.

```
mysql>
```

완벽하다! 이제 쉘 스크립트 커맨드라인에 암호를 포함할 필요가 없어졌다.

서버에 명령 보내기

서버 연결을 설정하고 나면 데이터베이스와 상호작용하는 명령을 보낼 수 있다. 이러한 작업을 하는 방법에는 두 가지가 있다.

- 하나의 명령을 보내고 종료

- 여러 개의 명령을 보냄

하나의 명령을 보내려면 mysql 커맨드라인의 일부로 명령을 포함시켜야 한다. mysql 명령에 대해서는 -e 매개변수를 사용하여 이러한 작업을 할 수 있다.

```
$ cat mtest1
#!/bin/bash
# send a command to the MySQL server

MYSQL=$(which mysql)

$MYSQL mytest -u test -e 'select * from employees'
$ ./mtest1
+-------+----------+------------+---------+
| empid | lastname | firstname  | salary  |
+-------+----------+------------+---------+
|     1 | Blum     | Rich       | 25000   |
|     2 | Blum     | Barbara    | 45000   |
|     3 | Blum     | Katie Jane | 34500   |
|     4 | Blum     | Jessica    | 52340   |
3.
$
```

데이터베이스 서버는 쉘 스크립트로 SQL의 결과를 보내며 STDOUT에 표시된다.

둘 이상의 SQL 명령을 보내야 한다면 파일 리다이렉트(제15장 참조)을 사용할 수 있다. 쉘 스크립트에 여러 줄을 리다이렉트 하려면 파일 끝 문자열을 정의해야 한다. 파일 끝 문자열은 리다이렉트할 데이터의 시작과 끝을 나타낸다.

다음은 파일 끝 문자열을 지정하는 방법으로 그 사이에 데이터가 들어 있다.

```
$ cat mtest2
#!/bin/bash
# sending multiple commands to MySQL

MYSQL=$(which mysql)
$MYSQL mytest -u test <<EOF
show tables;
select * from employees where salary > 40000;
EOF
$ ./mtest2
Tables_in_test
employees
empid     lastname     firstname     salary
2         Blum         Barbara       45000
4         Blum         Jessica       52340
$
```

쉘은 EOF 구분자 사이에 있는 모든 것을 mysql 명령으로 리다이렉트하며, mysql은 마치 프롬프트에서 이들을 입력한 것처럼 줄들을 실행시킨다. 이러한 방법을 사용하면 MySQL 서버에 원하는 만큼 많은 명령을 보낼 수 있다. 그러나 각 명령의 출력 사이에는 아무런 구분도 없음을 알 수 있다. 다음 절인 '데이터 서식화 하기'에서 이 문제를 해결하는 방법을 볼 수 있다.

> **NOTE**
> 입력 방법을 리다이렉트하는 방법을 썼을 때 MySQL의 프로그램이 기본 출력 스타일을 바꾼 것에도 유의해야 한다. MySQL 프로그램은 입력이 리디렉션임을 감지하면 ASCII 기호로 데이터 주위에 상자를 만드는 대신 그냥 원 데이터만을 돌려주었다. 이는 개별 데이터 요소를 추출해야 할 때에 편리하다.

테이블에서 데이터를 가져오는 것에만 국한되는 것은 아니다. 스크립트에서 INSERT 문을 비롯해서 어떤 종류의 SQL 명령이든 사용할 수 있다.

```
$ cat mtest3
#!/bin/bash
# send data to the table in the MySQL database

MYSQL=$(which mysql)
```

```
if [ $# -ne 4 ]
then
echo "Usage: mtest3 empid lastname firstname salary"
else
statement="INSERT INTO employees VALUES ($1, '$2', '$3', $4)"
$MYSQL mytest -u test << EOF
$statement
EOF
if [ $? -eq 0 ]
then
    echo Data successfully added
else
    echo Problem adding data
fi
fi
$ ./mtest3
Usage: mtest3 empid lastname firstname salary
$ ./mtest3 5 Blum Jasper 100000
Data added successfully
$
$ ./mtest3 5 Blum Jasper 100000
ERROR 1062 (23000) at line 1: Duplicate entry '5' for key 1
Problem adding data
$
```

위의 예는 이 기법을 사용하는 방법에 관련해서 몇 가지 알아야 할 내용을 보여준다. 파일 끝 문자열을 지정했을 때에는 이것이 그 줄에 있는 유일한 내용이어야 하며 그 줄은 파일 끝 문자열로 시작해야 한다. if-then 들여쓰기 구조와 일치시키기 위해 EOF를 들여쓰기 하면 제대로 되지 않을 것이다.

INSERT 문 안에서는 텍스트 값 주위에 홑따옴표를 두르고 전체 INSERT 문 주위에는 겹따옴표를 두른 것을 알 수 있다. 스크립트 변수 텍스트를 정의하는 데 사용되는 따옴표와 문자열 값에 사용되는 따옴표를 헷갈리지 않는 것이 중요하다.

또한, mysql 프로그램의 종료 상태를 검사하기 위해 특수한 $? 변수를 사용하는 방법도 볼 수 있다. 이는 명령이 실패했는지 여부를 결정하는 데 도움이 된다.

그저 명령의 출력을 STDOUT에 보내는 것만으로는 데이터를 편리하게 관리하고 조작할 수는 없을 것이다. 다음 섹션에서는 데이터베이스에서 들어오는 데이터를 스크립트가 잡아내는 데 사용할 수 있는 몇 가지 요령을 보여준다.

데이터 서식화하기

mysql 명령의 표준 출력은 데이터를 가져오는데 적합하지 않다. 검색 데이터로 실제 뭔가를 할 필요가 있다면 멋지게 데이터를 조작할 필요가 있다. 이 절에서는 데이터베이스 보고서에서 데이터를 추출할 때 사용할 수 있는 기법을 설명한다.

데이터베이스의 데이터를 잡아내는 첫 번째 단계는 환경 변수에 mysql 명령의 출력을 리다이렉트하는 것이다. 이렇게 하면 다른 명령에서 출력 정보를 사용할 수 있다. 다음은 그 예다.

```
$ cat mtest4
#!/bin/bash
# redirecting SQL output to a variable

MYSQL=$(which mysql)

dbs=$($MYSQL mytest -u test -Bse 'show databases')
for db in $dbs
do
echo $db
done
$ ./mtest4
information_schema
test
$
```

이 예제는 mysql 프로그램 커맨드라인에 두 개의 추가 매개변수를 사용한다. -B 매개변수는 mysql 프로그램이 배치 모드에서 실행되도록 지정하며, -s (silent) 매개변수는 열의 제목과 서식화 기호를 출력하지 않는다.

변수에 mysql 명령의 출력을 리다이렉트함으로써 이 예제는 돌려받은 각 레코드의 개별 값을 차례 대로 처리할 수 있다.

mysql 프로그램은 확장 마크업 언어(XML)라는 인기 있는 형식을 지원한다. 이 언어는 데이터 이름과 값을 식별하기 위해 HTML과 같은 태그를 사용한다.

mysql 프로그램의 경우 -X 커맨드라인 매개변수를 사용하면 된다.

```
$ mysql mytest -u test -X -e 'select * from employees where empid =
1'
<?xml version="1.0"?>

<resultset statement="select * from employees">
<row>
    <field name="empid">1</field>
    <field name="lastname">Blum</field>
    <field name="firstname">Rich</field>
```

```
    <field name="salary">25000</field>
</row>
</resultset>
$
```

XML을 사용하면 각 레코드의 개별 데이터 값과 함께 데이터의 각 줄을 식별할 수 있다. 그런 다음 필요로 하는 데이터를 추출하기 위해 표준 리눅스 문자열 처리 기능을 사용할 수 있다!

웹 사용하기

쉘 스크립트 프로그래밍을 생각할 때 커맨드라인의 세상은 인터넷의 멋진 그래픽 세계와는 다른 세상처럼 느껴진다. 쉘 스크립트에서도 다른 네트워크 장치처럼 웹의 데이터 콘텐츠에 손쉽게 접근할 수 있는 다양한 유틸리티들이 있다.

거의 인터넷 그 자체만큼이나 오래 Lynx 프로그램은 텍스트 기반의 브라우저로 1992년 캔자스 대학 학생들이 만들었다. 텍스트 기반이기 때문에 Lynx 프로그램은 터미널 세션에서 직접 웹 사이트를 탐색 할 수 있으며, 웹 페이지의 멋진 그래픽을 HTML 텍스트 태그로 대신한다. 이 프로그램으로 어떤 종류의 리눅스 터미널에서든 인터넷 서핑을 할 수 있다. Lynx 스크린의 예가 [그림 25-2]에 나와 있다.

그림 25-2
Lynx를 사용하여 웹 페이지 보기

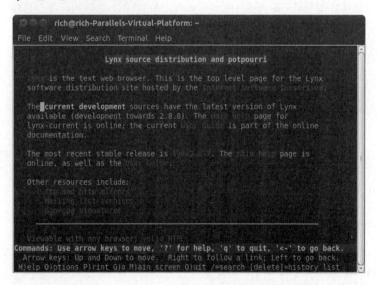

Lynx는 웹 페이지를 탐색하기 위해 표준 키보드 키를 사용한다. 링크는 웹 페이지 안에서 강조 표시된 텍스트로 나타난다. 오른쪽 화살표 키를 사용하면 다음 웹 페이지로 가는 링크를 따라갈 수 있다.

쉘 스크립트에서 그래픽 텍스트 프로그램을 사용하는 방법에 대해서 궁금할 것이다. Lynx 프로그램은 또한 웹 페이지의 텍스트 내용을 STDOUT으로 덤프 할 수 있는 기능을 제공한다. 웹 페이지에 포함된 데이터 마이닝에 좋은 기능이다. 이 절에서는 웹 사이트에서 데이터를 추출하기 위해 쉘 스크립트 안에서 Lynx 프로그램을 사용하는 방법을 설명한다.

Lynx 설치하기

Lynx 프로그램은 좀 오래 되긴 했지만 여전히 활발하게 개발되고 있다. 이 글을 쓰는 시점에서 Lynx의 최신 버전은 2010년 6월에 출시된 2.8.8이며 새로운 버전이 개발되고 있다. 쉘 스크립트 프로그래머들 사이에서 많은 인기를 누리고 있기 때문에 많은 리눅스 배포판은 기본 설치에서 Lynx 프로그램을 설치한다.

Lynx 프로그램을 설치하지 않은 설치 구성을 사용하고 있다면 배포판의 설치 패키지를 확인한다. 대부분의 경우 쉽게 찾을 수 있을 것이다.

배포판이 Lynx 패키지를 포함하고 있지 않거나 최신 버전을 원한다면 lynx.isc.org 웹 사이트에서 소스코드를 다운로드하고 직접 컴파일 할 수도 있다(사용하는 리눅스 시스템이 C 개발 라이브러리를 가지고 있다고 가정했을 때). 소스코드를 배포 패키지를 컴파일하고 설치하는 방법에 대한 자세한 내용은 제9장을 참조하라.

> **NOTE**
> Lynx 프로그램은 리눅스의 curses 텍스트 그래픽 라이브러리를 사용한다. 대부분의 배포판에는 기본적으로 설치되어 있다. 사용하는 배포판에 없는 경우, Lynx를 컴파일하기 전에 curses 라이브러리 설치에 관한 배포판의 지시 사항을 참조하라.

다음 절에서는 커맨드라인에서 lynx 명령을 사용하는 방법을 설명한다.

lynx 커맨드라인

lynx 커맨드라인 명령은 원격 웹 사이트에서 검색을 할 때 가져올 수 있는 정보들이 굉장히 다양하다. 브라우저에서 웹 페이지를 볼 때 사실은 브라우저로 전송되는 정보 가운데 일부만을 보고 있는 것이다. 웹 페이지는 세 가지 유형의 데이터 요소로 구성된다.

- HTTP 헤더
- 쿠키

- HTML 내용

HTTP 헤더는 연결을 통해서 보내는 데이터의 유형, 데이터를 보내는 서버, 연결에 사용되는 보안 유형에 관한 정보를 제공한다. 사용자가 비디오 또는 오디오 클립 같은 특정 유형의 데이터를 보내는 경우, 서버는 이를 HTTP 헤더에서 식별한다. Lynx 프로그램에서는 웹 페이지 세션 안에서 전송되는 모든 HTTP 헤더를 볼 수 있다.

어떤 식으로든 웹 브라우징을 해 왔다면 분명 웹 페이지 쿠키에 익숙할 것이다. 웹 사이트는 사이트 방문 데이터를 저장하고 나중에 사용할 목적으로 쿠키를 사용한다. 각 사이트는 정보를 저장할 수 있지만 정보를 설정한 사이트만 정보에 접근할 수 있다. lynx 명령은 웹 서버에가 보낸 쿠키를 볼 수 있으며, 서버가 보낸 특정한 쿠키를 받아들이거나 거부하는 선택권을 제공한다.

Lynx 프로그램에서는 세 가지 형식으로 된 웹 페이지의 HTML 실제 콘텐츠를 볼 수 있다.

- curses 그래픽 디스플레이를 사용하여 터미널 세션에서 텍스트-그래픽 라이브러리로
- 웹 페이지의 가공되지 않는 데이터를 텍스트 파일로 덤프
- 웹 페이지의 HTML 소스코드를 텍스트 파일로 덤프

쉘 스크립트의 관점에서 보면 가공되지 않는 데이터나 HTML 소스코드는 금광이나 마찬가지다. 웹 사이트에서 검색한 데이터를 잡아낸 후에는 정보의 개별적인 조각들을 손쉽게 추출할 수 있다.

Lynx 프로그램이 할 수 있는 일이 매우 다양한데 이는 복잡성으로 이어진다. 특히 명령의 커맨드라인 매개변수에 관해서는 더욱 그렇다. Lynx 프로그램은 리눅스의 세계에서 실행되는 더욱 복잡한 프로그램 중 하나다.

Lynx 명령의 기본 형식은 다음과 같다.

```
lynx options URL
```

URL은 연결하려는 HTTP 또는 HTTPS의 목적지이며, options는 원격 웹 사이트와 상호작용하는 Lynx의 동작 특성을 바꾸는 하나 이상의 옵션이다. Lynx이 필요로 하는 웹 상호작용에 관련된 거의 모든 유형의 옵션이 있다 Lynx에서 사용할 수 있는 모든 옵션을 보려면 man 명령을 사용하라.

커맨드라인 매개변수의 대부분은 전체 화면 모드에서 Lynx을 사용할 때의 동작 특성을 제어하는 것으로 웹 페이지를 탐색할 때 Lynx의 동작 특성을 사용자 정의할 수 있다.

일반적인 브라우징 환경에서 효용성을 발견할 수 있는 커맨드라인 매개변수 그룹들이 있다. 이들 매개변수를 Lynx를 쓸 때마다 매번 커맨드라인에서 입력하는 대신 Lynx는 기본 동작 특성을 정의하는 일반 구성 파일을 제공한다. 이 구성 파일은 다음 절에서 설명한다.

Lynx 구성 파일

lynx 명령은 매개변수 설정의 대부분에 관련된 구성 파일을 읽어 들인다. 기본적으로 이 파일은 /usr/local/lib/lynx.cfg에 자리 잡고 있지만 많은 리눅스 배포판은 /etc 디렉토리(/etc/lynx.cfg)로 자

리를 옮겨 놓았다(우분투 배포판은 /etc/lynx-cur 폴더에 lynx.cfg 파일을 두고 있다).

lynx.cfg 구성 파일은 매개변수를 찾기 쉽도록 관련이 있는 매개변수의 그룹을 섹션으로 나눠 놓았다. 구성 파일 항목은 다음과 같은 형식이다.

```
PARAMETER:value
```

PARAMETER는 매개변수의 완전한 이름이다(종종 대문자지만 모두 그런 것은 아니다). value는 매개변수에 할당되는 값이다.

이 파일을 잘 읽어보면 커맨드라인 매개변수와 비슷한 많은 매개변수를 찾을 수 있다. 예를 들어 ACCEPT_ALL_COOKIES 매개변수는 -accept_all_cookies 커맨드라인 매개변수를 설정하는 것과 같다.

기능이 비슷하지만 이름은 다른 몇 가지 구성 매개변수도 있다. 구성 파일의 FORCE_SSL_COOKIES_SECURE 매개변수 설정은 -force_secure 커맨드라인 매개변수로 대체할 수 있다.

커맨드라인 매개변수와 일치하지 않는 구성 매개변수도 있다. 이러한 값은 구성 파일에서만 설정될 수 있다.

커맨드라인에서 설정할 수 없는 구성 매개변수 중 가장 널리 쓰이는 것은 프록시 서버에 관한 것이다. 일부 네트워크(특히 회사 네트워크)는 클라이언트 브라우저와 목적지 웹 사이트의 서버 사이의 중개자로서 프록시 서버를 사용한다. 원격 웹 서버로 직접 HTTP 요청을 전송하는 대신 클라이언트 브라우저는 프록시 서버에 요청을 전송한다. 프록시 서버는 전달 받은 요청을 원격 웹 서버로 전송하고, 결과를 가져오고, 다시 클라이언트 브라우저로 전달한다.

이는 시간 낭비처럼 보일 수도 있지만 클라이언트를 인터넷의 위험으로부터 보호하는 중요한 기능이다. 프록시 서버는 부적절한 콘텐츠 및 악성 코드를 필터링하거나 인터넷 데이터 피싱에 사용되는 사이트(고객 데이터를 수집하기 위해서 다른 사이트인 것처럼 가장하는 불법 서버)를 잡아낼 수 있다. 또한 프록시 서버는 보통 많이 검색되는 웹 페이지를 캐시해 두었다가 원래의 페이지를 다시 다운로드 받는 다신 클라이언트에게 캐시를 돌려주므로 인터넷 대역폭 사용을 줄일 수 있다.

다음은 이러한 프록시 서버를 정의하는 데 사용되는 구성 매개변수다.

```
http_proxy:http://some.server.dom:port/
https_proxy:http://some.server.dom:port/
ftp_proxy:http://some.server.dom:port/
gopher_proxy:http://some.server.dom:port/
news_proxy:http://some.server.dom:port/
newspost_proxy:http://some.server.dom:port/
newsreply_proxy:http://some.server.dom:port/
snews_proxy:http://some.server.dom:port/
snewspost_proxy:http://some.server.dom:port/
snewsreply_proxy:http://some.server.dom:port/
nntp_proxy:http://some.server.dom:port/
wais_proxy:http://some.server.dom:port/
```

25

```
finger_proxy:http://some.server.dom:port/
cso_proxy:http://some.server.dom:port/
no_proxy:host.domain.dom
```

Lynx가 지원하는 모든 네트워크 프로토콜에 대해 따로 따로 프록시 서버를 정의할 수 있다. NO_PROXY 매개 변수는 프록시 서버를 사용하지 않고 직접 접속을 하려는 웹 사이트들을 쉼표로 구분한 목록이다. 이들은 필터링을 필요로 하지 않는 내부 웹 사이트인 경우가 많다.

Lynx 에서 데이터를 잡아내기

Lynx를 쉘 스크립트에서 사용할 때에는 웹 페이지에서 특정 부분(또는 부분들)을 얻으려고 할 것이다. 이 작업을 수행할 수 있는 기술을 스크린 스크랩(screen scrap)이라고 한다. 스크린 스크랩에서는 그래픽 화면의 특정 위치에 있는 데이터를 프로그램으로 찾아서 이를 잡아낸 다음 쉘 스크립트 안에서 사용하려고 한다.

Lynx에서 스크린 스크랩을 하는 가장 손쉬운 방법은 -dump 옵션을 사용하는 것이다. 이 옵션은 단말기 화면에 웹 페이지를 표시하는 성가신 일을 하지 않는다. 대신 STDOUT에 웹 페이지의 텍스트 데이터를 직접 표시한다.

```
$ lynx -dump http://localhost/RecipeCenter/
The Recipe Center
          "Just like mom used to make"
Welcome
    [1]Home
    [2]Login to post
    [3]Register for free login

    _____

    [4]Post a new recipe
```

각 링크는 태그 번호로 식별되며, Lynx는 웹 페이지 데이터 다음에 모든 태그 참조의 목록을 표시한다.

웹 페이지의 모든 텍스트 데이터를 가져오고 나면 데이터를 추출하는 작업을 시작하기 위해 도구 상자에서 어떤 도구를 꺼낼지 아마 감을 잡을 수 있을 것이다. 맞다. 우리의 오랜 친구 sed와 gawk 프로그램이다(제19장 참조).

먼저, 수집할 만한 몇 가지 흥미로운 데이터를 찾아보자. 야후! 날씨 웹 페이지는 세계 어디서나 지금의 날씨 상태를 찾을 수 있는 훌륭한 소스다. 각각의 장소는 그 도시에 대한 날씨 정보를 표시하기 위한 별도의 URL을 사용한다(일반적인 브라우저를 통해 사이트로 가서 원하는 도시의 정보를 입력하면 그 도시에 대한 특정 URL을 찾을 수 있다). 일리노이 주 시카고의 날씨를 찾기 위한 lynx 명령은 다음과 같다.

```
lynx -dump http://weather.yahoo.com/united-states/illinois/
chicago-2379574/
```

이 명령은 웹 페이지에서 엄청나게 많은 양의 데이터를 덤프해 온다. 첫 번째 단계는 원하는 정확한 정보를 찾는 것이다. 이를 위해서는 lynx 명령의 출력을 파일로 리다이렉트한 다음 이 파일에서 데이터를 검색한다. 앞의 명령을 수행한 후 출력 파일에서 다음 텍스트를 찾을 수 있다.

```
Current conditions as of 1:54 pm EDT
Mostly Cloudy
   Feels Like:
          32 °F
   Barometer:
          30.13 in and rising
   Humidity:
          50%
   Visibility:
          10 mi
   Dewpoint:
          15 °F
   Wind:
          W 10 mph
```

현재 날씨에 필요한 정보는 이것이 전부다. 이 출력에는 한 가지 작은 문제가 있다. 수치가 제목 다음 줄에 있는 것을 알 수 있다. 개별 수치만 추출하려고 하면 어려울 것이다. 제19장에서 바로 이 같은 문제를 해결하는 방법을 설명했다.

이 문제를 해결하는 열쇠는 데이터 제목을 먼저 찾을 수 있는 sed 스크립트를 만드는 것이다. 제목을 발견하면 그에 대한 데이터를 추출할 수 있는 올바른 줄로 갈 수 있다. 이 예에서는 다행히 필요한 모든 데이터가 줄줄이 이어져 있다. 우리는 sed 스크립트로 이 문제를 해결할 수 있을 것이다. 또한 같은 줄에 다른 텍스트도 있으므로 gawk 도구로 필요한 데이터만 걸러내야 한다.

먼저 위치 텍스트를 찾고 나서 다음 줄은 건너뛰고 현재 날씨 상태를 설명하는 텍스트를 얻어서 이를 출력한다. 시카고의 날씨 페이지에 대해서는 다음과 같다.

```
$ cat sedcond
/IL, United States/{
n
p
}
$
```

주소는 원하는 텍스트가 있는 줄을 지정한다. sed 명령이 이 줄을 발견하면 n 명령은 다음 줄을 건너뛰고, p 명령은 도시의 현재 날씨 상태를 설명하는 텍스트가 있는 줄의 내용을 출력한다.

다음으로는 Feels Like(체감온도) 텍스트를 찾고 그 다음 줄로 간 다음 온도를 출력할 sed 스크립트를 만든다.

```
$ cat sedtemp
/Feels Like/{
p
}
$
```

완벽하다. 이제 셸 스크립트에서 이 두 sed 스크립트를 사용하여 먼저 웹 페이지의 lynx 출력을 잡아내서 임시 파일에 저장한 다음, 두 개의 sed 스크립트를 웹 페이지 데이터에 적용하여 찾고자 하는 데이터만을 뽑아낸다. 다음은 이 작업을 수행하는 방법의 예다.

```
$ cat weather
#!/bin/bash
# extract the current weather for Chicago, IL

URL="http://weather.yahoo.com/united-states/illinois/
chicago-2379574/"
LYNX=$(which lynx)
TMPFILE=$(mktemp tmpXXXXXX)
$LYNX -dump $URL > $TMPFILE
conditions=$(cat $TMPFILE | sed -n -f sedcond)
temp=$(cat $TMPFILE | sed -n -f sedtemp | awk '{print $4}')
rm -f $TMPFILE
echo "Current conditions: $conditions"
echo The current temp outside is: $temp
$ ./weather
Current conditions: Mostly Cloudy
The current temp outside is: 32 °F
$
```

날씨 스크립트는 야후! 날씨 서비스의 원하는 도시에 대한 웹 페이지에 접속하고, 임시 파일에 웹 페이지를 저장하고, 적절한 텍스트를 추출하고, 앞서 만든 임시 파일을 삭제하고 날씨 정보를 표시한다. 이러한 스크립트가 가진 미덕은 웹 사이트에서 데이터를 추출한 후에 원하는 것을 무엇이든 할 수 있다는 데에 있다. 예를 들어 temperature 테이블을 만들 수 있을 것이다. 그런 다음 날마다 온도를 추적할 수 있는 크론 작업(제1 장 참조)을 만들 수 있을 것이다.

> **TIP**
>
> 인터넷은 역동적인 장소다. 몇 시간을 들여 웹 페이지에서 원하는 데이터가 있는 정확한 장소를 찾았지만 몇 주 뒤 스크립트가 제구실을 못한다고 해도 놀라지는 말자. 중요한 것은 웹 페이지에서 데이터를 추출하기 위한 과정을 아는 것이다. 그러면 어떤 상황에서든 그 원리를 적용할 수 있다.

이메일 사용하기

이메일은 거의 모든 사람들이 이메일 주소를 가지고 있을 정도로 인기가 높다. 그 때문에 사람들은 종종 대신 파일이나 인쇄물을 보는 대신 이메일을 통해 데이터를 받을 것으로 예상한다. 쉘 스크립트 세계라고 해서 다를 건 없다. 쉘 스크립트에서 어떤 유형으로든 보고서를 만들었다면 아마도 어느 시점에서는 그 결과를 누군가에게 이메일로 보내게 될 것이다.

쉘 스크립트에서 이메일 메시지를 보낼 수 있는 주요한 도구는 Mailx 프로그램이다. 대화형으로 메시지를 읽고 보낼 수 있을 뿐만 아니라 메시지를 보내는 방법을 지정하기 위해 커맨드라인 매개변수를 사용할 수도 있다.

> **NOTE**
>
> 일부 리눅스 배포판은 Mailx 프로그램을 포함하는 mailutils 패키지를 설치하기 전에 또한 메일 서버 패키지 (예를 들어 sendmail 또는 Postfix) 역시 설치할 필요가 있다.

메시지를 보내기 위한 Mailx 프로그램의 커맨드라인 형식은 다음과 같다.

```
mail [-eIinv] [-a header] [-b addr] [-c addr] [-s subj] to-addr
```

mail 명령은 [표 25-2]에 나와 있는 커맨드라인 매개변수를 사용한다.

표 25-2 Mailx의 커맨드라인 매개변수

매개변수	설명
-a	추가 SMTP 헤더 줄을 지정한다
-b	메시지에 BCC: 수신자를 추가한다
-c	메시지에 CC: 수신자를 추가한다
-e	비어 있다면 메시지를 보내지 않는다
-i	TTY 인터럽트 신호를 무시한다
-I	Mailx를 강제로 대화형 모드로 실행한다
-n	/etc/mail.rc 시동 파일을 읽지 않는다
-s	제목 줄을 지정한다
-v	터미널에 전송 세부 정보를 표시한다

[표 25-2]에서 볼 수 있듯이 커맨드라인 매개변수만으로도 완전한 이메일 메시지를 대부분 만들

수 있다. 추가해야 할 것은 단지 메시지 본문이다.

이를 위해서는 mail 명령에 텍스트를 리다이렉트해야 한다. 다음은 커맨드라인에서 직접 이메일 메시지를 전송하는 방법의 간단한 예다.

```
$ echo "This is a test message" | mailx -s "Test message" rich
```

Mailx 프로그램은 echo 명령의 텍스트를 메시지 본문으로 보낸다. 이 기능은 쉘 스크립트에서 메시지를 보낼 수 있는 쉬운 방법을 제공한다. 여기에 간단한 예가 있다.

```
$ cat factmail
#!/bin/bash
# mailing the answer to a factorial

MAIL=$(which mailx)

factorial=1
counter=1

read -p "Enter the number: " value
while [ $counter -le $value ]
do
    factorial=$[$factorial * $counter]
    counter=$[$counter + 1]
done

echo The factorial of $value is $factorial | $MAIL -s "Factorial
answer" $USER
echo "The result has been mailed to you."
```

스크립트는 Mailx 프로그램이 표준 위치에 있다고 가정하지 않는다. 이 메일 프로그램이 어디에 있는지를 판단하기 위해 which 명령을 사용한다.

factorial 함수의 결과를 계산한 후, 쉘 스크립트는 아마도 이 스크립트를 실행시키는 사람이 될 사용자 정의 $USER 환경 변수에 메시지를 보내기 위해 mail 명령을 사용한다.

```
$ ./factmail
Enter the number: 5
The result has been mailed to you.
$
```

답이 도착했는지 보려면 메일을 확인해 봐야 한다.

```
$ mail
```

```
"/var/mail/rich": 1 message 1 new
>N   1 Rich Blum          Mon Sep  1 10:32   13/586    Factorial answer
?
Return-Path: <rich@rich-Parallels-Virtual-Platform>
X-Original-To: rich@rich-Parallels-Virtual-Platform
Delivered-To: rich@rich-Parallels-Virtual-Platform
Received: by rich-Parallels-Virtual-Platform (Postfix, from userid
1000)
        id B4A2A260081; Mon,  1 Sep 2014 10:32:24 -0500 (EST)
Subject: Factorial answer
To: <rich@rich-Parallels-Virtual-Platform>
X-Mailer: mail (GNU Mailutils 2.1)
Message-Id: <20101209153224.B4A2A260081@rich-Parallels-Virtual-
Platform>
Date: Mon,  1 Sep 2014 10:32:24 -0500 (EST)
From: rich@rich-Parallels-Virtual-Platform (Rich Blum)

The factorial of 5 is 120
?
```

메시지 본문에 달랑 텍스트의 한 줄만 보내는 게 언제나 편리하지는 않다. 이메일 메시지로 전체 출력을 전송해야 할 때가 있다. 이러한 상황에서는 언제나 임시 파일에 텍스트를 리다이렉트한 다음 cat 명령으로 메일 프로그램에 출력을 리다이렉트할 수 있다.

다음은 이메일 메시지에 많은 양의 데이터를 전송하는 예다.

```
$ cat diskmail
#!/bin/bash
# sending the current disk statistics in an e-mail message

date=$(date +%m/%d/%Y)
MAIL=$(which mailx)
TEMP=$(mktemp tmp.XXXXXX)

df -k > $TEMP
cat $TEMP | $MAIL -s "Disk stats for $date" $1
rm -f $TEMP
```

diskmail 프로그램은 date 명령으로(특별한 서식과 함께) 현재 날짜를 얻어오고 Mailx의 프로그램의 위치를 찾아내고, 임시 파일을 만든다. 그 다음, 현재의 디스크 공간 통계를 표시하는 df 명령을 사용하여 임시 파일에 출력을 리다이렉트한다(제4장 참조).

그러고 나서 mail 명령에 임시 파일을 리다이렉트하면서 첫 커맨드라인 매개변수에는 수신자 주소

25

를, 제목 헤더에는 현재 날짜를 사용한다. 스크립트를 실행하면 커맨드라인 출력에는 아무 것도 표시되지 않는다.

```
$ ./diskmail rich
```

하지만 메일을 확인해 보면 보낸 메시지를 확인할 수 있다.

```
$ mail
"/var/mail/rich": 1 message 1 new
>N   1 Rich Blum         Mon Sep  1 10:35   19/1020  Disk stats for
09/01/2014
?
Return-Path: <rich@rich-Parallels-Virtual-Platform>
X-Original-To: rich@rich-Parallels-Virtual-Platform
Delivered-To: rich@rich-Parallels-Virtual-Platform
Received: by rich-Parallels-Virtual-Platform (Postfix, from userid
1000)
        id 3671B260081; Mon,  1 Sep 2014 10:35:39 -0500 (EST)
Subject: Disk stats for 09/01/2014
To: <rich@rich-Parallels-Virtual-Platform>
X-Mailer: mail (GNU Mailutils 2.1)
Message-Id: <20101209153539.3671B260081@rich-Parallels-Virtual-
Platform>
Date: Mon,  1 Sep 2014 10:35:39 -0500 (EST)
From: rich@rich-Parallels-Virtual-Platform (Rich Blum)

Filesystem              1K-blocks      Used  Available Use% Mounted on
/dev/sda1                63315876   2595552   57504044   5% /
none                       507052       228     506824   1% /dev
none                       512648       192     512456   1% /dev/shm
none                       512648       100     512548   1% /var/run
none                       512648         0     512648   0% /var/lock
none                     4294967296       0 4294967296   0% /media/psf
?
```

이제 스크립트를 매일 실행되도록 크론 기능으로 예약하기만 하면 디스크 공간에 관한 보고서를 이메일을 통해 자동으로 얻을 수 있다! 시스템 관리가 이보다 더 쉬울 수는 없을 것이다!

요약

이 장에서는 쉘 스크립트 안에서 몇 가지 고급 기능을 사용하는 방법에 대해 안내했다. 첫째, 우리는 애플리케이션의 데이터를 영구 저장하기 위해 MySQL 서버를 사용하는 방법을 알아보았다. MySQL에서 애플리케이션을 위한 데이터베이스 및 고유한 사용자 계정을 만들고 해당 데이터베이스에 사용자 계정 권한을 부여한다. 그런 다음 애플리케이션에서 사용하는 데이터를 저장하기 위한 테이블을 만들 수 있다. 쉘 스크립트는 MySQL 서버와 통신하기 위해 mysql 커맨드라인 도구를 사용하고, SELECT 질의를 제출하고 표시할 결과를 가져온다.

다음으로 우리는 인터넷 웹 사이트에서 데이터를 추출하는 lynx 텍스트 기반 브라우저를 사용하는 방법을 논의했다. lynx 도구는 웹 페이지에서 모든 텍스트를 덤프할 수 있으며, 표준 쉘 프로그래밍 기술을 사용해서 데이터를 저장하고 찾고 있는 콘텐츠를 검색할 수 있다. 마지막으로, 리눅스 시스템에 설치된 리눅스 이메일 서버를 사용하여 보고서를 보내기 위해 표준 Mailx 프로그램을 사용하는 방법을 안내했다. Mailx 프로그램을 사용하면 이메일 주소로 명령의 출력을 쉽게 보낼 수 있다.

다음 장에서는 지금까지 얻은 쉘 스크립트 지식으로 무엇을 할 수 있는지 보여주는 더 쉘 스크립트 예제를 보면서 끝을 맺고자 한다.

25

재미난 쉘 스크립트 만들기

이 장의 내용

메시지 보내기
아이디어 얻기
텍스트 보내기

bash 쉘 스크립트를 만드는 방법을 배우는 주요한 이유는 나에게 맞는 리눅스 시스템 유틸리티를 만들기 위해서다. 유용하고 실용적인 스크립트 유틸리티를 만드는 방법을 이해하는 것은 중요하지만 그저 재미로 뭔가 만들어 보는 것도 개념이나 기술을 배우는 데 도움이 된다. 이 장의 스크립트는 반드시 실용적이지 않을 수는 있지만 아마 무척 재미있을 것이다. 더불어 개념을 다지는 데 도움이 될 거라고 확신한다.

메시지 보내기

사무실에서든 가정에서든 메시지는 다양한 방법으로 전송된다. 텍스트 메시지, 이메일은 물론 전화를 걸 수도 있다. 이제는 자주 쓰지 않는 방법 가운데 하나는 동료 시스템 사용자의 터미널로 직접 메시지를 전송하는 것이다. 이 기술은 거의 알려져 있지 않기 때문에 이 방법으로 다른 사람과 통신을 해 보면 재미있을 것이다.

다음에 소개할 쉘 스크립트 유틸리티를 사용하면 리눅스 시스템에 로그인한 사람에게 빠르고 쉽게 메시지를 보낼 수 있다. 꽤 간단한 스크립트지만 무척 흥미롭다!

필요한 기능 이해하기

몇 가지 새로운 기능만 알아두면 된다. 명령 중 일부는 널리 쓰이고 있으며 이 책에서 다루고 있다. 하지만 몇몇 명령은 수박 겉핥기 정도로 스쳐 지나갔을 뿐이며 중요한 몇 가지 명령은 낯설 수도 있다. 이 절에서는 간단하지만 흥미로운 스크립트를 만드는 데 필요한 명령을 살펴본다.

누가 시스템에 있는지 판단하기

필요한 첫 번째 유틸리티는 who 명령이다. who 유틸리티를 사용하면 현재 시스템에 로그인한 모든 사용자를 볼 수 있다.

```
$ who
christine tty2          2015-09-10 11:43
timothy   tty3          2015-09-10 11:46
[...]
$
```

위 목록은 전체의 일부분만 보여준 것이지만 메시지를 보내기 위해 필요한 모든 정보가 나와 있다. 기본적으로 who 명령은 사용할 수 있는 정보를 짧은 버전으로 보여준다. who -s로 입력하면 똑같은 정보가 제공된다.

- 사용자 이름

- 사용자의 터미널

- 사용자가 시스템에 로그인한 시각

메시지를 보내려면 첫 번째 두 항목이 필요하다. 사용자 이름과 사용자의 현재 터미널 모두가 필요하다.

메시지를 허용하기

사용자는 다른 사용자가 mesg 유틸리티를 통해 메시지를 보내려는 것을 막을 수 있다. 따라서 메시지를 보내기 전에 메시지를 보낼 수 있는지를 먼저 확인하는 것이 좋다. 나 자신에게 보낼 수 있는지 확인하려면 다음과 같이 mesg 명령을 입력한다.

```
$ mesg
is n
$
```

결과 n은 메시지가 꺼져 있다는 것을 나타낸다. 결과가 y이면 메시지를 허용한다는 뜻이다.

> **TIP**
> 우분투와 같은 배포판은 기본적으로 메시지가 꺼져 있고 CentOS는 메시지가 켜져 있다. 메시지를 보내기 전에 전송하기 전에 자신의 상태와 다른 사용자의 메시지 상태를 점검해야 한다.

누구든 다른 사람의 메시지 상태를 확인하려면 다시 who 명령을 사용할 수 있다. 이 명령은 현재 시스템에 로그인한 사람에 대한 메시지 상태만을 확인할 수 있다는 점에 유의하라. 메시지 상태를 확인하기 위해서는 -T 옵션을 사용한다.

```
$ who -T
christine - tty2        2015-09-10 12:56
timothy   - tty3        2015-09-10 11:46
[...]
$
```

각 사용자 이름 뒤에 있는 대시(-)는 그 사용자의 메시지 기능이 꺼져있음을 나타낸다. 켜져 있다면 더하기 (+) 기호가 나타난다.

내 메시지 상태가 꺼져 있는 상태에서 메시지 수신을 허용하려면 mesg 명령에 y 옵션을 사용한다.

```
$ whoami
christine
$
$ mesg y
$
$ mesg
is y
$
```

mesg y 명령을 내리면 사용자 christine의 메시지 기능이 켜진다. 사용자의 메시지 상태는 mesg 명령을 실행하여 확인할 수 있다. 역시 mesg 명령을 내리자 is y가 표시된다. 이는 사용자가 메시지를 받을 수 있도록 허용되었다는 것을 뜻한다.

who 명령을 사용하면 사용자 christine이 메시지 상태를 바꾸었다는 사실을 다른 사용자들이 알 수 있다. 메시지 상태는 이제 덧셈 기호가 되었으며, 이는 해당 사용자에게 전송되는 메시지를 받을 수 있다는 것을 뜻한다.

```
$ who -T
christine + tty2        2015-09-10 12:56
timothy   - tty3        2015-09-10 11:46
[...]
$
```

메시지를 서로 주고받기 위해서는 자신도 메시지를 허용해야 하지만 하나 이상의 다른 사용자도 메시지를 허용해야 한다. 이 예에서는 사용자 timothy도 메시지 기능을 켰다.

```
$ who -T
christine + tty2        2015-09-10 12:56
timothy   + tty3        2015-09-10 11:46
[...]
$
```

이제 메시지를 적어도 한 명의 다른 사용자에게 보낼 수 있으므로 메시지를 보내는 명령을 시험해 볼 수 있다. who 명령은 메시지를 보내기 위해서 필요한 정보를 제공하기 때문에 여전히 필요하다.

다른 사용자에게 메시지 보내기

이 스크립트의 기본 도구는 write 명령이다. 메시지가 허용되는 동안에는 write 명령은 로그인된 다른 사용자에게 그의 계정 이름과 현재 터미널을 사용하여 메시지를 보낼 수 있다.

> **NOTE**
> write 명령은 가상 콘솔 터미널(제2장 참조)에 로그인한 사용자에게만 성공적으로 메시지를 보낼 수 있다. 그래 픽 기반 환경에 로그인한 사용자는 메시지를 받을 수 없다.

이 예에서는 사용자 christine이 보낸 메시지가 tty3 터미널에 로그인한 timothy에게 전달된다. christine의 터미널에서 세션은 다음과 같이 보일 것이다.

```
$ who
christine tty2          2015-09-10 13:54
timothy   tty3          2015-09-10 11:46
[...]
$
$ write timothy tty3
Hello Tim!
$
```

write 명령으로 메시지 작성을 시작하면 빈 줄이 나타나고 메시지 텍스트를 입력할 수 있다. 원하는 만큼 입력할 수 있다. ⟨Enter⟩ 키를 누르면 더 많은 메시지 텍스트를 입력할 수 있도록 새 줄이 나타난다. 메시지 텍스트 입력을 완료한 다음 ⟨Ctrl⟩ + ⟨D⟩ 키 조합을 누르면 전체 메시지가 전송된다.

메시지의 수신자는 다음과 같은 것을 보게 된다.

```
Message from christine@server01 on tty2 at 14:11 ...
Hello Tim!
EOF
```

수신자는 어떤 터미널에서 어떤 사용자가 메시지를 보냈는지 볼 수 있다. 타임스탬프도 포함되어 있다. 메시지의 끝에 EOF가 표시되어 있는 것을 볼 수 있다. 이는 파일의 끝(End Of File)을 뜻하며 메시지를 받는 사람이 전체 메시지가 표시되었다는 것을 알 수 있다.

> **TIP**
> 종종 메시지 수신자는 메시지를 받은 후 프롬프트를 다시 표시하기 위해서 Enter 키를 누를 필요가 있다.

이제 메시지를 보낼 수 있다! 다음 단계는 이 명령을 사용해서 스크립트를 만드는 것이다.

스크립트 만들기

메시지를 보내는 스크립트를 사용하면 몇 가지 잠재적인 문제를 극복하는 데 도움이 된다. 첫째, 시스템의 사용자가 많이 있을 때 메시지를 보내기 위해서 백사장에서 바늘을 찾는 일은 골칫거리가 될 수 있다. 특정 사용자가 메시지를 받을 수 있는지 여부도 확인해야 한다. 더 나아가 스크립트는 한 단계만에 특정 사용자에게 빠르고 쉽게 메시지를 보낼 수 있다.

사용자가 로그인했는지 확인하기

첫 번째 문제는 메시지를 보내려는 사용자가 누구인지를 스크립트에게 알려주는 것이다. 이는 스크립트를 실행할 때 매개변수(제14장)를 전달하면 쉽게 해결된다. 특정 사용자가 시스템에 로그인 되어 있는지 여부를 스크립트가 확인하기 위해서는 아래에 있는 스크립트의 일부 코드에서처럼 who 명령을 활용한다.

```
# Determine if user is logged on:
#
logged_on=$(who | grep -i -m 1 $1 | gawk '{print $1}')
#
```

앞의 코드에서 who 명령의 결과는 grep 명령(제4장)에 파이프 된다. grep 명령에 -i 옵션을 사용하면 대소문자를 무시하며, 이렇게 하면 사용자 이름을 대문자로 입력하든 소문자로 입력하든 마음대로 할 수 있다. grep 명령에는 -m 1 옵션이 포함되어 있는데, 이 경우에 해당되는 사용자는 시스템에 여러 번 로그인했다는 뜻이다. grep 명령은 해당 사용자가 로그인하지 않았다면 아무 결과도 내지 않는다. 그렇지 않으면 사용자 이름의 첫 번째 로그인 정보를 돌려준다. 출력은 gawk 명령(제19장)에 전달된다. gawk 명령은 첫 번째 항목을 돌려주는데, 이는 아무 것도 없거나 사용자 이름 중 하나가 된다. gawk 명령의 최종 출력은 logged_on 변수에 저장된다.

> **TIP**
> 우분투와 같은 일부 리눅스 배포판은 기본적으로 gawk 명령이 설치되어 있지 않을 수 있다. 설치하려면 sudo apt-get install gawk 명령을 입력한다. 또한 제9장에서 소프트웨어 패키지를 설치하는 방법에 대한 자세한 정보를 찾을 수 있다.

logged_on 변수는 아무 것도 포함하지 않거나(사용자가 로그인하지 않은 경우) 사용자 이름을 포함하고 있으므로 이 변수로 테스트를 하고 필요한 일을 할 수 있다.

```
#
if [ -z $logged_on ]
then
```

```
        echo "$1 is not logged on."
        echo "Exiting script..."
        exit
    fi
    #
```

if 문과 테스트 명령(제12장)으로 logged_on 변수의 길이가 0인지 확인하는 테스트를 할 수 있다. 길이가 0이면 스크립트 사용자는 사용자가 현재 시스템에 로그인하지 않았다는 메시지를 받게 되며, 스크립트는 exit 명령을 통해 종료된다. 사용자가 시스템에 로그인한 경우 logged_on 변수는 사용자의 아이디를 포함하고 있으며 스크립트는 계속된다. 다음 예에서는 사용자 이름인 Charlie가 쉘 스크립트에 매개변수로 전달된다. 이 사용자는 현재 시스템에 로그인되어 있지 않다.

```
$ ./mu.sh Charlie
Charlie is not logged on.
Exiting script...
$
```

이 코드는 완벽하게 동작한다! 사용자가 시스템에 로그인되어 있는지 여부를 확인하기 위해서 who 명령과 씨름할 필요 없이 메시지 스크립트가 필요한 일을 해 준다.

사용자가 메시지를 수락하는지 확인하기

다음으로 중요한 항목은 로그인한 사용자에 메시지를 받을지 여부를 판단하는 것이다. 이 스크립트 부분은 사용자가 로그인되어 있는지 여부를 결정하기 위한 스크립트와 매우 비슷하게 동작한다.

```
    # Determine if user allows messaging:
    #
    allowed=$(who -T | grep -i -m 1 $1 | gawk '{print $2}')
    #
    if [ $allowed != "+" ]
    then
        echo "$1 does not allowing messaging."
        echo "Exiting script..."
        exit
    fi
    #
```

이번에는 who -T 명령과 옵션이 쓰인 것을 볼 수 있다. 이 결과 사용자 이름 뒤에 + 표시가 붙어 있으면 메시지를 받는다는 뜻이다. 그렇지 않으면 - 표시가 보이며 메시지를 받지 않는다는 뜻이다. who 명령의 결과는 grep에 파이프 되며 gawk가 메시지 수락 여부 표시만 뽑아낸다. 메시지 수락 여부 표시는 allowd 변수에 저장된다. 마지막으로, if 문은 메시지 수락 여부 표시가 +로 설정되지 않았는지를 테스트하기 위해 사용된다. 지시자가 +로 설정되어 있지 않으면, 스크립트는 사용자에게 이 사실을 알려주고 종료된다. 하지만 메시지 수락 여부가 + 표시로 되어 있으면 스크립트는 계속된다.

스크립트의 이 부분을 테스트하기 위해서는 시스템에 로그인해 있지만 메시지 기능은 꺼놓은 사용자를 테스트한다. 사용자 Samantha는 현재 메시지를 받지 않는다.

```
$ ./mu.sh Samantha
Samantha does not allowing messaging.
Exiting script...
$
```

테스트 결과는 예상대로다. 이 스크립트 부분 덕택에 메시지를 받는지 여부를 수동으로 검사하는 과정을 생략할 수 있다.

메시지가 포함되어 있는지 여부 확인하기

전송될 메시지는 스크립트의 매개변수에 포함된다. 체크해야 할 것은 메시지가 mu.sh 셸 스크립트 매개변수로 포함되었는지 여부다. 메시지 매개변수를 테스트하려면 이전에 사용된 것과 비슷한 if 문을 스크립트에 포함시켜야 한다.

```
# Determine if a message was included:
#
if [ -z $2 ]
then
    echo "No message parameter included."
    echo "Exiting script..."
    exit
fi
#
```

이 스크립트 부분을 테스트하기 위해 로그인도 되어 있고 메시지도 허용하는 사용자를 지정했지만 메시지는 포함되지 않은 채로 스크립트를 실행시킨다.

```
$ ./mu.sh Timothy
No message parameter included.
Exiting script...
$
```

정확히 원하는 결과다! 이제 스크립트에서 예비 검사를 모두 거쳤으니 메시지를 전송하는 진짜 임무를 수행할 수 있다.

간단한 메시지 송신하기

메시지가 전송되기 전에 사용자의 현재 터미널이 식별되고 변수에 저장되어야 한다. The who, grep, 그리고 gawk 명령이 다시 등장한다.

```
# Send message to user:
#
uterminal=$(who | grep -i -m 1 $1 | gawk '{print $2}')
#
```

메시지를 전송하기 위해서는 echo 및 write 명령이 모두 사용된다.

```
#
echo $2 | write $logged_on $uterminal
#
```

write 명령은 대화형 유틸리티이기 때문에 스크립트가 제대로 작동하려면 파이프된 메시지가 있어야 한다. 매개변수 $2에 있는 메시지를 STDOUT으로 보내기 위해 echo 명령이 사용되며 이는 write 명령으로 파이프 된다. logged_on 변수는 사용자 이름을 가지고 있으며, uterminal 변수는 사용자의 현재 터미널을 보유하고 있다.

이제 스크립트를 통해 지정된 사용자에게 간단한 메시지를 전송해 보는 테스트를 할 수 있다.

```
$ ./mu.sh Timothy test
$
```

사용자 Timothy는 터미널에서 다음과 같은 메시지를 보게 될 것이다.

```
Message from christine@server01 on tty2 at 10:23 ...
test
EOF
```

성공이다! 이제 스크립트를 통해 시스템의 다른 사용자에게 간단하게 한 단어로 된 메시지를 보낼 수 있게 되었다.

긴 메시지 보내기

종종 다른 시스템 사용자에게 두 개 이상의 단어를 보낼 필요가 있을 것이다. 현재 스크립트를 사용하여 더 긴 메시지를 보내 보자.

```
$ ./mu.sh Timothy Boss is coming. Look busy.
$
```

사용자 Timothy는 터미널에서 다음과 같은 메시지를 보게 될 것이다.

```
Message from christine@server01 on tty2 at 10:24 ...
Boss
EOF
```

제대로 되지 않았다. 메시지의 첫 번째 단어인 boss만 전송되었다. 이는 스크립트가 매개변수(제14장)를 사용한 것이 원인이다. bash 쉘은 빈 칸으로 매개변수를 구분한다는 것을 기억하라. 메시지 사이에 빈 칸이 있으므로 각각의 단어는 다른 매개변수로 취급된다. 이 문제를 해결하기 위해서는 스크립트를 고쳐야 한다.

shift 명령(제14장)과 while 루프(제13장)이 긴 메시지 문제에 도움이 된다.

```
# Determine if there is more to the message:
#
shift
#
while [ -n "$1" ]
do
    whole_message=$whole_message' '$1
    shift
done
#
```

shift 명령은 매개변수의 총 개수를 모르더라도 제공된 여러 개의 파라미터를 스크립트가 처리할 수 있도록 돕는다는 점을 기억하라. shift 명령은 연속된 다음 매개변수를 매개변수 S1로 끌어온다. 먼저 while 루프 전에 첫 shift 명령이 나와야 한다. 메시지는 S1이 아니라 S2에서 시작하기 때문이다.

while 루프가 시작되면 각각의 메시지 단어를 가져와서 whole_message 변수에 붙이는 작업을 이어 나간다. 그리고 루프는 다음 매개변수를 shift로 끌어온다. 마지막 매개변수가 처리 된 후 while 루프는 종료되고 whole_message 변수는 전송할 전체 메시지를 포함하게 된다.

이 문제를 해결하기 위해서는 스크립트에서 바꿔야 할 부분이 하나 더 있다. write 유틸리티에 $2 매개변수 대신 whole_message 변수를 보내도록 바꿔야 한다.

```
# Send message to user:
#
uterminal=$(who | grep -i -m 1 $1 | gawk '{print $2}')
#
echo $whole_message | write $logged_on $uterminal
#
```

이제 보스가 Timothy에게로 간다는 경고 메시지를 다시 보내 보자.

```
$ ./mu.sh Timothy Boss is coming
Usage: grep [OPTION]... PATTERN [FILE]...
Try 'grep --help' for more information.
$
```

아차! 또 문제가 있다. shift가 스크립트에서 사용되었을 $1 매개변수의 내용이 제거되기 때문이다. 따라서 스크립트가 grep 명령에 $1을 사용하려고 하면 오류가 일어난다. 이 문제를 해결하기 위해서는 $1 매개변수의 값을 저장할 muser 변수가 필요하다.

```
# Save the username parameter
#
muser=$1
#
```

이제 muser에 사용자 이름이 저장된다. 스크립트의 다양한 grep 및 echo 명령에 쓰인 $1 매개변수는 이제 muser 변수로 대체될 수 있다.

```
# Determine if user is logged on:
#
logged_on=$(who | grep -i -m 1 $muser | gawk '{print $1}')
[...]
    echo "$muser is not logged on."
[...]
# Determine if user allows messaging:
#
allowed=$(who -T | grep -i -m 1 $muser | gawk '{print $2}')
[...]
    echo "$muser does not allowing messaging."
[...]
# Send message to user:
#
uterminal=$(who | grep -i -m 1 $muser | gawk '{print $2}')
[...]
```

변경된 스크립트를 테스트하기 위해 여러 단어로 된 메시지가 다시 전송된다. 더 나아가 메시지에서 감탄사를 표시해야 할 부분에 느낌표도 추가되었다.

```
$ ./mu.sh Timothy The boss is coming! Look busy!
$
```

사용자 Timothy는 터미널에서 다음과 같은 메시지를 받는다.

```
Message from christine@server01 on tty2 at 10:30 ...
```

```
The boss is coming! Look busy!
EOF
```

잘 된다! 이제 시스템의 다른 사용자에게 빠르게 메시지를 보낼 수 있는 스크립트를 사용할 수 있게 되었다. 필요한 모든 검사 및 변경을 수행하는 최종 메시지 스크립트는 다음과 같다.

```bash
#!/bin/bash
#
#mu.sh - Send a Message to a particular user
###########################################
#
# Save the username parameter
#
muser=$1
#
# Determine if user is logged on:
#
logged_on=$(who | grep -i -m 1 $muser | gawk '{print $1}')
#
if [ -z $logged_on ]
then
   echo "$muser is not logged on."
   echo "Exiting script..."
   exit
fi
#
# Determine if user allows messaging:
#
allowed=$(who -T | grep -i -m 1 $muser | gawk '{print $2}')
#
if [ $allowed != "+" ]
then
   echo "$muser does not allowing messaging."
   echo "Exiting script..."
   exit
fi
#
# Determine if a message was included:
#
if [ -z $2 ]
then
    echo "No message parameter included."
    echo "Exiting script..."
```

```
    exit
fi
#
# Determine if there is more to the message:
#
    shift
#
while [ -n "$1" ]
do
    whole_message=$whole_message' '$1
        shift
done
#
# Send message to user:
#
uterminal=$(who | grep -i -m 1 $muser | gawk '{print $2}')
#
echo $whole_message | write $logged_on $uterminal
#
exit
```

마지막 장까지 왔으므로 스크립트를 작성하는 과제를 해 볼 준비가 되어 있어야 한다. 메시지 스크립트를 개선시키기 위해서 직접 시도해 볼 수 있는 몇 가지 제안들을 제시한다.

■ 사용자 이름과 메시지를 매개변수로 전달하는 대신 옵션(제14장 참조)을 사용한다

■ 사용자가 여러 터미널에 로그인 했다면 이들 여러 터미널에 메시지를 동시에 보낸다(힌트 : write 명령을 여러 번 사용한다)

■ 현재 GUI에만 로그인된 사용자에게 메시지가 전송하려고 하면 스크립트가 사용자에게 메시지를 표시하고 종료한다(write 명령은 가상 콘솔 터미널에서만 쓸 수 있다는 점을 기억하라)

■ 파일에 저장된 긴 메시지가 단말기로 전송될 수 있도록 한다(힌트 : cat 명령의 출력을 echo 명령 대신 write 유틸리티에 파이프한다)

이 스크립트를 찬찬히 읽어 가면 지금 배우고 있는 스크립트 작성의 개념을 다지는 데에도 도움이 되지만 스크립트를 수정하는 개념을 잡는 데에도 도움이 된다. 이제 당신의 창의력을 발휘해서 스크립트를 바꾸어 보자. 즐겨 보자! 이를 통해 배울 수 있다.

명언 얻기

명언은 비즈니스 환경에서 오랫동안 활용되었다. 지금 사무실 벽에 몇 가지가 붙어 있을 수도 있다.

이제 소개할 작고 흥미로운 스크립트는 날마다 명언을 가져옴으로써 즐거움을 선사할 것이다.

이 절에서는 스크립트를 작성하는 방법을 안내할 것이다. 아직 이 책에서 다루지 않았던 몇 가지 좋은 유틸리티들도 포함되어 있다. 스크립트는 sed와 gawk 같이 이미 다루었던 몇몇 유틸리티도 사용할 것이다.

필요한 기능 이해하기

몇 가지 좋은 웹 사이트에서 날마다 명언을 제공한다. 마음에 드는 검색 엔진을 열어보면 많은 사이트를 찾을 수 있을 것이다. 날마다 명언을 제공하는 사이트를 찾은 후에는 이 명언을 다운로드할 수 있는 유틸리티가 필요할 것이다. 이 스크립트에서는 wget을 유틸리티가 바로 그것이다.

wget 유틸리티 살펴보기

wget 유틸리티는 웹 페이지를 로컬 리눅스 시스템에 다운로드할 수 있는 유연한 도구다. 웹 페이지에서 날마다 명언을 수집할 수 있다.

> **NOTE**
>
> wget 명령은 기능이 매우 풍부한 유틸리티다. 이 장에서는 wget이 가진 능력 가운데 아주 작은 부분만이 사용된다. wget에 대해 더 자세히 알아보려면 man 페이지를 활용하라.

wget을 통해 웹 페이지를 다운로드 하려면, wget 명령과 웹 사이트의 주소가 필요하다.

```
$ wget www.quotationspage.com/qotd.html
--2015-09-23 09:14:28--  http://www.quotationspage.com/qotd.html
Resolving www.quotationspage.com... 67.228.101.64
Connecting to www.quotationspage.com|67.228.101.64|:80. connected
HTTP request sent, awaiting response... 200 OK
Length: unspecified [text/html]
Saving to: "qotd.html"

    [ <=>                                         ] 13,806 --.-K/s   in 0.1s

2015-09-23 09:14:28 (118 KB/s) - "qotd.html" saved [13806]

$
```

웹 사이트의 정보가 웹 페이지의 이름을 딴 파일에 저장된다. 위의 경우에는 qotd.html이다. 이제는 충분히 예상할 수 있듯이 파일은 HTML 코드로 가득 차 있을 것이다.

```
$ cat qotd.html
```

```
<!DOCTYPE HTML PUBLIC "-//W3C//DTD HTML 4.0 Transitional//EN">

<html xmlns:fb="http://ogp.me/ns/fb#">
<head>
        <title>Quotes of the Day - The Quotations Page</title>
[...]
```

전체 HTML 코드 가운데 일부만을 표시했다. 이 스크립트에서는 원하는 명언만 뽑아내는데 sed와 gawk 유틸리티가 도움이 될 것이다. 그러나 스크립트로 바로 들어가기 전에 wget 유틸리티의 입력과 출력을 좀 더 통제해야 한다.

웹 주소(URL)를 저장하는 변수를 사용할 수 있다. 이 변수를 wget의 매개변수로 전달하면 된다. 변수 이름과 함께 $ 기호를 사용하는 것을 잊지 말라.

```
$ url=www.quotationspage.com/qotd.html
$
$ wget $url
--2015-09-23 09:24:21--  http://www.quotationspage.com/qotd.html
Resolving www.quotationspage.com... 67.228.101.64
Connecting to www.quotationspage.com|67.228.101.64|:80 connected.
HTTP request sent, awaiting response... 200 OK
Length: unspecified [text/html]
Saving to: "qotd.html.3"

    [ <=>                            ] 13,806      --.-K/s   in 0.1s

2015-09-23 09:24:21 (98.6 KB/s) - "qotd.html.3" saved [13806]

$
```

날마다 명언을 받아오는 스크립트는 결국 크론(제16장)이나 다른 스크립트 자동화 유틸리티를 통해 매일 실행될 것이다. 따라서 STDOUT에 wget에 명령 세션의 출력을 표시하는 것은 바람직하지 않다. 로그 파일에 세션 출력을 저장하기 위해 -o 옵션을 사용한다. 이렇게 하면 세션 출력을 나중에 볼 수 있다.

```
$ url=www.quotationspage.com/qotd.html
$
$ wget -o quote.log $url
$
$ cat quote.log
--2015-09-23 09:41:46--  http://www.quotationspage.com/qotd.html
Resolving www.quotationspage.com... 67.228.101.64
Connecting to www.quotationspage.com|67.228.101.64|:80 connected.
```

```
HTTP request sent, awaiting response... 200 OK
Length: unspecified [text/html]
Saving to: "qotd.html.1"

    0K .......... ...                                        81.7K=0.2s

2015-09-23 09:41:46 (81.7 KB/s) - "qotd.html.1" saved [13806]

$
```

wget 유틸리티는 이제 웹 페이지 정보를 검색할 때 로그 파일에 세션의 출력을 저장한다. 원하는 경우에는 앞의 코드에서 볼 수 있는 것처럼 cat 명령을 사용하면 로그 파일에 기록된 세션의 출력을 볼 수 있다.

웹 페이지 정보가 저장되는 위치를 제어하기 위해서는 wget 명령에 -O 옵션을 사용한다. 이를 통해 웹 주소를 저장할 파일 이름으로 지정하는 대신 원하는 파일 이름을 선택할 수 있다.

```
$ url=www.quotationspage.com/qotd.html
$
$ wget -o quote.log -O Daily_Quote.html $url
$
$ cat Daily_Quote.html

<!DOCTYPE HTML PUBLIC "-//W3C//DTD HTML 4.0 Transitional//EN">

<html xmlns:fb="http://ogp.me/ns/fb#">
<head>
[...]
$
```

-O 옵션을 사용하면 웹 페이지 데이터는 지정된 파일 Daily_Quote.html에 저장될 수 있다. 이제 wget 유틸리티의 출력이 통제되므로 다음으로 필요한 기능은 웹 사이트 주소의 유효성을 검사하는 것이다.

웹 주소 검사하기

웹 주소는 자주 바뀌므로 스크립트 안에 주소의 유효성을 검사하는 것이 중요하다. wget 유틸리티의 --spider 옵션 이러한 테스트를 할 수 있는 기능을 제공한다.

```
$ url=www.quotationspage.com/qotd.html
$
$ wget --spider $url
Spider mode enabled. Check if remote file exists.
--2015-09-23 12:45:41--  http://www.quotationspage.com/qotd.html
Resolving www.quotationspage.com... 67.228.101.64
Connecting to www.quotationspage.com|67.228.101.64|:80 connected.
HTTP request sent, awaiting response... 200 OK
Length: unspecified [text/html]
Remote file exists and could contain further links,
but recursion is disabled -- not retrieving.

$
```

출력은 URL이 유효하다는 것을 나타내고 있지만 읽을 내용이 너무 많다. non-verbose(장황하지 않은)를 뜻하는 -nv 옵션을 추가하여 출력되는 양을 줄일 수 있다.

```
$ wget -nv --spider $url
2015-09-23 12:49:13
URL: http://www.quotationspage.com/qotd.html 200 OK
$
```

-nv 옵션은 웹 주소의 상태만을 표시하므로 출력을 읽기가 훨씬 쉬워졌다. 생각하는 것과는 반대로 -nv 옵션으로 나오는 출력의 끝에 있는 OK는 웹 주소가 유효하다는 뜻이 아니다. 이 표시는 웹 주소가 전송된 대로 돌아왔다는 뜻이다. 잘못된 웹 주소를 볼 때까지 이 개념은 약간 불분명하다.

잘못된 웹 주소를 뜻하는 표시를 보려면 URL 변수를 잘못된 웹 주소로 바꾼다. 잘못된 주소를 사용하여 wget 명령을 다시 실행시킨다.

```
$ url=www.quotationspage.com/BAD_URL.html
$
$ wget -nv --spider $url
2015-09-23 12:54:33
URL: http://www.quotationspage.com/error404.html 200 OK
$
```

출력은 여전히 끝에 OK를 표시하고 있는 것을 볼 수 있다. 웹 주소 끝에 error404.html이 붙어 있다. 이는 웹 주소가 잘못되었다는 것을 뜻한다.

웹 페이지 정보에서 명언을 가져오기 위해 필요한 wget 명령어와 웹 페이지의 주소를 테스트할 수 있는 방법을 알았으니 이제 스크립트를 만들어 볼 때다. 수많은 명언들이 날마다 당신을 기다리고 있다.

스크립트 만들기

만든 스크립트를 테스트 하려면 웹 사이트의 URL을 포함하는 매개변수를 스크립트로 전달한다. 스크립트 안에서 변수 quote_url는 전달된 매개변수의 값을 저장한다.

```
#
quote_url=$1
#
```

전달된 URL 확인하기

항상 스크립트 안에서 적절한 검사를 하는 것이 좋다. 첫 번째 검사는 스크립트가 매일 명언을 가져올 웹 사이트의 URL이 아직 유효한지 확인하는 것이다.

예상했겠지만 스크립트는 wget에 --spider 옵션을 써서 주소의 유효성을 확인한다. 그 결과로 나오는 출력은 나중에 if 문 테스트로 검사할 수 있도록 저장해야 한다. 따라서 결과는 변수에 저장되어야 한다. wget 명령으로 이런 일을 하기는 조금 까다롭다.

출력을 저장하려면 명령 주위에 표준 $() 구문을 사용해야 한다. 추가로 STDERR 및 STDOUT 리다이렉트도 필요하다. wget 명령의 끝에 2>&1을 붙여주면 된다.

```
#
check_url=$(wget -nv --spider $quote_url 2>&1)
#
```

이제 상태 메시지는 check_url 변수에 저장된다. check_url 문자열에서 오류 표시인 error404을 잡아내기 위해서는 문자열 확장과 echo 명령을 사용할 수 있다.

```
#
bad_url=$(echo ${check_url/*error404*/error404})
#
```

이 예에서, 문자열 매개변수 확장으로 check_url에 저장된 문자열을 검색할 수 있다. 문자열 매개변수 확장을 빠르고 손쉬운 sed의 대안이라고 생각하면 된다. 검색 단어 주위에 와일드카드를 사용하여 *error404*로 전체 문자열을 검색할 수 있다. 검색이 성공하면 echo 명령은 bad_url 변수에 error404 문자열을 보내 저장하도록 한다. 검색에 실패하면 bad_url 변수는 check_url 변수의 내용을 포함한다.

이제 bad_url 변수의 문자열을 확인하기 위해 if 문(제12장)을 사용된다. error404 문자열이 발견되면 메시지가 표시되고 스크립트는 종료된다.

```
    #
    if [ "$bad_url" = "error404" ]
    then
        echo "Bad web address"
        echo "$quote_url invalid"
        echo "Exiting script..."
        exit
    fi
    #
```

더 쉽고 짧은 방법을 사용할 수도 있다. 이 방법은 문자열 매개변수 확장과 bad_url 변수의 필요성을 모두 없애버린다. if 문이 check_url 변수에 대한 검색을 실행하도록 이중 대괄호를 사용한다.

```
    if [[ $check_url == *error404* ]]
    then
        echo "Bad web address"
        echo "$quote_url invalid"
        echo "Exiting script..."
        exit
    fi
```

if 문 안의 테스트 구문은 check_url 변수의 문자열을 검색한다. 변수 문자열 안 어디에서든 문자열 error404이 발견되면 메시지가 표시되고 스크립트는 종료된다. 문자열에 오류 메시지가 포함되어 있지 않다면 스크립트는 계속된다. 이 구문은 시간과 노력을 절약할 수 있다. 임의의 문자열 매개변수를 확장하거나 bad_url 변수를 사용할 필요가 없다.

이제 적절한 검사를 했으니 스크립트가 유효하지 않은 웹 주소를 무효로 테스트해 볼 수 있다. url 변수를 잘못된 URL로 설정하고 get_quote.sh 스크립트에 전달한다.

```
$ url=www.quotationspage.com/BAD_URL.html
$
$ ./get_quote.sh $url
Bad web address
www.quotationspage.com/BAD_URL.html invalid
Exiting script...
$
```

훌륭하다! 모든 게 문제없는지 확인하기 위해 이제 유효한 웹 주소로 테스트해 보자.

```
$ url=www.quotationspage.com/qotd.html
$
$ ./get_quote.sh $url
```

```
$
```

오류 메시지가 나타나지 않는다. 스크립트는 지금까지 완벽하게 제 실을 했다! 검사는 이것으로 충분하다. 다음으로 할 일은 스크립트에 웹 페이지의 데이터를 가져오는 기능을 추가하는 것이다.

웹 페이지 정보를 가져오기

날마다 명언을 제공하는 웹 페이지에서 데이터를 가져오는 일은 간단하다. 이 장 앞에서 보았던 wget 명령이 스크립트에서 사용된다. 로그 파일, 그리고 웹 페이지 정보를 포함하는 HTML을 저장하는 장소만 /tmp 디렉토리로 바꾸면 된다.

```
#
wget -o /tmp/quote.log -O /tmp/quote.html $quote_url
#
```

스크립트의 나머지 부분을 보기 전에 유효한 웹 주소를 사용하여 이 코드 부분을 테스트해보자.

```
$ url=www.quotationspage.com/qotd.html
$
$ ./get_quote.sh $url
$
$ ls /tmp/quote.*
/tmp/quote.log   /tmp/quote.html
$
$ cat /tmp/quote.html

<!DOCTYPE HTML PUBLIC "-//W3C//DTD HTML 4.0 Transitional//EN">

<html xmlns:fb="http://ogp.me/ns/fb#">
<head>
[...]
</body>
</html>
$
```

스크립트는 여전히 잘 돌아간다! 로그 파일인 /tmp/quote.log 및 HTML 파일인 /tmp/quote.html 모두 제대로 만들어졌다.

> **TIP**
> 웹 사이트의 정보를 얻어올 때 쿠키가 끼어드는 것을 원치 않으면 wget 명령에 --no-cookies 옵션을 붙일 수 있다. 기본적으로 쿠키를 저장하는 기능은 꺼져있다.

다음 과제는 다운로드된 웹 페이지의 HTML 파일 안에서 명언을 가지고 있는 HTML 코드를 찾아 내는 것이다. 이를 위해서는 sed와 gawk 유틸리티가 모두 필요하다.

원하는 정보를 구문 분석하기

실제 명언을 추출하기 위해서는 몇 가지 처리가 이루어져야 한다. 스크립트의 이 부분에서는 sed 및 gawk 유틸리티를 사용하여 원하는 정보를 구문 분석한다.

> **NOTE**
> 이 부분은 스크립트를 자신에게 맞게 바꾸는 과정에서 가장 다양한 변화가 일어날 수 있는 곳이다. sed 및 gawk 유틸리티는 특정한 명언 웹 사이트의 데이터에서 특정 키워드를 검색하는 데 사용된다. 원하는 데이터를 뽑아내기 위해서는 다른 키워드는 물론 다른 sed 및 gawk 명령을 사용해야 할 수 있다.

스크립트는 먼저 /tmp/quote.html 파일에 저장되어 있는, 다운로드한 웹 페이지의 정보로부터 모든 HTML 태그를 제거해야 한다. sed 유틸리티가 이러한 기능을 제공할 수 있다.

```
#
sed 's/<[^>]*//g' /tmp/quote.html
#
```

앞의 코드는 매우 익숙할 것이다. 제21장의 'HTML 태그 없애기'에서 이 내용을 다루고 있다.

HTML 태그를 제거하고 나면 출력은 다음과 같다.

```
$ url=www.quotationspage.com/qotd.html
$
$ ./get_quote.sh $url
[...]
        >Quotes of the Day - The Quotations Page>
>
[...]
>>Selected from Michael Moncur's Collection of Quotations
- September 23, 2015>>
>>>Horse sense is the thing a horse has which keeps
[...]
>
$
```

일부를 생략한 이 출력 내용은 아직 파일에 불필요한 데이터가 너무 많다는 것을 보여주고 있어서 추가 구문 분석을 수행해야 한다. 필요한 명언 텍스트는 날짜 바로 다음에 있어서 스크립트는 검색 어로서 현재 날짜를 사용할 수 있다!

grep 명령, $() 형식, 그리고 date 명령이 여기에 도움이 된다. sed 명령의 출력은 grep 명령으로 파이프 된다. grep 명령은 명언의 웹 페이지에 사용되는 날짜와 일치하도록 형식을 바꾼 현재 날짜를 이용한다. 날짜 텍스트 줄이 발견되고 나면 두 개의 추가 텍스트 줄을 -A2 매개변수로 가져온다.

```
#
sed 's/<[^>]*//g' /tmp/quote.html |
grep "$(date +%B' '%-d,' '%Y)" -A2
#
```

이제 스크립트의 출력은 다음과 비슷할 것이다.

```
$ ./get_quote.sh $url
>>Selected from Michael Moncur's Collection of Quotations
- September 23, 2015>>
>>>Horse sense is the thing a horse has which keeps it from
betting on people.> >>>>>>>>>>>>>>>>>W. C. Fields> (1880 -
1946)>   >>>
>>Newspapermen learn to call a murderer 'an alleged murderer'
and the King of England 'the alleged King of England' to
avoid libel suits.> >>>>>>>>>>>>>>>>Stephen Leacock> (1869
- 1944)>   >>> - More quotations on: [>Journalism>] >
$
```

NOTE

리눅스 시스템의 날짜가 명언 페이지의 날짜와 다르게 설정되어 있는 경우 명언 대신 빈 줄만 얻게 될 것이다. 위의 grep 명령은 시스템 날짜가 웹 페이지의 날짜와 같다고 가정한다.

출력이 크게 줄기는 했지만 텍스트에는 군더더기들이 여전하다. 불필요한 > 기호는 sed 유틸리티로 손쉽게 없앨 수 있다. 스크립트에서 grep 명령의 출력을 sed 유틸리티로 파이프해서 > 문자를 없앤다.

```
#
sed 's/<[^>]*//g' /tmp/quote.html |
grep "$(date +%B' '%-d,' '%Y)" -A2 |
sed 's/>//g'
#
```

이 새로운 스크립트 부분으로 출력은 이제 좀 명확해진다.

```
$ ./get_quote.sh $url
Selected from Michael Moncur's Collection of Quotations
- September 23, 2015
Horse sense is the thing a horse has which keeps it from
```

```
betting on people. W. C. Fields (1880 - 1946)  
Newspapermen learn to call a murderer 'an alleged murderer'
and the King of England 'the alleged King of England' to
avoid libel suits. Stephen Leacock (1869 - 1944)    -
More quotations on: [Journalism]
$
```

이제 뭔가 감이 잡힌다! 없앨 수 있는 군더더기들이 아직도 있다. 출력을 보면 하나가 아니라 두 개의 인용문이 있는 것을 볼 수 있다. 특정 웹 사이트에서 가끔 있는 일이다. 어느 날은 하나만 있을 수도 있고 또 어느 날은 두 개가 될 수도 있다. 따라서 스크립트는 첫 번째 명언만 뽑아낼 필요가 있다.

sed 유틸리티가 이 문제에서 다시 도움을 줄 수 있다. sed 유틸리티의 다음 줄 및 삭제 명령(제21장)에   문자열을 넣는다. 이 문자열을 찾으면 sed는 데이터의 다음 줄로 가지 않고 이 문자열을 지운다.

```
#
sed 's/<[^>]*//g' /tmp/quote.html |
grep "$(date +%B' '%-d,' '%Y)" -A2 |
sed 's/>//g' |
sed '/ /{n ; d}'
#
```

이제 sed 다음 줄 명령문이 여러 개의 인용문이 나오는 문제를 해결하는지 확인하기 위해 테스트할 수 있다.

```
$ ./get_quote.sh $url
Selected from Michael Moncur's Collection of Quotations
- September 23, 2015
Horse sense is the thing a horse has which keeps it from
betting on people. W. C. Fields (1880 - 1946)  
$
```

추가로 나오는 명언이 제거되었다! 명언을 깔끔하게 정리하기 위해 하나만 남겨두었다. 인용문의 끝에 있는   문자열이 여전히 눈에 거슬린다. 스크립트는 이 군더더기를 없애기 위해 다시 sed 명령을 쓸 수지만 다양한 방법을 시험해 본다는 의미에서 gawk 명령을 사용한다.

```
#
sed 's/<[^>]*//g' /tmp/quote.html |
grep "$(date +%B' '%-d,' '%Y)" -A2 |
sed 's/>//g' |
sed '/ /{n ; d}' |
gawk 'BEGIN{FS=" "} {print $1}'
#
```

위의 코드에서는 gawk 명령에서 입력 필드 구분자 변수인 FS가 쓰였다(제22장). 문자열 는 필드 구분자로 설정되었으며 이렇게 하면 gawk가 출력에서 이 문자열을 제거한다.

```
$ ./get_quote.sh $url
Selected from Michael Moncur's Collection of Quotations
- September 23, 2015
Horse sense is the thing a horse has which keeps it from
betting on people. W. C. Fields (1880 - 1946)
$
```

스크립트에서 마지막으로 필요한 일은 명언 텍스트를 저장하는 것이다. tee 명령(제15장)이 여기서 도움이 된다. 먼저 인용문을 추출해 내는 과정은 다음과 같다.

```
#
sed 's/<[^>]*//g' /tmp/quote.html |
grep "$(date +%B' '%-d,' '%Y)" -A2 |
sed 's/>//g' |
sed '/ /{n ; d}' |
gawk 'BEGIN{FS=" "} {print $1}' |
tee /tmp/daily_quote.txt  > /dev/null
#
```

추출된 명언은 /tmp/daily_quote.txt에 저장되고, gawk 명령이 만든 모든 출력은 /dev/null(제15장 참조)로 리다이렉트된다. 스크립트가 일을 좀 더 알아서 하도록 만들기 위해 URL은 스크립트 안에 하드코딩 했다.

```
#
quote_url=www.quotationspage.com/qotd.html
#
```

이제 오늘의 명언을 가져오는 스크립트에 적용된 두 가지 새로운 변화를 테스트할 수 있다.

```
$ ./get_quote.sh
$
$ cat /tmp/daily_quote.txt
Selected from Michael Moncur's Collection of Quotations
- September 23, 2015
Horse sense is the thing a horse has which keeps it from
betting on people. W. C. Fields (1880 - 1946)
$
```

완벽하다! 오늘의 명언을 웹사이트 데이터에서 뽑아내서 텍스트 파일에 저장했다. 아마 위의 인용 문은 전통적인 명언이라기보다는 좀 더 유머러스한 인용문이라는 사실을 알았을 수도 있겠다. 어떤 사람들은 유머가 감동적이라고 생각한다는 것은 알아주길 바란다!

다시 한 번 검토해 보기 위해서, 모든 필요한 검사와 변경을 거쳐 오늘의 명언을 가져오는 스크립트의 최종 버전이 다음에 나와 있다.

```bash
#!/bin/bash
#
# Get a Daily Inspirational Quote
###################################
#
# Script Variables ####
#
quote_url=www.quotationspage.com/qotd.html
#
# Check url validity ###
#
check_url=$(wget -nv --spider $quote_url 2>&1)
#
if [[ $check_url == *error404* ]]
then
    echo "Bad web address"
    echo "$quote_url invalid"
    echo "Exiting script..."
    exit
fi
#
# Download Web Site's Information
#
wget -o /tmp/quote.log -O /tmp/quote.html $quote_url
#
# Extract the Desired Data
#
sed 's/<[^>]*//g' /tmp/quote.html |
grep "$(date +%B' '%-d,' '%Y)" -A2 |
sed 's/>//g' |
sed '/ /{n ; d}' |
gawk 'BEGIN{FS=" "} {print $1}' |
tee /tmp/daily_quote.txt  > /dev/null
#
exit
```

이 스크립트는 새로 배운 스크립트 작성 및 커맨드라인 기술의 일부를 시험해 볼 수 있는 좋은 기회다. 오늘의 명언 스크립트를 개선시키기 위해서 시도할 만한 몇 가지 제안들이 있다.

- 마음에 드는 격언 또는 명언 웹 사이트로 사이트를 바꾸고 문구를 추출하는 데 필요한 명령을 그에 따라 변경한다
- 오늘의 명령을 추출하기 위한 다양한 sed 및 gawk 명령을 시험해 본다
- 크론(제16장 참조)을 통해 스크립트를 자동으로 매일 실행되도록 설정한다
- 특정한 시간, 예를 들어 그날 처음으로 로그인했을 때 명언 텍스트 파일을 표시하는 명령을 추가한다

매일 명언을 읽으면 영감을 얻을 수 있다. 어쩌면 비즈니스 회의에서 빠져나갈 수 있는 영감을 얻을 수 있을지도 모른다. 다음 절은 바로 그 문제에 도움이 되는 스크립트를 만드는 팁을 알아본다.

핑곗거리 만들기

지금 당신은 회의실에 있다. 중요하지도 않은 정보만 쏟아내는 끝없는 회의가 이어진다. 차라리 책상으로 돌아가서 그 매혹적인 bash 쉘 스크립트 프로젝트를 계속하는 게 낫겠다. 다음 직원회의에서 빠져나오기 위해 사용할 수 있는 작지만 재미있는 스크립트를 소개한다.

단문 메시지 서비스(SMS)는 휴대 전화 간에 문자 메시지를 주고받을 수 있다. 이메일 또는 커맨드 라인에서 직접 문자 메시지를 보내기 위해 SMS를 사용할 수도 있다. 이 절의 스크립트로 지정된 시간에 휴대 전화로 직접 전송되는 문자 메시지를 작성할 수 있을 것이다. 리눅스 시스템으로부터 '중요한' 메시지를 받으면 직원회의에서 일찍 자리를 뜨기 위한 완벽한 핑계거리가 될 것이다.

필요한 기능 이해하기

커맨드라인에서 SMS 메시지를 보낼 수 있는 방법에는 여러 가지가 있다. 한 가지 방법은 사용하고 있는 휴대 전화 사업자의 SMS 서비스를 사용하여 시스템의 이메일을 활용하는 것이다. 또 한 가지 방법은 curl 유틸리티다.

curl 살펴보기

wget과 비슷하게 curl 유틸리티를 사용하면 특정 웹 서버에서 데이터를 받을 수 있다. 그러나 wget과 달리 웹 서버에 데이터를 전송할 수도 있다. 특정 웹 서버로 데이터를 전송하는 기능은 바로 우리의 스크립트에 필요한 기능이다.

> **TIP**
>
> 우분투와 같은 일부 리눅스 배포판은 기본적으로 curl 명령이 설치되어 있지 않을 수도 있다. 설치하려면 sudo apt-get install curl 명령을 입력한다.

curl 유틸리티 말고도 무료로 SMS 메시지 전송을 제공하는 웹 사이트가 필요하다. 이 스크립트에서 사용하는 사이트는 http://textbelt.com/text다. 이 웹 사이트는 무료로 하루에 75 개의 문자 메시지까지 보낼 수 있다. 그저 텍스트 메시지 한 건만 보내는 것이 목적이므로 아무런 문제가 없다.

> **TIP**
>
> 당신의 회사에서 이미 http://sendhub.com 또는 http://eztexting.com 같은 SMS 서비스를 사용하고 있다면 스크립트에서 해당 사이트를 대신 사용할 수 있다. 해당 SMS 서비스 업체의 요구 사항에 따라 문법이 바뀔 수 있다는 점에 유의하라.

curl과 http://textbelt.com/text 서비스를 사용해서 나 자신에게 문자 메시지를 보내려면 다음 구문을 사용한다.

```
$ curl http://textbelt.com/text \
-d number=YourPhoneNumber \
-d "message=Your Text Message"
```

-d 옵션은 웹 사이트에 특정 데이터를 전송한다는 것을 알려준다. 이 경우, 웹 사이트는 텍스트 메시지를 전송하기 위해 특정한 형식의 데이터를 요구한다. 이 데이터는 지역 번호로 시작하는 휴대 전화 번호를 포함하고 있는 YourPhoneNumber를 포함한다. 또한 보내려고 하는 문자 메시지를 포함하는 Your Text Message도 포함하고 있다.

> **NOTE**
>
> curl 유틸리티는 단순히 웹 서버와 데이터를 주고받는 일보다 훨씬 많은 것들을 할 수 있다. 뿐만 아니라 사람이 개입하지 않고도 FTP 같은 많은 다른 네트워크 프로토콜을 처리할 수도 있다. curl의 풍부한 기능을 보려면 man 페이지를 참조하라.

메시지가 전송되었을 때 아무런 문제도 없다면 웹 사이트는 "success": true 메시지를 내보낸다.

```
$ curl http://textbelt.com/text \
> -d number=3173334444 \
> -d "message=Test from curl"
{
   "success": true
}$
$
```

전화번호와 같은 데이터가 올바르지 않다면 실패 메시지인 "success": false 메시지를 내보낸다.

```
$ curl http://textbelt.com/text \
-d number=317AAABBBB \
```

```
-d "message=Test from curl"
{
  "success": false,
  "message": "Invalid phone number."
}$
$
```

성공/실패 메세지는 무척 도움이 되지만 스크립트에서는 이를 원하지 않는다. 이러한 메시지를 제
거하려면 STDOUT을 /dev/null(제15장 참조)로 리다이렉트한다. 하지만 지금 curl 유틸리티는 원
하지 않는 결과를 내고 있다.

```
$ curl http://textbelt.com/text \
> -d number=3173334444 \
> -d "message=Test from curl" > /dev/null
  % Total    % Received % Xferd  Average Speed...
                                 Dload  Upload...
    0    21    0    21    0    45    27     58 ...
$
```

일부를 생략한 위 출력은 curl 명령을 디버깅할 때 도움이 될 수 있는 다양한 통계 정보를 보여주
지만 스크립트에서 이러한 정보들은 억제되어야 한다. 다행히도 curl 명령은 출력을 조용히 (silent)
억제할 수 있는 -s 옵션이 있다.

```
$ curl -s http://textbelt.com/text \
> -d number=3173334444 \
> -d "message=Test from curl" > /dev/null
```

훨씬 낫다. curl 명령을 스크립트에 넣을 준비가 되었다. 하지만 스크립트를 보기 전에 한 가지 주제
를 더 살펴볼 필요가 있다. 바로 이메일로 문자 메시지를 보내는 것이다.

이메일을 사용하도록 선택하기

http://textbelt.com/text 서비스를 사용하지 않기로 선택했거나, 이 서비스가 제구실을 못한다면
이메일을 통해 문자 메시지를 보내는 방법으로 대체할 수 있다. 이 절에서는 이러한 대안을 적용하
는 방법을 간단히 다룬다.

> **TIP**
> 이동통신사가 미국에 있지 않거나 당신이 쓰는 휴대 전화의 이동통신사가 이 사이트에서 오는 SMS 메시지를 차단하여 이런 경우에는 이메일을 대안으로 사용해야 한다.

이메일을 사용한 방법이 제구실을 하는지 여부는 당신이 사용하는 휴대 전화의 이동통신사에 달려 있다. 휴대 전화 이동통신사가 SMS 게이트웨이를 가지고 있다면 운이 좋은 것이다. 휴대 전화 이동통신사에게 게이트웨이의 이름을 문의할 수 있다. txt.att.net 또는 vtext.com과 비슷한 식이다.

> **TIP**
> 인터넷을 통해 자신이 사용하는 휴대 전화의 이동통신사의 SMS 게이트웨이를 확인할 수 있다. 사용 팁과 함께 다양한 SMS 게이트웨이를 제공하는 좋은 사이트 중 하나는 http://martinfitzpatrick.name/list-of-email-to-sms-gateways/다. 여기서 당신이 이용하는 이동통신사를 찾을 수 없다면 마음에 드는 검색 엔진을 사용하라.

이메일을 통해 문자 메시지를 송신하기 위한 기본 구문은 다음과 같다.

```
mail -s "your text message" your_phone_number@your_sms_gateway
```

> **NOTE**
> mail 명령이 리눅스 시스템에서 작동하지 않는다면 mailutils 패키지를 설치해야 한다. 소프트웨어 패키지 설치에 관해 복습하려면 제9장을 참조하라.

하지만 앞의 구문을 입력한 다음에는 메시지를 입력하고 〈Ctrl〉 + 〈D〉 키를 눌러야 문자 메시지를 보낼 수 있다. 이는 보통의 이메일을 보내는 것과 비슷하다(제24장 참조). 이 방법은 스크립트에서는 잘 되지 않는다. 대신 파일에 이메일 메시지를 저장하고 문자 메시지를 전송하는 데 사용할 수 있다. 이 방법의 기본 개념은 다음과 같다.

```
$ echo "This is a test" > message.txt
$ mail -s "Test from email" \
3173334444@vtext.com < message.txt
```

이제 이메일 구문은 스크립트와 호환성이 좋아졌다. 이러한 접근법에는 많은 문제가 있을 수 있다는 점에 유의하라. 먼저 시스템에서는 실행 중인 메일 서버가 있어야 한다(제24장 참조). 둘째, 휴대 전화 서비스 제공업체는 사용자의 시스템에서 이메일을 통해 오는 SMS 메시지를 차단할 수도 있다. 집에서 이러한 방법을 시도할 경우에는 종종 벌어지는 일들이다.

> **TIP**
> 휴대 전화 서비스 제공업체가 당신의 시스템에서 전송되는 SMS 메시지를 차단하는 경우 클라우드 기반 이메일 제공업체를 통해 SMS 전달을 할 수도 있다. 좋아하는 인터넷 브라우저를 사용하여 단어 SMS relay(좋아하는 클라우드 이메일 서비스) 로 검색한 다음 어떤 사이트들이 검색 결과에 나오는지 보자.

26

이메일을 통해 문자 메시지를 보내는 것이 가능한 대안이긴 하지만 문제도 있다. 가능하면 무료 SMS 중계 웹 사이트와 curl 유틸리티를 사용하는 것이 훨씬 쉽다. 다음 절에서는 선택한 전화번호로 스크립트가 문자 메시지를 전송하도록 curl을 이용한다.

스크립트 만들기

필요한 기능을 설정 한 후 스크립트를 작성하면 문자 메시지를 매우 간단하게 보낼 수 있다. 당신은 몇 가지 변수와 curl 명령이 필요하다.

스크립트에 세 개의 변수가 필요하다. 이들 특정한 정보들을 변수에 설정해 두면 이들 정보 가운데 무엇이든 바꿔야 할 때 더욱 편리해진다. 변수는 다음과 같다.

```
#
phone="3173334444"
SMSrelay_url=http://textbelt.com/text
text_message="System Code Red"
#
```

그밖에 필요한 유일한 것은 curl 유틸리티다. 전체 문자 메시지 보내기 스크립트는 다음과 같다.

```
#!/bin/bash
#
# Send a Text Message
##############################
#
# Script Variables ####
#
phone="3173334444"
SMSrelay_url=http://textbelt.com/text
text_message="System Code Red"
#
# Send text ##########
#
curl -s $SMSrelay_url -d \
number=$phone \
-d "message=$text_message" > /dev/null
#
exit
```

이 스크립트가 간단하고 쉽게 보인다면 제대로 본 것이다! 그렇게 봤다면 더 중요한 것은, 이제 당신은 쉘 스크립트를 만드는 방법에 관한 많은 것을 배웠다는 뜻이다. 쉬운 스크립트라고 해도 테스트는 필요하므로 계속하기 전에 당신의 휴대 전화 번호를 phone 변수에 넣고 사용해서 스크립트를 테스트해야 한다.

원하는 시간에 당신에게 문자 메시지 보내려면 at 명령을 이용해야 한다. 다시 복습하고 싶다면 at 명령에 관한 내용이 제16장에 있다.

먼저 at 명령과 새로운 스크립트를 테스트 할 수 있다. at 유틸리티로 스크립트를 실행하려면 -f 옵션을 스크립트의 파일 이름과 함께 사용한다. 이 경우에는 send_text.sh다. 이제 Now 옵션을 사용하여 스크립트가 즉시 실행되도록 해 보자.

```
$ at -f send_text.sh Now
job 22 at 2015-09-24 10:22
$
```

스크립트는 즉시 실행된다. 휴대 전화에 문자 메시지를 받기까지는 1~2분 정도 걸릴 수 있다.

다른 시기에 스크립트가 실행되게 하려면 다른 at 명령 옵션을 사용한다(제16장 참조). 다음 예에서 스크립트는 현재 시간으로부터 25분 뒤에 실행된다.

```
$ at -f send_text.sh Now + 25 minutes
job 23 at 2015-09-24 10:48
$
```

이 예에서 스크립트가 제출되었을 때 at 명령이 정보 메시지를 제공하는 것을 알 수 있다. 이 메시지에는 스크립트가 실행될 날짜와 시간이 나와 있다.

정말 재미있다! 이제 직원회의에서 빠져나갈 변명거리가 필요할 때 도움을 받을 수 있는 스크립트 유틸리티가 생겼다. 그보다 더 좋은 소식은 전달되어야 할 정말로 중요한 시스템 메시지를 SMS로 보내도록 스크립트를 바꿀 수 있다는 것이다.

요약

이 장에서는 이 책에서 다룬 쉘 스크립트에 관한 내용을 사용하여 작지만 재미있는 쉘 스크립트를 만드는 방법들을 살펴보았다. 각 스크립트는 앞의 장에서 다루었던 내용들을 보강함은 물론 몇 가지 새로운 명령과 아이디어도 함께 다루었다.

이 장에서는 리눅스 시스템의 다른 사용자에게 메시지를 보내는 방법을 보여주었다. 스크립트는 사용자가 로그인을 했는지, 메시지를 받도록 허락했는지를 검사한다. 이러한 검사를 거친 후, 전달 받은 메시지는 write 명령으로 전송되었다. 쉘 스크립트에 관한 능력을 향상시키기 위해서 이 스크립트를 수정하기 위한 몇 가지 제안도 제시되었다.

wget 유틸리티를 사용하여 웹 사이트의 정보를 얻는 과정을 안내했다. 만들어진 스크립트는 웹에서 명언을 추출해 낸다. 명언을 가져온 후 스크립트는 실제의 명언 부분을 뽑아내기 위해 여러 가지 유틸리티를 사용했다. 이제는 익숙해진 sed, grep, gawk 및 tee 명령이 바로 그것들이다. 이 스크립트에서는 어떤 식으로 스크립트를 바꿔볼 수 있을지를 제안했다. 당신의 기술을 다지고 발전시키기 위해서는 해볼 만한 도전들이다.

이 장은 자신에게 문자 메시지를 보낼 수 있는 매우 재미있고 간단한 스크립트로 마무리했다. SMS의 개념과 함께 curl 유틸리티를 알아보았다. 재미있는 스크립트이지만 더욱 중요한 목적을 위해서 사용될 수도 있다.

리눅스 커맨드라인 쉘 스크립트를 탐험하는 여행에 함께 해 주신 것을 감사드린다. 이 여행이 즐거웠기를, 커맨드라인을 다루는 방법은 물론 시간을 절약하기 위해 쉘 스크립트를 작성하는 방법을 잘 배웠기를 바란다. 하지만 커맨드라인에 대한 당신의 배움은 여기에서 끝나서는 안 된다. 새로운 커맨드라인 유틸리티든 본격적인 쉘이든, 오픈소스의 세계에서는 언제나 뭔가가 새로 개발되고 있다. 리눅스 커뮤니티와 계속해서 교류하고 새로운 발전과 기능을 쫓아가야 한다.

bash 명령 퀵 가이드

이 부록의 내용

bash 내장 명령 보기
GNU 추가 쉘 명령어 검토하기
bash 환경 변수 살펴보기

이 책에서 보았듯이 bash 쉘에는 기능이 많아 사용할 수 있는 명령이 많다. 여기서는 bash 커맨드라인 또는 bash 쉘 스크립트에서 사용할 수 있는 기능이나 명령을 조회할 수 있는 간결한 가이드를 제공한다.

내장 명령 검토하기

bash 쉘은 인기 있는 많은 명령을 내장하고 있다. 이들 명령을 사용하면 처리 시간이 더 빨라진다. [표 A-1]은 bash 쉘에서 직접 사용할 수 있는 내장 명령을 보여준다.

표 A-1 bash 내장 명령

명령	설명
:	나열된 매개변수를 확장하고 지정된 대로 리다이렉트한다
.	현재 쉘에서 지정된 파일에서 명령을 읽고 실행한다
alias	지정된 명령에 대한 별명을 정의한다
bg	백그라운드 모드에서 작업을 실행한다
bind	키보드 조합을 readline 함수 또는 매크로로 연결한다
break	for, while, select, until 루프에서 빠져나간다
builtin	지정된 쉘 내장 명령을 실행한다
caller	활성 서브루틴 호출의 컨텍스트를 돌려준다
cd	현재 작업 디렉토리를 지정된 디렉토리로 바꾼다

command	일반적인 쉘 검색 없이 지정된 명령을 실행한다
compgen	지정된 단어에 일치하는 가능성 있는 완성된 단어를 만든다
complete	지정된 단어를 완성하는 방법을 보여준다
compopt	지정된 단어를 완성하는 방법에 대한 옵션을 바꾼다
continue	for, while, select, until 루프의 다음 반복으로 넘어간다
declare	변수 또는 변수 유형을 선언한다
dirs	현재 기억되어 있는 디렉토리의 목록을 표시한다
disown	프로세스를 위한 작업 테이블에서 지정된 작업을 제거한다
echo	STDOUT에 지정된 문자열을 표시한다
enable	지정된 내장 쉘 명령을 사용 가능하거나 가능하지 않도록 만든다
eval	지정된 매개변수를 하나의 명령으로 연결한 다음 이 명령을 실행한다
exec	지정된 명령으로 쉘 프로세스를 대체한다
exit	지정된 종료 상태로 쉘을 종료한다
export	지정된 변수를 자식 쉘 프로세스에서 사용할 수 있도록 설정한다
fc	히스토리 목록에서 명령의 목록을 선택한다
fg	포그라운드 모드에서 특정 작업을 재개한다
getopts	지정된 위치 매개변수를 구문 분석한다
hash	지정된 명령의 전체 경로 이름을 찾고 기억한다
help	도움말 파일을 표시한다
history	명령 히스토리를 표시한다
jobs	활성 작업의 목록을 보여준다
kill	지정된 프로세스 ID(PID)에 시스템 신호를 보낸다
let	수식문에서 각 매개변수를 평가한다
local	함수에서 제한된 범위의 변수를 만든다
logout	로그인 쉘을 종료한다
mapfile	STDIN 줄을 읽어들여 인덱스 배열에 넣는다
popd	디렉토리 스택에서 항목을 제거한다
printf	서식 문자열을 사용하여 텍스트를 표시한다
pushd	디렉토리를 디렉토리 스택에 추가한다

내장 명령은 외부 명령보다 더 빠른 성능을 제공하지만 쉘에 더 많은 내장 명령이 추가될수록 명령이 더 많은 메모리를 잡아먹어서 사용할 수 있는 메모리 용량이 줄어들 수 있다. bash 쉘은 쉘 확장 기능을 제공하는 외부 명령 또한 포함하고 있다. 이들은 다음 절에서 설명한다.

널리 쓰이는 bash 명령들 보기

내장 명령에 더해서 bash 쉘은 파일시스템을 다루고 파일 및 디렉토리를 조작할 수 있는 외부 명령을 사용한다. [표 A-2]는 bash 쉘에서 작업할 때 사용하게 될 일반적인 외부 명령들을 보여준다.

표 A-2 bash 쉘 외부 명령

명령	설명
bzip2	버로우즈-휠러(Burrows-Wheeler) 블럭 정렬 텍스트 알고리즘과 허프만 코딩을 이용하여 압축한다
cat	지정된 파일의 내용을 표시한다
chage	지정된 시스템 사용자 계정의 암호 만료 날짜를 변경한다
chfn	지정된 사용자 계정의 주석 정보를 변경한다
chgrp	지정된 파일이나 디렉토리의 기본 그룹을 바꾼다
chmod	지정된 파일이나 디렉토리에 대한 시스템 보안 권한을 바꾼다
chown	지정된 파일이나 디렉토리의 기본 소유자를 변경한다
chpasswd	로그인 이름과 암호가 한 쌍으로 된 파일을 읽어 들여 암호를 갱신한다
chsh	사용자 계정의 기본 쉘을 변경한다
clear	터미널 에뮬레이터 또는 가상 콘솔 터미널에서 텍스트를 지운다
compress	원래의 유닉스 파일 압축 유틸리티
coproc	백그라운드 모드에서 서브 쉘을 생성하고 지정된 명령을 실행한다
cp	지정된 파일을 다른 위치에 복사한다
crontab	허용되는 경우 사용자의 크론 테이블을 위한 파일의 편집기를 실행한다
cut	지정된 각 파일의 줄들 가운데 지정된 일부를 지운다
date	다양한 형식으로 날짜를 표시한다
df	마운트된 모든 장치에 대한 현재의 디스크 공간 통계를 표시한다
du	지정된 파일 경로에 대한 디스크 사용 통계를 표시한다
emacs	emacs 텍스트 편집기를 호출한다

A

file	지정된 파일의 파일 형식을 본다
find	파일에 대한 재귀 검색을 수행한다
free	시스템에 사용 중인 메모리와 사용할 수 있는 메모리를 검사한다
gawk	프로그래밍 언어 명령을 사용하는 스트림 편집기
grep	지정된 텍스트 문자열의 파일을 검색한다
gedit	GNOME 데스크톱 편집기를 호출한다
getopt	긴 옵션을 포함하여 명령 옵션을 구문 분석한다
groups	지정된 사용자의 그룹 구성원을 표시한다
groupadd	새 시스템 그룹을 만든다
groupmod	기존 시스템 그룹을 수정한다
gzip	렘펠-지브 압축을 사용하는 GNU 프로젝트의 압축 유틸리티
head	지정된 파일의 내용 가운데 첫머리 부분을 표시한다
help	bash 내장 명령에 대한 도움말 페이지를 표시한다
killall	프로세스 이름에 기반을 두고 실행중인 프로세스에 시스템 신호를 보낸다
kwrite	KWrite 텍스트 편집기를 호출한다
less	고급 파일 내용 보기
link	별명을 사용하여 파일에 대한 링크를 만든다
ln	지정된 파일에 대한 심볼릭 링크 나 하드 링크를 만든다
ls	디렉토리 내용의 목록을 표시한다
makewhatis	man 페이지 키워드 검색을 할 수 있는 whatis 데이터베이스를 만든다
man	지정된 명령 또는 주제에 대한 man 페이지를 표시한다
mkdir	현재 디렉토리에 지정된 디렉토리를 만든다
more	지정된 파일의 내용을 표시할 때 데이터의 한 화면 단위로 일시 정지한다
mount	디스크 장치를 표시하거나 가상 파일 시스템으로 마운트한다
mv	파일의 이름을 바꾼다
nano	나노 텍스트 편집기를 호출한다
nice	시스템에서 여러 가지 우선순위 레벨을 사용하여 명령을 수행한다
passwd	시스템 사용자 계정의 암호를 변경한다
ps	시스템에서 실행 중인 프로세스에 대한 정보를 표시한다
pwd	현재 디렉토리를 표시한다

renice	시스템에서 실행중인 애플리케이션의 우선 순위를 변경한다
rm	지정된 파일을 삭제한다
rmdir	지정된 디렉토리를 삭제한다
sed	편집 명령을 사용하는 스트림 라인 편집기
sleep	지정된 시간 동안 bash 쉘 작업을 일시 중지한다
sort	지정된 순서에 따라 데이터 파일의 데이터를 정렬한다
stat	지정된 파일의 파일 통계를 조회한다
sudo	루트 사용자 계정으로 애플리케이션을 실행한다
tail	지정된 파일의 내용의 마지막 부분을 표시한다
tar	하나의 파일에 데이터 및 디렉토리를 저장한다
top	활성 프로세스를 표시하고 중요한 시스템 통계를 보여준다
touch	새로운 빈 파일을 만들거나 기존 파일의 타임스탬프를 업데이트한다
umount	가상 파일 시스템에 마운트된 디스크 장치를 제거한다
uptime	시스템이 얼마나 오래 구동되었는지에 대한 정보를 표시한다
useradd	새로운 시스템 사용자 계정을 만든다
userdel	기존 시스템의 사용자 계정을 삭제한다
usermod	기존 시스템의 사용자 계정을 수정한다
vi	vim 텍스트 편집기를 호출한다
vmstat	시스템의 메모리와 CPU 사용량에 대한 자세한 보고서를 만든다
whereis	이진 파일, 소스코드, man 페이지를 포함하여 지정된 명령의 파일을 표시한다
which	실행 파일의 위치를 찾아낸다
who	현재 시스템에 로그인한 사용자를 표시한다
whoami	현재 사용자의 사용자 이름을 표시한다
xargs	STDIN에서 항목을 가져와서 명령을 만들고 이 명령을 실행한다
zip	윈도우 PKZIP 프로그램의 유닉스 버전

A

이러한 명령들을 사용하면 커맨드라인에서 해야 하는 거의 모든 작업을 할 수 있다.

///

환경 변수 살펴보기

///

bash 쉘은 또한 많은 환경 변수를 사용한다. 환경 변수는 명령은 아니지만 종종 쉘 명령이 동작하는 방법에 영향을 끼치므로 쉘 환경 변수를 아는 것이 중요하다. [표 A-3]은 bash 쉘에서 사용할 수 있는 기본 환경 변수를 보여준다.

표 A-3   bash 쉘의 기본 환경 변수

변수	설명
*	하나의 텍스트 값으로 모든 커맨드라인 매개변수를 포함한다
@	분리된 텍스트 값으로 모든 커맨드라인 매개변수를 포함한다
#	커맨드라인 매개변수의 수
?	가장 최근에 사용된 포그라운드 프로세스의 종료 상태
-	현재 커맨드라인 옵션 플래그
$:	현재 쉘의 프로세스 ID(PID)
!	가장 최근에 실행된 백그라운드 프로세스의 PID
0	커맨드라인의 명령 이름
_	쉘의 절대 경로
BASH	쉘을 호출하는 데 사용된 전체 파일 이름
BASHOPTS	콜론으로 구분한 목록으로 된 사용 가능한 쉘 옵션들
BASHPID	현재 bash 쉘의 프로세스 ID
BASH_ALIASES	현재 사용되는 별명을 포함하는 배열
BASH_ARGC	현재 서브루틴의 매개변수 수
BASH_ARGV	지정된 모든 커맨드라인 매개변수를 포함하는 배열
BASH_CMDS	명령의 내부 해시 테이블을 포함하는 배열
BASH_COMMAND	현재 실행 중인 명령의 이름
BASH_ENV	설정되었을 때에는 각 bash 스크립트는 실행되기 전에 이 변수가 정의하고 있는 시동 파일을 실행하려고 시도한다
BASH_EXECUTION_STRING	-c 커맨드라인 옵션에 사용되는 명령
BASH_LINENO	스크립트에서 각 명령의 줄 번호를 포함하는 배열
BASH_REMATCH	지정된 정규표현식과 일치하는 텍스트 요소를 포함하는 배열
BASH_SOURCE	쉘에서 선언된 함수에 대한 소스 파일 이름을 포함하는 배열

BASH_SUBSHELL	현재 쉘이 생성한 서브 쉘의 수
BASH_VERSINFO	bash 쉘의 현재 인스턴스의 개별 메이저와 마이너 버전 번호를 포함 변수 배열
BASH_VERSION	bash 쉘의 현재 인스턴스의 버전 번호
BASH_XTRACEFD	유효한 파일 디스크립터로 설정되어 있으면 추적 출력이 만들어지며 진단 및 오류 메시지로부터 분리된다. 파일 디스크립터는 -x 옵션 활성화가 설정되어 있어야 한다
COLUMNS bash	쉘의 현재 인스턴스에 사용되는 터미널의 폭을 포함한다
COMP_CWORD	변수 COMP_WORDS에 대한 인덱스로 현재 커서 위치를 포함한다
COMP_KEY	완성 기능을 호출하는 키보드 키
COMP_LINE	현재의 커맨드라인
COMP_POINT	현재 명령의 시작 지점에 대한 상대값으로 지정하는 현재 커서 위치의 인덱스
COMP_TYPE	완성 유형을 뜻하는 정수 값
COM_WORDBREAKS	단어 완성을 수행할 때 단어 구분자로 사용되는 문자의 집합
COMP_WORDS	현재 커맨드라인에서 개별 단어를 포함하는 변수 배열
COMPREPLY	쉘 기능으로 만들 수 있는 가능한 완성 코드를 포함한 변수 배열
COPROC	코프로세스의 I/O를 위한 파일 디스크립터를 저장하고 있는 변수 배열
DIRSTACK	디렉토리 스택의 현재 내용을 포함하는 변수 배열
EMACS	설정되었을 때에는 쉘은 emacs 버퍼 쉘이 실행되고 있다고 가정하고 줄 편집 기능을 사용할 수 없도록 한다
ENV	쉘이 POSIX 모드로 호출되었다면 각 bash 스크립트는 실행되기 전에 이 변수가 정의하고 있는 시동 파일을 실행하려고 시도한다
EUID	현재 사용자에 대한 숫자로 된 유효한 사용자 ID
FCEDIT	fc 명령으로 사용되는 기본 편집기
FIGNORE	파일 이름 완성을 수행할 때 무시되는 확장자의 목록으로 콜론으로 구분된다
FUNCNAME	현재 실행 중인 쉘 함수의 이름
FUNCNEST	중첩 함수의 최대 단계
GLOBIGNORE	파일 이름 확장에서 무시되는 파일 이름의 집합을 정의하는 패턴의 목록, 콜론으로 구분된다
GROUPS	현재 사용자가 구성원인 그룹들의 목록을 포함하는 변수 배열
histchars	명령 이력의 확장을 제어하는, 최대 세 개의 문자
HISTCMD	현재 명령의 명령 이력 번호
HISTCONTROL	쉘의 명령 이력에 입력되는 명령을 제어한다
HISTFILE	쉘의 명령 이력 목록을 저장하는 파일의 이름(기본값은 .bash_history)
HISTFILESIZE	명령 이력 파일에 저장되는 줄의 최대 수

A

805

HISTIGNORE	명령 이력 파일에서 무시되는 명령을 결정하는 데 쓰이는, 콜론으로 구분된 목록
HISTSIZE	명령 이력 파일에 저장되는 명령의 최대 수
HISTTIMEFORMAT	설정되었다면 이력 파일 항목의 타임스탬프의 형식 문자열을 결정한다
HOSTFILE	쉘이 호스트 이름을 완성할 필요가 있을 때 읽어야 하는 파일의 이름을 포함한다
HOSTNAME	현재 호스트의 이름
HOSTTYPE	bash 쉘이 실행되는 머신을 설명하는 문자열
IGNOREEOF	쉘이 종료되기 전에 수신해야하는 연속 EOF 문자의 수. 이 값이 없으면 기본값은 1이다
INPUTRC	readline 초기화 파일의 이름(기본값은 .inputrc)
LANG	쉘의 로케일 범주
LC_ALL LANG	변수에 우선하여 로케일 범주를 정의한다
LC_COLLATE	문자열 값을 정렬할 때 사용되는 정렬 순서를 설정한다
LC_CTYPE	파일 이름 확장과 패턴 대조에 사용되는 문자의 해석을 결정한다
LC_MESSAGES	달러 기호 앞에 있는 따옴표 문자열을 해석할 때 사용되는 로케일 설정을 결정한다
LC_NUMERIC	숫자를 형식화할 때 사용되는 로케일 설정을 결정한다
LINENO	현재 실행되고 있는 스크립트의 줄 번호
LINES	터미널에서 사용 가능한 줄의 수를 정의한다
MACHTYPE	'CPU-회사-시스템' 형식으로 된, 시스템 유형을 정의하는 문자열
MAILCHECK	새 메일을 검사하는 빈도(초 단위, 기본값은 60)
MAPFILE	mapfile 명령으로부터 입력되는 텍스트를 가지고 있는 배열 변수. 변수 이름이 주어지지 않았을 때에만 쓰인다
OLDPWD	쉘에서 사용하는 이전 작업 디렉토리
OPTERR	1로 설정되어 있으면 bash 쉘은 getopts 명령이 만들어 내는 오류를 표시한다
OSTYPE	쉘이 실행되고 있는 운영체제를 정의하는 문자열
PIPESTATUS	포어그라운드 프로세스에서 해당 프로세스의 종료 상태 값들의 목록을 포함하고 있는 변수 배열
POSIXLY_CORRECT	설정되어 있으면 bash는 POSIX 모드로 실행된다
PPID	bash쉘의 부모 프로세스의 프로세스 ID(PID)
PROMPT_COMMAND	설정되어 있으면 기본 프롬프트를 표시하기 전에 이 명령이 실행된다
PS1	기본 쉘 커맨드라인 프롬프트 문자열
PS2	보조 쉘 커맨드라인 프롬프트 문자열
PS3	select 명령에서 사용되는 프롬프트
PS4	bash -x 매개변수가 쓰였을 때 출력되는 커맨드라인 앞에 표시되는 프롬프트

PWD	현재 작업 디렉토리
RANDOM	0에서 32767 사이에서 임의의 수를 반환. 이 변수에 값을 지정하면 난수 번호 생성기의 종자 값으로 쓰인다
READLINE_LINE	readline 라인 버퍼를 포함한다
READLINE_POINT	현재 readline 라인 버퍼의 삽입점 위치
REPLY	read 명령의 기본 변수
SECONDS	쉘이 시작되었을 때부터 지금까지의 초 단위 시간. 값을 지정하면 값으로 타이머를 재설정
SHELL	쉘의 전체 경로 이름
SHELLOPTS	사용할 수 있는 bash 쉘 옵션의 목록으로 콜론으로 구분된다
SHLVL	새로운 bash 쉘이 시작될 때마다 1씩 증가하는 쉘의 단계를 나타낸다
TIMEFORMAT	쉘이 시간 값을 표시하는 방법을 지정하는 형식
TMOUT	select와 read 명령이 입력을 얼마나 오래 기다릴지(초 단위)를 지정하는 값. 기본값은 0으로 무한정 기다린다는 것을 의미한다
TMPDIR	디렉토리 이름으로 설정되었을 때에는 쉘은 임시 파일의 위치로 이 디렉토리를 사용한다
UID	현재 사용자에 대한 숫자로 된 실제 사용자 ID

A

사용자는 set 내장 명령을 사용하여 환경 변수를 표시한다. 시동 때에 설정되는 기본 쉘 환경 변수는 리눅스 배포판에 따라 다를 수 있으며 실제로 다르기도 하다.

sed/gawk 퀵 가이드

<이 부록의 내용>
　　sed 활용의 기본
　　gawk에 대해 알아야 할 것들

쉘 스크립트에서 어떤 유형의 데이터를 다루든 sed 프로그램이나 gawk 프로그램(때로는 둘 다)을 써야 할 때가 많을 것이다. 쉘 스크립트에서 데이터 작업을 할 때 편리하게 참조할 수 있는 sed 및 gawk 명령의 퀵 가이드를 제공한다.

sed 편집기

sed 편집기는 커맨드라인이나 명령 텍스트 파일에 저장된 명령에 따라서 데이터 스트림의 데이터를 조작할 수 있다. 입력으로부터 한 번에 하나의 데이터 줄을 읽어 들이고, 스트림에 있는 데이터를 명령에 지정된 대로 바꾸고, 새로운 데이터를 STDOUT로 출력한다.

sed 편집기 시작하기

sed 명령을 사용하기 위한 형식은 다음과 같다.

```
sed options script file
```

options 매개변수로 sed 명령의 동작을 사용자 정의할 수 있으며 [표 B-1]에 표시된 옵션들을 포함하고 있다.

표 B-1 sed 명령 옵션

옵션	설명
-e	script 입력을 처리하는 동안 실행 중인 명령에 스크립트에 지정된 명령을 추가한다
-f file	입력을 처리하는 동안 실행 중인 명령에 파일에 지정된 명령을 추가한다
-n	각 명령에 대한 출력을 만들어 내지는 않지만 print 명령을 기다린다

script 매개변수는 스트림 데이터에 적용할 단일한 명령을 지정한다. 하나 이상의 명령이 필요하다면 -e 옵션으로 커맨드라인에 지정하거나 -f 옵션으로 별도의 파일에 지정해야 한다.

sed 명령

sed 편집기 스크립트는 sed가 입력 스트림의 각 데이터 줄을 처리하는 sed 명령을 포함하고 있다. 이 절에서는 사용할 때가 많은 일반적인 sed 명령을 설명한다.

치환

s 명령은 입력 스트림의 텍스트를 대체한다. s 명령의 형식은 다음과 같다.

```
s/pattern/replacement/flags
```

pattern은 대체할 텍스트이며, replacement는 그 자리에 sed가 삽입할 새로운 텍스트다.

flags 매개변수는 치환이 일어나는 사유를 제어하며 네 가지 유형의 치환 플래그를 사용 가능하다.

- A number : 대체되어야 하는 패턴의 발생 횟수
- g : 텍스트를 모두 대체
- p : 원래 줄의 내용이 출력
- w file : 대체의 결과가 파일에 기록

첫 번째 유형의 치환에서는 sed 편집기가 몇 번째로 일치하는 패턴을 치환할지 지정할 수 있다. 예를 들어 두 번째로 일치한 패턴을 대체하기 위해서는 숫자 2를 사용한다.

주소

기본적으로 sed 편집기에서 사용하는 명령은 텍스트 데이터의 모든 줄에 적용된다. 특정 줄 또는 줄의 그룹에만 명령을 적용하고 싶다면 줄의 주소를 사용해야 한다.

sed 편집기에서 줄의 주소를 지정하려면 두 가지 형태가 있다.

- 숫자 범위로 된 줄

- 줄을 필터링할 텍스트 패턴

두 가지 형태 모두 주소를 지정하기 위한 형식은 같다.

> *[address]command*

숫자 줄 주소를 사용하는 경우 텍스트 스트림에서 줄의 위치를 사용하여 줄을 참조한다. sed 편집기는 텍스트 스트림의 첫 번째 줄을 줄 번호 1로 하고 각각의 새로운 줄에 차례대로 번호를 매긴다.

```
$ sed '2,3s/dog/cat/' data1
```

명령이 적용되는 줄을 한정하는 다른 방법은 더 복잡하다. sed 편집기는 명령을 적용할 줄을 걸러내기 위한 텍스트 패턴을 지정할 수 있다. 그 형식은 다음과 같다.

> */pattern/command*

지정한 패턴은 슬래시로 감싸야 한다. sed 편집기는 사용자가 지정한 텍스트 패턴을 포함하는 줄에만 명령을 적용한다.

```
$ sed '/rich/s/bash/csh/' /etc/passwd
```

이 필터는 풍부한 텍스트를 포함하는 줄을 발견하면 텍스트 bash를 csh로 바꾼다.

특정한 주소에 대해서 두 개 이상의 명령을 함께 묶을 수도 있다.

> *address* {
> *command1*
> *command2*
> *command3* }

sed 편집기는 지정된 주소와 일치하는 줄에만 사용자가 지정한 각 명령을 적용한다. sed 편집기는 그룹 안에 속해 있는 각 명령으로 주소 줄을 처리한다.

```
$ sed '2{
> s/fox/elephant/
> s/dog/cat/
> }' data1
```

sed 편집기는 데이터 파일의 두 번째 줄에 치환을 각각 적용한다.

줄 지우기

삭제(delete) 명령은 d로 꽤 쉽게 유추할 수 있다. 제공된 줄 주소 체계와 일치하는 모든 텍스트 줄을 지운다. 삭제 명령을 쓸 때에는 주의하자. 주소 체계를 포함하는 것을 잊어버리면 모든 줄이 스트림에서 삭제되기 때문이다.

```
$ sed 'd' data1
```

분명 삭제 명령은 지정된 주소와 함께 사용할 때 가장 유용하다. 이 기능으로 데이터 스트림에서 특정한 텍스트 줄을 지울 수 있다. 다음과 같이 줄 번호이거나,

```
$ sed '3d' data6
```

다음과 같이 줄의 특정 범위일 수 있다.

```
$ sed '2,3d' data6
```

sed 편집기의 패턴 일치 기능은 삭제 명령에도 적용될 수 있다.

```
$ sed '/number 1/d' data6
```

지정된 텍스트와 일치하는 줄만 스트림에서 삭제된다.

텍스트 삽입 및 첨부하기

예상할 수 있듯이 다른 편집기와 마찬가지로 sed 편집기는 데이터 스트림에 텍스트 줄을 삽입하고 추가할 수 있다. 두 작업 사이의 차이는 혼란스러울 수 있다.

- 삽입 (insert) 명령(i) : 지정된 줄 바로 앞에 새로운 줄을 추가
- 첨부 (append) 명령(a) : 지정된 줄 다음에 새로운 줄을 추가

한 줄의 커맨드라인에는 이들 명령을 사용할 수 없어 헷갈린다. 삽입 또는 첨부할 줄은 별개로 다른 줄에 지정해야 한다. 그 형식은 다음과 같다.

```
sed '[address]command\
new line'
```

new line에 있는 텍스트가 sed 편집기 출력에서 사용자가 지정하는 장소에 나타난다. 삽입 명령을 사용할 때에는 텍스트가 데이터 스트림 텍스트 앞에 나타난다는 것을 기억하자.

```
$ echo "testing" | sed 'i\
> This is a test'
This is a test
testing
$
```

812

첨부 명령을 사용할 때에는 지정한 텍스트는 데이터 스트림 텍스트 뒤에 나타난다.

```
$ echo "testing" | sed 'a\
> This is a test'
testing
This is a test
$
```

이렇게 하면 일반 텍스트의 끝에 텍스트를 삽입할 수 있다.

줄 바꾸기

변경(change) 명령을 사용하면 데이터 스트림에서 텍스트 줄의 전체 내용을 바꿀 수 있다. 이 명령
은 삽입이나 첨부 명령과 같은 방식으로 동작하고 sed 명령의 나머지 부분과는 별도로 새로운 줄
을 지정해야 한다.

```
$ sed '3c\
> This is a changed line of text.' data6
```

백슬래시 문자는 스크립트에서 데이터의 새로운 줄을 표시하기 위해 사용된다. .

변환 명령

변환 (transform) 명령(y)은 한 개의 문자에 대해 실행되는 유일한 sed 편집기 명령이다. 변환 명령
은 다음과 같은 형식을 사용한다.

```
[address]y/inchars/outchars/
```

변환 명령은 inchars와 outchars 값을 일대일로 대응시킨다. inchars의 첫 번째 문자는 outchars의
첫 번째 문자로 변환된다. inchars의 두 번째 문자는 outchars의 두 번째 문자로 변환된다. 이러한
대응은 지정된 문자의 길이 동안 계속된다. inchars 및 outchars의 길이가 같지 않은 경우 sed 편
집기는 오류 메시지를 표시한다.

줄 인쇄하기

바꾸기 명령의 p 플래그와 같이, p 명령은 sed 편집기의 출력 과정에서 한 줄을 인쇄(print)한다. 인
쇄 명령을 가장 많이 사용할 때는 텍스트 패턴과 일치하는 텍스트를 포함하는 줄을 출력할 때다.

```
$ sed -n '/number 3/p' data6
This is line number 3.
$
```

인쇄 명령을 사용하면 입력 스트림에서 특정한 데이터 줄을 걸러낼 수 있다.

파일에 쓰기

w 명령은 파일에 줄을 기록하는 데 사용된다. 다음은 w 명령의 형식이다.

```
[address]w filename
```

파일 이름(filename)은 상대 및 절대 경로로 지정될 수 있지만, 어떤 경우든 sed 편집기를 실행하는 사람이 해당 파일에 대한 쓰기 권한이 있어야 한다. 주소(address)는 하나의 줄, 하나의 텍스트 패턴이나 줄 번호나 텍스트 패턴의 범위와 같이 sed 편집기에서 주소 지정에 쓸 수 있는 어떤 방법이든 사용할 수 있다.

다음은 텍스트 파일의 데이터 스트림 가운데 처음 두 줄을 출력하는 예다.

```
$ sed '1,2w test' data6
```

출력 파일 test는 입력 스트림의 첫 번째 두 줄을 포함하게 된다.

파일에서 읽기

앞에서 sed 커맨드라인에서 데이터를 삽입하고 첨부하는 방법을 알아보았다. 읽기(read) 명령(r)은 별도의 파일에 포함된 데이터를 삽입할 수 있다.

읽기 명령의 형식은 다음과 같다.

```
[address]r filename
```

filename 매개변수는 데이터를 포함하는 파일의 절대 또는 상대 경로를 지정한다. 읽기 명령에서는 주소의 범위를 사용할 수 없다. 하나의 줄 번호 또는 텍스트 패턴 주소만을 지정할 수 있다. sed 편집기는 파일에서 가져온 텍스트를 주소 뒤에 삽입한다.

```
$ sed '3r data' data2
```

sed 편집기는 데이터 2 파일의 3번 줄에서 시작해서 data2 파일에 date 파일의 전체 텍스트를 삽입한다.

gawk 프로그램

gawk 프로그램은 원래 유닉스에 있던 awk 프로그램의 GNU 버전이다. awk는 편집 명령만을 제공하는 sed 편집기에 비해 프로그래밍 언어를 제공함으로써 한 단계 더 나아간 프로그램이다. 이 절에서는 gawk 프로그램의 기능을 빠르게 참조할 수 있도록 기초를 설명한다.

gawk 명령 형식

gawk 프로그램의 기본 형식은 다음과 같다.

```
gawk options program file
```

[표 B-2]는 gawk 프로그램에서 사용할 수 있는 옵션을 보여준다.

표 B-2　gawk 옵션

옵션	설명
-F *fs*	한 줄에서 데이터 필드의 경계를 식별하기 위한 파일 구분자를 지정한다
-f *file*	프로그램이 읽어들일 파일 이름을 지정한다
- var=*value*	gawk프로그램에서 사용할 변수의 기본값을 정의한다
-mf *N*	데이터 파일에서 처리할 필드의 최대 수를 지정한다
-mr *N*	데이터 파일의 최대 레코드 크기를 지정한다
-W *keyword*	gawk의 호환성 모드 또는 경고 수준을 지정하며, 사용 가능한 모든 키워드를 보려면 도움말 옵션을 사용한다

커맨드라인 옵션은 gawk 프로그램의 기능을 사용자 정의할 수 있는 손쉬운 방법을 제공한다.

gawk 사용하기

쉘 스크립트 안에서 또는 커맨드라인에서 직접 gawk를 사용할 수 있다. 이 절에서는 gawk 프로그램을 사용하는 방법과 gawk 처리를 위한 스크립트를 입력하는 방법을 보여준다.

커맨드라인에서 프로그램 스크립트 읽기
gawk 프로그램 스크립트는 여닫는 중괄호로 정의된다. 스크립트 명령은 두 중괄호 ({}) 사이에 있어야 한다. gawk 커맨드라인은 스크립트를 하나의 텍스트 문자열로 가정하기 때문에 홑따옴표로 스크립트를 묶어야 한다. 다음은 커맨드라인에 간단한 gawk 프로그램 스크립트를 지정하는 예다.

```
$ gawk '{print $1}'
```

이 스크립트는 입력 스트림의 각 줄에 있는 첫 번째 데이터 필드를 표시한다.

프로그램 스크립트에서 여러 명령 사용하기

프로그래밍 언어가 단지 하나의 명령만 실행할 수 있다면 별 쓸모가 없을 것이다. gawk 프로그래밍 언어는 여러 명령어를 프로그램에 넣을 수 있다. 커맨드라인에 지정된 프로그램 스크립트에서 명령어들을 사용하려면 각 명령 사이에 세미콜론을 넣으면 된다.

```
$ echo "My name is Rich" | gawk '{$4="Dave"; print $0}'
My name is Dave
$
```

이 스크립트는 두 가지 명령을 수행한다. 하나는 네 번째 데이터 필드를 다른 값으로 바꾸고, 그 다음 명령은 스트림 안에 있는 전체 데이터 줄을 표시한다.

파일로부터 프로그램 읽기

sed 편집기와 마찬가지로 gawk 편집기를 사용하면 파일에 프로그램을 저장하고 커맨드라인에서 이를 참조할 수 있다.

```
$ cat script2
{ print $5 "'s userid is " $1 }
$ gawk -F: -f script2 /etc/passwd
```

gawk 프로그램은 입력 데이터 스트림에서 지정된 파일에 모든 명령을 적용한다.

데이터를 처리하기 전에 스크립트 실행하기

gawk 프로그램은 또한 프로그램의 스크립트를 언제 실행할지를 지정할 수 있다. 기본적으로 gawk는 입력 스트림에서 한 줄의 텍스트를 읽고 그 텍스트 줄의 데이터에 대해 프로그램 스크립트를 실행한다. 때로는 보고서의 머리말 부분을 만들 때처럼 데이터를 처리하기 전에 스크립트를 실행해야 할 수도 있다. 이를 위해서는 BEGIN 키워드를 사용한다. 이 키워드는 gawk가 데이터를 읽기 전에 BEGIN 키워드 뒤에 지정되어 있는 프로그램 스크립트를 실행하도록 한다.

```
$ gawk 'BEGIN {print "This is a test report"}'
This is a test report
$
```

사용자는 변수에 기본값을 지정하는 명령을 비롯하여 BEGIN 부분에 어떤 종류의 gawk 명령이든 넣을 수 있다.

데이터를 처리한 후 스크립트 실행하기

BEGIN 키워드와 마찬가지로, END 키워드를 사용하면 gawk가 데이터를 읽은 후에 실행할 프로그램 스크립트를 지정할 수 있다.

```
$ gawk 'BEGIN {print "Hello World!"} {print $0} END {print
     "byebye"}' data1
Hello World!
This is a test
This is a test
This is another test.
This is another test.
byebye
$
```

gawk 프로그램은 먼저 BEGIN 부분의 코드를 실행하고 나서 입력 스트림에 있는 모든 데이터를 처리한 후, END 부분에 있는 코드를 실행한다.

gawk 변수

gawk는 완전한 프로그래밍 환경이어서 편집기 이상의 많은 명령과 기능을 가지고 있다. 이 절에서는 gawk 프로그래밍을 위해 알아야 할 주요 기능을 보여준다.

내장 변수

gawk 프로그램은 프로그램 데이터의 특정한 특징을 참조하기 위해 내장 변수를 사용한다. 이 절에서는 gawk 프로그램에서 사용할 수 있는 내장 변수를 설명하고 이를 사용하는 방법을 안내한다.

gawk 프로그램이 기록과 데이터 필드 등의 데이터를 정의한다. 레코드는 한 줄의 데이터이며(기본적으로는 줄바꿈 문자로 구분한다), 데이터 필드는 한 줄 안에 있는 별개의 데이터 요소다(기본적으로 빈 칸이나 탭과 같은 화이트스페이스 문자로 구분한다).

gawk 프로그램은 각 레코드 안의 데이터 요소를 참조하는 데이터 필드 변수를 사용한다. [표 B-3]은 이러한 변수를 설명한다.

표 B-3   gawk 데이터 필드 및 레코드 변수

변수	설명
$0	전체 데이터 레코드
$1	레코드의 첫 번째 데이터 필드
$2	레코드의 두 번째 데이터 필드
$n	레코드의 n 번째 데이터 필드
FIELDWIDTHS	각 데이터 필드의 정확한 폭(칸의 수)을 정의한 숫자의 목록으로 빈 칸으로 구분된다
FS	입력 필드 구분자
RS	입력 레코드 구분자
OFS	출력 필드 구분자
ORS	출력 레코드 구분자

필드와 레코드 분리 변수 말고도 gawk는 데이터에서 무슨 일이 일어나고 있는지 파악하고 쉘 환경에서 정보를 추출하는 데 도움이 되는 내장 변수를 제공한다. [표 B-4]는 gawk의 다른 내장 변수를 보여준다.

표 B-4   더 많은 gawk 내장 변수

변수	설명
ARGC	제공되는 커맨드라인 매개변수의 수
ARGIND	현재 처리되고 있는 파일의 ARGV 인덱스
ARGV	커맨드라인 매개변수의 배열
CONVFMT	번호 변환 형식 (print 문 참조), 기본값은 %.6 g다
ENVIRON	현재 쉘 환경 변수와 그 값의 연관 배열
ERRNO	입력 파일을 읽거나 닫을 때 오류가 일어났다면 그 시스템 오류
FILENAME	gawk 프로그램에서 입력을 위해 사용되는 데이터 파일의 이름
FNR	데이터 파일의 현재 레코드 번호
IGNORECASE	0이 아닌 값으로 설정하면 gawk는 모든 문자열 함수(정규표현식을 포함하여)를 대소문자를 무시한다
NF	데이터 파일에서 데이터 필드의 전체 개수
NR	처리된 입력 레코드의 수
OFMT	숫자를 표시하기 위한 출력 형식, 기본값은 %.6 g다

RLENGTH	match 함수에서 일치하는 부속 문자열의 길이
RSTART	match 함수에서 일치하는 부속 문자열의 시작 인덱스

BEGIN과 END 부분을 포함해서 gawk 프로그램 스크립트의 아무 곳에서나 내장 변수를 사용할 수 있다.

스크립트에서 변수 할당하기

gawk 프로그램에서 변수에 값을 할당하는 일은 쉘 스크립트의 변수에 값을 할당하는 방법과 비슷하다. 즉, 할당문을 사용한다.

```
$ gawk '
> BEGIN{
> testing="This is a test"
> print testing
> }'
This is a test
$
```

변수에 값을 할당한 후에는 gawk 스크립트의 아무 곳에서나 그 변수를 사용할 수 있다.

커맨드라인에서 변수 할당하기

gawk 프로그램 변수에 값을 할당하기 위해서 gawk 커맨드라인을 사용할 수도 있다. 이 기능으로 일반적인 코드의 바깥에서 값을 설정하고 그때그때 값을 바꿀 수도 있다. 다음은 파일에서 특정 데이터 필드를 표시하기 위해 커맨드라인 변수를 사용하는 예다.

```
$ cat script1
BEGIN{FS=","}
{print $n}
$ gawk -f script1 n=2 data1
$ gawk -f script1 n=3 data1
```

이 기능은 gawk 스크립트에서 쉘 스크립트로부터 들어온 데이터를 처리할 수있는 좋은 방법이다.

gawk 프로그램 기능

gawk 프로그램에는 데이터 조작을 편리하게 하는 기능들이 있는데, 이를 통해 로그 파일을 포함하여 어떤 유형의 텍스트 파일이든 구문 분석할 수 있는 gawk 스크립트를 만들 수 있다.

B

정규표현식

사용자는 스크립트 프로그램이 적용되는 데이터 스트림에서 줄을 걸러내기 위해 기본 정규식 (BRE) 또는 확장 정규식 (ERE)를 사용할 수 있다.

정규표현식을 사용할 때 정규표현식은 이를 제어하는 프로그램 스크립트의 왼쪽 중괄호 앞에 나타나야 한다.

```
$ gawk 'BEGIN{FS=","} /test/{print $1}' data1
This is a test
$
```

대조 연산자

대조 연산자를 사용하면 레코드에서 특정 데이터 필드로 정규표현식을 제한할 수 있다. 대조 연산자는 물결표 기호(~)다. 사용자는 데이터 필드 변수, 대조할 정규표현식과 함께 대조 연산자를 지정할 수 있다.

```
$1 ~ /^data/
```

이 구문은 첫 번째 데이터 필드가 텍스트 data로 시작되는 레코드를 걸러낸다.

수학식

정규표현식 말고도 수학 표현식을 패턴 대조에 사용할 수 있다. 이 기능은 데이터 필드에 숫자 값을 대조할 때 유용하다. 가령 루트 사용자 그룹(그룹 번호 0)에 속하는 모든 시스템 사용자를 표시하려면 다음 스크립트를 사용할 수 있다.

```
$ gawk -F: '$4 == 0{print $1}' /etc/passwd
```

이는 네 번째 데이터 필드에 값 0을 포함하는 모든 줄의 첫 번째 데이터 필드 값을 표시한다.

구조적 명령

gawk 프로그램은 이 섹션에서 설명하는 모든 구조적 명령을 지원한다.

if-then-else 문은 다음과 같다.

```
if (condition) statement1; else statement2
```

while 문은 다음과 같다.

```
while (condition)
{
    statements
```

```
}
```

do-while 문은 다음과 같다.

```
do {
    statements
} while (condition)
```

for 문은 다음과 같다.

```
for(variable assignment; condition; iteration process)
```

구조적 명령은 gawk 스크립트 프로그래머에게 풍부한 프로그래밍 기회를 제공한다. gawk를 사용하여 어떤 수준의 프로그래밍 언어든 그에 필적하는 프로그램을 만들 수 있다.

B

MEMO

MEMO

**리눅스 커맨드라인
쉘 스크립트 바이블** (제3판)

초판 1쇄 발행 / 2016년 09월 26일

지은이 / 리처드 블룸, 크리스틴 브레스
옮긴이 / 트랜지스터팩토리

편집 / 조서희
디자인 / 서당개

펴낸이 / 김일희
펴낸곳 / 스포트라잇북
제2014-000086호 (2013년 12월 05일)

주소 / 서울특별시 영등포구 도림로 464, 1-1201 (우)07296
전화 / 070-4202-9369   팩스 / 02-6442-9369
이메일 / spotlightbook@gmail.com

주문처 / 신한전문서적 (전화)031-919-9851 (팩스)031-919-9852

책값은 뒤표지에 있습니다.
잘못된 책은 구입한 곳에서 바꾸어 드립니다.

ISBN 979-11-87431-03-9 13560

스포트라잇북은 주목받는
잇북(IT Book)을 만듭니다.